Gunter Hankammer **Abnahme von Bauleistungen Band 2**

Abnahme von Bauleistungen
Band 2

Messinstrumente und -verfahren &
praktische Hinweise zur Abnahme von
Innenausbau und Haustechnik

6., aktualisierte und erweiterte Auflage

mit 440 Abbildungen und 76 Tabellen

+ mit Checklisten zum Download

Dipl.-Ing. Gunter Hankammer

öffentlich bestellter und vereidigter Sachverständiger für Schäden an Gebäuden sowie Schimmelpilze und andere Innenraumschadstoffe (Handelskammer Hamburg) und für Sachfragen der Honorierung von Architektenleistungen nach der HOAI (Hamburgische Architektenkammer), beratender und bauvorlageberechtigter Ingenieur (Hamburgische Ingenieurkammer)

RM Rudolf Müller

Bibliografische Information der Deutschen Nationalbibliothek

Die Deutsche Nationalbibliothek verzeichnet diese Publikation in der Deutschen Nationalbibliografie; detaillierte bibliografische Daten sind im Internet über http://dnb.de abrufbar.

6., aktualisierte und erweiterte Auflage 2023

Maßgebend für das Anwenden von Normen ist deren Fassung mit dem neuesten Ausgabedatum, die bei der Beuth Verlag GmbH, Burggrafenstraße 6, 10757 Berlin, erhältlich ist. Maßgebend für das Anwenden von Regelwerken, Richtlinien, Merkblättern, Hinweisen, Verordnungen usw. ist deren Fassung mit dem neuesten Ausgabedatum, die bei der jeweiligen herausgebenden Institution erhältlich ist. Zitate aus Normen, Merkblättern usw. wurden, unabhängig von ihrem Ausgabedatum, in neuer deutscher Rechtschreibung abgedruckt. Schreibweisen in nach Normen und anderen Regelwerken zitierten Tabellen wurden aus Gründen der Einheitlichkeit an die Schreibweisen des Buches angepasst. Dies betrifft hauptsächlich die Bezeichnung der Fußnoten, die in den Normen überwiegend mit Buchstaben und hier im Buch einheitlich mit Zahlen bezeichnet werden.

Aus Gründen der besseren Lesbarkeit wird bei Personenbezeichnungen und personenbezogenen Hauptwörtern die männliche Form verwendet. Entsprechende Begriffe gelten im Sinne der Gleichbehandlung grundsätzlich für alle Geschlechter. Die verkürzte Sprachform hat nur redaktionelle Gründe und beinhaltet keine Wertung.

Wir freuen uns, Ihre Meinung über dieses Fachbuch zu erfahren. Bitte teilen Sie uns Ihre Anregungen, Hinweise oder Fragen per E-Mail: fachmedien.bau@rudolf-mueller.de oder Telefax: 0221 5497-114 mit.

Lektorat: Petra Lindner, Kescheid
Umschlaggestaltung: Hackethal Producing, Bonn
Satz: Hackethal Producing, Bonn
Druck und Bindearbeiten: Westermann Druck Zwickau GmbH, Zwickau

Printed in Germany

ISBN 978-3-481-04392-6 (Buch-Ausgabe)
ISBN 978-3-481-04393-3 (E-Book als PDF)

FSC www.fsc.org
MIX
Papier aus verantwortungsvollen Quellen
FSC® C110508

Vorwort zur 6. Auflage

Aufgrund der Tatsache, dass in der kurzen Zeitspanne seit Herausgabe der fünften Auflage im Jahr 2017 neben der VOB/C erneut zahlreiche andere Regelwerke geändert, umfassend überarbeitet oder fortgeschrieben worden sind, wurde die vorliegende Aktualisierung und Erweiterung des Werks „Abnahme von Bauleistungen" erforderlich. Daneben wurde der Umfang an Fallbeispielen vergrößert, um die inhaltlichen Auswirkungen der aktualisierten Fachregeln für die Abnahmepraxis greifbar zu gestalten. Der erste Band umfasst die förmlichen Grundlagen der Abnahme sowie die praktischen Hinweise für die Abnahme von Rohbauarbeiten. Der vorliegende zweite Band befasst sich mit der Abnahme von Ausbauarbeiten.

Hamburg, im November 2022 Gunter Hankammer

Widmung

Das Buch ist meiner Frau Susanne gewidmet.

Danksagung

Für die fachliche Unterstützung und Hilfe bei der bisherigen Entwicklung des Werks und der Umsetzung der sechsten Auflage gilt mein besonderer Dank:

Frau Dipl.-Ing. (FH) Katrin Timm
Herr RA Dr. Michael Selk
Frau Petra Lindner, Lektorin

Hinweise zum Download-Angebot

Die im Anhang dieses Buches enthaltenen Checklisten für die Abnahme stehen exklusiv für Buchkäufer zum Download bereit unter

www.bauleiter-plattform.de/download-abnahme-band2-6a

Zum Öffnen der Seite ist ein Kennwort erforderlich.
Ihr persönliches Kennwort lautet: Abnahme751D#

Weitere Informationen und alle Checklisten für die Abnahme finden Sie im Anhang 3.2 ab Seite 390.

Inhaltsverzeichnis

1 Praktische Hinweise für die Abnahme der Gewerke

1.1 Fliesen- und Plattenarbeiten (VOB/C ATV DIN 18352)/Naturwerksteinarbeiten (VOB/C ATV DIN 18332)/Betonwerksteinarbeiten (VOB/C ATV DIN 18333)

1.1.1 Begriffe Fliesen/Platten

Die Unterscheidung der Begriffe Naturwerksteinfliesen und Naturwerksteinplatten erfolgt nach gültiger Fassung in der DIN EN 12057:2015-05 „Natursteinprodukte – Fliesen – Anforderungen" anhand der Materialdicke:

„3 Begriffe

Für die Anwendung dieses Dokuments gelten die Begriffe nach EN 12670:2001 und die folgenden Begriffe.

3.1 Fliese

flaches Stück aus Naturstein in quadratischer oder rechtwinkliger Form, das mit einer Nenndicke ≤ 12 mm durch Schneiden oder Spalten hergestellt wird (...)"

Ab einer Dicke von 12 mm gelten die Produkte als Platte. Die Verarbeitung von Naturwerksteinfliesen unterliegt der VOB/C ATV DIN 18352 „Fliesen- und Plattenarbeiten", die Verarbeitung von Naturwerksteinplatten ist in der VOB/C ATV DIN 18332 „Naturwerksteinarbeiten" geregelt.

1.1.2 Untergrund, Hohlstellen und Verwölbung

Verwölbungen

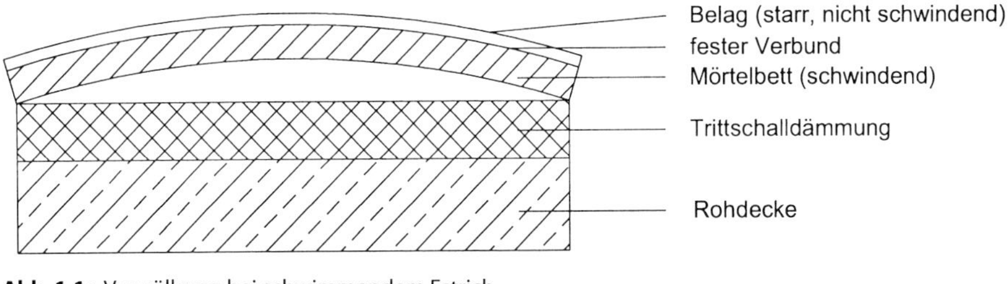

Abb. 1.1: Verwölbung bei schwimmendem Estrich

Bei Estrichen auf Trennschicht oder Dämmung können Verwölbungen durch ungleich starkes Schwinden der oberen Zone gegenüber der unteren Zone des Estrichs entstehen, z. B. bei zu schnellem Austrocknen der oberen Zone (siehe Abb. 1.1). In diesem Fall wird auch häufig vom „Schüsseleffekt" gesprochen, da die konkave Verformung eine derartige Form annimmt (siehe Abb. 1.2).

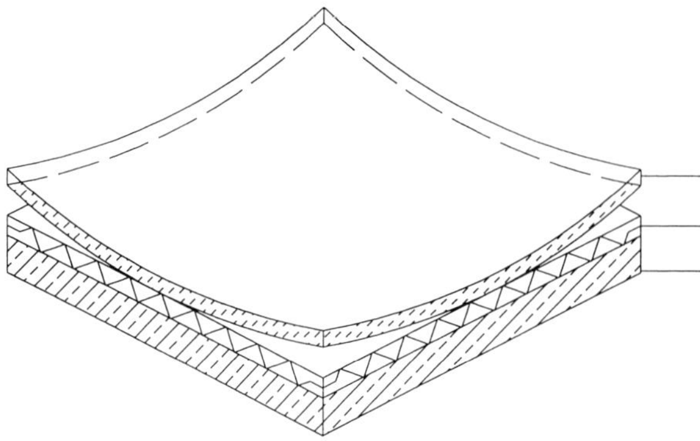

Abb. 1.2: Estrichschüsselung

In der Regel legt sich der Randbereich des Estrichs auf die übrige Fläche herab, sobald eine vollständige Austrocknung erfolgt ist.

Findet jedoch eine vorzeitige Belegung mit Fliesen statt, bevor die „Belegreife" erreicht ist, wird die Schwindverkürzung zwangsbehindert und es kommt zur Aufwölbung der belegten Estrichplatte. Anschließend bricht die mittig hohl liegende Estrichplatte unter Belastung und es kommt somit zur Rissbildung.

Der gleiche Effekt entsteht, wenn Verbundestriche keine ausreichende Haftung am Untergrund haben und infolgedessen eine Abtrennung erfolgt.

Werden frühzeitig die Sockelfliesen an der Wand entlang der noch verformten Estrichoberkante angebracht, entsteht später nach vollständiger Rückbildung der Verformung eine übergroße Fuge zwischen der Unterkante der Sockelfliesen und der Oberkante des Bodenfliesenbelags. Dieser Effekt ist in den Raumecken am intensivsten ausgeprägt, da hier eine Überlagerung der Verformungen stattgefunden hatte. Es kommt dabei regelmäßig zu einer Überbeanspruchung des elastischen Dichtstoffs und in der Folge zum Fugenabriss (siehe Abb. 1.3 bis 1.8).

Bei Beanstandung der Dichtstoff-Fugenabrisse zwischen Bodenfliesen und Wandfliesen wird von der Auftragnehmerseite regelmäßig eingewendet, dass es sich hierbei um eine sog. „Wartungsfuge" außerhalb der Gewährleistung handele. Das trifft jedoch nicht zu, da die Entstehung des normativen Begriffs „Wartungsfuge" ursprünglich anderweitig belegt war (siehe Kapitel 1.1.7 unter „Wartungsfugen"). Inzwischen erachtet zwar der Normenausschuss der DIN 52460 die Dichtstoffrandfugen in den Nassräumen von Wohngebäuden grundsätzlich als Wartungsfugen, ohne jedoch auf die vertraglichen Konsequenzen einzugehen, die sich hieraus ergeben können. Die Überbeanspruchung der elastischen Dichtstofffugen zwischen Bodenfliesen und Wand- oder Sockelfliesen durch Schüsselung oder Dämmstoffnachgiebigkeit ist durch richtige Planung der zutreffenden Fugenbreite und durch fachgerechte Ausführung nach dem Abklingen der Schüsselung und der Dämmstoffkompression unter Belastung vermeidbar. Dichtstoffe aus Silikon erreichen bei ordnungsgemäßer Planung und Ausführung eine Nutzungsdauer von 12 Jahren (Pfeiffer et al., 2010). Insofern besteht kein Grund zur Annahme, dass diese Fugen nicht der üblichen Gewährleistung unterliegen sollen. Etwas anderes ergibt sich nur, wenn eine andere Gewährleistungsfrist oder ein Gewährleistungsausschluss zuvor ausdrücklich vertraglich zwischen den Parteien vereinbart worden ist.

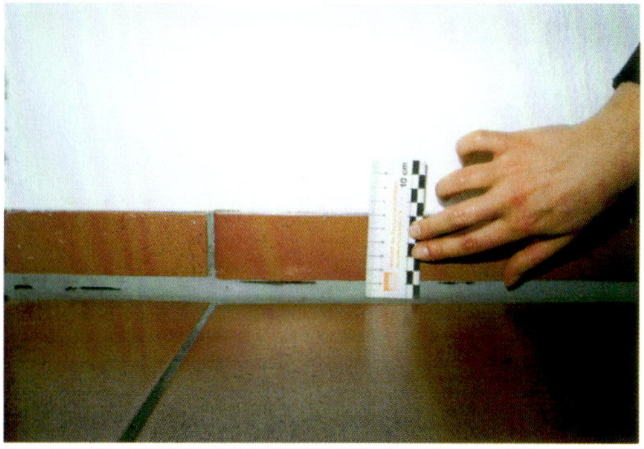

Abb. 1.3: Überbeanspruchung der elastischen Fuge unterhalb der Sockelfliesen, in der Mitte der Wand: 15 mm

Abb. 1.4: Überbeanspruchung der elastischen Fuge unterhalb der Sockelfliesen, in Raumecke: 20 mm

Abb. 1.5: Abgerissene Dichtstofffuge nach abgeklungener Estrichschüsselung

Abb. 1.6: Fliese nach abgeklungener Estrichschüsselung. Der Haftverbund der Eckfliese an der elastischen Fuge war größer als zum Untergrund hin.

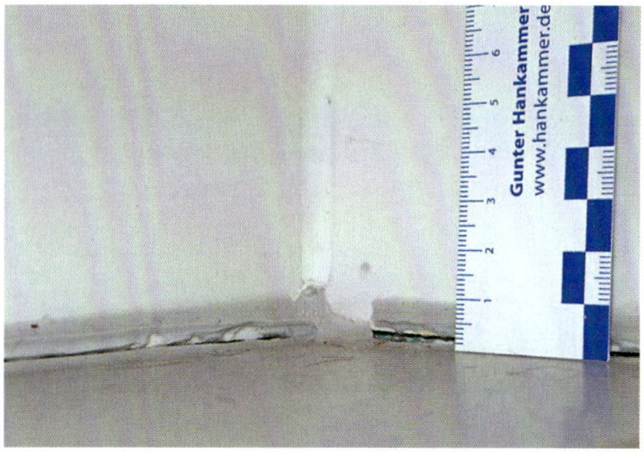

Abb. 1.7: Fugenabriss in der Raumecke nach abgeklungener Estrichschüsselung

Abb. 1.8: Unzureichende Fugenhöhe von 1,4 mm

Abb. 1.9: Verletzungsgefahr durch unfachgerechten Kontaktpunkt der Kantenschutzprofile an der Installationsverkleidung

Abb. 1.10: Verletzungsgefahr durch scharfkantige Glasfliesen im Sitzbereich einer Badewanne

Abb. 1.11: Verletzungsgefahr am scharfkantig gekürzten Quadratrohrprofil

Putzprofile

Putzprofile in Feuchtbereichen müssen über einen ausreichen Korrosionsschutz verfügen. Insbesondere innerhalb von Gipsputzen besteht eine besondere Korrosionsgefahr, verbunden mit dem Risiko einer Volumenveränderung des Metalls und nachfolgenden Abplatzungen und Rissen.

Kantenschutzprofile

Kantenschutzprofile müssen insbesondere bei Außenecken von Vorwandinstallationen so eingebaut werden, dass keine Verletzungsgefahr durch hervorstehende Grate entsteht (siehe Abb. 1.9 bis 1.11).

1.1.3 Ebenheit, lot- und waagerechte Oberfläche

Neben der Ebenmäßigkeit nach DIN 18202 (siehe Abb. 1.12) ist für Fliesen- und Plattenarbeiten bei Bodenbelägen mit Bodeneinläufen zu überprüfen, ob das Gefälle entsprechend ausgebildet worden ist.

Abb. 1.12: Unzulässige Abweichung von der Ebenheit bei Wandfliesen: 10 mm bei einem Messpunktabstand von 1 m

Abb. 1.13 und 1.14: 5 mm hoher Überzahn in einem Flurbereich

Überzähne

Häufig wird beanstandet, dass Unebenheiten in Form von sog. Überzähnen vorhanden sind, d. h., Einzelecken oder Einzelkanten ragen erhaben aus der Umgebungsfläche heraus (siehe Abb. 1.13 und 1.14).

> **Tipp**
>
> Bei großen Bodenflächen findet man die Stellen mit Überzähnen heraus, indem man ein 2-Euro-Stück flach auf den Bodenfliesenbelag legt und es dann mit hoher Geschwindigkeit seitlich über die Oberfläche rutschen lässt. An Überzähnen stellt sich die Münze dann auf und überschlägt sich.

Die VOB in der Erstausgabe von 1925 (Reichsverdingungs-Ausschuss) regelte zu Überzähnen eindeutig:

„C Technische Vorschriften für Bauleistungen

IIb Estrich- und Fliesenarbeiten DIN 1965: (…)

B Ausführung

11. Allgemeines (…)

Fugen sollen möglichst eng schließen. Plattenkanten dürfen niemals merklich aus der Fläche hervortreten.“

In der Fassung von 1958 (VOB Teil C „Fliesen- und Plattenarbeiten“ DIN 18352:1958) wurde der Text geringfügig geändert, ohne dass von der Anforderung Abstand genommen wurde:

„*3 Ausführung (...)*

3.3 Ansetzen und Verlegen (...)

3.32 Fliesen und Platten sind senk- und fluchtgerecht, waagerecht oder mit dem nötigen Gefälle ohne Überstände mit gleichmäßigen und genügend breiten Fugen anzusetzen oder zu verlegen.“

Erst die Fassung von März 1973 (VOB Teil C „Fliesen- und Plattenarbeiten“ DIN 18352:1973-03) schränkte die Art der vorgeschriebenen Platten ein:

„*3 Ausführung (...)*

3.4 Ansetzen und Verlegen (...)

3.4.1.3 Fliesen, Platten und Mosaik sind senkrecht, fluchtgerecht und waagerecht oder mit dem angegebenen Gefälle unter Berücksichtigung angegebener Bezugslinien und des Höhenrisses ohne Überstände mit gleichmäßigen und genügend breiten Fugen anzusetzen oder zu verlegen. Bei Wandbekleidungen sind Überstände nur so weit zugelassen, als sie durch die Art der vorgeschriebenen Fliesen oder Platten nicht zu vermeiden sind.“

Diese Anforderung an Überstände war in der DIN 18352 bis einschließlich der Fassung von Oktober 1979 enthalten, wurde jedoch in den nachfolgenden Fassungen ab September 1988 nicht mehr angewandt. Inzwischen sind z. B. vom Fachverband des Deutschen Fliesengewerbes im Zentralverband Deutsches Baugewerbe (ZDB) im ZDB-Merkblatt „Höhendifferenzen in keramischen, Betonwerkstein- und Naturwerksteinbekleidungen und Belägen“ (2019) entsprechende Anforderungen formuliert worden:

„Höhendifferenzen zwischen benachbarten Fliesen- und Plattenkanten, auch als Höhenversätze oder Überzähne bezeichnet, unterliegen nicht dem Regelungsbereich der DIN 18202 ‚Toleranzen im Hochbau‘.

Die Einhaltung der Toleranzen ist nur zu prüfen, wenn z. B. die Funktion des Belages oder die übliche bzw. vertraglich vereinbarte Nutzung beeinträchtigt ist oder Unregelmäßigkeiten aus gebrauchsüblicher Betrachtungsweise erkennbar sind.

Geringfügige oder einzelne Überschreitungen der zulässigen Toleranzen können hinnehmbar sein, wenn der Gesamteindruck der Fläche nicht beeinflusst wird. (...)

1 Fest verlegte Bekleidungen und Belagsflächen
(Dick-, Dünn- oder Mittelbettverfahren)

Die ATV DIN 18352 ‚Fliesen- und Plattenarbeiten‘ als auch ATV DIN 18332 ‚Naturwerksteinarbeiten‘ enthalten keine Hinweise zur Beurteilung von Höhendifferenzen.

In der Praxis haben sich nachfolgende Berechnungsverfahren zur Beurteilung von Höhendifferenzen bewährt. Die materialspezifischen Maßtoleranzen keramischer Fliesen und Platten sowie von Naturwerksteinfliesen und Bodenplatten werden hierbei berücksichtigt.

1.1 Bekleidungen und Beläge aus keramischen Fliesen und Platten

Die Stoffnormen für keramische Fliesen und Platten, DIN EN 14411 und DIN 18158, enthalten Festlegungen zur Ebenheit, Nenndicke, Länge und Breite der Fliesen und Platten und geben zusätzlich Höchstwerte für Mittelpunktwölbung, Kantenwölbung und Windschiefe vor.

Die materialbedingten Maßtoleranzen sind bei der Verlegung in den Fugen möglichst an- oder auszugleichen.

Bei der Ausführung im Verbund setzt sich die Höhendifferenz benachbarter Fliesen und Platten aus der handwerklichen Verlegetoleranz (hT) (siehe 1.1.1)
und der Stofftoleranz (auch ‚vorhandene materialbedingte Maßtoleranz') des Belagsstoffes zusammen.

Die Stofftoleranzen sind z. B. durch Labor-Kontrollmessungen an Rückstellproben zu ermitteln (siehe 1.1.2). Bei fehlenden Rückstellproben kann die vereinfachte ‚Baustellenprüfung' durchgeführt werden (siehe 1.1.3).

Das auf dem Markt erhältliche Fliesenmaterial unterscheidet sich in keramische Fliesen mit Presskanten sowie in keramische Fliesen, die nach der Herstellung geschnitten, rektifiziert und/oder kalibriert werden. Presskanten haben eine ‚weiche', leicht gerundete oder abgeschrägte Kante. Rektifizierte Fliesen haben eine scharfe und eckige Kante. Bei der Beurteilung von Höhendifferenzen muss daher zwischen der ‚Presskante' und der ‚rektifizierten Kante' unterschieden werden.

Die Ausführung von engen Fugen verschärft das Problem von Höhenversätzen. Breitere Fugen führen dazu, dass Höhendifferenzen weniger auffallen.

Durch das Ansetzen und Verlegen im Verband (z. B. Halbverband) können Höhendifferenzen aufgrund möglicher Kantenwölbungen der Bekleidungs- oder

Belagsmaterialien entstehen. Bei Bekleidungs- oder Belagsmaterialien mit größeren Stofftoleranzen sind breitere Fugen zu empfehlen.

Dieses Merkblatt bezieht sich nur auf Beläge mit einer Fugenbreite von 2 bis 8 mm (DIN 18352). Die aufgeführten Werte und Berechnungen beziehen sich nicht auf Beläge aus z. B. Handformplatten oder Cotto sowie nicht auf Natursteinplatten mit gespaltener oder geschieferter Oberfläche sowie nicht auf andere Fugenbreiten.

1.1.1 Handwerkliche Verlegetoleranz (hT)

Für die beiden Berechnungsmethoden der Regelmessung sowie der Baustellenprüfung ist die handwerkliche Verlegetoleranz (hT) wie folgt einheitlich:

Fliesen mit rektifizierter Kante (Fuge 2–8 mm)	*1,0 mm*
Fliesen mit Presskante (Fuge 2–8 mm)	*1,0 mm*

1.1.2 Berechnungsbeispiel Regelmessung
= Laborwert + handwerkliche Verlegetoleranz (hT)

Beispiel Bodenbelag:
Fliesenformat: 30 cm × 30 cm
Oberfläche: S = 900 cm²
maximal zulässige Abweichung für die Ebenflächigkeit gemäß DIN EN 14411 bei einer Oberfläche von S > 410 cm²: ± 0,3 %

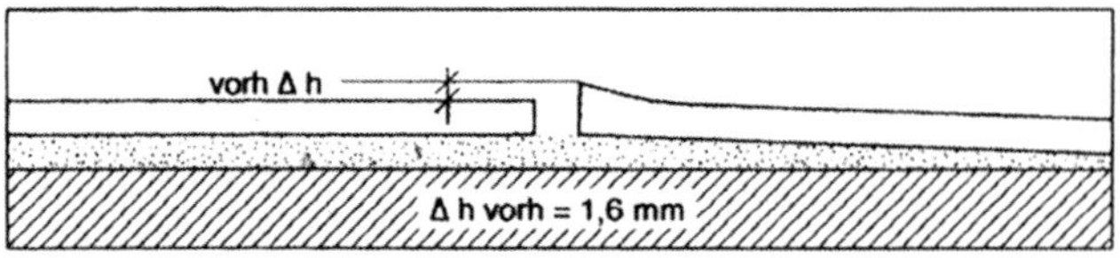

Abb. 1.15: Bemessungsgrundlage für die zulässige Höhendifferenz (Quelle: ZDB-Merkblatt „Höhendifferenzen in keramischen, Betonwerkstein- und Naturwerksteinbekleidungen und Belägen", 2019)

Dies entspricht bei einem Fliesenformat von 30 cm × 30 cm in der Beurteilung der Kantenwölbung einer maximal zulässigen Abweichung von 1,8 mm. (Eventuell sind zusätzlich die Windschiefe und Dickentoleranz der Fliese zu berücksichtigen.)

Die tatsächlich vorhandene Abweichung (Kantenwölbung) – im Labor ermittelt aus einer Rückstellprobe der verlegten Fliesen – beträgt z. B. 0,6 mm.

Die Bemessungsgrundlage für die zulässige Höhendifferenz beträgt demnach [siehe Abb. 1.15]:

handwerkliche Verlegetoleranz (hT)	*1,0 mm*
+ vorhandene Stofftoleranz (Rückstellprobe Labortest)	*0,6 mm*
Bemessungsgrundlage maximal zulässige Höhendifferenz (‚Überzahn')	*1,6 mm*

Ein Zu- oder Abschlag auf die Bemessungsgrundlage kann je nach baulichen Gegebenheiten, z. B. Verlegeart und -technik, Fugenbreiten, sowie den eingesetzten Materialien berücksichtigt werden.

1.1.3 Berechnungsbeispiel Baustellenprüfung

Eine vereinfachte Form zur Ermittlung der maximal zulässigen Höhendifferenz an der Baustelle oder wenn keine Rückstellproben vorhanden sind, ist folgende Berechnungsweise:

Formel:
zul. ΔH = (Länge + Breite)/1000 + handwerkliche Verlegetoleranz (hT) 1,0 mm

Diese vereinfachte Formel kann bei Presskanten bis zur addierten Seitenlänge a + b = 100 cm, d. h. einer maximalen Stofftoleranz von 1,0 mm, angewendet werden.

Bei Fliesen mit Presskanten wird die addierte Summe der Seitenlängen ermittelt. Bei Fliesen mit rektifizierten Kanten wird die Summe der Seitenlängen halbiert.

Beispiele Fliesen mit Presskante – addierte Seitenlänge: [vgl. Tabelle 1.1]

Größere Formate erlauben keine größeren Höhendifferenzen!

Beispiele Fliesen mit rektifizierter Kante – mittlere Seitenlänge [vgl. Tabelle 1.2]

Größere Formate erlauben keine größeren Höhendifferenzen!"

Tabelle 1.1: Berechnung der maximal zulässigen Höhendifferenz bei Fliesen mit Presskanten nach ZDB-Merkblatt „Höhendifferenzen in keramischen, Betonwerkstein- und Naturwerksteinbekleidungen und Belägen" (2019)

Fliesengröße	(Länge + Breite)/1000 + 1,0 mm hT	zulässig ΔH
10/10 cm	(100 mm + 100 mm)/1000 + 1,0 mm	1,2 mm
30/30 cm	(300 mm + 300 mm)/1000 + 1,0 mm	1,6 mm
40/40 cm	(400 mm + 400 mm)/1000 + 1,0 mm	1,8 mm
30/60 cm	(300 mm + 600 mm)/1000 + 1,0 mm	1,9 mm
50/50 cm	(500 mm + 500 mm)/1000 + 1,0 mm	2,0 mm
	maximal zulässige Höhendifferenz 2,0 mm	

Tabelle 1.2: Berechnung der maximal zulässigen Höhendifferenz bei Fliesen mit rektifizierter Kante nach ZDB-Merkblatt „Höhendifferenzen in keramischen, Betonwerkstein- und Naturwerksteinbekleidungen und Belägen" (2019)

Fliesengröße	(Länge + Breite)/1000/2 + 1,0 mm hT	zulässig ΔH
40/40 cm	(400 mm + 400 mm)/1000/2 + 1,0 mm	1,40 mm
30/60 cm	(300 mm + 600 mm)/1000/2 + 1,0 mm	1,45 mm
50/50 cm	(500 mm + 500 mm)/1000/2 + 1,0 mm	1,50 mm
	maximal zulässige Höhendifferenz 1,5 mm	

Der Bundesinnungsverband des Deutschen Steinmetz- und Steinbildhauerhandwerks hat in seinem Merkblatt 1.05 „Überzähne bei Fliesen- und Plattenbelägen" (2019) eine differenziertere Betrachtung vorgenommen, die auch den Gebrauchswert mit einbezieht:

„11 Zulässige Überzähne

11.1 Anmerkungen

a) Erhöhte Anforderungen

Bei höheren Anforderungen können geringere Höhendifferenzen ausgeschrieben werden. Diese sind nach den Tabellen 1–3 [vgl. Tabelle 1.3 bis 1.5], *gemäß den Kategorien NWS 3, BTW 3 oder kFP 3 gesondert vertraglich zu vereinbaren (Besondere Leistung). Belagstoffe sind auf die Verlegeart und die Rahmenbedingungen abzustimmen.*

Die angegebenen zulässigen Überzähne stellen Richtwerte dar, die technisch mit entsprechendem Aufwand eingehalten werden können. Von diesen Richtwerten kann in den vertraglichen Vereinbarungen abgewichen werden.

b) Grenzabmaße bei großen Fugenbreiten

Die angegebenen Grenzabmaße für Überzähne können bei Fugenbreiten > 5 mm um jeweils 0,02 mm je Millimeter Fugenmehrbreite erhöht werden.

c) Die aufgeführten Werte enthalten Verlege- und Stofftoleranzen.

11.2 Naturwerkstein, Agglo und Quarzkomposit

11.3 Betonwerkstein

11.4 Keramische Fliesen und Platten"

Tabelle 1.3: Überzähne bei Naturwerkstein nach BIV-Merkblatt 1.05 „Überzähne bei Fliesen- und Plattenbelägen" (2019)

max. Kantenlänge der Fliesen und Platten in cm	max. Überzähne in mm		
	NWS 1 Normalbereich	NWS 2 untergeordneter Bereich	NWS 3 erhöhte Anforderungen
	übliche Art und Güte	geringer Gebrauchswert	höherer Gebrauchswert
50	1,0	1,3	0,6
75	1,0	1,3	0,8
100	1,3	1,5	0,8
> 100	1,3	1,5	1,0

Tabelle 1.4: Überzähne bei Betonwerkstein nach BIV-Merkblatt 1.05 „Überzähne bei Fliesen- und Plattenbelägen" (2019)

Fläche der Fliesen und Platten	**max. Überzähne in mm**		
	BTW 1 Normalbereich	**BTW 2 untergeordneter Bereich**	**BTW 3 erhöhte Anforderungen**
	übliche Art und Güte	**geringer Gebrauchswert**	**höherer Gebrauchswert**
Innenräume			
bis 0,25 m²	1,5	2,0	1,0
> 0,25 bis 0,5 m²	2,0	2,5	1,3
> 0,5 m²	zu vereinbaren	3,0	1,5
bewitterte Bereiche			
bis 0,25 m²	2,0	zu vereinbaren	zu vereinbaren
grob bearbeitete Oberflächen	5,0	grob bearbeitet wäre z. B.: ausgewaschen, flammgestrahlt, gestockt oder scharriert	

Tabelle 1.5: Überzähne bei keramischen Fliesen und Platten nach BIV-Merkblatt 1.05 „Überzähne bei Fliesen- und Plattenbelägen" (2019)

max. Kantenlänge der Fliesen und Platten in cm	**max. Überzähne in mm**		
	kFP 1 Normalbereich	**kFP 2 untergeordneter Bereich**	**kFP 3 erhöhte Anforderungen**
	übliche Art und Güte	**geringer Gebrauchswert**	**höherer Gebrauchswert**
50	1,3	1,3	1,0
75	1,3	1,5	1,0
100	1,3	1,5	1,3
> 100	1,3	1,5	1,3

Die Maßtoleranzen von keramischen Fliesen und Platten sind in der DIN EN 14411:2016-12 „Keramische Fliesen und Platten – Definitionen, Klassifizierung, Eigenschaften, Bewertung und Überprüfung der Leistungsbeständigkeit und Kennzeichnung", Tabelle G.1 (vgl. Tabelle 1.6) festgelegt:

„*Anhang G (normativ) Anforderungen an trockengepresste keramische Fliesen und Platten mit geringer Wasseraufnahme, Gruppe* BI_a ($E_b \leq 0{,}5$ %)

Die Anforderungen an die Abmessungen und die Oberflächenbeschaffenheit sowie an die physikalischen und chemischen Eigenschaften dieser Gruppe von keramischen Fliesen und Platten müssen mit Tabelle G.1 [vgl. Tabelle 1.6] *übereinstimmen.*"

Tabelle 1.6: Anforderungen an trockengepresste keramische Fliesen und Platten mit geringer Wasseraufnahme, Gruppe BI_a, ($E_b \leq 0{,}5$ %) nach DIN EN 14411:2016-12, Tabelle G.1

Eigenschaften	**Anforderungen an das Nennmaß *N***				**Prüfverfahren**
	***N* < 7 cm**	**7 cm ≤ *N* < 15 cm**	***N* ≥ 15 cm**		
	in mm	**in mm**	**in %**	**in mm**	
A) Abmessungen und Oberflächenbeschaffenheit					
A.1 Länge und Breite					
Die Werkmaße sind wie folgt auszuwählen für:					
a) modulare Fliesen/Platten:	nicht zutreffend	so, dass eine Nennfugenbreite zwischen 2 mm und 5 mm zugelassen wird[1)]			–
b) nicht modulare Fliesen/Platten:	nicht zutreffend	so, dass die Differenz zwischen Werkmaß und Nennmaß nicht mehr als 2 % (höchstens ± 5 mm) beträgt			–
zulässige Abweichung der durchschnittlichen Seitenlänge jeder Fliese/Platte (2 oder 4 Seiten) vom Werkmaß (*W*)	±0,5 mm	±0,9 mm	±0,6 %	±2,0 mm	EN ISO 10545-2
A.2 Dicke					
a) die Dicke ist festzulegen	angegebene Dicke				–
b) zulässige Abweichung der durchschnittlichen Dicke jeder Fliese/Platte vom Werkmaß	±0,5 mm	±0,5 mm	±5 %	±0,5 mm	EN ISO 1 0545-2

Fortsetzung Tabelle 1.6

Eigenschaften	**Anforderungen an das Nennmaß *N***				**Prüfverfahren**
	***N* < 7 cm**	**7 cm ≤ *N* < 15 cm**	***N* ≥ 15 cm**		
	in mm	**in mm**	**in %**	**in mm**	
A.3 Geradheit der Seiten[2)] (Ansichtsflächen)					
maximal zulässige Abweichung von der Geradheit, bezogen auf die entsprechenden Werkmaße	ohne Prüfung	±0,75 mm	±0,5 %	±1,5 mm	EN ISO 10545-2
A.4 Rechtwinkligkeit[2)]					
maximal zulässige Abweichung von der Rechtwinkligkeit, bezogen auf die entsprechenden Werkmaße	ohne Prüfung	±0,75 mm	±0,5 %	±2,0 mm	EN ISO 10545-2
A.5 Ebenflächigkeit					
maximal zulässige Ebenheitsabweichung:					
A) Abmessungen und Oberflächenbeschaffenheit					
a) Mittelpunktwölbung, bezogen auf die aus den Werkmaßen berechnete Diagonale	ohne Prüfung	±0,75 mm	±0,5 %	±2,0 mm	EN ISO 10545-2
b) Kantenwölbung, bezogen auf die entsprechenden Werkmaße	ohne Prüfung	±0,75 mm	±0,5 %	±2,0 mm	EN ISO 10545-2
c) Windschiefe, bezogen auf die aus den Werkmaßen berechnete Diagonale	ohne Prüfung	±0,75 mm	±0,5 %	±2,0 mm	EN ISO 10545-2
A.6 Oberflächenbeschaffenheit[3)]	Mindestens 95 % der Fliesen und Platten müssen frei von sichtbaren Fehlern sein, die das Aussehen einer größeren Fliesen-/Plattenfläche beeinträchtigen würden.				EN ISO 10545-2

[1)] Für traditionelle Systeme, die auf nicht metrischen Maßen beruhen, dürfen ähnliche Fugenbreiten angewendet werden.

[2)] nicht anwendbar auf Fliesen und Platten mit gekrümmten Kanten

[3)] Bedingt durch den Brennvorgang sind geringfügige Abweichungen von der jeweiligen Standardfarbe unvermeidbar. Unberührt bleiben gewollte Unregelmäßigkeiten der Farbnuancen in der Ansichtsfläche von Fliesen und Platten (die unglasiert, glasiert oder teilglasiert sein können) sowie das Farbspiel innerhalb einer Fliesen-/Plattenfläche, das gewünscht und charakteristisch für den betreffenden Typ von Fliesen und Platten ist. Flecken oder farbige Punkte, die absichtlich aus dekorativen Gründen aufgebracht wurden, werden nicht als Fehler betrachtet.

Beispiel

Das Werkmaß beträgt 20 cm × 25 cm.

Die Oberfläche *S* errechnet sich zu 20 cm × 25 cm = 500 cm².

Für die Kantenwölbung beträgt nach DIN EN 14411 das maximale Maß der Abweichung ± 0,5 % bezogen auf das zugehörige Werkmaß.

Bei einer Kantenlänge von 25 cm beträgt damit das zulässige Maß der Kantenwölbung als Obergrenze	250 mm · (+0,5 %) = +1,25 mm.
Das zulässige Maß als Untergrenze beträgt	250 mm · (−0,5 %) = −1,25 mm.
Die Materialtoleranz an der Grenzlinie zwischen benachbarten Fliesen beträgt	2,50 mm.
Hinzu kommt eine Verlegetoleranz von	1,00 mm.
Die zulässige Gesamttoleranz als Überzahn-Maß beträgt	3,50 mm.

Voraussetzung ist jedoch, dass beide aneinanderangrenzenden Fliesen jeweils an der Obergrenze/Untergrenze ihrer spezifischen Materialtoleranz liegen und eine Vorsortierung der Fliesen nicht möglich war. In allen anderen Fällen dürften Überzähne bis zu der Größenordnung von 1,0 mm bis 1,5 mm tolerierbar sein.

Unabhängig von den Toleranzen, die für die Verlegung von Fußböden aus Fliesen und Platten gelten, sind Stolperstellen in Arbeitsbereichen mit Rutschgefahr zu vermeiden.

Die „Verordnung über Arbeitsstätten" (ArbStättV, 2020) regelt:

„Anhang Anforderungen an Arbeitsstätten nach § 3 Abs. 1 (…)

1.5 Fußböden, Wände, Decken, Dächer (…)

(2) Die Fußböden der Räume dürfen keine Unebenheiten, Löcher, Stolperstellen oder gefährlichen Schrägen aufweisen. Sie müssen gegen Verrutschen gesichert, tragfähig, trittsicher und rutschhemmend sein."

Als Stolperstellen gelten allgemein nach den „Technischen Regeln für Arbeitsstätten ASR A1.5/1,2 Fußböden" (2022) Höhenunterschiede von mehr als 4 mm:

„3 Begriffsbestimmungen (…)

3.5 Stolperstellen sind Änderungen der Oberfläche in begehbaren Bereichen des Fußbodens, durch die erhöhte Sturzgefährdungen hervorgerufen werden. Stolperstellen entstehen z. B. durch Höhenunterschiede, die an Absätzen oder durch Unebenheiten oder an Übergängen von der Waagerechten in ein Gefälle oder eine Steigung oder durch unmittelbar auftretende Änderungen der Rutschhemmung der Fußbodenoberfläche auftreten. Unter ebenen Bedingungen in Räumen gelten bereits Höhenunterschiede von mehr als 4 mm als Stolperstelle. Auch bei Spaltenbreiten von mehr als 20 mm im Fußboden sowie bei der Verwendung von Rosten mit einer Maschenteilung von mehr als 35 mm × 51 mm liegen Stolperstellen vor. Eine Stolperstelle kann auch temporär auftreten, z. B. aufgrund einer Durchbiegung an der Verbindungsstelle verschiedener Fußböden."

Aus technischer Sicht gibt es keinen Grund für die Annahme, dass die Fußböden von Wohngebäuden, die nicht dem direkten Geltungsbereich der Regeln für Arbeitsräume und Arbeitsstätten zuzuordnen sind, hinsichtlich der Stolperstellen geringeren Anfor-

Abb. 1.16: Die Verlegerichtung des Mittelfeldes läuft weder parallel zum Fries noch im 45°-Winkel dazu – ein deutliches Indiz dafür, dass die Flurwand planwidrig nicht im 45°-Winkel zu den übrigen Wänden verlief.

Abb. 1.17: Die Verlegerichtung verläuft nicht parallel zur Wand – ein deutliches Indiz dafür, dass die planwidrig nicht im 45°-Winkel zu den übrigen Wänden verlief.

Abb. 1.18: Der Seitenversatz des Fugenrasters im Türdurchgang stellt eine optische Beanstandung dar.

derungen unterliegen als die Fußböden im gewerblichen Bereich, da das Unfall- und Verletzungsrisiko prinzipiell in beiden Fällen besteht. Eher lässt sich die Auffassung vertreten, dass die Fußböden im Wohnbereich ein größeres Vertrauen der Nutzer hinsichtlich der Ebenmäßigkeit genießen als diejenigen im Arbeitsbereich. Stolperstellen stellen daher im Wohnbereich eine eher unerwartete Beeinträchtigung des Gehkomforts dar. Insoweit ist davon auszugehen, dass der maximal zulässige Grenzwert von 4 mm, der im Arbeitsbereich als Stolperstelle gilt, auch bei der Beurteilung der Mindestanforderungen an die Qualität von Fußböden im Wohnbereich herangezogen werden kann.

1.1.4 Verlegemuster

Abweichungen von einer verbindlich vereinbarten Verlegerichtung oder von einem bestimmten Muster sind als Mangel einzustufen, weil die vereinbarte Beschaffenheit nicht vorliegt (siehe Abb. 1.16 bis 1.22).

Abb. 1.19: Treffpunkt von Fliesen bei einer Verlegung, die von 2 unterschiedlichen Räumen begonnen wurde (optischer Mangel)

Abb. 1.20: Treffpunkt von Fliesenrastern bei einer Verlegung, die aus 2 unterschiedlichen Räumen begonnen wurde (optischer Mangel)

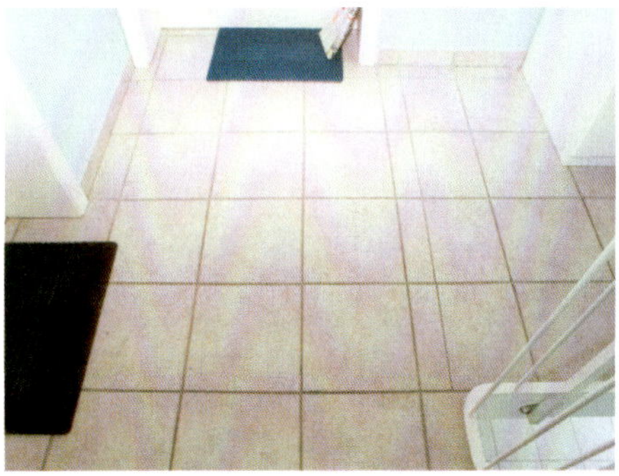

Abb. 1.21: Überflüssige Fuge in der Bodenverfliesung. Der Bodenbelag wurde von 2 Seiten aus verlegt. In der Mitte entstand eine Lücke, die größer war als die Fliesenbreite.

Abb. 1.22: Trennfuge des Belagwechsels liegt nicht unterhalb des Türblatts (optischer Mangel)

Abb. 1.23: Abweichung des Fliesenrasters von der Wandflucht

Im Randbereich sollte das Fliesenraster jeweils mit einer halben Fliese beginnen, damit sich Abweichungen von der Rechtwinkligkeit nicht durch keilförmige Modellfliesen bemerkbar machen (siehe Abb. 1.23).

1.1.5 Rutschfestigkeitsklasse

Bei der Abnahme von Bodenfliesen in Arbeitsräumen und Arbeitsbereichen mit Rutschgefahr ist zu überprüfen, ob die ausgeschriebene Bewertungsgruppe der Rutschgefahr auch ausgeführt worden ist. Dies lässt sich durch einen Herstellernachweis belegen.

Die normative Prüfung erfolgt gemäß DIN 51130 in einer Prüfanstalt durch Begehung einer mit dem Prüfbelag belegten schiefen Ebene mit einer Fläche von 100 cm × 50 cm.

Gemäß den „Technischen Regeln für Arbeitsstätten ASR A1.5/1,2 Fußböden" (2022) gilt:

„6 Schutzmaßnahmen gegen Ausrutschen

(1) Fußbodenoberflächen müssen unter Berücksichtigung der Art der Nutzung sowie der zu erwartenden gleitfördernden Stoffe so eingerichtet werden, dass eine sichere Benutzung möglich ist. Während des Betriebes können sich Rutschgefahren durch nicht beseitigte Verunreinigungen oder durch eine Abnutzung der Fußbodenoberfläche ergeben.

Rutschgefahren sind vorrangig durch geeignete Fußböden und Fußbodenbeläge zu vermeiden. Geeignete Fußböden für den jeweiligen Einsatzbereich sind in Anhang 2 ‚Anforderungen an die Rutschhemmung von Fußböden' dieser ASR aufgeführt. Für Arbeitsräume, -bereiche und betriebliche Verkehrswege sind bei gemischten Tätigkeiten die R-Gruppe und der Verdrängungsraum entsprechend der hauptsächlichen Tätigkeit auszuwählen. (…)

Anhang 1

Verfahren zur Prüfung der rutschhemmenden Eigenschaft und des Verdrängungsraums[2] (Begehungsverfahren – Schiefe Ebene)

1 Rutschhemmende Eigenschaft

Eine Prüfperson mit Prüfschuhen begeht in aufrechter Haltung mit Schritten einer halben Schuhlänge vor- und rückwärts den zu prüfenden Bodenbelag, dessen Neigung vom waagerechten Zustand beginnend bis zum Winkel des Ausrutschens (α) gesteigert wird (siehe Abbildung 1) [siehe Abb. 1.24]. *Dieser sogenannte Winkel des Ausrutschens ist der Winkel, bei dem die Prüfperson nicht mehr sicher gehen kann und zu rutschen beginnt. Der Winkel des Ausrutschens wird auf mit Gleitmittel bestrichenem Bodenbelag ermittelt. Der erreichte mittlere Winkel des Ausrutschens dient anschließend zur Beurteilung des Grades der Rutschhemmung (siehe Tabelle 1)* [vgl. Tabelle 1.7]. *Subjektive Einflüsse auf den Winkel des Ausrutschens werden durch ein Verifizierungs- und Korrekturverfahren eingegrenzt.*

Anhang 2

Anforderungen an die Rutschhemmung von Fußböden

In der nachstehenden Tabelle [vgl. Tabelle 1.8] *wird eine Zuordnung von Arbeitsräumen, Arbeitsbereichen und betrieblichen Verkehrswegen zu Bewertungsgruppen der Rutschhemmung vorgenommen. Die Aufzählung beschränkt sich auf solche Arbeitsräume, Arbeits-*

Tabelle 1.9: Bewertungskonzept der Rutschgefahr[1)] nach BGI/GUV-I 8687 (2011), Tabelle 3

Gleitreibungskoeffizient μ			**Bewertung/Maßnahmen[4)]**
Betriebsmessung BM	**Nullmessung vorhanden? NM[2)]**	**Kontrollmessung KM**	
$\mu \geq 0{,}45$	keine	–	Bodensystem uneingeschränkt betriebstauglich
$\mu \geq 0{,}30$ $\mu < 0{,}45$	keine	–	Bodensystem betriebstauglich, eventuell besondere Maßnahmen erforderlich
$\mu < 0{,}30$	keine	–	Bodensystem kritisch, besondere Maßnahmen erforderlich
$\mu < 0{,}30$	ja	$\mu_{KM} \geq 0{,}9 \cdot \mu_{NM}$[2, 3)]	Bodensystem betriebstauglich, eventuell besondere Maßnahmen erforderlich
$\mu < 0{,}30$	ja	$\mu_{KM} < 0{,}9 \cdot \mu_{NM}$[3)]	Bodensystem kritisch, besondere Maßnahmen erforderlich

[1)] Bewertung der Betriebsmessung in Anlehnung an die Wuppertaler Grenzwerte für sicheres Gehen nach Skiba [6].
[2)] Die Praxis zeigt, dass Bodenbeläge, die durch Prüfung nach DIN 51130 den Bewertungsgruppen, R, zugeordnet wurden, in seltenen Fällen bei der Nullmessung Gleitreibungskoeffizienten von $\mu_{NM} < 0{,}3$ aufweisen. Dieser Umstand ist auf die Unterschiede der Messmethoden zurückzuführen und deshalb akzeptabel.
[3)] Ist ein Bodenbelag gemäß den Anforderungen nach BGR/GUV-R 181 eingebaut und entspricht das Messergebnis der Kontrollmessung mindestens zu 90 % (Messunsicherheit bereits enthalten) dem des Bodenbelags im Neuzustand, d. h. mindestens 90 % des Ergebnisses der Nullmessung, dann gilt die Rutschhemmung des Bodenbelages als eingehalten.
[4)] Maßnahmen, die ergriffen werden können, sind in Tabelle 4 aufgeführt (siehe auch Abs. 6).

- *wenn das Messergebnis zwischen $\mu = 0{,}30$ und $\mu = 0{,}44$ liegt, ist der Bereich als ‚rutschhemmend' einzustufen, jedoch ist je nach betrieblicher Anforderung die Durchführung von risikoorientierten Maßnahmen zur Verbesserung der Rutschhemmung sinnvoll. Geeignet sind Maßnahmen nach Tabelle 4 – die Maßnahmen nach T4.1 und T4.2 sind nicht erforderlich;*
- *ist das Messergebnis $\mu \geq 0{,}45$, ist die Rutschhemmung des Bodensystems als ‚uneingeschränkt betriebstauglich' einzustufen.*

ANMERKUNG: Durch Messungen von Gleitreibungskoeffizienten kann grundsätzlich keine Einstufung der Bodenbeläge in Rutschhemmungsklassen der BGR/GUV-R 181 erfolgen. Die Eignung eines Bodenbelags kann nur über die Prüfung mit der schiefen Ebene nach DIN 51130 bewertet werden.

5. Messung der rutschhemmenden Eigenschaften nach DIN 51131

Im Folgenden wird das Messverfahren beschrieben und es werden wichtige Hinweise für die Durchführung der Messung gegeben. Weiterführende Detailinformationen sind der DIN 51131 oder der Bedienungsanleitung des jeweiligen Messgeräteherstellers zu entnehmen.

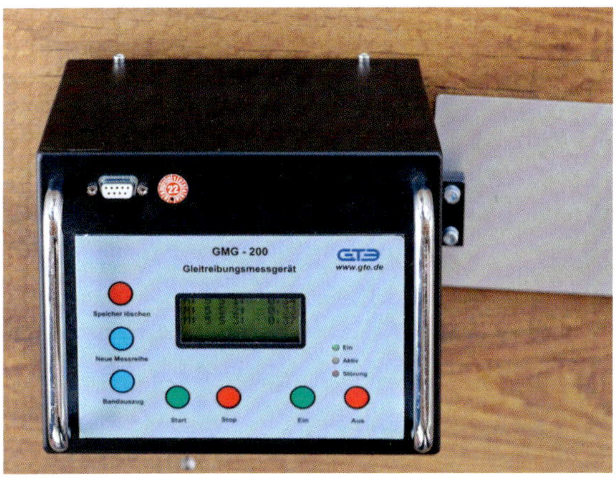

Abb. 1.25 bis 1.27: Gleitmessgerät GMG 200 (Quelle: BGI/GUV-I 8687, 2011, Bild 3)

5.1 Messgerät

Die DIN 51131 legt das Prüfprinzip und die bei der Messung einzuhaltenden Prüfparameter fest. Ein Messgerät, das diesen Anforderungen genügt, ist z. B. das Gleitmessgerät GMG 100 bzw. GMG 200 (Bild 3) [siehe Abb. 1.25 bis 1.27].

Die Unterseite des Gleitmessgerätes kann mit unterschiedlichen Gleitern bestückt werden (Bild 4). Der SBR-Gleiter wird für alle Arten von Betriebszuständen und Gleitmitteln verwendet. Für trockene Fußböden kann auch der Ledergleiter gemäß DIN 51131 genutzt werden. Da Leder ein Naturprodukt ist, können größere Messungenauigkeiten auftreten, sodass die Messungen nur eine geringe Aussagekraft haben. Für spezielle Messungen, die den Betriebszustand widerspiegeln, oder z. B. im Rahmen von Unfalluntersuchungen, können auch Gleiter aus anderen Materialien, z. B. aus den Laufsohlen von Sicherheitsschuhen, verwendet werden.“

1.1.6 Verschleißfestigkeit von Bodenfliesen

Bei der Abnahme von Bodenfliesenarbeiten muss geprüft werden, ob die Verschleißfestigkeit der Oberflächen den zu erwartenden Anforderungen entspricht. Eine Klassifizierung ist in DIN EN 14411:2016-12 „Keramische Fliesen und Platten – Definitionen, Klassifizierung, Eigenschaften, Bewertung und Überprüfung der Leistungsbeständigkeit und Kennzeichnung“ enthalten:

„Anhang N (informativ)

Klassifizierung glasierter keramischer Fliesen und Platten für die Herstellung von Bodenbelägen entsprechend ihrem Widerstand gegen Oberflächenverschleiß

Falls erforderlich darf die folgende grobe Klassifizierung glasierter keramischer Fliesen und Platten für die Herstellung von Bodenbelägen in Bezug auf ihren Widerstand gegen Oberflächenverschleiß angewendet werden.

Diese Klassifizierung sollte nicht so verstanden werden, dass mit ihr genaue Produktspezifikationen hinsichtlich bestimmter Anforderungen bereitgestellt werden, sondern eher als Anleitung dienen (siehe EN ISO 10545-7).

Klasse 0 Glasierte Fliesen und Platten dieser Klasse werden nicht zur Herstellung von Bodenbelägen empfohlen.

Klasse 1 Bodenbeläge in Bereichen, die hauptsächlich mit Schuhen mit weicher Sohle oder barfuß ohne kratzende Verschmutzung begangen werden (z. B. Wohnbäder und Schlafzimmer ohne direkten Zugang von außen).

Klasse 2 Bodenbeläge in Bereichen, die mit weich besohlten oder normalen Schuhen mit höchstens gelegentlichen geringen Mengen kratzender Verschmutzung begangen werden (z. B. Räume in Wohnbereichen von Häusern, mit Ausnahme von Küchen, Eingängen und weiteren Räumen, die möglicherweise häufig begangen werden). Dies gilt nicht für ungewöhnliche Fußbekleidung, (d. h. Nagelschuhe).

Klasse 3 Bodenbeläge in Bereichen, die mit normalen Schuhen häufiger mit geringen Mengen kratzender Verschmutzung begangen werden (z. B. Wohnküchen, Flure, Korridore, Balkone, Loggien und Terrassen). Dies gilt nicht für ungewöhnliche Fußbekleidung (d. h. Nagelschuhe).

Klasse 4 Bodenbeläge, die bei regelmäßiger Nutzung mit gewissen Mengen kratzender Verschmutzung begangen werden, sodass die Beanspruchungen stärker sind als bei Klasse 3 (z. B. Eingänge, gewerbliche Küchen, Hotels, Ausstellungs- und Verkaufsräume).

Klasse 5 Bodenbeläge, die durch starken Fußgängerverkehr über lange Zeiträume mit gewissen Mengen kratzender Verschmutzung beansprucht werden, sodass die Beanspruchungen die höchsten sind, für die glasierte Fliesen und Platten geeignet sein können (z. B. öffentliche Bereiche wie Einkaufszentren, Abfertigungshallen auf Flughäfen, Hotelfoyers, öffentliche Fußwege und industrielle Anwendungen).

Diese Klassifizierung gilt für die angegebenen Anwendungen unter üblichen Bedingungen. Die zu erwartende Fußbekleidung und Art der Nutzung sowie die zu erwartenden Reinigungsverfahren sollten berücksichtigt werden, und die Böden sollten durch Reinigungsvorrichtungen für Schuhwerk an den Eingängen von Gebäuden ausreichend gegen kratzende Verschmutzung geschützt werden. In Extremfällen mit sehr intensiver Nutzung und großen Mengen kratzender Verschmutzung können unglasierte Bodenfliesen und -platten aus Gruppe I in Betracht gezogen werden.“

1.1.7 Fliesenfugen

Fugenbreiten

Die Sollwerte der Fugenbreiten bei Fliesen- und Plattenarbeiten waren bis zu der Fassung von 2016 in der VOB/C ATV DIN 18352:2016-09 „Fliesen und Plattenarbeiten“ konkret festgelegt. Ab der Fassung von 2019 ist nur noch eine Bandbreite von 2 bis 8 mm angegeben. Die zulässigen Toleranzen innerhalb von Fugenbreiten bei Fliesenbelägen richten sich nach den zulässigen Toleranzen der Belagsstoffe.

VOB/C ATV DIN 18352:2019-09 „Fliesen- und Plattenarbeiten“ regelt:

„2 Stoffe, Bauteile

Ergänzend zur ATV DIN 18299, Abschnitt 2, gilt:

Fliesen, Platten und Mosaik müssen der ersten Güteklasse entsprechen.

Für die gebräuchlichsten genormten Stoffe und Bauteile sind die DIN-Normen nachstehend aufgeführt. (…)

3 Ausführung

Ergänzend zur ATV DIN 18299, Abschnitt 3, gilt: (…)

3.4 Fugen

3.4.1 Die Fugen sind gleichmäßig breit anzulegen. Material-/Ausführungstoleranzen der Belagstoffe sind in den Fugen auszugleichen.

3.4.2 Die technisch notwendige Fugenbreite beträgt 2 mm bis 8 mm. Je nach Art, Format und Materialtoleranz sowie Verwendungszweck der Belagsstoffe können größere Fugenbreiten erforderlich sein. Mosaike in vorgefertigten Tafeleinheiten unterliegen nicht diesen Vorgaben.“

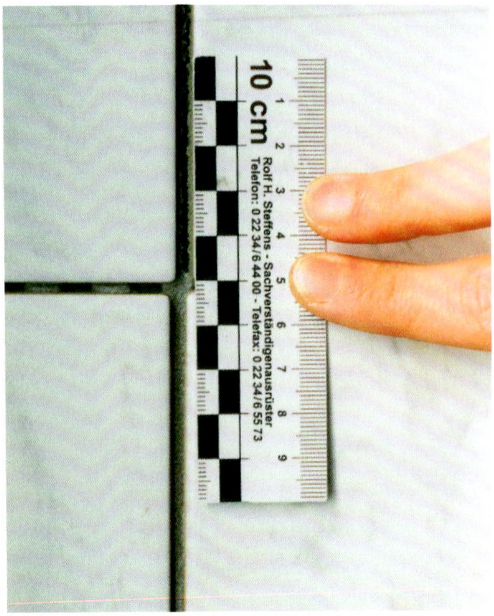

Abb. 1.28: Fugenversatz

Abb. 1.29: Ungleichmäßiges Fugenbild

Als optischer Mangel werden in einer Vielzahl von Fällen stark unterschiedliche Fugenbreiten innerhalb einer Fläche beanstandet (siehe Abb. 1.28 und 1.29).

Das zulässige Toleranzmaß der Fliesen ist den jeweils entsprechenden Stoffnormen zu entnehmen. Nach DIN EN 14411:2016-12 „Keramische Fliesen und Platten – Definitionen, Klassifizierung, Eigenschaften, Bewertung und Überprüfung der Leistungsbeständigkeit und Kennzeichnung“ gilt:

„(…)

Anhang L (normativ) Anforderungen an trockengepresste keramische Fliesen und Platten der Gruppe BIII (E_b > 10 %)

Die Anforderungen an die Abmessungen und die Oberflächenbeschaffenheit sowie an die physikalischen und chemischen Eigenschaften dieser Gruppe von keramischen Fliesen und Platten müssen mit Tabelle L.1 [vgl. Tabelle 1.10] *übereinstimmen.“*

Tabelle 1.10: Anforderungen an trockengepresste keramische Fliesen und Platten, Gruppe BIII, (E_b > 10 %) nach DIN EN 14411:2016-12, Tabelle L.1

Eigenschaften	Anforderungen an das Nennmaß *N*			Prüfverfahren
	7 cm ≤ *N* < 15 cm	*N* ≥ 15 cm		
	in mm	in %	in mm	
A) Abmessungen und Oberflächenbeschaffenheit				
A.1 Länge und Breite				
Die Werkmaße sind wie folgt auszuwählen für:				
a) modulare Fliesen/Platten:	so, dass eine Nennfugenbreite zwischen 2 mm und 5 mm zugelassen wird[1)]			–
b) nicht modulare Fliesen/Platten:	so, dass die Differenz zwischen Werkmaß und Nennmaß nicht mehr als 2 % (höchstens ± 5 mm) beträgt			–
zulässige Abweichung der durchschnittlichen Seitenlänge jeder Fliese/Platte (2 oder 4 Seiten) vom Werkmaß (*W*)	± 0,75 mm	± 0,5 %	± 2,0 mm	EN ISO 10545-2
A.2 Dicke				
c) die Dicke ist festzulegen	angegebene Dicke			–
d) zulässige Abweichung der durchschnittlichen Dicke jeder Fliese/Platte vom Werkmaß	± 0,5 mm	± 10 %	± 0,5 mm	EN ISO 1 0545-2
A.3 Geradheit der Seiten[2)] (Ansichtsflächen)				
maximal zulässige Abweichung von der Geradheit, bezogen auf die entsprechenden Werkmaße	± 0,5 mm	± 0,3 %	± 1,5 mm	EN ISO 10545-2
A.4 Rechtwinkligkeit[2)]				
maximal zulässige Abweichung von der Rechtwinkligkeit, bezogen auf die entsprechenden Werkmaße	± 0,75 mm	± 0,5 %	± 2,0 mm	EN ISO 10545-2

Fortsetzung Tabelle 1.10

Eigenschaften	Anforderungen an das Nennmaß *N*			Prüfverfahren
	7 cm ≤ *N* < 15 cm	*N* ≥ 15 cm		
	in mm	in %	in mm	
A.5 Ebenflächigkeit				
maximal zulässige Ebenheitsabweichung:				
a) Mittelpunktwölbung, bezogen auf die aus den Werkmaßen berechnete Diagonale	+0,75 mm −0,50 mm	+0,5 % −0,3 %	+2,0 mm −1,5 mm	EN ISO 10545-2
b) Kantenwölbung, bezogen auf die entsprechenden Werkmaße	+0,75 mm −0,50 mm	+0,5 % −0,3 %	+2,0 mm −1,5 mm	EN ISO 10545-2
A) Abmessungen und Oberflächenbeschaffenheit				
c) Windschiefe, bezogen auf die aus den Werkmaßen berechnete Diagonale	±0,75 mm	±0,5 %	±2,0 mm	EN ISO 10545-2

[1] Für traditionelle Systeme, die auf nicht metrischen Maßen beruhen, dürfen ähnliche Fugenbreiten angewendet werden.
[2] nicht anwendbar auf Fliesen und Platten mit gekrümmten Kanten

Beispiel

Gemäß DIN EN 14411 gilt als Abweichung für die Länge von Fliesen mit einer Kantenlänge von 7 cm ≤ *N* < 15 cm ein Toleranzmaß von ±0,75 mm. Bei einer Kantenlänge von 120 mm ergibt sich auf diese Weise ein zulässiges Toleranzmaß aufgrund ggf. unterschiedlicher Fliesenkantenlängen

von 120 mm – 0,75 mm = 119,25 mm
bis 120 mm + 0,75 mm = 120,75 mm.

Bei einer planungsseitig vorgegebenen **Nennfugenbreite** von 4,0 mm errechnet sich die zulässige minimale Istfugenbreite bei dieser Fliese wie folgt:
4,0 mm – 0,75 mm = **3,25 mm**.

Gleichzeitig errechnet sich die zulässige maximale **Istfugenbreite** bei dieser Fliese wie folgt: 4,0 mm + 0,75 mm = **4,75 mm**.

Größere Abweichungen sind nicht zulässig.

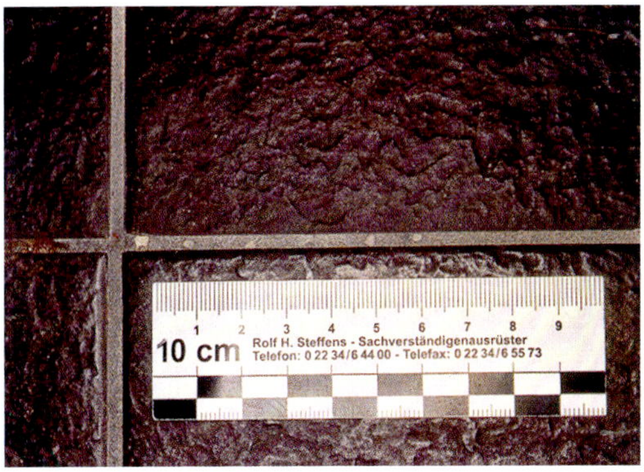

Abb. 1.30: Störende Fremdkörper im Fugennetz

Abb. 1.31: Aus hygienischen Gründen unzulässige Fehlstelle in der Verfugung der Fliesen im Bereich einer Hohlkehle in einer gewerblichen Küche

Abb. 1.32: Abdichtungstechnisch unzulässige Fehlstelle in der Verfugung im Übergang der Wandfliesen zum oberen Rand der Dichtstofffuge an der Duschtasse in einer gewerblich genutzten Dusche

Fremdkörper und Fehlstellen im Fugennetz

Innerhalb des Fugennetzes dürfen keine störenden Verunreinigungen oder Fremdkörper enthalten sein (siehe Abb. 1.30). Auch Fehlstellen sind zu vermeiden (siehe Abb. 1.31 und 1.32).

Bewegungsfugen

Scheinfugen, die in den frischen Estrich als planmäßige „Sollbruchstelle" zur Aufnahme von Schwindverkürzungen mit der Kelle eingeschnitten werden, müssen vor Einbau der Bodenfliesen kraftschlüssig verdübelt werden. Alle übrigen Fugen gelten als Bewegungsfugen, die mit Fugendichtmassen oder geeigneten Profilen geschlossen werden müssen (siehe Abb. 1.33).

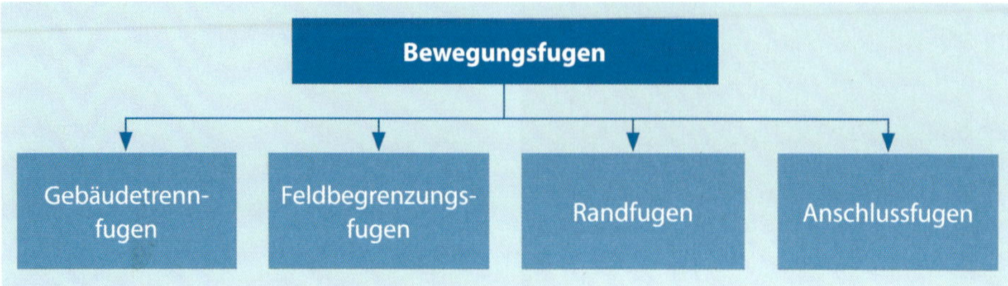

Abb. 1.33: Arten von Bewegungsfugen nach DIN 18352

Gemäß VOB/C ATV DIN 18352:2019-09 „Fliesen und Plattenarbeiten" gilt:

„2 Stoffe, Bauteile

Ergänzend zur ATV DIN 18299, Abschnitt 2, gilt:

Fliesen, Platten und Mosaik müssen der ersten Güteklasse entsprechen.

Für die gebräuchlichsten genormten Stoffe und Bauteile sind die DIN-Normen nachstehend aufgeführt. (…)

3 Ausführung

Ergänzend zur ATV DIN 18299, Abschnitt 3, gilt: (…)

3.4 Fugen (…)

3.4.4 Bewegungsfugen, wie Gebäudetrennfugen, Feldbegrenzungsfugen, Rand- und Anschlussfugen, sind beim Ansetzen und Verlegen von Fliesen und Platten im Dünnbettverfahren entsprechend DIN 18157-1, DIN 18157-2 und DIN 18157-3 und bei Fassadenbekleidungen entsprechend DIN 18515-1 und DIN 18515-2 anzuordnen und mit Fugendichtmassen oder Profilen zu schließen."

Starr verfugte Randfugen oder kontaktschlüssig verklebte Wandfliesen im Bereich von Innenecken stellen einen Mangel dar, weil sämtliche Bauteilverformungen sich über den starren Kontakt übertragen und zu Rissbildungen führen (siehe Abb. 1.34).

Die DIN 18157-1 machte in der Ausgabe von 1979 noch konkrete Angaben zu der Ausbildung von Anschlussfugen, die in der aktuellen Fassung von April 2017 in dieser Form nicht mehr aufgeführt sind. Gemäß DIN 18157-1:1979-07 „Ausführungen keramischer Bekleidungen im Dünnbettverfahren" galt:

„9. Bewegungsfugen in den Bekleidungsflächen (…)

9.3 Anschlussfugen

Anschlussfugen sind erforderlich, wenn die im Dünnbettverfahren hergestellte keramische Bekleidung an andere Bauteile oder Baustoffe, z. B. Holz, Glas oder Stahl, anschließt. Anschlussfugen sind ferner in senkrechten Innenecken vorzusehen sowie dort, wo die Bekleidung zwischen Bauteilen eingespannt oder belastet werden könnte. Sie sind mindestens 5 mm breit auszuführen und mit [elastischen] Dichtstoffen zu verfüllen."

Fehlende Randfugen zwischen Natursteinbelägen von frei aufgelagerten Treppenläufen und Sockelfliesen, die kraftschlüssig mit den aufgehenden Wänden verbunden sind, stellen einen Mangel dar, weil sie eine Trittschallübertragung in die Wohnbereiche hinein begünstigen (siehe Abb. 1.35).

Abb. 1.34: Kontaktschluss zwischen den Fliesen in der Raumecke

Abb. 1.35: Unzureichende Fuge zwischen Treppenbelag und Sockelfliesen

Abb. 1.36: Ein starrer Kontakt zwischen den Heizungszuleitungen und den Bodenfliesen kann durch Einstechen mit einer Sachverständigen-Prüfnadel Typ „R" festgestellt werden.

Tipp

Die volle Funktionsfähigkeit von Trennfugen lässt sich mithilfe von Prüfnadeln ermitteln, die in die Fuge eingestochen werden und nach dem Entfernen keine sichtbaren Spuren hinterlassen.

Auch bei Installationsdurchgängen schwimmender Bodenkonstruktionen darf die Fliesenverfugung keinen Kontakt mit den durchdringenden Rohren haben, da ansonsten die schalldämmende Wirkung des schwimmenden Estrichs weitgehend außer Kraft gesetzt wird und über die Rohre eine Trittschallübertragung stattfindet. Die Lastverteilungsschicht muss sich zweidimensional in alle Richtungen frei bewegen können. Behindert man das Verformungsbestreben der Platte durch kraftschlüssigen Kontakt zwischen der Installation und dem Fliesenbelag, kann es zu Spannungen und zur Rissbildung kommen (siehe Abb. 1.36).

Gemäß dem Merkblatt „Keramische Fliesen und Platten, Naturwerkstein und Betonwerkstein auf zement- und calciumsulfatgebundenen Estrichen im Wohnungsbau oder bei ähnlicher Nutzung" des Fachverbands Fliesen und Naturstein im Zentralverband Deutsches Baugewerbe (ZDB) (2019) gilt:

„9 Bewegungs- und Scheinfugen

9.1 Definition und Ausführung

Die Herstellung von Bewegungsfugen ist aus bauphysikalischen Gründen erforderlich. Sie begrenzen Spannungen und vermeiden eine unkontrollierte Rissbildung.

Bewegungsfugen im Estrich (siehe Bild 1) lassen Bewegungen in allen Richtungen zu und trennen die Fußbodenkonstruktion von der Dämmschichtabdeckung bis zur Belagsoberfläche. Sie sind geradlinig und rechtwinklig anzulegen.

Bei Estrichen auf Dämmschichten sind ggf. die Bewegungsfugen durch ummantelte Dübel, die Bewegungen in waagerechter Richtung zulassen, zu sichern. Bei höheren Verkehrslasten (> 2,0 kN) müssen die Dübelabmessungen und -abstände vom Bauwerksplaner vorgegeben werden.

Randfugen (siehe Bilder 2 sowie 3a und 3b) sind Bewegungsfugen, die den Estrich und Belag von aufgehenden Bauteilen trennen.

Scheinfugen (angeschnittene Fugen) sind Sollbruchstellen, die das Schwinden des Estrichs zulassen. Sie trennen den Estrichquerschnitt als Verlegeuntergrund nur bis ca. auf ein Drittel oder die Hälfte seiner Dicke.

9.2 Bewegungsfugen

9.2.1 Im Estrich

Im Estrich sind Bewegungsfugen anzuordnen

- *über vorhandenen Bauwerksfugen an gleicher Stelle und in gleicher Breite,*
- *als Randfugen zwischen Estrich und sämtlichen Bau- und Einbauteilen,*
- *als Feldbegrenzungsfuge bei Heizestrichen mit unterschiedlich regelbaren Heizkreisen,*
- *als Feldbegrenzungsfuge in Türdurchgängen zwischen fremden Wohn- und Arbeitsbereichen.*

Feldbegrenzungsfuge sind so anzuordnen, dass gedrungene Felder entstehen (Länge möglichst nicht größer als 2 × Breite). Geometrische Randbedingungen wie z. B. einspringende Ecken (Wandpfeiler, Kamine usw.) sowie in Bereichen von Erweiterungen oder Verengungen der Estrichfläche sind zu berücksichtigen.

Bei Heizestrichen gilt zusätzlich: Die Seitenlängen der Felder sollten 8 m (Zementestriche) bzw. 10 m (Calciumsulfatestriche) nicht wesentlich überschreiten. Dabei sind gedrungene Felder vorzusehen (Seitenverhältnis maximal 1 : 2). Größere Flächen sind möglich und bedürfen einer besonderen Planung.

Bei großformatigen Fliesen und Platten, deren Wärmeausdehnungskoeffizient erheblich von dem des verwendeten Estrichs abweicht, kommt es zu größeren, thermisch bedingten Spannungen in der Verbundkonstruktion. In diesen Fällen ist vom Planer festzulegen, ob die Fugenabstände ggf. verringert werden müssen.“

Vertikale Beanspruchung der Fliesenrandfugen

Vertikale Beanspruchungen der Dichtstoffe der Fliesenrandfugen entstehen durch Absenkung der Estrichplatte aufgrund einer Zusammendrückbarkeit der Estrichdämmung unter Auflast und als Folge des sog. Schüsseleffektes im Rahmen der Estrichtrocknung. Die Erfahrung zeigt, dass insbesondere schwimmende Estrichkonstruktionen in der

Tabelle 1.11: Mindestanforderungen an Polystyrol-Hartschaum (EPS) nach DIN 4108-10:2021-11, Tabelle 4

Anwendungsgebiet	Kurzzeichen		Bezeichnungsschlüssel												
			Grenzabmaße für die Dicke	Grenzabmaße für die Länge	Grenzabmaße für die Breite	Grenzabmaße für die Rechtwinkligkeit	Grenzabmaße für die Ebenheit	Dimensionsstabilität bei definierten Temperatur- und Feuchtebedingungen	Biegefestigkeit	Druckspannung bei 10 % Stauchung	Dimensionsstabilität im Normalklima	Verformung bei def. Druck- und Temperatur-beanspruchung	Zugfestigkeit senkrecht zur Plattenebene	dynamische Steifigkeit	Zusammendrückbarkeit
			Ti	***Li***	***Wi***	***Si***	***Pi***	**DS (TH)*i***	**BS*i***	**CS(10)*i***	**DS(N)*i***	**DLT(*i*)5**	**TR*i***	**SD*i***	**CP*i***
Dach, Decke	DAD		T(2)	L(3)	W(3)	S(5)	P(10)	–	BS150	CS(10)100	DS(N)5	DLT(1)5	–	–	–
	DAA	dm	T(2)	L(3)	W(3)	S(5)	P(10)	–	BS150	CS(10)100	DS(N)5	DLT(1)5	–	–	–
		dh	T(2)	L(3)	W(3)	S(5)	P(10)	–	BS200	CS(10)150	DS(N)5	DLT(2)5	–	–	–
		ds	T(2)	L(3)	W(3)	S(5)	P(10)	–	BS250	CS(10)200	DS(N)5	DLT(2)5	–	–	–
	DUK		keine genormte Anwendung												
	DZ		T(2)	L(3)	W(3)	S(5)	P(10)	DS(70,-)3	BS50	–	DS(N)5	–	–	–	–
	DI		T(2)	L(3)	W(3)	S(5)	P(10)	DS(70,-)3	BS50	–	DS(N)5	–	–	–	–
	DEO	dm	T(2)	L(3)	W(3)	S(5)	P(10)	–	BS150	CS(10)100	DS(N)5	DLT(1)5	–	–	–
		dh	T(2)	L(3)	W(3)	S(5)	P(10)	–	BS200	CS(10)150	DS(N)5	DLT(2)5	–	–	–
		ds	T(2)	L(3)	W(3)	S(5)	P(10)	–	BS250	CS(10)200	DS(N)5	DLT(2)5			
	DES	sh	T(0)	L(3)	W(3)	S(5)	P(10)	–	BS50	–	DS(N)5	–	–	≤ SD30	CP5
		sm	T(0)	L(3)	W(3)	S(5)	P(10)	–	BS50	–	DS(N)5	–	–	≤ SD30	CP3
		sg[1)]	T(0)	L(3)	W(3)	S(5)	P(10)	–	BS50	–	DS(N)5	–	–	≤ SD50	CP2

[1)] Bei Verkehrslasten > 5 kPa ist das Langzeitkriechverhalten CC (3/1,5/10)10 nachzuweisen.

Anfangsphase, unmittelbar nach ihrer Fertigstellung, unterschiedlichen Verformungsbestrebungen unterliegen.

Einerseits wird infolge der Auflast die Wärme- und Trittschalldämmung unterhalb der Estrichplatte in zulässiger Weise komprimiert. Dies ist in den eingesetzten Dämmstoffen begründet, die sich unter Last zusammendrücken lassen. Das zulässige Maß der Zusammendrückbarkeit wird vom Hersteller entsprechend dem Bezeichnungsschlüssel der DIN 4108-10:2021-11 „Wärmeschutz und Energie-Einsparung in Gebäuden – Teil 10: Anwendungsbezogene Anforderungen an Wärmedämmstoffe“ (vgl. Tabelle 1.11) mit der Bezeichnung CPi angegeben.

Beispielsweise lautet die Angabe des Produktherstellers für das Produkt Styropor®, Material EPS:

Zusammendrückbarkeit EPS 040 DES sg CP2 ≤ 2 mm.

Bei einer unbelasteten Dämmstofflieferdicke von 60 mm und einer Zusammendrückbarkeit CP2 von 3 mm ergibt sich eine Dämmstoffdicke unter Nennlast von 60 mm – 3 mm = 57 mm.

Gemäß DIN 18560-2:2009-09 „Estriche im Bauwesen – Teil 2: Estriche und Heizestriche auf Dämmschichten (schwimmende Estriche)“ (enthält DIN 18560-2 Berichtigung 1:2012-05) gilt:

„*3 Anforderungen (…)*

3.3 Dämmschichten

Die Dämmschicht muss für die vorgegebene Verkehrslast als geeignet ausgewiesen sein. Die Zusammendrückbarkeit C ergibt sich aus der Differenz zwischen der Lieferdicke d_L und der Dicke unter der Belastung d_B. Sie ist aus der Kennzeichnung der Dämmstoffe ersichtlich, z. B. 20-CP3:

$d_L = 20$ *mm, C = 3 mm.*

Bei mehreren Lagen sind die Zusammendrückbarkeiten der einzelnen Lagen zu addieren. Die Zusammendrückbarkeit von geeigneten, druckbelastbaren Wärmedämmstoffen ist bei der Addition mit dem Wert 0 anzusetzen. (…)

Bei Heizestrichen darf die Zusammendrückbarkeit C der Dämmschicht in Abhängigkeit von der Nutzlast nicht mehr als 5 mm bzw. 3 mm, bei Gussasphalt-Heizestrichen nicht mehr als 3 mm betragen. Werden Trittschall- und Wärmedämmstoffe in einer Dämmschicht zusammen eingesetzt, muss der Dämmstoff mit der geringeren Zusammendrückbarkeit oben liegen. Dies gilt nicht für trittschalldämmende Heizsystemplatten und auch nicht für die Fälle des Rohrausgleichs mit Wärmedämmplatten.“

Das Zusammendrücken in der Funktionsebene der Estrichdämmung entsteht nicht erst nach der Fertigstellung der Fliesenarbeiten, da zu diesem Zeitpunkt ein Teil der Dämmstoffverformung bereits infolge der Belastung durch den Estrich und durch den Fliesenbelag eingetreten ist. Hinzu kommt, dass in der Regel in häuslichen Badezimmern im Nutzungszustand keine wesentlichen Verkehrslasten auf den Fußbodenaufbau einwirken. Die Auswirkungen der Zusammendrückbarkeit der Estrichdämmung werden daher oft überbewertet. Je nach Estrichart und Nutzlast können etwa 30 bis 45 % der Verformung bereits unter Belastung durch den Estrich und den Bodenfliesenbelag eingetreten sein, wenn die Dichtstofffugen hergestellt werden (vgl. Tabelle 1.12).

Tabelle 1.12: Anteil der Zusammendrückbarkeit der Estrichdämmung unter Belastung

Bauteilschicht	Lastwirkung in kN/m²	Lastanteil in %
Nutzlast	2,00	53,19
Bodenfliesen	0,22	5,85
Estrich DIN 18560-2:2004 CT-F4-S 70 H 45	1,54	40,95
gesamt	**3,76**	**100,00**

Zu der unvermeidbaren Verformung aufgrund der Zusammendrückbarkeit der Estrichdämmschicht entsteht beim ungleichmäßigen Austrocknen des Estrichs eine temporäre Konkavverformung der Estrichplatte nach oben, zum Raum hin, da sich der zementgebundene Estrich beim Austrocknen durch Schwindvorgänge in der Länge und in der Breite verkürzt. Die Oberfläche der Estrichplatte trocknet aufgrund des Luftkontaktes schneller aus als die auf der Estrichfolie aufliegende Unterseite. Hierdurch entsteht der Effekt der sog. „Estrichschüsselung". Dieser Effekt bewirkt, dass die Estrichränder vorübergehend nach oben hochgebogen sind. Das Größtmaß der Verformung liegt in den Raumecken vor, da dort in der Regel die größte Abstandslänge zum Flächenmittelpunkt der Estrichplatte besteht. Nach weiterer Estrichaustrocknung und bei einem gleichmäßigen Feuchtegehalt innerhalb der Estrichplatte bildet sich diese Estrichschüsselung wieder allmählich zurück und die Estrichplatte liegt anschließend wieder plan auf.

Wird in dem vorübergehenden Zustand der Estrichschüsselung vorzeitig eine umlaufende Randversiegelung zwischen der Oberseite der Bodenfliesen und der Unterkante der Wand- oder Sockelfliesen eingebracht, so wird diese Fuge nach der Rückbildung der Estrichschüsselung – insbesondere in den Raumecken – über das zulässige Maß hinaus beansprucht und es kommt zu Abrissen des Dichtstoffs. Diese Überbeanspruchung der Dehnfähigkeit des Dichtstoffs ist grundsätzlich dadurch vermeidbar, dass zunächst das Abklingen der Estrichschüsselung abgewartet wird, bevor mit der Herstellung der Dichtstofffuge begonnen wird.

Horizontale Beanspruchungen der Estrichrandfugen

Horizontale Beanspruchungen der Estrichrandfugen entstehen durch thermische Längenänderungen insbesondere bei beheizten Fußbodenkonstruktionen, aber auch bei unbeheizten Fußbodenkonstruktionen, wenn ein Unterschied zwischen der Einbautemperatur und der Nutzungstemperatur eintritt. Ferner führt das Schwindverhalten des Estrichs beim Austrocknen zu einer horizontalen Beanspruchung des Dichtstoffes in der Estrichrandfuge.

Die Literatur und die verschiedenen Regelwerke geben die mindestens erforderlichen Randfugenbreiten in Abhängigkeit von der Konstruktionsart an.

Das „Praxis-Handbuch Fliesen" (Niemer/Klingelhöfer/Schütz, 2003) führt dazu aus:

„*4 Leistung und Werk des Fliesenlegers (…)*

4.4 Fugen und Bewegungsfugen (…)

4.4.3 Hinweise für die Ausführung und Dimensionierung von Bewegungsfugen (…)

Richtwerte für die Fugenbreite:

- *Feldbegrenzungsfugen und Randfugen innen 5 bis 10 mm*
- *Feldbegrenzungsfugen und Randfugen außen 10 mm*
- *Feldbegrenzungsfugen und Randfugen bei Bodenbelägen auf Dämmschicht 8 bis 10 mm*
- *Feldbegrenzungsfugen und Randfugen bei Schwimmbecken innen und außen 10 mm*
- *Anschlussfugen in allen Belägen und Bekleidungen (außer in Außenwandbekleidungen) mindestens 5 mm.“*

Die notwendige Randfugenbreite kann auch rechnerisch mit der nachfolgenden Formel ermittelt werden:

$$D_{\text{min}} = L \cdot \alpha \cdot \Delta T + D_{\text{zus}} \quad \text{in mm}$$

mit

D_{min} Mindestrandfugenbreite in mm
L Seitenlänge der Estrichplatte in m
α Temperaturlängenänderungskoeffizient des Estrichs in mm/(m · K)
ΔT Temperaturdifferenz in K
D_{zus} Zusammendrückbarkeit des Randstreifens in mm

Die errechnete Randfugenbreite sollte nicht halbiert werden, da die Längenänderung der Estrichplatte nicht zwangsläufig in alle Richtungen gleichmäßig stattfindet.

Die Angaben im IVD-Merkblatt Nr. 3-1 „Konstruktive Ausführung und Abdichtung von Fugen in Sanitär- und Feuchträumen – Teil 1: Abdichtung mit spritzbaren Dichtstoffen – 4. Fugenabmessungen und konstruktive Ausführungen“ (2014) korrespondieren hinsichtlich der erforderlichen Fugenbreiten von Dichtstofffugen mit denen des ZDB:

„*5 Fugenabmessungen und konstruktive Ausführungen*

5.1 Fugenabmessungen

Die Fugenabmessungen ergeben sich aus der Summe der Beanspruchungen und den mechanischen Eigenschaften der Baustoffe. Sie sind vom Planer unter Berücksichtigung der zulässigen Gesamtverformung (ZGV) der vorgesehenen Dichtstoffe festzulegen.

Um eine dauerhafte Flankenhaftung herzustellen, ist im Falle einer Rechteckfuge eine Mindestfugentiefe (t_D) von 5 mm einzuhalten [vgl. Tabelle 1.13]. *(…)*

5.1.3 Berechnung der erforderlichen Fugenbreite

Aus den drei Faktoren kann die zu erwartende Bewegung berechnet werden:

Linearer Wärmeausdehnungskoeffizient (α) des Baustoffs

Temperaturdifferenz in °C (ΔT)
Länge des Bauteils in mm (L)

Berechnung am Beispiel eines 2 m (2000 mm) langen Elements aus Granit ($\alpha = 8 \cdot 1^{-6}$) und einer Temperaturdifferenz von 70 °C (– 20 °C bis + 50 °C)

Tabelle 1.13: Bewegungsfugen in Bekleidungen und Belägen aus Fliesen und Platten, Auszug aus ZDB-Merkblatt, nach IVD-Merkblatt Nr. 3-1 (2014), Tabelle 3

Wandbekleidungen innen	**Fugenbreite b_F**
am Deckenanschluss, am Anschluss an Bodenbeläge auf Trennschicht und Dämmschicht, bei durchgehenden Belägen in Geschosshöhe (in der Regel an Unterkante Decke), über Wechsel der Untergrundbaustoffe ohne Mörtelträger, Bodenbeläge innen	5–10 mm
• auf Beton	
an Wandanschlüssen, Pfeilern, Stützen, festen Einbauteilen und den Boden durchdringenden Bauteilen	5–10 mm
• auf Trennschicht	
an der Feldbegrenzung, Seitenlänge der Felder je nach Estrichdicke 8 bis 12 m; an Wandanschlüssen, Pfeilern, Stützen, festen Einbauteilen und den Boden durchdringenden Bauteilen, in Türdurchgängen, bei starken Versprüngen im Grundriss der Fläche, bei Wechsel der Estrichdicke	5–10 mm
Es sollen möglichst gedrungene Felder entstehen.	
• auf Dämmschicht	
an der Feldbegrenzung, Seitenlänge der Felder ≤ 8 m, an Wandanschlüssen, Pfeilern, Stützen, festen Einbauteilen und den Boden durchdringenden Bauteilen, in Türdurchgängen, bei starken Versprüngen im Grundriss der Fläche, bei Wechsel der Estrichdicke	8–10 mm
Es sollen möglichst gedrungene Felder entstehen. Feldgrößen von 40 m^2 sollen nicht überschritten werden.	

Tabelle 1.14: Erforderliche Fugenbreiten für spritzbare Dichtstoffe nach IVD-Merkblatt Nr. 3-1 „Konstruktive Ausführung und Abdichtung von Fugen in Sanitär- und Feuchträumen – Teil 1: Abdichtung mit spritzbaren Dichtstoffen – 4. Fugenabmessungen und konstruktive Ausführungen" (2014), Tabelle 4

zulässige Gesamtverformung	**25 %**	**12,5 %**
Fugenbreite für eine Längenänderung von 1,1 mm	5 mm (Mindestfugenbreite)	10 mm

Längenänderung: $8 \cdot 10^{-6}\ 1/°C \cdot 70\ °C \cdot 2000\ mm = 1{,}1\ mm$

Zugelassen für die Abdichtung von Fugen im Sanitär- und Feuchtebereich sind spritzbare Dichtstoffe mit einer zulässigen Gesamtverformung (ZGV) von 20 % bis 25 % [vgl. Tabelle 1.14].

Berechnungsformel: $$\frac{\text{Längenänderung in mm} \cdot 100}{\text{ZGV des Dichtstoffs}}$$"

Bei einer regelgerechten Randfugenbreite muss also ein Dichtstoff eingesetzt werden, dessen zulässige Gesamtverformung (ZGV) die zu erwartenden Verformungen aufnehmen kann.

Gemäß IVD-Merkblatt Nr. 1 „Abdichtung von Bodenfugen mit elastischen Dichtstoffen" (2014) gilt:

„5 Die konstruktiven Voraussetzungen zur Fugenabdichtung (…)

5.1 Die Dimensionierung der Bodenfuge

Die Fugenabmessungen ergeben sich aus der Summe der Beanspruchungen und der physikalischen Eigenschaften der Baustoffe.

Sie müssen vom Planer unter Berücksichtigung des Schwindverhaltens der Baustoffe, der zu erwartenden Temperaturdifferenzen, der Baustofftemperatur zum Einbauzeitpunkt und der zulässigen Gesamtverformung (ZGV) der vorgesehenen Dichtstoffe berechnet werden.

Die nachfolgende Tabelle 1 [vgl. Tabelle 1.15] *kann vom ausführenden Betrieb zur Überprüfung der Mindestfugenbreite benutzt werden, sie ist keine Bemessungsgrundlage.*

Hinweise zur Tabelle 1:

ΔT ist die Temperaturdifferenz zwischen niedrigster und höchster Temperatur der die Fugen begrenzenden Bauteile.

Beispiele:

80 °C bei ganzjährig im Freien bewitterten Fugen
40 °C bei Fugen in einem Kühlhaus
20 °C bei Fugen in einer normal temperierten Halle

Die Angaben in der Tabelle beziehen sich auf den thermischen Ausdehnungskoeffizienten von Beton (10^{-6} 1/K bei +20 °C).

Der Fugendichtstoff soll mit einer Tiefe ‚t_D' von etwa dem 0,8 bis 1,0-fachen der Fugenbreite ‚b_F' eingebaut werden. Dichtstofftiefen ‚t_D' größer als 20 mm sollen vermieden werden.

Fugenbreiten < 10 mm und Fugenbreiten > 20 mm erfordern Sonderlösungen, die mit dem Planer und dem Dichtstoffhersteller abzustimmen sind.

Schnittfugen in der Fläche, als Sollbruchstelle ausgelegt, unterliegen bauteilspezifischen Anforderungen, die bei der konstruktiven Ausbildung der Fuge vom Planer entsprechend zu berücksichtigen sind."

Für Dichtstoffe mit einer zulässigen Gesamtverformung von ± 25 % und einer Fugenbreite von z. B. 8 mm ergibt sich für das elastische Fugenmaterial eine maximale Dehnfähigkeit von 8 mm · 25 % = ± 2 mm.

Verbreitert sich die Randfuge infolge der vorgenannten Estrichverformungen und -bewegungen um mehr als 2 mm, kommt es zur Überbeanspruchung der Randfuge und es entsteht ein Flankenabriss.

Tabelle 1.15: Fugendimensionierung nach IVD-Merkblatt Nr. 1 „Abdichtung von Bodenfugen mit elastischen Dichtstoffen" (2014), Tabelle 1

Fugenabstand	Mindestfugenbreite bei zulässiger Gesamtverformung von		
	25 %	20 %	12,5 %
ΔT = 80 °C	**Breite/Tiefe in mm**	**Breite/Tiefe in mm**	**Breite/Tiefe in mm**
2,0 m	10/10	15/10	15/10
4,0 m	15/10	20/15	25/20
6,0 m	20/15	25/20	–
ΔT = 40 °C	**Breite/Tiefe in mm**	**Breite/Tiefe in mm**	**Breite/Tiefe in mm**
2,0 m	10/10	10/10	10/10
4,0 m	10/10	10/10	15/10
6,0 m	15/10	15/10	20/15
ΔT = 20 °C	**Breite/Tiefe in mm**	**Breite/Tiefe in mm**	**Breite/Tiefe in mm**
2,0 m	10/10	10/10	10/10
4,0 m	10/10	10/10	10/10
6,0 m	10/10	10/10	10/10

Wartungsfugen

Elastische Fugen werden im allgemeinen Sprachgebrauch oft als sog. Wartungsfugen bezeichnet. Ihre Lebens- und Funktionsdauer richtet sich nach der jeweiligen intervallartigen Beanspruchung auf Kontraktion und Dilatation sowie nach der äußeren Beanspruchung, z. B. durch Chemikalien, Reinigungsmittel und Umwelteinflüsse.

Der Begriff Wartungsfuge ist in DIN 52460:2015-12 „Fugen- und Glasabdichtungen; Begriffe" definiert:

„2 Begriffe

2.1 Allgemeine Begriffe (…)

2.1.39 Wartungsfuge

Starken Einflüssen (chemischen, biologischen, physikalischen, mechanischen) ausgesetzte Fuge, deren Dichtstoff in regelmäßigen Zeitabständen überprüft und gegebenenfalls erneuert werden muss, um Folgeschäden zu vermeiden."

Ob eine so definierte Wartungsfuge grundsätzlich nicht der Gewährleistung üblicher Verfugungsarbeiten unterliegt, ist allerdings eine Rechtsfrage, die von den Gerichten möglicherweise auch verneint wird.

Wann eine chemische Belastung von Fugen vorliegt, ergibt sich aus dem IVD-Merkblatt Nr. 1 „Abdichtung von Bodenfugen mit elastischen Dichtstoffen“ (2014):

„3 Geltungsbereich (…)

3.1 Fugen ohne chemische Belastung

- *Begehbare Bodenflächen*
- *Befahrene Bodenflächen*
- *Boden-/Wandanschlussfugen*
- *Balkone, Terrassen*
- *Lagerhallen*

3.2 Fugen mit zusätzlicher chemischer Belastung

- *Parkdecks*
- *Reinigungsanlagen, Kfz-Waschplätze*
- *Flugbetriebsflächen, außer Flächen im Bereich der TRwS 784 (…)“*

Die Dichtstofffugen entlang des Boden-Wand-Anschlusses in häuslichen Bädern sind insoweit durch eine chemische Belastung nicht hochbeansprucht. Eine erhöhte Beanspruchung durch physikalische oder mechanische Belastungen ist dann vermeidbar, wenn die Fugen für die objektspezifischen Anforderungen ausreichend groß dimensioniert worden sind und außerdem abgewartet wird, bis die Estrichschüsselung abgeklungen ist. Gegebenenfalls muss mit dem Auftraggeber die Herstellung von Dichtstofffugen zu einem späteren Zeitpunkt vereinbart werden. Die Dichtstofffugen in Nassräumen von Wohngebäuden unterliegen damit der normalen Gewährleistung, insbesondere dann, wenn eine abweichende Regelung bei Vertragsabschluss nicht getroffen worden ist. Abrisse der Dichtstofffugen, die auf das Nachgeben der Dämmstoffebene, die Auswirkungen des „Schüsseleffekts“ oder auf zu geringe Fugenabmessungen zurückzuführen sind, gelten daher als Mangel.

In DIN 52460 ist nichts über eine automatisch verkürzte Gewährleistungsdauer von Wartungsfugen gesagt. Nach DIN 52460 definierte Fugen können nur bei entsprechender vertraglicher Vereinbarung aus der üblichen Gewährleistung ausgeklammert werden. Gemäß § 309 Nr. 8 Buchstaben a, bb BGB ist ein vertraglicher Ausschluss von Mängelbeseitigungsansprüchen unwirksam, wenn er durch allgemeine Geschäftsbedingungen der Auftragnehmer erklärt wird.

§ 13 der VOB/B DIN 1961:2016-09 „VOB Vergabe- und Vertragsordnung für Bauleistungen – Teil B: Allgemeine Vertragsbedingungen für die Ausführung von Bauleistungen“ regelt Mängelansprüche, wenn keine vertragliche Verjährungsfrist vereinbart ist:

„4.

(1) Ist für Mängelansprüche keine Verjährungsfrist im Vertrag vereinbart, so beträgt sie für Bauwerke 4 Jahre, für andere Werke, deren Erfolg in der Herstellung, Wartung oder Veränderung einer Sache besteht, und für die vom Feuer berührten Teile von Feuerungs-

Abb. 1.37 bis 1.39: Übergroßer Fliesenausschnitt, der nicht durch die Rosette abgedeckt wird

anlagen 2 Jahre. Abweichend von Satz 1 beträgt die Verjährungsfrist für feuerberührte und abgasdämmende Teile von industriellen Feuerungsanlagen 1 Jahr."

Strebt der Auftragnehmer eine – prinzipiell zulässige – Verkürzung der Gewährleistungsdauer gemäß § 13 Abs. 7 Nr. 5 VOB/B an, ist zuvor eine entsprechende individuelle vertragliche Vereinbarung zu treffen.

Gemäß VOB/B DIN 1961:2016-09 gilt:

„(7) (…)

5. Eine Einschränkung oder Erweiterung der Haftung kann in begründeten Sonderfällen vereinbart werden."

Für den Fall, dass eine wirksame individuelle vertragliche Vereinbarung dahin gehend getroffen wurde, dass die Gewährleistungsfrist von Wartungsfugen nach der Definition der DIN 52460 gegenüber der von sonstigen Fugen verkürzt wird, muss daher grundsätzlich eine Abgrenzung erfolgen gegenüber den sonstigen **inspektionsbedürftigen Fugen**, die bei fachgerechter Planung und Ausführung eine bestimmte Lebensdauer erreichen müssen und daher auch der üblichen Gewährleistung gemäß § 13 Abs. 4 Nr. 1 VOB/B unterliegen.

1.1.8 Fliesenausschnitte

Fliesenausschnitte für Installationsauslässe werden oft in Übergröße hergestellt und dann anschließend von den Abdeckrosetten nicht vollständig überdeckt. Da die Sanitärendmontage in der Regel zu einem sehr späten Zeitpunkt unmittelbar vor der Abnahme erfolgt, wenn der Fliesenleger schon nicht mehr vor Ort ist, können folgende Bilder in einer Vielzahl von Bädern unter den Waschtischen angetroffen werden (siehe Abb. 1.37 bis 1.42).

Abb. 1.40: Fliesenbeschädigung, die nicht durch die Rosette abgedeckt wird

Abb. 1.41: Übergroßer rechteckiger Fliesenausschnitt von 75 mm × 80 mm, der nicht durch eine Standard-Abdeckrosette überdeckt werden kann. Der Fliesenmörtel ist stramm bis an das Heizungsrohr herangeführt.

Abb. 1.42: Unsachgemäße Passfliese

Einbauteile, wie z. B. Handwaschbecken, Wandarmaturen, WC-Becken, sind hinsichtlich der Lagerichtigkeit zu überprüfen, d. h., es ist zu prüfen, ob die Objekte in das Fugenbild (Fugenkreuz oder Fugenmitte) passen.

1.1.9 Revisionsöffnungen unter Sanitärobjekten

Auf die früher gängigen Revisionsrahmen aus Metall für die Aufnahme von 1 oder 4 Fliesen wird heute häufig verzichtet. Es ist ersatzweise akzeptabel, dass die Fliesen an entsprechender Stelle nur punktuell geklebt und umlaufend mit elastischem Dichtstoff verfugt werden. Starr verklebte Fliesen hingegen mit zementgebundener Verfugung hingegen werden bei erstmaligen Wartungs- oder Inspektionsarbeiten am Geruchsverschluss zerstört. Wenn keine Reservefliesen verfügbar sind, kann dies eine Erneuerung

Abb. 1.43: Beim Zugriff auf den Geruchsverschluss zerstörte Fliesen, weil eine Revisionsmöglichkeit fehlt

der gesamten Wandfliesen bedeuten (siehe Abb. 1.43). Der gänzliche Verzicht auf Revisionsmöglichkeiten ist daher nicht hinnehmbar. Grundsätzlich muss mindestens eine Inspektion oder auch eine Einhandreparatur möglich sein. Eine Revisionsöffnung von ca. 20 cm × 20 cm ist ausreichend (Oberlandesgericht [OLG] Frankfurt am Main, Urteil vom 19.01.2005 – 1 U 82/00).

Sinnvoll ist es, im Hohlraum unterhalb der Wanne gleich einige intakte Reservefliesen zu deponieren und den Bewohner hierüber zu informieren. Wenn stattdessen Revisionsfliesen mit umlaufender Dichtstofffuge ersatzweise vorgesehen werden, können diese bei Bedarf zerstörungsfrei herausgeschnitten werden.

Die dauerhafte Funktionsfähigkeit der Sanitärobjekte und der angeschlossenen Entwässerungseinrichtungen erfordert grundsätzlich eine Inspektions- und Wartungsmöglichkeit im Bereich der Ablaufgarnitur und des Geruchsverschlusses. Dieser Grundsatz ergibt sich auch aus der DIN EN 12056-1:2001-01 „Schwerkraftentwässerungsanlagen innerhalb von Gebäuden – Teil 1: Allgemeine und Ausführungsanforderungen“; Deutsche Fassung EN 12056-1:2000, da die Ablaufgarnituren von Badewannen über Dichtringe verfügen, die an der Badewannenunterseite kontaktschlüssig anliegen und die nach Ablauf der Nutzungsdauer ausgetauscht werden müssen, um Leckagen zu vermeiden.

5 Ausführungsanforderungen

5.6 Ausführungsgrundsätze

5.6.6 Zugänglichkeit für Inspektion, Prüfung und Instandhaltung

Um Inspektion, Prüfung und Instandhaltungsarbeiten durchführen zu können, ist ein Zugang zu den Entwässerungsanlagen an den erforderlichen Stellen vorzusehen.

Teile der Anlage, die aus betriebsbedingten Gründen Reparatur oder Austausch benötigen, sollten zugänglich und austauschbar sein. “

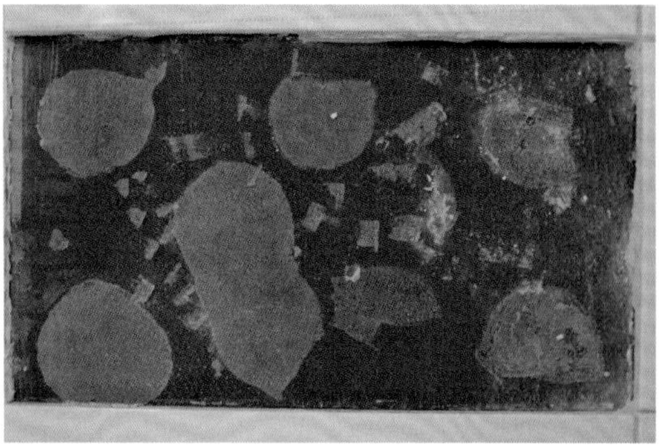

Abb. 1.44: Der Klopfbefund bei der Abnahme ergab erste Hinweise, die zerstörende Öffnung belegte eine punktuelle Verklebung von Wandfliesen im Dünnbettverfahren auf Wandputz mit einem Flächenanteil der Kontaktfläche von 35 %.

1.1.10 Hohlraumfreie Verlegung

Bei der Abnahme werden Hohllagen bei Wand- und Bodenfliesen häufig beanstandet (siehe Abb. 1.44).

Ein weitgehend hohlraumfreier Mörteluntergrund ist insbesondere erforderlich bei Außenbauteilen wegen der Frostgefahr und bei Schwimmbadverfliesungen wegen der Hygieneanforderungen. Bei dem Auftrag des Ansetz- oder Klebemörtels wird unterschieden zwischen:

- **Floating-Verfahren** nach DIN 18157-1:2017-04, Abschnitt 7.4.1, bei dem der Mörtel auf den Untergrund mit einem Zahnspachtel aufgetragen wird,
- **Buttering-Verfahren** nach DIN 18157-1:2017-04, Abschnitt 7.4.1, bei dem die Fliesenrückseite mit Mörtel eingestrichen wird,
- **Floating-Buttering-Verfahren** nach DIN 18157-1:2017-04, Abschnitt 7.4.2, oder kombiniertes Verfahren, als Kombination beider Techniken.

Nur mit dem Floating-Buttering-Verfahren ist ein nahezu vollständig geschlossenes Klebe- oder Mörtelbett erreichbar.

Für alle anderen Bereiche, in denen es weder auf Frostfreiheit noch auf erhöhte Hygieneanforderungen ankommt, sind die Anforderungen an die Hohlraumfreiheit geringer einzustufen. Die für die Ausführung von Fliesen- und Plattenarbeiten allgemein einschlägige Ausführungsnorm VOB/C ATV DIN 18352:1958 „Fliesen- und Plattenarbeiten“ enthielt für die Ausführung von Bodenbelägen in der Ausgabe aus dem Jahr 1958 eine eindeutige Regelung:

„3 Ausführung (…)

3.3 Ansetzen und Verlegen (…)

3.363 Bodenbeläge müssen volles Mörtelbett erhalten (…)“

Diese Formulierung hatte noch in der VOB-Gesamtfassung von 1965 Bestand und wurde erst in der DIN 18352 in der Fassung von März 1973 nicht mehr verwendet.

Die aktuelle Fassung der Ausführungsnorm VOB/C ATV DIN 18352:2019-09 „Fliesen- und Plattenarbeiten“ enthält mittlerweile einen Verweis auf die speziellere Ausführungsnorm für keramische Bekleidungen im Dünnbettverfahren, die DIN 18157:

„2 Stoffe, Bauteile

Ergänzend zur ATV DIN 18299 gilt: (…)

Für die gebräuchlichsten genormten Stoffe und Bauteile sind die DIN-Normen und weitere Anforderungen nachstehend aufgeführt. (…)

3 Ausführung

Ergänzend zur ATV DIN 18299, Abschnitt 3, gilt: (…)

3.2 Ansetzen und Verlegen (…)

3.2.3 Ansetzen und Verlegen im Dünnbett

Für das Ansetzen und Verlegen im Dünnbett gelten:

DIN 18157-1 Ausführung keramischer Bekleidungen im Dünnbettverfahren – Teil 1: Zementhaltige Mörtel“

Flexmörtel zählen in der Regel zu den zementhaltigen Mörteln. Gemäß der „Richtlinie für Flexmörtel – Definition und Einsatzbereiche“ (Deutsche Bauchemie e. V. et al., 2001) gilt Folgendes:

„1 Einleitung

Ziel dieser Richtlinie ist es, klare Anforderungskriterien für die im Folgenden kurz als ‚Flexmörtel‘ bezeichneten Produkte zu definieren und ihre Einsatzbereiche zu beschreiben.

2 Geltungsbereich

Die in dieser Richtlinie behandelten Materialien sind zementäre, mit redispergierbaren Dispersionspulvern trocken vergütete Verlegemörtel, die vor der Verarbeitung nur noch mit Wasser angemischt werden. Solche einkomponentigen Verlegemörtel werden z. B. zur Verlegung von keramischen Fliesen und Platten, Natur- und Betonwerksteinen, kunstharzgebundenen Platten und Glasmosaik eingesetzt.

(…)

6 Ausführung/Verarbeitung

Bei Ausführung der Fliesenverlegearbeiten mit Flexmörtel sind die allgemein anerkannten Regeln der Technik zu berücksichtigen. (…)

Für die Anwendung der Flexmörtel sind mit dieser Richtlinie mitgeltend: (…)

DIN 18 157-1 – Ausführung keramischer Bekleidungen im Dünnbettverfahren: hydraulisch erhärtende Dünnbettmörtel, Stand Juli 1979 (…)“

Demnach gilt auch für den Einsatz von Flexmörteln DIN 18157-1:2017-04 „Ausführung von Bekleidungen und Belägen im Dünnbettverfahren – Teil 1: Zementhaltige Mörtel“.

Somit ist das kombinierte Verfahren hauptsächlich für den Außenbereich, für Schwimmbecken und stark beanspruchte Bodenbeläge anzuwenden, wo es auf eine weitgehend vollflächige Bettung der Fliesen ankommt. Das Buttering-Verfahren ist gemäß DIN 18157-1 bei ungleichen Dicken des keramischen Bekleidungsstoffs zu verwenden. Das Floating-Verfahren ist das übliche Verfahren bei der Herstellung von Wandfliesenbelägen im Innenbereich. Es ist zudem die technisch einfachste und somit kostengünstigste Variante der zulässigen Verfahren.

Beim Floating-Verfahren wird der Mörtel gemäß den Vorgaben der DIN 18157 in 2 Arbeitsgängen auf die Verlegeflächen aufgebracht. Im ersten Arbeitsgang werden die Verlegeflächen mit einer Glättkelle dünn mit Dünnbettmörtel überzogen. Auf die frische

Schicht wird im zweiten Arbeitsgang der Dünnbettmörtel in der für die Abkämmung erforderlichen Schichtdicke aufgetragen. Die so hergestellte Dünnbettmörtelschicht wird mit einer Kammspachtel unter einem Anstellwinkel von 45 bis 50° abgekämmt. Daraufhin müssen die keramischen Bekleidungsstoffe in das frische Mörtelbett eingeschoben und angeklopft werden, bevor die Hautbildung eintritt.

Bezüglich der Ausführung der erforderlichen Kontaktflächen zwischen Mörtel und Fliese verwies die Ausführungsnorm DIN 18157-1:1979-07 „Ausführung keramischer Bekleidungen im Dünnbettverfahren – Hydraulisch erhärtende Dünnbettmörtel" in der inzwischen überholten Fassung von 1979 auf die Stoffnorm DIN 18156-2:

„1 Geltungsbereich

Diese Norm gilt für die Ausführung keramischer Bekleidungen im Dünnbettverfahren mit hydraulisch erhärtenden Dünnbettmörteln nach DIN 18 156 Teil 2 in trockenen, nassen und/oder durch Frost beanspruchten Anwendungsbereichen."

Die Ausführungsnorm galt somit für die Ausführung keramischer Bekleidungen im Dünnbettverfahren im Zusammenhang mit hydraulisch erhärtenden Dünnbettmörteln nach der Stoffnorm DIN 18156-2. Diese wiederum wurde im Rahmen der EU-Harmonisierung durch die Stoffnorm DIN EN 12004-1:2017-05 „Mörtel und Klebstoffe für keramische Fliesen und Platten – Teil 1: Anforderungen, Bewertung und Überprüfung der Leistungsbeständigkeit, Einstufung und Kennzeichnung; Deutsche Fassung EN 12004-1:2017" ersetzt, die aber selbst keine Angaben zu einer mindestens erforderlichen Kontaktfläche (Aufbruch) enthält.

Die aktuelle Fassung der Ausführungsnorm DIN 18157-1:2017-04 „Ausführung von Bekleidungen und Belägen im Dünnbettverfahren- Teil 1: zementhaltige Mörtel" bezieht sich ebenfalls auf die DIN EN 12004, macht selbst aber keine konkreteren Angaben zu einer Größe der mindestens erforderlichen Kontaktfläche, sondern überlässt es dem Ausführenden, eine einwirkungsbezogene Benetzungsfläche in eigener Verantwortung nach seiner Wahl auszuführen:

„7 Ausführung (...)

7.4 Auftragen des zementhaltigen Mörtels, Ansetzen bzw. Verlegen der Belags- und Bekleidungsstoffe

Der Mörtel wird einseitig (7.4.1) und/oder beidseitig (7.4.2) auf die Ansetz- bzw. Verlegefläche und die Rückseite der Fliesen oder Platten aufgebracht.

7.4.3 Benetzungsfläche

Die Auswahl der Kammspachtel ist abhängig von der Beschaffenheit des Untergrundes, der rückseitigen Profilierung sowie der Größe der Belagsmaterialien. Die Auftragsdicke des zementhaltigen Mörtels wird durch den Neigungswinkel beim Auftragen sowie die Zahntiefe der Kammspachtel bestimmt. Die Benetzung ist eine wesentliche Voraussetzung für die Anhaftung des Belagsmaterials. Die erforderliche Benetzung des Belagsmaterials muss der zu erwartenden Einwirkung entsprechen."

In der Vorgängerfassung der Ausführungsnorm DIN 18157-1:1979-07, die auf die Stoffnorm DIN 18156-2:1978-03 „Stoffe für keramische Bekleidungen im Dünnbettverfahren – Hydraulisch erhärtende Dünnbettmörtel" verwiesen hatte,. galt in Bezug auf die erforderliche Kontaktfläche:

„*4 Anforderungen (...)*

4.4 Aufbruch

Bei der Prüfung nach Abschnitt 5.2.4 muss die Kontaktfläche (Aufbruch) jeder Probe zwischen abgekämmter Dünnbettmörtelschicht und Glasplatte mindestens 65 % betragen."

Auch nach Verarbeitungsregeln vieler Hersteller muss die Kontaktfläche (Aufbruch) zwischen Dünnbettmörtelschicht und Fliese im verarbeiteten Zustand entsprechend den anerkannten Regeln der Technik mindestens 65 % betragen. Das Anbringen von keramischen Bekleidungen mit Kontaktflächen unterhalb eines Flächenanteils von 65 % entspricht daher nicht den anerkannten Regeln der Technik, namentlich der DIN 18157-1 in Verbindung mit DIN 18156-2. Wird in Leistungsbeschreibungen eine vollflächige Verlegung vereinbart, dann muss der Aufbruch hingegen bei etwa 90 bis 95 % liegen.

1.1.11 Balkongefälle

Eine anerkannte Regel der Technik, nach der ein bestimmtes Gefälle für Balkone grundsätzlich und unabhängig von einer ggf. vorhandenen Abdichtung ausdrücklich vorgeschrieben wäre, gibt es nicht. Um das anfallende Oberflächenwasser möglichst zügig abzuführen, wird allerdings entsprechend dem Stand der Technik eine Gefälleausbildung auf der Balkonplatte empfohlen.

In der Broschüre „Betonfertigteile für den Wohnungsbau" (Fachvereinigung Deutscher Bauteilfertigbau, 2002) heißt es:

„*5 Vollmontagebau (...)*

5.6 Balkon- und Loggiaplatten

Balkon- und Loggiaplatten erhalten zur kontrollierten Entwässerung i. A. eine umlaufende Aufkantung und ein Innengefälle zum vorgesehenen Ablauf. Bei einer konventionellen Herstellung liegen diese Strukturen im oberen Betonbereich, der kaum verdichtet werden kann. Die Folge sind häufig auftretende Korrosions- und Witterungsschäden an diesem Bauteil, da die Betonqualität herstellungsbedingt nicht optimal ist. Bei einer Vorfertigung dieser Platten in einem Betonwerk wird das Negativverfahren angewendet, d. h., die begehbare und mit Gefälle versehene Oberfläche sowie die Aufkantungen werden durch die Schalungsform exakt festgelegt. Das so exakt hergestellte Gefälle verhindert spätere Pfützenbildung. Die der Witterung und Nutzung am meisten ausgesetzte Oberfläche liegt bei der Herstellung unten in der Schalung. Der Beton an dieser Stelle wird optimal verdichtet und hat so höchste Qualität bezüglich Festigkeit und Dichtigkeit. Eine zusätzliche Abdichtung ist daher nicht erforderlich."

Für Belagskonstruktionen mit Fliesen und Platten gilt das ZDB-Merkblatt „Außenbeläge, Belagskonstruktionen mit Fliesen und Platten außerhalb von Gebäuden“ (2019):

„*1 Feste Belagskonstruktionen auf Flachdächern mit Abdichtungen nach DIN 18531 Teile 1–4 (über genutzten Räumen) (...)*

1.2 Tragender Untergrund

Art: Stahlbetondecke oder andere tragfähige Untergründe

Gefälle des tragenden Untergrundes ≥ 2 %

1.3 Gefälle

Anordnung: auf dem tragenden Untergrund gemäß Abschnitt 1.2 unterhalb der Abdichtung oder Dampfsperre bei fehlendem Gefälle

Art: zum Beispiel hydraulisch erhärtender Mörtel oder als Gefälledämmung nach Abschnitt 1.5

Gefälle: Mindestgefälle 2 % (DIN 18531-1, 6.3.1) (...)

1.15 Oberflächengefälle

Die Entwässerung der Belagsfläche muss gewährleistet sein: bei Fliesen und Platten mit ebener Oberfläche mindestens 1,5 %.

Insbesondere bei rauen, profilierten oder strukturierten Fliesen und Platten kann es auch bei Gefälle zu Feuchtigkeitsrückständen auf der Belagsfläche kommen.

2 Belagskonstruktionen mit Verbundabdichtung (...)

2.2 Tragender Untergrund

Art: Stahlbetondecke oder andere tragfähige Untergründe

Gefälle des tragenden Untergrundes entsprechend dem Oberflächengefälle nach Abschnitt 2.8 (...)

2.8 Oberflächengefälle

Die Entwässerung der Belagsfläche muss gewährleistet sein:

Bei Fliesen und Platten mit ebener Oberfläche mindestens 1,5 %.

Insbesondere bei rauen, profilierten oder strukturierten Fliesen und Platten kann es auch bei Gefälle zu Feuchtigkeitsrückständen auf der Belagsfläche kommen.

3 Lose Belagskonstruktionen auf Kies-/Splittschicht oder Stelzlager (...)

3.2 Tragender Untergrund

Art: Stahlbetondecke oder andere tragfähige Untergründe; stehendes Wasser darf nicht zur Durchfeuchtung des Belages führen. Mindestgefälle 2 % nach DIN 18531-1, 6.3.1 (...)

3.9 Fugen des Belages

Art:

– offene Fugen (Schutzlage erforderlich)
– mit ungebundenen Stoffen verfüllte Fugen
– geschlossene Fugen mit elastischem Fugendichtstoff

Breite: bis 10 mm; Anschlussfugen und Bauwerksfugen können breiter ausgeführt werden

Bei fehlender Entwässerungsmöglichkeit des Belages über die Fugen ist diese durch ein entsprechendes Gefälle der Belagsoberfläche sicherzustellen. (…)

4 Feste Belagskonstruktionen auf dränagefähigem Grobkornmörtel

4.1 Anwendungsbeispiele

– Außenbeläge über genutzten Räumen (Dachterrassen)
– Balkonkragplatten mit Abdichtung nach DIN 18531 Teile 1–5
– erdberührte Terrassen mit und ohne Abdichtung

4.2 Tragender Untergrund

Art: Stahlbetondecke oder andere tragfähigen Untergründe; bei erdberührten Terrassen sind wasserdurchlässige Tragschichten zu bevorzugen (...)

4.13 Oberflächengefälle

Die Entwässerung der Belagsfläche muss gewährleistet sein. Feuchtigkeitsrückstände auf der Belagsfläche durch Adhäsionskraft und Oberflächenspannung des Wassers sind nicht zu verhindern.

Regelausführung: Fliesen und Platten mit ebener Oberfläche mindestens 1,5 % Gefälle.

Bei Belagsmaterialien mit profilierter, rauer oder spaltrauer Oberfläche kann zur Entwässerung der Belagsfläche ein stärkeres Gefälle erforderlich werden.

Insbesondere bei rauen, spaltrauen, profilierten oder strukturierten Fliesen und Platten kann es auch bei der Ausführung im Gefälle zu hinzunehmenden Feuchtigkeitsrückständen auf der Belagsfläche kommen. (…)

Naturwerkstein- und Betonwerksteinbeläge sind nicht wasserdicht. Durch nicht gleichmäßiges Ab- oder Austrocknen können Farbunterschiede entstehen. Diese nicht verhinderbaren bauphysikalischen Gegebenheiten stellen keinen Mangel dar.“

Für abgedichtete Flächen von Balkonen und Dachterrassen sind außerdem Fachregeln zur Gefällesituation verfügbar. Der Geltungsbereich der „Fachregel für Dächer mit Abdichtungen – Flachdachrichtlinie“ (2016) erstreckt sich auch auf die Abdichtung von Balkonen. Danach soll überall dort, wo keine Hinderungsgründe bestehen, für die Unterlage der Abdichtung ein Gefälle von mindestens 2 % geplant werden:

„2 Beanspruchungen und Anforderungen

2.1 Beanspruchungen von Abdichtungen

Auf Abdichtungen können folgende Beanspruchungen einwirken:

- *Feuchte,*
- *mechanische Beanspruchungen,*
- *thermische Beanspruchungen,*
- *biologische Beanspruchungen (z. B. durch Wurzelwachstum),*
- *chemische Beanspruchungen (z. B. Emissionen aus Industrieanlagen),*
- *sonstige Beanspruchungen.*

Darüber hinausgehende Beanspruchungen sind ebenfalls in der Planung zu berücksichtigen.

2.2 Dachneigung, Gefälle

(1) Die Unterlage der Abdichtung soll für die Ableitung des Niederschlagswassers mit einem Gefälle von mindestens 2 % in der Fläche geplant werden.

(2) Gefällelose Flächen können in begründeten Fällen, z. B.

- *infolge reduzierter Anschlusshöhen an Türen,*
- *konstruktiv vorgegebene Lage der Entwässerungseinrichtungen, die eine Gefällegebung nicht ermöglichen,*
- *Bestandsgebäude mit vorgegebener Lage der Entwässerungseinrichtungen,*
- *Intensivbegrünung oder erdüberschüttete Flächen mit Anstaubewässerung,*
- *baurechtliche Anforderungen, die eine Gefällegebung nicht ermöglichen,*

geplant und ausgeführt werden. Die besonderen Anforderungen von Abschnitt 2.3.4 und Abschnitt 3.6 sind zu berücksichtigen.

(3) Das tatsächliche Gefälle kann infolge von vorhandenen Toleranzen/Abweichungen vom planmäßigen Gefälle abweichen.

(4) Bei der Messung bzw. Ermittlung des Gefälles bleiben Bahnenüberdeckungen unberücksichtigt.

(5) Selbst auf Flächen mit einer Neigung bis zu 5 % (ca. 3°) kann, bedingt durch die Durchbiegung und/ oder zulässige Toleranzen in der Ebenheit der Unterlage, der Dicke der Werkstoffe, durch Überlappungen und Verstärkungen Pfützenbildung vorkommen.

(6) Besteht die Gefahr, dass sich geringfügige, aber länger einwirkende Mengen stehenden Wassers schädigend auf Schutz- und Belagsschichten auswirken (z. B. bei Plattenbelägen im Mörtelbett), soll durch eine planmäßige Gefällegebung oder andere Maßnahmen für eine Wasserableitung gesorgt werden.“

Es liegt mit einem fehlenden Gefälle eine Abweichung von den Empfehlungen der oben genannten Regelwerke vor. Allerdings kommt es auch dann zu Wasserrückständen nach Niederschlägen, wenn ein Gefälle entsprechend den anerkannten Regeln der Technik vorhanden ist. Die Flüssigkeitsbenetzung von waagerechten und leicht geneigten Oberflächen ist von der Kohäsionskraft (innerer Zusammenhalt des Wassertropfens bzw. des Wasserfilms) als Oberflächenspannung des Wasserfilms und der Adhäsionskraft (Anhaftung des Wassertropfens bzw. Wasserfilms am Untergrund bzw. auf dem Werkstoff) abhängig. Wenn die Adhäsionskraft größer als die Kohäsionskraft ist, bildet sich eine Benetzung. Da die Oberfläche von begehbaren Plattenbelägen rutschfest sein muss, weisen Außenbeläge üblicherweise eine bestimmte Rauigkeit auf, wodurch die Adhäsionskräfte höher sind als bei glatten, geschliffenen Belägen. Die Flüssigkeitsbenetzung der Platten ist daher dem Grunde nach unvermeidbar und aus technischer Sicht nicht als Mangel zu bewerten. Durch die Gefällelosigkeit entsteht ggf. ein erhöhter Wartungsaufwand aufgrund von Sedimentationsrückständen, die nach dem Verdunsten des Stauwassers auf der Oberfläche verbleiben. Sofern hier vermeidbare Verschmutzungen entstehen, kann von einem geminderten Geltungswert ausgegangen werden.

Die DIN 18202 als Norm für die Maßtoleranzen im Hochbau gilt nicht für zeit- und lastabhängige Verformungen. Bei der Planung des notwendigen Balkongefälles müssen daher einerseits die zulässigen Toleranzen nach DIN 18202 sowie andererseits die statisch unvermeidbaren Verformungen berücksichtigt und vorgehalten werden. Bei Betonkragplatten ist daher entweder für den Montagezustand eine Überhöhung in Größenordnung der voraussichtlich eintretenden Durchbiegung planmäßig vorzusehen oder ein entsprechendes Vorhaltemaß zusätzlich zum Gefälle und der möglichen Ausführungstoleranz rechnerisch zu berücksichtigen.

Beispiel

Balkonkragplatte mit einer Ausladung von 200 cm:

erforderliches Oberflächengefälle im endgültigen Einbauzustand:	2,0 %
zuzüglich Vorhaltemaß 1 für maximal zulässige Winkeltoleranz nach DIN 18202 = 8 mm bei einem Messpunktabstand von 100 cm – 200 cm.	
Dies ergibt bei einer Ausladung von 200 cm: 0,8 cm : 200 cm · 100 =	0,4 %,
zuzüglich Vorhaltemaß 2 für voraussichtlich eintretende Durchbiegung am Kragarmende: L/150 entspricht: 200 cm/150 = 1,33 cm. Dies sind, als Gefälle ausgedrückt: 1,33 cm/200 cm · 100 =	+0,7 %,
= erforderliche Planangabe für das Gefälle:	3,1 %.

1.1.12 Balkongeländerstützen

Fliesen- und Plattenbeläge auf Balkonen müssen im Anschlussbereich an Balkongeländerstützen o. Ä. elastisch ausgebildet werden. Unter Sonnenbestrahlung stellt sich z. B. auf dunklen Klinkerbelägen eine Oberflächentemperatur von bis zu 80 °C ein. Sofern der Fliesenbelag unterhalb des Mörtelbetts gleitend gelagert ist, kann sich die obere Platte mitsamt dem Fliesenbelag bei Temperaturveränderungen ungehindert ausdehnen und zusammenziehen. Im Randbereich sollten diese Dilatations- und Kontraktionsvorgänge durch eine elastische Randfuge aufgenommen werden. Sofern Geländerstützenfüße starr vermörtelt sind, liegt hier eine Einspannung vor, die dazu führt, dass

Abb. 1.45 und 1.46: Rissbildung im Fliesenbelag als Folge einer Einspannung des Stützenfußes durch starre Vermörtelung

thermisch bedingte Spannungen in der oberen Platte entstehen und zu Rissbildungen führen können (siehe Abb. 1.45 und 1.46).

Weiterhin muss zur Vermeidung von Rissbildungen bei der Verlegung auf eine ausreichende Anordnung von Bewegungsfugen sowie auf eine elastische Anschlussausbildung im Randbereich geachtet werden. Im ZDB-Merkblatt „Außenbeläge, Belagskonstruktionen mit Fliesen und Platten außerhalb von Gebäuden“ (2019) heißt es:

„1 Feste Belagskonstruktionen auf Flachdächern mit Abdichtungen nach DIN 18531 Teile 1–4 (über genutzten Räumen) (...)

1.14 Fugen (...)

1.14.2 Bewegungsfugen (...)

Abstand

Der Abstand richtet sich nach der zu erwartenden Längenänderung aus Temperaturänderungen (z. B. aus Sonnenbestrahlung) und der Farbe des Belages. Dementsprechend sind Feldbegrenzungsfugen im Abstand von ca. 2 bis ca. 5 m anzuordnen. Durch die Anordnung von Rand- und Anschlussfugen ist eine Einspannung der Belagsflächen auszuschließen. Die Felder sollen möglichst ein gedrungenes Seitenverhältnis (bis ca. 1 : 2) haben.

Breite

ca. 6–12 mm, je nach Feldgröße (...)

Verfüllung

mit elastischen Fugenfüllstoffen, ggf. mit Vorfüllung oder Fugenprofilen (...)

Die Ausführung einer elastischen Fuge stellt keine Abdichtungsmaßnahme dar. Mit Fugenprofilen oder mit elastischen Fugenfüllstoffen geschlossene Fugen sind nicht wasserdicht.“

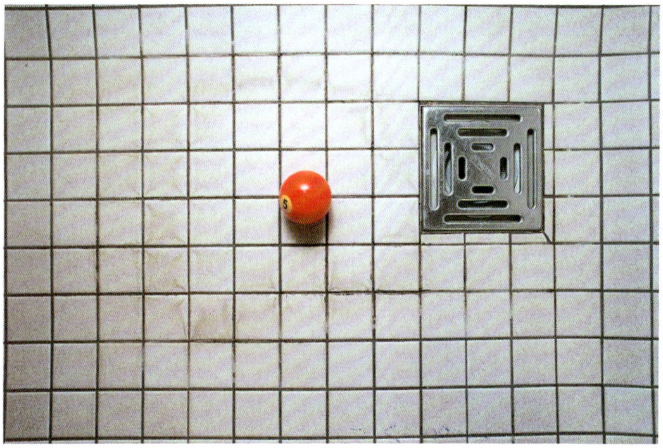

Abb. 1.47: Unzureichendes Gefälle der Bodenfliesen führt zur Pfützenbildung neben dem Bodeneinlauf. In der Folge nimmt die Oberfläche der Verfugung Schaden und es siedelt sich ein mikrobieller Belag an.

1.1.13 Gefälle und Abdichtung unter Fliesenbelägen in Nassräumen

Im Innenbereich kann die Ausbildung eines Gefälles erforderlich sein, wenn die Bodenflächen permanent wasserbeaufschlagt sind, wie dies z. B. bei gefliesten Bodenflächen in Duschzonen, Schwimmbädern und gewerblichen Bereichen der Fall ist.

Neben der Rutschfestigkeit der Fliesenoberflächen kommt es hier besonders auf eine Gefälleausbildung an, die das anfallende Wasser rasch und pfützenfrei zu den Bodeneinläufen oder Rinnen hin abführt. Bei glatten Oberflächen genügt ein Gefälle von 1,5 bis 2 %. Bei rauen, strukturierten Oberflächen und bei vertieft liegendem Fugennetz ist ein größeres Gefälle erforderlich.

Permanent stehendes Wasser, insbesondere wenn es mit Chlor oder Seifenlauge angereichert ist, führt zu einer lokalen chemischen Beanspruchung des Fugennetzes, mit dem Risiko von zerstörenden Folgeschäden oder eines mikrobiologischen Befalls (siehe Abb. 1.47).

Das Erfordernis einer Abdichtung im Zusammenhang mit Fliesen und Platten ergibt sich aus der Beanspruchungsart. Für die Abdichtung von Innenräumen gilt die DIN 18534-1:2017-07 „Abdichtung von Innenräumen – Teil 1: Anforderungen, Planungs- und Ausführungsgrundsätze" als Regelwerk. Sie legt 4 Wassereinwirkungsklassen fest:

„5 Einwirkungen

5.1 Einwirkungen durch Wasser – Wassereinwirkungsklassen

Die Art und Intensität der Wassereinwirkung sind die Ausgangskriterien für die Definition von Wassereinwirkungsklassen. Im Rahmen der Planung ist die zu erwartende Wassereinwirkung auf jede betroffene Fläche abzuschätzen und jeweils einer der in Tabelle 1 [vgl. Tabelle 1.16] *genannten Klassen W0-I bis W3-I zuzuordnen.*

5.2 Anwendungsbedingungen

5.2.1 Erfordernis einer Abdichtung in Abhängigkeit von der Wassereinwirkung

Abdichtungen im Sinne dieser Norm sind erforderlich

– bei hoher und sehr hoher Wassereinwirkung (W2-I und W3-I);
– bei mäßiger Wassereinwirkung (W1-I) auf Bodenflächen,

Tabelle 1.16: Wassereinwirkungsklassen und Anwendungsbeispiele nach DIN 18534-1, Tabelle 1

Nr.	1	2		3
	Wassereinwirkungsklasse	**Wassereinwirkung**		**Anwendungsbeispiele**[1) 2)]
1	W0-I	gering	Flächen mit nicht häufiger Einwirkung aus Spritzwasser	• Bereiche von Wandflächen über Waschbecken in Bädern und Spülbecken in häuslichen Küchen • Bereiche von Bodenflächen im häuslichen Bereich ohne Ablauf, z. B. in Küchen, Hauswirtschaftsräumen, Gäste-WCs
2	W1-I	mäßig	Flächen mit häufiger Einwirkung aus Spritzwasser oder nicht häufiger Einwirkung aus Bauchwasser, ohne Intensivierung durch anstauendes Wasser	• Wandflächen über Badewannen und in Duschen in Bädern • Bodenflächen im häuslichen Bereich mit Ablauf • Bodenflächen in Bädern ohne/mit Ablauf ohne hohe Wassereinwirkung aus dem Duschbereich
3	W2-I	hoch	Flächen mit häufiger Einwirkung aus Spritzwasser und/oder Brauchwasser, vor allem auf dem Boden zeitweise durch anstauendes Wasser intensiviert	• Wandflächen von Duschen in Sportstätten/Gewerbestätten[3)] • Bodenflächen mit Abläufen und/oder Rinnen • Bodenflächen in Räumen mit bodengleichen Duschen • Wand- und Bodenflächen von Sportstätten/Gewerbestätten[3)]
4	W3-I	sehr hoch	Flächen mit sehr häufiger oder lang anhaltender Einwirkung aus Spritz- und/oder Brauchwasser und/oder Wasser aus intensiven Reinigungsverfahren, durch anstauendes Wasser intensiviert	• Flächen im Bereich von Umgängen von Schwimmbecken • Flächen von Duschen und Duschanlagen in Sportstätten/Gewerbestätten • Flächen in Gewerbestätten[3)] (gewerbliche Küchen, Wäschereien, Brauereien usw.)

[1)] Es kann zweckmäßig sein, auch angrenzende, nicht aufgrund ausreichender räumlicher Entfernung oder nicht durch bauliche Maßnahmen (z. B. Duschabtrennungen) geschützte Bereiche der jeweils höheren Wassereinwirkungsklasse zuzuordnen.
[2)] Je nach erwarteter Wassereinwirkung können die Anwendungsfälle verschiedenen Wassereinwirkungsklassen zugeordnet werden.
[3)] Abdichtungsflächen ggf. mit zusätzlichen chemischen Einwirkungen nach 5.4

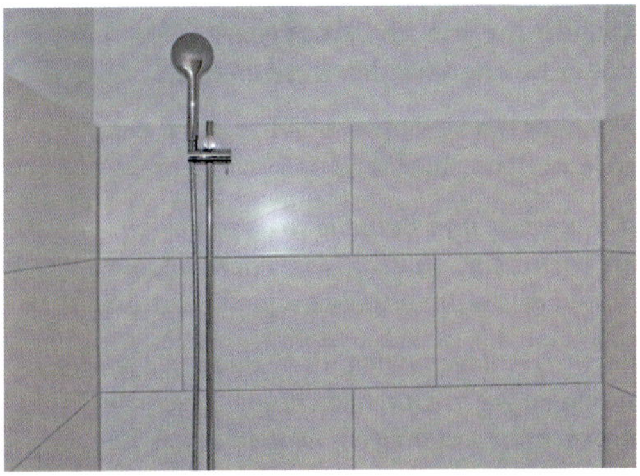

Abb. 1.48 und 1.49: Der obere Rand der Wandfliesen und damit auch der Abdichtung im Verbund liegt unterhalb der Wasserentnahmestelle.

- *bei mäßiger Wassereinwirkung (W1-I) an Wandflächen, wenn feuchteempfindliche Untergründe vorliegen, oder bei feuchteunempfindlichen Untergründen (z. B. Beton, Kalkzementputz), wenn Brauchwasser in feuchteempfindliche Bauteilschichten (z. B. Dämmschichten) gelangen kann.*

Auf Abdichtungen im Sinne dieser Norm kann nur verzichtet werden

- *an Wandflächen bei mäßiger Wassereinwirkung (W1-I), wenn feuchteunempfindliche Untergründe vorliegen, die einen ausreichenden Feuchteschutz gewährleisten können, und Brauchwasser nicht in feuchteempfindliche Bauteilschichten (z. B. Dämmschichten) gelangen kann (Durchdringungen sowie Rand- und Anschlussfugen sind gegen das Eindringen von Wasser dauerhaft zu schützen),*
- *bei geringer Wassereinwirkung (W0-I), sofern hier wasserabweisende Oberflächen vorhanden sind, die einen ausreichenden Schutz bilden,*
- *in Bereichen ohne zu erwartende Spritzwassereinwirkung."*

Gemäß DIN 18534-1 genügt eine Anschlusshöhe von 5 cm in Bereichen, in denen nur Bodenflächen abzudichten sind. An aufgehenden Bauteilen, auf die Wasser einwirkt, ist die Abdichtung mindestens 20 cm über die Höhe des zu erwartenden Spritzwasserbereichs des Belags hochzuführen bzw. muss im Bereich von Wasserentnahmestellen mindestens 20 cm über diese hinaus nach oben geführt werden:

„8 Planungs- und Baugrundsätze

8.5 Detailausbildung

8.5.1 An- und Abschluss an aufgehende Bauteile

In Bereichen, in denen unter Berücksichtigung der Wassereinwirkung (siehe 5.1) lediglich Bodenflächen abzudichten sind, ist die Abdichtungsschicht mindestens 5 cm über OKFF hochzuführen.

An aufgehenden Bauteilen (Wandflächen usw.), auf die Wasser einwirkt, ist die Abdichtungsschicht mindestens 20 cm über die Wasserentnahmestelle bzw. über die Höhe des zu erwartenden Spritzwasserbereiches hochzuführen."

Die Höhe des oberen Rands der Wandfliesen in Abb. 1.148 und 1.49 entspricht der Höhe des oberen Rands der Abdichtung im Verbund. Der Duschkopf als Wasserentnahmestelle befindet sich nicht gemäß DIN 18534-1 20 cm unterhalb des Abdichtungsrands, sondern ca. 20 cm oberhalb davon.

In Bereichen, in denen unter Berücksichtigung der Wassereinwirkung (siehe 1.2) lediglich Bodenflächen abzudichten sind, ist die Abdichtungsschicht an aufgehenden Bauteilen (Wandflächen etc.) mindestens 5 cm über OK FF hochzuführen.

An aufgehenden Bauteilen, auf die Wasser einwirkt, ist die Abdichtungsschicht mindestens 20 cm über die Wasserentnahmestelle bzw. über die Höhe des zu erwartenden Spritzwasserbereichs hochzuführen (DIN 18534-1, Abschnitt 8.5.1).

Bei üblichen Raumhöhen bis 250 cm empfiehlt es sich, im Bereich der Dusche raumhoch abzudichten.

Für die Verarbeitung gilt die Verarbeitungsanleitung des Herstellers.

Die AIV ist (insbesondere) während der Bauphase (und/oder Nutzungsphase) vor unzulässigen mechanischen Einwirkungen zu schützen.

4.1.1 Flüssig zu verarbeitende Abdichtungsstoffe

Grundsätzlich gilt für flüssig aufzubringende Abdichtungsstoffe nach DIN 18534-3:

Die Abdichtungsschicht ist in mindestens zwei Arbeitsgängen/Lagen nach Herstellerangaben aufzutragen. Vor dem Auftragen jeder weiteren Lage muss die darunterliegende Lage so weit ausgehärtet bzw. getrocknet sein, dass sie durch den nachfolgenden Arbeitsgang nicht beschädigt wird.

Der Auftrag jeder Lage muss fehlstellenfrei, gleichmäßig und entsprechend dick erfolgen. Die Schichtdickenkontrolle während der Ausführung erfolgt z. B. durch den Materialverbrauch (Gebindeanzahl pro Flächeneinheit). Die erforderliche Nassschichtdicke ist vom Hersteller anzugeben. Handwerklich bedingt sind Schwankungen der Schichtdicke beim Auftragen des Materials nicht auszuschließen, die unten angegebenen Mindesttrockenschichtdicken sind jedoch einzuhalten.

Untergrund- und verarbeitungsbedingt kann ein Dickenzuschlag zur Nassschichtdicke von 25 % der Mindesttrockenschichtdicke erforderlich sein, sofern der Hersteller dazu keine anderen Angaben macht.

Im Bereich W3-I ist die Nassschichtdickenkontrolle zu dokumentieren.

Wasserbelastung und Frosteinwirkung sind bis zur Durchtrocknung/Aushärtung der Abdichtung auszuschließen. Arbeitsunterbrechungen und Reparaturen sind nach Herstellerangaben auszuführen.

Unabhängig vom Nutzungsbereich gelten folgende Mindesttrockenschichtdicken:

- *für Kunststoff-Mörtel-Kombinationen: 2 mm*
- *für Reaktionsharzabdichtungen: 1 mm*
- *für Polymerdispersionen: 0,5 mm*

Die Angaben des abP (allgemeines bauaufsichtliches Prüfzeugnis) bzw. der ETA (europäische technische Zulassung) zu den produktspezifischen Mindesttrockenschichtdicken sind einzuhalten."

Die Abdichtungsebene muss bei feuchtigkeitsempfindlichen Untergründen unterhalb von Bade- und Duschwannen hindurchgeführt werden. Eine elastische Dichtstofffuge am Wannenrand genügt nach dem ZDB-Merkblatt „Hinweise für die Ausführung von Abdichtungen im Verbund mit Bekleidungen und Belägen aus Fliesen und Platten für den Innenbereich“ (2019) den Anforderungen nicht:

„4 *Ausführung der Abdichtungen (…)*

4.2 Abdichten von Details (…)

Badewannen und Duschwannen

Bereiche unter/hinter Bade- oder Duschwannen sind vor Wassereinwirkung zu schützen. Die Abdichtung ist in diesen Bereichen wie nachfolgend auszuführen:

- *Anschließen des Wannenrandes an die Abdichtungsschicht, z. B. mit Wannenranddichtbändern oder Zargen, bzw.*
- *Fortführen der Abdichtungsschicht ohne Fliesenbelag unter und hinter der Wanne. Bei feuchtigkeitsempfindlichen Untergründen kann eine Abdichtung unter den Wannen erforderlich werden, um Schäden durch Kondensatbildung zu vermeiden.*

Dichtstofflugen zwischen Badewanne/Duschwanne und Wand stellen keine Abdichtungsmaßnahme im Sinne der DIN 18534 dar. Mit Fugenprofilen oder mit elastischen Dichtstofffugen geschlossene Fugen sind nicht wasserdicht.“

DIN 18534-1:2017-07 „Abdichtung von Innenräumen – Teil 1: Anforderungen, Planungs- und Ausführungsgrundsätze“ regelt:

„8 *Planungs- und Baugrundsätze (…)*

8.5 Detailausbildung (…)

8.5.2 Abdichtung von Bereichen unter/hinter Bade- oder Duschwannen

Bereiche unter/hinter Bade- oder Duschwannen sind vor Wassereinwirkung zu schützen. Die Abdichtung dieser Bereiche ist folgendermaßen auszuführen:

- *Anschließen des Wannenrandes an die Abdichtungsschicht z. B. mit Wannenranddichtbändern bzw. Zargen*

oder

- *Fortführen der Abdichtungsschicht unter und hinter der Wanne ggf. mit Unterflur-Entwässerung.*

Dichtstofffugen am Wannenrand stellen keine Abdichtung im Sinne dieser Norm dar.

Ist auf Flächen unter/hinter Bade- und Duschwannen eine Abdichtung geplant, dürfen dort nur die für die Wannen selbst erforderlichen Rohre und Leitungen geplant werden. Durchdringungen für diese Rohre und Leitungen sind so zu planen, dass die Abdichtungsschicht sicher anzuschließen ist.

Bei feuchteempfindlichen Bauteilen (z. B. im Holzbau, Trockenbau, Stahlbau) muss der Schutz gegen Feuchte bei der Planung besonders beachtet werden.“

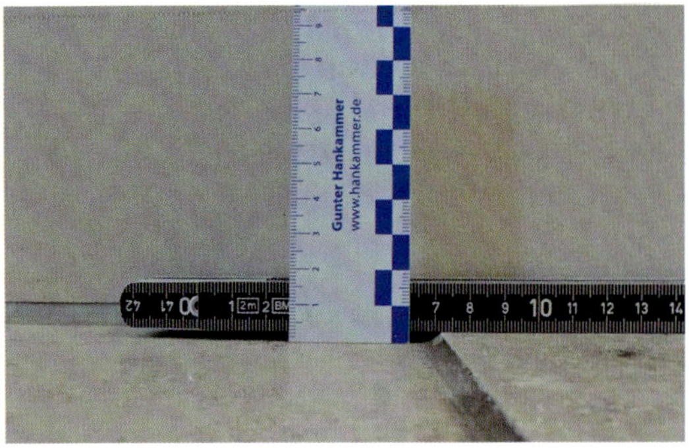

Abb. 1.50: Überzahn als Höhenversprung

1.1.14 Naturwerkstein

Für die Zulässigkeit von Rissen, Einschlüssen oder Beschädigungen in Natursteinmaterialien gibt es kein Regelwerk, das hierüber Grenzwerte vorgibt. In der Oberfläche des Natursteins vorkommende Risse sollten laut Auskunft des Deutschen Naturwerkstein-Verbands eine Breite von 0,3 mm nicht überschreiten.

Weiterhin sind Risse, die $^2/_3$ der Plattendicke überschreiten bzw. ihre Festigkeit beeinträchtigen, in der ungebundenen Bauweise nicht zulässig.

Nach dem ZDB-Merkblatt „Höhendifferenzen in keramischen, Betonwerkstein- und Naturwerksteinbekleidungen und Belägen" (2019) beträgt die höchste zulässige Höhendifferenz 1,5 mm:

„1 Fest verlegte Bekleidungen und Belagsflächen

(Dick-, Dünn- oder Mittelbettverfahren)

1.3 Beläge aus Naturwerkstein

Die Stoffnorm DIN EN 12057 ‚Natursteinprodukte – Fliesen – Anforderungen' und die DIN EN 12058 ‚Natursteinprodukte – Bodenplatten und Stufenbeläge – Anforderungen' begrenzen die zulässigen Abweichungen bei den Materialien.

Diese können sich aber durch Feuchtigkeitseinwirkung, Lagerung und Transport verändern. Kontrollmessungen sind nur bedingt aussagefähig. In Anlehnung an die Betonwerksteinbeläge sind hier 1,5 mm als höchste zulässige Höhendifferenz anzusetzen.

Werden höhere Anforderungen erforderlich oder sind diese aus den Stofftoleranzen nicht einzuhalten, kann der Belag durch Abschleifen angeglichen werden. Dies ist jedoch eine gesondert zu vergütende Leistung.

Sind geringere Abweichungen als die in der Stoffnorm EN 12057 bzw. EN 12058 erforderlich, um die Überzähne zu begrenzen, so ist dies bei der Lieferung zu berücksichtigen."

Die zulässige Höhendifferenz wird in Abb. 1.50 überschritten.

Überzähne

Besonders bei spaltrauen Oberflächen muss darauf geachtet werden, dass Überzähne (siehe auch Kapitel 1.1.3 und 1.1.15) und Höhenversätze zu benachbarten Platten oder angrenzenden Belägen nicht das Maß von Stolperstellen überschreiten (siehe Abb. 1.51 bis 1.54).

Abb. 1.51 und 1.52: Dekorfeld mit spaltrauen Sandsteinplatten innerhalb eines geflammten Granitplattenbelages einer gewerblich genutzten Dachterrasse mit Stolperstellen bis zu 13 mm Höhenversatz am Übergang zwischen den beiden unterschiedlichen Materialien

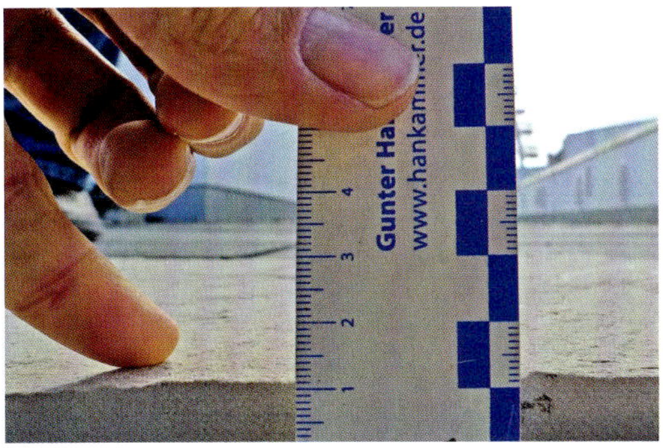

Abb. 1.53 und 1.54: Spaltraue Sandsteinplatten einer gewerblich genutzten Dachterrasse mit Stolperstellen bis zu 10 mm Höhenversatz zwischen einzelnen Platten

Abb. 1.55 und 1.56: Bei geschliffenen Granitplatten einer Innentreppe eines Bürogebäudes nicht hinnehmbare Unebenheiten entlang der Trittstufenvorderkante

Je nach Art der in der Leistungsbeschreibung vorgesehenen Oberflächenbehandlung (z. B. geschliffen, gestockt, geflammt, spaltrau) ergibt sich die bei der Abnahme zu erwartende Qualität auch im Kantenbereich. Wird z. B. vertraglich eine geschliffene Oberfläche vereinbart, ohne bestimmte Anforderungen an eine Kantenfase, kann als Mindestanforderung erwartet werden, dass beide rechtwinklig aufeinandertreffenden geschliffenen Oberflächen ohne nennenswerte Ausbrüche zu einer Scharfkantigkeit führen (siehe Abb. 1.55 und 1.56).

Abb. 1.57: Bei der Beurteilung ausgebrochener Kanten von Betonwerksteinbelägen kommt es im Wesentlichen auf die vertraglichen Beschaffenheitsvereinbarungen an.

1.1.15 Betonwerkstein

Für großflächige, hochbelastete und gewerblich genutzte Fußbodeninnenflächen sind Festlegungen zu Kantenbeschädigungen getroffen worden.

Gemäß Technischem Merkblatt 1.0 „Großflächige, hochbelastbare Bodenbeläge aus Betonwerkstein" (1997) gilt:

„5 Allgemeine Anforderungen (...)

5.2 Betonwerkstein-Verlegung (...)

- *Beim Transport der Betonwerksteinplatten zur und auf der Baustelle lassen sich erfahrungsgemäß geringe Kantenbeschädigungen nicht ganz vermeiden.*
- *Betonwerksteinplatten mit einzelnen Kantenabplatzungen bis zu 1 cm Länge und/oder bis zu einer Größe von etwa 0,5 cm² stellen keinen Mangel dar."*

Die hier definierten Toleranzen lassen sich natürlich nicht auf kleinflächige Verlegesituationen, wie z. B. Treppenhäuser, sowie auf den Wohnbereich übertragen. Dort sind Kantenabplatzungen mit Einzellängen von 1 cm nicht grundsätzlich hinnehmbar, sondern stellen dann einen optischen Mangel dar, wenn sie aus normaler Betrachterposition, also in aufrechter Haltung, objektiv als störend wahrnehmbar sind (siehe Abb. 1.57).

Überzähne

(Siehe auch Kapitel 1.1.3 und 1.1.14)

Die Zulässigkeit von Überzähnen (Höhendifferenzen zwischen benachbarten Platten) hängt gemäß der VOB/C ATV DIN 18333:2019-09 „Betonwerksteinarbeiten" von dem Plattenformat ab:

„3 Ausführung

Ergänzend zur ATV DIN 18299, Abschnitt 3, gilt:

3.1 Allgemeines (...)

3.1.3 Abweichungen von den vorgeschriebenen Maßen sind in den durch DIN 18202 bestimmten Grenzen zulässig.

In Innenräumen sind bei Platten bis 0,25 m² zwischen benachbarten Platten Absätze und Höhenversprünge bis 1,5 mm zulässig.

In Innenräumen sind bei Platten größer 0,25 m² bis 0,5 m² zwischen benachbarten Platten Absätze und Höhenversprünge bis 2 mm zulässig.

In bewitterten Bereichen sind bei Platten bis 0,25 m² zwischen benachbarten Platten Absätze und Höhenversprünge bis 2 mm zulässig, bei grob bearbeiteten wie ausgewaschenen, gestrahlten, flammgestrahlten, gespaltenen, bossierten, gespitzten, gestockten oder scharrierten Platten bis 5 mm.

In Innenräumen sind bei Platten größer 0,5 m² und in bewitterten Bereichen bei Platten größer 0,25 m² die zulässigen Absätze und Höhenversprünge gesondert zu vereinbaren."

Das ZDB-Merkblatt „Höhendifferenzen in keramischen, Betonwerkstein- und Naturwerksteinbekleidungen und Belägen" (2019) geht von einer maximal zulässigen Höhendifferenz von 1,5 mm zwischen benachbarten Platten aus:

„1 Fest verlegte Bekleidungen und Belagsflächen

(Dick-, Dünn- oder Mittelbettverfahren) (…)

1.2 Beläge und Bekleidungen aus Betonwerkstein

Bei der Bewertung von Betonwerkstein kann auf die DIN 18333 ‚Betonwerksteinarbeiten' zurückgegriffen werden. Diese lässt nach Abschnitt 3.1.2 zwischen benachbarten Platten Höhendifferenzen bis 1,5 mm zu.

In den ‚Hinweisen für die Planung und Ausführung von Betonwerksteinbelägen in Großräumen' sind Höhendifferenzen (Überzähne) auf 1,0 mm begrenzt.

Bemerkung:

Betonwerksteinbeläge können ohne Höhendifferenzen durch örtliches Abschleifen und ggf. Polieren der Belagsfläche hergestellt werden. Diese zusätzliche Maßnahme ist als Besondere Leistung zu vereinbaren."

Für Plattenbeläge auf Splitt-, Kies oder Stelzlagern gibt das ZDB-Merkblatt „Höhendifferenzen in keramischen, Betonwerkstein- und Naturwerksteinbekleidungen und Belägen" (2019) weitere zulässige Höhendifferenzen an:

„2 Lose Beläge auf Splitt, Kies oder Stelzlager

Bei der Bewertung der Belagsflächen kann hilfsweise auf die DIN 18318 zurückgegriffen werden. Die DIN 18318 ‚Verkehrswegebauarbeiten – Pflasterdecken, Plattenbeläge und Einfassungen' lässt bei der Verlegung der Platten in Sand, Kiessand, Brechsand, und Splitt, deren Oberfläche nach dem Einlegen der Baustoffe (Platten) üblicherweise gerüttelt wird, folgende Höhendifferenzen zu:

Belagsstoffe mit ebener Oberfläche	*2,0 mm*
Belagsstoffe mit grob rauer Oberfläche	*5,0 mm*

Bei lose auf Splitt, Kies oder Stelzlager verlegten Fliesenelementen, Natur- oder Betonwerksteinplatten sind bei der Regelausführung, in Anlehnung an die Normen und Richtlinien, hinzunehmen:

ebene und ungefaste Belagsmaterialien	*2,0 mm*
ebene und gefaste Belagsmaterialien	*3,0 mm*
grob raue Belagsmaterialien	*5,0 mm*

Abb. 1.58 bis 1.60: Zu schmale und deshalb kippelnde Betonwerksteinplatten auf Stelzlagern

Bei gespaltenen Oberflächen oder Belagsflächen, die im Gefälle verlegt sind, können größere Höhendifferenzen entstehen.

Die genannten Toleranzmaße beziehen sich auf neu verlegte Beläge. Die Abnahme der Belagsfläche ist möglichst unmittelbar nach der Fertigung vorzunehmen.

Nach der Abnahme z. B. durch punktuelle Belastung, Temperatur- und Witterungseinflüsse oder durch besondere unübliche Nutzung eingetretene Veränderungen sind in geeigneter Weise bei der Bewertung der Belagsfläche zu berücksichtigen.

Lose auf Splitt, Kies oder Stelzlager verlegte Elemente/Platten können bei einseitiger bzw. Eckbelastung begrenzt wippen, wackeln oder sich verschieben. Dies stellt keinen Mangel dar.“

Das Kippeln stellt danach nicht grundsätzlich einen Mangel dar. Sofern es allerdings auf einer von den Verlegevorschriften des Produktherstellers abweichenden Verlegung beruht und daher vermeidbar war, ist aus technischer Sicht von einem Mangel auszugehen (siehe Abb. 1.58 bis 1.60).

Abb. 1.61: Stufenschablone

Treppenstufen

> **Tipp**
>
> Insbesondere bei einer Vielzahl gleichartiger Stufen lässt sich die exakte Einhaltung der Abmessungen von Auftritt und Steigung vereinfacht mit einer dafür angefertigten Schablone prüfen (siehe Abb. 1.61).

Hinweise zu Abmessungen und Toleranzen finden sich in Kapitel 1.7 und in Band 1, Kapitel 6.6.

1.2 Estricharbeiten (VOB/C ATV DIN 18353)

1.2.1 Ebenmäßigkeit und Waagerechtigkeit

Es gelten die Maßtoleranzen nach DIN 18202:2019-07 (siehe auch Kapitel 5.4, Band I).

Entsprechend DIN 18202, Tabelle 3, Spalte 3, Zeile 2b gilt für fertige Oberflächen bei einer Nutzung zu untergeordneten Flächen ein zulässiges Stichmaß der Abweichung von der Ebenheit von 8 mm.

Bei flächenfertigen Böden gilt Zeile 3. Für eine flächenfertige Estrichoberfläche bedeutet dies: Bei einem Messpunktabstand von 1 m (Wasserwaagenlänge) beträgt die zulässige Abweichung von der Ebenheit als Stichmaß 4 mm.

Im Falle der Vereinbarung von erhöhten Anforderungen an die Ebenmäßigkeit gilt DIN 18202, Tabelle 3, Zeile 4 mit einem zulässigen Stichmaß von 3 mm.

1.2.2 Eignung der Estrichdämmung

Entsprechend den jeweiligen Anforderungen an den Schallschutz und/oder den Wärmeschutz werden unter schwimmenden Estrichen Dämmschichten eingesetzt. Diese bestehen in der Regel aus den Baustoffen nach Tabelle 1.17.

Tabelle 1.17: Estrichdämmstoffe

Nr.	Kurzbezeichnung	Baustoff	Spezifikation
1	MW	Mineralwolle	DIN EN 13162
2	EPS	Polystyrol	DIN EN 13163
3	XPS	extrudierter Polystyrolschaum	DIN EN 13164
4	PU	Polyurethan-Hartschaum	DIN EN 13165
5	PF	Phenolharzschaum	DIN EN 13166
6	CG	Schaumglas	DIN EN 13167
7	WW	Holzwolle	DIN EN 13168
8	EPB	Blähperlit	DIN EN 13169
9	ICB	expandierter Kork	DIN EN 13170
10	WF	Holzfasern	DIN EN 13171

Die Trittschalldämmung muss sich für den jeweiligen Verwendungszweck eignen. Das Anwendungsgebiet eines Dämmstoffs ergibt sich aus DIN 4108-10:2021-11 „Wärmeschutz und Energie-Einsparung in Gebäuden – Teil 10: Anwendungsbezogene Anforderungen an Wärmedämmstoffe“:

„*3 Begriffe (…)*

3.1

Verwendung von werkmäßig und an der Verwendungsstelle hergestellten Wärmedämmstoffen für Gebäude

Anmerkung 1: zum Begriff: Für die Anwendungsgebiete von Wärmedämmungen siehe Tabelle 1 [vgl. Tabelle 1.18].

Tabelle 1: Anwendungsgebiete von Wärmedämmungen [vgl. Tabelle 1.18]

Für das Anwendungsgebiet „Decke“ werden dort folgende Bezeichnungen verwendet:

- DEO = Innendämmung der Decke oder Bodenplatte (oberseitig) unter Estrich ohne Schallschutzanforderungen,
- DES = Innendämmung der Decke oder Bodenplatte (oberseitig) unter Estrich mit Schallschutzanforderungen.

Tabelle 1.18: Anwendungsgebiete von Wärmedämmungen nach DIN 4108-10:2015-12

Anwendungsgebiet	**Anwendungstypen**	
	Kurzzeichen[1)] grafische Symbole siehe Bild 1	**Beschreibung**
Decke, Dach	DAD	Außendämmung von Dach oder Decke, vor Bewitterung geschützt, Dämmung unter Deckungen
	DAA	Außendämmung von Dach oder Decke, vor Bewitterung geschützt, Dämmung unter Abdichtungen
	DUK	Außendämmung des Daches, der Bewitterung ausgesetzt (Umkehrdach)[2)]
	DZ	Zwischensparrendämmung, zweischaliges Dach, nicht begehbare, aber zugängliche oberste Geschossdecken
	DI	Innendämmung der Decke (unterseitig) oder des Daches, Dämmung unter den Sparren/Tragkonstruktion, abgehängte Decke usw.
	DEO	Innendämmung der Decke oder Bodenplatte (oberseitig) unter Estrich ohne Schallschutzanforderungen
	DES	Innendämmung der Decke oder Bodenplatte (oberseitig) unter Estrich mit Schallschutzanforderungen

1) Die verwendeten Kurzzeichen sind Abkürzungen für Anwendungsgebiete von Wärmedämmungen.
2) auch für den Anwendungsfall von unten gegen Außenluft

Um eine bessere Zuordnung von Produkteigenschaften zu den Anwendungsgebieten zu gewährleisten, sind die Produkteigenschaften in DIN 4108-10 mit weiteren Kurzzeichen unterteilt.

Unter Estrichen sind nach DIN 4108-10:2021-11 „Wärmeschutz und Energie-Einsparung in Gebäuden – Teil 10: Anwendungsbezogene Anforderungen an Wärmedämmstoffe“ hierbei die Druckbelastbarkeit und die schalltechnischen Eigenschaften von Bedeutung (vgl. Tabelle 1.19).

„4 Anforderungen (…)

4.3 Anwendungsbezogene Anforderungen

4.3.1 Allgemeines

Tabelle 2 [vgl. Tabelle 1.19]*: Differenzierungen von bestimmten Produkteigenschaften“*

Tabelle 1.19: Druckbelastbarkeit und schalltechnische Eigenschaften von Estrichen nach DIN 4108-10, Tabelle 2

Produkteigenschaft	Kurzzeichen	Beschreibung	Beispiel
Druckbelastbarkeit	dk	keine Druckbelastbarkeit	Hohlraumdämmung, Zwischensparrendämmung
	dg	geringe Druckbelastbarkeit	Wohn- und Bürobereich unter Estrich
	dm	mittlere Druckbelastbarkeit	nicht genutztes Dach mit Abdichtung
	dh	hohe Druckbelastbarkeit	genutzte Dachflächen, Terrassen
	ds	sehr hohe Druckbelastbarkeit	Industrieböden, Parkdecks
	dx	extrem hohe Druckbelastbarkeit	hochbelastete Industrieböden, Parkdecks
schalltechnische Eigenschaften	sk	keine Anforderungen	alle Anwendungen ohne schalltechnische Anforderungen
	sh	Trittschalldämmung erhöhte Zusammendrückbarkeit	schwimmender Estrich, Haustrennwände
	sm	Trittschalldämmung mittlere Zusammendrückbarkeit	
	sg	Trittschalldämmung geringe Zusammendrückbarkeit	

Für das Anwendungsgebiet „Trittschalldämmung" werden dort folgende Bezeichnungen verwendet, deren Mindestanforderungen bezüglich der Zusammendrückbarkeit CPi sich aus der DIN EN 4108-10 z. B. für den Baustoff EPS aus der dortigen Tabelle 4 ergeben:

sh = Trittschalldämmung hohe Zusammendrückbarkeit CP5 (≤ 5 mm),
sm = Trittschalldämmung mittlere Zusammendrückbarkeit CP3 (≤ 3 mm),
sg = Trittschalldämmung geringe Zusammendrückbarkeit CP2 (≤ 2 mm).

1.2.3 Schüsseleffekt

Das Maß der Schwindverkürzung beträgt überschlägig 0,3 mm/m. Ein 6 m breites Feld verkürzt sich somit um 1,8 mm. Der Schwindvorgang ist erst nach etwa einem Jahr zu 80 % abgeklungen, nach 2 Jahren zu 90 %.

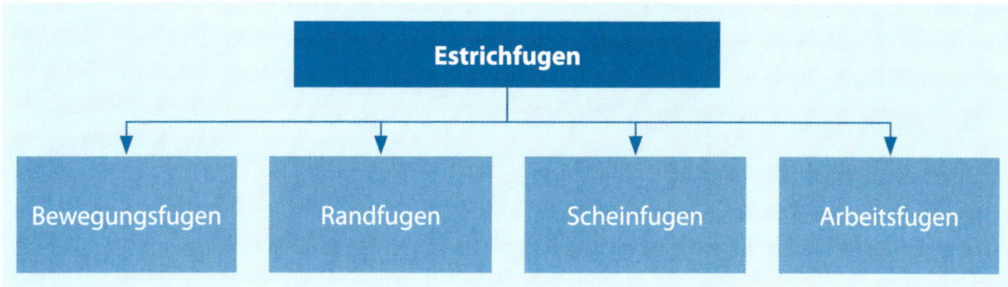

Abb. 1.62: Arten von Bewegungsfugen nach DIN 18560

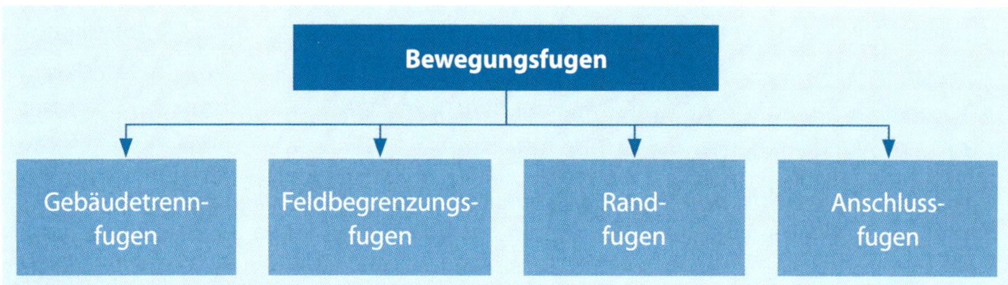

Abb. 1.63: Arten von Bewegungsfugen nach DIN 18352

In belüfteten Räumen trocknet zunächst die Estrichoberfläche überproportional schnell aus, während die Unterseite z. B. auf einer Trennfolie – relativ betrachtet – in einem anhaltend feuchten Zustand verharrt. Die Längenverkürzung durch Schwinden findet zunächst nur an der Oberseite statt, mit der Folge, dass sich die Ränder der Estrichplatte nach oben hin aufwölben. In diesem Fall wird häufig vom Schüsseleffekt gesprochen, da die konkave Verformung eine schüsselartige Form annimmt. Das größte Maß der Verformung liegt im Eckbereich, da die Länge der Diagonalen zwischen dem Feldmittelpunkt und den Raumecken größer ist als die rechtwinklige Entfernung des Mittelpunkts von den 4 Seitenlinien.

In der Regel legt sich der Randbereich des Estrichs allmählich auf die übrige Fläche herab, sobald eine vollständige Austrocknung des gesamten Querschnitts erfolgt ist. Der Vorgang bleibt ohne Schadensfolge, wenn er nicht durch vorzeitigen Fliesen- oder Natursteinbelag zwangsweise behindert wird. Häufig wird der Effekt erstmalig sichtbar, wenn frühzeitig mit der Wand verbundene Sockelrandfliesen etwa ein Vierteljahr nach der Belegung plötzlich klaffende Fugen zum Bodenfliesenbelag aufweisen und die Eckversiegelung abreißt.

1.2.4 Bewegungsfugen/Scheinfugen/Randfugen/Risse

Die DIN 18560-2:2009-09 „Estriche im Bauwesen – Teil 2: Estriche und Heizestriche auf Dämmschichten (schwimmende Estriche)“ unterscheidet 3 Arten von Estrichfugen (siehe Abb. 1.62). Danach sind Arbeitsfugen wie Scheinfugen zu behandeln. Die DIN 18560 unterscheidet sich insoweit begrifflich von der DIN 18352 „Fliesen- und Plattenarbeiten“, die Bewegungsfugen als übergeordneten Begriff und Gebäudetrennfugen, Feldbegrenzungsfugen, Randfugen und Anschlussfugen als 4 Unterkategorien (siehe Abb. 1.63) sieht (siehe Kapitel 1.1):

„5. Ausführung (...)

5.3 Estrich (...)

5.3.3 Estrichfugen

Über die Anordnung der Fugen ist ein Fugenplan zu erstellen, aus dem Art und Anordnung der Fugen zu entnehmen sind. Der Fugenplan ist vom Bauwerksplaner zu erstellen und als Bestandteil der Leistungsbeschreibung dem Ausführenden vorzulegen.

Über Bauwerksfugen sind auch im Estrich Fugen anzuordnen (Bewegungsfugen). Außerdem ist der Estrich vor aufgehenden Bauteilen durch Fugen zu trennen (Randfugen). Darüber hinaus notwendige Fugen sind so anzuordnen, dass möglichst gedrungene Felder entstehen. Bewegungsfugen innerhalb der Estrichfläche sind gegebenenfalls gegen Höhenversatz zu sichern.

Die Herstellung von Fugen ist aus bauphysikalischen Gründen erforderlich. Entsprechend ihrer Funktion haben die Fugen folgende Aufgaben:

- *Bewegungsfugen nehmen Formänderungen des Estrichs in alle Richtungen auf;*
- *Randfugen sind Bewegungsfugen im Randbereich des Estrichs und vermindern Schallübertragungen vom Fußboden zu angrenzenden und durchdringenden Bauteilen (sogenannte Schallbrücken);*
- *Scheinfugen sind Sollbruchstellen für das Verkürzen des Estrichs;*
- *Arbeitsfugen sind wie Scheinfugen zu behandeln.*

Nach dem Erhärten und Austrocknen des Estrichs sollten Scheinfugen kraftschlüssig, z. B. durch Vergießen mit Kunstharz, geschlossen werden. Die derart hergestellten und geschlossenen Scheinfugen müssen nicht beim Einbau der Bodenbeläge berücksichtigt werden, d. h., sie müssen nicht deckungsgleich in die Bodenbeläge übernommen werden.

Bei Heizestrichen sind in Türdurchgängen in der Regel Bewegungsfugen anzuordnen. Innerhalb einer Heizfläche mit unterschiedlich beheizten Heizkreisen (keine Randzonen) sind in der Regel zwischen diesen auch Bewegungsfugen anzuordnen.

Werden in Heizestrichen Scheinfugen in Türlaibungen und Türdurchgängen angeordnet und diese als Fugen auch in Stein- oder Keramikbelägen übernommen, sollten diese Scheinfugen nicht geschlossen werden."

Die richtige Anordnung der vorgenannten Fugen muss sicherstellen, dass die materialbedingten unterschiedlichen Schwindvorgänge und andere Formänderungen des Estrichs stattfinden können, ohne dass es zu Einzwängungen kommt.

Eine **Bewegungsfuge** trennt die Fußbodenkonstruktion vollständig in 2 voneinander unabhängig bewegliche Teile.

Randfugen trennen den Estrich von seitlich angrenzenden und von eingebauten Bauteilen, um zu verhindern, dass sich der Estrich beim Schwinden oder infolge von thermisch bedingten Längenveränderungen an den angrenzenden festen Bauteilen unzulässig verzahnt.

Risse, deren Ursache in diese Kategorie fällt, verlaufen immer von dem einengenden Bauteil aus in den Raum hinein.

Randstreifen stellen die unbehinderte Beweglichkeit und Verformbarkeit der Estrichplatte im Bereich der Randfugen sicher. Daneben dienen Randdämmstreifen der schalltechnischen Entkopplung des Estrichs von den angrenzenden Bauteilen, wie DIN 18560-2:2009-09 „Estriche im Bauwesen – Teil 2: Estriche und Heizestriche auf Dämmschichten (schwimmende Estriche)" regelt:

„5. Ausführung (...)

5.2 Randstreifen

An Wänden und anderen aufgehenden Bauteilen, z. B. Türzargen, Rohrleitungen, sind schalldämmende Randstreifen (Randfugen) anzuordnen.

Bei Gussasphaltestrichen müssen Randstreifen gegen die kurzzeitige Einbautemperatur von 250 °C beständig sein. Sollen auf Gussasphaltestrichen harte Beläge (z. B. Parkett, Fliesen) verlegt werden, muss der Randstreifen so dick sein, dass die Fuge zwischen Estrich und Wand etwa 10 mm beträgt.

Die Randstreifen müssen mindestens bis zur Oberfläche des Oberbelages reichen. Die Randstreifen müssen bei einlagigen Dämmschichten auf dem tragenden Untergrund aufstehen.

Bei mehrlagigen Dämmschichten muss der Randstreifen vor dem Einbringen der Dämmschicht für die Schalldämmung verlegt sein. Der Randstreifen muss gegen Lageveränderung beim Einbringen des Estrichs gesichert sein. Die überstehenden Teile des Randstreifens und der hochgezogenen Abdeckung dürfen erst nach Fertigstellung des Fußbodenbelages, bzw. bei textilen und elastischen Belägen erst nach Erhärtung der Spachtelmasse, abgeschnitten werden. Randstreifen müssen bei Heizestrichen eine Bewegung von mindestens ermöglichen."

Eine **Scheinfuge** ist eine Fuge im Estrich, die bis zur Hälfte der Estrichdecke in den frischen Estrich eingeschnitten wird. Die Scheinfuge ist eine vorproduzierte „Sollbruchstelle", um die Schwindverformungen des Estrichs beim Austrocknen kontrolliert aufzunehmen und um eine unkontrollierte Rissbildung im Estrich zu verhindern. Scheinfugen werden nach Beendigung des Schwindvorganges mit Reaktionsharzen kraftschlüssig verschlossen, ggf. unter Einsatz von profilierten oder gewellten Dübeln.

Risse sind regelmäßig „vergessene Fugen", die sich nach Aushärtung und Beendigung der Schwindverkürzungen sowie beim erstmaligen Aufheizen von Heizestrich einstellen. Der Rissverschluss muss zwingend vor der Belegung mit Oberbelägen erfolgen. Er entspricht im Wesentlichen dem kraftschlüssigen Verschluss von Scheinfugen. Der Riss wird durch Stemmen von Hand oder mit einer Trennscheibe von oben her aufgeweitet. Er wird dann in einem Abstand von 25 bis 30 cm quer zum Rissverlauf verdübelt. Hierzu werden Einfräsungen mit der Flex vorgenommen, die nach Reinigung der Schlitze mit Wellenankern oder Sanierungsklammern bestückt und mit niedrigviskosem Reaktionsharzmaterial vergossen werden. Für den Kraftschluss zum nachfolgenden Belag sorgt eine Bestreuung mit feuergetrocknetem Quarzsand in einer Körnung von 0,3 bis 0,7 mm, wobei der Überschuss nach Aushärtung entsorgt wird.

Abb. 1.64: Nicht winkelgerecht ausgerichtete Schachtabdeckung innerhalb eines Granitfußbodenbelags führt zu einer markant störenden optischen Beeinträchtigung

1.2.5 Lage und Ausrichtung von Einbauteilen

Damit das nachfolgende Gewerk bei der Verlegung des Fußbodens die Dehnungsfugen und die Randkonturen von Einbauelementen, wie Bodeneinläufen und Revisionsrahmen, im Fugenraster übernehmen kann, müssen diese bereits im Estrich präzise eingemessen sowie flucht-, winkel- und liniengerecht ausgerichtet werden (siehe Abb. 1.64).

1.2.6 Schallbrücken

In schalltechnischer Hinsicht ist es erforderlich, dass der schwimmend verlegte Estrich keinen Kontakt nach unten zur Stahlbetondecke bzw. zur Stahlbetonsohle und/oder zu den angrenzenden Wandflächen hat. Die Estrichplatte soll sich in alle Richtungen frei bewegen können. Eine relativ häufige Ursache für mangelnden Trittschallschutz beim schwimmenden Estrich sind die mangelhaften Randfugen in Form nicht vollständiger Trennung der Estrichplatte von angrenzenden Wänden, Türzargen, Türschwellen u. a. (siehe Abb. 1.65 und 1.66).

Werden z. B. die Randdämmstreifen bereits vor dem Verkleben von Bodenbelägen abgeschnitten, so kann ein direkter Kontakt des Bodenbelages mit der Wand (z. B. bei Fliesenbelag) eine Körperschallbrücke bilden. Weiter kann auch Spachtelmasse oder Kleber in die Randfuge einlaufen, sodass sich in diesem Bereich Körperschallbrücken bilden.

Schallbrücken zwischen dem schwimmenden Estrich und dem Untergrund lassen sich während der Ausführung z. B. gut im Bereich des freien Estrichrands von Treppenaugen erkennen (siehe Abb. 1.67).

Tipp

Überprüfen lässt sich die Trennung einfach per Abklopfen des Estrichs durch einen Hammer mit Hartkunststoffkopf (siehe Abb. 1.68). Schallbrücken und unzulässige Einzwängungen der freien Beweglichkeit des Estrichs (z. B. in Türlaibungen) lassen sich auf diese Weise leicht lokalisieren, da hier der Resonanzklang hörbar heller wird. Anschließend kann mit einer Prüfnadel durch die Versiegelung hindurch ertastet werden, ob ein fester Widerstand spürbar ist. Die Versiegelung nimmt hierdurch keinen Schaden. Die Oberfläche schließt sich wieder.

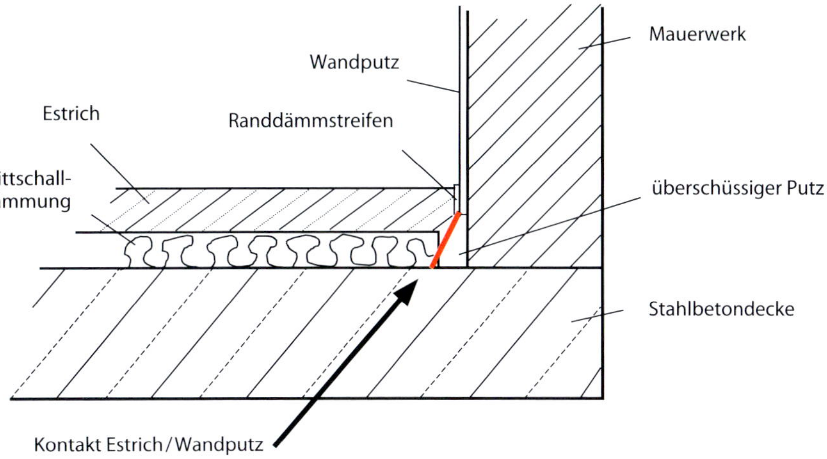

Abb. 1.65: Unzulässiger Kontakt des schwimmenden Estrichs mit dem Wandputz im Randbereich

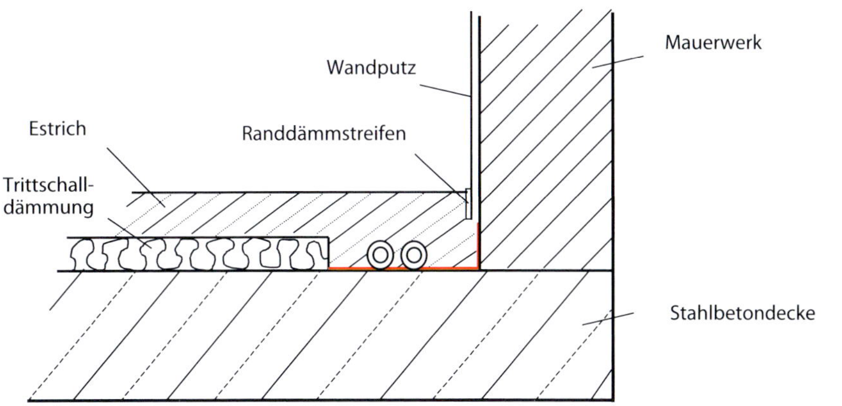

Abb. 1.66: Unzulässiger Kontakt des schwimmenden Estrichs mit dem Untergrund seitlich von Installationsstraßen

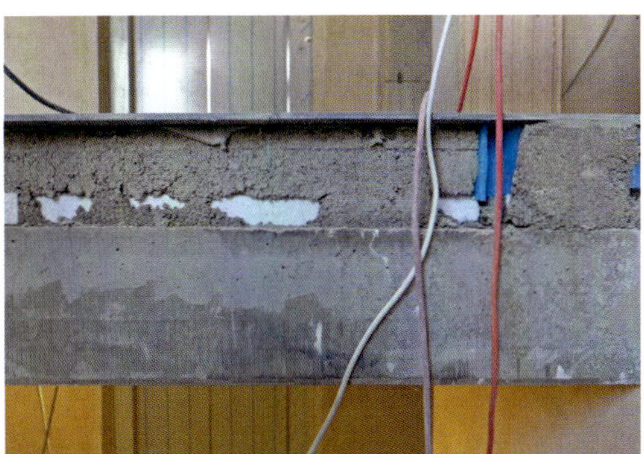

Abb. 1.67: Schallbrücken im Estrich entlang des freien Estrichrands am Treppenauge

Abb. 1.68: Orientierende Untersuchung im Klopfbefund

1.2.7 Trockenestrich

Ausführungsfehler bei Unterböden aus Holzspanplatten entstehen regelmäßig durch unzureichende Randfugen und überhöhte Schraubenabstände.

Werden die Lagerhölzer oder die Deckenbalken mit einer überhöhten Einbaufeuchte montiert, bewirkt der Volumenschwund beim Austrocknen Knarrgeräusche der nachgiebigen Spanplatten. Hier kann dann nur nachverschraubt werden.

Trockenestriche aus Gipskartonverbundplatten werden in der Regel nach Herstellervorschrift schwimmend verlegt. Auch hier muss der funktionsfähigen Randfuge Beachtung gewidmet werden. Ein kraftschlüssiger Kontakt mit der Unterkonstruktion muss bei der schwimmenden Verlegung zwingend vermieden werden. Vergleichsweise labil sind die Plattenstöße. Erfolgt hier eine partielle Verschraubung, kommt es zu Verformungsspannungen, die sich bis in den Oberbelag markieren.

1.3 Tischlerarbeiten (VOB/C ATV DIN 18355)

1.3.1 Fenster

Verglasung (Verkratzung, Einschlüsse)

Die Beurteilung der Qualität von Isolierglasscheiben erfolgt grundsätzlich nur im endgereinigten Zustand und bei hellem, aber diffusem Tageslicht. Die Kriterien für die Zulässigkeit von Kratzern und Einschlüssen sind in einem Merkblatt aufgelistet.

Gemäß „Richtlinie zur Beurteilung der visuellen Qualität von Glas für das Bauwesen" (2019) gilt:

„*1 Geltungsbereich*

Diese Richtlinie gilt für die Beurteilung der visuellen Qualität von Glas für das Bauwesen (Verwendung in der Gebäudehülle und beim Ausbau von baulichen Anlagen/Bauwerken). Die Beurteilung erfolgt entsprechend den nachfolgend beschriebenen Prüfgrundsätzen mit Hilfe der in der Tabelle nach Abschnitt 3 angegebenen Zulässigkeiten.

Bewertet wird die im eingebauten Zustand verbleibende lichte Glasfläche. (…)

2 Prüfung

Generell ist bei der Prüfung die Durchsicht durch die Verglasung, d. h. die Betrachtung des Hintergrundes, und nicht die Aufsicht maßgebend. Dabei dürfen die Beanstandungen nicht besonders markiert sein.

Die Prüfung der Gläser gemäß der Tabelle nach Abschnitt 3 ist aus einem Abstand von mindestens 1 m von innen nach außen in einer Zeitdauer von bis zu 1 Minute je m² und aus einem Betrachtungswinkel, der der allgemeinen Raumnutzung entspricht (im Bereich von Senkrecht bis zu 30° zur Glasfläche), vorzunehmen. Geprüft wird vorzugsweise bei diffusem Tageslicht (wie z. B. bedecktem Himmel) ohne direktes Sonnenlicht oder künstliche Beleuchtung. (…)

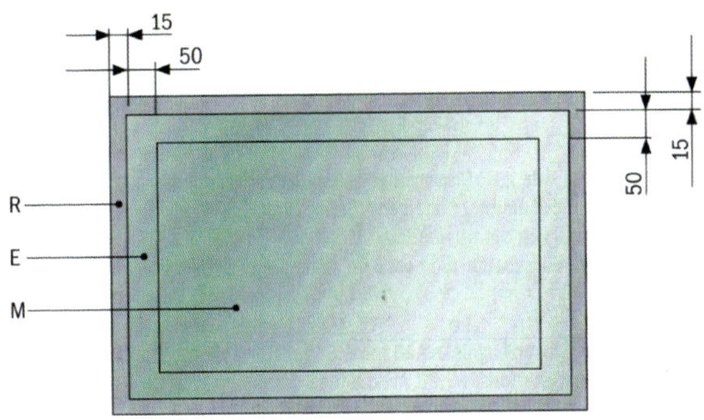

R = Falzzone (englisch rabbet): Bereich von 15 mm, der normalerweise vom Rahmen abgedeckt wird (mit Ausnahme von mechanischen Kantenbeschädigungen keine Einschränkungen – siehe auch Abschnitt 4.1.3)
E = Randzone (englisch edge): Bereich am Rand der sichtbaren Fläche mit einer Breite von 50 mm. Für Glaskanten < 500 mm sind 1/10 der Glaskantenlängen als Randzone anzusetzen.
M = Hauptzone (englisch main): der übrige Bereich

Abb. 1.69: Zonen zur Beurteilung der visuellen Qualität nach „Richtlinie zur Beurteilung der visuellen Qualität von Glas für das Bauwesen" (Verband Fenster + Fassade [VFF], 2019, S. 4)

3.0 Zulässigkeiten für die visuelle Qualität von Glaserzeugnissen für das Bauwesen

3.1 Zonen zur Beurteilung der visuellen Qualität [siehe Abb. 1.69]

3.2 Zulässige Merkmale für Zweischeiben-Isolierglas aus Kombination von Floatglas, ESG, TVG jeweils beschichtet oder unbeschichtet [vgl. Tabelle 1.20 bis 1.22]

Haarkratzer sind nicht gehäuft erlaubt.

Die Zulässigkeiten erhöhen sich im eingebauten Zustand in den Längen um 25 % der oben genannten Werte. Das Ergebnis wird stets aufgerundet auf volle 5 mm. Vorhandene Störfelder (Hof) dürfen nicht größer als 3 mm sein.

Zulässig in der Falzzone R sind: außen liegende flache Randbeschädigungen bzw. Muscheln, die die Festigkeit des Glases nicht beeinträchtigen und die Randverbundbreite nicht überschreiten, sowie innen liegende Muscheln ohne lose Scherben, die durch Dichtungsmasse ausgefüllt sind. (…)

4.0 Weitere visuelle Aspekte zur visuellen Beurteilung von Glas im Bauwesen

4.1 Visuelle Eigenschaften von Glaserzeugnissen (…)

4.1.3 Bewertung des sichtbaren Bereiches des lsolierglas-Randverbundes, Geradheit der Abstandhalter

Im sichtbaren Bereich des Randverbundes und somit außerhalb der lichten Glasfläche können bei Isolierglas an Glas und Abstandhalterrahmen fertigungsbedingte Merkmale erkennbar sein.

Diese Merkmale können sichtbar werden, wenn der lsolierglas-Randverbund konstruktionsbedingt an einer oder mehreren Seiten nicht abgedeckt ist.

Tabelle 1.20: Zulässige Anzahl punktförmiger Fehler nach „Richtlinie zur Beurteilung der visuellen Qualität von Glas für das Bauwesen", 2019

Zone	**Größe der Fehler ohne Höfe Ø in mm**	**Größe der Scheibe S in m²**			
		S ≤ 1	**1 < S ≤ 2**	**2 < S ≤ 3**	**S > 3**
R	alle Größen	uneingeschränkt			
E	Ø ≤ 1	Zulässig sind max. 2 in einem Bereich mit Ø ≤ 20 cm.			
	1 < Ø ≤ 3	4	1 je m umlaufender Kantenlänge		
	Ø > 3	nicht zulässig			
M	Ø ≤ 2	2	3	5	5 + 2 je zusätzlichem m² über 3 m²
		zulässig ist maximal 1 in einem Bereich mit Ø 50 cm			
	Ø > 2	nicht zulässig			

Die zulässigen Abweichungen der Parallelität der/des Abstandhalter(s) zur geraden Glaskante oder zu weiteren Abstandhaltern (z. B. bei Dreifach-Wärmedämmglas) betragen bis zu einer Kantenlänge von:

< 2,5 3 mm
2,5–3,5 m 4 mm
> 3,5 m 5 mm

Die Abweichungen dürfen nicht 2 mm je 20 cm Kantenlänge überschreiten.

Wird der Randverbund des Isolierglases konstruktionsbedingt nicht abgedeckt, können typische Merkmale des Randverbundes sichtbar werden, die nicht Gegenstand der Richtlinie sind und im Einzelfall zu vereinbaren sind."

Tabelle 1.21: Zulässige Anzahl von Rückständen (Punkten und Flecken) nach „Richtlinie zur Beurteilung der visuellen Qualität von Glas für das Bauwesen", 2019

Zone	Größe und Art Ø in mm	Größe der Scheibe S in m²	
		S ≤ 1	1 < S
R	alle	uneingeschränkt	
E	Punkte Ø ≤ 1	Zulässig sind 3 in jedem Bereich mit Ø ≤ 20 cm.	
	Punkte 1 mm < Ø ≤ 3	4	1 je umlaufenden m Kantenlänge
	Flecken Ø ≤ 17	1	
	Punkte Ø > 3 und Flecken Ø > 17	nicht zulässig	
M	Punkte Ø ≤ 1	Zulässig sind 3 in jedem Bereich mit Ø 20 cm.	
	Punkte 1 < Ø ≤ 3	nicht zulässig	
	Punkte Ø > 3 und Flecken Ø > 17	nicht zulässig	

Tabelle 1.22: Zulässige Anzahl von Kratzern nach „Richtlinie zur Beurteilung der visuellen Qualität von Glas für das Bauwesen", 2019

Zone	Einzellänge in mm	Summe der Einzellängen in mm
R	uneingeschränkt	
E	≤ 30	≤ 90
M	≤ 15	≤ 45

Abb. 1.70: Gerichtete Kratzerbündel weisen darauf hin, dass offensichtlich eine hartnäckig auf der Verglasung anhaftende Verunreinigung mit einem abrasiven Reinigungspad behandelt wurde. Hierbei wurde die Glasoberfläche um die Ausgangsverunreinigung herum stark zerkratzt.

Abb. 1.71: Abschürfungen an der Glasoberfläche weisen darauf hin, dass eine mechanische Beschädigung durch Schräganstoß mit einem harten Gegenstand eingetreten ist.

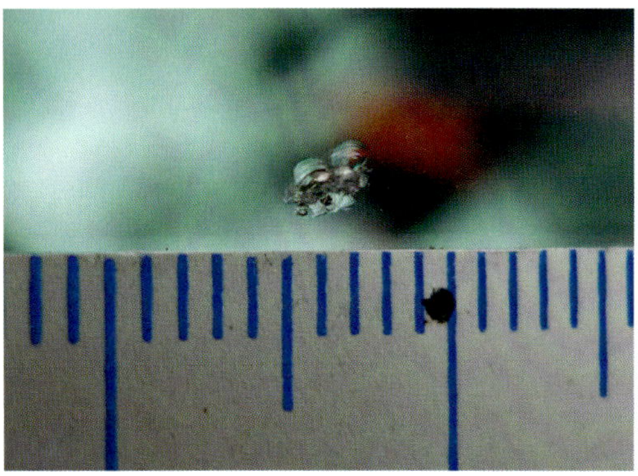

Abb. 1.72: Eine punktuelle Glasoberflächenverletzung weist darauf hin, dass eine mechanische Beschädigung durch rechtwinkligen Anprall eines harten Gegenstands eingetreten ist.

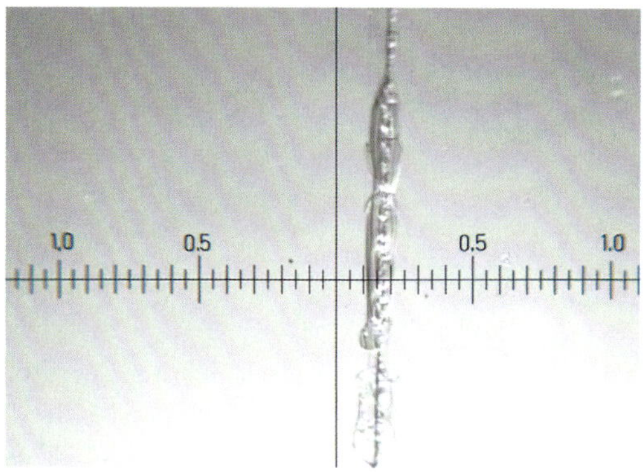

Abb. 1.73: Die Breite von Glaskratzern lässt sich oft nur mikroskopisch beurteilen. Hier wurde vor Ort ein mobiles Messmikroskop eingesetzt. Die Kratzerbreite beträgt 0,10 bis 0,15 mm; es handelt sich um einen Haarkratzer.

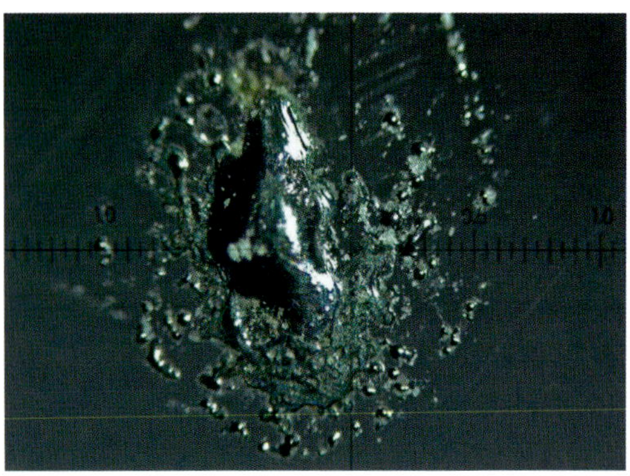

Abb. 1.74: Bei der Abnahme wurde festgestellt, dass sich „Schweißperlen" aus Eisen in die Glasoberfläche eingefressen haben, weil in der unmittelbaren Nähe des ungeschützten Glases Schweißarbeiten durchgeführt wurden.

Kratzer auf den Außenoberflächen von Verglasungen können auf folgende Ursachen zurückzuführen sein, die allein oder zusammen auftreten können (siehe Abb. 1.70 bis 1.74):

- unzureichender Schutz der Leistung vor mechanischen Schäden während des Zeitraums zwischen Einbau und Abnahme,
- Überbeanspruchung durch Unachtsamkeiten der Fremdgewerke,
- Reinigungsfehler in der Abnahmevorbereitung.

Der vollständige Text der Richtlinie steht unter der Rubrik „Informationen aus dem Institut des Glaserhandwerks"/Veröffentlichungen" auf der Plattform www.glaserhandwerk.de als PDF-Download zur Verfügung.

Art der Verglasung

Tipp zur Feststellung der Verglasung mit dem Feuerzeugtest

Die Frage, ob die vertragsgemäß geschuldeten Fensterverglasungen eingebaut worden sind, kann hilfsweise wie folgt getestet werden:

Ein Feuerzeug wird mit offener Flamme vor die Verglasung gehalten. Die Anzahl der reflektierenden Flammen gibt die Anzahl der Oberflächen an (bei Isolierverglasung: 4 Flammen). Ist eine Oberfläche beschichtet, so zeichnet sich eine der Flammen bläulich ab (z. B. bei Isolierverglasung: die zweite Flamme) und markiert damit die Oberfläche, auf der sich die Beschichtung befindet (zur vorgeschriebenen Lage der Beschichtung sind die Herstellerangaben zu beachten). Auch bei VSG-Verglasungen (Verbundsicherheitsglasverglasungen) zeichnet sich zusätzlich zu den Reflexionen der Oberflächenflammen eine mittlere (dünnere) Flamme ab.

Raumhohe Glaselemente bei Arbeitsplätzen und in Verkehrswegen müssen aus bruchsicherem Werkstoff hergestellt werden, damit keine Verletzungsgefahr im Falle eines Durchsturzes besteht.

Gemäß „Unfallverhütungsvorschrift Schulen" (UVV) (Gesetzliche Unfallversicherung, 2001, mit Durchführungsanweisungen von 2002) gilt:

„Verglasungen und lichtdurchlässige Flächen

§ 7 (1) In Aufenthaltsbereichen von Schülerinnen und Schülern müssen Verglasungen und sonstige lichtdurchlässige Flächen bis zu einer Höhe von 2,00 m ab Oberkante Standfläche aus bruchsicheren Werkstoffen bestehen oder ausreichend abgeschirmt sein."

Für lichtdurchlässige Wände in Arbeitsbereichen gilt außerdem die Arbeitsstättenverordnung (ArbStättV):

„Anhang Anforderungen an Arbeitsstätten nach § 3 Abs. 1 (…)

1.5 Fußböden, Wände, Decken, Dächer (…)

(3) Durchsichtige oder lichtdurchlässige Wände, insbesondere Ganzglaswände in Arbeitsräumen oder im Bereich von Verkehrswegen, müssen deutlich gekennzeichnet sein. Sie müssen entweder aus bruchsicherem Werkstoff bestehen oder so gegen die Arbeitsplätze in Arbeitsräumen oder die Verkehrswege abgeschirmt sein, dass die Beschäftigten nicht mit den Wänden in Berührung kommen und beim Zersplittern der Wände nicht verletzt werden können. (…)

1.6 Fenster, Oberlichter

(1) Fenster, Oberlichter und Lüftungsvorrichtungen müssen sich von den Beschäftigten sicher öffnen, schließen, verstellen und arretieren lassen. Sie dürfen nicht so angeordnet sein, dass sie in geöffnetem Zustand eine Gefahr für die Beschäftigten darstellen.

(2) Fenster und Oberlichter müssen so ausgewählt oder ausgerüstet und eingebaut sein, dass sie ohne Gefährdung der Ausführenden und anderer Personen gereinigt werden können.

1.7 Türen, Tore

(1) Die Lage, Anzahl, Abmessungen und Ausführung insbesondere hinsichtlich der verwendeten Werkstoffe von Türen und Toren müssen sich nach der Art und Nutzung der Räume oder Bereiche richten.

(2) Durchsichtige Türen müssen in Augenhöhe gekennzeichnet sein.

(3) Pendeltüren und -tore müssen durchsichtig sein oder ein Sichtfenster haben.

(4) Bestehen durchsichtige oder lichtdurchlässige Flächen von Türen und Toren nicht aus bruchsicherem Werkstoff und ist zu befürchten, dass sich die Beschäftigten beim Zersplittern verletzen können, sind diese Flächen gegen Eindrücken zu schützen.“

Bei Ganzglastüren in Verkehrswegen ist eine Kennzeichnung in Augenhöhe erforderlich (siehe Abb. 1.75).

Auch an die Verglasung von Kindergärten und Schulen sind derartige Anforderungen in den einschlägigen Regeln der Gesetzlichen Unfall-Versicherung (GUV-Regeln) gestellt.

Die Anforderungen an die Qualität der Verglasung sind auch festgelegt in der DGUV-Information 202-087 (2018).

Gemäß DGUV-Information 202-087 „Mehr Sicherheit bei Glasbruch“ (2018) gilt:

„1 Einleitung

(…) Besondere Maßnahmen zur Verhütung von Verletzungen bei Glasbruch sind überall dort erforderlich, wo Personen, vor allem Kinder und Sporttreibende, während des Bewegungs- und Verkehrsablaufs auf verglaste Wände, Wandteile oder Türen treffen können. Ursachen hierfür können z. B. sein: Stolpern, Gestoßenwerden, Unachtsamkeit, unzureichende Beleuchtung oder Panik.“

DIN 18008-4:2013-07 „Glas im Bauwesen – Bemessungs- und Konstruktionsregeln – Teil 4: Zusatzanforderungen an absturzsichernde Verglasungen“ stellt an absturzsichere Verglasungen zusätzliche Anforderungen:

„1 Anwendungsbereich

Diese Norm gilt für Vertikalverglasungen und zur Angriffsseite geneigte Horizontalverglasungen (durch Verglasung und angriffsseitige Verkehrsfläche aufgespannter Winkel kleiner 80°), die Personen auf Verkehrsflächen gegen seitlichen Absturz sichern.

Sie gilt für folgende Kategorien von Verglasungen (siehe Bilder 1a bis 1e) [siehe Abb. 1.76]*:*

Abb. 1.75: Ganzglas-Haupteingangstür eines Seniorenwohnheims ohne die erforderliche Kennzeichnung in Augenhöhe

Kategorie A

Verglasungen nach Teil 2 oder Teil 3 dieser Norm, die horizontale Nutzlasten abtragen müssen, da sie keinen tragenden Brüstungsriegel oder vorgesetzten Holm in erforderlicher Höhe zur Aufnahme von horizontalen Nutzlasten nach DIN EN 1991-1-1:2010-12, 6.4, und DIN EN 1991-1-1/NA:2010-12, 6.4, besitzen.

Kategorie B

Unten eingespannte Glasbrüstungen, deren einzelne Scheiben durch einen durchgehenden Handlauf in erforderlicher Höhe verbunden sind. Der Handlauf kann auf der oberen Scheibenkante oder durch Tellerhalter nach Teil 3 dieser Norm befestigt sein.

Kategorie C

Verglasungen nach Teil 2 oder Teil 3 dieser Norm, die keine horizontalen Nutzlasten in erforderlicher Höhe abtragen müssen und einer der folgenden Gruppen entsprechen:

C1: Geländerausfachungen;
C2: Verglasungen unterhalb eines in erforderlicher Höhe angeordneten lastabtragenden Querriegels;
C3: Verglasungen mit in erforderlicher Höhe vorgesetztem lastabtragendem Holm.

ANMERKUNG: Die erforderliche Höhe des Handlaufs kann von der Höhe ggf. erforderlicher lastabtragender Querriegel oder von der Höhenlage einer zu berücksichtigenden horizontalen Einwirkung abweichen. Die Mindesthöhe von Umwehrungen ergibt sich aus den bauordnungsrechtlichen Vorschriften (z. B. Landesbauordnungen) oder aus Sondervorschriften (wie z. B. aus der Arbeitsstättenverordnung). Die Höhenlage erforderlicher Handläufe kann unabhängig davon abweichend festgelegt sein (z. B. zur Berücksichtigung besonderer Personengruppen/Nutzer).

4 Bauprodukte

4.1 Sofern die Teile 1, 2 und 3 dieser Norm die Verwendung von heißgelagertem Einscheiben-Sicherheitsglas (ESG-H) vorsehen, ist auch für absturzsichernde Verglasungen ESG-H vorzusehen, auch wenn nachfolgend einheitlich der Begriff Einscheibensicherheitsglas (ESG) verwendet wird.

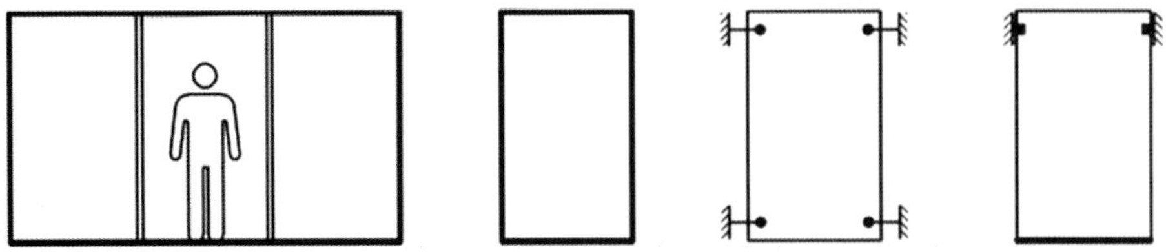

Beispiel für Kategorie A

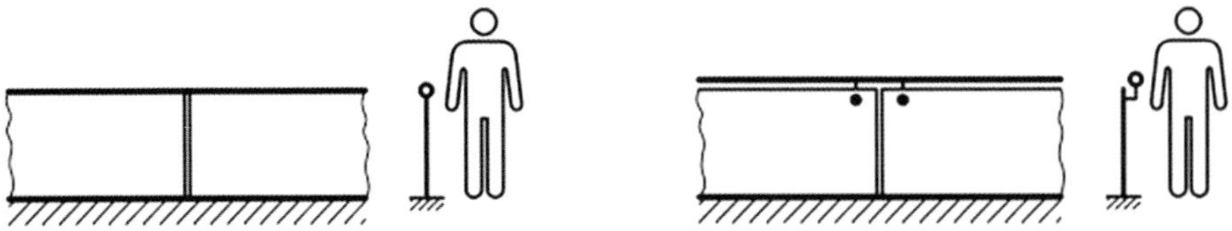

Beispiel für Kategorie b

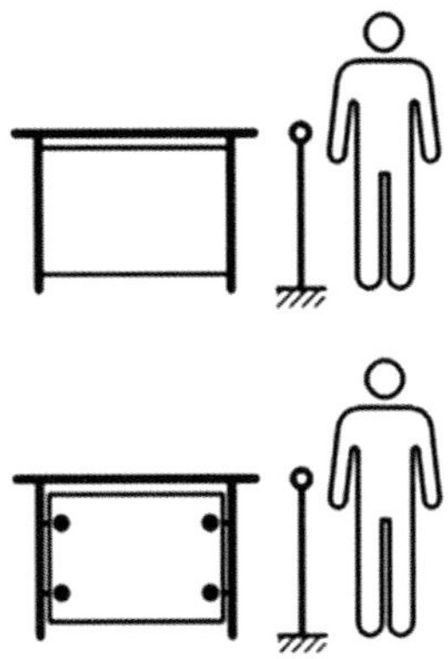

Beispiel für Kategorie C1

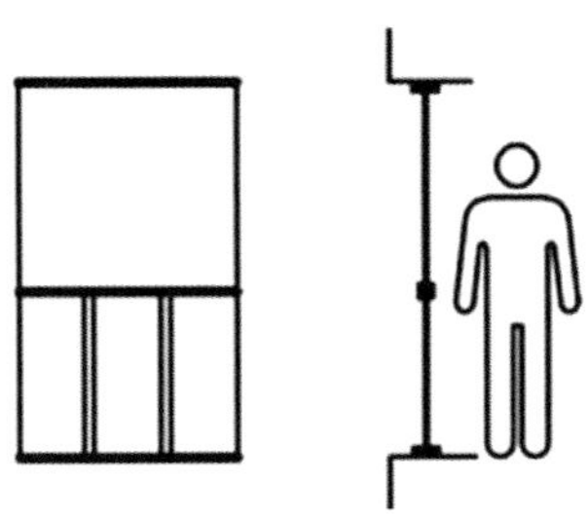

Beispiel für Kategorie C2

Beispiel für Kategorie C3

Abb. 1.76: Kategorien von Verglasungen (Quelle: DIN 18008-4:2013-07, Bild 1a bis Bild 1e)

4.2 Die Dicken der für die Herstellung von Verbundsicherheitsglas (VSG) verwendeten Glasscheiben dürfen maximal um den Faktor 1,7 voneinander abweichen.

4.3 Verwendbare Glasarten:

Kategorie A:

- *Einfachverglasungen müssen aus VSG bestehen.*
- *Für die stoßzugewandte Seite (Angriffsseite) von Mehrscheiben-Isolierglas darf nur VSG, ESG oder Verbundglas (VG) aus ESG verwendet werden.*
- *Generell muss mindestens eine Scheibe eines Mehrscheiben-Isolierglases aus VSG bestehen.*
- *Mehrscheiben-Isolierverglasungen mit ESG auf der Angriffsseite dürfen unmittelbar hinter dieser Scheibe grob brechende Glasarten (z. B. Floatglas) enthalten, wenn beim Pendelschlagversuch kein Glasbruch der angriffsseitigen ESG-Scheibe auftritt.*

Kategorie B:

- *Es darf nur VSG verwendet werden.*

Kategorie C:

- *Alle Einfachverglasungen der Kategorie C sind in VSG auszuführen. Abweichend hiervon dürfen allseitig linienförmig gelagerte Einfachverglasungen der Kategorien C1 und C2 auch in ESG ausgeführt werden.*
- *Für Mehrscheiben-Isolierverglasungen der Kategorien C1 und C2 darf für die stoßzugewandte Seite nur VSG, ESG oder VG aus ESG verwendet werden. Für die anderen Scheiben können alle nach Teil 2 und 3 dieser Norm zulässigen Glaserzeugnisse verwendet werden.*
- *Für Verglasungen der Kategorie C3 gelten hinsichtlich der verwendbaren Glaserzeugnisse die Anforderungen der Kategorie A.*
- *Mehrscheiben-Isolierverglasungen mit ESG auf der Angriffsseite dürfen unmittelbar hinter dieser Scheibe grob brechende Glasarten (z. B. Floatglas) enthalten, wenn beim Pendelschlagversuch kein Bruch der angriffsseitigen ESG-Scheibe auftritt.“*

Bei Einscheibensicherheitsglas (ESG) sind bei besonderen Lichtverhältnissen oder bei Ansicht durch einen Polarisationsfilter am Glas Flecken oder Streifen erkennbar. Diese Flecken sind herstellungsbedingt und beruhen auf physikalischen Gesetzmäßigkeiten. Sie sind nicht vermeidbar und stellen insofern keinen Mangel dar.

Rahmen

Häufige Beanstandungen gelten der Beschaffenheit von Glashalteleisten und Rahmen von Holzfenstern. Glashalteleisten müssen raumseitig angeordnet sein, da ansonsten eine unbefugte Scheibendemontage von außen erfolgen kann. Für die visuelle Beurteilung der Qualität einer fertig behandelten Oberfläche kann das gleichnamige VFF-Merkblatt HO.05 „Richtlinie zur visuellen Beurteilung einer fertig behandelten Oberfläche bei Holzfenstern und -außentüren“ (2009) herangezogen werden, die zwischen folgenden Flächen unterscheidet:

- Flächen mit hoher Anforderung,
- Flächen mit üblicher Anforderung,
- Flächen mit geringer oder keiner Anforderung.

Welche Anforderungen an den unterschiedlichen Stellen von Blendrahmen und Flügelrahmen gelten, ergibt sich aus den zeichnerischen Darstellungen in der Richtlinie.

VFF-Merkblatt HO.05 „Richtlinie zur visuellen Beurteilung einer fertig behandelten Oberfläche bei Holzfenstern und -Außentüren" (2009):

„1. Geltungsbereich

Diese Richtlinie gilt für die visuelle Beurteilung einer fertigbehandelten Oberfläche bei Holzfenstern und -fenstertüren für deckende und nicht deckende Beschichtung.

Die fertigbehandelte Oberfläche stellt bei neuen Holzfenstern den Zustand nach der Schlussbeschichtung dar.

Der Beschichtungsaufbau hat nach Angabe des Herstellers zu erfolgen. Die erforderliche Schichtdicke muss durch die Schlussbeschichtung erreicht sein.

In der Richtlinie sind nicht erfasst:

- *Nach der Schlussbeschichtung erkannte mechanische und/oder chemische Schädigungen durch äußere Einwirkungen.*
- *Unverträglichkeit zwischen Beschichtungsträger und Beschichtung.*

Solche Beschädigungen sind in der Verursachung zu klären.

2. Prüfung

Bei der Prüfung auf Fehler ist die visuelle Draufsicht auf die Sichtfläche maßgebend. Die Prüfung wird in der Regel bei Außenflächen im Abstand von 5 Metern, bei Innenflächen im Abstand von 3 Metern vorgenommen.

Außenflächen sind bei diffusem Tageslicht, Innenflächen bei normaler (diffuser) Ausleuchtung unter einem Betrachtungswinkel senkrecht zur Oberfläche (Abweichung zur Senkrechten maximal ± 30°) zu prüfen.

Die Beurteilung ist nach fachgerechter Beseitigung von Gebrauchsspuren (Verwitterungserscheinungen, Schmutzablagerungen und reinigungsbedingten Erscheinungen) vorzunehmen.

Geringere Betrachtungsabstände können bei höherem Qualitätsanspruch und/oder spezieller Einbausituation vereinbart werden. (...)

4. Anforderungen (...)

*4.4 Ausrisse***

Kantenausrisse im Falzbereich ≤ 3 mm bis zu einer Länge von 30 mm sind zugelassen, ausgenommen an Anlageflächen für Dichtprofile.

4.5 Holzfasern

Holzfasern müssen durch die Beschichtung vollständig abgedeckt werden.

*4.6 Leimreste***

Leimreste an Leimfugen, z. B. von Rahmenverbindungen, sind bis maximal 3 mm Breite erlaubt; auf der Fläche sind Leimflecken nicht zugelassen.

4.7 Befestigungsmittel für Glashalteleisten

Befestigungsmittel dürfen nicht rosten und müssen nicht versenkt werden. Sobald Befestigungsmittel zur Befestigung von Glashalteleisten vorgesehen sind und versenkt werden, müssen die entstehenden Löcher mit einem geeigneten Material aufgefüllt werden, wobei eine punktuelle Abzeichnung der Befestigungsstellen nicht zu vermeiden ist. Die Versenkung muss dabei tief genug (> 1 mm) erfolgen. Soweit eine Verschraubung der Glashalteleiste technisch erforderlich ist oder gewünscht wird, ist diese sichtbar zulässig. (…)

4.10 Hirnholz

Bearbeitungsfläche

(…) In diesem Bereich muss Hirnholz nicht geschliffen sein. Hier sind auch die Rundungen an Kanten und Rahmenverbindungen zuzuordnen.

Bearbeitungsbedingte Ausrisse an Hirnholzflächen sind mit geeignetem Material zu verfüllen. (…)

4.12 Beschichtungsaufbau

Auffällige Farbläufer in der Beschichtung sind nicht zugelassen. Unterschiedliche Schichtdicken müssen sich im Bereich der üblichen Toleranzen bewegen. Sie dürfen sich im Bereich (…) nicht als Wolkenbildung bemerkbar machen.

*4.13 Druckstellen***

Druckstellen mit einer Fläche $\leq 2\ cm^2$ oder einer Tiefe $\leq 1{,}5$ mm sind in Bereichen, die an geschlossenen Fenstern nicht mehr sichtbar sind, zugelassen.

*4.14 Poren***

Poren müssen vollständig und ausreichend beschichtet sein. Sie dürfen sich aber je nach Holzart verschieden abzeichnen.

4.15 Jahrringverläufe

Durch das unterschiedliche Verhalten des Holzes sind sich reliefartig abzeichnende Jahrringverläufe zugelassen. (…)

4.18 Unterschiede in Farbe und Glanzgrad

Stark auffallende Farbunterschiede des Holzes, die durch die letzte Schlussbeschichtung nicht ausgeglichen werden können, sind nicht zugelassen.

Unterschiedlicher Glanzgrad ist im Bereich (…) nicht zugelassen, jedoch im Bereich (…) zugelassen, soweit bei geschlossenem Fenster der Unterschied optisch nicht als störend aufgefasst wird. Schattierungen, die aus dem Holz resultieren, dürfen nicht zur Beurteilung der Farbunterschiede im Holz mit herangezogen werden (siehe auch DIN EN 942). (…)

*** Merkmale, bei denen wegen der Art der Beurteilung geringere Betrachtungsabstände erforderlich sind.“*

Abb. 1.77: Abgängiges Fensterholz aufgrund der Konstruktionsfuge mit eingedrungenem Spritzwasser; Bauteilalter: 4 Jahre

Abb. 1.78: Klaffende Konstruktionsfuge aufgrund falscher Kombination von dunkler Farbe mit Kiefernholz

Beschichtung

Beanstandet wird häufig die Farbbeschichtung von Fenstern, da sie wesentlichen Einfluss auf die Beständigkeit der Fenster ausübt. Bereits nach wenigen Jahren kann eine Störung der Beschichtung zu einer vollkommenen Zerstörung des Fensterholzes führen (siehe Abb. 1.77).

Oft handelt es sich bei derartigen Schäden aber ursächlich um eine vernachlässigte Wartung der Konstruktionsfugen. Liegen Profilstöße z. B. im unmittelbaren Spritzwasserbereich, muss sichergestellt werden, dass thermische Längenänderungen nicht zu klaffend offenen Fugen führen. Thermisch bedingt entstandene Risse in der Beschichtung müssen umgehend fachgerecht verschlossen werden. Da die thermische Beanspruchung von dem Absorptionsvermögen des Farbanstrichs abhängig ist, dürfen dunkle Farben nur in Verbindung mit solchen Hölzern verwendet werden, die unempfindlich gegen thermische Veränderungen sind. Nadelholz gehört zu den Materialien, die für dunkle Farbanstriche nicht geeignet sind. Die thermischen Beanspruchungen führen zu einer Abrissbildung im Stoßbereich. Über die klaffend offene Fuge im Stoßbereich dringt Wasser in den Holzquerschnitt ein und führt zu erheblicher Schädigung (siehe Abb. 1.78).

Alle Holzprofile, die mit Wasser in Berührung kommen, müssen angeschrägt werden, Kanten müssen ausgerundet werden.

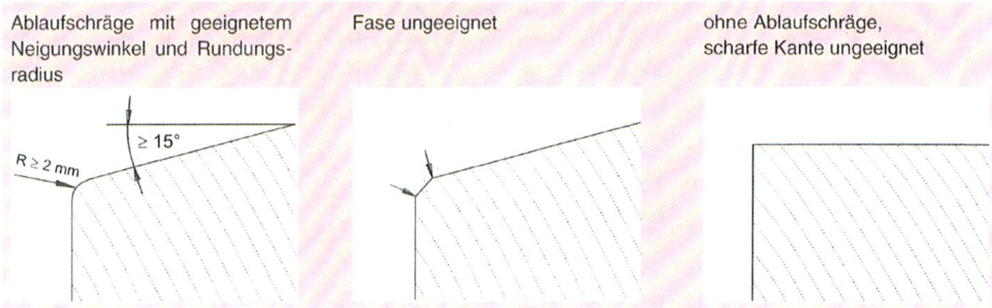

Abb. 1.79: Ablaufschrägen und Kantenrundung (Quelle: BFS-Merkblatt Nr. 18, 2022, Abb. 5)

Gemäß BFS-Merkblatt Nr. 18 „Beschichtungen auf Holz und Holzwerkstoffen im Außenbereich" (2022) gilt:

„*3 Bauteile aus Holz*

3.1 Konstruktion (informativ)

Die Konstruktion bestimmt die Beständigkeit eines Bauteils. Der ‚konstruktive Holzschutz' ist eine wesentliche Voraussetzung für eine dauerhafte Beschichtung. Außenbauteile aus Holz müssen so konstruiert sein, dass anfallendes Wasser unmittelbar abgeleitet wird. Wasser- und Feuchtenester sowie Kapillarfugen in der Konstruktion sind zu vermeiden. Einwirkende Feuchtigkeit auf nicht mehr zugängliche Flächen (Rückseiten) kann zu Schäden führen. Hirnholz ist vor Wasseraufnahme zu schützen. (…)

3.1.2 Kantenausbildung

Scharfe Kanten führen zu einer erheblich geringeren Schichtdicke des Beschichtungssystems in diesem Bereich und somit zu einer geringeren Haltbarkeit. Grundsätzlich ist es empfehlenswert, die Kanten des Bauteils abzurunden. Bei filmbildenden Beschichtungen und direkter Bewitterung ist die Kantenrundung erforderlich. Bei sägerauen oder feingesägten Brettbekleidungen genügt eine Fase.

3.1.3 Holzprofile für Fenster und Fenstertüren

Abschrägung

Alle Profile müssen so gestaltet sein, dass das Wasser abgeleitet wird (Abschrägung mindestens 15°).

Kantenrundung

Alle Außenkanten müssen gerundet sein (Rundungsradius ≥ 2 mm), damit durch ausreichende Schichtdicke ein guter Kantenschutz ermöglicht wird. Wichtig ist auch die Ausbildung der Rundung. Die Enden der Rundung müssen in die angrenzenden Flächen einlaufen (siehe Abbildung 5 [siehe Abb. 1.79]*).*"

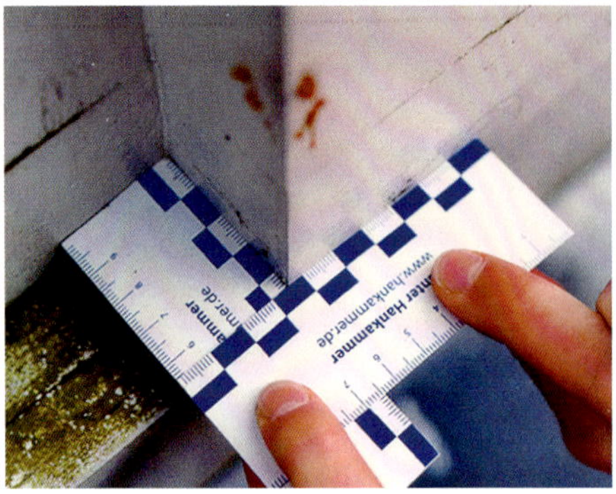

Abb. 1.80 und 1.81: Die scharfkantige Kontur von Fensterblendrahmen stellt eine Abweichung von den anerkannten Regeln der Technik dar.

Der gemäß dem BFS-Merkblatt Nr. 18 (2022) mindestens erforderliche Ausrundungsradius bei Kanten von zu lackierenden Holzbauteilen von 2 mm entspricht einem Rundstabdurchmesser von 4 mm. Scharfkantige, nicht ausgerundete Profilkanten führen zu Rissen in der Beschichtung (siehe Abb. 1.80 und 1.81),

Die visuelle Beurteilung der Beschichtung erfolgt gemäß dem VFF-Merkblatt HO.05 „Richtlinie zur visuellen Beurteilung einer fertigbehandelten Oberfläche bei Holzfenstern und -Außentüren“ (2009).

Harzaustritt wird z. B. bei entsprechend vorgeprägten Hölzern in Verbindung mit dunklen Beschichtungen gefördert. Statt einer üblichen Oberflächentemperatur von 60 K entsteht hier eine Temperatur von 80 °C. Geringe Harzaustritte sind bei der Verwendung harzreicher Hölzer, wie z. B. Kiefer, naturbedingt und nicht zu vermeiden. Sie stellen keinen Mangel dar. Anders verhält es sich mit intensiven Harzaustritten, die durch eine Kombination harzreicher Hölzer mit dunklen Beschichtungen provoziert werden (siehe Abb. 1.82).

Gemäß BFS-Merkblatt Nr. 18 „Beschichtungen auf Holz und Holzwerkstoffen im Außenbereich“ (2022) gilt:

„2 Holz und Holzwerkstoffe (informativ)

2.1 Holz als Beschichtungsträger (…)

2.1.2 Holzarten

Für die Herstellung von Außenbauteilen werden Laubhölzer wie Eiche, Robinie, Eukalyptus und tropische Laubhölzer, wie z. B. Sipo und Red Meranti, eingesetzt. Als Nadelhölzer werden meist Fichte, Tanne, Kiefer, Lärche, Douglasie und Red Cedar verwendet.

Abb. 1.82: Intensiver Harzaustritt aufgrund zu dunkler Farbwahl bei Kiefernholz

Harz

Bei harzreichen Nadelhölzern, wie z. B. Lärche und Kiefer, sowie Laubhölzern wie z. B. Bangkirai kann es zum Austreten von Harz an der Oberfläche kommen. Bei dunkel getönten Beschichtungen kommt es außenseitig zu erhöhter Oberflächenerwärmung, die auch das Austreten von Harz fördert (siehe Abschnitt 3.3). Harzreiche Holzanteile sind bei der Ausführung von Beschichtungsarbeiten nicht immer erkennbar. Folgeschäden sind mit beschichtungstechnischen Maßnahmen nicht zu verhindern."

Auskunft über die Harzhaltigkeit von Hölzern geben die Tabellen des BFS.

Die empfohlenen Trockenschichtdicken der Beschichtungen von Holz- und Holz-Metall-Fenstern, -haustüren und -fassaden sowie das entsprechende Prüfverfahren ergeben sich aus dem VFF-Merkblatt HO.03 „Anforderungen an Beschichtungssysteme für die werksseitige Beschichtung von Holz- und Holz-Metall-Fenstern, -Haustüren und -Fassaden" (2020):

„3 Anforderungen an die Applikation

3.1 Allgemeine Verarbeitungsgrundlagen (...)

Trockenschichtdicken

Die empfohlenen Trockenschichtdicken sind in Tabelle 1 [vgl. Tabelle 1.23] *angegeben, sofern vom Beschichtungshersteller nichts anderes vorgeschrieben ist. Die Vorgaben des Beschichtungsherstellers können von diesen Empfehlungen abweichen.*

Überschreitung der Trockenschichtdicken

Die vom Beschichtungshersteller empfohlenen Schichtdicken sollten jedoch nicht wesentlich überschritten werden. Hierunter versteht man üblicherweise eine Überschreitung der empfohlenen Schichtdicken um mehr als 50 %.

Tabelle 1.23: Empfohlene Trockenschichtdicken nach VFF-Merkblatt HO.03 „Anforderungen an Beschichtungssysteme für die werksseitige Beschichtung von Holz- und Holz-Metall-Fenstern, -Haustüren und -Fassaden" (2020)

Fläche	Anforderung			
	Holzfenster, -haustüren, -fassaden und -wintergärten		Holz-Metall-Fenster, -Haustüren, -Fassaden und -Wintergärten	
	Art der Beschichtung		Art der Beschichtung	
	lasierend	deckend[3]	lasierend	deckend[3]
Sichtflächen außen[1]	80 µm	100 µm	60 µm	80 µm
Sichtflächen innen[1]	80 µm	100 µm	60 µm	80 µm
Blendrahmenanschluss zum Mauerwerk und Glasfalz	50 µm	50 µm	50 µm[2]	50 µm[2]
nicht sichtbar/verdeckt/ nicht zugänglich[4]	30 µm	30 µm	30 µm	30 µm

[1] Die Definition der Sichtflächen ist in der VFF-Richtlinie 110.05 angegeben.
[2] gilt auch für Flächen unter den Metallprofilen, die konstruktionsbedingt nicht als wasserführende Ebene ausgeführt sind
[3] Aufgrund von Applikations- und fertigungstechnischen Toleranzen ist teilweise eine Unterschreitung möglich.
[4] In den Funktionsnuten, wie z. B. für Dichtung, Beschlag usw., ist konstruktionsbedingt eine Unterschreitung gegeben und zulässig.

Zur Kontrolle der Schichtdicken wird bei einer Regelprüfung eine Probe von ca. 10 mm × 10 mm × 5 mm unter der Griffabdeckung entnommen, sodass das geprüfte Fenster anschließend weiterverwendet werden kann. Aus der Probe wird ein Querschnitt oder Querschliff hergestellt. An 10 zufällig ausgewählten Punkten wird die Schichtdicke mikroskopisch mit einer Genauigkeit von ± 5 µm bestimmt und als Mittelwert angegeben. Messungen erfolgen stets dort, wo die Beschichtung nicht tiefer in das Holz eingedrungen ist. Bei Nadelholz wird daher in der Regel über dem Spätholz gemessen. Bei Laubhölzern wird neben den Gefäßrillen gemessen. Im Zweifelsfall kann auch an jeder anderen Stelle der Fenster gemessen werden. Die Messungen erfolgen analog zu den Messungen unter der Griffabdeckung. Messungen mit anderen Verfahren sind nur zulässig, wenn die Übereinstimmung mit dem mikroskopischen Verfahren nachgewiesen wurde."

Die Trockenschichtdicke der Beschichtung kann gemäß dem VFF-Merkblatt HO.03 (2016) durch Probeentnahme („Spanprobe") und anschließende Untersuchung des Querschnitts unter dem Auflichtmikroskop (Trockenschichtdickenbestimmung) mit dem Okularmikrometer überprüft werden. Hierzu wird als Präparat ein präziser Anschnitt oder ein Anschliff der Probe rechtwinklig zur Oberfläche hergestellt. Unter dem Mikroskop kann der Schichtenaufbau geprüft werden, und mit dem Okularmikrometer ist eine Schichtdickenmessung möglich (siehe Abb. 1.83).

Abb. 1.83: Beispiel: Kiefernholz (unten), weiß grundiert und im Tauchverfahren blau in einem Arbeitsgang beschichtet (oben), mit Luftporeneinschlüssen; Trockenschichtdicke: 100 μ = 0,1 mm

Dichtungen

Die Anzahl der gemäß Ausschreibung und Schallschutznachweis geforderten Dichtungen, die Passgenauigkeit und die schlüssige Eckverschweißung der Fensterdichtungen sind als häufige Beanstandungen zu benennen.

Luftdurchlässigkeit (DIN EN 12207)

Durch undichte Konstruktions- und Funktionsfugen kommt es im Bereich der Fenster immer zu Wärmeverlusten durch Luftaustausch. Die Fugendurchlässigkeit wird nach DIN EN 12207 als die Gesamtdurchlässigkeit Q bezeichnet. Unter dem Begriff Fugendurchlässigkeit wird die Durchlässigkeit der Funktionsfuge zwischen Blend- und Flügelrahmen hinsichtlich des Luftdurchgangs bei einem bestimmten Differenzdruck verstanden. Die Gesamtluftdurchlässigkeit Q beschreibt den Luftstrom in m^3/h, der über die Fugen zwischen Flügel und Blendrahmen infolge einer am Fenster vorhandenen Druckdifferenz (Δp) hindurchströmt. Mit der DIN EN 12207 wurde der Begriff Referenzluftdurchlässigkeit (Q_{100}) eingeführt. Die bei einem bestimmten Prüfdruck p gemessene Gesamtluftdurchlässigkeit Q wird dazu auf einen Referenzdruck p von 100 PA umgerechnet. Die Referenzluftdurchlässigkeit wird entweder auf die Gesamtfläche oder aber wie schon beim a-Wert (Fugendurchlässigkeitskoeffizient der veralteten DIN 18055) auf die Fugenlänge des Fensters bezogen. Die Einstufung in eine Klasse der Fugendurchlässigkeit nach der DIN EN 12207 erfolgt auf der Grundlage von Messwerten nach der Prüfnorm DIN EN 1026.

Nach der Fassung der Norm aus dem Jahr 2000 wurde die Prüfung in verriegeltem und verschlossenem Zustand vorgenommen. Dies bedeutet, dass die Prüfung an Außentüren generell in verriegeltem Zustand, d. h. bei Mehrfachverriegelungsschlössern in versperrtem Zustand, zu erfolgen hatte.

DIN EN 1026:2000-09 „Fenster und Türen – Luftdurchlässigkeit – Prüfverfahren“ regelte:

„3 Begriffe (...)

3.2 Luftdurchlässigkeit

Luftmenge, die durch einen geschlossenen und verriegelten Prüfkörper infolge des Prüfdrucks hindurch geht (...)“

Gemäß DIN EN 1026:2016-09 „Fenster und Türen – Luftdurchlässigkeit – Prüfverfahren“ wird bei der Prüfung derjenige Schließzustand berücksichtigt, der den Angaben des Herstellers entspricht:

„3 *Begriffe*

Für die Anwendung dieses Dokuments gelten die folgenden Begriffe.

3.1 Schließzustand (geschlossener Zustand)

3.1.1 geschlossen

die beweglichen Teile liegen derart an oder in den befestigten Teilen, dass sie verriegelt (eingerastet und/oder verschlossen) werden können

3.1.2 verriegelt

der bewegliche Teil wird entsprechend mindestens einer der beiden nachfolgend aufgeführten Möglichkeiten an einem oder mehreren Punkten festgehalten

3.1.2.1 eingerastet

der bewegliche Teil hat sich in die geschlossene Position zurückbewegt und wird entweder durch

a) einen selbsteinrastenden Feststeller oder
b) einen Rollenschnäpper oder
c) eine Falle

festgehalten

3.1.2.2 verschlossen

der bewegliche Teil wird in der geschlossenen Position durch weitere Vorgänge (z. B. Betätigung eines Griffs oder eines Schlüssels oder durch automatische oder elektronische Vorrichtungen) zusätzlich festgehalten, wobei eingebaute Verschlussvorrichtungen (z. B. Schließzapfen oder Riegel), die die Eigenschaften des Produkts beeinflussen, einrasten

3.1.3 gesichert

alle Maßnahmen, die das unbefugte Lösen der Verriegelung, wodurch der Austritt oder Eintritt ermöglicht würde, verhindern (z. B. Sicherheit von Kindern, Einbruchhemmung) (…)

7 Prüfverfahren

7.3 Gesamtdurchlässigkeit des Prüfkörpers und der Prüfkammer – positive Drücke

7.3.1 Allgemeines

Vor der Prüfung sind alle zu öffnenden Teile des Prüfkörpers mindestens einmal zu öffnen und zu schließen. Danach ist der Prüfkörper in Übereinstimmung mit den Anweisungen des Herstellers in den Schließzustand zu bringen.“

Die Prüfung der Luftdurchlässigkeit von Türen hinsichtlich ihres Verhaltens bei 2 unterschiedlichen Klimaten, die auf beiden Seiten der Tür anstehen, erfolgt gemäß DIN EN 1121:2000-09 „Türen - Verhalten zwischen zwei unterschiedlichen Klimaten - Prüfverfahren; Deutsche Fassung EN 1121:2000“ im geschlossenen und (mit dem Schlüssel) verschlossenen Zustand:

Tabelle 1.24: Klassifizierung der Schlagregendichtheit (aus DIN EN 14351-1:2010-08, Tabellen 1 und 2) nach DIN 18055:2020-09, Tabelle 2

Nr.	Abschnitt	Eigenschaft/ Wert/Einheit	Klassifizierung/Wert										
5	4.5	**Schlagregen-dichtheit**											
		ungeschützt (A)	NPD	1 A	2 A	3 A	4 A	5 A	6 A	7 A	8 A	9 A	Exxx
		Prüfdruck (*Pa*)		(0)	(50)	(100)	(150)	(200)	(250)	(300)	(450)	(600)	(> 600)
6	4.5	**Schlagregen-dichtheit**											
		geschützt (B)	NPD	1 B	2 B	3 B	4 B	5 B	6 B	7 B			
		Prüfdruck (*Pa*)		(0)	(50)	(100)	(150)	(200)	(250)	(300)			

„*6 Prüfvorbereitung (…)*

6.3 Verriegelungszustände der Tür (…)

6.3.3 Verriegelungszustand der Tür zur Ermittlung der Luftdurchlässigkeit

Wenn die Luftdurchlässigkeit der Tür zu ermitteln ist, dann ist dies bei geschlossener und verschlossener Tür durchzuführen."

Die Prüfung erfolgt in der Prüfkammer. Das Ergebnis wird durch das Prüfinstitut unter Angabe des Verriegelungszustands mit einem Prüfbericht, z. B. dem ift-Produktpass (Institut für Fenstertechnik e. V.), bescheinigt.

Widerstand gegen Schlagregen (EN 12208)

Die Anforderungen an die Schlagregendichtheit von Fenstern und Außentüren sind in DIN 18055:2020-09 „Kriterien für die Anwendung von Fenstern und Außentüren nach DIN EN 14351-1" geregelt:

„*4 Eigenschaften und Anforderungen (…)*

4.5 Schlagregendichtheit

Die Schlagregendichtheit ist ein Merkmal für die Gebrauchstauglichkeit. Die Anforderungen sollten daher mit Angabe der Klasse nach Tabelle 2 [vgl. Tabelle 1.24] *vom Planer vorgegeben werden.*

Wird die Klassifizierung nach der ungeschützten Lage vorgenommen (z. B. 3 A), so wird hiermit auch die Klassifizierung der geschützten Lage (z. B. 3 B) erfüllt.

(…)

Die Schlagregenbelastung besteht aus der Einwirkung von Wind und Regen, sodass die in der Planung festzulegenden Anforderungen an die Schlagregendichtheit aus der zu erwartenden Windlast auf ein Bauwerk abzuleiten sind. Hilfestellung für die Ermittlung der Windlast gibt der Anhang A.

Der Anteil der Windbelastung bei Schlagregeneinwirkung leitet sich deshalb aus der Windlast nach DIN EN 1991-1-4 und DIN EN 1991-1-4/NA ab. Damit ist zur Festlegung der Anforderungen zunächst die charakteristische Windlast nach DIN EN 1991-1-4 und DIN EN 1991-1-4/NA zu bestimmen und für die Anforderungen an die Schlagregendichtheit nach A.1 abzumindern.

Dabei ist wie folgt vorzugehen:

1) *Bestimmung der charakteristischen Windlast aus dem Standsicherheitsnachweis von Gebäuden nach Anhang A.*
2) *Bestimmung des Anteils der Windlast zur Schlagregenbelastung. Er ist nach Anhang A mit 25 % der charakteristischen Windlast anzunehmen.*
3) *Einstufung der Schlagregenbelastung anhand dieser abgeminderten Windlast in die Tabelle 2 zur Festlegung der Klasse der Schlagregendichtheit.*
4) *Bei der Festlegung der Klasse ist die Einbausituation nach geschützter oder ungeschützter Lage zu beurteilen."*

Die Überprüfung der Schlagregendichtheit von Fenstern, Fenstertüren und Außentüren erfolgte bisher im geschlossenen und verriegelten Zustand. Die ift-Richtlinie FE-05/2 „Einsatzempfehlungen für Fenster und Außentüren – Richtlinie zur Ermittlung der Mindestklassifizierung in Abhängigkeit der Beanspruchung –Teil 1: Windwiderstandsfähigkeit, Schlagregendichtheit und Luftdurchlässigkeit" (2005) regelte:

„2 Begriffe (…)

2.7 Schlagregendichtheit (EN 12208)

Schlagregendichtheit ist die Widerstandsfähigkeit, die ein geschlossenes und verriegeltes Fenster oder eine Außentür bei gegebener Windstärke, Regenmenge und Beanspruchungsdauer gegen das Eindringen von Wasser in das Innere des Gebäudes oder in Bereiche, die nicht nach außen entwässert werden können, bietet."

Gemäß DIN EN 1027:2016-09 „Fenster und Türen – Schlagregendichtheit – Prüfverfahren" wird bei der Prüfung derjenige Schließzustand berücksichtigt, der den Angaben des Herstellers entspricht:

„7 Prüfverfahren

7.1 Vorbereitungen (…)

Vor der Prüfung sind alle zu öffnenden Teile des Prüfkörpers mindestens einmal zu öffnen und zu schließen. Anschließend ist der Prüfkörper in Übereinstimmung mit den Anweisungen des Herstellers in den geschlossenen Zustand zu bringen."

Die Prüfung erfolgt nach aktuellem Stand der Technik gemäß dem Kommentar zur DIN 14351-1 im ungünstigsten Betriebszustand (Sieberath/Niemöller, 2013):

„4. Leistungseigenschaften und besondere Anforderungen (…)

4.14 Luftdurchlässigkeit

Bei der Luftdurchlässigkeit wird die Luftmenge in Abhängigkeit des Prüfdruckes ermittelt und auf die Fugenlänge der öffenbaren Flügel (in Meter) und die Fläche des gesamten Elements (in Quadratmeter) bezogen. Die ermittelte Luftdurchlässigkeit wird gemäß DIN EN 12207 entsprechenden Klassen zugeordnet. Die Klassifizierung hat immer für den ‚ungünstigsten Betriebszustand' zu erfolgen, bei Türen ist dies im Regelfall ‚in Falle'."

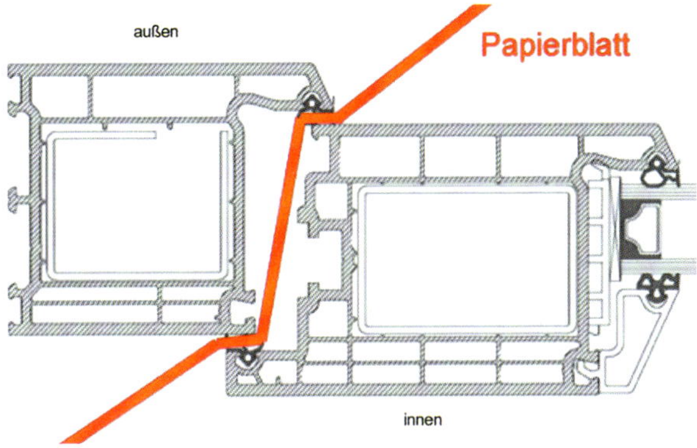

Abb. 1.84: Schnittzeichnung Türrahmen und Türblatt, Papiertest

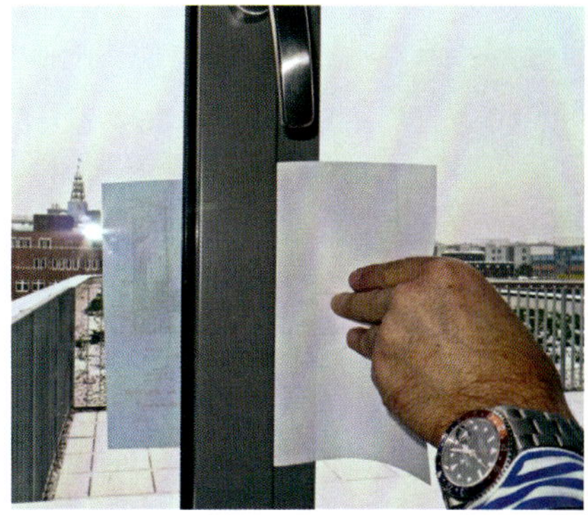

Abb. 1.85: Orientierende Überprüfung des Dichtschlusses mit einem eingelegten Blatt Papier

Die Prüfung erfolgt in der Prüfkammer. Das Ergebnis wird durch das Prüfinstitut unter Angabe des Verriegelungszustands mit einem Prüfbericht, z. B. dem ift-Produktpass, bescheinigt.

Widerstand gegen Windlast (EN 12210)

Eine Beanspruchung von Fenstern, Fenstertüren und Außentüren durch Windlasten entsteht durch die Einwirkung von Wind in Abhängigkeit von der Gebäudehöhe, der Gebäudelage und der Gebäudeform. Die Windlasten setzen sich aus Winddruck, Windsog und Zuschlagswerten zusammen und müssen durch den Planer festgelegt werden. Die Prüfung erfolgt nach DIN 12211-2016-09 in der Prüfkammer.

> **Tipp**
>
> Eine orientierende Untersuchung des Dichtschlusses erfolgt mit einem zwischen Blendrahmen und Flügelrahmen eingelegten Blatt Papier (siehe Abb. 1.84 und 1.85). Im verriegelten Zustand darf sich das Blatt nicht ohne Anstrengung durch den Falz ziehen lassen.

Bedienkräfte

Insbesondere bei der Verwendung von Dreifachverglasungen und großen Fensterflügeln ist die Bedienung der Flügel oft schwerfällig.

Die DIN 13115:2020-11 „Fenster – Klassifizierung mechanischer Eigenschaften – Vertikallasten, Verwindung und Bedienkräfte; Deutsche Fassung EN 13115:2020“ sieht 2 Anforderungsklassen vor. Gemäß DIN 13115 erfolgt die Prüfung nach DIN EN 12046-1:2020-11 „Bedienkräfte – Prüfverfahren – Teil 1: Fenster; Deutsche Fassung EN 12046-1:2020“:

„4 Kriterien für die Klassifizierung

4.1 Allgemeines

Wie nachstehend angegeben, muss der Prüfkörper, je nach Ausführungsart des Fensters, nach der Prüfung hinsichtlich seiner Bedienkräfte (siehe 4.2) funktionstüchtig bleiben. Der Prüfkörper darf nicht so beschädigt oder verformt werden, einschließlich der Zerstörung

Tabelle 1.25: Klassifizierung der Bedienkräfte unter Ausschluss von Vertikalschiebefenstern nach DIN 13115:2020-11, Tabelle 1

maximale Fensterbedienkraft		maximale Beschlagbedienkraft			Klassifizierung von Bedienkräften
		Hebelgriffe (handbetätigt)		fingerbetätigt	
> 100 N	und	> 100 N oder > 10 Nm	und	> 50 N oder > 5 Nm	Klasse 0
≤ 100 N		≤ 100 N oder ≤ 10 Nm		≤ 50 N oder ≤ 5 Nm	Klasse 1
≤ 30 N		≤ 30 N oder ≤ 5 Nm		≤ 20 N oder ≤ 2 Nm	Klasse 2

oder dem Lösen von Beschlägen, Fugen- und Dichtungssystemen, dass er für seinen Verwendungszweck untauglich gemacht werden würde.

4.2 Bedienkräfte

Zu öffnende Fenster müssen nach EN 12046-1 geprüft werden. In Tabelle 1 [vgl. Tabelle 1.25] *und Tabelle 2 sind die Kräfte und/oder Drehmomente angegeben, denen sie in den verschiedenen Klassen standhalten müssen. Der höchste Durchschnittswert (Kraft/Drehmoment) definiert die Gesamtklassifizierung.*"

Für Türen sind in der aktuellen Fassung der DIN EN 12217 5 statt bisher 4 Klassen vorgesehen. Die Prüfung erfolgt nach der DIN 12046-3.

Gemäß DIN EN 12217:2015-07 „Türen – Bedienungskräfte – Anforderungen und Klassifizierung" gilt:

„1 Anwendungsbereich

Diese Europäische Norm gilt für Drehflügel- und Schiebetürelemente, die mit Schlossfallen ausgestattet und für die Benutzung durch Fußgänger vorgesehen sind. Sie legt die Klassifizierung der Prüfergebnisse fest, die sich bei Prüfung nach EN 12046-2 für die Kräfte und/oder Momente ergeben, die zum Öffnen/Schließen von Türen sowie zum Einklinken/Freigeben und Verriegeln/Entriegeln der Baubeschläge mithilfe eines Schlüssels oder eines Drückers erforderlich sind.

Sie ist ausschließlich auf die Handbetätigung von Türelementen anwendbar.

Die Klassifizierung der Kräfte für Türelemente mit Selbstschließung ist von diesem Prüfverfahren ausgenommen. Das Verfahren ist ebenfalls nicht auf Türelemente mit speziellen Beschlägen, z. B. Notausgangsverschlüsse, anwendbar.

Die Prüfungen sind auf Türelemente aller Werkstoffe anwendbar.

Die Bedienung einiger verglaster Türen (Fenstertüren) umfasst Beschläge mit Fallen und darf entsprechend dieser Europäischen Norm klassifiziert werden. (…)

Tabelle 1.26: Klassifizierung der Bedienkräfte und -momente nach DIN EN 12217:2015-07, Tabelle 1

Beständigkeit gegen	Klasse 0	Klasse 1	Klasse 2	Klasse 3	Klasse 4	Klasse 5
Schließkraft bzw. Kraft zur Einleitung einer Bewegung, Höchstwert (N)	–[1]	75	50	25	10	50
handbetätigte Baubeschläge[2]						
• maximales Moment (Nm)	–	10	5	2,5	1	5
• maximale Kraft (N)	–	100	50	25	10	50
fingerbetätigte Baubeschläge[2]						
• maximales Moment (Nm)	–	5	2,5	1,5	1	1,5
• maximale Kraft (N)	–	20	10	6	4	6

[1] keine Anforderungen
[2] Der höhere Messwert von Kraft oder Moment nach EN 12046-2 bestimmt die Klasse.

4 Klassifizierung

Bei Prüfung nach EN 12046-2 ist ein Türelement entsprechend Tabelle 1 [vgl. Tabelle 1.26] *zu klassifizieren. Die endgültige Gesamtklasse der Bedienungskräfte/-momente von Türen ergibt sich aus der niedrigsten Klasse der einzeln geprüften Kräfte und Momente.*

ANMERKUNG: Für die höheren Bedienkräfte der Klassen 1 und 2 muss die Eignung der Beschläge (z. B. Schlüssel, Riegel, Riegelzylinder, Drücker) sichergestellt werden.“

Beschläge

Bei der Bauabnahme sollte auf die richtige Einstellung der Beschläge gemäß den Angaben des Herstellers geachtet werden.

Im Zuge der Instandhaltung des Fensters ist eine regelmäßige Wartung der Beschläge unumgänglich.

Nach den technischen Regelwerken sind sicherheitsrelevante Instandhaltungsarbeiten an Holzfenstern mindestens in nachfolgend aufgeführten Wartungsintervallen erforderlich, die sich auch gleichartig in dem VFF-Merkblatt WP.02 (2016) wiederfinden.

Gemäß dem Forschungsbericht „Alterung und Instandhaltung von Holzfenstern“ (1992) gilt:

„*6 Wartungsvertrag*

(…) Eine regelmäßige Wartung der Fensterelemente soll die Gebrauchstauglichkeit der Fenster erhalten und teure Instandhaltungsarbeiten oder Instandsetzungsarbeiten vermeiden. Wartungsarbeiten erhöhen darüber hinaus die Nutzersicherheit. (…)

Empfehlung für Wartungsintervalle bei Fenstern

	Sicherheitsrelevante Instandhaltung	*Allgemeine Instandhaltung*
Schul-/Hotelbau	*½-jährlich*	*½- bis 1-jährlich*
Büro- und öffentlicher Bau	*½- bis 1-jährlich*	*1-jährlich*
Wohnungsbau	*1- bis 2-jährlich*	*1- bis 2-jährlich, Wartung nach Anforderung durch den Auftraggeber*

(...) Die sicherheitsrelevante Instandhaltung und Instandsetzung enthält die Prüfung und bei vorhandenen Schäden die Abstellung von Schäden im Bereich der Beschläge, wobei auch die Befestigung der Beschläge mit einbezogen ist. (...) Die sicherheitsrelevante Instandhaltung und Instandsetzung erfordert auf jeden Fall eine Abstellung der Mängel."

Falzluftabstand

Der europäische Standard-Falzluftabstand für Fenster und Fenstertüren beträgt 12 mm. Dieser Abstand, gemessen zwischen Unterkante der Innenseite des Blendrahmens am Falz und der Außenseite des Flügelrahmens, ebenfalls am Falz, ist maßgebend für die ordnungsgemäße Funktion der Flügelverriegelung.

Die im Falz angebrachten Schließbleche der Verriegelung haben eine Dicke von 8 mm und sind am Blendrahmen angeschraubt. Ordnungsgemäße Montage vorausgesetzt, verbliebe zwischen der Oberfläche des Schließbleches und dem Flügelfalz ein Zwischenraum – ein „Spiel" – von 4 mm (Falzluftabstand abzüglich Schließblechhöhe: 12 mm – 8 mm = 4 mm).

Hieraus ergibt es sich, dass eine Unterschreitung des Falzluftabstandes von mehr als 4 mm dazu führt, dass der Flügelrahmen in Drehrichtung auf das Schließblech aufläuft, anstatt es frei beweglich zu passieren. Diese Beeinträchtigung entsteht in der Regel infolge des Flügelrahmeneigengewichtes an der Unterseite (Hängen). Sofern die Maßdifferenz zwischen der Flügelrahmenaußenabmessung und dem lichten Blendrahmeninnenmaß am Falz ordnungsgemäß, also mit 2 · 12 mm = 24 mm, ausgeführt worden ist, kann ein nach unten durchhängender Flügelrahmen in seiner Höhenlage nachjustiert werden, da nach oben hin eine hinreichende Justiermöglichkeit von ± 4 mm, also insgesamt 8 mm, besteht.

Die Messung des Falzluftabstandes kann auf 2 Weisen erfolgen:

- durch das Einlegen von Knetmasse in den Falz, Fensterverschluss und anschließendes Abgreifen des Maßes vom entnommenen Knetmassenformkörper (siehe Abb. 1.86 und 1.87),
- durch Anreißen der äußeren Flügelrahmenkontur an der Innenseite des Blendrahmens mit einem spitzen Bleistift (siehe Abb. 1.88).

Der bei geöffnetem Flügel messbare Abstand zwischen dem Bleistiftstrich und der Falzkante des Blendrahmens stellt das Überdeckungsmaß dar (siehe Abb. 1.89).

Das Falzmaß wird am Flügelrahmen gemessen (siehe Abb. 1.90). Der Falzluftabstand ergibt sich rechnerisch aus Falzmaß – Überdeckungsmaß = Falzluftabstand.

Abb. 1.86: Platzieren der Knetmasse im Fensterfalz

Abb. 1.87: Abgreifen des Falzluftabstandes an der verformten Knetmasse

Abb. 1.88: Anreißen der Flügelkontur am Blendrahmen

Abb. 1.89: Ermittlung des Überdeckungsmaßes

Abb. 1.90: Ermittlung des Flügelfalzmaßes

Längenänderungsverhalten von Kunststoffprofilen

Gemäß der ift-Publikation „Qualität von Kunststoff-Fenstern – Schäden und Reklamationen vermeiden durch fachgerechte Planung und Ausführung von Kunststoff-Fenstern“ (2014) gilt:

„1 Gebrauchstauglichkeit farbiger Profile

PVC-Fenster in Farbe oder Holzoptik liegen im Trend. Farbige Profile haben aber eine größere Wärmeaufnahme und erhöhte Längenänderung als weiße, die es zu beachten gilt. Hier gibt es zwei unterschiedliche Effekte. Zum einen den sogenannten ‚Profilschrumpf‘, der bei der ersten Erwärmung auftritt und bei ca. 1–2 mm/m liegen kann. Dieser irreversible Schrumpf tritt auf, weil sich dabei die Spannungen lösen, die durch die Extrusion und die anschließende Abkühlung entstanden sind. Der zweite Effekt ist reversibel und entsteht bei jeder Temperaturänderung. Bei Abkühlung zieht sich das Profil zusammen, bei Erwärmung verlängert sich das Profil. Weiße Oberflächen erwärmen sich bei direkter Sonneneinstrahlung auf ca. 45 °C; farbige, insbesondere dunkle (dunkelbraun, anthrazit) können sich auf über 70–85 °C aufheizen. Die Längenausdehnung Δl beträgt bei weißen PVC-U-Profilen 1,6 mm/m und bei dunkelfarbigen PVC-U- sowie farbig coextrudierten PMMA-Profilen 2,4 mm/m. Bei beiden Effekten kann es zu Verformungen und damit Fugen kommen, die folgenden Funktionseinschränkungen bewirken:

- *höhere Bedienkraft beim Öffnen und Schließen (Element klemmt),*
- *geringere Luft- und Schlagregendichtigkeit,*
- *geringere Schalldämmwerte.“*

Die temperaturbedingte Längenänderung beträgt danach für weiße PVC-Kunststofffenster: 1,6 mm/m.

Hieraus ergibt es sich, dass z. B. bei einem Terrassentürfensterflügel das vertikale Flügelrahmenaußenmaß sich im Sommer unter permanenter Sonneneinstrahlung um maximal 2,125 m · 1,6 mm/m = 3,4 mm vergrößert.

Befestigungen

Bereits während der Ausführung, vor dem Verschließen der Konstruktionsfuge, muss geprüft werden, ob die gewählte Verankerung sämtliche vom Fenster ausgehenden Lasten ordnungsgemäß auf das Bauwerk übertragen kann.

Gemäß „Leitfaden zur Planung und Ausführung der Montage von Fenstern und Haustüren“ (2020) gelten folgende Befestigungsabstände:

„5 Befestigung und Lastabtragung

5.1 Befestigung von Fenstern und Außentüren

5.1.1 Lastabtragung rechtwinklig zur Fensterebene wirkender Kräfte (…)

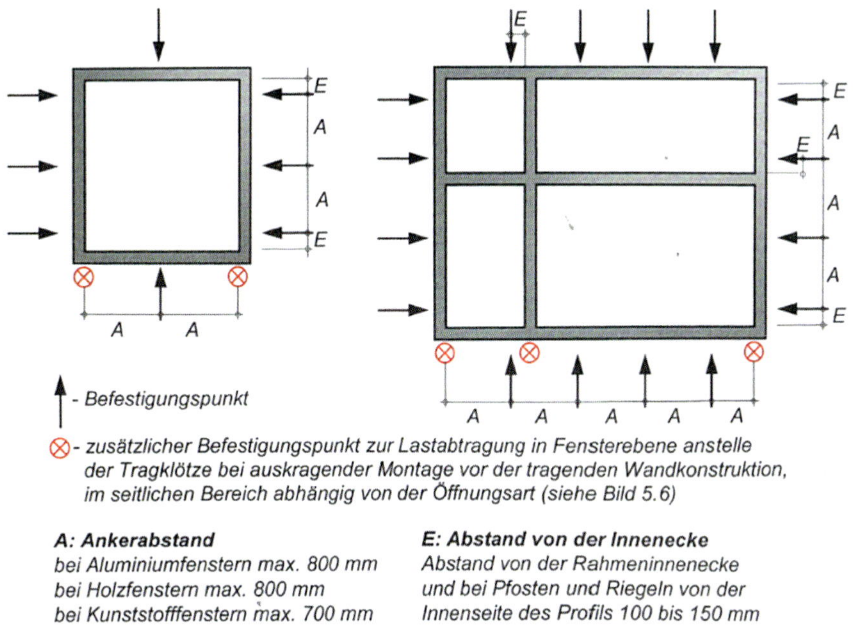

Abb. 1.91: Befestigungsabstände (Quelle: Leitfaden zur Planung und Ausführung der Montage von Fenstern und Haustüren für Neubau und Renovierung, Bild 5.7, 2020)

Um das Dehnungsverhalten (Längenänderung) der Rahmenwerkstoffe zu berücksichtigen, sind im Regelfall die im Bild 5.7 [siehe Abb. 1.91] *aufgezeigten Befestigungs- und insbesondere Eckabstände einzuhalten. Ergibt die Ermittlung der Auflagerkräfte (Kap. 5.1.2) in Verbindung mit dem Befestigungsgrund und der zur Verfügung stehenden Auswahl der Befestigungsmittel, dass die Anzahl der Befestigungspunkte erhöht werden muss, ist eine Verringerung der Befestigungsabstände unter Beachtung des Dehnungsverhaltens der zu befestigenden Elemente möglich.*

Weiterhin sind ggf. die Angaben der Befestigungsmittelhersteller und Systemgeber zu berücksichtigen.“

Die Befestigung ist nach dem „Leitfaden zur Planung und Ausführung der Montage von Fenstern und Haustüren für Neubau und Renovierung“ (2020) so anzuordnen, dass möglichst im wasserführenden Bereich keine Durchdringung des Fensterprofils erfolgt:

„7 Praktische Ausführung (…)

7.2 Hinweise für den Monteur (…)

7.2.1 Ausführung der Befestigung und Lastabtragung (…)

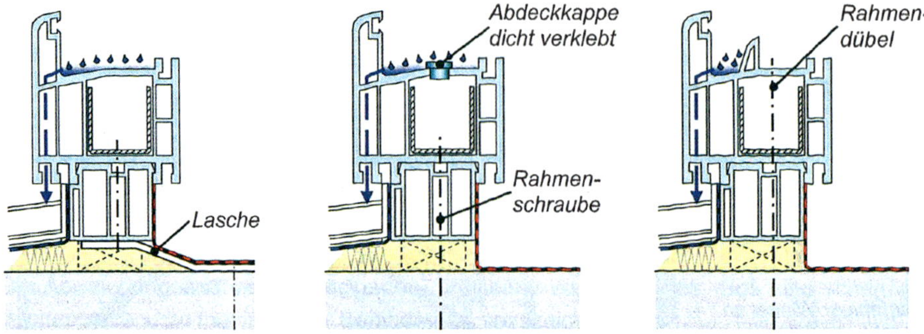

Abb. 1.92: Untere Befestigung und Wasserführung im Fensterprofil (Quelle: Leitfaden zur Planung und Ausführung der Montage von Fenstern und Haustüren für Neubau und Renovierung, 2020, Bild 7.13)

Abb. 1.93: Eine Fußpfette, die selbst durch Sparren belastet wird und sich daher durchbiegen wird, darf nicht kontaktschlüssig auf den Blendrahmen eines Fensters aufgelegt werden.

Die Befestigung ist so anzuordnen, dass nach Möglichkeit im wasserführenden Bereich keine Durchdringung des Fensterprofils stattfindet (Bild 7.13 links, rechts [siehe Abb. 1.92]*) oder durch geeignete Maßnahmen (Bild 7.13 Mitte* [siehe Abb. 1.92]*) das undefinierte Eindringen von Wasser in das Profil verhindert wird.“*

Lastaufnahme

Fenster werden in der Regel nicht für die Aufnahme von Lasten aus dem Bauwerk dimensioniert, sondern vielmehr müssen die Blendrahmen die auf das Fenster einwirkenden äußeren Kräfte (z. B. aus Windbeanspruchung) umleiten und auf den Baukörper übertragen (siehe Abb. 1.93).

Vor diesem Hintergrund muss durch ausreichende Bewegungsmöglichkeit zwischen Blendrahmen und den angrenzenden Bauteilen dauerhaft sichergestellt werden, dass auch im Falle einer späteren Durchbiegung keine Lasten auf das Fenster übertragen werden können, da ansonsten irreparable Funktionsstörungen drohen.

Abdichtungen der Konstruktionsfuge innen und außen

In dem „Leitfaden zur Planung und Ausführung der Montage von Fenstern und Haustüren für Neubau und Renovierung“ (2020) ist der Stand der Technik zu der Abdichtung von Konstruktionsfugen als Ebenenmodell dargestellt:

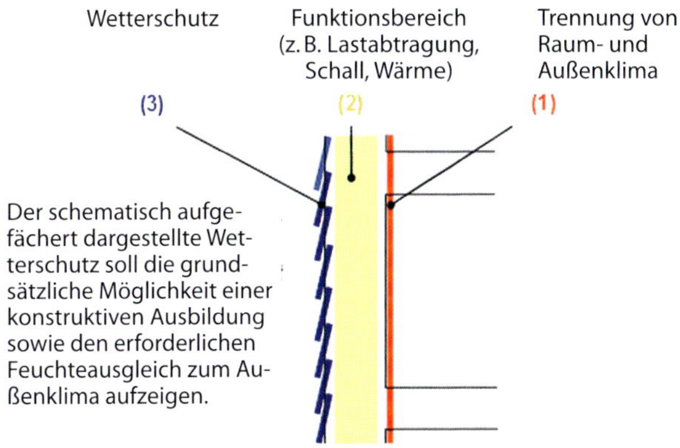

Abb. 1.94: Ebenenmodell und Übertragung auf die Anschlussfuge (Quelle: Leitfaden zur Planung und Ausführung der Montage von Fenstern und Haustüren für Neubau und Renovierung, 2020, Bild 2.3)

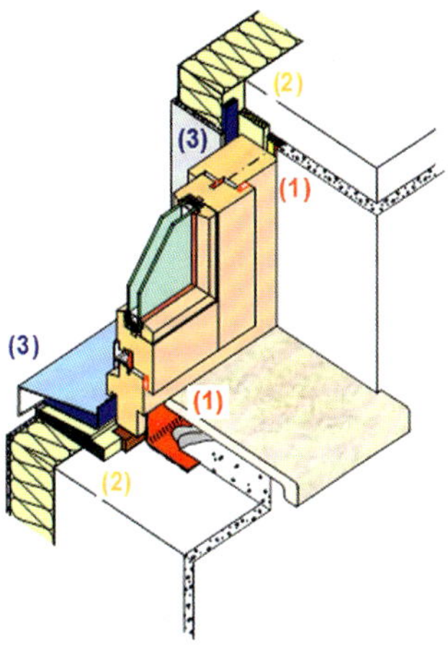

(1) Trennung von Raum- und Außenklima
(2) Funktionsbereich
(3) Wetterschutz

„2. Allgemeine Anforderungen

2.3 Ebenenmodell, Grundsätze der Anschlussausbildung

Zum besseren Verständnis, welcher grundsätzliche Aufbau im Bereich Bauteil (Fenster, Außentür, Dachflächenfenster usw.) – Fuge – Wand zu beachten ist, eignet sich nachfolgend dargestelltes Ebenenmodell [siehe Abb. 1.94].

Die grundsätzlichen bauphysikalischen Anforderungen werden in zwei getrennten Funktionsebenen erfüllt, die Funktionen im dazwischenliegenden Bereich zusammengefasst und in technische Eigenschaften umgesetzt. Diese einzelnen Ebenen und der Bereich müssen in der Konstruktion klar definiert und ausführbar sein. (…)

Ebene (1) Trennung von Raum- und Außenklima (Luftdichtheitsebene)

Mit der Luftdichtheitsebene werden undefinierte Luftströmungen vermieden. Damit werden Zugerscheinungen, Lüftungswärmeverluste, Tauwasserbildung in der Konstruktion und im Anschluss sowie Wassertransportvorgänge minimiert. Diese muss in einer Ebene liegen, deren Temperatur über der für das Schimmelpilzwachstum kritischen Temperatur (80 % Luftfeuchte-Kriterium) des Raumklimas liegt. Die Ebene muss über die gesamte Fläche der Außenwand erkennbar sein und darf nicht unterbrochen werden.

Ausgehend von z. B. einem in Deutschland genormten Raumklima von 20 °C, 50 % rel. Luftfeuchte und einer Außentemperatur von –5 °C muss die Trennung im Anschlussbereich über 12,6 °C liegen. Damit wird unter den angenommenen Bedingungen, die gemäß DIN 4108-2 für den Nachweis der Einhaltung des Mindestwärmeschutzes im Bereich von Wärmebrücken im Regelfall zugrunde zu legen sind (siehe Kapitel 4, Bild 4.8), Tauwasser an der raumseitigen Oberfläche vermieden und das Risiko der Schimmelbildung minimiert. Die Beurteilung der Gefahr der Tauwasser- und Schimmelbildung kann anhand von Planungs- und Ausführungsbeispielen, wie im Beiblatt 2 der DIN 4108 beschrieben, anhand von Wärmebrückenkatalogen oder anhand der Berechnung des Isothermenverlaufes erfolgen.

Bereich (2) Funktionsbereich

In diesem Bereich müssen über die Befestigung alle auftretenden Kräfte sicher in den tragenden Baukörper abgetragen werden. Weiterhin werden in diesem Bereich die Eigenschaften Wärme- und Schallschutz über einen wirtschaftlich angemessenen Zeitraum (siehe auch Bauproduktengesetz § 5 Brauchbarkeit) sichergestellt. Bei geschlossenen Systemen, wie z. B. Mehrscheiben-Isolierglas, Sandwich-Paneele, ist der Falzbereich und bei offenen Systemen, wie z. B. Verbundfenster und Kaltfassaden, ist das gesamte System über den Wetterschutz mit dem Außenklima zu verbinden.

Allgemein formuliert heißt dies, der Funktionsbereich muss ‚trocken bleiben' und vom Raumklima getrennt sein.

Ebene (3) Wetterschutz

Die Ebene des Wetterschutzes verhindert weitestgehend den Eintritt von Regenwasser (Schlagregen) von der Außenseite. Eingedrungenes Regenwasser muss kontrolliert und direkt nach außen abgeführt werden. Zugleich muss die Feuchtigkeit aus dem Funktionsbereich nach außen entweichen können.

Daraus ergibt sich die Auffächerung der Ebene des Wetterschutzes, die bewährten Grundelementen, z. B. einer Dacheindeckung, nachempfunden ist.

Das beschriebene Modell ist allgemeingültig, auf mitteleuropäische Klimaverhältnisse und auf Räume mit normalem Innenklima abgestimmt. Bei gekühlten und klimatisierten Räumen ist das System objektbezogen zu überprüfen. In die Betrachtung und Bewertung muss die gesamte Außenwand einbezogen werden. Das Modell gilt nicht für Kühlräume und nicht für Gebäude in tropischen Breiten."

Grundsätzlich sieht die DIN 4108-2:2013-02 „Wärmeschutz und Energie-Einsparung in Gebäuden – Teil 2: Mindestanforderungen an den Wärmeschutz" vor, dass die Konstruktionsfuge zwischen dem Blendrahmen des Fensters und dem Baukörper luftdicht verschlossen werden muss:

„4 Grundlagen zum Wärmeschutz (…)

4.2 Wärmeschutz im Winter (…)

4.2.3 Hinweise zur Luftdichtheit von Außenbauteilen und zum Mindestluftwechsel

Durch undichte Anschlussfugen von Fenstern und Außentüren sowie durch sonstige Undichtheiten, z. B. Konstruktionsfugen, insbesondere von Außenbauteilen und Rollladenkästen, treten infolge des Luftaustauschs Wärmeverluste auf. Die Außenbauteile müssen nach den allgemein anerkannten Regeln der Technik luftdicht ausgeführt werden. Eine dauerhafte Abdichtung von Undichtheiten erfolgt nach DIN 4108-7.

Abb. 1.95: Unvollständige Ausfüllung des Funktionsbereichs 2 mit Ortschaum

Abb. 1.96: Unvollständig geschlossene Konstruktionsfuge. Die Außenseite der Konstruktionsfuge ist zwar ordnungsgemäß mit vorkomprimiertem Fugendichtband verschlossen, aber nicht auf der gesamten Länge.

Die Luftdurchlässigkeit zwischen Flügelrahmen und Blendrahmen bei Fenstern, Fenstertüren und Außentüren wird nach DIN EN 1026 bestimmt und nach DIN EN 12207 klassifiziert.“

Schon in der DIN 4108-2:1981-08 „Wärmeschutz im Hochbau; Wärmedämmung und Wärmespeicherung; Anforderungen und Hinweise für Planung und Ausführung“ war auf die Abdichtung der Fugen hingewiesen worden:

„6 Wärmeschutz im Winter; Energiesparender Wärmeschutz von Gebäuden (…)

6.2. Begrenzung der Wärmeverluste infolge Undichtheiten: (…)

6.2.1.2 Der Eindichtung der Fenster in die Außenwand ist besondere Aufmerksamkeit zu schenken. Die Fugen müssen entsprechend dem Stand der Technik dauerhaft und luftundurchlässig abgedichtet sein.“

Die äußere Abdichtung der Konstruktionsfuge kann nur dann fachgerecht hergestellt werden, wenn zwischen Blendrahmen und Mauerwerksanschlag ein hinreichender Freiraum verbleibt, um das selbstexpandierende, vorkomprimierte Fugendichtband aufzunehmen. Bei Verblendmauerwerk muss dessen Verfugung vor Einbau des Dichtbandes fertiggestellt sein und Unebenheiten an der Rückseite der Verblendsteine müssen durch Mörtel ausgeglichen sein.

Ortschaum ist neben Mineralfaserdämmstoffen für den Funktionsbereich 2 Wärmedämmung grundsätzlich zulässig, nach der VOBC/ATV DIN 18355:2016-09 „Tischlerarbeiten“ muss jedoch für die räumlich vollständige Ausfüllung der Konstruktionsfuge mit dem gewählten Dämmstoff gesorgt werden (siehe Abb. 1.95). In der Funktionsebene 3 Wetterschutz muss die Fuge umlaufend dauerhaft und schlagregendicht hergestellt werden (siehe Abb. 1.96):

„3 Ausführung (…)

3.5 Einbau (…)

3.5.3 Außenbauteile

3.5.3.1

Die Abdichtung zwischen Außenbauteilen und Baukörper muss umlaufend, dauerhaft und schlagregendicht sein.

3.5.3.2

Die auf der Rauminnenseite verbleibenden Fugen zwischen Außenbauteilen und Baukörper sind mit Dämmstoffen vollständig auszufüllen.

Die Wahl des Dämmstoffes bleibt dem Auftragnehmer überlassen. Der Einsatz des gewählten Dämmstoffes darf den Bauablauf nicht beeinträchtigen. Bei der Verwendung von Ortschäumen sind die angrenzenden oberflächenfertigen Bauteile durch rückstandsfrei zu entfernende Abklebungen sicher zu schützen, z. B. durch rückstandsfrei zu entfernende Abklebungen.

3.5.3.3

Anschlussfugen sind innenseitig dauerhaft luftundurchlässig abzudichten.“

Außenfensterbänke

Außenfensterbänke müssen eine vordere Abkantung haben, die einen ausreichenden Tropfkantenabstand sicherstellt.

Ein ausreichend bemessener Tropfkantenabstand soll, wie es der Name schon sagt, für ein freies Abtropfen von beaufschlagtem Niederschlagswasser sorgen. In den Zeiträumen zwischen den Regenereignissen sammeln sich Staubablagerungen auf den nur leicht geneigten Oberflächen von Fensterbänken. Im Staub enthalten sind auch Mikroorganismen, wie z. B. Schimmelpilzsporen, sowie Nährstoffe, die wiederum von Mikroorganismen bevorzugt werden. Bei einsetzenden Regenfällen werden diese Ablagerungen von den Fensterbänken abgespült und bilden bei einem unzureichenden Tropfkantenabstand senkrechte Laufspuren an der darunterliegenden Fassadenoberfläche. In diesen Zonen wird der Bewuchs von Mikroorganismen wie Algen und Schimmelpilzen begünstigt. Um diesen Effekt zu vermeiden, lässt man die Fensterbänke so weit aus der Fassadenebene auskragen, dass das Wasser über die Vorderkante der Fensterbänke abläuft und an der senkrechten Abkantung des Profils abtropft, ohne dabei unmittelbar an die Fassade zu gelangen. Dabei kann auch bei größeren Tropfkantenabständen nicht gänzlich verhindert werden, dass das ablaufende Wasser an die Fassade gerät. Je größer der Abstand jedoch gewählt wird, desto weiter unterhalb geraten die Tropfen an die Fassade und desto breiter wird auch die Streuung der Beaufschlagung, wodurch eine Spurenbildung sicher verhindert wird.

Außenfensterbänke aus Metall müssen gemäß VOB/C ATV DIN 18360 „Metallbauarbeiten“ seitlich über eine Aufkantung verfügen, die das Eindringen von Schlagregen in den Bauteilquerschnitt wirksam verhindert. Der Anschluss an die Fensterblendrahmen erfolgt unter Beachtung des konstruktiven Witterungsschutzes in eine unterschnittene Aufnahmenut an der Blendrahmenvorderseite, damit herablaufendes Regenwasser unmittelbar vom Fenster auf die Fensterbank abgeleitet wird. Ungünstig sind frontal angesetzte Fensterbänke mit elastisch versiegelter Kontaktfuge, weil sie Wartungsfugen darstellen.

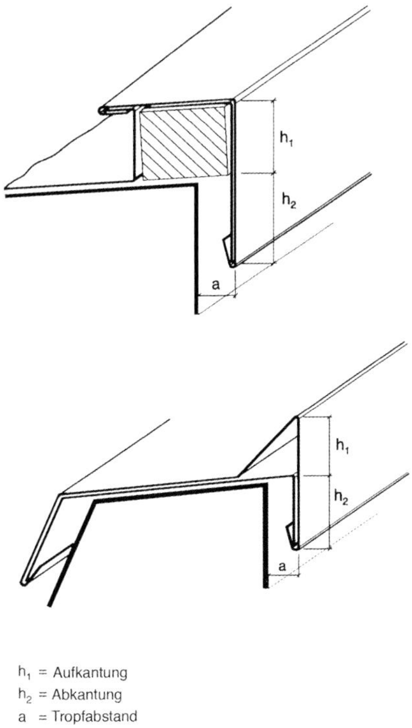

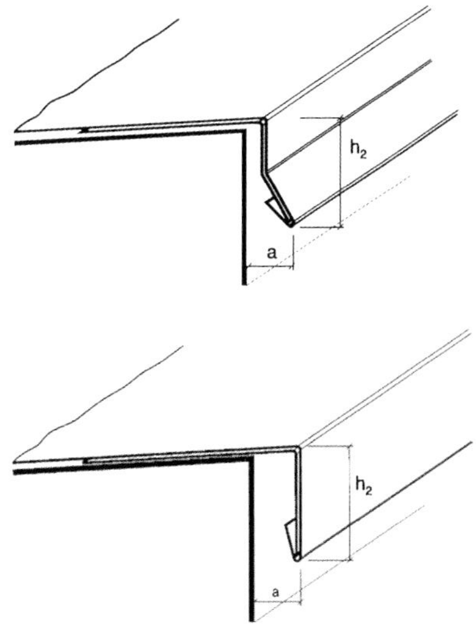

Abb. 1.97: Dachrandabschlüsse (Quelle: Fachregel für Metallarbeiten im Dachdeckerhandwerk, 2017, Abb. AIII.16)

Mindest-Auf-/Abkanthöhen

Gebäudehöhe m	a* mm	h_2 mm	h_1 mm
< 8	20	50	mind. 25
8 – 20	20	80	
> 20	20	100	

* Bei der Verwendung von Kupfer wird empfohlen, einen größeren Tropfkantenabstand auszuführen. Verunreinigungen durch abtropfendes Wasser sind nicht gänzlich zu vermeiden.
Bei Metalldeckung: $h_1 \geq 25$ mm über Oberkante wasserführende Ebene

In der VOB/C ATV DIN 18339:2019-09 „Klempnerarbeiten" ist ein Tropfkantenabstand für Abdeckungen im Rahmen der Ausführung von Klempnerarbeiten festgelegt:

„3 Ausführung

Ergänzend zur ATV DIN 18299, Abschnitt 3 gilt: (…)

3.5 Sonstige Klempnerarbeiten (…)

3.5.2 Dachrandabschlüsse, Mauerabdeckungen und Anschlüsse sind mit korrosionsgeschützten Befestigungselementen verdeckt anzubringen.

3.5.3 Abdeckungen müssen eine Tropfkante mit mindestens 20 mm Abstand von den zu schützenden Bauteilen aufweisen."

Für Fensterbänke aus Aluminiumstrangpressprofilen gilt VOB/C ATV DIN 18339 jedoch nicht, sondern VOB/C ATV DIN 18360 „Metallbauarbeiten". Dort ist der Tropfkantenabstand für Fensterbänke jedoch nicht festgelegt.

Auch die „Fachregel für Metallarbeiten im Dachdeckerhandwerk"(2017) geht von einem Tropfkantenabstand *a* aus, der mindestens 20 mm betragen muss. Eine Ausnahme hiervon bilden Abdeckungen und Fensterbänke aus Kupfer, bei denen der Abstand auf 50 mm erhöht wird. Die „Fachregel für Metallarbeiten im Dachdeckerhandwerk" (2017) verweist in Abschnitt 8 auf Ziffer 6.3.1. Dort wiederum wird Bezug genommen auf die Abbildung AIII.16 (siehe Abb. 1.97):

„6 Abschlüsse (…)

6.3 Ortgang

6.3.1 Ortgangausbildungen bei Deckungen und Abdichtungen

(1) Detaillösungen am Ortgang aus Metall bestehen dachseitig aus einem seitlichen Metallanschluss (siehe Abschnitt 5.3.1). Die Ortgangausbildung kann mehrteilig, mit Abkantung oder mit Auf- und Abkantung ausgeführt werden (siehe Abb. AIII.16.1 bis AIII.16.3) [siehe Abb. 1.97]*:*

- *bei Metalldachdeckung: h_1 > 25 mm über Oberkante wasserführende Ebene*
- *bei Abdichtungen: h_1 bei DN > 5° mindestens 50 mm, bei DN < 5° mindestens 100 mm über Oberkante Belag oder Kiesschüttung.*

Die Größe h_2 bezieht sich auf die unterste durch auftreibende Niederschläge gefährdete Fuge in der Fassade, senkrecht zur Fuge gemessen. (…)

8 Abdeckungen

8.1 Allgemeines

(1) Abdeckungen nach Abschnitt 8 sind nicht als Dachdeckungen zu betrachten.

Abdeckungen werden eingesetzt als

- *Mauerabdeckungen*
- *Attikaabdeckungen*
- *Dachrandabdeckungen*
- *Gesimsabdeckungen*
- *Schornsteinkopfabdeckungen*
- *Fensterbankabdeckungen u. a.*

(2) Zur Anwendung kommen vorgefertigte oder handwerklich hergestellte Profile. Abdeckungen sollten ein ausreichendes Gefälle zur Dachseite aufweisen. Es wird empfohlen, die dachabgewandte Seite mit einer Aufkantung zu versehen. Die Überstände ergeben sich aus Abschnitt 6.3.1. Die Abdeckungen erhalten an den Enden Kopfstücke oder Maueranschlussstücke. Verunreinigungen durch abtropfendes Wasser sind nicht gänzlich zu vermeiden. (…)

Anhang III Abbildungen“

Danach beträgt der waagerechte Tropfkantenabstand *a* bei

- Gebäudehöhen unterhalb von 8 m: 20 mm,
- Gebäudehöhen ab 8 bis 20m: 30 mm,
- Gebäudehöhen von mehr als 20m: 40 mm,
- Bauteilen aus Kupfer, unabhängig von der Gebäudehöhe: 50 mm.

Außenfensterbänke müssen schlagregendicht sein. Diese Anforderung wird entweder durch ihre Bauweise – mit Labyrinthdichtungen – oder durch eine zusätzliche wannenförmige Abdichtung unterhalb der Fensterbänke sichergestellt, wie der „Leitfaden zur Planung und Ausführung der Montage von Fenstern und Haustüren für Neubau und Renovierung“ (2020) empfiehlt:

„7 Praktische Ausführung (…)

7.4 Ausführung der Außenfensterbank (Wetterbank)

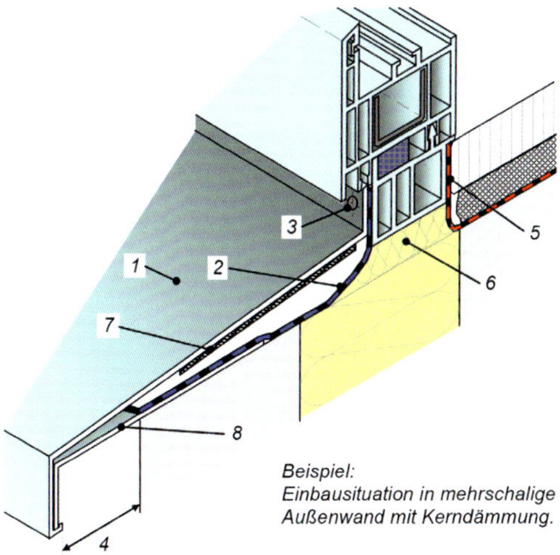

1 Aluminiumfensterbank, Neigung ≥ 5°
2 Dichtfolie mit seitlich wannenförmiger Ausbildung
3 Verschraubung (Schrauben sind abzudichten, thermische Langenänderungen zu berücksichtigen)
4 Fassadenüberstand, wirksame Tropfkante ≥ 3–5 cm. Bei Putzmauerwerk wird nach DIN EN 13914-1 ein Überstand ≥ 4 cm gefordert.
5 Trennung zwischen Raum- und Außenklima
6 Dämmung zwischen Blendrahmen und Baukörper
7 Entdröhnung, wenn gefordert, Beschichtung mindestens 1/3 der Ausladung über die gesamte Länge
8 zusätzliche Halterstücke bei Ausladung ≥ 15 cm, Anordnung siehe Tabelle 7.18
9 alternativ Klebung der Fensterbank zur Brüstung bei geeignetem, tragähigem Untergrund mit Kleberaupen in Gefällerichtung

Abb. 1.98: Ausführungsdetails von Metallfensterbänken mit zweiter Wasser führender Ebene unter der Fensterbank (Quelle: Leitfaden zur Planung und Ausführung der Montage von Fenstern und Haustüren für Neubau und Renovierung, 2020, Bild 7.22)

Die Außenfensterbank muss das ablaufende Oberflächenwasser von Fenster und Fassade kontrolliert ableiten. Dazu sind die in Bild 7.22 [siehe Abb. 1.98] *dargestellten Details zu beachten. Im Regelfall muss die Fensterbank den Blendrahmen im Anschluss untergreifen. Die Anbindung der Fensterbank am Blendrahmen und an den Laibungen muss dicht mit geeigneten Dichtsystemen (z. B. vorgefertigtes Dichtprofil des Fensterbanksystems, vorkomprimiertes Fugendichtungsband) ausgeführt werden. Wird ein vorkomprimiertes Fugendichtungsband verwendet, muss dieses die gesamte Höhe des Anschraubstegs der Fensterbank abdecken. Die Anbindung an den Blendrahmen muss zudem gleitfähig sein, z. B. durch die Ausstattung der Schraubverbindungen mit Langlöchern und Unterlegscheiben aus Kunststoff.*

Sind aufgesteckte Endstücke der Fensterbank nicht schlagregendicht, muss mit einer wannenförmig ausgebildeten Dichtfolie unter der Fensterbank eine zweite wasserführende Ebene hergestellt werden (Bild 7.23). Die Ausführung seitlich zur Laibung kann alternativ auch mit einem Eckformteil kombiniert werden (vgl. Bild 7.17). Ist unter der Fensterbank eine Wärmedämmung eingebracht, so ist die Dichtfolie auf der Dämmung zu verlegen, um diese vor Durchfeuchtungen zu schützen. Bei WDVS kann die zweite wasserführende Ebene auch mit einer sogenannten Dichtschlämme ausgeführt werden (Bild 7.22 [siehe Abb. 1.98], *oben). Die Fensterbank wird dann in die fertige, lichte Laibung eingepasst und seitlich zu den fertigen Laibungen abgedichtet.*

Bei Einsatz eines schlagregendichten Fensterbanksystems kann auf die zweite wasserführende Ebene (Dichtfolie) verzichtet werden. Die Anschlussausbildung zum Bauteil und zum Baukörper ist dann unter Berücksichtigung der zu erwartenden Bewegungen mit besonderer Sorgfalt auszuführen.

Fensterbanksysteme sind dann schlagregendicht:

- *wenn sie einteilig mit gekanteten und verschweißten seitlichen Abschlüssen ausgeführt sind. Hierbei ist zu berücksichtigen, dass die Bewegungen aus thermischen Längenänderungen im Anschluss zu den Mauerlaibungen stattfinden. Diese Anschlüsse müssen*

Abb. 1.99: In die Laibung einschneidende Fensterbank ohne seitliche Verschiebemöglichkeit mit der Folge von Rissbildung

Abb. 1.100: Der Anschluss der Fensterbank an die Laibung ist nicht regensicher hergestellt.

Abb. 1.101: Das obere Ende der halbrunden Sohlbank muss regensicher an den Baukörper angeschlossen werden.

Abb. 1.102: Fehlender Anschluss der halbrunden Sohlbank an den Baukörper

entsprechend bewegungsaufnahmefähig ausgeführt werden. Zur Ermittlung der zu erwartenden Längenänderungen siehe Kapitel 6.3.3.

- *bei aufgesteckten Endstücken, wenn durch den Hersteller ein entsprechender Prüfnachweis für das Fensterbanksystem vorliegt. Die seitlichen Anschlüsse an die Mauerlaibung sind unter Berücksichtigung der Bewegungsaufnahmefähigkeit der Endstücke auszubilden. Die Einbauvorgaben des Herstellers für das Fensterbanksystem sind bei der Ausführung zu beachten.*

Das nachträgliche Abdichten nicht schlagregendichter Endstücke zur Fensterbank mit Dichtstoff stellt keine fachgerechte und dauerhafte Lösung dar!“

Der seitliche Anschluss der Fensterbank an die Laibung muss so hergestellt werden, dass thermische bedingte Längenänderungsbestrebungen der Bank nicht zu Schäden an angrenzenden Bauteilen führen, wie sie in Abb. 1.99 eingetreten sind.

Gleichzeitig muss das obere Ende der seitlichen Bordprofile regensicher an die Laibung angeschlossen werden. Ansonsten besteht hier das Risiko eines unkontrollierten Niederschlagseintritts, wie in Abb. 1.100 erkennbar ist.

Abb. 1.103: Schimmelbildung durch abgelaufenes Tauwasser in den unteren Fensterecken

Abb. 1.104: Ungünstiger Einsatz eines Holzfensters ohne Tauwasserableitung im Nassraum

Eine Besonderheit stellen Rundfenster dar, weil der untere Halbkreis als Sohlbank konstruiert ist, während der obere Halbkreis als Sturzprofil funktionsfähig sein muss. Der formschlüssige, dichte Anschluss zwischen den Sohlbänken und den angrenzenden Wandflächen muss bei der Abnahme sorgfältig kontrolliert werden. Andernfalls kommt es zu einem unkontrollierbaren Niederschlagseintritt, wie in Abb. 1.101 und 1.102 erkennbar ist.

Dachflächenfenster

Bei Dachflächenfenstern aus Holz wird oft eine im Gebrauch entstehende Schimmel- oder Bläuepilzbildung in den unteren Ecken des Flügelrahmens beanstandet (siehe Abb. 1.103). Grundsätzlich gehen die Herstellerempfehlungen dahin, dass in Nassbereichen ausschließlich Holzkernfenster mit Kunststoffummantelung eingebaut werden, die am unteren Flügelrahmen raumseitig über eine Ablaufrinne für Tauwasser verfügen (siehe Abb. 1.104). Außerdem soll nach den Herstellerempfehlungen eine waagerecht ausgebildete Innenfensterbank vermieden werden, da die Warmluft hierdurch daran gehindert wird, in ausreichendem Maß an die raumseitige Fensteroberfläche zu gelangen. Vielmehr soll eine untere Anschrägung der Konstruktion rechtwinklig zur Scheibenebene erfolgen. Eine Heizkörperanordnung unmittelbar unterhalb des Fensters wird als besonders günstig erachtet.

1.3.2 Türen und Zargen

Allgemeines

Da Röhrenspantüren maßhaltig produziert werden, sind auffällige Deformationen der Türblätter immer ein Hinweis auf eine anhaltend überhöhte relative Raumluftfeuchte, z. B. bei Neubaufeuchte. Die Türblätter weisen überhöhte Abmessungen auf. Statt

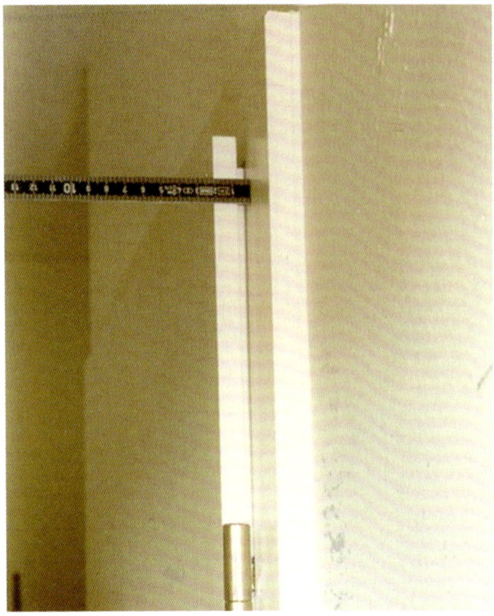

Abb. 1.105: Konkav verformte Röhrenspantür als Folge einer überhöhten relativen Luftfeuchte im Neubau

einer Sollbreite von z. B. 860 mm bei einer werkseitigen Holzfeuchte von 8 % beträgt das Istmaß unter erhöhter relativer Luftfeuchte dann 862,5 mm bei einer Holzfeuchte von 14 %. Gleichzeitig tritt eine Konkavverformung in Schlagrichtung auf (siehe Abb. 1.105). Die Verformungen bilden sich nach vollständiger Austrocknung in der Regel wieder zurück.

Für herkömmliche Innentüren ohne Schallschutzqualität besteht in den Regelwerken keine Anforderung an die Dichtigkeit zwischen dem Türblatt und dem Dämmprofil an der Zarge. Die Industrie bezeichnet diese Profile bereits nicht mehr als „Dichtungsprofile", sondern als „Dämmprofile".

Werden Anforderungen an den Schallschutz oder an die Rauchdichtigkeit von Innentüren gestellt, ist ein Dichtschluss zwischen Türblatt und Zargendichtung notwendigerweise zur Sicherung der Funktion sicherzustellen.

Die Überprüfung der Einbausituation richtet sich nach DIN 18101:2014-08 „Türen – Türen für den Wohnungsbau – Türblattgrößen, Bandsitz und Schlosssitz – Gegenseitige Abhängigkeit der Maße". Dort sind folgende zulässige Falzluftabstände definiert:

„5 Luftspalt

Aus der Addition der Toleranzen von Türblattfalzmaß und Zargenbreite im Falz sowie eines funktionsnotwendigen Luftspaltes ergibt sich für die Längsseiten ein Gesamt-Luftspalt von höchstens 9,0 mm und mindestens 5,0 mm. Der einzelne Luftspalt darf 2,5 mm nicht unterschreiten und 6,5 mm nicht überschreiten.

Der obere Luftspalt zwischen Türblatt und Zarge bzw. Oberblende darf 2,0 mm nicht unterschreiten und 6,5 mm nicht überschreiten.

ANMERKUNG: Wird ein beidseitig gleichmäßiger Luftspalt (auch ‚Türluft' oder ‚Falzluft' genannt) zwischen Zarge und Türblatt gewünscht, so ist das Türblatt seitenverstellbar auszubilden, z. B. durch die Verwendung von verstellbaren Bändern oder verstellbaren Bandaufnahmen."

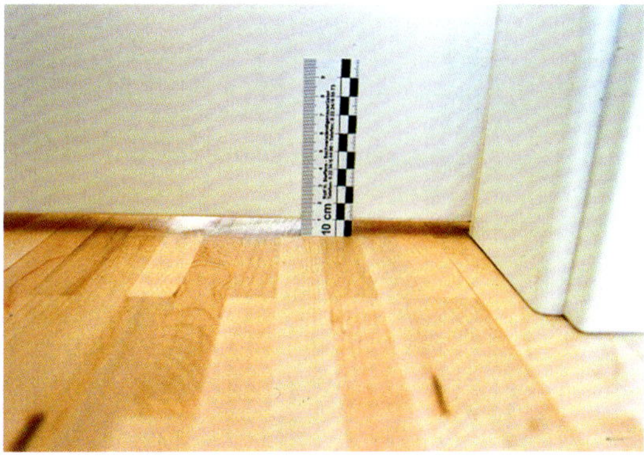

Abb. 1.106: Unzulässig großer Bodenluftspalt einer Innentür

Hinweise zur praktischen Überprüfung des Falzluftabstandes finden sich im Kapitel 1.3.1.

Der **untere Luftspalt** der Tür wird mit einem Messkeil gemessen. Das zulässige Maß ergibt sich aus den zulässigen Toleranzmaßen der lichten Zargenhöhe, gemessen zwischen der Solleinstandsmarkierung (unten) und der Unterkante Falz (oben) und dem Türblattfalzmaß in der Höhe. Die tatsächliche Istfertigfußbodenhöhe ist für die Überprüfung zulässiger Einbautoleranzen nicht ausschlaggebend, sondern relevant ist nur das Sollmaß des Bodeneinstandes. Gemessen wird insofern ab der Bodeneinstandsmarkierung oder über die unveränderbare Meterrissmarkierung an der Stahlzarge. Kommt es auf die Beurteilung der Gesamtleistung an, etwa bei der Abnahme von Generalunternehmerleistungen oder der Übergabe von Bauträgerleistungen, ist das Endergebnis maßgebend; das Türblatt darf weder auf dem Fußboden auflaufen, noch darf sich der Luftspalt störend bemerkbar machen (siehe Abb. 1.106). Das reguläre Maß für die Höhe des unteren Luftspalts beträgt 7 mm.

Gemäß DIN 18101:2014-08 „Türen – Türen für den Wohnungsbau – Türblattgrößen, Bandsitz und Schlosssitz – Gegenseitige Abhängigkeit der Maße" gilt:

„Anhang A (informativ) Erläuterungen

Die Kennzeichnung OFF ist die Nennlage (Solllage) der Oberfläche des fertigen Fußbodens. Es handelt sich also nicht um die am Bau festgestellte oder feststellbare Ist-Lage des fertigen Fußbodens; ‚fertig' in diesem Zusammenhang ist der Gegensatz zu ‚roh'. OFR ist daher die planmäßige Lage der Oberfläche des Rohfußbodens, z. B. die Oberfläche einer Stahlbetondecke; OFF ist dann die planmäßige Lage der Oberfläche des Fertigfußbodens, z. B. die Oberfläche eines PVC-Bodenbelages über Spachtelmasse, Estrich, Trittschalldämmung und Ausgleichestrich über der Rohdecke.

Auf die nach den Normen der Reihe DIN 18202 zulässigen Toleranzen der Rohdecke des Estriches usw. sei hier besonders hingewiesen.

Die Norm stimmt die gegenseitige Abhängigkeit der Maße zwischen Zarge und Türblatt ab. Sie ist damit nicht Grundlage der Maßüberprüfung im fertig eingebauten Zustand, soweit es die Lage OFF betrifft. Die in den Bildern angegebene Lage OFF stellt die Nennlage (Solllage) der Oberfläche des fertigen Fußbodens dar. Die Istlage der Oberfläche des fertigen Fußbodens darf davon aber aufgrund der Toleranzen nach DIN 18202 abweichen.

Rechnerisch ergibt sich als Nennmaß für den unteren Luftspalt (in den Bildern nicht angegeben!) ein Maß von 7 mm."

Abb. 1.107: Die Stahlzarge hat keinen Einstand in den Estrich, mit der Folge, dass der Bodenluftspalt mit 20 mm das tolerierbare Maß übersteigt.

Abb. 1.108: Die Stahlzarge hat keinen Einstand in den Estrich, mit der Folge, dass der Bodenluftspalt mit 18 mm das tolerierbare Maß übersteigt.

Abb. 1.109: Bodenabsenkdichtung mit bandseitiger Auslösefalle (Quelle: www.athmer.de)

Abb. 1.110: Bodenabsenkdichtung mit griffseitigem Auslöseknopf (Quelle: www.athmer.de)

Die zulässigen Maße für die Bodenluft unter Berücksichtigung der Toleranzen sind in Kapitel 1.7 unter dem Stichwort „Stahlzargen und -türen“ aufgeführt.

Abweichend hiervon kann ein größerer Luftspalt bei innen liegenden Nassräumen erforderlich werden, wenn der nach DIN 18017-3 „Lüftung von Bädern und Toilettenräumen ohne Außenfenster, mit Ventilatoren“ (Ausgabe 2022, Abschnitt 5.2.3) erforderliche Überstromluftdurchlass mit einer Fläche von 150 cm^2 in der Tür untergebracht werden muss. Bei einer Türblattbreite von 76 cm ergäbe sich dann ein notwendiger unterer Luftspalt von 2 cm.

Bei dem Einbau der Türzargen richtet sich die Höhenlage nach dem Meterriss, der durch den Architekten für alle Gewerke einheitlich und verbindlich als unveränderbare Markierung am Baukörper angebracht werden muss. Andernfalls korrespondiert die Lage der Türzargen nicht mit der Höhe der Fußböden (siehe Abb. 1.107 und 1.108).

Eine Bodenabsenkdichtung ist ein mechanischer Beschlag, der in eine linienförmige Ausfräsung an der Unterkante des Türblatts eingesetzt wird. Über eine seitlich im Falz-

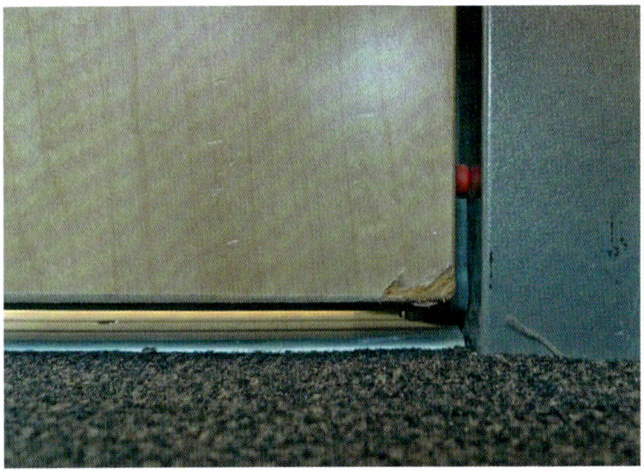

Abb. 1.111: Das Türblatt ist geschlossen, der Auslöseknopf hat Kontakt mit der Stahlzarge, aber Bodenabsenkdichtung fährt nicht auf die Schwellenschiene herab; Lichteinfall ist sichtbar.

Abb. 1.112: Eine Bodendichtung darf nicht an einen Textilbelag, sondern muss an eine glatte Oberfläche anschließen.

Abb. 1.113: Eine Bodenabsenkdichtung darf nicht auf einen Textilbelag auflaufen, sondern muss sich auf eine glatte Oberfläche absenken.

bereich angeordnete Auslösefalle bzw. einen Auslöseknopf wird eine Mechanik ausgelöst, die beim Verschluss der Tür dafür sorgt, dass ein Metallschienenprofil mit einer Lippendichtung selbsttätig nach unten herabfährt. Der Vorteil dieser Bodenabsenkdichtung liegt darin, dass sie beim Öffnen der Tür nicht über den Boden schleift, sondern nur in geschlossenem Zustand der Tür direkt auf dem Fußboden aufliegt. Die Endlage der Dichtung lässt sich durch Herausziehen und Drehen der Auslösefalle (siehe Abb. 1.109) bzw. mit einem Schraubendreher am Auslöseknopf (siehe Abb. 1.110) exakt der Oberfläche des Bodens anpassen.

Im Zuge des Einbaus der Innentüren muss die ordnungsgemäße Funktion der Bodenabsenkdichtungen kontrolliert werden. Die Fußbodenoberfläche unterhalb der Bodenabsenkdichtung muss glatt sein und darf daher nicht als Teppichbodenbelag ausgeführt werden (siehe Abb. 1.111 bis 1.113).

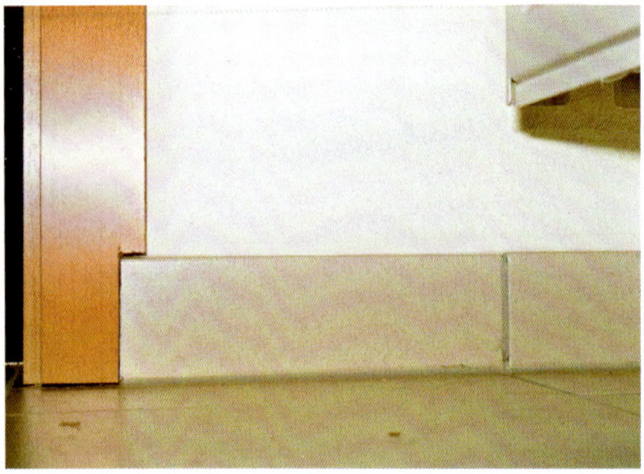

Abb. 1.114: Holzbekleidungen von Türzargen passen sich nicht den Sockelfliesen an, sondern umgekehrt.

Abb. 1.115: Messung des überhöhten Luftspalts unterhalb der Türzarge mit dem Messkeil

Abb. 1.116: Überhöhter Luftspalt unterhalb der Türzarge

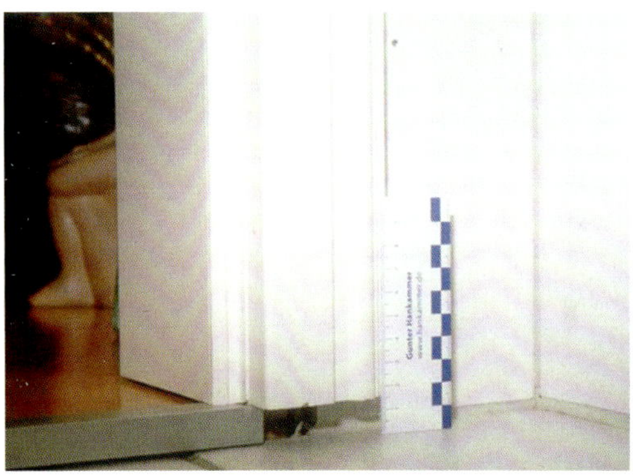

Abb. 1.117 und 1.118: Überhöhter Luftspalt mit einer Höhe von 15 mm unter der Türzarge

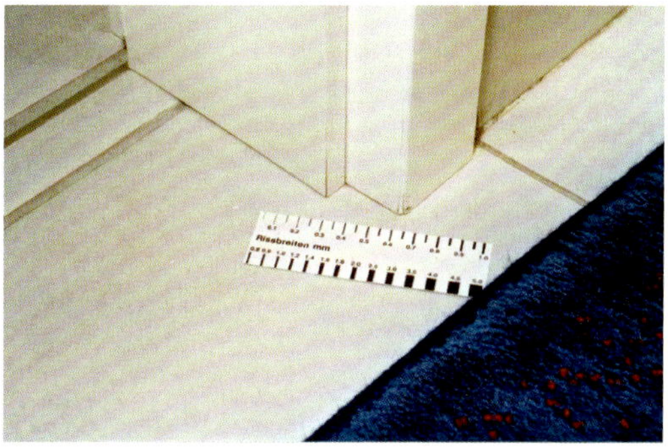

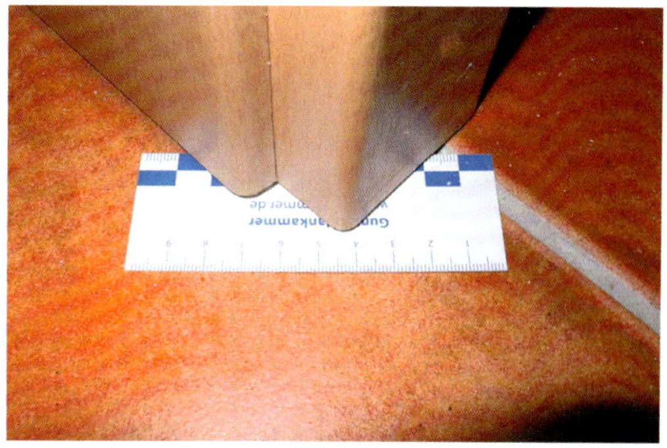

Abb. 1.119 und 1.120: Fehlende untere Versiegelung zwischen Fliesen und Türzarge

Abb. 1.121: Von der Unterseite her bereits anfänglich leicht aufgequollene Türzarge mit Rissfolge

Abb. 1.122: Von der Unterseite her stark aufgequollene Türzarge

Türzargen

Stahlzargen werden in Kapitel 1.7 behandelt.

Holzzargen

Bekleidungen von Holztürzargen müssen optisch auf dem Bodenbelag nahezu aufstehen, ohne dass es durch einen Kontaktschluss zu der Entstehung von Schallbrücken kommen kann (siehe Abb. 1.114). Ein Toleranzmaß für die maximal zulässige Höhe des unteren Luftspalts von Zargen wird in den Regelwerken nicht festgelegt. Häufig führt die Einbautoleranz des Estrichs und der Bodenbeläge zu übergroßen Fugen (siehe Abb. 1.115 bis 1.118). Auch die Rückbildung einer Estrichschüsselung und die Komprimierung der Estrichdämmung führen zu unansehnlichen Anschlussfugen. Ein Luftspalt von bis zu 2 mm kann an dieser Stelle aus baupraktischer Sicht als hinnehmbar gelten.

Bei Bodenfliesen muss mit einer Feuchtebelastung der Zargenschnittkante durch Wischwasser gerechnet werden, deshalb bedarf es eines Feuchteschutzes der unteren Schnittkante der Holzwerkstoff-Türzarge durch Verfugen der Konstruktionsfuge mit einem elastischen Dichtstoff. Hierfür ist der entsprechende senkrechte Abstand zwischen dem unteren Ende der Türzarge und der Fußbodenoberfläche vorzusehen.

Gemäß DIN DIN 68706-2:2020-06 „Innentüren aus Holz und Holzwerkstoffen – Teil 2: Umfassungszargen; Begriffe, Maße und Einbau“ gilt (siehe Abb. 1.119 bis 1.122):

„5 Einbau

Beim Einsatz von Zargen auf Fußbodenbelägen, die feucht gepflegt werden können, ist die Fuge zwischen Zarge und Fußbodenbelag beim Einbau gegen Feuchteeintritt zu schützen, z. B. durch Verfugen mit einer dauerelastischen Masse."

Das Erfordernis einer Dichtstofffuge bedeutet jedoch nicht, dass diese in beliebiger Formgebung hinzunehmen ist. Die Versiegelung muss handwerklich so sorgfältig ausgeführt werden, dass sie nicht optisch auffällig wirkt (siehe Abb. 1.123 und 1.124).

Ungeplant klaffende Fugen zwischen Bodenbelag und der Unterkante der Türzarge entstehen beispielsweise dann, wenn neue Holzbalkendecken mit überhöhtem Feuchtegehalt eingebaut werden und anschließend unter raumklimatischen Bedingungen auf die Gleichgewichtsfeuchte herabtrocknen. Hier können Höhenveränderungen in einer Größenordnung von 8 mm entstehen (siehe Band 1, Kapitel 6.6).

Bei Räumen mit Wandfliesen, die nur bis zu der halben Raumhöhe reichen, kommt es zwangsläufig zu einem Spalt zwischen dem oberen, nicht mit Wandfliesen belegten Teil der Wand und der Türzarge.

Ähnlich verhält es sich bei einseitig gefliesten Wänden bei Einsatz von werkseitig vorproduzierte Holzwerkstoff-Türzargen mit einer genormten Maulweite, die für eine Standardwanddicke von 115 mm (normatives Breitenmaß gemäß DIN 105 und DIN 106) zzgl. eines beidseitigen Wandputzes von jeweils 15 mm vorgesehen sind (siehe Abb. 1.125 und 1.126). Hierdurch ergibt sich ein standardisiertes Maß für die Maulweite wie folgt:

Dicke des unverputzten Mauerwerks:	**115 mm**
plus Dicke des Wandputzes: 2 · 15 mm =	+ **30 mm**
Maulweite der Zarge:	= **145 mm**

Für den seltenen Fall, dass derartige Holzwerkstoff-Türzargen für verputzte Wände in Türöffnungen von unverputzt bleibenden Wänden eingesetzt werden, entstehen insoweit Maßdifferenzen zwischen dem Istbreitenmaß der Maulweite der Zarge (hier 145 mm) und dem Istbreitenmaß der Wand, die von der Zarge umfasst wird (hier 115 mm). Bei unverputzt bleibenden Wänden entsteht ein Spaltmaß von 30 mm:

Maulweite der Zarge:	**145 mm**
abzüglich Dicke des unverputzten Mauerwerks:	**– 115 mm**
Spaltmaß:	= **30 mm**

Sofern einseitig ein Wandfliesenbelag auf die Wand aufgebracht wird, reduziert sich die Maßdifferenz entsprechend. Bei einer einseitigen Wandverfliesung mit einer Aufbaudicke von z. B. 15 mm ergibt sich ein Spaltmaß von 15 mm:

Maulweite der Zarge:	**145 mm**
abzüglich Dicke der Wandfliesen:	**– 15 mm**
abzüglich Dicke des unverputzten Mauerwerks:	**– 115 mm**
Spaltmaß:	= **15 mm**

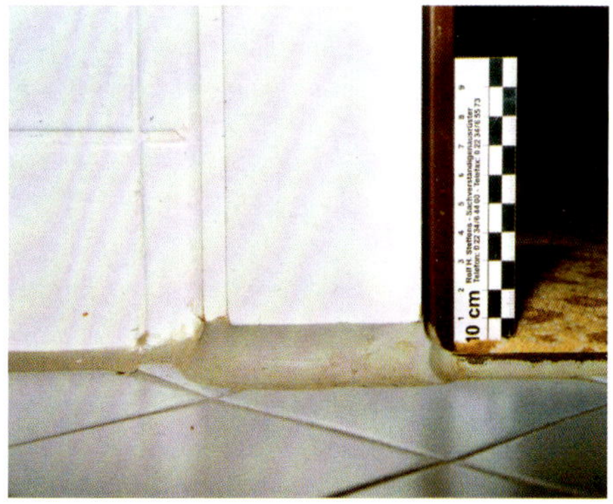

Abb. 1.123 und 1.124: Die erforderliche Dichtstofffuge ist in übertriebener Größe hergestellt worden. Hier war die Türzarge zu kurz beschnitten worden, sodass es ein übergroßes Spaltmaß von 20 mm zu überbrücken galt.

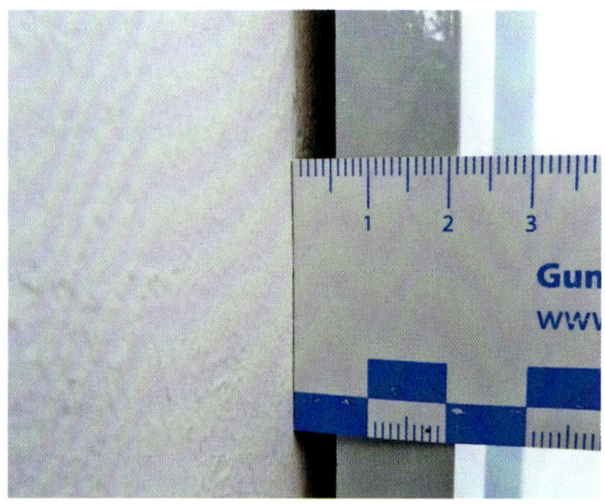

Abb. 1.125 und 1.126: Spaltmaß zwischen Türbekleidung und Wandoberfläche bei einseitig gefliester und einseitig unverputzter Mauerwerkswand

Da die Holzwerkstoff-Türzargen aus 2 voneinander getrennten Schalen bestehen, die bei der Montage über eine Nut-und-Feder-Verbindung zusammengesteckt werden, sind in einer bestimmten Größenordnung Toleranzausgleichsmöglichkeiten gegeben. Die glatten, nicht profilierten Türzargen eines Herstellers haben z. B. bei der Standardmaulweite von 145 mm eine Toleranzausgleichsmöglichkeit von **–7 mm bis +15 mm**.

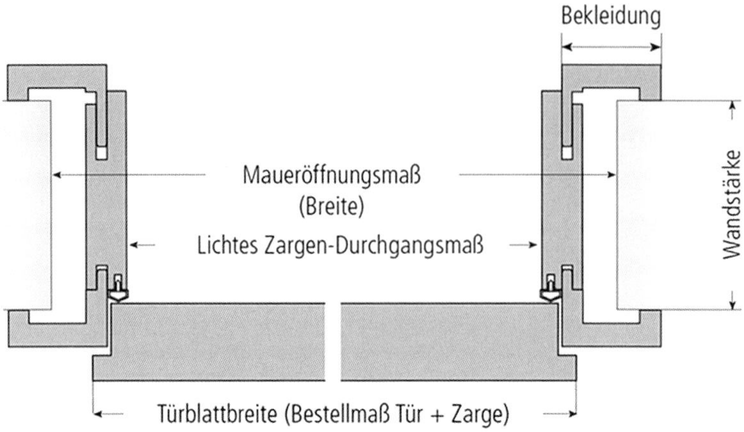

Abb. 1.127: Abhängigkeit der Zargen-Maulweite von der Wanddicke (Quelle: JELD-WEN Deutschland GmbH & Co. KG)

Die Zargenmaulweite muss auf die Wanddicke abgestimmt werden (siehe Abb. 1.127).

Die Bruttomaßdifferenz von 15 mm kann nicht vollständig durch Variation der Türzarge im Bereich der Steckverbindung ausgeglichen werden, da die Minustoleranz bei maximal 7 mm liegt. Es verbleibt eine Nettomaßdifferenz von 15 mm – 7 mm = **+ 8 mm**.

Wenn dieses Differenzmaß von 8 mm beim Einbau der Türzarge auf beiden Seiten der Wand ausgemittelt wird, entsteht auf beiden Seiten theoretisch ein Spaltmaß zwischen der Innenseite der Zargenbekleidung und der Außenoberfläche des Mauerwerks bzw. der Wandfliesen von **8 mm : 2 = 4 mm**.

Dies würde jedoch voraussetzen, dass auf beiden Seiten vollständig planebene Wandoberflächen bestehen. Bei unverputzt bleibendem Mauerwerk wie im vorliegenden Fall ist diese theoretische Voraussetzung praktisch nicht erfüllbar, da von Mauerwerksschicht zu Mauerwerksschicht Versätze entstehen können, die anschließend wegen des Sichtmauerwerk-Charakters nicht mehr durch den Wandputz ausgeglichen werden.

Außentüren

Zwischen den Klimaten des Treppenhauses und der Wohnung bestehen in der Regel gravierende Abweichungen. Das Deutsche Institut für Gütesicherung hat Klimaklassen definiert und die Türen verwendungsspezifisch klassifiziert. Bei der Abnahme muss überprüft werden, ob die Klimaklasse I, II oder III gemäß dem Merkblatt RAL-GZ 426 „Besondere Güte- und Prüfbestimmungen für Türblätter aus Holz und Holzwerkstoffen“ (2020) ausgeführt worden ist und ob es sich dabei in Anbetracht der örtlichen Verhältnisse um die zutreffende Klasse handelt (siehe Tabelle 1.27 bis 1.29).

„1-1 Güte- und Prüfbestimmungen für hygrothermische Beanspruchung von Türblättern RAL-GZ 426/1-1 (…)

1-1.2 Güte- und Prüfbestimmungen (…)

1-1.2.5 Hygrothermische Beanspruchung der Türblätter

1-1.2.5.1 Klimaklasse

Entsprechend der hygrothermischen Beanspruchung der Innentürenblätter werden diese in drei Klimaklassen unterteilt. Die römischen Ziffern I, II und III nach RAL-GZ 426 stehen für drei unterschiedliche Klimaklassen. (…)

Grenzwerte maximale Verformung, siehe Tabelle 1-1.3; [vgl. Tabelle 1.28]

1-1.2.5.2 Verwindung und Durchbiegung nach Klimaprüfung

Bei der Klimaprüfung darf der Mittelwert aus drei Türblättern die maximal zulässigen Verformungen (Tabelle 1-1.3) [vgl. Tabelle 1.28] *aus DIN EN 12219: Klasse 2 (4,0 mm) nicht überschreiten.*

Eines der drei Türblätter darf eine Maximalabweichung von 5,5 mm aus der Bezugsebene aufweisen, wobei die beiden anderen Türblätter die Grenzwerte nach DIN EN 12219: Klasse 2 nicht überschreiten dürfen. Abweichende Türblattkonstruktionen sind durch eine orientierende hygrothermische Prüfung an einem Prüfkörper durchzuführen.

Anhang zu den Besonderen Güte- und Prüfbestimmungen

Anhang 1:

Einsatzempfehlungen für Türblätter [vgl. Tabelle 1.29]“

Tabelle 1.27: Prüfklimate der Klimaklassen nach RAL-GZ 426 und Vergleich zur DIN EN 1121 nach RAL-GZ 426, Tabelle 1-1.2 (2020)

Klima-klassen		**Prüfparameter**			
RAL	**DIN EN**	**Seite 1 (Öffnungsfläche/Bandseite)**		**Seite 2 (Schließfläche/Bandgegenseite)**	
		Lufttemperatur θ_1 in °C	**relative Feuchte (U) Φ_1 in %**	**Lufttemperatur θ_2 in °C**	**relative Feuchte (U) Φ_2 in %**
I	f[1)]	(23 ± 2)	(50 ± 5)	(18 ± 2)	(50 ± 5)
	a	(23 ± 2)	(30 ± 5)	(18 ± 2)	(50 ± 5)
II	g[1)]	(23 ± 2)	(50 ± 5)	(13 ± 2)	(65 ± 5)
	b	(23 ± 2)	(30 ± 5)	(13 ± 2)	(65 ± 5)
III	c	(23 ± 2)	(30 ± 5)	(3 ± 2)	(85 ± 5)

[1)] Diese Klassen stammen aus einem Entwurf der DIN EN 1121 und waren beim Druck noch nicht veröffentlicht.

Beispiel: Klima III nach RAL-GZ 426 entspricht Klasse 2 (c) nach DIN EN 1121 und DIN EN 12219

Für die Klassifizierung I kann neben dem Prüfklima f ebenso das Prüfklima a herangezogen werden. Analog kann für die Klasse II neben dem Prüfklima g das Prüfklima b herangezogen werden.

Tabelle 1.28: Maximal zulässige Verformung nach DIN EN 12219 nach RAL-GZ 426, Tabelle 1-1.3 (2020)

Prüfparameter	Klasse 0 (x)	Klasse 1 (x)	Klasse 2 (x)	Klasse 3 (x)
Verwindung T in mm	*)	8	4	2
Längskrümmung B in mm	*)	8	4	2
Querkrümmung C in mm	*)	4	2	1
lokale Ebenheit	Ein ohne Zarge geliefertes Türblatt oder ein Türblatt als Teil eines Türelements muss den Anforderungen nach DIN EN 1530:2000-06 „Türblätter – Allgemeine und lokale Ebenheit – Toleranzklassen; Deutsche Fassung EN 1530:1999“ entsprechen.			

*) keine Anforderung
dunkelgrau hinterlegt: Anforderungen nach RAL-GZ 426
hellgrau: weitere mögliche Klassifizierungen oder anzugebende Werte
x: Prüfklima, das in DIN EN 1121 und/oder in DIN EN 1294 definiert ist
T (twist): endgültige Verwindung
B (bow): absolute Differenz zwischen endgültiger und anfänglicher Verwindung oder Längskrümmung oder die tatsächliche absolute endgültige Verwindung oder Längskrümmung, je nachdem, welche größer ist
C (cup): endgültige Querkrümmung

Tabelle 1.29: Einsatzempfehlungen für Türblätter nach RAL-GZ 426 (2020)

	Wohnungstüren			Objekttüren			
	Wohnungseingangstüren[1)]	**Wohnungsinnentüren**	**Bad/WC**	**Kindergärten, Krankenhaus, Hotelzimmer**	**Schulraum, Herbergen, Kasernen**	**Schulungsräume, Sprechzimmer, Verwaltung, Büro, Praxis**	**Großküchen, Kantinen, Labor, Bad/WC**
hygrothermische Beanspruchung (KKL)	III	I	I	II	II	II/III[2)]	II
mechanische Beanspruchung (MEB)	S[1)]	N	N	S	E	M	S/E[2)]
Oberflächenbeständigkeit (OFB)	N	N	N	M	M	M	S

Fortsetzung Tabelle 1.29

	Wohnungstüren			Objekttüren			
	Wohnungseingangstüren[1]	**Wohnungsinnentüren**	**Bad/WC**	**Kindergärten, Krankenhaus, Hotelzimmer**	**Schulraum, Herbergen, Kasernen**	**Schulungsräume, Sprechzimmer, Verwaltung, Büro, Praxis**	**Großküchen, Kantinen, Labor, Bad/ WC**
Kantenstoßfestigkeit (KSF)	M	N	N	S	S/E[2]	M/S[2]	S/E[2]
Feuchte- und Nässebeständigkeit (FNB)	keine Anforderungen	keine Anforderungen	keine Anforderungen/ FR[2]	keine Anforderungen/ FR[2]	keine Anforderungen/ FR[2]	keine Anforderungen	FR/NR[2]
Glasanbindung (GAB)	E	M	M	S	S	M	S

[1] Die DIN SPEC 18105:2019-09 „Fenster und Türen – Wohnungseingangstüren – Kriterien für die Auswahl von Anforderungen und Merkmalen" definiert neben dem Schallschutz nach DIN 4109 für die hygrothermische Beanspruchung Klasse 2c = Klimaklasse III und für die Einbruchhemmung die Klasse RC2. Die RC2-Elemente sind in aller Regel Klasse „E" bzgl. der mechanischen Festigkeit.

[2] Auswahl unter Berücksichtigung der zu erwartenden Beanspruchung

Hinweise und Erläuterungen:

KKL: In Bereichen mit langfristig höherer relativer Luftfeuchtigkeit oder bei Türblättern mit einer Höhe über 2,11 m werden Türen der nächsthöheren Klimaklasse empfohlen. Bei Türen zu Treppenhäusern ist immer die Klimaklasse III zu wählen. Für Laubengangtüren, also Türen, die Außenklima ausgesetzt sind, reicht Klimaklasse III nicht aus.

MEB: Die mechanische Beanspruchung bezieht sich auf die gesamte Stabilität von Türblatt und Zarge in Verbindung mit den eingebauten Beschlägen. Die Klasse E berücksichtigt dabei massive Belastungen, wie sie im öffentlichen Bereich vorkommen können.

OFB: Die Oberflächenbeständigkeit berücksichtigt speziell die Dauerhaftigkeit der Türblatt- bzw. Zargenoberfläche gegen Kratzer, Reinigungsmaschinen, Verschmutzungen und ähnliche, die Oberfläche strapazierende Vorgänge.

KSF: Bei der Kantenstoßfestigkeit wird speziell der Widerstand der Kanten des Türblatts gegen harte Stöße, z. B. durch Krankenbetten oder Koffer im Hotel, bewertet.

FNB: Die Feuchtebeständigkeit berücksichtigt in 2 Klassen, wie gut das Türblatt gegen Feuchte- und Nässeeinwirkung geschützt ist. Feuchtraum steht dabei für gelegentliche Einwirkung, wogegen Nassraumprodukte häufig mit viel Wasser in Verbindung kommen können.

GAB: Mit der Glasanbindung wird beurteilt, wie gut eine Glasscheibe in einer Lichtöffnungstür verankert ist, um ein eventuelles Herausbrechen bei entsprechender Stoßbelastung z. B. durch gegen die Tür fallende Personen zu verhindern. In Türen sollten grundsätzlich nur Sicherheitsgläser (ESG oder VSG) Verwendung finden, um Personenschäden auszuschließen. Türblatt und Zarge sollten aus korrelierenden Klassen gewählt werden.

N: normale Beanspruchung

M: mittlere Beanspruchung

S: starke Beanspruchung

E: extreme Beanspruchung

Abb. 1.128: Plakette einer einflügeligen Rauchschutztür RS-1 im bandseitigen Falzbereich

Innentüren

Bei Innentüren ist im Allgemeinen zu überprüfen, ob die Tür sich ohne Weiteres öffnen und schließen lässt. Schließt eine Tür nicht ordnungsgemäß, so hängt dies häufig vom Sitz der Dichtung oder Bodendichtung ab.

Bei RS-Türen, T-30-Türen usw. erfolgt die Überprüfung der geforderten selbst schließenden Einstellung mit Spannbändern mit Türschließern. Hier muss auch die Dichtung der Türen untersucht werden. Hierzu gehört auch die Überprüfung, ob eine Schwelle, eine erforderliche Bodentürschiene oder eine selbsttätige Bodenabsenkdichtung vorhanden ist. Die Qualität der Türen lässt sich an der im Falz angebrachten Plakette feststellen (siehe Abb. 1.128).

In der RAL-GZ 426 „Besondere Güte- und Prüfbestimmungen für Türblätter aus Holz und Holzwerkstoffen" (2020) sind die Anforderungen an die Ebenmäßigkeit von Innentüren aus Holz und Holzwerkstoffen definiert (vgl. Tabelle 1.27 und 1.28).

Danach ist eine Verformung von 4 mm generell nicht zu beanstanden. 1 von 3 geprüften Türblättern darf eine Verformung von 5,5 mm aufweisen.

In der RAL-GZ 426 „Besondere Güte- und Prüfbestimmungen für Türzargen aus Holz und Holzwerkstoffen" (2020) sind die Anforderungen an die Ebenmäßigkeit von Holztürzargen definiert:

„2-1 Güte- und Prüfbestimmungen für mechanische Beanspruchung von Türzargen RAL-GZ 426/2-1 (…)

2-1.2 Güte- und Prüfbestimmungen (…)

2-1.2.3 Zustandsprüfung bei Anlieferung (…)

Bei der Prüfung wird die Durchbiegung nicht montierter Zargenteile ermittelt. Als Durchbiegung wird die Abweichung von der Bezugsgeraden auf der hohlen Seite (Falzbekleidung/Futterbrettkante) bezeichnet. Bei Futterbreiten > 125 mm darf die Durchbiegung max. 2,5 mm betragen, bei kleineren Futterbreiten aber auch größer sein.

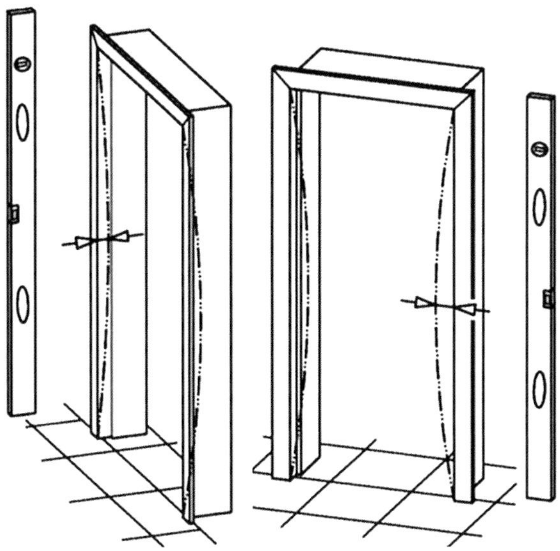

Abb. 1.129: Ermittlung der Durchbiegung von Zargen (Quelle: RAL-GZ 426, Abb. 2-1.1 [2020])

Kleinere Wanddicken haben nur geringe Biegefestigkeiten und können daher bei der Montage ausgerichtet werden (Abbildung 2-1.1 [siehe Abb. 1.129], *links).*

Die Durchbiegung in der Durchgangslichten ist grundsätzlich bei der Montage durch Keile/ Verklotzung und Spreizen/Streben auszugleichen und daher bei keiner Wanddicke ein Reklamationsgrund (Abbildung 2-1.1 [siehe Abb. 1.129], *rechts).“*

Werkseitig darf die Konkav- oder Konvexverformung von Türblättern maximal ± 5,5 mm betragen.

Werkseitig darf die Konkav- oder Konvexverformung von Holztürzargen maximal ± 2,5 mm betragen.

Hieraus ergibt sich im ungünstigsten Fall eine gegenläufige Verformungsdifferenz von **8 mm**.

Um dieses Maß können dann die Türblätter an ihrer Ober- und Unterkante von der Zarge und damit von der Dichtung abstehen, während in der Mitte des Blattes in Griffhöhe ein Kontaktschluss besteht. Die Türzargenverformung lässt sich bei der Montage ausgleichen.

Bereits aus der Größenordnung dieser Normtoleranz ergibt es sich, dass für herkömmliche Türblätter von Innentüren nach den anerkannten Regeln der Technik keine Anforderung besteht, die einen umfänglich umlaufenden Dichtschluss zwischen Türblatt und der Dichtung definiert. Ohne weiter gehende Anforderungen, z. B. an den Schallschutz oder an den Rauchschutz, ist insofern ein Luftspalt zwischen dem Türblatt und der Lückendichtung zulässig.

Abweichend hiervon werden Wohnungseingangstüren, Türen mit Schallschutzanforderungen und Rauchschutztüren behandelt, da hier der umlaufende Kontaktschluss zwischen der Dichtung und dem Türblatt zwingend erforderlich ist, um die normativen Anforderungen zu erfüllen.

Abb. 1.130: Haustür

Abb. 1.131: Nebeneingangstür

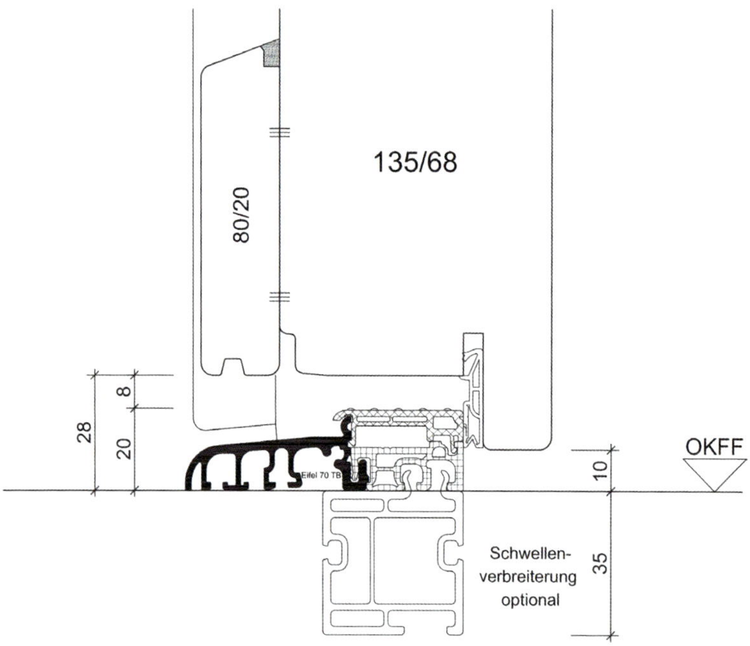

Abb. 1.132: Detail Türschwelle (Quelle: HBI Holz-Bau-Industrie GmbH & Co. KG, Hemsbünde)

Wohnungseingangstüren

Wohnungseingangstüren müssen dicht schließend sein. In der Regel wird dies über eine dreiseitige Lippendichtung in Kombination mit einer Bodenabsenkdichtung (Schall-Ex) erreicht.

> **Tipp**
>
> Die Funktion der **Bodenabsenkdichtung** lässt sich mit einem auf dem Bodenbelag im Schwellenbereich ausgelegten Blatt Papier einfach prüfen. Nachdem die Tür verschlossen wurde, darf sich das Blatt in seitlicher Richtung nur unter Widerstand bewegen lassen. Bewegt es sich leichtgängig, greift die Dichtung nicht ordnungsgemäß. Ähnlich lässt sich auch die Funktion aller Lippendichtungen prüfen.

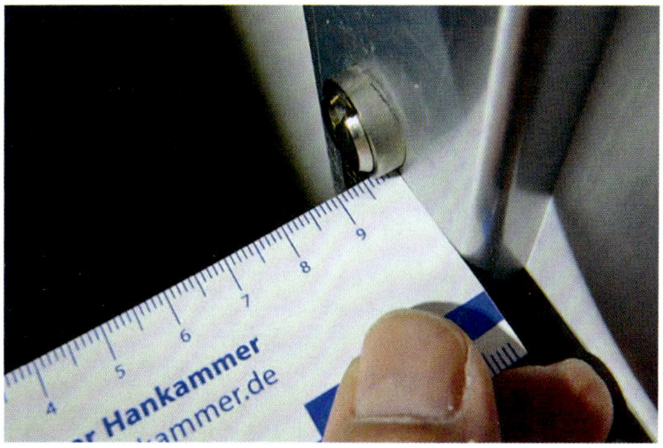

Abb. 1.133: Schließzylinder und äußeres Türschild müssen so aufeinander abgestimmt sein, dass der Zylinder nicht mehr als 3 mm hervorsteht.

Abweichend davon kann auch eine Bodenschwelle oder eine senkrechte Profilschiene in Zargenebene als Anschlagfläche für die umlaufende Lippendichtung des Türblatts dienen (siehe Abb. 1.130 und 1.131). In diesem Fall wird gelegentlich eine Stolperkante beanstandet.

Das Standard-Luftspaltmaß an der Unterseite des Türblatts beträgt 7 bis 8 mm.

Dies ist der senkrechte Abstand zwischen der Türblattunterkante und der Oberkante des Fertigfußbodenbelages. Die waagerechte Lippendichtung am unteren Ende des Türblatts benötigt an der gegenüberliegenden Türschwelle eine Anpressfläche mit einer Höhe von ca. 10 mm.

Die Addition dieser beiden erforderlichen Höhenmaße macht es bei dieser Art von Hauseingangstüren erforderlich, dass die untere Anschlagsschiene der Türzarge raumseitig aus dem Niveau des Fußbodenoberbelages mit einem mindestens erforderlichen Sollmaß von 7 bis 8 mm + 10 mm = 17 bis 18 mm herausragt.

Die **üblichen Schwellenmasse** der Türhersteller betragen vor diesem Hintergrund in der Regel ca. 16 bis 20 mm (siehe Abb. 1.132).

Die Sollbeschaffenheit der Schließzylinder entsprechend den anerkannten Regeln der Technik, namentlich der DIN 18257:2022-02 „Baubeschläge – Schutzbeschläge – Begriffe, Maße, Anforderungen, Kennzeichnung“, besteht in Verbindung mit der Dicke des Außentürschilds darin, dass der Überstand ≤ 3 mm betragen muss (siehe Abb. 1.133), damit der Schließzylinder nicht mithilfe einer Rohrzange durch Drehbewegung gebrochen werden kann:

„6 Anforderungen (…)

6.2 Maße, Konstruktionsanforderungen

6.2.1 Allgemeines

Die Maße des Schutzbeschlages müssen DIN 18255 entsprechen. Abweichungen sind zulässig, bedürfen jedoch der besonderen Vereinbarung.

Der Schutzbeschlag muss ein gewaltsames Abdrehen des Profizylinders und einen unmittelbaren mechanischen Angriff auf das Schlossgesperre wirksam erschweren.

6.2.2 Zylinderabdeckung (ZA)

Für die Zylinderabdeckung gelten die Anforderungen nach DIN EN 1906:2012-12, A.2.2.5.

6.2.3 Dicke des Außenschildes ohne Zylinderabdeckung

Die Dicke des Außenschildes ist vom Anwender so auszuwählen (im Handel werden Schutzbeschläge unterschiedlicher Dicken angeboten), dass der aus dem Schlosskasten herausragende, über die Türflügeloberfläche hervorstehende Teil des Profilzylinders so abgedeckt wird, dass seine Oberfläche maximal 3 mm gegenüber der Oberfläche des Außenschildes vorsteht (siehe auch Anhang A).

Besteht das Außenschild nicht aus einer massiven, dem Schutz dienenden Platte, sondern aus einem dem Schutz dienenden Unterschild und einer daran befestigten, lösbaren, dekorativen Abdeckung, so beziehen sich die vorgenannten 3 mm maximaler Überstand auf das Unterschild.

Als dekorativ gelten Abdeckungen, die keinen Einfluss auf die Schutzwirkung des Schutzbeschlages oder der Schutzrosette haben."

Einbruchhemmende Türen

Als Nachweis für die einbruchhemmenden Eigenschaften von Türen dient deren Kennzeichnung, z. B. durch ein Schild im Falzbereich, gemäß DIN EN 1627:2021-11 „Türen, Fenster, Vorhangfassaden, Gitterelemente und Abschlüsse, Einbruchhemmung – Anforderungen und Klassifizierung":

„NA.3 Kennzeichnung

Einbruchhemmende Bauteile nach dieser Norm sollten dauerhaft gekennzeichnet werden, zum Beispiel durch ein Schild im Falzbereich. Das Kennzeichnungsschild muss leicht lesbar in deutscher Sprache, in einer Mindestgröße von 105 mm × 18 mm sein und mindestens folgende Angaben enthalten.

a) Einbruchhemmendes Bauteil DIN EN 1627;
b) erreichte Widerstandsklasse;
c) Produktbezeichnung des Herstellers;
d) gegebenenfalls Zertifizierungszeichen;
e) Hersteller;
f) Prüfbericht Nummer …, Datum …;
g) Prüfstelle (gegebenenfalls verschlüsselt);
h) Herstellungsjahr."

Terrassentüren

Die Schwellenandichtung von Terrassenabdichtungen zählt zu den anspruchsvollen Details. Einerseits verlangen die Bauherren oft einen komfortablen Austritt auf die Außenflächen, andererseits kann eine ausgeprägte Schwelle den Eintritt von Wasser in die Wohnräumlichkeiten wirksam verhindern. Die reguläre normative Anschlusshöhe im Bereich von Türen beträgt im fertigen Endzustand 15 cm. Bezugsebene im Erdgeschoss ist die Geländeoberkante (GOK). Das Oberflächengefälle darf nicht zur Tür hin gerichtet sein, wie DIN18533-1:2017-07 „Abdichtung von erdberührten Bauteilen – Teil 1: Anforderungen, Planungs- und Ausführungsgrundsätze" regelt:

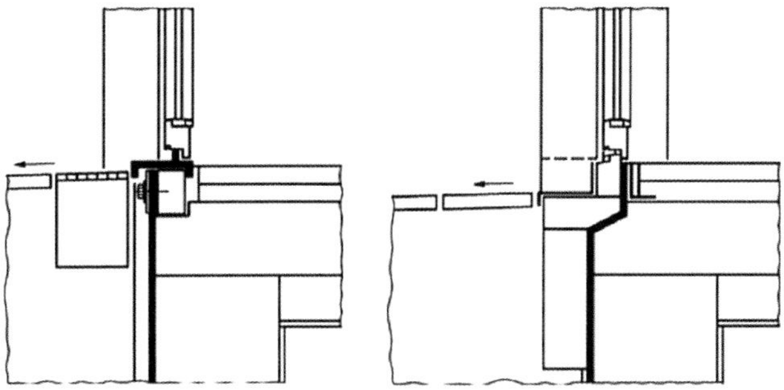

Abb. 1.134: Beispiele für die Anordnung der Abdichtung bei Türschwellen (Quelle: DIN 18533-1:2017-07, Bild 27)

„8 Planungsgrundsätze (…)

8.8 Abdichtung an Wandsockeln sowie in und unter Wänden bei W4-E (…)

8.8.2 Wandsockel

8.8.2.1 Allgemeines

Im Sockelbereich erdberührter Wände sollte der auch im erdberührten Wandbereich eingesetzte Abdichtungsstoff verwendet werden. Je nach Bauart der aufgehenden Außenwand können auch andere Abdichtungsstoffe oder Feuchteschutzmaßnahmen eingesetzt werden.

Im Sockelbereich ist die Abdichtungsschicht im Bauzustand bis 30 cm über GOK hochzuführen, um ausreichende Anpassungsmöglichkeiten der Geländeoberfläche sicherzustellen (siehe Bild 18). Im Endzustand sollte dieser Wert 15 cm nicht unterschreiten (zu Ausnahmen bei niveaugleichen Schwellen siehe 9.3). Auf das Hochführen der Abdichtungsschicht über der Oberkante des angrenzenden Geländes kann verzichtet werden, wenn im Sockelbereich ausreichend wasserabweisende Stoffe verwendet werden und die Abdichtungsschicht nicht hinterlaufen werden kann.

9 Übergang zwischen Boden- und Wandabdichtung (…)

9.3 Niveaugleiche Schwellen

Sind die unter 8.8.2.1 genannten Aufkantungshöhen im Einzelfall nicht herstellbar (z. B. barrierefreie Hauseingänge, Terrassentür), sind besondere Maßnahmen gegen das Eindringen von Wasser oder das Hinterlaufen der Abdichtung einzuplanen.

Es sind z. B. Türschwellen, Türpfosten und Rollladenführungsschienen von der Abdichtungsschicht zu hinterfahren oder an ihrer Außenoberfläche so zu gestalten, dass die Abdichtung z. B. mit Klemmprofilen wasserdicht angeschlossen werden kann (siehe Bild 27 [siehe Abb. 1.134]*).*

Planerisch ist darauf zu achten, dass bei der Verwendung von werkseitigen Anschlussstreifen an Türen oder Schwellen die Verträglichkeit mit der Abdichtungsschicht und die Dichtheit des Anschlusses gewährleistet sind.

Schwellenabschlüsse mit geringer oder ohne Aufkantung sind zusätzlich, z. B. durch ausreichend große Vordächer, Fassadenrücksprünge und/oder unmittelbar entwässerte Rinnen mit Gitterrosten, vor starker Wassereinwirkung zu schützen. Das Oberflächengefälle darf nicht zur Tür hin gerichtet sein.“

Balkon- und Dachterrassentüren

Die für die Abdichtung von Balkonen einschlägige Ausführungsnorm DIN 18531-1:2017-07 „Abdichtung von Dächern sowie von Balkonen, Loggien und Laubengängen – Teil 1: Nicht genutzte und genutzte Dächer – Anforderungen, Planungs- und Ausführungsgrundsätze" sieht ebenfalls eine reguläre Anschusshöhe der Abdichtung in Türbereichen von 15 cm vor. Bezugsebene ist die Oberfläche des Balkonbelags, nicht die der waagerechten Flächenabdichtung. Eine Verringerung der Anschlusshöhe auf 5 cm kommt unter bestimmten Voraussetzungen in Betracht:

„*6 Planungs- und Ausführungsgrundsätze (…)*

6.8 Türanschlüsse

Die Anschlusshöhe der Abdichtung im Türbereich sollte nach 6.7 mindestens 0,15 m über der Oberfläche des Belags betragen. Dadurch wird verhindert, dass neben der üblichen Spritzwasserbeanspruchung durch Schlagregen, auch bei Schneematschbildung, Wasserstau durch verstopfte Abläufe oder bei Vereisung Niederschlagswasser über die Türschwelle eindringt.

Eine Verringerung der Anschlusshöhe ist nur möglich, wenn im Belag unmittelbar vor der gesamten Türbreite durch Einbau einer Entwässerung die Wasserbelastung minimiert wird. Außerdem muss zu jeder Zeit ein einwandfreier Wasserablauf im Türbereich sichergestellt sein. Dazu kann im unmittelbaren Türbereich eine wannenbildende Entwässerungsrinne mit unmittelbarem Anschluss an die Entwässerung eingebaut werden. In solchen Fällen kann die Anschlusshöhe vom oberen Ende der Abdichtung bis zum Belag mindestens 0,05 m betragen.

Türen müssen so konstruiert sein, dass die Abdichtung hinter Rollladenschienen und Deckleisten durchgeführt werden kann. Entwässerungsöffnungen in Türrahmen oder von Schlagregenschienen oder Ähnlichem müssen zur Außenseite des Anschlusses entwässern. Der Abdichtungsanschluss bei Bahnen ist am Türrahmen gegen Abrutschen entsprechend zu sichern.

Das Oberflächengefälle des Belags sollte nicht zur Tür hin gerichtet sein. Bei Dachterrassen mit geschlossener Brüstung sind Notüberläufe so tief anzuordnen, dass bei Verstopfung des Ablaufs die Schwelle nicht überstaut werden kann.

Barrierefreie, niveaugleiche Übergänge oder Übergänge mit einer zulässigen Schwellenhöhe von ≤ 0,02 m sind abdichtungstechnische Sonderkonstruktionen. Sie erfordern eine auf den Einzelfall abgestimmte Ausführungsart. Für diese niveaugleichen Übergänge muss berücksichtigt werden, dass die Abdichtung allein die Funktion der Dichtigkeit am Türanschluss nicht sicherstellen kann. Durch planerische Vorgaben ist das Eindringen von Wasser und das Hinterlaufen der Abdichtung zu verhindern."

Voraussetzungen für die Verringerung der Anschlusshöhe auf 5 cm ist insofern eine Rinne mit einem Anschluss an die Entwässerung. Diese Rinne muss unmittelbar an die Tür angrenzen.

Auch die Flachdachrichtlinie geht von einer regulären Anschlusshöhe von 150 mm bei Türschwellen aus.

Abb. 1.135: Entwässerungsrinne, die nicht direkt an das Fenstertürelement angrenzt

Gemäß „Fachregel für Dächer mit Abdichtungen – Flachdachrichtlinie" (2016) gilt:

„*4 Details (…)*

4.4 Anschlüsse an Türen

(1) Die Anschlusshöhe soll mindestens 0,15 m über der Oberfläche des Belags, der Kiesschüttung oder der Begrünung betragen. Bei Abdichtungen ohne Beläge, Kiesschüttung oder Begrünung bezieht sich die Anschlusshöhe auf die Abdichtungsoberfläche. Dadurch soll verhindert werden, dass bei Schneematschbildung, Wasserstau durch verstopfte Abläufe, Schlagregen, Winddruck oder bei Vereisung Niederschlagswasser über die Türschwelle eindringt.

(2) Eine Verringerung der Anschlusshöhe ist möglich, wenn bedingt durch die örtlichen Verhältnisse zu jeder Zeit ein einwandfreier Wasserablauf im Tür-/Fensterelementbereich sichergestellt ist und die Spritzwasserbelastung minimiert wird. Dies ist dann der Fall, wenn im unmittelbaren Tür-/Fensterelementbereich z. B.

- *ein rinnenförmiger Entwässerungsrost oder eine vergleichbare Konstruktion jeweils mit unmittelbarem Anschluss an die Entwässerung oder*
- *ein rinnenförmiger Entwässerungsrost oder eine vergleichbare Konstruktion bei Belägen auf Stelzlagern*

eingebaut wird. In solchen Fällen soll die Anschlusshöhe jedoch mindestens 0,05 m betragen (oberes Ende der Abdichtung oder von Anschlussblechen unter dem Wetterschenkel/Sockelprofil). Wenn die Spritzwasserbelastung nicht durch eine Überdachung minimiert wird, sollten Gitterroste mit einer Breite von mindestens 150 mm verwendet werden."

Auch in der Flachdachrichtlinie ist eine **unmittelbar** an das Fenster- oder Türelement angrenzende Entwässerung erforderlich, um die Anschlusshöhe von 150 mm auf 50 mm reduzieren zu können (siehe Abb. 1.135). Dränrinnen, die wiederum selbst in ein Kiesbett entwässern, sind hierfür nicht ausreichend. Sie müssen vielmehr direkt an einen Entwässerungsablauf angeschlossen sein. Seit der Fassung der Flachdachrichtlinie von 2016 ist – insoweit abweichend von der DIN 18531-1 – auch ein rinnenförmiger Entwässerungsrost bei Belägen auf Stelzlagern zulässig. Ebenfalls abweichend von der Norm wird in der Flachdachrichtlinie mit 150 mm eine konkrete Angabe zur Breite der Gitterroste gemacht.

Bezugshöhe für die Anschlusshöhe der Abdichtungsaufkantung an die Fenstertür bzw. die Tür ist die Oberfläche des Belages, nicht die Oberfläche der Abdichtung. Die Abdichtung muss am Fensterblendrahmen angeschlossen sein. Sie darf nicht unterhalb der Sohlbank enden.

Einer der signifikant häufig auftretenden Mängel ist der fehlerhafte untere Abdichtungsanschluss erdberührter Bauteile im Türschwellenbereich. Unter dem Termindruck der letzten Ausführungstage bleibt dem Außenanlagengewerk in der Regel die Verantwortung für die fachgerechte Ausführung der Eingangspodeste überlassen. Die Außenwandabdichtung ist bereits zu einem früheren Zeitpunkt fertiggestellt worden, die Hauseingangstür wird kurz vor Fertigstellung eingebaut. Unmittelbar vor Abnahme und Bezug wird dann hastig eine Anpflasterung an die Türschwelle vorgenommen, ohne den Abdichtungsanschluss im Schwellenbereich wirksam zu sichern. Die untere Holzschwelle der Türzarge liegt dann im feuchten Milieu und nicht selten sind die Laibungen unterirdisch nach außen hin offen, sodass Regenwasser in die Estrichdämmung eintreten kann (siehe Abb. 1.136 bis 1.141).

Eine Ausnahme bilden geplant schwellenlose Türen für behindertengerechtes Bauen. Hier müssen sich der Unternehmer und der Architekt hinsichtlich der fehlenden Andichtungshöhe ausdrücklich vom Auftraggeber freistellen lassen.

Gemäß DIN 18040-2:2011-09 „Barrierefreies Bauen, Planungsgrundlagen – Teil 2: Wohnungen“ gilt:

„4 Infrastruktur (...)

4.3 Innere Erschließung des Gebäudes (...)

4.3.3 Türen

4.3.3.1 Allgemeines

Türen müssen deutlich wahrnehmbar, leicht zu öffnen und schließen und sicher zu passieren sein.

Untere Türanschläge und Schwellen sind nicht zulässig. Sind sie technisch unabdingbar, dürfen sie nicht höher als 2 cm sein.

ANMERKUNG: Zu Wohnungseingangstüren und Wohnungstüren siehe 5.3.1.“

Abb. 1.136: Schwellenholz der Türzarge liegt im feuchten Milieu. Der Laibungsanschluss der Schwelle ist bis in die Estrichdämmung hinein klaffend offen.

Abb. 1.137 und 1.138: Dachterrasse mit Gitterrostabdeckung, die eine Dränrinne vortäuscht. Tatsächlich liegt die Rostabdeckung jedoch nur auf dem Kiesbett auf.

Abb. 1.139: Dränrinne liegt höher als der Plattenbelag

Abb. 1.140: Dachterrasse mit Gitterrostabdeckung, die eine Dränrinne vortäuscht

Abb. 1.141: Tatsächlich liegt unterhalb der Rostabdeckung jedoch eine Abdichtungsfolie.

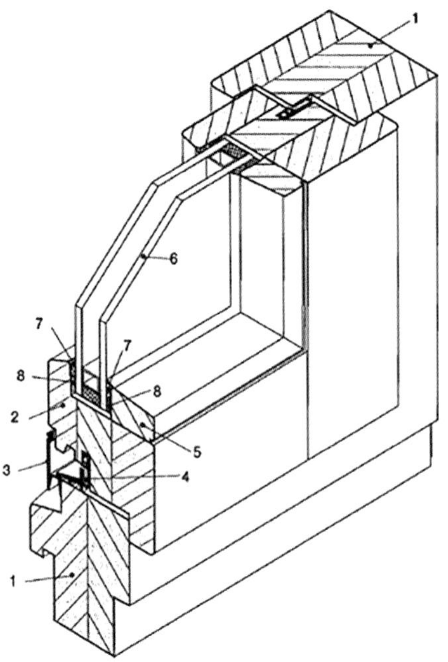

1 Blendrahmen
2 Flügelrahmen
3 Regenschiene
4 Falzdichtung
5 Glashalteleiste
6 Isolierglas
7 Glasabdichtung
8 Vorlegeband

Abb. 1.142: Bezeichnungen bei Fenstern (Quelle: Froelich, Hans: Fenster und Außentüren, Abb. 5-17 Holzfenster, in: RWE-Handbuch, 13. Ausgabe 2004).

Prinzipiell besteht ein Fenster aus Blendrahmen und Flügelrahmen. Als Blendrahmen oder Zarge wird der umlaufend fest in der umgebenden Konstruktion verankerte Rahmen des Fensters bezeichnet. Als Flügelrahmen wird der bewegliche Rahmen des Fensters bezeichnet, in dem die Verglasung sitzt (siehe Abb. 1.142).

Durch die gegenseitig abgestufte Ausbildung der Profile von Blendrahmen und Flügelrahmen in Form von Falzen entsteht bei geschlossenem Flügel ein vierseitig umlaufender Falzraum zwischen Blendrahmen und Flügelrahmen. Die Beschläge sitzen teilweise innerhalb dieses Falzraumes. Für die ordnungsgemäße Funktion des Fensters müssen sich sämtliche beweglichen Beschlagteile innerhalb des Falzraumes frei bewegen können. Unterschieden wird zwischen der Griffseite (Sitz der Fensterolive) und der Bandseite (Sitz der Bänder und des unteren Ecklagers für die Kipp-Einstellung des Flügels). Der vierseitig umlaufend abgestufte Falz an Blendrahmen und Flügelrahmen ermöglicht die Anordnung zweier Dichtungslinien bei herkömmlichen Fenstern und Fenstertüren (siehe Abb. 1.143).

Da die stagnierende Luft innerhalb des Falzraumes sich mittig zwischen dem durch die Überschlagsdichtung abgeschotteten (warmen) Raumklima und dem von der Mitteldichtung abgegrenzten (kalten) Außenklima befindet, herrscht hier im Winterhalbjahr ein eigenes Klima vor.

Barrierefreie Schwellen von Fenstertüren sind einteilige, 2 cm hohe Hohlprofile, die anstatt eines Doppelfalzes nur über einen Einfachfalz verfügen (siehe Abb. 1.144).

In der Regel ist bei Fenstern eine vierseitig umlaufende Überschlagdichtung vorhanden, die den raumseitigen Abschluss des Falzraumes bildet. Das gilt auch für barrierefreie Schwellensysteme. Die Funktionsebene der Mitteldichtung hingegen wird im

Abb. 1.143: Beispiel für Überschlagdichtung (links) und Mitteldichtung (Falzdichtung) (rechts) bei einem Doppelfalzfenster (Quelle: Maderböck Fenster u. Türen GmbH, Wolfern bei Steyr)

Abb. 1.144: Barrierefreies Schwellenprofil einer Fenstertür nach einer Schlagregenbeanspruchung

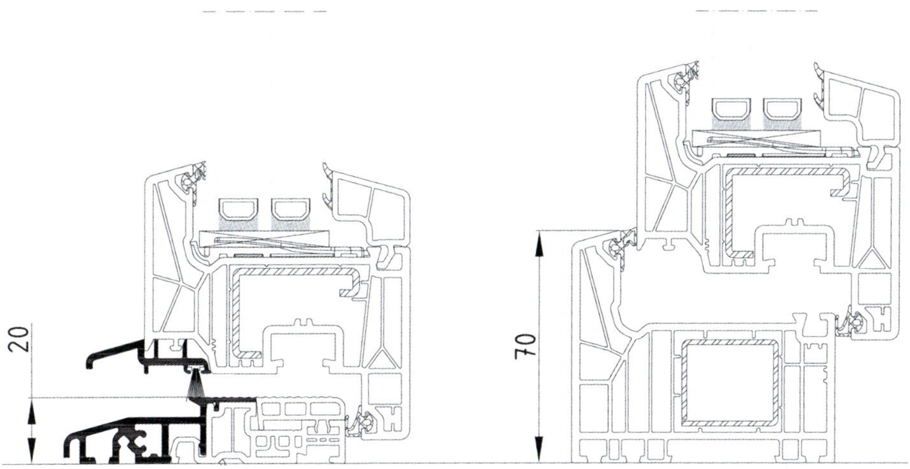

Abb. 1.145: Unterschied zwischen barrierefreier Türschwelle und herkömmlicher Balkon-/Terrassentür (Quelle: Schüco, Produktunterlagen, System Royal SG 65)

Schwellenbereich ersetzt durch eine bewegliche Schleppdichtung oder eine Bürstendichtung an der Unterseite des Flügelrahmens, die jedoch nicht immer in derselben Ebene der Mitteldichtung liegt. Im Schwellenbereich würde die herkömmliche Mitteldichtung wegen des einteiligen barrierefreien Schwellenprofils nicht an eine feste senkrechte Oberfläche des Blendrahmens anschlagen können. Den Unterschied zwischen diesem herkömmlichen Prinzip und der barrierefreien Türschwelle zeigt Abb. 1.145.

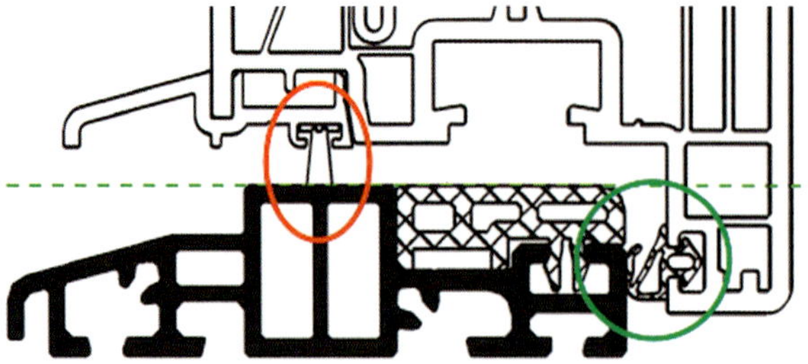

Abb. 1.146: Rot eingekreiste Lage der Bürsten- oder Schleppdichtung an der Unterseite des Flügelrahmens als Ersatz für hier die fehlende Mitteldichtung, der hier ein unterer Anschlag fehlt. Grün eingekreiste Lage der umlaufenden Überschlagsdichtung. (Quelle: Schüco International KG „Barrierefreie Türschwelle – Für Haus-, Nebeneingangs- und Fenstertüren aus Kunststoff", Stand 08.12)

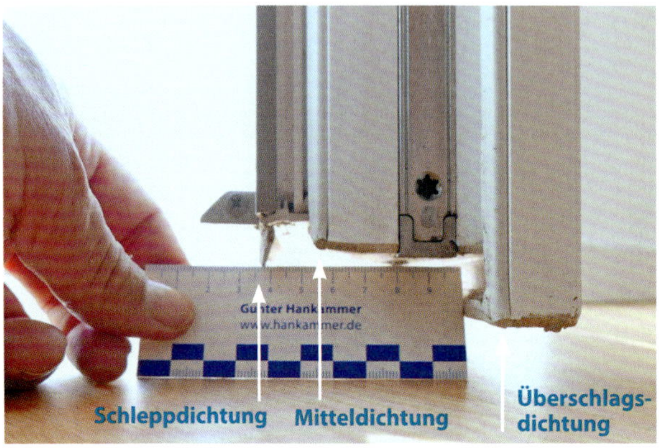

Abb. 1.147: Barrierefreie Fenstertür mit dreiseitigem Doppelfalz, unterem Einfachfalz und zusätzlicher Schleppdichtung

Die Schlagregendichtheit der bei diesen barrierefreien Balkon-/Terrassentürschwellen üblichen Schleif- oder Bürstendichtungen (in Abb. 1.146 rot eingekreist) wird insofern nicht durch den bei der Verriegelung entstehenden Anpressdruck des Fensterflügels optimiert. Hierin besteht eine Abweichung gegenüber den herkömmlichen Mittel- oder Überschlagdichtungen (in Abb. 1.146 grün eingekreist).

In Abb. 1.147 wurde die Mitteldichtung wegen des einteiligen barrierefreien Schwellenprofils weggelassen. Ersatzweise wurde eine bewegliche Schleppdichtung an der Unterseite des Flügelrahmens angebracht, die jedoch nicht in der Ebene der Mitteldichtung liegt, sondern etwa 15 mm davor.

Daher gleitet diese Schleppdichtung beim Verschluss der Fenstertür über die waagerechte, falzlose Oberfläche des barrierefreien Schwellenprofils hinweg und befindet sich im geschlossenen Zustand außerhalb der Schwellenaußenkante im freien Raum (siehe Abb. 1.148 und 1.149).

Im verschlossenen Zustand dichtet die Schleppdichtung den Falzraum nicht nach außen hin ab. Wenn die Bürsten- oder Schleppdichtung sich im geschlossenen Zustand nicht auf dem Schwellenprofil, sondern außerhalb davon im Freien befindet, ist der Falzraum nach außen hin nicht umlaufend abgedichtet. In der Folge kann es zu Wassereintritten

Abb. 1.148 und 1.149: Barrierefreie Fenstertür mit dreiseitigem Doppelfalz, unterem Einfachfalz und zusätzlicher Schleppdichtung

durch Schlagregen, Spritzwasser und abtauende Schneesäcke kommen. Alleinige Barriere gegen Wassereintritte im Schwellenbereich ist dann die Überschlagsdichtung. Das dort angesammelte Wasser tropft beim Öffnen der Fenstertür nach unten auf den Boden ab. Außerdem kann Kaltluft über die unterbrochene äußere Dichtungsebene in den Falzraum eintreten und dort eine umlaufende lineare Wärmebrücke verursachen. Daneben wird das Schallschutzmaß abgemindert.

Ein Fenster, das keine hinreichende Schlagregendichtheit bietet, ist mangelhaft, wie das Oberlandesgericht (OLG) München entschieden hat.

OLG München, Urteil vom 22.07.2016 – 27 U 2549/16, aus den Gründen im Hinweis (nachfolgend Beschluss vom 10.10.2016, Nichtzulassungsbeschwerde zurückgewiesen durch Beschluss des BGH vom 20.03.2019 – VII ZR 277/16):

„1. (...) Das Werk des Beklagten zu 3) ist eindeutig mangelhaft, da unstreitig bei Starkregen Wasser durch die Fenster eindringt. Der Beklagte zu 3) bringt selbst vor, dass offensichtlich die von ihm eingebauten Fensterelemente auszutauschen seien."

Abb. 1.150 und 1.151: Furnierkratzer

Abb. 1.152: Kantenbeschädigung im Falz

Abb. 1.153: Stoßstelle an unterer Türecke

Abb. 1.154: Fehlstelle im Furnier

Beschädigungen

Furnierte Türblätter sind besonders empfindlich in Bezug auf mechanische Beanspruchungen während der Bauzeit. Sie sind bei der Abnahme sorgfältig auf folgende Beschädigungen hin zu untersuchen:

- Kratzer (siehe Abb. 1.150 und 1.151),
- Kantenbeschädigungen (siehe Abb. 1.152),
- stumpf abgestoßene Ecken (siehe Abb. 1.153),
- Risse im Furnier,
- Fehlstellen im Furnier (siehe Abb. 1.154),
- ausgefranste untere Schnittkanten durch Einkürzen,
- Verschmutzungen.

DIN 68706-1:2020-06 „Innentüren aus Holz und Holzwerkstoffen – Teil 1: Türblätter, Begriffe, Maße, Anforderungen" regelt die Zulässigkeit von Fehlern im Furnier von Türblättern:

„*7 Holzbeschaffenheit*

7.1 Furnierdecklagen

Die Beschaffenheit der Furnierdecklagen ist individuell zu vereinbaren.

7.2 Hölzer für Rahmen/Einleimer und Anleimer

Rahmenhölzer mit deckender Oberflächenbehandlung oder Beschichtung müssen rissfrei sein; festverwachsene Äste und Verfärbungen sind zulässig. Lose Äste und Insektenfraßstellen sind auszubessern.

Einleimer oder Anleimer können festverwachsene Äste und Verfärbungen enthalten. Lose Äste und Insektenfraßstellen sind unzulässig (…)"

1.4 Parkettarbeiten (VOB/C ATV DIN 18356)

1.4.1 Allgemeine bauaufsichtliche Zulassung

Seit dem 1. Januar 2011 müssen Bodenbeläge nach DIN EN 14342:2008-09 „Parkett und Holzfußböden – Eigenschaften, Bewertung der Konformität und Kennzeichnung", die in Aufenthaltsräumen angewendet werden, aus Gründen des Gesundheitsschutzes eine allgemeine bauaufsichtliche Zulassung durch das Deutsche Institut für Bautechnik (DIBt) in Berlin erhalten. Die Zulassungspflicht für Parkette besteht auch für die Parkettklebstoffe. Bei der Abnahme muss geklärt werden, ob für die verwendeten Produkte die allgemeinen bauaufsichtlichen Zulassungen vorliegen.

1.4.2 Fugenbreite bei Parkettböden

Zur Ermittlung der materialspezifisch unvermeidbaren Fugenbildung ist anhand der für die jeweilige Parkettart einschlägigen DIN-Norm zunächst die maximal zulässige Einbauholzfeuchte zu ermitteln (vgl. Tabelle 1.30).

Tabelle 1.30: Ermittlung der maximal zulässigen Einbauholzfeuchte

DIN EN 13226:2009-09 „Holzfußböden; Massivholz-Parkettstäbe mit Nut und/oder Feder"	Einzelstäbe bei Erstauslieferung	7 bis 11 %
	Kastanie und Seekiefer bei Erstauslieferung	7 bis 13 %
DIN EN 13488:2003-05 „Holzfußböden – Mosaikparkett-elemente"	Mosaikparkett ohne Oberflächenbehandlung	7 bis 11 %
	Mosaikparkett mit Oberflächenbehandlung	6 bis 10 %
DIN EN 13489:2017-12 „Holzfußböden – Mehrschicht-parkettelemente"	Mehrschichtparkettelemente, oberste Nutzschicht	5 bis 9 %

Nach dem „Fachbuch für Parkettleger und Bodenleger" (Remmert et al., 1996) gilt:

„5 Holzfußböden (...)

5.3 Hölzer für Holzfußböden

5.3.2 Dielen

Bei Dielen müssen Hobeldielen nach DIN 4072 und Landhausdielen (Fertigparkett-Elemente nach DIN 280) unterschieden werden.

Bei Hobeldielen ist zu beachten, dass nach DIN 4072 keine Holzfeuchte vorgeschrieben ist. Es wird lediglich angegeben, dass die genormten Maße bei einer Holzfeuchte zwischen 14 und 20 % eingehalten werden müssen. Hobeldielen können also durchaus mit einer Holzfeuchte bis zu 30 % geliefert werden und sind daher als Fußboden ungeeignet, weil sie im Wohnbereich heruntertrocknen, dabei schwinden und Fugen bis zu 5 mm bilden.

Ein im Sommerhalbjahr fugenfreier Holzfußboden setzt eine Holzfeuchte von ca. 9 % beim Einbau voraus. Deshalb ist der Parkettleger gut beraten, wenn er nur Dielen verwendet, deren Holzfeuchte sich in der Größenordnung von ca. 9 % bewegt, oder die Bauherrschaft in aller Deutlichkeit darauf hinweist, dass Fugen und in welcher Breite Fugen zu erwarten sind."

Beispiel 1

Dielenboden aus Pitch Pine, genagelt, Dielenbreite 111 mm,
vorausgesetzte Einbaufeuchte, gemäß Empfehlung (Remmert et al., 1996): 9 %
abzüglich der unter trockenem Milieu tatsächlich örtlich gemessenen
Holzfeuchte (beispielhaft): 7 %.
Differenzfeuchte: 2 %.

Das mittlere Schwind- oder Quellmaß für Nadelhölzer kann der DIN 4074-1:2012-06 „Sortierung von Holz nach der Tragfähigkeit – Teil 1: Nadelschnittholz" entnommen werden:

„5 Sortiermerkmale (...)

5.12 Holzfeuchte (...)

ANMERKUNG 2: Als mittleres Schwind- oder Quellmaß unterhalb Fasersättigung in radialer/tangentialer Richtung ist für europäische Nadelhölzer ein Rechenwert von 0,25 % je 1 u % Holzfeuchte-Änderung anzunehmen."

Das mittlere Schwind- oder Quellmaß für Laubhölzer kann der DIN 4074-5-5:2008-12 „Sortierung von Holz nach der Tragfähigkeit – Teil 5: Laubschnittholz" entnommen werden:

„5 Sortiermerkmale

5.11 Holzfeuchte (...)

ANMERKUNG 2: Als mittleres Schwind- oder Quellmaß unterhalb Fasersättigung in radialer/tangentialer Richtung ist für europäische Laubhölzer je nach Holzart ein Rechenwert von 0,25 % (Eiche) bzw. 0,30 % (z. B. Buche) je 1 % Holzfeuchteänderung anzunehmen."

Noch differenzierter waren die Schwind- und Quellmaße in der inzwischen zurückgezogenen DIN 1052:2008-12 „Entwurf, Berechnung und Bemessung von Holzbauwerken – Allgemeine Bemessungsregeln und Bemessungsregeln für den Hochbau" aufgeführt:

„7 Baustoffe

7.1 Allgemeines (...)

7.1.5 Schwind- und Quellmaße

(1) Für die jeweiligen Holzbaustoffe sind die Rechenwerte für die Schwind- und Quellmaße je Prozent Feuchteänderung in Tabelle F.4 [siehe Tabelle 1.31] *angegeben. Sie gelten für unbehindertes Schwinden und Quellen."*

Tabelle 1.31: Rechenwerte für das Schwind- und Quellmaß rechtwinklig zur Faserrichtung des Holzes bzw. in Plattenebene[1) 2)] bei unbehindertem Quellen und Schwinden nach DIN 1052:2008-12, Tabelle F.4

	Baustoff	**Schwind- und Quellmaß in % für Änderung der Holzfeuchte um 1 % unterhalb des Fasersättigungsbereiches**
1	Fichte, Kiefer, Tanne, Lärche, Douglasie, Western Hemlock, Afzelia, Southern Pine, Eiche	0,24
2	Buche	0,30
3	Teak, Yellow Cedar	0,20
4	Azobé (Bongossi), Ipe	0,36
5a	Sperrholz	0,02
5b	Brettsperrholz	0,02
6a	Furnierschichtholz ohne Querfurniere	
	• in Faserrichtung der Deckfurniere	0,01
	• rechtwinklig zur Faserrichtung der Deckfurniere	0,32

Fortsetzung Tabelle 1.31

	Baustoff	Schwind- und Quellmaß in % für Änderung der Holzfeuchte um 1 % unterhalb des Fasersättigungsbereiches
6b	Furnierschichtholz mit Querfurnieren • in Faserrichtung der Deckfurniere • rechtwinklig zur Faserrichtung der Deckfurniere	 0,01 0,03
7	kunstharzgebundene Spanplatten, Faserplatten	0,035
8	zementgebundene Spanplatten	0,03
9a 9b	OSB-Platten, Typen OSB/2 und OSB/3 OSB-Platten, Typ OSB/4	0,03 0,015

[1] Werte gelten für etwa gleichförmige Feuchteänderung über den Querschnitt.
[2] Für Hölzer nach den Zeilen 1 bis 4 gilt in Faserrichtung des Holzes ein Rechenwert von 0,01 %/%.

Bei einem materialspezifischen Quell- und Schwindmaß von 0,24 % pro % und einem genagelten Dielenboden mit einer Dielenbreite von beispielhaft 111 mm ergibt sich für Beispiel 1 eine Volumenveränderung von 0,24 · 2 % · 111 mm = 0,53 mm.

Vorausgesetzt, dass die Dielen ursprünglich dichtgestoßen verlegt wurden, ist dieses Maß gleichzeitig die materialspezifisch unvermeidbare Fugenbreite, die sich in trockenem Milieu bei einer stationären Holzfeuchte von 7 % maximal einstellen darf.

Beispiel 2

Stabparkett gemäß DIN EN 13226, Stabbreite: 75 mm, schubfest am Untergrund verklebt

Bei am Untergrund schubfest verklebten Parkettböden wirkt sich das Quellverhalten des Holzes nur anteilig zu etwa 50 % aus, da ein Teil der Verformungsbestrebungen des Holzwerkstoffs durch die von unten wirkende Haftspannung behindert wird. Die maximal zulässige Einbaufeuchte gemäß DIN EN 13226 beträgt 11 %. Anschließend kann die unter trockenem Milieu tatsächlich örtlich gemessene Holzfeuchte, z. B. entsprechend der minimal zulässigen Einbaufeuchte mit beispielhaft 7 %, in Abzug gebracht werden. Die Differenzfeuchte beträgt dann 4 %.
Bei einem materialspezifischen Quell- und Schwindmaß von 0,24 % pro % und einer Parkettstabbreite von beispielhaft 75 mm ergibt sich unter den oben genannten Randbedingungen bei schubfester Verklebung eine Volumenveränderung und damit eine Fugenbreite von 0,24 · 0,5 · 4 % · 75 mm = 0,36 mm.

Durch die schubfeste Verklebung wird das Quellmaß behindert. Das Schwindmaß mit Fugenbildung stellt sich jedoch auch bei schubfester Verklebung ein.

Der Grenzwert der Holzfeuchte, die durch Lagerung in einem Milieu mit erhöhter Luftfeuchte hygroskopisch entstehen kann, liegt etwa bei 15 %.

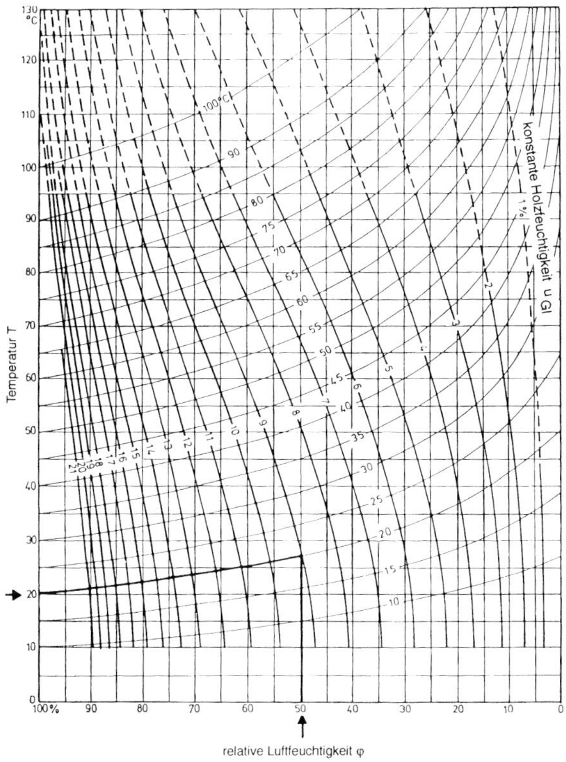

Abb. 1.155: Resorptionsfeuchte (Quelle: Remmert et al., 1996)

1.4.3 Hygroskopische Feuchtigkeitsaufnahme von Holz

Holz ist in unterschiedlichem Maße zu einer hygroskopischen Feuchtigkeitsaufnahme geeignet. Die Intensität der Feuchteaufnahme ist abhängig von der Holzart und von der Angriffsfläche, die der feuchtluftexponierten Seite gegenübersteht. Die Stirnseite des Holzes ist hierbei intensiver gefährdet, da das Holz über die Stirnseite schneller und intensiver Feuchtigkeit aufnehmen kann als über die Längsseiten.

Die Zeit, in der sich die Holzfeuchte infolge einer veränderten relativen Raumluftfeuchte verändert, wird als „Feuchtewechselzeit" bezeichnet. Diese Feuchtewechselzeit ist für unterschiedliche Holzarten unterschiedlich hoch. Kiefernholz zählt beispielsweise zu den Hölzern mit einer kurzen Feuchtewechselzeit.

Nach Abb. 1.155 ergeben sich bei einer – für Wohnbereiche üblichen – Raumlufttemperatur von 20 °C die erforderlichen konstanten Raumluftfeuchten, die zu nachhaltigen Holzfeuchteveränderungen führen.

Nach Abb. 1.155 muss bei einer Raumtemperatur θ_i von 20 °C eine relative Luftfeuchte φ_i von ca. 50 % herrschen, damit die Ausgleichsfeuchte des im Raum befindlichen Holzes von 9 % konstant bleibt.

Gemäß VOB /C ATV DIN 18334:2016-09 „Zimmer- und Holzbauarbeiten" gilt:

„*3 Ausführung*

Ergänzend zur ATV DIN 18299, Abschnitt 2, gilt:

3.1 Allgemeines

3.1.1 Als Bedenken nach § 4 Nr. 3 VOB/B können insbesondere in Betracht kommen: (...)

– zu hohe Baufeuchte, (...)"

Von welchem Feuchtegehalt des Holzes bei der Erstauslieferung auszugehen ist, regelt DIN EN 13226:2009-09 „Holzfußböden; Massivholz-Elemente mit Nut und/oder Feder":

„*5 Produktanforderungen (...)*

5.3 Feuchtegehalt

Einzelelemente müssen bei Erstauslieferung des Produktes einen Feuchtegehalt von 7 % bis 11 % aufweisen. Kastanie und Seekiefer müssen bei Erstauslieferung einen Feuchtegehalt von 7 % bis 13 % aufweisen.

Der Feuchtegehalt ist nach EN 13183-2 mit einem elektrischen Holzfeuchtemessgerät zu ermitteln. Im Streitfall muss der Feuchtegehalt mittels Darrmethode nach EN 13183-1 bestimmt werden."

Abweichend sind Parkettschäden bei einer „Untertrocknung" des Holzes zu beurteilen. Wenn durch den Auftragnehmer eine Wartungs- und Pflegeanweisung übergeben wurde, aus der sich eine vorgeschriebene Konstantraumluftfeuchte von 50 bis 60 % ergibt, kann eine nutzerseitig zu verantwortende relative Raumluftfeuchte von beispielhaft 35 % zu einem Verlust der Gewährleistung führen, wenn sich eine Schichtentrennung oder eine überproportionale Fugenbildung einstellt.

1.4.4 Schwimmende Verlegung von Fertigparkettböden

Bei einer schwimmenden Verlegung von Fertigparkettelementen kommt es im Wesentlichen darauf an, dass die Parkettelemente untereinander besser zusammenhaften als jedes Einzelelement am Untergrund. Durch die schwimmende Verlegung unterliegt das Material der ungehinderten Beanspruchung durch das Quell- und Schwindverhalten des Holzwerkstoffs. Der Belag muss daher insgesamt bei einer Feuchtigkeitsaufnahme durch erhöhte Luftfeuchte in der Flächenebene nach allen Richtungen „quellen" können. Sinkt die relative Raumluftfeuchte später wieder ab, muss sich der Belag wiederum in der Flächenebene, auf dem Untergrund gleitend, in seine Ausgangsform zusammenziehen. Er muss diesen Schwindvorgang im Zusammenhang absolvieren, ohne dass dabei einzelne Fertigparkettelemente im Randbereich verharren und sich von der übrigen Fläche ablösen. Tritt eine derartige Ablösung mit klaffenden Fugen ein, ist dies in der Regel ein Zeichen für eine ungenügende Verleimung der Parkettelementstöße untereinander (siehe Abb. 1.156 und 1.157).

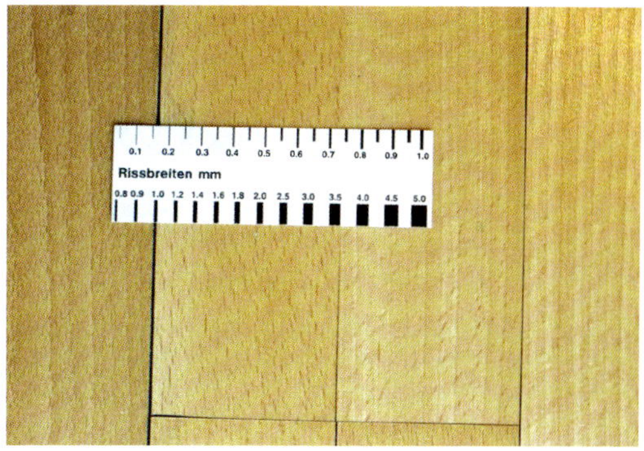

Abb. 1.156 und 1.157: Parkettfugen bei Fertigparkettdielen

Abb. 1.158: Schollenartig zusammenhängende Parkettstäbe mit überbreiten Fugen

1.4.5 Schollenbildung mit überbreiten Fugen

Bei schubfest verklebten Böden kommt es zu einer Schollenbildung mit zusammenhängenden Stäben mit überbreiten Fugen im Grenzbereich zur Nachbarfläche immer dann, wenn der Zusammenhalt zwischen den einzelnen Parkettstäben unplanmäßig größer ist als die erforderliche Anhaftung jedes Einzelstabes am Untergrund. Gründe hierfür sind z. B.: Kleber, der beim Verlegen in die Stoßfuge eingedrungen ist, oder Versiegelung, die in vorhandene Fugen einläuft. Bei Feuchteverringerung zieht sich der Parkettbelag in der Flächenebene zusammen, wobei einzelne Stäbe eine „Solidargemeinschaft" bilden. Sofern der Kleber z. B. durch Feuchtigkeit aus dem Untergrund gleichzeitig seine volle Haftkraft eingebüßt hat, kommt es dann zu schollenartigen Feldern innerhalb der Fläche (siehe Abb. 1.158).

1.4.6 Prüfung der Untergrundbeschaffenheit

Der Parkettleger muss gemäß VOB/C ATV DIN 18356, Abschnitt 3.1.1, die Untergrundbeschaffenheit vor Beginn der Verlegearbeiten prüfen. Das OLG Oldenburg sieht es aber gleichzeitig als die Pflicht des mit der Bauaufsicht beauftragten Architekten (Beklagter) an, eine einfache Gitterritzprüfung durchzuführen.

OLG Oldenburg, Urteil vom 07.07.1999 – 2 U 98/99 (aus den Entscheidungsgründen):

„(…) Der Beklagte ist für die Mangelhaftigkeit des Parkettfußbodens verantwortlich, da er seine aufgrund des Architektenvertrages bestehende Pflicht zur Objektüberwachung verletzt hat. Hätte er pflichtgemäß gehandelt, wäre der eingetretene Schaden nicht entstanden. (…) Danach gilt hier Folgendes: Es kann dahinstehen, ob der Beklagte während der Erstellung des Estrichs hätte anwesend sein oder durch Probeentnahmen sich von dem richtigen Mischungsverhältnis des Estrichs hätte überzeugen müssen. Jedenfalls war er verpflichtet, vor Beginn der Parkettverlegung sich zumindest durch eine einfache Gitterritzprüfung Gewissheit darüber zu verschaffen, dass der Boden als Untergrund für den vorgesehenen Belag geeignet war.“

1.4.7 Fehlende Randfugen bei Parkett- und Dielenböden

Bei allen Naturholzböden sind umlaufend wirksame Randdehnfugen einzubauen. Es ist dafür Sorge zu tragen, dass diese Fugen nicht durch Kleber- oder Spachtelmaterial verschlossen werden. Bei schwimmend verlegten Holzböden wirkt sich die Volumenveränderung in Faserquerrichtung rechnerisch additiv aus, während sie bei kraftschlüssig mit dem Untergrund verklebten Holzböden nur partiell wirksam wird.

Gemäß „Fachbuch für Parkettleger und Bodenleger“ (Remmert et al., 1996) gilt:

„5 Holzfußböden (…)

5.4 Verlegen von Holzfußböden (…)

5.4.3 Verlegeregeln (…)

5.4.3.3 Randabstände

Alle Parkettflächen müssen zu festen Bauteilen, z. B. zu Wänden und Pfeilern, aber auch zu Rohren usw., Randabstände einhalten. Die Breite der Randabstände richtet sich nach der Größe der Parkettfläche, der Befestigung auf dem Untergrund, nach dem Verlegemuster und nach der Holzart. (…)

$$a = \frac{b_R \cdot q_{t/R} \cdot \Delta F}{100\,\% \cdot 2 \cdot T}$$

a = Randabstandsbreite umlaufend in cm
b_R = längste Raumseite quer zur Holzfaser in cm
$q_{t/R}$ = differentielles Schwund- und Quellmaß des verwendeten Holzes; Faustwert 0,25 %/%
ΔF = Differenz von der Normausgleichsfeuchte zur maximal erwarteten Ausgleichsfeuchte in %
T = Teiler für Schwundbehinderung
1 = – genagelter Boden
2 = – schubfest geklebter Boden
– genagelter Boden und Muster mit verschiedenen Holzrichtungen
4 = – schubfest geklebt und Muster

(…)

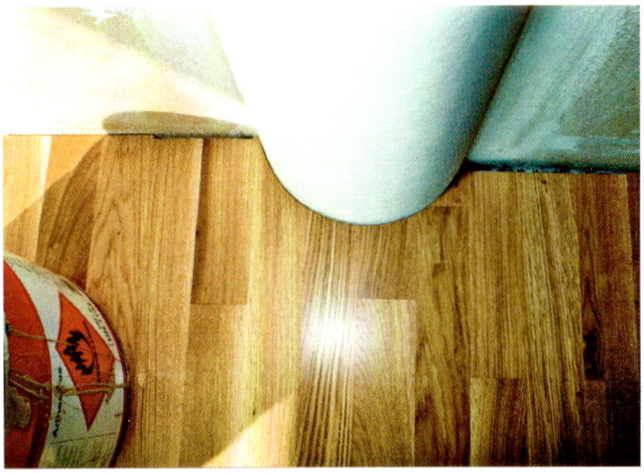

Abb. 1.159: An handwerklicher Präzision kaum zu übertreffen, aber dennoch falsch, da sich das Holz nicht frei bewegen kann

Abb. 1.160: Sauber eingepasste Ausklinkung des Parketts am Fensteranschluss, jedoch ohne die erforderliche Bewegungsfreiheit

Wenn die errechnete Randabstandsbreite größer als 2,5 cm ist, sollte die Parkettfläche durch elastisch ausgefüllte Fugen, z. B. mit einem 1 cm breiten Korkstreifen, in Felder aufgeteilt werden, die höchstens so groß sein dürfen, dass die errechneten Quellmaße von den elastischen Fugen aufgenommen werden können."

Bei Parkettböden, die mit dem Untergrund fest verklebt sind, wirkt der Haftverbund dem Schwind- und Quellbestreben des Holzes entgegen. Die Randfugen bei verklebten Parkettböden sind folgerichtig kleiner zu dimensionieren als bei schwimmender Verlegung.

Unter diesen Voraussetzungen wäre bei einer maximalen durchgängigen Parkettverlegebreite von 11,05 m die Randfuge mit folgender Breite erforderlich:

Holz: Fertigparkett DIN 280, Eiche geklebt, auf ZE-Estrich verlegt

$$a = \frac{1.105\ \text{cm} \cdot 0{,}24\ \%\ \text{pro}\ \% \cdot 4\ \%}{100\ \% \cdot 2 \cdot 2}$$

$a =$ 2,7 cm Randabstand quer zum Parkettstab

Da die hier errechnete Randfugenbreite mit 2,7 cm größer als 2,5 cm ist, müsste die Gesamtfläche also in mehrere Felder aufgeteilt werden.

Parketthölzer, die in Präzisionsarbeit kontaktschlüssig an feste Wandbauteile angeschmiegt werden, sind mangelhaft, da die freie horizontale Beweglichkeit nicht gewährleistet ist. Hier wird es unter Quell- und Schwindvorgängen zwangsläufig zu Abrissen innerhalb des Fugenbildes kommen (siehe Abb. 1.159 und 1.160).

Tabelle 1.32: Sortierregeln für Quercus spp. (Eiche) und tropische Laubhölzer nach DIN EN 13488:2003-05, Tabelle 1

<table>
<tr><th colspan="4">Oberseite des Elementes</th></tr>
<tr><th rowspan="2">Merkmale</th><th colspan="3">Klasse</th></tr>
<tr><th>○</th><th>△</th><th>□</th></tr>
<tr><td>gesunder Splint</td><td>unzulässig</td><td>zulässig</td><td></td></tr>
<tr><td>Äste
gesund
schwarze Äste</td><td>zulässig, wenn
Durchmesser ≤ 2 mm
Durchmesser ≤ 1 mm</td><td>zulässig, wenn
Durchmesser ≤ 2 mm
Durchmesser ≤ 1 mm</td><td rowspan="6">alle Merkmale ohne Einschränkung hinsichtlich Größe oder Menge zulässig, sofern sie die Festigkeit oder Haltbarkeit des Parkettbodens nicht beeinträchtigen</td></tr>
<tr><td>seichte Risse</td><td>unzulässig</td><td>unzulässig</td></tr>
<tr><td>Rindeneinwuchs</td><td>unzulässig</td><td>unzulässig</td></tr>
<tr><td>Blitzrisse</td><td>unzulässig</td><td>unzulässig</td></tr>
<tr><td>Faserneigung</td><td>uneingeschränkt zulässig</td><td>uneingeschränkt zulässig</td></tr>
<tr><td>Farbunterschiede</td><td>geringfügige Unterschiede zulässig</td><td>zulässig[1)]</td></tr>
<tr><td>Schädlingsbefall</td><td>unzulässig</td><td>unzulässig</td><td>unzulässig mit Ausnahme von Bläue und schwarzem Fraßgang</td></tr>
<tr><td colspan="4">nicht sichtbare Teile</td></tr>
<tr><td colspan="4">alle Merkmale ohne Einschränkung hinsichtlich Größe oder Menge zulässig, sofern sie die Festigkeit oder Haltbarkeit des Parkettbodens nicht beeinträchtigen</td></tr>
<tr><td colspan="4">1) Eichen-Braunkern</td></tr>
</table>

1.4.8 Sortierregeln

Kriterien, die bei der Abnahme von Parkettarbeiten zur Beurteilung optischer Beanstandungen herangezogen werden können, finden sich in der DIN EN 13488:2003-05 „Holzfußböden – Mosaikparkettelemente“:

„4 Produktanforderungen (...)

4.2 Erscheinungsbild

4.2.1 Allgemeine Regeln

Die Tabellen 1 bis 3 enthalten die Sortierregeln in Bezug auf das Erscheinungsbild der Oberseite und der nicht sichtbaren Teile (Rückseite und Schmalseiten) von Mosaikparkettlamellen für die meistverwendeten Holzarten, wie sie in dieser Norm definiert sind.

Merkmale müssen nach EN 1310 gemessen werden (Äste müssen nach dem in EN 1310:1997, 4.1 angegebenen allgemeinen Verfahren beurteilt werden). Schädlingsbefall wird nach EN 1311 gemessen.

Tabelle 1.33: Besondere Sortierregeln für Fagus sylvatica (Buche) nach DIN EN 13488:2003-05, Tabelle 2

Oberseite des Elementes			
Merkmale	**Klasse**		
	○	△	□
gesunder Splint	nicht zutreffend	nicht zutreffend	nicht zutreffend
gesunder Rotkern	unzulässig	zulässig	zulässig

Tabelle 1.34: Besondere Sortierregeln für Fraxinus excelsior (Esche) nach DIN EN 13488:2003-05, Tabelle 3

Oberseite des Elementes			
Merkmale	**Klasse**		
	○	△	□
gesunder Splint	nicht zutreffend	nicht zutreffend	nicht zutreffend
gesunder Braunkern	unzulässig	zulässig	zulässig

Die Sortierung erfolgt in die drei Erscheinungsklassen ○, △ und □.

Eine Sortierung ‚Freie Klasse' beruht auf den in Anhang C dargelegten Grundsätzen.

Die Oberseite muss die gesamte sichtbare Oberfläche des Elementes einbeziehen.

Die Oberseite darf keine Insektenfraßstellen aufweisen, das Holz muss gesund sein. Jahrringlagen sowie Holzstrahlen sind zulässig.

4.2.2 Regeln für die meistverwendeten Holzarten

4.2.2.1 Quercus spp. (Eiche) und tropische Laubhölzer

Regeln für Eiche und tropische Laubhölzer sind in Tabelle 1 [vgl. Tabelle 1.32] *angegeben."*

„*4.2.3 Fagus sylvatica (Buche) und Fraxinus excelsior (Esche)*

Die Regeln für Buche und Esche entsprechen den Angaben in Tabelle 1, mit besonderen Anforderungen für Buche in Tabelle 2 [vgl. Tabelle 1.33] *und für Esche in Tabelle 3* [vgl. Tabelle 1.34]. *(…)*

4.2.5 Natürliche Farben

Holzfarben werden hauptsächlich von der Holzart bestimmt.

ANMERKUNG: Jedes Holz weist nach längerer Lichteinwirkung Farbänderungen auf."

Die Abb. 1.161 bis 1.166 zeigen in den jeweiligen Sortierklassen zulässige und unzulässige Merkmale auf.

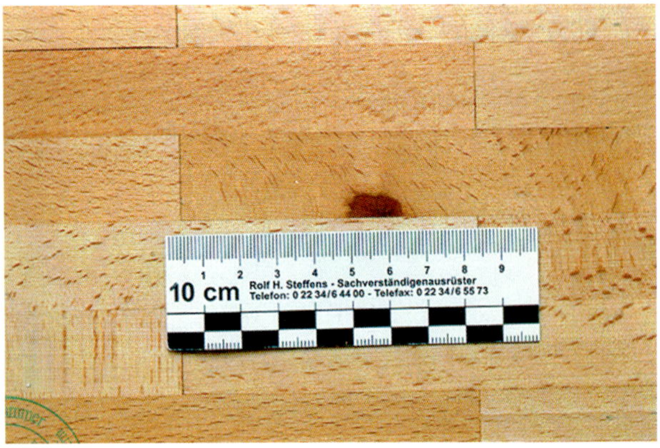

Abb. 1.161: Zulässiger Asteinschluss bei Buchenholz-Mosaikparkettlamellen der Sortierung „□"

Abb. 1.162: Unzulässiger Asteinschluss bei Buchenholz-Mosaikparkettlamellen der Sortierung „□" und „△"

Abb. 1.163: Unzulässiger Asteinschluss bei Ahorn-Mosaikparkettlamellen

Abb. 1.164: Ausgespachtelte Kopffuge, unzulässige Astbildung in einem Einzelstab der Sortierung „□" und „△"

Abb. 1.165: Starke Farbschwankungen in einer Liefercharge

Abb. 1.166: Starke Farbabweichungen der Verlegeeinheiten innerhalb einer Fläche

Abb. 1.167: Die Parkettrandfuge wird durch die gewählte Sockelleiste nicht vollständig überdeckt.

Abb. 1.168: Unzulässiger Abstand zwischen Fußleiste und Parkett im Eckbereich

Abb. 1.169: Die Randschnittkante wird durch die Fußleiste nicht abgedeckt.

1.4.9 Fußleisten

Fußleisten haben u. a. die Aufgabe, die Parkettrandfuge abzudecken. Verbleibt nach der Anbringung der Fußleisten ein von oben her einsehbarer Spalt, liegt eine Abweichung von der üblichen Beschaffenheit vor (siehe Abb. 1.167).

Fußleisten aus Holz und Holzwerkstoffen lassen sich zwar in horizontaler Richtung innerhalb bestimmter profil- und materialspezifischer Grenzen an den Verlauf der Wandoberfläche anpassen, sie sind aber in vertikaler Richtung unflexibel. Die zulässige Spalthöhe zwischen der Unterkante der Fußleiste und der Oberfläche des Parketts ergibt sich aus den jeweils zulässigen Grenzwerten der Toleranzen gemäß DIN 18202. Wenn der Auftraggeber aus ästhetischen oder hygienischen Gründen keinen Spalt akzeptiert, bleibt nur die Möglichkeit, ein zusätzliches Profil mit geringerer Höhe anzubringen, das sich an die Konturen des Parketts anformen lässt. Derartige Profile sind z. B. als „Viertelstab", „Scheuerleiste" oder umgangssprachlich auch als „Kakerlakenleiste" bekannt.

Die Fußleisten müssen so dimensioniert werden, dass sie die Breite der Randabstandsfugen überdecken.

Fußleisten sind dauerhaft an der Wand zu befestigen und müssen an den Ecken und Stößen auf Gehrung geschnitten werden (siehe Abb. 1.168 bis 1.171).

Abb. 1.170 und 1.171: Nach dem Rückgang der Baufeuchte haben sich die Holzwerkstoff-Fußleisten durch Trocknungsschwinden verkürzt. Die dadurch erst nachträglich entstandenen klaffenden Gehrungsstöße stellen eine Abweichung von der üblichen Beschaffenheit dar.

Die VOB/C ATV DIN 18356:2019-09 „Parkettarbeiten" regelt:

„3 Ausführung

Ergänzend zur ATV DIN 18299, Abschnitt 2, gilt: (…)

3.2 Verlegen von Parkett

3.2.1 Allgemeines (…)

3.2.1.5 Der mittlere Feuchtegehalt der Parkettelemente (bei Anlieferung) ist nach dem zu erwartenden Raumklima festzulegen. (…)

3.2.6 Fußleisten und Deckleisten

Fußleisten und Deckleisten müssen an Ecken und Stößen auf Gehrung geschnitten werden. Fußleisten sind durch Nagelung in Abständen von weniger als 60 cm dauerhaft an der Wand zu befestigen. Deckleisten sind mit Drahtstiften zu befestigen."

1.4.10 Risse und Scheinfugen im Zementestrich

Risse im Untergrund müssen zunächst kraftschlüssig verdübelt werden, bevor Parkett oberhalb der Risse verlegt wird, wie die VOB/C ATV DIN 18356:2019-09 „Parkettarbeiten" regelt:

„3 Ausführung

Ergänzend zur ATV DIN 18299, Abschnitt 2, gilt:

3.1 Allgemeines

3.1.1 Als Bedenken nach § 4 Abs. 3 VOB/B können insbesondere in Betracht kommen: (…)

- *Risse im Untergrund, nicht genügend feste, zu poröse, zu raue oder verunreinigte Oberfläche des Untergrundes (…)"*

1.4.11 Parkettversiegelungen

Für die notwendige Trockenschichtdicke einer Parkettversiegelung gibt es in Deutschland keine DIN-Normen oder Richtlinien.

In Österreich hingegen gilt der Grenzwert von 80 µm für den privaten Bereich als minimal zulässige Trockenschichtstärke von Parkettversiegelungen. Hieran angelehnt geben Versiegelungshersteller für das Aufbringen ihrer Produkte die Empfehlung einer Grundierung und zweier weiterer Arbeitsgänge der Versiegelung. Diese ergeben zusammen eine Trockenschichtstärke von 80 bis 100 µm für wassergebundene Versiegelungen. Bei Versiegelungen mit Lösungsmitteln ergibt sich aufgrund ihrer höheren Dichte eine noch größere Trockenschichtdicke.

1.4.12 Höhenversätze und Schüsselungen bei Laminat und bei Fertigparkettelementen

Bei der Abnahme werden häufig von den Nutzern die Höhenversätze zwischen einzelnen Fertigparkettelementen oder einzelnen Laminatelementen beanstandet (siehe Abb. 1.172 bis 1.174). Da hier eine fertige Oberfläche vorliegt und keine weitere Bearbeitung durch Flächenschliff und Versiegelung stattfindet, entscheidet die Präzision der Nut-und-Feder-Verbindungen über den Erfolg bei der Oberflächen-Ebenheit.

Die zulässigen Höhenunterschiede zwischen zusammengefügten Elementen sind in der DIN EN 13329:2021-11 „Laminatböden – Elemente mit einer Deckschicht auf Basis aminoplastischer, wärmehärtbarer Harze – Spezifikationen, Anforderungen und Prüfverfahren“ mit geringeren Toleranzen mit einem Mittelwert von ≤ 0,10 mm und einem Maximalwert von ≤ 0,15 mm festgelegt (siehe Tabelle 1.35).

Tabelle 1.35: Allgemeine Anforderungen an Laminatböden nach DIN EN 13329:2021-11, Tabelle 1 (Auszug)

Merkmal	**Anforderung**	
Ebenheit des Elementes (*f*)	maximale Einzelwerte:	
	$f_{w, concave}$ ≤ 0,15 %	$f_{w, convex}$ ≤ 0,20 %
	$f_{l, concave}$ ≤ 0,50%	$f_{l, convex}$ ≤ 1,00 %
Fugenöffnungen zwischen zusammengefügten Elementen (*o*)	$o_{average}$ ≤ 0,15 mm	
	$o_{max.}$ ≤ 0,20 mm	
Höhenunterschiede zwischen zusammengefügten Elementen (*h*)	$h_{average}$ ≤ 0,10 mm	
	$h_{max.}$ ≤ 0,15 mm	

Bei Schüsselung einzelner Parkettstäbe liegt entweder eine Konvexverformung vor, bei der sich das Element mittig nach oben aufwölbt, oder eine Konkavverformung, bei der die Ränder nach oben gewölbt sind (siehe Abb. 1.175).

Abb. 1.172: Unzulässiger Höhenversatz bei Mosaiklamellen-Fertigparkett

Abb. 1.173 und 1.174: Unzulässiger Höhenversatz bei Fertigparkettelementen

Abb. 1.175: Konkavverformung bei einem zweischichtigen Fertigparkett mit Buchenholzdeckschicht. Der junge Deckenbeton hat zu einer nachträglichen Estrichaufeuchtung von der Unterseite her geführt. Die Trägerschicht reagiert mit Quellverhalten, während die Deckschicht sich an die raumseitig geringe relative Luftfeuchte angeglichen hat.

1.4.13 Stolperstellen

Bei Übergängen zwischen unterschiedlichen Bodenbelagsarten und in Türbereichen entstehen häufig Höhenversätze. Im privaten Wohnbereich ist das zulässige Maß von sog. Stolperkanten oder Stolperstellen nicht festgelegt. Hilfsweise können hier aber die allgemeinen Unfallverhütungsvorschriften herangezogen werden, denn für den Fall, dass Putzkräfte, Service- oder Pflegepersonal eingesetzt werden, kann sich der Wohnbereich zum Arbeitsplatz entwickeln. Zu den Definitionen von Stolperstellen siehe Kapitel 1.1.

1.4.14 Vollflächige Verklebung

Bei der Abnahme wird häufig im Klopfbefund oder auch beim Begehen am differierenden Resonanzklang festgestellt, dass Hohllagen vorhanden sind. Ein stellenweiser Hohlklang wird in der Regel nicht als Mangel zu beanstanden sein, wenn

- keine speziellen vertraglichen Vereinbarungen vorliegen,
- der feste Sitz der Parkettstäbe sichergestellt ist und
- keine störenden Geräusche beim normalen Begehen bemerkbar werden.

Bei geklebtem Parkett ist der Kleber entsprechend der aktuell gültigen Fassung der VOB/C ATV DIN 18356:2016-09 „Parkettarbeiten" vollflächig auf den Untergrund aufzutragen:

„3 Ausführung

Ergänzend zur ATV DIN 18299, Abschnitt 2, gilt: (...)

3.2 Verlegen von Parkett (...)

3.2.3 Parkett geklebt

Die Parkettelemente sind dicht und systemgerecht zu verlegen und mit einem Parkettklebstoff nach DIN EN 14293 zu kleben. Dabei richtet sich die Auswahl des zur Anwendung kommenden Parkettklebstoffes sowohl nach dem Untergrund als auch der zu klebenden Parkettart. Der Parkettklebstoff ist vollflächig auf den Untergrund aufzutragen."

Bei Einführung der DIN 18356 in der Fassung von 1961, die im Jahr 1965 erstmals in die ATV der VOB/C aufgenommen wurde, wurde eine satte Einbettung der Parkettstäbe in die Klebemasse gefordert. Erst in der Fassung vom März 1973 (VOB/C ATV DIN 18356:1961-02 „Parkettarbeiten") wurde diese Anforderung aus der Norm gestrichen:

„3 Ausführung (...)

3.23 Stabparkett und Tafelparkett in Parkettklebemasse

Die Parkettklebemasse ist vollflächig auf den Untergrund oder gegebenenfalls auf die Parkettunterlage aufzutragen. Die Parkettstäbe (Nutstäbe) oder die Parketttafeln sind satt in die Klebemasse zu betten, durch Hirnholzfedern miteinander zu verbinden und dicht zu verlegen."

Je nach der Größe der Verlegeeinheiten und den im Untergrund vorhandenen Unebenheiten kann es bei der Verlegung erforderlich werden, das frisch verlegte Parkett zu beschweren. Dies führt allerdings nicht mehr zu einem Haftverbund, wenn die Topfzeit des Parkettklebers überschritten war und sich an der Oberfläche des auf den Untergrund aufgetragenen Klebers bereits eine Haut gebildet hatte, als das Parkett verlegt wurde. Entscheidend für die Abnahmefähigkeit ist es aus heutiger Sicht, dass das geklebte Parkett fest und unbeweglich mit dem Untergrund verbunden ist und beim Begehen weder „klappert" noch störende Geräusche durch Hohlklang erzeugt. Ob ein bestimmter Parkettkleber für den Anwendungsfall geeignet ist, ergibt sich aus dem TKB-Merkblatt 1 „Kleben von Parkett" (2012). Ob die dort empfohlene Spachtelzahnung eingehalten worden ist und ob die Auftragsmenge des Parkettklebers entsprechend der allgemeinen bauaufsichtlichen Zulassung und den Verarbeitungsregeln des Produktherstellers erfolgt ist, lässt sich nur anhand zerstörender Öffnungen prüfen oder durch eine Fachunternehmererklärung bestätigen.

Bei Stabparkett, Tafelparkett und Parkettriemen gilt gemäß „Kommentar zu DIN 18356, DIN 18367 und DIN 18299 Parkett- und Holzpflasterarbeiten" (Baumann/Fendt/Barth, 1997) eine untere Grenze der Benetzung mit Kleber von 40 % als ausreichend:

„3 ATV DIN 18356 im Wortlaut (…)

3 Ausführung (…)

3.2 Verlegen von Parkett (…)

3.2.3 Stabparkett, Tafelparkett und Parkettriemen in Parkettklebstoffen

(…) Der Parkettklebstoff ist vollflächig auf den Untergrund oder gegebenenfalls auf die Parkettunterlage aufzutragen. (…)

4 Kommentar zur ATV DIN 18356 (…)

3 Ausführung (…)

3.2 Verlegen von Parkett (…)

3.2.3 Stabparkett, Tafelparkett und Parkettriemen in Parkettklebstoffen

Hohlklingende Stellen sind kein Mangel, wenn die Verlegeeinheiten sich bei Belastung nicht bewegen.

Aufgrund der nach DIN 18202 zulässigen Ebenheitstoleranzen ist eine 100%ige Benetzung/Klebung nicht erreichbar. Als untere Grenze und ausreichende Klebung des Elementes gilt eine Benetzung/Klebung von 40 %."

Abweichend hiervon gilt bei Mosaikparkett und Hochkantlamellenparkett gemäß „Kommentar zu DIN 18356, DIN 18367 und DIN 18299 Parkett- und Holzpflasterarbeiten" (Baumann/Fendt/Barth, 1997) eine untere Grenze der Benetzung mit Kleber von 60 % als ausreichend:

„3 ATV DIN 18356 im Wortlaut (…)

3 Ausführung (…)

3.2 Verlegen von Parkett (…)

3.2.4 Mosaikparkett

Mosaikparkett ist mit hartplastischem (schubfestem) Parkettklebstoff aufzukleben. Der Parkettklebstoff ist ausreichend dick und vollflächig auf den Untergrund aufzutragen. Das Mosaikparkett ist in die Klebstoffschicht einzuschieben, einzudrücken und dicht zu verlegen. (…)

4 Kommentar zur ATV DIN 18356 (…)

3 Ausführung (…)

3.2 Verlegen von Parkett (…)

3.2.4 Mosaikparkett

Beim Einschieben der Verlegeelemente muss das Einpressen von Klebstoff in die Fuge verhindert werden. (Zur Vermeidung wird die Verlegeeinheit auf den schon verlegten Teil gelegt und in seine [sic] Verlege-Position gezogen.)

Abb. 1.176 und 1.177: Bei der Abnahme auch aus Betrachtung in stehender Position störend: zahlreiche ehemalige Bohrlöcher, $d = 4$ mm, in Landhausdielen, die zum Zweck einer nachträglichen Verklebung im Bereich von Hohllagen hergestellt worden waren und mit Kitt verschlossen worden sind.

Aufgrund der nach DIN 18202 zulässigen Ebenheitstoleranzen der Oberfläche des Untergrundes ist eine 100 % Benetzung/Klebung nicht erreichbar.

Als untere Grenze und ausreichende Klebung der Lamellen gilt eine Klebstoffbenetzung von 60 %. Es wird hier empfohlen, in jedem Falle die Verlegeanleitung bzw. die Verarbeitungsrichtlinien des Klebstoffherstellers zu beachten. (…)

Es gibt aber auch einige Parkettarten, die nicht genormt sind, wie z. B. 10-mm-Massivparkett (Glattkant) und Hochkantlamellenparkett (auch Industrie- oder Mehrzweckparkett genannt).

Hohlstellen in Teilbereichen oder Hohllagen einzelner Lamellen sind kein Mangel, soweit diese ohne technische Hilfsmittel nicht bewegt werden können.

10-mm-Massivparkett erfordert aufgrund seiner Abmessungen erhöhte Anforderungen an die Ebenheit des Untergrundes. Nur hierdurch kann die 60 %-Mindest-Benetzung (Klebung) gewährleistet werden. Lamellenbezogene Hohlstellen sind dann kein Mangel, wenn sich die Lamelle nicht (ohne technische Hilfsmittel) nennenswert bewegen lässt. (…)

7.2 Fertigparkett-Elemente (…)

Fertigparkett-Elemente geklebt verlegt (…)

- *Die Unterseiten der Fertigparkett-Elemente in Stabform müssen > 40 %, in Dielenform > 60 % mit Klebstoff benetzt sein (siehe auch bei Stab- bzw. Mosaikparkett).“*

Für Fertigparkettelemente in Stabform gilt gemäß „Kommentar zu DIN 18356, DIN 18367 und DIN 18299 Parkett- und Holzpflasterarbeiten“ (Baumann/Fendt/Barth, 1997) eine untere Grenze der Benetzung mit Kleber von 40 %, für Fertigparkettelemente in Dielenform von 60 % als ausreichend:

„7 Schichtstoffbeläge (Laminate), Fertigparkett (…)

7.2 Fertigparkett-Elemente (…)

Fertigparkett-Elemente geklebt verlegt (…)

- *Die Unterseiten der Fertigparkett-Elemente in Stabform müssen > 40 %, in Dielenform > 60 % mit Klebstoff benetzt sein (siehe auch bei Stab- bzw. Mosaikparkett).“*

Daneben können die Verarbeitungsregeln der Hersteller von verwendeten Parkettkleberprodukten maßgeblich sein. Diese sollten ausdrücklich zum Vertragsbestandteil gemacht werden. Ist dies der Fall und und wird z. B. ausgeführt, dass die Parkettelemente so in das Klebstoffbett einzudrücken sind, dass eine vollflächige Benetzung der Parkettrückseite erreicht wird, dann wäre eine Benetzung zu erwarten, die oberhalb von 90 % liegt.

Eine prinzipiell mögliche Art der nachträglichen Beseitigung von Hohllagen liegt darin, dass ein niedrigviskoser Kleber nachträglich über hergestellte Bohrungen in die Hohlräume unterhalb der Hölzer injiziert wird. Dann sind allerdings die Bohrlöcher so zu verschließen, dass sie unauffällig sind (siehe Abb. 1.176 und 1.177).

1.4.15 Risse

Fertigparkett-Elemente müssen – unabhängig von der vertraglich vereinbarten Sortierungsklasse – gemäß DIN EN 13489:2017-12 „Holzfußböden – Mehrschichtparkettelemente“ auf der Oberseite rissfrei sein:

„3 Begriffe

Für die Anwendung dieses Dokuments gelten die Begriffe nach EN 13756:2002 und die folgenden Begriffe.

3.1 Querkrümmung

Krümmung eines Elementes über die Breite der Oberseite [QUELLE: EN 13756:2002, 3.23]

3.2 Längskrümmung der Schmalseite

Längskrümmung eines Elementes senkrecht zur Schmalseite [QUELLE: EN 13756:2002, 3.24]

Anmerkung 1: zum Begriff: Das Element kann mit 0° eingespannt werden.

3.3 Mehrschichtparkett

mehrschichtige Parkettplatte aus einer einzelnen Massivholz-Nutzschicht mit einer Dicke von mindestens 2,5 mm vor Verlegung und weiteren verklebten Schicht(en) aus Holz oder Holzwerkstoffen [QUELLE: EN 13756:2002, 2.4]

3.4 Stab

Riemen

kleinstes Einzelteil, das die Nutzschicht jedes Elementes bildet

3.5 Element

kleinstes einzelnes Stück oder kleinstes Stück, wie es vor der Verlegung geliefert wird [QUELLE: EN 13756:2002]

3.6 Überzahnung

Höhenunterschied zwischen nebeneinanderliegenden, zusammengesetzten Elementen, die auf einer ebenen Fläche verlegt sind [QUELLE: EN 13756:2002]

4 Spezifische Produktanforderungen

4.1 Holzarten

Eine Liste der für Parkett nach dieser Norm meistverwendeten Holzarten ist in Anhang A angegeben.

4.2 Oberflächenbehandlung

Die angewendete Oberflächenbehandlung und jede künstliche Veränderung der natürlichen Holzfarbe muss in der Produktbeschreibung angegeben werden.

ANMERKUNG: Das Produkt wird üblicherweise mit einer im Herstellwerk aufgebrachten Oberflächenbeschichtung geliefert, die eine sofortige Nutzung nach dem Verlegen ermöglicht.

4.3 Erscheinungsbild

4.3.1 Allgemeine Regeln

Die Tabellen 1 [vgl. Tabelle 1.36] *bis 4 legen die Sortierregeln in Bezug auf das Erscheinungsbild der Oberseite sowie der nicht sichtbaren Teile (Rückseite und Schmalseiten) von Mehrschichtparkettelementen für die meistverwendeten Holzarten fest, wie sie in dieser Norm definiert sind.*

Merkmale müssen nach EN 1310 gemessen werden (Äste müssen nach EN 1310:1997, 4.1 angegebenen allgemeinen Verfahren beurteilt werden). Schädlingsbefall wird nach EN 1311 gemessen.

Eine Sortierung ‚Freie Klasse' beruht auf den in Anhang B dargelegten Grundsätzen.

Ein Klassifizierungssystem mit drei Klassen ist festgelegt und wird mit ○, △ und □ bezeichnet.

Der für die Nutzschicht verwendete Werkstoff muss ausgewähltes Laubholz oder Nadelholz, frisch und gesund, ohne Holzfäule, Pilzbefall, Schimmel oder Insektenschäden sein. Von Stab zu Stab wird es Abweichungen geben, doch der Gesamteindruck des verlegten Fußbodens muss in jeder Sortierklasse ein homogenes Bild aufweisen.

Um unvermeidbare Unterschiede in den Sortierklassen zuzulassen, dürfen 3 % der Stäbe in einem Los aus anderen Sortierklassen stammen. Alle zusätzlichen Stäbe aus anderen Sortierklassen sind zulässig, solange das Gesamtbild des Fußbodens nicht beeinträchtigt wird.

Mehrschichtparkett mit einem mosaikartigen Verlegemuster muss nach EN 13488 klassifiziert werden.

4.3.2 Sortierregeln für Holzarten

4.3.2.1 Regeln für die meistverwendeten Holzarten

4.3.2.1.1 Quercus spp. (Eiche)

Regeln für Eiche werden in Tabelle 1 [vgl. Tabelle 1.36] *angegeben. (…)*

4.5 Geometrische Eigenschaften

4.5.1 Allgemeines

Alle Anforderungen werden für eine Bezugsfeuchte von 7 % angegeben und gelten zum Zeitpunkt der Erstauslieferung des Erzeugnisses.

Tabelle 1.36: Sortierregeln für Quercus spp. (Eiche) nach DIN EN 13489:2017-12, Tabelle 1

Oberseite des Elementes			
Merkmale	**Klasse**		
	○	△	□
gesunder Splint	unzulässig	zulässig bis 50 % der Oberseite, sofern verteilt	alle Merkmale ohne Einschränkung hinsichtlich Größe oder Menge zulässig, sofern sie die Festigkeit oder Haltbarkeit des Parkettbodens nicht beeinträchtigen
Äste[1)]	zulässig, wenn:	zulässig, wenn:	
gesund und fest verwachsen	Durchmesser ≤ 3 mm	Durchmesser ≤ 8 mm	
Fauläste	Durchmesser ≤ 1 mm, wenn sie nicht in Gruppen auftreten[2)]	Durchmesser ≤ 2 mm	
seichte Risse	unzulässig	zulässig bis 20 mm Länge je Stab	
Rindeneinwuchs	unzulässig	unzulässig	
Blitzrisse	unzulässig	unzulässig	
Faserneigung	uneingeschränkt zulässig	uneingeschränkt zulässig	
Farbunterschiede	geringfügige Unterschiede	zulässig	
Markstrahl	zulässig	zulässig	
Schädlingsbefall	unzulässig	unzulässig	unzulässig mit Ausnahme von Bläue und schwarzem Fraßgang
nicht sichtbare Teile			
alle Merkmale ohne Einschränkung hinsichtlich Größe oder Menge zulässig, sofern sie die Festigkeit oder Haltbarkeit des Parkettbodens nicht beeinträchtigen			

[1)] Risse in Ästen und Astlöcher größer 3 mm müssen verfüllt werden.
[2)] Äste werden zu Gruppen zusammengefasst, wenn ihre Ränder nicht mehr als 30 mm voneinander entfernt liegen.

Die Messung der geometrischen Eigenschaften muss nach EN 13647 erfolgen.

Für eine einfache Berechnung sollte davon ausgegangen werden, dass sich die Dicke und Breite eines Elementes um 0,25 % je 1 % Feuchtegehalt ändert.

Für eine genauere Berechnung sollte der Koeffizient für die Bestimmung der Maßänderungen, die sich aufgrund der Änderungen des Feuchtegehalts ergeben, in Laborversuchen ermittelt werden.

Tabelle 1.37: Maßliche Eigenschaften und Grenzabmaße eines Elementes DIN EN 13489:2017-12, Tabelle 5

Kenndaten	**Maßeigenschaft**	**Grenzabmaße**
Dicke der Nutzschicht[1)]	≥ 2,5 mm	
zulässige Längenabweichung		± 0,1 %
zulässige Breitenabweichung		± 0,2 mm
Überzahnung[1)] (zwischen den Elementen)		≤ 0,2 mm
zulässige Abweichung der Rechtwinkligkeit		≤ 0,2 % über die Breite
Querkrümmung (über das Element)		≤ 0,2 % über die Breite
Längskrümmung (über das Element)		≤ 0,1 % über die Länge

[1)] Die Dicke muss bei gebürsteten Oberflächen nach DIN EN 13647:2011, Abschnitt 5.2.2, bestimmt werden.

4.5.2 Maßliche Eigenschaften und zulässige Abweichungen

Maßliche Eigenschaften und zulässige Grenzabmaße der Elemente an allen Messpunkten zum Zeitpunkt der Erstauslieferung des Erzeugnisses werden in Tabelle 5 [vgl. Tabelle 1.37] *angegeben. (...)*

Bei kleinen Elementen sollte die Rechtwinkligkeit ≤ 0,1 % und die Querkrümmung ≤ 0,3 % sein (siehe Anhang C). Bilder, die Überzahnung, Querkrümmung und Längskrümmung erläutern, können Anhang E entnommen werden.

ANMERKUNG: Aufgrund des Verfahrens bei der Herstellung kann die Abweichung von der deklarierten Nutzschichtdicke ± 0,2 mm, die Dicke aber niemals weniger als 2,5 mm sein."

Abb. 1.178 bis 1.181 zeigen Beispiele für Risse in Fertigparkettdielen.

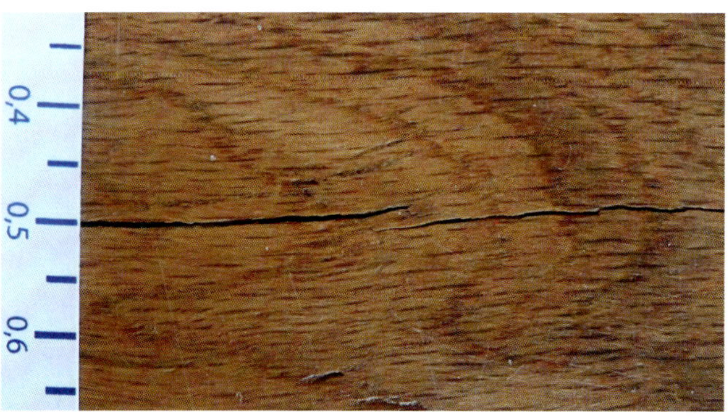

Abb. 1.178 bis 1.181: Gehäufte und auffällig störend wirkende Risse in einem Belag aus Eiche-Fertigparkettdielen

Abb. 1.182: Unzulässige Oberflächenabsenkung des Parketts in der Raumecke von 15 mm bei einem Messpunktabstand von 1 m

1.4.16 Maßtoleranzen

Gemäß DIN 18202:2019-07 „Toleranzen im Hochbau – Bauwerke", Tabelle 2, Zeile 1, Spalte 3 sind bei einem Messpunktabstand von 1 m Abweichungen von der waagerechten Bezugslinie zulässig bis maximal 6 mm.

Entsprechend DIN 18202:2019-07 Tabelle 3, Zeile 3, Spalte 3 sind bei einem Messpunktabstand von 1 m Stichmaße für Ebenheitsabweichungen zulässig bis maximal 4 mm.

Eine Neigung des fertigen Parketts um 15 mm bei einem Messpunktabstand von 1 m liegt außerhalb des zulässigen Toleranzbereichs gemäß DIN 18202 (siehe Abb. 1.182).

1.4.17 Unterlagen zur Abnahme

Im Rahmen der Abnahme muss der Auftragnehmer dem Auftraggeber schriftliche Pflegeanweisungen übergeben.

Gemäß VOB/C ATV DIN 18356:2016-09 „Parkettarbeiten" gilt:

„3 Ausführung

Ergänzend zur ATV DIN 18299, Abschnitt 2, gilt:

3.1 Allgemeines (...)

3.1.5 Der Auftragnehmer hat dem Auftraggeber schriftliche Pflegeanweisungen zu übergeben. Diese müssen auch Hinweise auf das zweckmäßige Raumklima enthalten."

Hieraus ergibt sich die verbindliche Verpflichtung des Unternehmers, den Besteller sowohl über die produktspezifischen Beschaffenheiten des verwendeten Materials in schriftlicher Form zu informieren als auch über das Verhalten des Parketts bei Unterschreitung der vorausgesetzten relativen Raumluftfeuchte (Untertrocknung).

1.4.18 Verunreinigungen und Beschädigungen bei der Abnahme

Bei der Abnahme von Parkett-, Fertigparkett- und Laminatböden werden häufig Verunreinigungen und Beschädigungen beanstandet, die entweder durch die Verleger selbst oder durch Dritte verursacht worden sind (siehe Abb. 1.183 und 1.184).

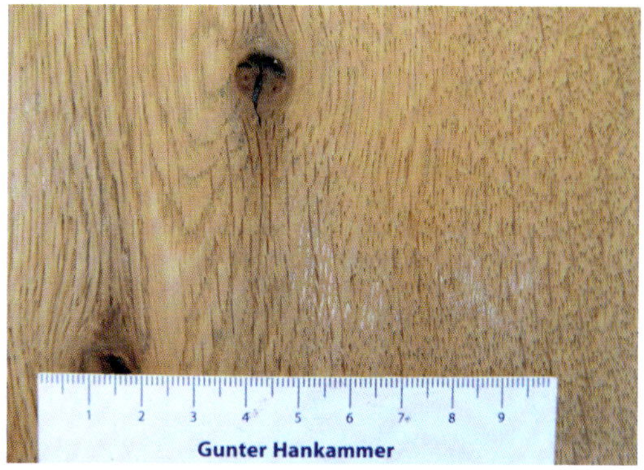

Abb. 1.183 und 1.184: Verunreinigungen mit weißer Farbe, die in die Maserung des Dielenbelages eingedrungen ist

1.5 Bodenbelagarbeiten (VOB/C ATV DIN 18365)

1.5.1 Fußboden auf feuchtem Estrich

Zu hohe Untergrundfeuchtigkeit führt bei allen Fußböden zu schwerwiegenden und oft irreparablen Schäden. Besonders empfindlich reagieren Holzfußböden und elastische Bodenbeläge.

Bei Holzfußböden quillt das Holz, da es in der Lage ist, die Feuchtigkeit des Estrichs aufzunehmen.

Bei zu feuchtem Estrich nimmt das Holz von unten die Feuchtigkeit auf, dadurch quillt und schüsselt es. Wenn der Randabstand erschöpft ist, kann es zum Aufwölben des Fußbodens und der Estrichplatte kommen. Beim Austrocknen entstehen anschließend Fugen im Holz, starke Schüsselungen gehen meistens nicht vollständig zurück.

Bei elastischen Bodenbelägen entstehen an der Oberfläche Blasen im Belag, weil der entstehende Wasserdampf nicht entweichen kann. Der Teppichkleber kann die Festigkeit verlieren, sodass nach einer möglichen Trocknung der Boden hohl aufliegt. Zeitgenössische lösungsmittelfreie Dispersionskleber sind in der Regel feuchtigkeitsempfindlich. Eine Feuchtigkeitsanreicherung an der Unterseite der Kleberebene führt zu einer „Verseifung" des Klebers. Er verliert seine Adhäsionsfähigkeit und wird weich bis schmierig. In diesem Zustand kann der von unten her wirkende Dampfdruck zu einer partiellen Ablösung des Belags in Form einer Blasenbildung führen.

Die Belegreifeprüfung erfolgt gemäß DIN 18560-1:2021-02 „Estriche im Bauwesen – Teil 1: Allgemeine Anforderungen, Prüfung und Ausführung" nach den anerkannten Regeln der Technik über die Calciumcarbid-Methode (mit CM-Verfahren), die dabei gewonnenen Werte sind nicht identisch mit Masse-Prozent:

„5 Allgemeine Anforderungen (…)

5.6 Feuchtegehalt

Der Feuchtegehalt ist ein Kriterium zur Beurteilung der Belegreife eines mineralisch gebundenen Estrichs. Die Messung des Feuchtegehaltes erfolgt über die Calciumcarbid-Methode (siehe 6.4).

Mineralisch gebundene Estriche trocknen im Wesentlichen über die Estrichoberfläche durch Abgabe von Feuchtigkeit an die Raumluft. Deshalb haben die Estrichdicke und das Bauklima maßgeblichen Einfluss auf die Trocknung. Die Trocknung kann bauseits durch geeignete Maßnahmen günstig beeinflusst werden (z. B. Lüftung, Trocknung usw.). Der Wasseranspruch von mineralisch gebundenen Mörteln kann durch Zusatzmittel reduziert werden. Ein exakter Belegreife-Zeitpunkt kann jedoch nicht vorhergesagt werden.

Estriche mit definiertem, frühem Belegreife-Zeitpunkt sind durch die Verwendung von geeigneten Bindemitteln (z. B. Schnellzemente) herstellbar.

Für das Erreichen der Belegreife muss bei Zementestrichen u. a. ein Feuchtegehalt von ≤ 2,0 CM-% (beheizt ≤ 1,8 CM-%) vorliegen. Bei Calciumsulfatestrichen muss u. a. der Feuchtegehalt ≤ 0,5 CM-% (beheizt ≤ 0,5 CM-%) sein. Bei anderen mineralisch gebundenen Estrichen oder Sonderprodukten können abweichende Werte gelten.“

Noch differenzierter gelten gemäß „Holzbau Handbuch. Reihe 6: Ausbau und Trockenbau. Teil 4: Böden und Beläge. Folge 2: Parkett – Planungsgrundlagen“ (2001) für die Belegreife von Estrichen die maximal zulässigen Estrichfeuchten in Tabelle 1.38.

Nach dem „Fachbuch für Parkettleger und Bodenleger“ (Remmert et al., 1996) gilt:

„3 Unterkonstruktionen

3.1 Estriche (…)

Zulässige Estrichfeuchten

Die ermittelte Estrichfeuchte muss unter den Werten bleiben, die die folgende Tabelle zeigt:

	Zementestrich	*Anhydritestrich*	*Magnesiaestrich*
für alle Holzfußböden und alle elastischen und textilen Bodenbeläge	*< 2,0 % CM*	*< 0,5 % CM*	*3 bis 12 % CM je nach Anteil der organischen Bestandteile*

Tab. Zulässige Estrichfeuchten

Die in der Tabelle angegebenen Werte beziehen sich auf Estriche mit einer Dicke von 45 mm. Bei dickeren Estrichen sollte die Estrichfeuchte bei Zementestrichen nicht höher als 1,8 CM-%, bei Anhydritfließestrichen nicht höher als 0,3 CM-% sein. (…)

Prüfung bei Heizestrichen (…)

Die ermittelte Estrichfeuchte sollte ungeachtet der in DIN 18560 angegebenen höheren Werte unter den Werten bleiben, die die folgende Tabelle zeigt:

	Zementestrich	*Anhydritestrich*	*Magnesiaestrich*
für alle Holzfußböden und alle elastischen Bodenbeläge	*< 1,5% CM*	*< 0,3% CM*	*3 bis 12 % CM je nach Anteil der organischen Bestandteile*
für alle textilen Bodenbeläge	*< 1,5% CM*	*< 0,5% CM*	

Tab. Zulässige Estrichfeuchten bei Heizestrichen“

Tabelle 1.38: Merkmale und Eigenschaften der Untergründe für die Verlegung von Parkett nach „Holzbau Handbuch" (2001)

Untergrund	Bindemittel	Zuschlagstoffe	Mindestdicke in mm	Trockenzeit in Wochen	Belegreife in CM-% oder in Gew.-%
Baustellenestrich					
Verbundestrich (ZE)	Zement	Sand, Wasser	20	4–8	2,0
Estrich auf Trennage (ZE)	Zement	Sand, Wasser	30	4–8	2,0
Zementestrich (ZE)	Zement	Sand, Wasser	35	4–8	2,0
Anhydritestrich (AE)	Anhydritbinder (Gips)	Sand, Wasser, Zusätze	35	3–5	0,5
Gussaphaltestrich (GE)	Bitumen	Sand, Split, Steinmehl	20	keine	nach Erkalten (0)
Magnesiaestrich	kaustische Magnesia	Sägespäne, Korkschrot, Quarzsand, Wasser	–	3–6	organ. Füllstoffe 8–12 anorg. Füllstoffe 3–4
Heizestrich (ZE) Heizestrich (AE)	s. o. s. o.	s. o. s. o.	45	8–12	ZE 1,8 AE 0,3
Trockenestrich					
Holzwerkstoffplatten	–	–	2 · 16 = 32[1)] 21[2)]	keine	9 ± 2
mineralische Estrichelemente	–	–	–	keine	sofort
Holzuntergründe	–	–	24[2)] 50[3)]	keine	9 ± 2
Doppelböden			[4)]	keine	sofort
Schwingböden			[4)]		sofort

1) bei Verklebung
2) bei schwimmender Verlegung
3) bei Nagelung auf Lagehölzer
4) nach Angabe des Herstellers

Gemäß BEB-Merkblatt „Beurteilen und Vorbereiten von Untergründen; Verlegen von elastischen und textilen Bodenbelägen, Schichtstoffelementen (Laminat), Parkett und Holzpflaster; Beheizte und unbeheizte Fußbodenkonstruktionen“ (2008) gilt:

„1 Einführung (…)

1.2 Besondere Hinweise für den Planer

Folgende Angaben müssen im Leistungsverzeichnis für Bodenbelagsarbeiten enthalten sein:
Angaben über den Gesamtaufbau einer Fußbodenkonstruktion, wie z. B.: (…)

- *Anordnung, Art und Dicke der einzelnen Schichten (Estrich und ggf. Abdeckung, Dämmstoffe, Trennschichten sowie Sperrschichten gegen Wasserdampf)*
- *Abdichtungen gegen Wasser*

2. Untergründe (…)

2.4 Prüfung und Beurteilung der Untergründe (…)

2.4.6 Feuchte/Belegreife

Mineralisch gebundene Estriche als Untergründe dürfen erst belegt werden, wenn sie ausreichend trocken sind. Die zulässigen Feuchten (Belegreife) entsprechend der Art des Untergrundes und des vorgesehenen Bodenbelages sind nachstehenden Tabellen zu entnehmen.

Für die Belegreife maßgebende, maximal zulässige Feuchte für beheizte Estriche (CM-%) nach dem Belegreifheizen (Auszug aus der Schnittstellenkoordination)

Oberboden	***Zementestrich CM-%***	***Calciumsulfatestrich CM-%***
elastische Beläge	*1,8*	*0,3*
textile Beläge	*1,8*	*0,3*
Parkett und Holzpflaster	*1,8*	*0,3*
Laminatboden	*1,8*	*0,3*

Für die Belegreife maßgebende, maximale zulässige Feuchte von unbeheizten Estrichen (CM-%)

Estrichart	***elastische und textile Bodenbeläge, Parkett und Holzpflaster sowie Laminatböden CM-%***
Zementestrich	*2*
Calciumsulfatestrich	*0,5*
Magnesiaestrich	*1 bis 3,5 je nach Anteil der organischen Bestandteile; Erfahrungswerte bei Herstellern anfragen“*

Entsprechend den bereits 1996 veröffentlichten Untersuchungen „Experimentelle Untersuchungen nachstoßender Feuchte aus jungen Betondecken" (Rapp, 1996), kommentiert im „Kommentar zu DIN 18356, DIN 18367 und DIN 18299 – Parkett- und Holzpflasterarbeiten" (Baumann/Fendt/Barth, 1997), baut sich der anfängliche Wassergehalt in frisch hergestellten Stahlbetondecken grundsätzlich immer langsam ab und benötigt – in Abhängigkeit von den angrenzenden Bauteilflächen – regelmäßig mehrere Jahre, bevor er auf einem Niveau der Ausgleichsfeuchte angelangt ist. Innerhalb dieses Zeitraumes diffundiert die Feuchtigkeit nach oben und nach unten aus dem Deckenquerschnitt heraus. Dieser Effekt ist insbesondere bei feuchtigkeits- und wasserdampfempfindlichen Kleber- und Spachtelmaterialien in Verbindung mit – relativ gesehen – dampfsperrenden Bodenbelagsmaterialien kritisch, da der Kleber seine Adhäsionskraft einbüßt und Ablösungen des Belages eintreten können.

Der BEB hat daher in seinem Merkblatt „Beurteilen und Vorbereiten von Untergründen im Alt- und Neubau; Verlegen von elastischen und textilen Bodenbelägen, Laminat, mehrschichtig modularen Fußbodenbelägen, Holzfußböden und Holzpflaster; Beheizte und unbeheizte Fußbodenkonstruktionen" (2014) auf die Problematik junger Betondecken hingewiesen:

„2. Untergründe (…)

2.4 Prüfung und Beurteilung der Untergründe (…)

2.4.5 Feuchte (Belegreife) (…)

Bei direkter Verlegung auf Betondecken oder Verbundestrichen ist eine aussagefähige Messung des Feuchtegehaltes mit gewerbeüblichen Messgeräten nicht möglich. Die in der oberen Zone des Untergrundes gemessenen Werte lassen keinen Rückschluss auf die Feuchte der Betondecke im restlichen Querschnitt zu. Da bei Betondecken ohne und mit Verbundestrich Austrocknungszeiten von einem Jahr oder mehr erforderlich werden können, sind durch die verbliebene Feuchte in solchen Untergründen Mängel oder Schäden an darauf verlegten Bodenbelägen aller Art nicht auszuschließen. Der Auftraggeber hat deshalb durch geeignete planerische Maßnahmen dafür zu sorgen, dass Feuchte aus dem Untergrund den Klebstoff und Bodenbelag nicht beeinträchtigt.

Andere Untergründe, z. B. Holzwerkstoffplatten, einige Fertigteilestriche usw. sind mit handwerksüblichen Methoden nicht prüfbar und erfordern evtl. weitere, bauseitig zu veranlassende Prüfungen."

Das OLG Frankfurt am Main verneint zwar die Pflicht des Parkettlegers, zu prüfen, ob eine Dampfsperre auf der Betondecke vorhanden ist, da diese durch den Estrich überdeckt ist, wenn der Parkettleger mit der Ausführung seiner Arbeiten beginnt (OLG Frankfurt am Main, Urteil vom 03.04.2009 – 19 U 148/08). Allerdings ist es auch gar nicht zwingend erforderlich, dass der Parkettleger eine solche praktische Prüfung selbst vornimmt. Er kann das Fehlen einer Dampfsperre auch nach Aktenlage, insbesondere anhand der Angaben in den Planunterlagen über den Fußbodenaufbau, erkennen und er kann sich im Zweifel bei dem Planer danach erkundigen, ob eine Dampfsperre tatsächlich vorhanden ist.

Beispiel

Die Anfangsfeuchte des Betons, gemessen als massebezogener Feuchtegehalt beträgt nach einigen Wochen: $\boldsymbol{u}$ **= 0,06**.

Bei einer Rohdichte des Betons von 2.400 kg/dm^3 ergibt dies einen Anfangswassergehalt von 2.400 kg · 6 % = 144 kg H_2O.

Der frische Beton enthält an Wasser **144 l/m^3**.

Der volumenbezogene Wassergehalt beträgt: ψ **= 0,144**.

Bei Erreichen der Ausgleichsfeuchte für Beton gemäß DIN 4108 von ψ **= 0,05** beträgt der Wassergehalt in den Betonbauteilen: **50 l/m^3 (u = 0,02)**.

Bei einer beispielhaften Deckendicke von 20 cm ergibt sich eine Wassermenge von 94 l · 0,2 m^2/m^3 = **18,8 l/m^2**, die aus der Decke ausdiffundieren muss.

Die Diffusionsstromdichte für Beton liegt nach Klopfer (1999) bei 25 bis 90 g/m^2 d. Bei einer – idealisierten – gleichförmigen Diffusionsstromrichtung und ohne behindernde dampfbremsende Schichten wäre zunächst theoretisch ein Zeitraum von etwa 1 bis 2 Jahren erforderlich, um eine Austrocknung des Betons bis zur Ausgleichsfeuchte hin zu erzielen.

In der Praxis hat sich durch die Versuche von Rapp (1996) und Klopfer (1999) jedoch herausgestellt, dass hierfür bei gewöhnlichem Raumklima deutlich längere Zeiten erforderlich sind. Die tatsächliche praktische Diffusionsstromdichte liegt hiernach etwa bei 6 bis 9 g/m^2 d.

Es existieren keine DIN-Regelwerke zur Klärung der speziellen Frage nachträglicher Auffeuchtung, sondern lediglich für den zulässigen Feuchtigkeitsgehalt innerhalb des Estrichs bei der Verlegung des Bodenbelages.

Zur herkömmlichen Verklebung des Linoleumbelages auf Zementestrichen ist eine Maximalfeuchte des Estrichs von **2 CM-%** zulässig.

Dies entspricht einer massebezogenen Materialfeuchte von: $\boldsymbol{u}$ **= 0,035 = 3,5 Gew.-%**.

Die volumenbezogene Materialfeuchte berechnet sich nach folgender Formel:

$$\psi = \rho \cdot u$$

mit

ψ Materialfeuchte
ρ Rohdichte Estrich
u massebezogene Materialfeuchte

Die massebezogene Materialfeuchte von 3,5 Gew.-% im vorliegenden Beispiel entspricht auch einer volumenbezogenen Materialfeuchte von
2.200 kg/m^3 · 0,035 = 77 l/m^3 = 77/1.000 = 0,077,
ψ **= 0,077 = 7,7 Vol.-%.**

In diesem Zustand enthält 1 m^3 Estrich eine Wassermenge von 77 l bzw. bei einer Estrichstärke von 50 mm 3,85 l/m^2. Dies liegt noch oberhalb der Ausgleichsfeuchte von Beton. Bei Verbundestrichen besteht immer die Gefahr, dass durch den Wasserdampf-Druckpotenzialausgleich eine Wasserdampfwanderung von der Decke aus bis in den Estrich hinein entsteht. Die dort insgesamt entweichende Menge von

18,8 l/m² darf auch anteilig nicht dazu führen, dass die für das Klebermaterial maximal zulässige Wassergehaltsmenge von z. B. **3,85 l/m²** im Estrich überschritten wird. Dies gelingt in der Regel nur durch dampfbremsende Schichten, die in den Stößen entweder weitreichend überlappt oder verschweißt sind. Estrichfolien erfüllen diese Voraussetzung in der Regel nicht, da sie nur die Verarbeitungsfeuchte vom Dämmstoff abhalten sollen.

Schwimmender Estrich (DIN 18560-2)

Bei schwimmenden Estrichen besteht die Gefahr einer Auffeuchtung von unten her nicht, da durch die dampfbremsende Wirkung der Estrichfolien eine Feuchtigkeitsanreicherung unterhalb des Linoleumbelages wirksam unterbunden wird. Ein ausgewogener Zustand wird erreicht, wenn die Wasserdampfdurchlässigkeit des Oberbelages höher oder gleichwertig gegenüber der trennenden Schicht ist.

Gemäß DIN 18560-2:2012-05 „Estriche im Bauwesen – Teil 2: Estriche und Heizestriche auf Dämmschichten (schwimmende Estriche)“ (enthält DIN 18560-2 Berichtigung 1:2012-05) gilt:

„*5 Ausführung*

5.1 Dämmschicht

5.1.2 Abdecken

Vor dem Aufbringen des Estrichs muss die Dämmschicht mit einer Polyethylenfolie von mindestens 0,15 mm Dicke oder mit einem anderen Erzeugnis vergleichbarer Eigenschaften abgedeckt werden. Die einzelnen Bahnen müssen sich an Stößen auf mindestens 80 mm überdecken.

Zur Abdeckung sind auch andere Stoffe oder Maßnahmen zulässig, wenn eine den oben genannten Stoffen gleichwertige Funktion des Abdeckens nachgewiesen wird.“

Die wasserdampfdiffusionsäquivalente Luftschichtdicke von Bauteilen und Belägen errechnet sich wie folgt:

$$s_d = \mu \cdot d$$

mit

s_d wasserdampfdiffusionsäquivalente Luftschichtdicke in m
μ Diffusionswiderstandszahl
d Foliendicke in mm

Polyethylenfolien verfügen gemäß DIN 4108 über eine Diffusionswiderstandszahl μ von 100.000.

Bei einer Foliendicke d von 0,15 mm beträgt die wasserdampfdiffusionsäquivalente Luftschichtdicke s_d = 100.000 · 0,15 mm = 15 m.

Linoleumbelag verfügt gemäß DIN 4108 über eine Diffusionswiderstandszahl μ von 5.000.

Bei einer Belagdicke d von 2,5 mm beträgt die wasserdampfdiffusionsäquivalente Luftschichtdicke s_d = 5.000 · 2,5 mm = 12,50 m.

Unter Berücksichtigung der zusätzlich dampfbremsenden Wirkung des Dämmstoffes und des Estrichs kann bei ordnungsgemäß schwimmend verlegten Estrichen insofern davon ausgegangen werden, dass die dampfbremsende Wirkung der PE-Estrichfolie ausreicht, um ein Nachstoßen von Feuchtigkeit aus der jungen Betondecke wirksam zu verhindern.

Verbundestrich (DIN 18560-3)

Normalbeton verfügt gemäß DIN 4108 über eine Diffusionswiderstandszahl μ von 100.

Bei einer Estrichdicke s von 50 mm beträgt die wasserdampfdiffusionsäquivalente Luftschichtdicke $s_d = 100 \cdot 50$ mm = 5 m.

Linoleumbelag verfügt gemäß DIN 4108 über eine Diffusionswiderstandszahl μ von 5.000.

Bei einer Belagdicke s von 2,5 mm beträgt die wasserdampfdiffusionsäquivalente Luftschichtdicke $s_d = 5.000 \cdot 2,5$ mm = 12,50 m.

Der Verbundestrich allein kann insofern von unten her diffundierende Feuchte nicht wirksam verhindern.

Bei der Verlegung von Linoleumbelägen auf Verbundestrich ohne dampfbremsende Schichten besteht die unmittelbare Gefahr, dass aus dem „jungen" Beton des Untergrundes Feuchtigkeit diffundiv austritt und zu einer nachträglichen Feuchtigkeitsanreicherung im Estrich unmittelbar unterhalb des Oberbelages und infolgedessen zu einer Zersetzung von Kleber oder Spachtelung führt. Durch den Verlust der Haftzugfestigkeit kommt es zur Ablösung des Belages vom Untergrund, was wiederum in Verbindung mit lokalen Anreicherungen von Wasserdampf zur partiellen Blasenbildung führt. Diesem Effekt kann durch einen Sperranstrich auf der Estrichoberfläche entgegengewirkt werden. Der angemessene Aufwand für diese Art von Oberflächenabdichtungen beträgt ca. 12,78 bis 15,34 €/m^2.

Estrich auf Trennschicht (DIN 18560-4)

Gemäß DIN 18560-4:2012-06 „Estriche im Bauwesen – Teil 4: Estriche auf Trennschicht" gilt:

„*6 Ausführung*

6.1 Trennschicht

Die Trennschicht ist in der Regel zweilagig, bei Calciumsulfat-, Calciumsulfatfließ- und Gussasphaltestrich einlagig auszuführen. Bei zweilagiger Verlegung im Innenbereich dürfen Abdichtungen und Dampfsperren als eine Lage der Trennschicht gelten.

Für die Trennschicht ist

- *Polyethylenfolie von mindestens 0,15 mm Dicke,*
- *kunststoffbeschichtetes Papier von mindestens 0,15 mm Dicke,*
- *bitumengetränktes Papier von mindestens 100 g/m^2 Flächengewicht,*
- *Rohglasvlies von mindestens 50 g/m^2 Flächengewicht*

oder ein anderes Erzeugnis mit vergleichbaren Eigenschaften zu verwenden."

Bei einer zweilagigen Ausführung von PE-Folie mit einer Stärke von je 0,15 mm beträgt die wasserdampfdiffusionsäquivalente Luftschichtdicke beispielhaft:
$s_d = 2 \cdot 100.000 \cdot 0,15 \text{ mm} = 30 \text{ m}$.

Dieser Wert ist bereits deutlich größer als die wasserdampfdiffusionsäquivalente Luftschichtdicke des Linoleumbelages mit $s_d = 12,50$ m. Durch diese Kombination wird ein schädliches Nachstoßen von Feuchtigkeit aus der jungen Betondecke wirksam verhindert.

Tipp

Einen deutlichen Hinweis auf eine noch fehlende Belegreife erhält man durch Auflegen einer Kunststofffolie auf einen Teil des scheinbar trockenen Estrichs. Zeichnet sich nach geraumer Zeit, z. B. über Nacht, die Fläche unterhalb der Folie dunkel von den Umgebungsflächen ab, ist dies ein deutlicher Hinweis auf eine zu hohe Estrichfeuchte.

1.5.2 Textile Bodenbeläge

Geprüft werden kann bei der Abnahme die qualitative Eignung des eingesetzten Materials im Hinblick auf den Verwendungszweck.

Abweichung der Verlegerichtung

Veloursbeläge besitzen aufgrund des Neigungswinkels des Polfasermaterials eine bestimmte Florrichtung. Bei einer Florrichtung zur Beleuchtungsquelle hin erscheint ein grauer Teppichbelag mit der Florrichtung betrachtet heller, während er in umgekehrter Richtung verlegt bei der Betrachtung gegen die Florrichtung dunkler erscheint (siehe Abb. 1.185 bis 1.188). Die VOB/C ATV DIN 18365:2019-09 „Bodenbelagarbeiten" legt fest, dass die Verlegerichtung grundsätzlich dem Auftragnehmer überlassen bleibt:

„3 *Ausführung (…)*

3.4 *Verlegen der Bodenbeläge (…)*

3.4.4 *Die Verlegerichtung des Bodenbelages bleibt dem Auftragnehmer überlassen.*"

Das bedeutet gemäß Kaulen/Strehle/Kille (2010) jedoch nicht, dass der Auftragnehmer die Verlegerichtung innerhalb eines Raumes nach eigenem Gutdünken ändern kann:

„2. *Kommentar und Erläuterungen zur ATV DIN 18365 (…)*

3.4.4 *(…)*

Es bleibt dem Auftragnehmer überlassen, die Verlegerichtung entsprechend der Warenbreite des Bodenbelages und des geringsten Verschnittes selbst zu bestimmen, wenn in der Leistungsbeschreibung, gemäß Ziffer 0.2 ‚Angaben zur Ausführung', keine abweichende Regelung getroffen wurde (siehe 02.12 sowie 03.1; 03.2 Abschnitt 3.4.4). Grundsätzlich sind jedoch Bodenbeläge in einer Musterungs- und Florrichtung in einem Raum zu verlegen. (…) Vorhergehendes gilt auch für Teppichfliesen, wenn diese nicht im Schachbrettmuster verlegt werden sollen."

Abb. 1.185: Die gegenläufige Verlegerichtung zeichnet sich entlang der Florrichtungsgrenze deutlich sichtbar ab.

Abb. 1.186: Die gegenläufige Verlegerichtung zeichnet sich bei einer einzelnen Teppichfliese deutlich sichtbar ab.

Abb. 1.187: Die gegenläufige Verlegerichtung zeichnet sich bei mehreren Teppichfliesen deutlich sichtbar ab.

Abb. 1.188: Die gegenläufige Verlegerichtung zeichnet sich bei dem Einleger des Elektrobodentanks vorne rechts deutlich sichtbar ab; der hintere Bodentank ist an die Umgebungsfläche angeglichen.

Abb. 1.189: Unvermeidbare Erkennbarkeit der Längsnaht

Tipp

Die **Florrichtung** lässt sich vor Ort einfach mit einem Zollstock oder einem Blatt Papier und einem Bleistift feststellen.

Bei der Zollstockprobe streicht man mit dem zusammengeklappten Zollstock in Bahnenlängsrichtung zunächst von rechts nach links über den Teppich und anschließend in gegenläufiger Richtung. Mit der Florrichtung gestrichen erscheint der Flor hell, entgegen der Florrichtung gestrichen erscheint er dunkel.

Bei der Bleistiftprobe legt man ein DIN-A4-Blatt auf den Teppich und rollt einen möglichst kantigen Bleistift mit der flachen Hand über den Belag. Das Papierblatt wandert dabei langsam in der Florrichtung (siehe Abb. 1.190).

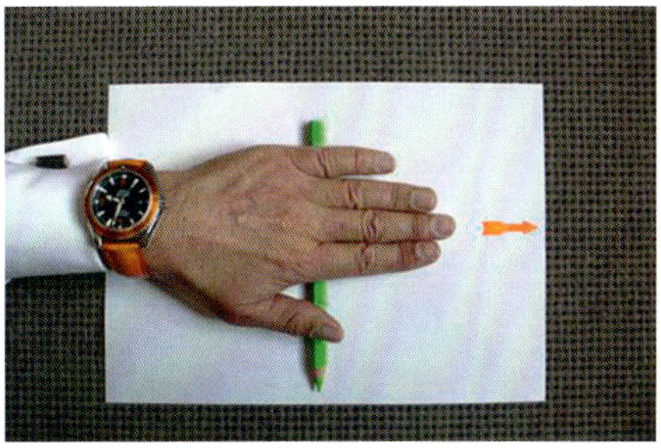

Abb. 1.190: Prüfung der Florrichtung mit einem Blatt Papier und einem Buntstift

Bei den Längsnähten von Teppichböden aus Schlingenware ist ein Versatz der Schlingen unvermeidbar (siehe Abb. 1.189).

1.5.3 Bahnen mit Rapport

Ein Muster, das sich im Bodenbelag ständig wiederholt, wird als Rapport bezeichnet. Überall dort, wo Bodenbelagsbahnen mit regelmäßigen Mustern aneinanderstoßen, sollen die Muster aneinanderpassen. Dieser Effekt ist nur erreichbar, wenn die Muster auf den Bahnen über die gesamte Länge und Breite gleichbleibend verteilt verlaufen. Bedingt durch die Produktionsverfahren können jedoch insbesondere bei textilen Bodenbelägen Musterverzüge auftreten (siehe Abb. 1.191). Es sind daher vor dem Verlegen von mehreren Bahnen mit Rapportmustern innerhalb eines Raumes vor dem Zuschnitt die Musterrapportverzüge zu kontrollieren. In Deutschland gelten keine Normen für die Zulässigkeit von Musterverzügen.

Gemäß VOB/C ATV DIN 18365:2019-09 „Bodenbelagarbeiten“ gilt:

„*1 Geltungsbereich*

Die ATV DIN 18365 ‚Bodenbelagarbeiten‘ gilt für das Verlegen von Bodenbelägen in Bahnen und Platten aus Linoleum, Kunststoff, Elastomer, Textilien und Kork sowie für das Verlegen von mehrschichtigen Elementen. (...)

3 Ausführung

Ergänzend zur ATV DIN 18299, Abschnitt 3, gilt: (...)

3.4 Verlegen der Bodenbeläge (...)

3.4.8 Bahnen mit Rapport sind mustergleich zu verlegen.“

Abb. 1.191: Reißverschlussoptik bei klein gemusterten Textilbelägen

Danach wären theoretisch für fertig verlegte textile Bodenbeläge keine Rapportverzüge zulässig. Lieferseitige Verzüge müssten also ausgespannt werden. Kaulen/Strehle/Kille (2010) führen dazu aus:

„*2. Kommentar und Erläuterungen zur ATV DIN 18365 (...)*

3 Ausführung (...)

3.4 Verlegen der Bodenbeläge (...)

3.4.5 Bahnen mit Rapport sind mustergleich zu verlegen (...)

Rapportverschiebungen gemusterter oder getufteter Teppichböden mit latexierter Rückseite und solche mit Zweitrücken sollen 0,35 % nicht überschreiten, d. h. bei einer Bahnenlänge von 10 m eine Rapportdifferenz von über 3,5 cm aufweisen.“

Musterverzüge können auftreten als:

- **Längsverzug**
  Das Maß des Musterrapports variiert innerhalb der Bahnenlänge.
- **Querbogenverzug**
  Die Muster fluchten nicht in Bahnenquerrichtung.
- **Schrägverzug**
  Die Muster bei den Bahnenrändern liegen sich nicht rechtwinklig gegenüber.
- **Reißverschlussoptik**
  Werden insbesondere klein gemusterte karierte Bodenbeläge in der Naht geschnitten, tritt eine Reißverschlussoptik auf, die auch bei sorgfältiger Arbeitsweise nicht zu verhindern ist. Es handelt sich hierbei um einen unvermeidbaren Effekt.

Eine Reißverschlussoptik im Nahtbereich klein gemusterter karierter Bodenbeläge ist deshalb nicht zu beanstanden.

1.5.4 Faltenwurf, Stolperstellen, Kopfnähte

Faltenwurf

Nach Verlegung der Oberbeläge markiert sich mitunter bereits bei der Abnahme ein gradliniger oder unregelmäßiger Faltenwurf an der Oberfläche. Im ersten Fall muss

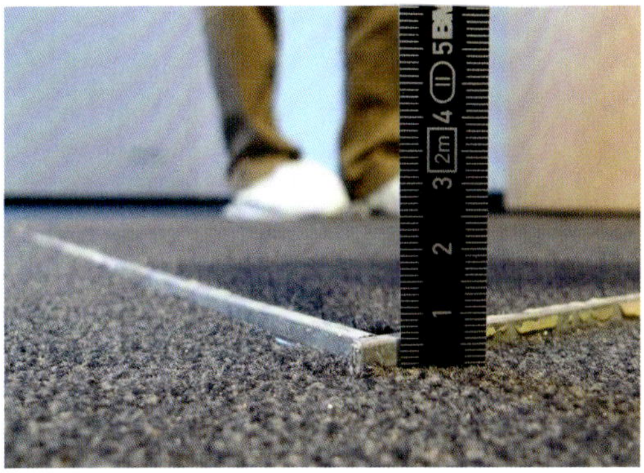

Abb. 1.192: Unzulässige Stolperstelle mit 6 mm Höhe in einem Bürogebäude durch Einfassungsprofil einer Revisionsplatte

Abb. 1.193: Unzulässige Stolperstelle mit 8 mm Höhe in einem Bürogebäude durch Abdeckplatte eines Elektranten

von einer nicht kraftschlüssig verklammerten Scheinfuge innerhalb der Lastverteilungsschicht oder einer unzulässig überklebten Dehnungsfuge ausgegangen werden. Im zweiten Fall liegt mit hoher Wahrscheinlichkeit eine Rissbildung in der Lastverteilungsschicht vor.

Stolperstellen

Bei Übergängen zwischen unterschiedlichen Bodenbelagsarten und in Türbereichen entstehen häufig Höhenversätze (siehe Abb. 1.192 und 1.193). Im privaten Wohnbereich ist das zulässige Maß von sog. Stolperkanten oder Stolperstellen nicht festgelegt. Hilfsweise können hier aber die allgemeinen Unfallverhütungsvorschriften herangezogen werden, denn für den Fall, dass Putzkräfte, Service- oder Pflegepersonal eingesetzt werden, kann sich der Wohnbereich zum Arbeitsplatz entwickeln. Im Übrigen unterscheiden sich die Bewegungsabläufe beim Gehen in Wohnbereichen nicht gänzlich von denjenigen an Büroarbeitsplätzen. Der Begriff „Stolperstelle" wird in Kapitel 1.1 definiert.

Kopfnähte

Kopfnähte sind quer zur Bahnenrichtung verlaufende Nähte. Sie entstehen dadurch, dass die auf einer Teppichrolle befindliche Restlänge kleiner ist als die für die Auslegung eines Raumes erforderliche Bahnenlänge. Eine Kopfnaht ist zulässig, wenn von der ersten Rolle mehr als 5 m verarbeitet werden und das verbleibende Stück, das von der zweiten Rolle kommt, länger als 1 m ist, wie die VOB/C ATV DIN 18365:2019-09 „Bodenbelagarbeiten" regelt:

„3 Ausführung

Ergänzend zur ATV DIN 18299, Abschnitt 3, gilt: (…)

3.4 Verlegen der Bodenbeläge (…)

3.4.5 Kopfnähte sind nur bei Bahnenlängen über 5 m zulässig, wobei eine Ansatzlänge von 1 m nicht unterschritten werden darf."

Abb. 1.194 und 1.195: Die Trennschiene liegt weder exakt unterhalb des Türblatts noch parallel dazu.

1.5.5 Trennschienen zwischen Bodenbelägen

Üblicherweise werden die Trennschienen zwischen unterschiedlichen Bodenbelägen so angeordnet, dass sie im geschlossenen Zustand der Tür unterhalb des Türblatts liegen (siehe Abb. 1.194 und 1.195).

Kaulen/Strehle/Kille (2010) definieren den Begriff der Raumeinheit:

„*2. Kommentar und Erläuterungen zur ATV DIN 18365 (…)*

3.4.4 (…)

Eine Raumeinheit endet grundsätzlich an den Türen.“

Als Abweichung von den anerkannten Regeln der Technik und von der üblichen Beschaffenheit gleichartiger Werke, die der Besteller nach der Art des Werks erwarten kann, ist eine Verlegung von Bodenbelägen zu bewerten, bei denen unterschiedliche Belagsarten nicht unterhalb des Türblattes aufeinandertreffen.

1.5.6 Verunreinigungen und Beschädigungen bei der Abnahme

Bei der Abnahme von textilen Bodenbelägen sind regelmäßig Beschädigungen und Verunreinigungen zu beanstanden. Hierzu zählen insbesondere:

- Kleberverunreinigungen an Eigen- und Fremdleistungen durch das Bodenlegergewerk selbst (siehe Abb. 1.196),
- Farbspritzer durch das nachfolgende Malergewerk (siehe Abb. 1.197 und 1.198),
- Verkratzungen durch Rollgerüste, Gerüste und Leitern der Nachfolgegewerke,
- Brandlöcher und Kaffeeflecken in den „Pausenecken“ (siehe Abb. 1.199),
- Kantenbeschädigungen an Treppenstufen infolge von Materialtransporten,
- Abdrücke durch Materiallagerungen,
- Verschmutzungen in Laufzonen aufgrund vernachlässigter Schutzabdeckung (siehe Abb. 1.200),
- Reinigungsfehler.

Abb. 1.196: Verschmutzung von Türblatt und Zarge durch Teppichkleber

Abb. 1.197 und 1.198: Typische Verunreinigung des Textilbelags bei der Abnahme durch Farbe

Abb. 1.199: Brandfleck im Teppichbodenbelag

Abb. 1.200: Typische Verunreinigung des Textilbelags bei der Abnahme durch eine schwarze fetthaltige Substanz

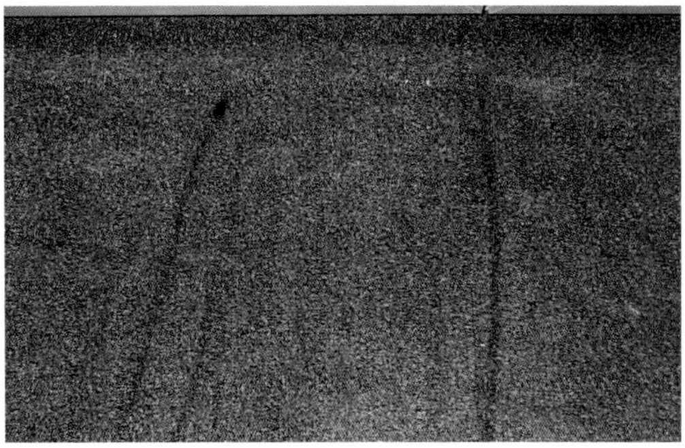

Abb. 1.201: Verteilung einer punktuellen Verunreinigung des Textilbelags durch den Staubsauger

Da relevante Beschädigungen und nachhaltige Verschmutzungen immer einen Komplettaustausch des Bodenbelags innerhalb eines Raumes verursachen, muss eine sorgfältige Schadensfeststellung vor der Abnahme erfolgen. Zwar findet sich in der Regel kein Urheber für die Verunreinigungen, es sei denn, es handelt sich um Farbverunreinigungen in einem bestimmten Farbton benachbarter Bauteile oder nachweislich um die eigenen Kleberreste des Verlegers. Dennoch muss der Bodenbelag zum Zeitpunkt der Abnahme mangelfrei und damit frei von anhaftenden Verunreinigungen sein. Die erforderliche Nacherfüllung erfolgt auf Kosten des Gewerks Bodenbelagarbeiten. Andererseits sind Beschädigungen durch unbekannte Dritte, die vor der Abnahme entstehen, generell durch die Bauwesenversicherung abgedeckt. Wirtschaftlich entscheidend ist hierbei die Höhe des in der Versicherungspolice vereinbarten Selbstbehalts.

Auch Reinigungsfehler bei der End- oder Feinreinigung können zu erheblichen Schäden führen (siehe Abb. 1.201).

1.5.7 Passungs- und Fügungsgenauigkeit, Maßhaltigkeit

Bei textilen Bodenbelägen kann prinzipiell durch Verspannen des Materials sichergestellt werden, dass die Bahnen untereinander fugenlos verlegt werden. Bei PVC- und Linoleumbelägen kann dies ebenfalls durch entsprechende Schnitt- und Fügetechnik sichergestellt werden. Gelegentlich zu beanstanden sind Schnittkanten entlang der äußeren Begrenzungskonturen, wenn sie nicht durch die Sockelrandstreifen überdeckt werden.

Für die Ebenheit der fertigen Bodenbelagsoberfläche sowie für die Waagerechtigkeit sind die Prüfkriterien der DIN 18202 „Maßtoleranzen im Hochbau“ (Ausgabe 2005) maßgeblich.

Häufige Gründe für Beanstandungen bei der Abnahme sind Passungenauigkeiten durch Verschnitte im Bereich von Anschlüssen an angrenzende Bauteile (siehe Abb. 1.202 bis 1.206).

1.5.8 Fehlstellen im Untergrund

Sofern der Estrichrandstreifen durch das Estrichlegergewerk nicht scharfkantig in den Raumecken und in den Ecken von Fensternischen fixiert worden ist, verfügt die Estrichplatte nicht über scharfkantige Konturen, sondern über abgerundete Außenecken. Zu den Raumecken hin bilden sich auf diese Weise dreieckförmige Fehlstellen, deren Kantenlänge nicht selten 50 mm beträgt. Wird der Bodenbelag über diese Fehlstellen

Abb. 1.202: Verschnitt des Textilbelags am Anschluss zum Falz der Stahltürzarge

Abb. 1.203: Verschnitt des Textilbelags am Anschluss zu dem Einfassungsrahmen einer Revisionsplatte

Abb. 1.204: Verschnitt des Textilbelags am Anschluss zu einem Elektranten

Abb. 1.205 und 1.206: Der Abdeckrahmen des Elektranten deckt den angrenzenden Teppichbodenbelag nicht ab.

Abb. 1.207 und 1.208: Fehlstelle im Untergrund neben einem Elektranten

hinweg verlegt, ohne dass zuvor eine fachgerechte Verfüllung der Fehlstellen durchgeführt wird, entstehen hier nachgiebige Hohllagen. Insbesondere bei feuchtigkeitsbeanspruchten PVC- oder Linoleumbelägen kann dies zum Abriss der Randversiegelung und in der Folge zum Eindringen von Feuchtigkeit in den Bauteilquerschnitt führen. Auch bei Durchdringungen kommen derartige Fehlstellen vor (siehe Abb. 1.207 und 1.208).

1.5.9 Unterlagen zur Abnahme

Im Rahmen der Abnahme muss der Auftragnehmer dem Auftraggeber die schriftliche Pflegeanleitung übergeben, wie die VOB/C ATV DIN 18365:2019-09 „Bodenbelagarbeiten" regelt:

„3 Ausführung

Ergänzend zur ATV DIN 18299, Abschnitt 3, gilt:

3.1 Allgemeines (…)

3.1.4 Der Auftragnehmer hat dem Auftraggeber eine schriftliche Reinigungs- und Pflegeanleitung für den Bodenbelag zu übergeben."

Hieraus ergibt sich die verbindliche Verpflichtung des Unternehmers, den Besteller über die produktspezifischen Beschaffenheiten des verwendeten Materials in schriftlicher Form zu informieren.

1.5.10 Elastische Bodenbeläge

Klassifizierung von elastischen Bodenbelägen

Die Klassifizierung von elastischen Bodenbelägen erfolgt nach den Beanspruchungsklassen der DIN EN ISO 10874:2021-04 „Elastische, textile und Laminat-Bodenbeläge – Klassifizierung", Tabelle 1.

Blasenbildung

Bei elastischen Bodenbelägen kann es nach Fertigstellung oder nach Beginn der Benutzung zum partiellen Verlust der Kohäsion des Klebers mit einer Blasen- oder Stauchbla-

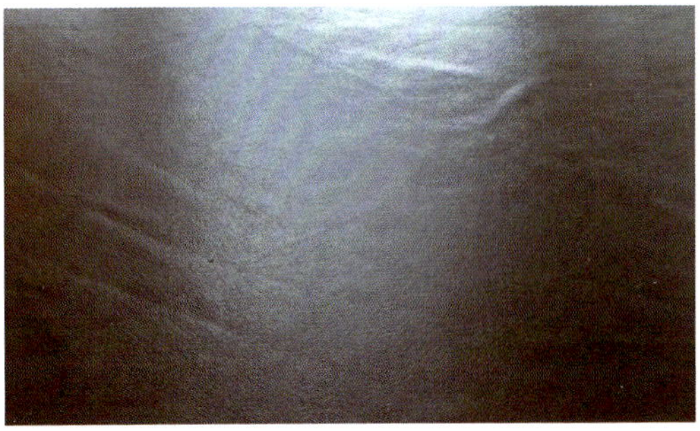

Abb. 1.209: Spachtelspuren zeichnen sich im Untergrund ab. Stellenweise sind Stauchblasen sichtbar.

Abb. 1.210: Passungenauigkeit im Bereich der Einlegefläche aus PVC im Deckel eines Elektrobodentanks

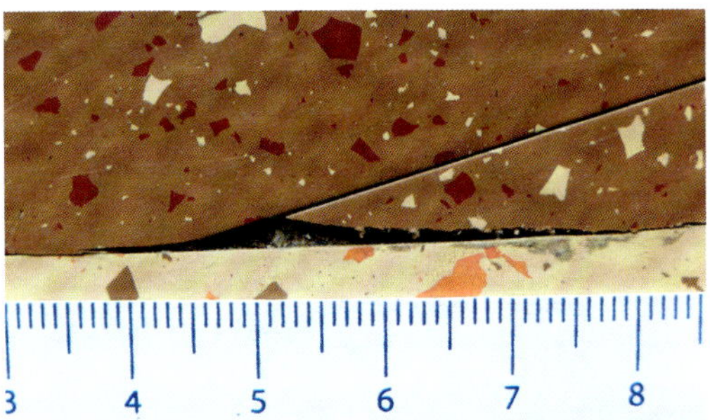

Abb. 1.211 bis 1.213: Passungenauigkeiten eines PVC-Bodenbelags durch Verschnitte

senbildung kommen. Die Blasenbildung weist regelmäßig auf eine Feuchtigkeitsanreicherung unmittelbar unterhalb der Kleberebene hin aufgrund überhöhter Feuchtigkeit innerhalb der Lastverteilungsschicht oder auf eine nachträgliche Auffeuchtung infolge von Diffusion oder Havarie. Stauchblasen können im Aufstandsbereich von Überbeanspruchung durch Einrichtungsgegenstände entstehen, z. B. wenn hierdurch Querkräfte ausgeübt werden (siehe Abb. 1.209).

Passungenauigkeiten

Abb. 1.210 zeigt beispielhaft eine Passungenauigkeit, die durch handwerkliche Verlegetoleranz entstanden ist. In den Abb. 1.211 bis 1.213 sind Passungenauigkeiten durch Verschnitte dargestellt.

Abb. 1.214: Mit der Wandfarbe übereinstimmende Farbverunreinigungen des PVC-Belags, nachvollziehbar verursacht durch Handwerker des Malergewerks

Abb. 1.215: Verunreinigung des angrenzenden Bodenfliesenbelags mit ausgetretenem PVC-Kleber, nachvollziehbar verursacht durch das Gewerk Bodenlegerarbeiten

Beschädigungen, Verschmutzungen

Wie bei den textilen Bodenbelägen kann es bis zur Abnahme der Leistungen zu Beschädigungen und Verschmutzungen durch die Verleger selbst oder durch Fremdhandwerker kommen, die bei der Abnahme zu beanstanden sind (siehe Abb. 1.214 und 1.215).

1.6 Maler- und Lackierarbeiten (VOB/C ATV DIN 18363)/ Tapezierarbeiten (VOB/C ATV DIN 18366)

Grundierung

Die Grundierung dient dem guten Haftverbund zwischen dem Untergrund und der Beschichtung. Sie muss optimal auf die Saugfähigkeit des Untergrunds abgestimmt sein und für gute Adhäsionskräfte sorgen. Für die verschiedenen Untergrundmaterialien gibt es eine Vielzahl von Grundierungsmitteln. Bei fehlender oder falscher Grundierung lässt sich die Beschichtung leicht vom Untergrund ablösen. In der Regel wird das jeweils optimal wirksame Grundierungsmittel vom Hersteller des Beschichtungsstoffes in seinen Verarbeitungsvorschriften empfohlen. Üblicherweise werden für den gesamten Schichtenaufbau Produkte eines Herstellers verwendet.

Tapetenstöße

Häufig beanstandet werden aufklaffende Bahnenstöße von Mustertapeten oder von Raufasermaterial. Bei zu feuchten Untergründen während des Tapezierens kommt es nach dem Austrocknen zu klaffenden Tapetenstößen, die zu beanstanden sind, wenn sie aus einem gewöhnlichen Betrachtungsabstand von etwa 2 m als störend empfunden werden.

Hinsichtlich der Ausführung von Tapezierarbeiten und Ausbildung von Tapetenstößen definiert das BFS-Merkblatt Nr. 16 „Technische Richtlinien für Tapezier- und Spannarbeiten“ (2013) Sollbestimmungen:

„6 Tapezier-, Klebe- und Spannarbeiten (...)

6.2 Verarbeitung von fertigen Wandbekleidungen

Für die Verklebung ist ein Klebstoff nach der Tabelle im Anhang III.2 zu verwenden, wenn der Hersteller nicht andere Klebstoffe angibt.

– Tapezieren mit Papierwandbekleidungen

Papierwandbekleidungen sind in der Regel auf Stoß zu tapezieren.

– Tapezieren mit kunststoffbeschichteten Wandbekleidungen aus Papier oder Vlies

Kunststoffbeschichtete Wandbekleidungen sind auf Stoß zu verkleben. Bei unvermeidbaren Überlappungen, z. B. in Innenecken, sind diese mit PVC-verträglichem transparenten Klebstoff zu verkleben.

– Tapezieren mit Prägewandbekleidungen

Prägewandbekleidungen sind auf Stoß zu tapezieren. Zum Andrücken sollte die Tapezierbürste oder der Tapezierwischer verwendet werden. Die Verwendung des Nahtrollers ist nicht zulässig.

– Tapezieren mit Profilwandbekleidungen, geschäumt oder chemisch strukturiert, auf Papierträger oder Vlies

Profilwandbekleidungen werden auf Stoß tapeziert. Überlappungen sind zu vermeiden.

– Vlieswandbekleidungen

Vlieswandbekleidungen können in der Wandklebetechnik oder alternativ durch rückseitiges Einkleistern, ohne Weichzeit, verklebt werden. An Außenkanten darf nicht überlappt werden. Bei durchscheinenden Vlieswandbekleidungen ist ein gleichfarbiger Untergrund erforderlich.

– Tapezieren mit Vinylwandbekleidungen auf Gewebe oder sonstigen Trägern

Vinylwandbekleidungen müssen mit Klebstoffen nach Angabe des Herstellers je nach Art des Materials auf Stoß oder mit Doppelnahtschnitt verlegt werden.

– Tapezieren mit Textilwandbekleidungen

Dauerhaft alkalisch reagierende Untergründe sind zum Tapezieren von Textilwandbekleidungen grundsätzlich nicht geeignet. Feuchtigkeit auf der Oberfläche der Wandbekleidung ist zu vermeiden. Bei verschiedenen Textilwandbekleidungen ist nach Art und Beschaffenheit ein gleichfarbiger Untergrund erforderlich.

Vom Hersteller nicht beschnittene Textilwandbekleidungen sind vor dem Kleben trocken zu beschneiden. Unterschiede in Webdichte, Struktur und Farbe der Textilwandbekleidung sind bedingt durch die Art und Beschaffenheit dieses Naturmaterials.

– Tapezieren mit Velourswandbekleidung

Velourswandbekleidungen sind auf Stoß zu tapezieren.“

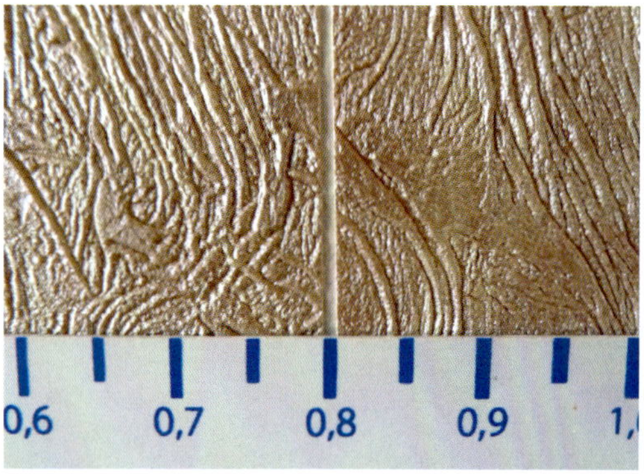

Abb. 1.216: Klaffend offener Tapetenstoß bei einer Strukturtapete

Abb. 1.217: Überlappende Tapezierung bei einer Strukturtapete

Abb. 1.218: Klaffend offener Tapetenstoß bei einer Glasgewebetapete

Abb. 1.219: Rapportversatz bei einer Glasgewebetapete

Demnach sind Wandbekleidungen in der Regel auf Stoß zu tapezieren. Nur in Ausnahmefällen kann über schmale Naht tapeziert werden, wenn es Material, Dicke und Rapport zulassen. Ferner hat die Tapezierung möglichst von der Tageslichtquelle auszugehen, damit durch den Lichteinfall bedingte Nahtstellen optisch weniger in Erscheinung treten. Sofern Wandbekleidungen angebracht werden sollen, die deutlich erkennbare Markierungen oder Rapport aufweisen, ist auf eine symmetrische Aufteilung der Wandbekleidung auf der Wandfläche zu achten.

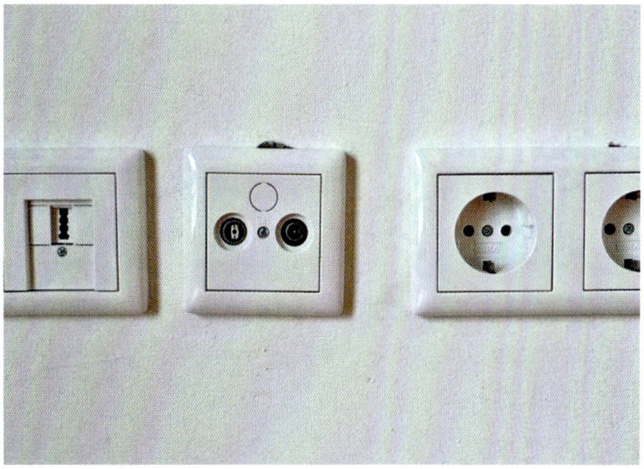

Abb. 1.220: Klaffend offene Stellen in der Verspachtelung, die nicht von der Steckdosenabdeckung verdeckt werden

Abb. 1.221: Strukturunterschiede und Abzeichnung der eingesetzten Lammfellrolle

Eine Norm für die Zulässigkeit von sichtbar klaffenden Stoßfugen steht nicht zur Verfügung. Das Ziel einer Raufasertapezierung ist nach erfolgter Farbbeschichtung vielmehr eine flächige Anmutung. Nach dem Einkleistern dehnt sich das Papiermaterial um bis zu 15 mm in der Breite aus. Bei ordnungsgemäßer Verklebung der eingeweichten Bahnen mit dem Untergrund wird das Schrumpfungsbestreben der Tapete bei der Austrocknung durch den Kleber vollständig behindert. Aufklaffende Stöße deuten insofern auf eine unzureichende Verklebung der Tapete, meistens aufgrund eines überfeuchteten Tapetengrundes, hin. Aus einem angemessenen Betrachterabstand in einer Entfernung von Wänden von etwa 2 m und bei aufrecht stehender Position bei der Beurteilung von Decken darf insofern keine sichtbare Stoßbildung mehr erkennbar sein.

Ähnlich verhält es sich bei Strukturtapeten oder bei Glasfasergewebetapeten mit Musterrapport (siehe Abb. 1.216 bis 1.219). Auch wenn es keine allgemeine produktunabhängige Norm hierfür gibt, finden sich oft entsprechende Hinweise in den Herstellervorschriften, nach denen die Musterrapporte bei der Tapezierung zu beachten sind. Bei diesen Tapeten wird auf Stoß und nicht über Naht geklebt.

Ungleichmäßige Farbbeschichtungen und nicht deckende Farbanstriche sind nicht hinzunehmen, eine unvollständige Spachtelung ebenfalls nicht (siehe Abb. 1.220).

Strukturunterschiede, die sich aus einer üblichen Betrachterposition bei Gebrauchsbeleuchtung deutlich abzeichnen, sind nicht hinnehmbar (siehe Abb. 1.221).

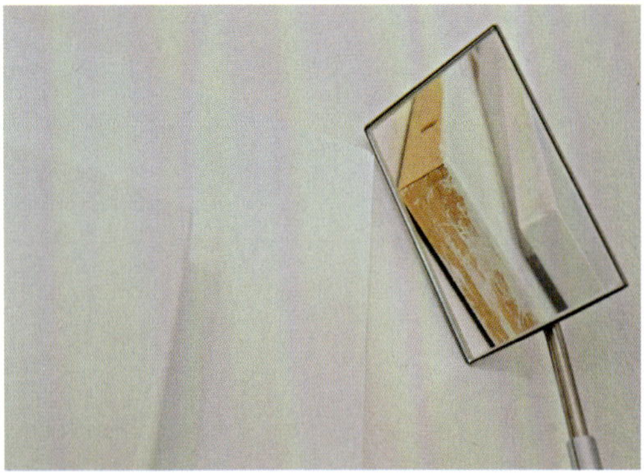

Abb. 1.222: Bei der Abnahme nur von der Leiter aus oder mit einem Spiegel erkennbar: Die Außenkanten der Türbekleidung sind oben und zur Raumecke hin nicht lackiert worden.

Abb. 1.223: Bei der Abnahme nur in Bauchlage oder mit einem Spiegel erkennbar: Die Wand unterhalb des Heizkörpers ist zwar gespachtelt, aber nicht gestrichen worden.

Abb. 1.224: Bei der Abnahme nur in Bauchlage oder mit einem Spiegel erkennbar: Der Wandsockel unterhalb des Heizkörpers ist nicht durchgängig gestrichen worden.

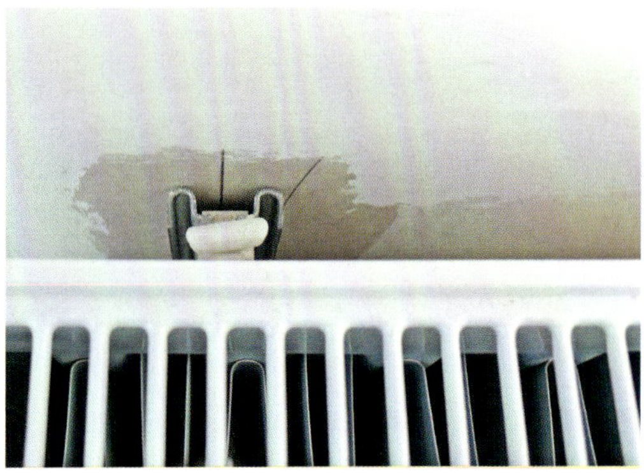

Abb. 1.225: Der Wandanstrich fehlt hinter dem Heizkörper.

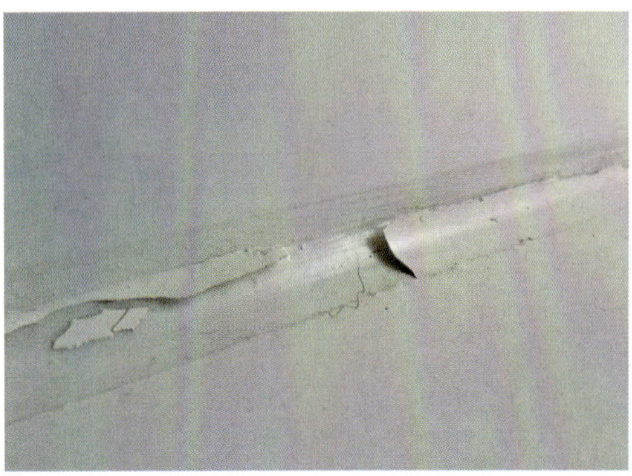

Abb. 1.226: Anstelle einer Acrylfuge wurde eine Siliconfuge hergestellt und anschließend mit Lack beschichtet.

Abb. 1.227: Der Farbanstrich hat sich beim Abziehen der Schutzabklebung aus Kreppklebeband abgelöst.

Unzugängliche Stellen

Insbesondere unzugängliche Stellen sollten bei der Abnahme sorgfältig geprüft werden, weil für diejenigen bekannten (oder erkennbaren) Mängel, für die sich der Besteller seine Rechte bei der Abnahme nicht ausdrücklich vorbehält, später nur noch ein Teil der Ansprüche geltend gemacht werden kann (siehe Abb. 1.222 bis 1.226). Derartige typische Stellen sind z. B. die Oberseiten von Türbekleidungen und Bereiche hinter oder unter Heizkörpern. Bei der Abnahme sollten daher geeignete Hilfsmittel verfügbar sein und die Bekleidung sollte geeignet sein, um eine Prüfung im Knien oder in Bauchlage durchführen zu können.

Schutzmaßnahmen

Bei Schutzabklebungen ist darauf zu achten, dass Klebebänder materialverträglich und leicht zu entfernen sind. Häufig löst sich bei der Entfernung von Schutzklebestreifen oder von Schutzklebefolien der Untergrund ab oder es kommt beim Beschneiden und Abstoßen der Schutzmaterialien zu Verkratzungen oder Schnittbeschädigungen des betreffenden Bauteils (siehe Abb. 1.227).

Balkonbeschichtungen

Bei der Ausführung von Balkonbeschichtungen gelten prinzipiell die gleichen Regelungen wie bei der Ausführung von Flachdachabdichtungen. An aufgehenden Gebäudeteilen muss eine rückwärtige Aufkantung des Abdichtungsmaterials hergestellt werden. Entsprechende Arbeits- und Dehnfugen müssen nach Herstellervorschrift ausgebildet werden. Freie vertikale Stirnseiten der Balkonplatten müssen in die obere Horizontalabdichtung mit einbezogen werden. Hierfür wird zur Sicherstellung einer durchgängig gleichen Schichtstärke nach Herstellervorschrift ein Armierungsgewebe im Kantenbereich eingearbeitet.

Tabelle 1.39: Hauptmaße in Gebäuden und Wohngebäuden nach DIN 18065:2020-08, Tabelle 1

Nr.	Gebäude im Allgemeinen	Wohngebäude mit bis zu 2 Wohnungen und innerhalb von Wohnungen
6.6	Seitenabstand	
	Der Seitenabstand von Treppenläufen und Podesten zu Wänden und/oder Geländern darf nicht mehr als 6 cm (siehe Bild A.9) betragen.	
6.8	lichter Stufenabstand	
	Das Maß von Öffnungen zwischen Stufen darf in einer Richtung nicht größer als 12 cm sein und muss den Vorgaben von Bild A.3 entsprechen.	keine Anforderungen zum lichten Stufenabstand nach dieser Norm
6.9	Geländer	
6.9.3	In Gebäuden, in denen mit der Anwesenheit von unbeaufsichtigten Kleinkindern zu rechnen ist, darf der lichte Abstand von Geländerteilen nicht mehr als 12 cm betragen und die Geländer sind so zu gestalten, dass ein Überklettern des Treppengeländers erschwert wird, z. B. durch Anordnung senkrechter Stäbe oder einer Scheibe im unteren Bereich bis zu einer Höhe von 70 cm oder einem um mindestens 15 cm nach innen gezogenen Handlauf (siehe Bild A.10).	keine Anforderungen zu Öffnungen in Geländern nach dieser Norm
6.9.5	Geländer über Treppenläufen oder Podesten	
	Liegt das Geländer über dem Treppenlauf, so ist die Unterkante des Geländers so auszubilden, dass zwischen ihr und den Stufen ein Würfel mit einer Kantenlänge von 15 cm, in keiner Lage, hindurchgeschoben werden kann. Liegt das Geländer über dem Podest, so ist die Unterkante des Geländers so auszubilden, dass das lichte Maß höchstens 12 cm beträgt (siehe Bild A.17).	keine Anforderungen zu Treppenläufen und Podesten nach dieser Norm

Abb. 1.233: Kugel mit einem Durchmesser von 120 mm als Prüfmittel für den lichten Abstand zwischen Geländerbauteilen im Podestbereich

Abb. 1.234: Kunststoffschablone mit den Abmessungen 150 mm × 150 mm × 50 mm

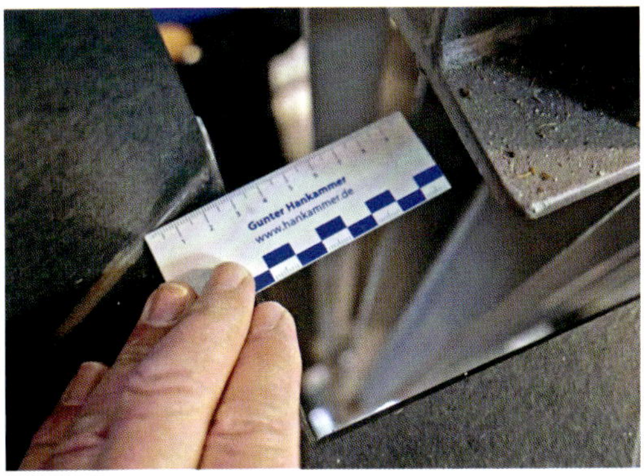

Abb. 1.235 und 1.236: Unzulässiger waagerechter Abstand von 70 mm zwischen dem Rand des Bodenbelags und dem Treppengeländer

Tipp

Ob Öffnungen in Geländern in jede Richtung kleiner als 12 cm sind, lässt sich insbesondere bei verzogenen Geländern bei gewendelten Treppen z. B. im Bereich des Treppenauges mit einer Kugel des Durchmessers 120 mm prüfen (siehe Abb. 1.233).

Ob das maximal zulässige senkrechte Abstandsmaß zwischen dem unteren Rand des Geländers und den Stufenoberflächen von 15 cm eingehalten wird, kann entweder mit einem Würfel mit einer Kantenlänge von 15 cm (siehe Abb. 1.234) oder mit einer Schablone mit einer entsprechenden quadratischen Oberfläche geprüft werden.

Die Einhaltung des maximal zulässigen waagerechten Abstands von 60 mm zwischen dem Rand des Bodenbelags und der Innenkante des Geländers lässt sich mit einem Zollstock oder Fotomaßstab prüfen (siehe Abb. 1.235 und 1.236).

Weitere Hinweise zu den Abmessungen von Treppen und Treppengeländern finden sich in Band 1, Kapitel 6.6.

Abb. 1.237: Unsauber ausgeführte Kehlnaht eines Treppengeländers in einem Wohnhaus mit einer Korrosionsstelle

Abb. 1.238: Unsauber ausgeführte Kehlnaht eines Treppengeländers in einem Wohnhaus

Schweißnähte

Bei Metallbauarbeiten fallen Beanstandungen gelegentlich hinsichtlich der optischen Qualität von Schweißnähten an (siehe Abb. 1.237 und 1.238).

Gemäß VOB/C ATV DIN 18360:2019-09 „Metallbauarbeiten“ gilt:

„3 Ausführung

Ergänzend zur ATV DIN 18299, Abschnitt 3, gilt:

3.1 Allgemeines

3.1.9 Konstruktive Anforderungen (…)

3.1.9.2 Überstehende Schweißraupen von Stumpfnähten müssen, wenn sie statisch nicht notwendig sind, an sichtbar bleibenden Flächen beseitigt werden. (…)

3.1.10 Befestigung am Bauwerk (...)

3.1.10.3 Verbindungen und Befestigungen sind so auszuführen, dass sie die Bewegungen aus den Bauteilen und dem Bauwerk aufnehmen können. (…)

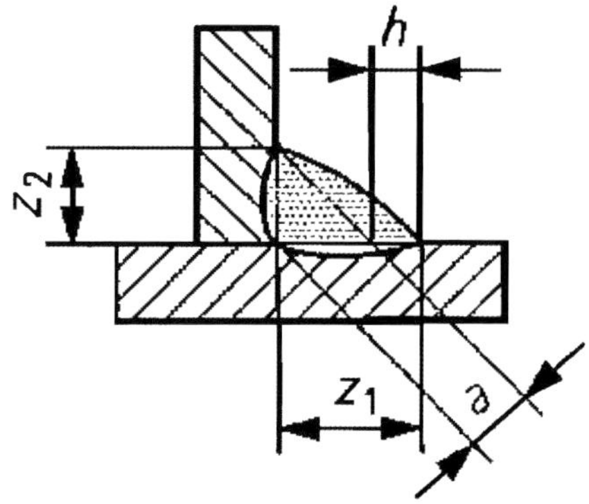

Abb. 1.239: Beurteilung von Unregelmäßigkeiten bei Schweißnahtverbindungen (Quelle: DIN EN ISO 5817:2014-06, Tabelle 1)

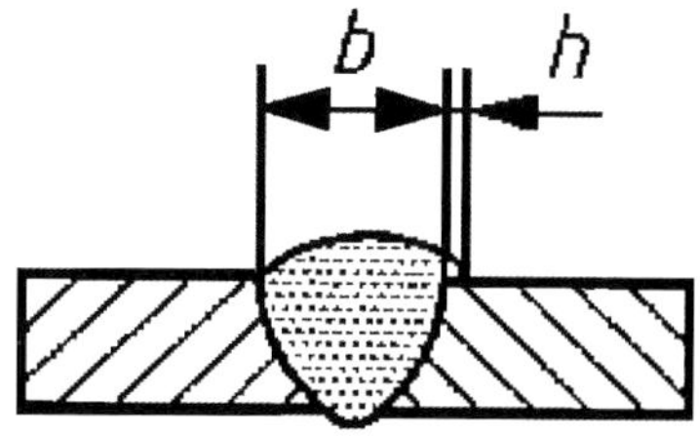

Abb. 1.240: Beurteilung von Unregelmäßigkeiten bei Schweißnahtverbindungen (Quelle: DIN EN ISO 5817:2014-06, Tabelle 1)

3.11 Treppen, Leitertreppen, ortsfeste Treppenleitern, Handläufe, Geländer, Umwehrungen, Gitter (...)

3.11.4 Handläufe sind allseitig zu entgraten und an geschweißten Stoßstellen bündig zu schleifen. Bestehen sie aus zusammengesetzten Profilen, dürfen sie nicht von oben verschraubt werden."

Detaillierte Angaben über hinzunehmende Unregelmäßigkeiten bei der Beurteilung von Schweißnähten enthält das Fachregelwerk „Metallbauerhandwerk – Konstruktionstechnik" (2007), das auf der DIN EN ISO 5817:2016-06 „Schweißen – Schmelzschweißverbindungen an Stahl, Nickel, Titan und deren Legierungen (ohne Stahlschweißen) – Bewertungsgruppen von Unregelmäßigkeiten" basiert und 3 Bewertungsgruppen nennt:

- D: niedrig,
- C: mittel,
- B: hoch.

Sofern nichts Abweichendes vereinbart wurde, sind bei Bauteilen mit vorwiegend ruhender Beanspruchung die zulässigen Grenzwerte für die Unregelmäßigkeiten der Bewertungsgruppe C einzuhalten. Bei Bauteilen mit nicht vorwiegend ruhender Beanspruchung sind die zulässigen Grenzwerte der Bewertungsgruppe B einzuhalten.

Die Beurteilung z. B. einer asymmetrischen Kehlnaht erfolgt gemäß DIN EN ISO 5817:2014-06 „Schweißen – Schmelzschweißverbindungen an Stahl, Nickel, Titan und deren Legierungen (ohne Strahlschweißen) – Bewertungsgruppen von Unregelmäßigkeiten (ISO 5817:2014); Deutsche Fassung EN ISO 5817:2014" (siehe Abb. 1.239).

Das Kriterium der Fachregel für die Bewertungsgruppe C lautet: **h ≤ 2 mm + 0,15 a**.

Die Beurteilung der Oberflächenunregelmäßigkeit aufgrund eines Schweißgutüberlaufs erfolgt wie in Abb. 1.240 dargestellt.

In der Bewertungsgruppe C ist ein Schweißgutüberlauf nicht zulässig.

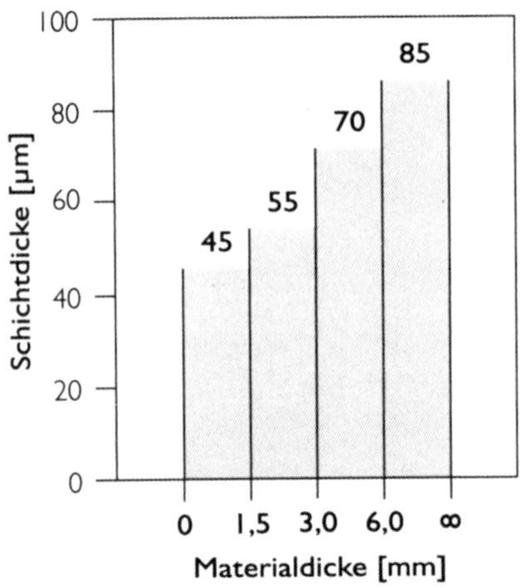

Abb. 1.241: Mindestzinkschichtdicken in Mikrometer nach DIN EN ISO 1461 (Quelle: Korrosionsschutz durch Feuerverzinken [Stückverzinken], 2015, S. 24)

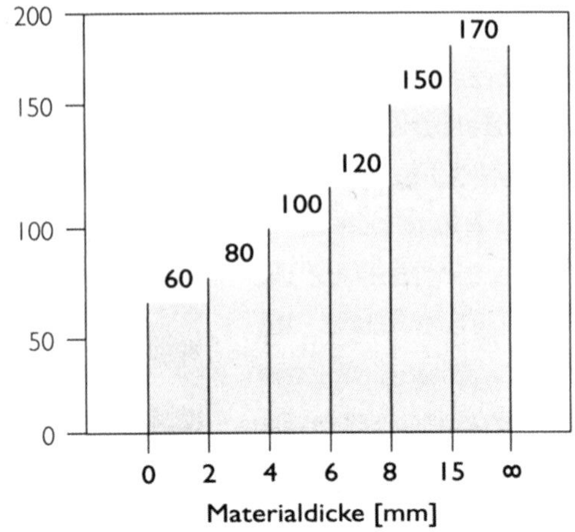

Abb. 1.242: Praxisübliche Zinkschichtdicken. (Quelle: Korrosionsschutz durch Feuerverzinken [Stückverzinken], 2015, S. 24)

Korrosionsschutz

Korrosionsgefährdete Bauteile müssen entsprechend ihrer Beanspruchung geschützt werden. Bei verzinkten Bauteilen können bei der Abnahme folgende Aspekte beurteilt werden:

- fehlerhafte Ausführung der Verzinkung,
- vereinbarungsgemäße Dicke des Zinküberzuges und
- Konformität der Zinküberzüge mit den zugesicherten Eigenschaften.

Ob eine fehlerhafte Ausführung der Verzinkung vorliegt, wird durch Sichtprüfung ohne optische Hilfsmittel ermittelt. Dabei sind dunkel- und hellgraue Stellen, z. B. netzförmige Muster von grauen Bereichen, geringe Oberflächenunebenheiten und Weißrost, keine Mängel im Sinne der DIN EN ISO 1461 (siehe Abb. 1.241). Hier sind auch die mindestens erforderlichen Schichtdicken des Zinküberzuges aufgeführt. Die Messung der Dicken erfolgt in der Praxis mit Handgeräten im magnetinduktiven Verfahren.

Die in der DIN EN ISO 1461 geforderten Mindestdicken der Zinküberzüge werden in der Praxis wegen der mehrschichtigen Aufträge in der Regel überschritten (siehe Abb. 1.242).

Tabelle 1.40: Mindestens erforderliche Schichtdicken der Zinküberzüge nach DIN EN ISO 1461:2009-05

Werkstücke und ihre Dicke	örtliche Schichtdicke in µm	durchschnittliche Schichtdicke in µm
Stahl > 6 mm	70	85
Stahl > 3 mm bis ≤ 6 mm	55	70
Stahl ≥ 1,5 mm ≤ 3 mm	45	55
Stahl < 1,5 mm	35	45
Gussstücke ≥ 6 mm	70	80
Gussstücke < 6 mm	60	70

DIN EN ISO 1461:2009-05 „Durch Feuerverzinken auf Stahl aufgebrachte Zinküberzüge (Stückverzinken) – Anforderungen und Prüfungen" unterscheidet die örtliche Schichtdicke von der durchschnittlichen Schichtdicke:

„*3 Begriffe*

Für die Anwendung dieses Dokuments gelten die Begriffe nach ISO 2064 und die folgenden Begriffe. (...)

3.8 örtliche Schichtdicke

Mittelwert einer Überzugsdicke aus einer bestimmten Anzahl von Einzelmessungen innerhalb einer Referenzfläche bei einer magnetischen Prüfung oder als Einzelwert einer gravimetrischen Prüfung

3.9 durchschnittliche Schichtdicke

Mittelwert der örtlichen Schichtdicken (...)"

Die nach der DIN EN ISO 1461 mindestens erforderlichen Schichtdicken sind Tabelle 1.40 zu entnehmen.

Ausbesserungen durch Kaltverzinken

Transport- oder Baustellenschäden und örtlich hergestellte Schweißnahtverbindungen können in bestimmtem Umfang durch das Auftragen eines Zinkstaubbeschichtungsstoffes ausgebessert werden (siehe Abb. 1.243), wie die VOB/C ATV DIN 18360:2019-09 „Metallbauarbeiten" regelt:

„3 Ausführung

Ergänzend zur ATV DIN 18299, Abschnitt 3, gilt:

3.1 Allgemeines (…)

3.1.11 Oberflächenschutz (…)

3.1.11.4 Müssen verzinkte Teile geschweißt werden, so ist die Zinkauflage in der Schweißzone zu entfernen. Der geschweißte Bereich ist zu reinigen und anschließend mit einer kleinen Überlappung zum intakten Zinküberzug zu beschichten. Die Schichtdicke des ausgebesserten Bereichs muss mindestens 100 μ betragen."

Der maximal zulässige Umfang solcher Ausbesserungen und die mindestens erforderliche Dicke der Beschichtung sind in DIN EN ISO 1461:2009-05 „Durch Feuerverzinken auf Stahl aufgebrachte Zinküberzüge (Stückverzinken) – Anforderungen und Prüfungen" festgelegt:

„6 Eigenschaften des Überzugs (…)

6.3 Ausbesserung

Die Summe der Bereiche ohne Überzug, die ausgebessert werden müssen, darf 0,5 % der Gesamtoberfläche eines Einzelteils nicht überschreiten. Ein einzelner Bereich ohne Überzug darf in seiner Größe 10 cm² nicht übersteigen. Falls größere Bereiche ohne Überzug vorliegen, muss das betreffende Bauteil neu verzinkt werden, falls keine anderen Vereinbarungen zwischen dem Kunden und dem Feuerverzinkungsunternehmen getroffen werden.

Die Ausbesserung sollte durch thermisches Spritzen mit Zink (z. B. ISO 2063) oder durch eine geeignete Zinkstaubbeschichtung, wobei die Zinkstaub-Pigmente ISO 3549 entsprechen müssen, innerhalb der praktikablen Grenzen solcher Systeme, oder mittels geeigneter Zinkflake-Beschichtung oder Zinkpaste erfolgen. Die Verwendung von Loten auf Zinkbasis ist ebenfalls möglich (siehe Anhang C).

Wenn gesonderte Anforderungen vereinbart werden, z. B. das Auftragen zusätzlicher Beschichtungen, muss der Verzinker zuvor den Kunden über die Art der Ausbesserung informieren. Die Ausbesserung muss die Entfernung von Verunreinigungen und die notwendige Reinigung und Oberflächenvorbereitung der Schadstelle zur Sicherstellung des Haftvermögens beinhalten.

Die Schichtdicke des ausgebesserten Bereiches muss mindestens 100 μm betragen, falls keine anderslautenden Vereinbarungen getroffen wurden, z. B. wenn eine zusätzliche Beschichtung aufgetragen werden soll, und daher die Schichtdicke der Ausbesserungsstelle die gleiche Dicke aufweisen soll wie der Zinküberzug. An den ausgebesserten Stellen muss ein hinreichender Korrosionsschutz sichergestellt sein."

Welche Beschichtungsstoffe sich für Ausbesserungen feuerverzinkter Bauteile bewährt haben, beschreiben die „Arbeitsblätter Feuerverzinken E.4 Fachgerechte Ausbesserung" (Institut Feuerverzinken GmbH, 2016):

„3. Auswahl und Applikation des Ausbesserungsstoffs (…)

Die in DIN EN ISO 1461 festgelegten Ausbesserungsverfahren sind sowohl hinsichtlich des erforderlichen Aufwandes als auch bezüglich der Schutzwirkung unterschiedlich. Das Thermische Spritzen mit Zink (Abb. 1) bzw. das Auftragen geeigneter Zinkstaubbeschichtungen ist i. d. R. den Loten auf Zinkbasis vorzuziehen.

Lote auf Zinkbasis sind nach der Norm zwar gleichberechtigt anwendbar, spielen in der gängigen Praxis jedoch eine untergeordnete Rolle. Auf der Baustelle ist eine Ausbesserung mit Zinkstaubbeschichtungen (Abb. 2) mittels Pinsel praktikabel und empfehlenswert.

Als Zinkstaubbeschichtungsstoffe haben sich bewährt:

- *Zweikomponenten-Expoxidharz-Zinkstaubbeschichtungsstoffe,*
- *luftfeuchtigkeitshärtende Einkomponenten-Polyurethan-Zinkstaubbeschichtungsstoffe,*
- *luftfeuchtigkeitshärtende Einkomponenten-Ethylsilikat-Zinkstaubbeschichtungsstoffe,*
- *geeignete gleichwertige Zinkflake-Beschichtungen und Zinkpasten.*

Die Beschichtungsstoffe sollten vom Hersteller für diesen Einsatzzweck zugelassen sein. Bei Zinkstaubbeschichtungsstoffen sollte der Anteil an Zinkstaub als Pigment möglichst > 90 % des Gewichts betragen.

Falls ein feuerverzinktes Teil zusätzlich beschichtet werden soll (Duplex-System), ist es notwendig, die Feuerverzinkerei im Vorfeld hierüber zu informieren. Die Feuerverzinkerei muss in solchen Fällen zuvor den Auftraggeber über die Art der Ausbesserung informieren. Der Kunde und der Beschichter sollten sich vorab vergewissern, dass das gewählte Ausbesserungsverfahren für die nachfolgende Beschichtung geeignet ist.

4. Berücksichtigung der normgerechten Anforderungen an die Schichtdicke

Die Schichtdicke des ausgebesserten Bereiches muss mindestens 100 µm betragen, falls keine anderslautenden Vereinbarungen getroffen wurden, z. B. wenn eine zusätzliche Beschichtung aufgetragen werden soll. An den ausgebesserten Stellen muss ein hinreichender Korrosionsschutz sichergestellt sein.“

Gemäß dem VFF-Merkblatt „Beschichten von Stahlteilen im Metallbau (2018) gilt:

„4 Durchführung (…)

4.3. Handwerkliche Beschichtung (…)

Anmerkung

Bei feuerverzinkten Konstruktionen, die nachträglich geschweißt werden, ist vor dem Beschichten die Schweißzone gem. DIN 18360 zu behandeln. Bei Außenanwendung (und vergleichbarer Beanspruchung) ist der Schweißnahtbereich mit einem Beschichtungsstoff mit reaktivem Schutzmechanismus (i. a. Zinkstaubfarbe, Trockenschichtdicke mindestens das 1,5-Fache der Zinkschicht) zu schützen. Die als sogenannte ‚Kaltverzinkung‘ mit aluminiumhaltigen Lacken durchgeführte Ausbesserung von fehlerhaften Zinkschichten ist nicht zulässig. Beschichtungsarbeiten dürfen nicht ausgeführt werden, wenn:

- *die Objekttemperatur weniger als +5 °C beträgt und*
- *Feuchtigkeit wie Regen, Nebel oder Tauwasser auftritt.*

Bei bereits vorhandenen Altanstrichen ist die Haftung und die Überbeschichtbarkeit zu prüfen (Gitterschnitt. Lösemittelprobe).“

Abb. 1.248: Unzulässig: konkurrierende Meterrissplaketten

Abb. 1.249 und 1.250: Wenn sich die Gewerke an unterschiedlichen Meterrissen orientieren, entstehen an den Schnittstellen nicht akzeptable Höhendifferenzen, hier 3 cm.

Unzulässig, weil missverständlich ist die Anbringung unterschiedlicher Meterrissplaketten (siehe Abb. 1.248 bis 1.250):

DIN 18111-1:2018-10 „Türzargen – Stahlzargen – Teil 1: Standardzargen (1-schalig und 2-schalig) für gefälzte Türen in Mauerwerkswänden und Ständerwerkswänden“ verweist bezüglich des Einbaus von Stahlzargen auf DIN 18111-3:

„21 Einbau von Stahlzargen

Der Einbau von Stahlzargen ist in DIN 18111-3 festgelegt.“

Stahlzargen in Massivwänden müssen nach DIN 18111-3:2018-10 „Türzargen – Stahlzargen – Teil 3: Einbau von Stahlzargen nach DIN 18111-1 und DIN 18111-2“ mit Mörtel oder Expansionsklebstoffen hinterfüllt sein:

„5 Montage (…)

5.2 Mauerwerkszargen (…)

5.2.2 Hinterfüllung der Mauerwerkszarge

5.2.2.1 Hinterfüllen von 1-schaligen Zargen

Der Hohlraum zwischen Stahlzargen und Wand ist mit Hinterfüllstoffen vollständig auszufüllen. Eine Teilhinterfüllung (mindestens aber 50 %, siehe Bild 4) ist zwischen Auftraggeber und Auftragnehmer zu vereinbaren.

Hinterfüllstoffe sind bei teilweiser Hinterfüllung dort einzubringen, wo die höchsten Belastungen auftreten, z. B. im Band- und Schlossbereich (siehe Bild 4).

Die Art der Hinterfüllstoffe ist vom Auftraggeber festzulegen.

Als Hinterfüllstoffe eignen sich:

- *Mörtel nach DIN EN 1996-1-1, DIN EN 1996-1-1/NA, DIN EN 1996-2, DIN EN 1996-2/NA, DIN EN 1996-3, DIN EN 1996-3/NA; erdfeucht verarbeitet, oder Zargenvergussmörtel*

ANMERKUNG: Durch die Eigenspannung des kalt verformten Bleches und durch den Schrumpfprozess der Mörtel kann es im Laibungsbereich der Stahlzargen zu einer zulässigen Trennung zwischen Blechfläche und Hinterfüllstoff kommen. Daraus kann kein Einbaumangel hergeleitet werden.

- *Montageschäume (vorzugsweise Zweikomponenten-Expansionsklebstoffe)*

Bei Türen mit besonderen Anforderungen sind die Hinterfüllvorgaben der Hersteller zu befolgen.“

Ein häufig auftretender Mangel bei Stahlzargen liegt in einem übergroßen Bodenluftspalt der Zarge und des Türblatts. Das maximal zulässige Maß für die Bodenluft von Türen wird unterschiedlich angegeben. Gemäß Informationsblatt ifz info TU 02/1 „Innentüren richtig montiert. Voraussetzungen – Ausrichten – Befestigen – Abdichten“ (2012) gilt:

„3 Zargenmontage – der Schlüssel für eine gut funktionierende Tür

3.1 Mit den Normmaßen ist nicht alles gelöst (…)

Die sogenannte ‚Bodenluft‘, also die Fugenbreite zwischen Oberkante Fertigfußboden und Unterkante Türblatt, kann bei Ausführung nach den Maßfestlegungen und zulässigen Toleranzen der Normen bis zu 12mm betragen. Eine derartige Fugenbreite ist jedoch üblicherweise zu groß. Eine akzeptable Fugenbreite liegt bei 7 mm.“

Gemäß VOB/C ATV DIN 18360:2016-09 „Metallbauarbeiten“ betrug das Mindestmaß der Bodenluft 8 mm. Die VOB/C ATV DIN 18360:2019-09 gibt kein konkretes Maß mehr an.

In DIN 18101:2014-08 „Türen; Türen für den Wohnungsbau, Türblattgrößen, Bandsitz und Schlosssitz, Gegenseitige Abhängigkeit der Maße“ sind der obere und die seitlichen Falzluftabstände zwischen der Türzarge und dem Türblatt normativ festgelegt:

„5 Luftspalt

Aus der Addition der Toleranzen von Türblattfalzmaß und Zargenbreite im Falz sowie eines funktionsnotwendigen Luftspaltes ergibt sich für die Längsseiten ein Gesamt-Luftspalt von höchstens 9,0 mm und mindestens 5,0 mm. Der einzelne Luftspalt darf 2,5 mm nicht unterschreiten und 6,5 mm nicht überschreiten.

Der obere Luftspalt zwischen Türblatt und Zarge bzw. Oberblende darf 2,0 mm nicht unterschreiten und 6,5 mm nicht überschreiten.

ANMERKUNG: Wird ein beidseitig gleichmäßiger Luftspalt (auch ‚Türluft‘ oder ‚Falzluft‘ genannt) zwischen Zarge und Türblatt gewünscht, so ist das Türblatt seitenverstellbar auszubilden, z. B. durch die Verwendung von verstellbaren Bändern oder verstellbaren Bandaufnahmen.“

Das zulässige Maß für die Bodenluft des Türblatts ist in der Norm nicht explizit geregelt, kann aber aus der DIN 18101 wie folgt abgeleitet werden:

Nach Tabelle 1, Spalte 9 der DIN 18101 beträgt die lichte Zargenhöhe im Falz als obere Bezugskante G = 1983 mm.

Die zulässige Abweichung ist dort festgelegt mit: 0/–2 mm.

Nach Tabelle 1, Spalte 6 der DIN 18101 beträgt das Türblattfalzmaß *D* = 1.972 mm.

Die zulässige Abweichung ist dort festgelegt mit: +2/0 mm.

Das Mindestmaß der Zargenhöhe beträgt 1.983 mm – 2 mm = 1.981 mm.

Das Maximalmaß des Türblattfalzmaßes beträgt 1.972 mm + 2 mm = 1.974 mm.

Gemäß Abschnitt 4.3 der DIN 18101 beträgt

- das Mindestmaß für den oberen Luftspalt zwischen Türflügel und Türzarge 2,0 mm,
- das Maximalmaß für den oberen Luftspalt zwischen Türflügel und Türzarge 6,5 mm.

Tabelle 1.41 gibt eine Übersicht über Varianten für die Ermittlung des unteren Luftspaltes nach DIN 18101.

Tabelle 1.41: Berechnung des unteren Luftspalts in Abhängigkeit von Zargenhöhe und Türblattfalzmaß

Zargenhöhe *G* in mm	**Abweichung in mm**	**Türblattfalzmaß *D* in mm**	**Abweichung in mm**	**Luftspalt**	
				oben in mm	**unten in mm**
1.983	–2	–1.972	–2	–6,5	0,5
1.983	0	–1.972	0	–6,5	4,5
1.983	-2	–1.972	-2	-2	5
1.983	–1	–1.972	–1	–2	7
1.983	0	–1.972	0	–4	7
1.983	0	–1.972	0	-2	9

Danach sind theoretisch bei Auftreten der oben berücksichtigten Abweichungen Maße für die Bodenluft nach der DIN 18101 möglich zwischen **0,5 mm und 9,0 mm**. Der untere Grenzwert von 0,5 mm kommt aber nur dann in Betracht, wenn der obere Luftspalt mit dem maximal zulässigen Wert von 6,5 mm auftritt. Das Türblatt ließe sich dann noch um 4,5 mm nach oben hin justieren.

Wird die DIN 18111-4 einbezogen, nach der für die Höhe des Zargenmaßes von Stahlzargen auch eine Abweichung von +2 mm möglich ist, ergibt sich die in Tabelle 1.42 dargestellte zusätzliche Möglichkeit.

Tabelle 1.42: Ermittlung des unteren Luftspalts in Abhängigkeit von Zargenhöhe und Türblattfalzmaß unter Berücksichtigung von DIN 18111-4

Zargenhöhe *G* in mm	Abweichung in mm	Türblattfalzmaß *D* in mm	Abweichung in mm	Luftspalt oben in mm	Luftspalt unten in mm
1.983	+2	–1.972	0	–2	11

Danach sind theoretisch bei Auftreten der oben berücksichtigten Abweichungen Maße für die Bodenluft nach DIN 18101 in Kombination mit DIN 18111-4 möglich zwischen **0,5 mm und 11,0 mm**.

Diese beiden Extremwerte kommen allerdings bei der Herstellung und der Montage von Türblättern und Türzargen eher selten vor und entsprechen somit nicht den baupraktischen Gesichtspunkten. Gleichzeitig muss beachtet werden, dass die DIN 18101 eine Maßnorm für die Herstellung von Türen und Zargen ist und nicht die Einbausituation im Hinblick auf Toleranzabweichungen der Bodenbeläge berücksichtigt. Der untere Luftspalt soll eine reibungslose Funktion der Tür auch dann gewährleisten, wenn Verunreinigungen (z. B. Splittkörner) auf dem Fußboden unterhalb des Türblattes vorhanden sind und/oder wenn der flächenfertige Fußboden hinter der Tür im Rahmen seiner zulässigen Toleranzen gemäß DIN 18202 ansteigt. Vor diesem Hintergrund können folgende Werte als baupraktisch erreichbar angesehen werden:

- Maximalluftspalt: **8 mm**,
- Minimalluftspalt: **4 mm**.

Abweichung der Türzarge von der Lotrechtigkeit

Türzargen sind gemäß DIN 18111-3:2018-10 „Türzargen – Stahlzargen – Teil 3: Einbau von Stahlzargen nach DIN 18111-1 und DIN 18111-2“ grundsätzlich lotrecht einzubauen:

„5 Montage (…)

5.2 Mauerwerkszargen

5.2.1 Einbau

1) Die Stahlzarge ist lot- und waagerecht nach dem Meterriss in der Wandöffnung auszurichten und festzusetzen (siehe Bild 2).

Die Abweichung zwischen der Meterrissmarkierung an der Zarge zum bauseitigen Meterriss darf maximal ± 2 mm betragen.

Die Abweichung von der waagerechten und vertikalen Solllage darf maximal 1 mm/m betragen.“

Wandabstand der Türzarge

Das zulässige Toleranzmaß für den Abstand der Türzarge von der Wandoberfläche richtet sich nach den Toleranzwerten der DIN 18202 und der DIN 18111-3, die kumuliert auftreten können.

Gegenläufige Neigung von Wandputz und Türzarge

Bei einem Messpunktabstand von 2 m (Türhöhe) ergibt sich als zulässiges Maß der Winkeltoleranz für den Wandputz nach DIN 18202:2019-07 „Toleranzen im Hochbau – Bauwerke", Tabelle 3, Zeile 6 (flächenfertige Wände) nach Interpolation ein Wert von **7 mm**.

Das zulässige Toleranzmaß für die Stahlzarge beträgt nach DIN 18111-3 1 mm/m. Bei einer Türhöhe von 2 m sind dies 1 mm/m · 2 m = **2 mm**.

Hieraus ergibt sich der maximal zulässige Wandabstand der geneigten Türzarge von der gegenläufig geneigten Wandoberfläche zu 7 mm + 2 mm = **9 mm**.

Unebenheiten im Wandputz

Bei einem Messpunktabstand von 2 m (Türhöhe) ergibt sich als zulässiges Maß der Ebenheitstoleranz nach DIN 18202:2019-07 „Toleranzen im Hochbau – Bauwerke", Tabelle 2, Zeile 1 (flächenfertige Wände) nach Interpolation ein Wert von **7 mm**.

Hieraus ergibt sich der maximal zulässige Wandabstand der Türzarge von der Wandoberfläche im Bereich von Putzunebenheiten zu **7 mm**.

Transportprofile

Die Transportwinkel am unteren Ende der Stahlzarge werden nach der Montage der Türzarge entfernt. Bei Zargen mit Bodeneinstand sind die Befestigungslöcher der Transportwinkel später nicht mehr zu sehen, da sie dann unterhalb OFF liegen.

DIN 18111-3:2018-10 „Türzargen – Stahlzargen – Teil 3: Einbau von Stahlzargen nach DIN 18111-1 und DIN 18111-2" regelt:

„5 Montage (…)

5.2 Mauerwerkszargen

5.2.1 Einbau (…)

4) Die Transportprofile sind gegen Durchbiegen zu unterlegen.

5) Die Transportprofile und Spreizen sind erst nach Abbinden der Hinterfüllung zu entfernen. Ein Abschlagen der Transportprofile ist nicht zulässig."

Bei Steckzargen dürfen nach der Demontage keine Befestigungslöcher oder Rückstände auf der Zarge verbleiben (siehe Abb. 1.251), wie die DIN 18111-4:2018-10 „Türzargen; Stahlzargen – Teil 1: Standardzargen (1-schalig und 2-schalig) für gefälzte Türen in Mauerwerkswänden und Ständerwerkswänden" regelt:

Abb. 1.251: Lochbohrung und Rückstände von dem Transportwinkel sind noch sichtbar vorhanden. Die Zarge ist in Bezug auf OFF zu hoch eingebaut worden oder der Estrich wurde in unzureichender Höhenlage eingebracht.

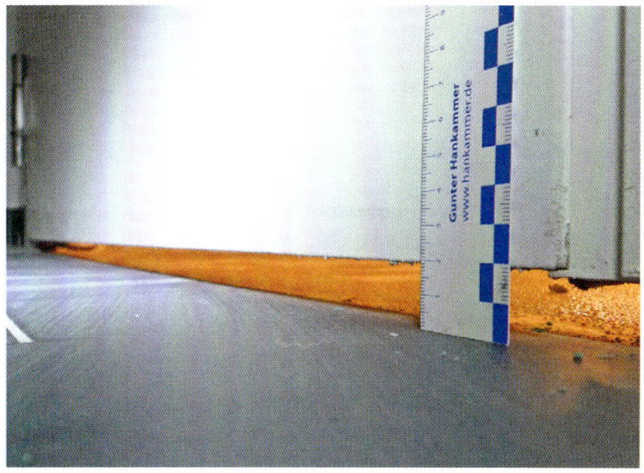

Abb. 1.252: Bodenluftspalt bei einer T-30-2-Feuerabschlusstür

„15 Transportprofil

15.1 Allgemeines

Die Stahlzargen müssen am unteren Zargenende mit Transportprofilen (lösbare Verbindung) versehen sein. Transportprofile sind bis maximal 30 mm über OFF anzubringen.

Die Befestigungslöcher der Transportprofile sind im Zuge der Endbehandlung der Zarge zu schließen.“

Feuerschutztüren

Ein häufig auftretender Mangel bei Feuerschutztüren liegt in einem übergroßen Bodenluftspalt (siehe Abb. 1.252).

Die zulässige Höhe des Bodenluftspalts ist außerdem in der jeweiligen allgemeinen bauaufsichtlichen Zulassung (abZ) durch den dortigen Hinweis auf die Einbauanleitung des Herstellers geregelt (siehe Abb. 1.253). Im nachfolgenden Beispiel beträgt das zulässige Maß 10 ± 5 mm.

Beispiel für eine allgemeine bauaufsichtliche Zulassung:

„3 Bestimmungen für den Einbau (...)

3.2 Einbauanleitung

Jeder Feuerschutzabschluss ist mit einer schriftlichen Einbauanleitung auszuliefern, die der Antragsteller/Hersteller in Übereinstimmung mit dieser allgemeinen bauaufsichtlichen Zulassung erstellt und die mindestens die für den jeweiligen Feuerschutzabschluss relevanten Teile des Dokuments B 3,5 bei Berücksichtigung der jeweiligen Einbausituation sowie folgende Angaben enthalten muss:

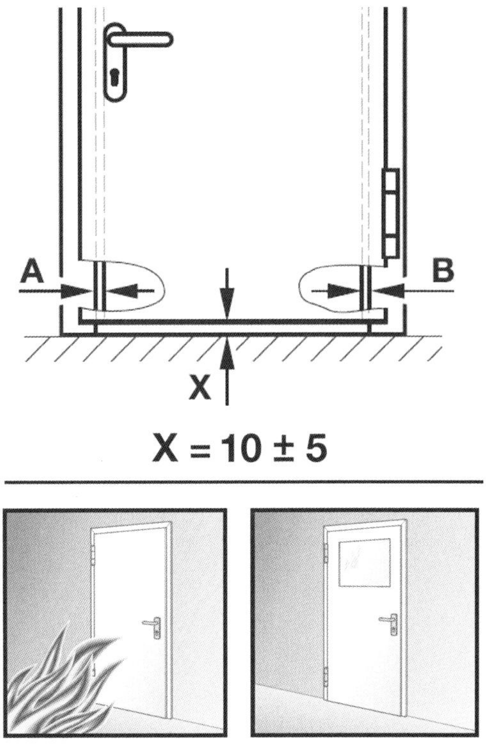

Abb 1.253: Beispiel einer Einbau- und Wartungsanleitung (Auszug; Quelle: Einbau- und Wartungsanleitung – Ein- und Zweiflügelige Stahltüren, 2012)

- *Angaben für den Einbau des Feuerschutzabschlusses (z. B. angrenzende Wände/Bauteile, zulässige Befestigungsmittel, Befestigungsabstände, Fugenausbildung),*
- *Hinweise auf zulässige Ausführungsvarianten und Zubehörteile,*
- *Anweisungen zum ggf. notwendigen Zusammenbau (Zargen, Scheiben, Dichtungen),*
- *Hinweise bezüglich der Verwendung von Feststellanlagen.“*

Rauchschutztüren

Rauchschutztüren müssen dicht schließend sein. Die Bodenabsenkdichtung muss zu diesem Zweck auf einen harten Bodenbelag oder eine Schwellenschiene herabfahren (siehe Abb. 1.254 und 1.255).

Außentüren

Oberhalb von nach außen aufschlagenden Außentüren müssen außenseitige Wetterschenkel vorhanden sein, weil der an der Fassade ablaufende Schlagregen ansonsten über den Überschlag nach innen in das Gebäude eindringen kann (siehe Abb. 1.256 und 1.257).

Kellerabtrennungen

Bei der Abnahme muss die Funktion, insbesondere die Verschließbarkeit der Abstellräume, geprüft werden (siehe Abb. 1.258).

Abb. 1.254 und 1.255: Tür mit Bodenabsenkdichtung: Das Schwellenprofil anstelle des Teppichbodens fehlt, die Bodenabsenkdichtung fährt bei geschlossener Tür nicht ordnungsgemäß nach unten herab.

Abb. 1.256: Nach außen aufschlagende T-30-Tür ohne Wetterschenkel

Abb. 1.257: Der Wetterschenkel ist zwar oberhalb der Tür angebracht worden, er ist aber seitlich nicht abgedichtet worden.

Abb. 1.258: Bei der Abnahme erkennbar: Falle und Riegel fahren nicht in die hierfür vorgesehenen Aufnahmen ein.

Abb. 1.259: Der Entwässerungsschlitz im Blendrahmen eines Aluminiumfensters ist nicht mit einer Entwässerungskappe abgedeckt.

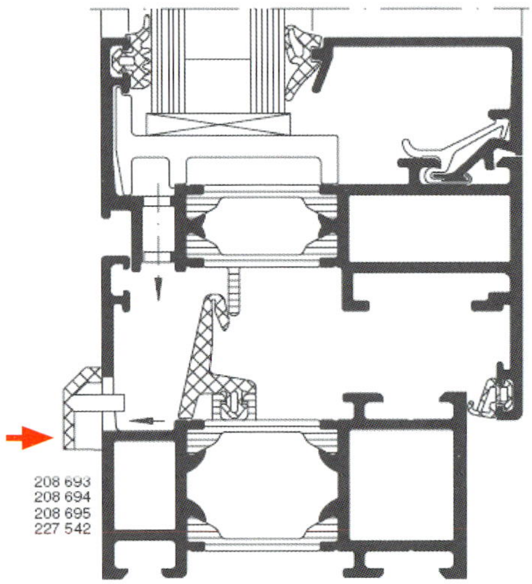

Abb. 1.260: Schnittdarstellung Blendrahmen/Flügelrahmen mit Entwässerungskappe (Quelle: Schüco, Produktunterlagen, System Royal SG 65)

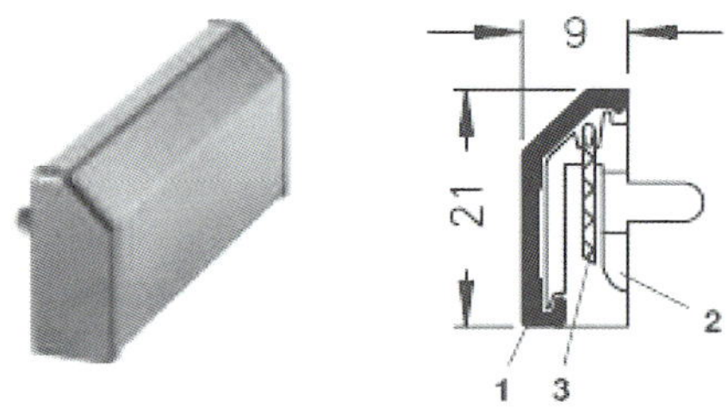

Der Einbau dieser Entwässerungskappe ist besonders empfehlenswert:

- für Gebäude mit hohem Staudruck,
- zur farblichen Abstimmung der Fenster bzw. der Objekte,
- wo Aluminium gewünscht wird,
- bei Festverglasungen.

Abb. 1.261: Empfohlene Anwendungen einer Entwässerungskappe (Quelle: Schüco, Auszug aus den Produktunterlagen, System Royals SG 65)

Entwässerungskappen

Beanstandet wird bei der Abnahme gelegentlich, dass bei Aluminium- oder Kunststofffenstern keine Entwässerungskappen vorhanden sind (siehe Abb. 1.259).

Entwässerungskappen sind etwa 5 cm lang und 2 cm hoch und werden in der Regel aus Kunststoff gefertigt. Sie decken die nach außen hin offenen waagerechten Entwässerungsschlitze der Hohlkammer-Blendrahmenprofile ab. Das eingedrungene Wasser kann an der unteren, offenen Seite der Kappen nach unten ablaufen (siehe Abb. 1.260).

Bei Dreh-Kipp-Fenstern haben die Entwässerungskappen eine rein optische Funktion zur Abdeckung der sichtbaren Schlitze an der Vorderseite der Fensterblendrahmen. Bei Elementen mit Festverglasung hingegen verhindern die Entwässerungskappen in Kombination mit einer eingebauten Membran das Eintreiben von Wasser und erfüllen somit eine technische Funktion.

Der Hersteller Schüco empfiehlt in seinen Produktunterlagen zum System Royal SG 65 das Vorgehen gemäß Abb. 1.261.

Abb. 1.262 und 1.263: Gefälleloses Eingangspodest eines Einkaufszentrums. Das hier auftreffende Niederschlagswasser staut sich an der senkrecht hochstehenden Randschiene aus verzinktem Stahl auf und führt zum Entstehen von Pfützen mit dem Risiko von Eisbildung bei Frost.

Abb. 1.264: Steckhülsen als Aufnahme für mobile Absturzgeländer an einer Anlieferungsrampe eines Einkaufscenters

Abb. 1.265: Zustand der Steckhülsen bei Abnahme

Abb. 1.266: Zustand der Steckhülsen nach dem Eintreffen der Lkw

Funktion und Nachhaltigkeit

Bereits bei der Abnahme ist erkennbar, ob die Bauteile funktionstauglich und zweckentsprechend hergestellt worden sind (siehe Abb. 1.262 bis 1.266).

1.8 Raumlufttechnische Anlagen (VOB/C ATV DIN 18379)

1.8.1 Allgemeine Regelungen gemäß VOB/C ATV

Für die erforderlichen Abnahmeprüfungen sind Regelungen in der VOB getroffen.

Gemäß VOB/C ATV DIN 18379:2019-09 „Raumlufttechnische Anlagen" gilt:

„3 Ausführung (…)

3.2 Anforderungen

3.2.1 Allgemeines

3.2.1.1 Für die Ausführung von Raumlufttechnischen Anlagen gelten: (…)

DIN 1946-6 Raumlufttechnik Teil 6: Lüftung von Wohnungen – Allgemeine Anforderungen, Anforderung zur Bemessung, Ausführung und Kennzeichnung, Übergabe/Übernahme (Abnahme) und Instandhaltung (…)

3.5 Abnahmeprüfung

Es ist eine Abnahmeprüfung nach DIN EN 12599 ‚Lüftung von Gebäuden – Prüf- und Messverfahren für die Übergabe eingebauter raumlufttechnischer Anlagen' durchzuführen. Zusätzliche Funktionsmessungen bedürfen der besonderen Vereinbarung.

Für die Abnahme von Raumkühlflächen gilt die VDI 6031 ‚Abnahmeprüfung an Raumtechnischen Anlagen – Funktions-Abnahmeprüfung von Raumkühlflächen'.

3.6. Mitzuliefernde Unterlagen

Der Auftragnehmer hat folgende Unterlagen aufzustellen und dem Auftraggeber spätestens bei der Abnahme zu übergeben:

- *Funktions- und Strangschemata,*
- *elektrische Übersichtsschaltpläne und Anschlusspläne nach DIN EN 61082-1 (VDE 0040-1) ‚Dokumente der Elektrotechnik-Teil 1: Regeln',*
- *Zusammenstellung der wichtigsten technischen Daten,*
- *Kopien der vorgeschriebenen Prüf- und Herstellerbescheinigungen, Verwendbarkeitsnachweise, Fachunternehmererklärungen,*
- *alle für einen sicheren und wirtschaftlichen Betrieb erforderlichen Bedienungs- und Wartungsanleitungen,*
- *Protokoll über die Einweisung des Wartungs- und Bedienungspersonals.*

Die Unterlagen sind dem Auftraggeber in Papierform, 3-fach in deutscher Sprache, auszuhändigen. Begriffe, Abkürzungen Kurzzeichen usw. dürfen entsprechend den normativen Regelwerken verwendet werden."

Die Vertragsnorm DIN 18379 verweist für die Ausführung von raumlufttechnischen Anlagen auf die Bemessungs- und Ausführungsnorm DIN 1946-6. Diese ist dann zu berücksichtigen, wenn der Einbau raumlufttechnischer Anlagen in Wohngebäuden vertraglich vereinbart worden ist.

DIN 1946-6:2019-12 „Raumlufttechnik – Teil 6: Lüftung von Wohnungen – Allgemeine Anforderungen, Anforderungen an die Auslegung, Ausführung, Inbetriebnahme und Übergabe sowie Instandhaltung" beschreibt ein Lüftungskonzept, nach dem zu untersuchen ist, ob der für den Feuchteschutz erforderliche Luftvolumenstrom nutzerunabhängig erreicht wird, weil der Infiltrationsvolumenstrom größer ist:

„3 Begriffe, Abkürzungen und graphische Symbole

3.1 Begriffe

Für die Anwendung dieses Dokuments gelten die Begriffe nach DIN EN 12792, E DIN 4749:2018-05 und die folgenden Begriffe.

DIN und DKE stellen terminologische Datenbanken für die Verwendung in der Normung unter den folgenden Adressen bereit:

– DIN-TERMinologieportal: verfügbar unter https://www.din.de/go/din-term
– DKE-IEV: verfügbar unter http://www.dke.de/DKE-IEV (…)

3.1.29 Lüftung zum Feuchteschutz

notwendige Lüftung zur Sicherstellung des Bautenschutzes (Feuchte) bei zeitweiliger Abwesenheit der Nutzer und kein Wäschetrocknen (…)

4 Lüftungskonzept-Notwendigkeit lüftungstechnischer Maßnahmen

4.1 Allgemeines

Für die Nutzung von Wohnungen ist eine ausreichende Lüftung notwendig. Für zu modernisierende Gebäude mit lüftungstechnisch relevanten Änderungen oder für neu zu errichtende Gebäude ist deshalb ein Lüftungskonzept zu erstellen. Das Lüftungskonzept umfasst die Feststellung der Notwendigkeit von lüftungstechnischen Maßnahmen, einen Vorschlag für ein nutzerunabhängig wirksames Lüftungssystem sowie die Festlegung der ggf. notwendigen weiteren nutzerabhängigen Lüftungsmaßnahmen. Dabei sind bauphysikalische, lüftungs- und gebäudetechnische Erfordernisse sowie auch Anforderungen der Hygiene zu beachten. Ziel ist mindestens die Sicherstellung des Bautenschutzes (Schimmelpilzvermeidung) durch nutzerunabhängige Einhaltung der Lüftung zum Feuchteschutz unter üblichen Nutzungsbedingungen (teilweise reduzierte Feuchtelasten) sowie die Bereitstellung von gesundheitserhaltender Atemluft.

Es gilt zu unterscheiden zwischen folgenden Schadstoffquellen:

– Personen im Gebäude;
– Gebäude und Einrichtung;
– Umgebung des Gebäudes.

Personenbezogene Schadstoffe sind z. B. erhöhte CO_2-Konzentrationen in der Raumluft, die aus dem Lebensprozess des Menschen resultieren. Schadstoffe aus dem Gebäude und der Einrichtung werden in dieser Norm vernachlässigt, ansonsten sind diese messtechnisch zu erfassen. Schadstoffe der Umgebung sind diverse Lasten, wie z. B. aus Verkehr/Industrie, Verbrennungsprozessen, Feinstäuben usw.

Die Planungsempfehlungen dieser Norm orientieren sich an den Schadstoffeinträgen der normalen menschlichen Aktivitäten in der Nutzungseinheit – das Rauchen ist hier nicht berücksichtigt.

Das Lüftungskonzept ist unter Beachtung der lüftungstechnischen Situation der gesamten Nutzungseinheit zu erstellen, weil jede lüftungstechnische Maßnahme in einer Nutzungseinheit immer auch Auswirkungen auf alle anderen Räume der Nutzungseinheit haben kann. Das gilt auch, wenn nur einzelne, z. B. fensterlose Räume, mit einem ventilatorgestützten Lüftungssystem gelüftet werden sollen. Die Luftdichtheit bzw. Luftdurchlässigkeit der Hüllkonstruktion der gesamten Nutzungseinheit ist zu beachten.

Ein Lüftungskonzept sollte nach dem im Anhang A aufgeführten Schema (siehe Bild A.1, Bild A.2, Tabelle A.1 und Tabelle A.2) erstellt werden. Das Lüftungskonzept kann von jedem Fachkundigen erstellt werden, der eine ausreichende Fachkenntnis zu Lüftungsnotwendigkeit und Lüftungssystemen besitzt.

Lüftungstechnisch relevante Veränderungen eines bestehenden Gebäudes sind beispielsweise eine Instandsetzung/Modernisierung eines bestehenden Gebäudes, wenn

- *in einer Nutzungseinheit im MFH oder EFH mehr als 1/3 der vorhandenen Fenster ausgetauscht bzw.*
- *bei einer Dachgeschosswohnung im MFH oder bei einem EFH mehr als 1/3 der Dachfläche abgedichtet werden bzw.*
- *Lüftungssysteme in Teilbereichen oder einzelnen Räumen nachgerüstet werden.*

Siehe 4.2.3 und Tabelle 10.

Über die lüftungstechnische Relevanz einer Instandsetzung/Modernisierung kann davon abweichend auch nach anderen Regeln der Technik entschieden werden.

Wenn lüftungstechnische Maßnahmen erforderlich sind, ist ein Lüftungssystem nach Abschnitt 5 vorzuschlagen.

Anhang E zeigt ein beispielhaftes Formblatt zur Dokumentation der Notwendigkeit lüftungstechnischer Maßnahmen. (…)

4.2 Lüftungstechnische Maßnahmen

4.2.1 Allgemeines

Lüftungstechnische Maßnahmen sind in einer Nutzungseinheit erforderlich, wenn der notwendige Luftvolumenstrom zum Feuchteschutz $q_{v,\ ges,\ NE,\ FL}$ nach Gleichung (2) den Luft volumenstrom durch Infiltration $q_{V,\ Inf,\ konzept}$ nach Gleichung (3) überschreitet.

$q_{v,\ ges,\ NE,\ FL} > q_{V,\ Inf,\ konzept}$ *(1)*

Dabei ist

$q_{v,\ ges,\ NE,\ FL}$ *der Luftvolumenstrom zum Feuchteschutz je Nutzungseinheit in m³/h;*
$q_{V,\ Inf,\ konzept}$ *wirksamer Luftvolumenstrom durch Infiltration zum Nachweis der Notwendigkeit lüftungstechnischer Maßnahmen, in m³/h*

5 Lüftungskonzept – Auswahl von Lüftungssystemen (…)

5.2 Anforderungen an die Auswahl eines Lüftungssystems (…)

5.2.6 Allgemeine Anforderungen an Realisierung der Luftvolumenströme (…)

5.2.6.2 Freie Lüftung

Für die gesamte Nutzungseinheit und für jeden einzelnen Raum der Nutzungseinheit ist die Lüftung zum Feuchteschutz nach Gleichung (8) oder näherungsweise nach Tabelle 7 [vgl. Tabelle 1.43] *ohne Nutzerunterstützung durch die Infiltration über die Undichtheit der Gebäudehülle, siehe 6.2, und durch Auslegung und Ausführung von gegebenenfalls notwendigen ALD bzw. von Lüftungsschächten (kein manuelles Fensteröffnen) sicherzustellen.*

Bei Querlüftungssystemen sind die notwendigen Einrichtungen zur freien Lüftung mindestens für die Lüftung zum Feuchteschutz zu planen und auszulegen.

Tabelle 1.43: $q_{v,\,ges,\,NE}$ in m³/h für Nutzungseinheiten (NE)[1), 2)] nach DIN 1946-6:2019-12, Tabelle 7

Fläche der Nutzungseinheit A_{NE}[3)] m²		**≤ 20**	**30**	**50**	**70**	**90**	**110**	**130**	**150**	**170**	**190**	**210**
Lüftung zum Feuchteschutz Wärmeschutz gering $q_{v,\,ges,\,NE,\,FLh}$	geringe Belegung[4)]	k. A.	k. A.	15	15	20	25	25	30	30	30	35
	hohe Belegung	10	15	20	25	30	35	40	40	45	45	50
Lüftung zum Feuchteschutz Wärmeschutz hoch $q_{v,\,ges,\,NE,\,FLg}$	geringe Belegung[4)]	k. A.	k. A.	20	25	30	35	40	40	45	45	50
	hohe Belegung	15	20	25	35	40	45	50	55	60	65	65
reduzierte Lüftung $q_{v,\,ges,\,NE,\,RL}$		25	30	45	55	70	80	90	95	105	110	115
Nennlüftung[5)] $q_{v,\,ges,\,NE,\,NL}$		35	45	65	80	100	115	125	140	150	155	165
Intensivlüftung $q_{v,\,ges,\,NE,\,IL}$		45	55	85	105	130	145	165	180	195	205	215

In Ausnahmefällen kann bei intensiv genutzten Nutzungseinheiten die aus Lüftungssicht planmäßig zulässige Personenzahl bestimmt werden, indem der für Nennlüftung angegebene Gesamt-Außenluftvolumenstrom durch 20 m³/h je Person geteilt wird (entspricht in Bezug auf die NE Kat III der DIN EN 15251:2012-12, Tabelle B.5).

Bei erhöhten Anforderungen (z. B. bei über die üblichen Werte hinausgehenden, hohen Schadstofflasten) können die Außenluftvolumenströme erhöht werden, siehe Nationaler Anhang NA der DIN EN 15251:2012-12.

1) Die Tabellenwerte sind auf 5 m³/h gerundet.
2) einschließlich Infiltration
3) Beheizte Fläche $A_{N,E}$ innerhalb der Gebäudehülle, die im Rahmen des Lüftungskonzeptes zu berücksichtigen ist:
- bei Flächen der NE $A_{NE} < 20$ m² (je Wohnung bzw. Nutzungseinheit) wird $A_{NE} = 20$ m² gesetzt,
- bei Flächen der NE $A_{NE} > 210$ m² (je Wohnung bzw. Nutzungseinheit) sind die planmäßigen Außenluftvolumenströme anzupassen, indem der für 210 m² bestimmte Volumenstrom für die Nennlüftung um 4 m³/h je 10 m² zusätzliche Wohnfläche erhöht wird. Eine Verringerung der Luftvolumenströme mit größer werdender Fläche der Nutzungseinheit ist nicht zulässig.

4) Lüftung zum Feuchteschutz: Von einer geringen Belegung kann ausgegangen werden, wenn bei planmäßiger Nutzung eine Nutzungsfläche von ≥ 40 m²/Person vorhanden ist.
5) Nennlüftung: Eine aus Lüftungssicht planmäßig zulässige Personenzahl in einer Nutzungseinheit kann bestimmt werden, indem der für Nennlüftung angegebene Gesamt-Außenluftvolumenstrom durch ungefähr 30 m³/h je Person geteilt wird, z. B. Nutzungseinheit mit 110 m² : 120 m³/h/30 m³/(h · Pers.) = 4 Personen (gerundeter Wert). Das entspricht in Bezug auf die NE Kat I bis Kat II der DIN EN 15251:2012-12, Tabelle B.5.

Bei Schachtlüftungssystemen sind die notwendigen Einrichtungen zur freien Lüftung mindestens für die reduzierte Lüftung zu planen und auszulegen.

Es ist zwischen Auslegung der LtM und Betrieb zu unterscheiden. (...)

6 Festlegung der Außenluftvolumenströme

6.1 Wirksame und notwendige Außenluftvolumenströme (...)

6.1.2 Notwendige Außenluftvolumenströme für Nutzungseinheiten

Zur Ermittlung und Festlegung der nutzerunabhängigen Gesamt-Außenluftvolumenströme für die Lüftung zum Feuchteschutz und für die reduzierte Lüftung sind bei allen Lüftungssystemen die nach Gleichung (8) bestimmten oder näherungsweise die in Tabelle 7 [vgl. Tabelle 1.43] *angegebenen Werte anzuwenden. Den Luftvolumenströmen bei freier Lüftung liegen Mittelwerte der gesamten Heizperiode zugrunde.*

Der für den Betrieb von raumluftabhängigen Feuerstätten erforderliche Verbrennungsluftbedarf ist nicht Gegenstand dieser Norm. Er kommt in Gleichung (8) deshalb nicht zum Ansatz. Sind raumluftabhängige Feuerstätten vorhanden, ist die Sicherstellung der Verbrennungsluftversorgung gesondert nachzuweisen.“

Danach gehört die Feststellung der Notwendigkeit von lüftungstechnischen Maßnahmen zunächst zum Aufgabenbereich der Planer. Sie hängt davon ab, ob bei zeitweiliger Abwesenheit der Nutzer allein durch Infiltration ein Zustand erzielbar ist, der für den Feuchteschutz des Gebäudes ausreicht. Andernfalls sind lüftungstechnische Maßnahmen vorzusehen und auszulegen. Das manuelle Fensteröffnen gilt dabei nicht als lüftungstechnische Maßnahme. Ob die DIN 1946-6 in vollem Umfang zu den anerkannten Regeln der Technik gerechnet werden kann – und falls ja, ab welchem Zeitpunkt –, ist unter den Fachleuten umstritten.

1.8.2 Einzelraumlüfter

Die DIN 18017-3 zeigt allgemeine Einbaubeispiele für die Entlüftung von innen liegenden Räumen.

Von ganz besonderer Bedeutung ist dabei die Wärmedämmung von Steigrohren, die durch unbeheizte Dachböden geführt werden. Ohne Wärmedämmung entsteht im Winter eine Taupunkttemperaturunterschreitung an der Rohrwandung, und es kommt dort zum Kondensatausfall. Zurücklaufendes Kondensatwasser tropft aus dem Einzelraumlüfter in den Raum hinein ab oder durchfeuchtet die anliegenden Putz- oder Gipskartonflächen.

Die Entlüftung von innen liegenden Bädern und Toilettenräumen ist für Wohnungen in DIN 18017 hinsichtlich der Mindestvolumenströme geregelt.

Gemäß DIN 18017-3:2022-05 „Lüftung von Bädern und Toilettenräumen ohne Außenfenster – Teil 3: Lüftung mit Ventilatoren“ gilt:

„*5 Grundsätzliche Anforderungen*

5.1 Abluftvolumenströme

5.1.1 Planmäßige Mindest-Abluftvolumenströme

Tabelle 1.44: Planmäßige Mindest-Abluftvolumenströme q_v für Bäder und Toilettenräume nach DIN 18017-3:2022-05, Tabelle 2

Raum	**Mindest-Abluftvolumenströme q_v in m^3/h**			
	Kategorie R-ZD	**Kategorie R-BD**	**Kategorie R-PN**	**Kategorie R-PD**
	zeitabhängig (mit Dauerbetrieb; 100/50 % –12 h/d)	**bedarfsabhängig (mit Dauerbetrieb)**	**präsenzgeführt (mit Nachlauf)**	**präsenzgeführt (mit Dauerbetrieb)**
Bad (mit/ohne WC)	40/20[1)]	40/15[2)]	60/0[3)]	60/15[4)]
Toilettenraum (WC)	20/10[1)]	20/7,5[2)]	30/0[3)]	30/7,5[4)]

[1)] Der Abluftvolumenstrom darf in Zeiten geringen Luftbedarfs, jedoch nicht mehr als 12 Stunden je Tag, um die Hälfte reduziert werden.

[2)] Der Abluftvolumenstrom muss mit einem geeigneten Raumluftsensor nach Bedarf gesteuert werden und dauernde Abluftvolumenströme zwischen den Abluftvolumenströmen bei Nutzung und mindestens 15 m^3/h (Toilettenräume mindestens 7,5 m^3/h) fördern.

[3)] Der Abluftvolumenstrom muss während der Nutzung abgeführt werden und darf in Zeiten geringeren Luftbedarfs auf 0 m^3/h (Schaltstufe: Ventilator aus) reduziert werden. Voraussetzungen dafür sind:
- normale Nutzung des Bades bzw. Toilettenraumes, z. B. ohne zusätzliche Wäschetrocknung (geringer Feuchteanfall) und
- Gebäude mit einem Wärmeschutzstandard mindestens nach den Anforderungen der Wärmeschutzverordnung 1995 und
- Abführung von mindestens 15 m^3 (bei q_v = 60 m^3/h) bzw. von 7,5 m^3 (bei q_v = 30 m^3/h) Luft aus dem zu lüftenden Raum nach jedem Ausschalten des Ventilators.

[4)] Der Abluftvolumenstrom muss während der Nutzung abgeführt werden und darf in Zeiten geringeren Luftbedarfs reduziert werden:
- dauernd auf 15 m^3/h (Bäder) bzw. 7,5 m^3/h (Toilettenräume) oder
- im regelmäßigen Intervallbetrieb als Mittelwert über 24 h ohne Berücksichtigung einer Nutzung auf 15 m^3/h (Bäder) bzw. 7,5 m^3/h (Toilettenräume). Bei Intervallbetrieb darf das Lüftungssystem nicht länger als jeweils eine Stunde ausgeschaltet sein.

Entlüftungsgeräte-/anlagen zur Entlüftung von Bädern, auch mit Klosettbecken, können wahlweise, je nach Ausführungsart und Betriebsweise, mit planmäßigen Mindest-Abluftvolumenströme q_v nach Tabelle 2 [vgl. Tabelle 1.44] *ausgelegt werden.*

Für Kochnischen und Küchen mit Fenstern können die Mindest-Abluftvolumenströme q_v für Bäder nach Tabelle 2 [vgl. Tabelle 1.44] *angesetzt werden.*

Für ein Hausarbeits-/Abstellraum (mit/ohne Fenster) können die Mindest-Abluftvolumenströme q_v für Toilettenräume oder Bäder nach Tabelle 2 [vgl. Tabelle 1.44] *angesetzt werden.*

ANMERKUNG: Größere planmäßige Abluftvolumenströme als die doppelten Volumenströme nach Tabelle 2 [vgl. Tabelle 1.44] *sind durch die Aufgabe, innen liegende Bäder und Toilettenräume ordnungsgemäß zu entlüften, nicht gerechtfertigt.*

ANMERKUNG: Im Anhang C sind visuelle Darstellungen zu den Mindest-Abluftvolumenströmen der Tabelle 2 [vgl. Tabelle 1.44] *enthalten. (…)*

Anhang A (informativ)Übergabe/Übernahme (Abnahme)

A.1 Allgemeines

Vor der Übergabe/Übernahme der Entlüftungsanlage ist zu prüfen, ob alle luftführenden Teile besenrein und trocken sind. Erforderlichenfalls sind sie zu reinigen. Filter, die nach 7.2.3 verwendet werden, sind im sauberen Zustand zu übergeben. Sofern kein geeigneter Nachweis (z. B. bauaufsichtliche Zulassung) der Abluftvolumenströme der Ventilatoren oder Absaugventile vorliegt, ist eine Volumenstrommessung vorzunehmen.

A.2 Dokumentation

Im Rahmen der Übergabe/Übernahme durch den Anlagenhersteller an den Bauherrn/Nutzer sind alle Dokumentationen, wie z. B. Planungsunterlagen, Betriebs-/Instandhaltungsanleitungen (Wartungsanleitung) sowie andere Protokolle, zu übergeben und wenn vorgesehen zu unterzeichnen.

Die Dokumentation sollte mindestens die Bedienungs-/Wartungsanleitung des Ventilators/Abluftventil bzw. der Entlüftungsanlage sowie Unterlagen zur ‚Auswahl des Lüftungssystems' (Lüftungskonzept) umfassen. Die Dokumentation kann z. B. mit nachfolgenden Informationen erweitert werden:

- *Planungsunterlagen einschließlich Dokumentation zur Bemessung der Abluftvolumenströme und gegebenenfalls Außen-/Überström-Luftdurchlässe;*
- *Dokumentationen von allen Mess- und Prüfergebnissen, bzw. bauaufsichtlichen Zulassungen."*

Angaben zu der Abnahme von Raumlufttechnischen Anlagen enthält auch der informative Anhang A zu DIN 18017-3:2022-05 „Lüftung von Bädern und Toilettenräumen ohne Außenfenster – Teil 3: Lüftung mit Ventilatoren":

„Anhang A (informativ)Übergabe/Übernahme (Abnahme)

A.1 Allgemeines

Vor der Übergabe/Übernahme der Entlüftungsanlage ist zu prüfen, ob alle luftführenden Teile besenrein und trocken sind. Erforderlichenfalls sind sie zu reinigen. Filter, die nach 7.2.3 verwendet werden, sind im sauberen Zustand zu übergeben. Sofern kein geeigneter Nachweis (z. B. bauaufsichtliche Zulassung) der Abluftvolumenströme der Ventilatoren oder Absaugventile vorliegt, ist eine Volumenstrommessung vorzunehmen.

A.2 Dokumentation

Im Rahmen der Übergabe/Übernahme durch den Anlagenhersteller an den Bauherrn/Nutzer sind alle Dokumentationen, wie z. B. Planungsunterlagen, Betriebs-/Instandhaltungsanleitungen (Wartungsanleitung) sowie andere Protokolle, zu übergeben und wenn vorgesehen zu unterzeichnen.

Die Dokumentation sollte mindestens die Bedienungs-/Wartungsanleitung des Ventilators/Abluftventil bzw. der Entlüftungsanlage sowie Unterlagen zur ‚Auswahl des Lüftungssystems' (Lüftungskonzept) umfassen. Die Dokumentation kann z. B. mit nachfolgenden Informationen erweitert werden:

- *Planungsunterlagen einschließlich Dokumentation zur Bemessung der Abluftvolumenströme und gegebenenfalls Außen-/Überström-Luftdurchlässe;*
- *Dokumentationen von allen Mess- und Prüfergebnissen, bzw. bauaufsichtlichen Zulassungen."*

In der Praxis werden die erforderlichen Mindestvolumenströme oft nicht erreicht, weil die für den Permanentbetrieb vorgesehenen Lüfter mit kleiner Leistung an die Lichtschaltung gekoppelt angeschlossen werden oder sogar mit einem separaten Schalter ausgerüstet werden. Die Nutzer regeln die Betriebsdauer der Lüfter unter dem Aspekt des Lüftungswärmeverlustes. Dies führt zu einer unzureichenden Abfuhr von feuchter Luft aus den Nassbereichen und in der Folge zu Schimmelpilzbeanstandungen.

Für Gewerbeeinheiten gelten ersatzweise die Anforderungen der „Technischen Regeln für Arbeitsstätten“ (ASR).

Gemäß den „Technischen Regeln für Arbeitsstätten ASR A4.1 Sanitärräume“ (2013) gilt:

„Die Technischen Regeln für Arbeitsstätten (ASR) geben den Stand der Technik, Arbeitsmedizin und Arbeitshygiene sowie sonstige gesicherte arbeitswissenschaftliche Erkenntnisse für das Einrichten und Betreiben von Arbeitsstätten wieder.

5 Toilettenräume

5.1 Allgemeines

(1) In Toilettenräumen ist eine wirksame Lüftung zu gewährleisten. Bei freier Lüftung (Fensterlüftung) sind die Mindestquerschnitte für Lüftungsöffnungen nach Tabelle 1 [vgl. Tabelle 1.45] *einzuhalten (weitere Informationen siehe ASR A3.6 ‚Lüftung‘). Lüftungstechnische Anlagen sind so auszulegen, dass ein Abluftvolumenstrom von 11 $m^3/(h\,m^2)$ erreicht wird. Die Abluft aus Toilettenräumen darf nicht in andere Räume gelangen. (…)*

6 Waschräume

6.1 Allgemeines (…)

(3) In Waschräumen ist in Abhängigkeit der Nutzung eine wirksame Lüftung zu gewährleisten. Bei freier Lüftung (Fensterlüftung) sind die Mindestquerschnitte nach Tabelle 3 [vgl. Tabelle 1.46] *einzuhalten (weitere Informationen siehe ASR A3.6 ‚Lüftung‘). Lüftungstechnische Anlagen sind so auszulegen, dass ein Abluftvolumenstrom von 11 $m^3/(h\,m^3)$ erreicht wird.*

(4) Um Feuchtigkeit wirksam abführen zu können, wird eine mechanische Entlüftung empfohlen, insbesondere bei Waschräumen mit Duschen. Dabei ist eine darauf abgestimmte Zuluftmenge zu gewährleisten. (…)

7 Umkleideräume

7.1 Allgemeines

(1) In Umkleideräumen ist in Abhängigkeit der Nutzung eine wirksame Lüftung zu gewährleisten. Bei freier Lüftung (Fensterlüftung) sind die Mindestquerschnitte nach Tabelle 6 [vgl. Tabelle 1.47] *einzuhalten (weitere Informationen siehe ASR A3.6 ‚Lüftung‘). Lüftungstechnische Anlagen sind so auszulegen, dass ein Abluftvolumenstrom von 11 $m^3/(h\,m^2)$ erreicht wird.“*

In Aufenthaltsbereichen von Arbeitsplätzen dürfen raumlufttechnische Anlagen nicht dazu führen, dass unzumutbare Zugluft auftritt, wie die „Technischen Regeln für Arbeitsstätten Lüftung ASR A3.6“ (2012) regeln:

„6 Raumlufttechnische Anlagen (…)

6.5 Raumluftgeschwindigkeit

Tabelle 1.45: Mindestquerschnitte für freie Lüftung von Toilettenräumen nach „Technische Regeln für Arbeitsstätten ASR A4.1 Sanitärräume", Tabelle 1

System	freier Querschnitt der Lüftungsöffnung(en) je Sanitäreinrichtung[1)]	
	in m^2/Toilette	in m^2/Urinal
einseitige Lüftung	0,17	0,10
Querlüftung[2)]	0,10	0,06

[1)] Die angegebenen Flächen sind die Summe aus Zuluft- und Abluftfläche.
[2)] Lüftungsöffnungen in gegenüberliegenden Außenwänden oder in einer Außenwand und der Deckenfläche

Tabelle 1.46: Mindestquerschnitte für freie Lüftung von Waschräumen nach „Technische Regeln für Arbeitsstätten ASR A4.1 Sanitärräume" (2013), Tabelle 3

System	freier Querschnitt der Lüftungsöffnung(en) in m^2/m^2 Grundfläche[1)]
einseitige Lüftung	0,04
Querlüftung[2)]	0,024

[1)] Die angegebenen Flächen sind die Summe aus Zuluft- und Abluftfläche.
[2)] Lüftungsöffnungen in gegenüberliegenden Außenwänden oder in einer Außenwand und der Deckenfläche

Tabelle 1.47: Mindestquerschnitte für freie Lüftung von Umkleideräumen nach „Technische Regeln für Arbeitsstätten ASR A4.1 Sanitärräume" (2013), Tabelle 6

System	freier Querschnitt der Lüftungsöffnung(en) in m^2/m^2 Grundfläche[1)]
einseitige Lüftung	0,02
Querlüftung[2)]	0,012

[1)] Die angegebenen Flächen sind die Summe aus Zuluft- und Abluftfläche.
[2)] Lüftungsöffnungen in gegenüberliegenden Außenwänden oder in einer Außenwand und der Deckenfläche

Abb. 1.267: Nachträglich umgelegter Abluftstrang vor einem Küchenfenster. Die Wärmedämmung fehlt.

Abb. 1.268: Ungedämmter Abluftstrang im kalten Spitzbodenbereich mit „Kondensatauffangschale"

Abb. 1.269: Deckendurchfeuchtung am Einzelraumlüfter aufgrund einer Kondensatbildung im darüber vorhandenen senkrechten Abluftrohr

(1) In den Aufenthaltsbereichen darf keine unzumutbare Zugluft auftreten.

(2) Zugluft ist vorwiegend von der Lufttemperatur, der Luftgeschwindigkeit, dem Turbulenzgrad und der Art der Tätigkeit (d. h. Wärmeerzeugung durch körperliche Arbeit) abhängig. Bei einer Lufttemperatur von +20 °C, einem Turbulenzgrad von 40 % und einer mittleren Luftgeschwindigkeit unter 0,15 m/s tritt bei leichter Arbeitsschwere üblicherweise keine unzumutbare Zugluft auf. Bei größerer körperlicher Aktivität, anderen Lufttemperaturen oder anderen Turbulenzgraden kann der Wert für die mittlere Luftgeschwindigkeit abweichen und ist im Rahmen der Gefährdungsbeurteilung zu bewerten."

Abluftanlagen müssen so konstruiert sein, dass Kondensat an den Rohrwandungen nicht entstehen kann. Leitungsstränge, die durch Kaltzonen geführt werden, wie z. B. durch kalte Dachbodenbereiche oder Außenbereiche, müssen außen eine umlaufende Wärmedämmung erhalten. Bei ordnungsgemäßem Betrieb der Lüftungsanlage kann dann kein Tauwasser anfallen, da die feuchtwarme Luft mit hinreichender Geschwindigkeit aus dem Schacht heraustransportiert wird und eine Abkühlung unterhalb der Taupunkttemperatur allenfalls erst im Außenbereich eintritt (siehe Abb. 1.267 bis 1.269).

Gemäß DIN 18017-3:2022-05 „Lüftung von Bädern und Toilettenräumen ohne Außenfenster – Teil 3: Lüftung mit Ventilatoren“ gilt:

„5 *Grundsätzliche Anforderungen (…)*

5.8 *Abluftleitungen*

Abluftleitungen müssen dicht und standsicher sein. Abluftleitungen müssen so beschaffen oder wärmegedämmt sein, dass Kondensatschäden nicht entstehen können.“

Sofern die Lüftungsanlagen nicht ordnungsgemäß betrieben werden oder möglicherweise von den Mietern nicht eingeschaltet werden, entsteht durch das Wasserdampfdruckgefälle vom Badezimmer zum Außenniveau sowie durch den thermischen Auftrieb im Schacht eine erhöhte Luftfeuchtigkeitskonzentration im Rohr, die im Bereich von kühlen Bauteiloberflächen zu einem Tauwasserausfall führen kann. Das Kondensatwasser läuft dann im Rohr zurück und tropft aus der raumseitigen Öffnung ab. Sind innerhalb des Leitungsverlaufs durchhängende Strecken, z. B. bei Wickelfalzrohren, vorhanden, entsteht dort ein Anstau, der bei undichten Verbindungen zu Leckagen führt. Bei ordnungsgemäßer Rohrisolierung im Dachbodenbereich und bei regelmäßigem Betrieb der Entlüftungsanlage kann jedoch kein Tauwasser im Rohr ausfallen.

1.8.3 Küchenabluftanlagen

Bei modernen Wohnungsbauten werden für den Küchenbereich oft Hochleistungsabzugshauben eingesetzt, mit Luftleistungen von z. B. 1.200 m³/h. Hier sind 2 Anforderungen zu beachten:

Ausreichende Zufuhr von erwärmter Frischluft

Bei einer rechnerisch im Wärmebedarfsnachweis vorausgesetzten Luftwechselzahl von $n = 0{,}7\ h^{-1}$ ergibt sich ein Austausch des 0,7-Fachen des Raumvolumens.

> **Beispiel**
>
> Bei einem beispielhaften Luftvolumen einer 160-m²-Wohnung von 430 m³ bedeutet dies, dass der Wärmebedarf für eine Luftaustauschmenge 300 m³/h beträgt.
>
> Die Küchenabluft setzt jedoch im Betrieb eine Luftmenge 1.200 m³/h um.
>
> Hieraus ergibt sich, dass der Wohnung 4-mal mehr Warmluft entnommen wird, als ihr zugeführt werden kann. Die Küchenabluft muss daher bei der Wärmebedarfsauslegung berücksichtigt werden. Es müssen Zuluftvorrichtungen mit Heizregistern o. Ä. geschaffen werden.

Verhinderung des gemeinsamen Betriebes mit offenem Kamin

Steht die Küche im Luftverbund mit dem Wohnzimmer, kann ein dort befindlicher offener Kamin bei dem Betrieb von Abzugsanlagen durch das entstehende Unterdruckniveau in umgekehrter Strömungsrichtung als ungewollte Zuluftführung wirken. Es kann zur Verrauchung der Räumlichkeiten, zum Funkenflug und zum Flammenaustritt aus der Brennkammer in den Raum hinein kommen.

Entsprechende Auflagen sind in den jeweiligen Feuerungsverordnungen der Bundesländer enthalten.

Abb. 1.270 und 1.271: Lüftungskanal, nur mit 2 senkrechten Schienen unterstützt, die auf Gehwegplatten gelagert sind

Gemäß Feuerungsverordnung (FeuVO) der Freien und Hansestadt Hamburg vom 25.09.2007, zuletzt geändert am 02.11.2010, gilt:

„§ 4 Aufstellung von Feuerstätten, Gasleitungsanlagen (…)

(2) 1 Die Betriebssicherheit von raumluftabhängigen Feuerstätten darf durch den Betrieb von Raumluft absaugenden Anlagen wie Lüftungs- oder Warmluftheizungsanlagen, Dunstabzugshauben, Abluft-Wäschetrocknern nicht beeinträchtigt werden.

2 Dies gilt als erfüllt, wenn

1. *ein gleichzeitiger Betrieb der Feuerstätten und der Luft absaugenden Anlagen durch Sicherheitseinrichtungen verhindert wird,*
2. *die Abgasabführung durch besondere Sicherheitseinrichtungen überwacht wird,*
3. *die Abgase der Feuerstätten über die Luft absaugenden Anlagen abgeführt werden oder*
4. *anlagentechnisch sichergestellt ist, dass während des Betriebes der Feuerstätten kein gefährlicher Unterdruck entstehen kann.*

(3) 1 Feuerstätten für gasförmige Brennstoffe ohne Flammenüberwachung dürfen nur in Räumen aufgestellt werden, wenn durch mechanische Lüftungsanlagen während des Betriebes der Feuerstätten stündlich mindestens ein fünffacher Luftwechsel sichergestellt ist.

2 Für Gas-Haushalts-Kochgeräte genügt ein Außenluftvolumenstrom von 100 m^3/h.“

Durch elektrische, thermisch gesteuerte Regelungen oder über Druckschalter an der Rauchklappe im Kamin wird der gemeinsame Betrieb verhindert.

1.8.4 Verankerung und Stabilisierung außen liegender Anlagenteile

Anlagenteile, die durch Windeinwirkung beschädigt oder in ihrer Lage verändert werden können, müssen lage- und formstabil gesichert werden (siehe Abb. 1.270 und 1.271).

Bei Bauvorhaben, die durch die Investitions- und Förderbank finanziert werden, können ggf. höhere Anforderungen an die Lüftungsanlagen bestehen.

1.9 Heizungsanlagen (VOB/C ATV DIN 18380)

1.9.1 Hydraulischer Abgleich

Bei der Dimensionierung und Auslegung von Heizungsanlagen (Kessel, Rohrnetz, Heizflächen) werden nicht mehr die üppigen Sicherheitszuschläge angewendet wie in vergangenen Zeiten. Die Anlagen werden vielmehr hydraulisch so optimiert, dass unter normativen Nutzungsverhältnissen ein minimaler Verbrauch an Heizenergie angestrebt wird. Dem entgegen sind die individuellen Komfortbedürfnisse und das Heizverhalten der Bewohner jedoch häufig abweichend von den Normvoraussetzungen.

Insbesondere berufstätige Mieter regeln ihr Heizkörperthermostat während des Tages herunter, mit dem vermeintlichen Ziel der Heizkostenersparnis. Schlafzimmer werden ebenfalls gern über längere Zeiträume hinweg untertemperiert.

Auf diese Weise ist in Wohnanlagen häufig die bei der Berechnung vorausgesetzte Gleichmäßigkeit der Raumtemperaturen nicht sichergestellt. Häufig klagen die Bewohner darüber, dass die Wohnräume sich nur unvollständig beheizen lassen.

Die Heizkörper einzelner Räume oder einzelner Wohnungen müssen mehr Heizenergie abgeben, als es ihnen bestimmungsgemäß möglich ist. Um dies auch nur annähernd zu erreichen, ist ein „hydraulischer Abgleich" der gesamten Anlage unabdingbar.

Die für Fußbodenheizungen einschlägige Norm DIN EN 1264-4:2021-08 „Raumflächenintegrierte Heiz- und Kühlsysteme mit Wasserdurchströmung – Teil 4: Installation; Deutsche Fassung EN 1264-4:2021" stellt klar, dass ein hydraulischer Abgleich durchgeführt werden muss:

„4 Anforderungen

4.1 Hydraulischer Abgleich

Heiz- und Kühlsysteme mit Wasserdurchströmung müssen nach ISO 11855-6:2018, 4.8, hydraulisch abgeglichen werden. Die Komponenten müssen abgeglichen werden, um die erforderlichen Heiz- bzw. Kühlmittelströme sicherzustellen. Unter dynamischen Bedingungen, z. B. während der Aufheizzeit, muss sichergestellt sein, dass die hydraulische Interaktion zwischen den verschiedenen Heizkreisen gering ist. Die Heiz- bzw. Kühlmittelströme in den verschiedenen Kreisen sollten nicht größer als die Auslegungs-Heiz- bzw. Kühlmittelströme sein.

Jeder Kreislauf muss eine Abgleicheinrichtung oder ein Abgleichsystem besitzen.

Der Abgleich des Systems muss in Übereinstimmung mit dem realisierten Projekt (z. B. der ‚Bereitstellung') erfolgen, da die tatsächliche Länge der Heizkreise vom Projekt abweichen kann, deshalb müssen die Heiz- bzw. Kühlmittelströme nach der Installation des Systems aktualisiert und am Verteiler eingestellt werden.

Je nach der Anordnung des Heiz- und Kühlsystems muss das Verteilsystem mit Einrichtungen zur Entgasung und zum Abscheiden von Schlamm ausgestattet sein."

Gemäß VOB/C ist der **hydraulische Abgleich** durch den Auftragnehmer geschuldet.

Gemäß VOB/C ATV DIN 18380:2019-09 Heizanlagen und zentrale Wassererwärmungsanlagen gilt:

„3 Ausführung

Ergänzend zur ATV DIN 18299, Abschnitt 3, gilt: (…)

3.5 Einstellen der Anlage

3.5.1 Der Auftragnehmer hat die Anlagenteile so einzustellen, dass die geplanten Funktionen und Leistungen erbracht und die gesetzlichen Bestimmungen erfüllt werden.

Der hydraulische Abgleich ist mit den rechnerisch ermittelten Einstellwerten so vorzunehmen, dass bei bestimmungsgemäßem Betrieb, also z. B. auch nach Raumtemperaturabsenkung oder Betriebspausen der Heizanlage, alle Wärmeverbraucher entsprechend ihrer Heizlast mit Heizwasser versorgt werden.

3.5.2 Die Einstellung ist zur Abnahme vorzunehmen.

3.5.3 Das Bedienungs- und Wartungspersonal für die Anlage ist durch den Auftragnehmer einmal einzuweisen."

Die Bestätigung des Fachunternehmers sollte also insofern auf jeden Fall zur Abnahme abgefordert werden.

1.9.2 Abnahmeprüfung und Unterlagen

Unterlagen

Wie bei allen anderen Gewerken der technischen Gebäudeausrüstung (TGA-Gewerke) hat der Auftragnehmer dem Auftraggeber bestimmte Unterlagen in Papierform und in deutscher Sprache spätestens bei der Abnahme vorzulegen.

Gemäß VOB/C ATV DIN 18380:2019-09 „Heizanlagen und zentrale Wassererwärmungsanlagen" gilt:

„*3 Ausführung*

Ergänzend zur ATV DIN 18299, Abschnitt 3, gilt: (...)

3.7 Mitzuliefernde Unterlagen

Der Auftragnehmer hat folgende Unterlagen aufzustellen und dem Auftraggeber spätestens bei der Abnahme nach folgender Sortierung zu übergeben:

- *elektrische Übersichtsschaltpläne und Anschlusspläne nach DIN EN 61082-1 (VDE 0040-1) ‚Dokumente der Elektrotechnik – Teil 1: Regeln';*
- *Zusammenstellungen der wichtigsten technischen Daten;*
- *Kopien der vorgeschriebenen Prüf- und Herstellerbescheinigungen, Verwendbarkeitsnachweise, Fachunternehmererklärungen;*
- *alle für einen sicheren und wirtschaftlichen Betrieb erforderlichen Bedienungs- und Wartungsanleitungen, insbesondere nach DIN EN 12170 ‚Heizungsanlagen in Gebäuden – Betriebs-, Wartungs- und Bedienungsanleitungen – Heizungsanlagen, die qualifiziertes Bedienungspersonal erfordern' und DIN EN 12171 ‚Heizungsanlagen in Gebäuden – Betriebs-, Wartungs- und Bedienungsanleitungen – Heizungsanlagen, die kein qualifiziertes Bedienungspersonal erfordern';*
- *Protokolle über die Druckprüfung;*
- *Protokoll über die Einweisung des Wartungs- und Bedienungspersonals;*
- *Protokoll über die Abgasmessung.*

Die Unterlagen sind dem Auftraggeber in Papierform, 3-fach, in deutscher Sprache auszuhändigen. Begriffe, Abkürzungen, Kurzzeichen usw. dürfen entsprechend den normativen Regelwerken verwendet werden."

Dichtheitsprüfung

Gemäß VOB/C ATV DIN 18380 müssen Druckprüfungen durchgeführt werden.

Gemäß VOB/C ATV DIN 18380:2019-09 „Heizanlagen und zentrale Wassererwärmungsanlagen" gilt:

„3 Ausführung

Ergänzend zur ATV DIN 18299, Abschnitt 3, gilt: (…)

3.4 Druckprüfung

3.4.1 Der Auftragnehmer hat die Anlage nach dem Einbau und vor dem Schließen der Mauerschlitze und Wand- und Deckendurchbrüche sowie gegebenenfalls vor dem Aufbringen des Estrichs oder einer anderen Überdeckung einer Druckprüfung zu unterziehen.

3.4.2 Wasserheizungen und Wassererwärmungsanlagen sind nach DIN EN 14336 ‚Heizungsanlagen in Gebäuden – Installation und Abnahme der Warmwasser-Heizungsanlagen' zu prüfen. Dabei ist die hydraulische Druckprüfung wie auch die pneumatische Druckprüfung zulässig.

3.4.3 Dampfanlagen sind mit einem Druck zu prüfen, der dem Ansprechdruck des Sicherheitsventils entspricht. Zusätzlich sind die Technischen Regeln für Dampfkessel TRD der Reihe 500 zu beachten.

3.4.4 Über die Druckprüfungen sind Protokolle zu erstellen. Aus ihnen müssen hervorgehen:

- *Datum der Prüfung,*
- *Anlagendaten wie Aufstellungsort, höchstzulässiger Betriebsdruck, bezogen auf den tiefsten Punkt der Anlage,*
- *Prüfdruck, bezogen auf den Ansprechdruck des Sicherheitsventils, Dauer der Beaufschlagung mit dem Prüfdruck,*
- *Bestätigung, dass die Anlage dicht ist und an keinem Bauteil eine bleibende Formänderung aufgetreten ist."*

Vollständigkeitsprüfung

Gemäß VOB/C ATV DIN 18380 muss eine Vollständigkeitsprüfung durchgeführt werden.

Gemäß VOB/C ATV DIN 18380:2019-09 „Heizanlagen und zentrale Wassererwärmungsanlagen" gilt:

„3 Ausführung

Ergänzend zur ATV DIN 18299, Abschnitt 3, gilt:

3.6 Abnahme

Es ist zur Abnahme eine Vollständigkeits- und Funktionsprüfung durchzuführen, eine Funktionsmessung jedoch nur nach besonderer Vereinbarung.

3.6.1 Vollständigkeitsprüfung

Die Vollständigkeitsprüfung besteht aus folgenden Einzelprüfungen:

- *Vergleich der Lieferung mit der Leistungsbeschreibung sowohl hinsichtlich des Umfanges als auch der Stoffe und gegebenenfalls der Eigenschaften und Ersatzteile,*

Abb. 1.272: Nachträglich in einer Altbauwohnung installierter Handtuchtrockner als Strahlungsheizkörper: Durch die von den Bewohnern ständig offen gehaltene Badezimmertür und die an der Tür aufgehängten Bademäntel kann der Heizkörper seine Heizleistung nicht entfalten.

- *Prüfung auf Einhaltung technischer und behördlicher Vorschriften,*
- *Prüfung, ob alle für das Betreiben der Anlage notwendigen Unterlagen vorhanden sind.*"

Funktionsprüfung

Gemäß VOB/C ATV DIN 18380 muss eine Funktionsprüfung durchgeführt werden.

Gemäß VOB/C ATV DIN 18380:2019-09 „Heizanlagen und zentrale Wassererwärmungsanlagen" gilt:

„*3 Ausführung*

Ergänzend zur ATV DIN 18299, Abschnitt 3, gilt: (…)

3.6 Abnahme

Es ist zur Abnahme eine Vollständigkeits- und Funktionsprüfung durchzuführen, eine Funktionsmessung jedoch nur nach besonderer Vereinbarung. (…)

3.6.2 Funktionsprüfung

Die Funktionsprüfung der Gesamtanlage ist im Rahmen eines Probebetriebes durchzuführen. Sie umfasst:

- *die Sicherheitseinrichtungen,*
- *die Wärmeerzeuger sowie die Heizflächen,*
- *die Regel- und Schalteinrichtungen.*

Schmutzfänger und Filter sind nach dem Probebetrieb zu reinigen."

Anordnung der Heizkörper

Die Heizkörper müssen bereits in der Planung so angeordnet werden, dass sie ihre Heizleistung optimal entfalten können. Heizkörper mit einem hohen Anteil an Konvektionswärmeleistung dürfen oberseitig nicht abgedeckt sein. Bei Strahlungsheizkörpern soll die gegenüberliegende Außenwandfläche von der Strahlungswärme erreicht werden können (siehe Abb. 1.272). Das bedeutet, dass der direkte Weg, den die Strahlungswärme nehmen muss, nicht durch Inventar verstellt sein darf.

Abb. 1.273: Differenzdruck-Überströmventil mit direkt ablesbarem Einstellwert (Quelle: IMI Hydronic Engineering Deutschland GmbH, Erwitte)

Abb. 1.274: Ventilunterteil für ein Thermostatventil mit automatischer Durchflussregelung und eingraviertem Pfeil für die Fließrichtung (Quelle: IMI Hydronic Engineering Deutschland GmbH, Erwitte)

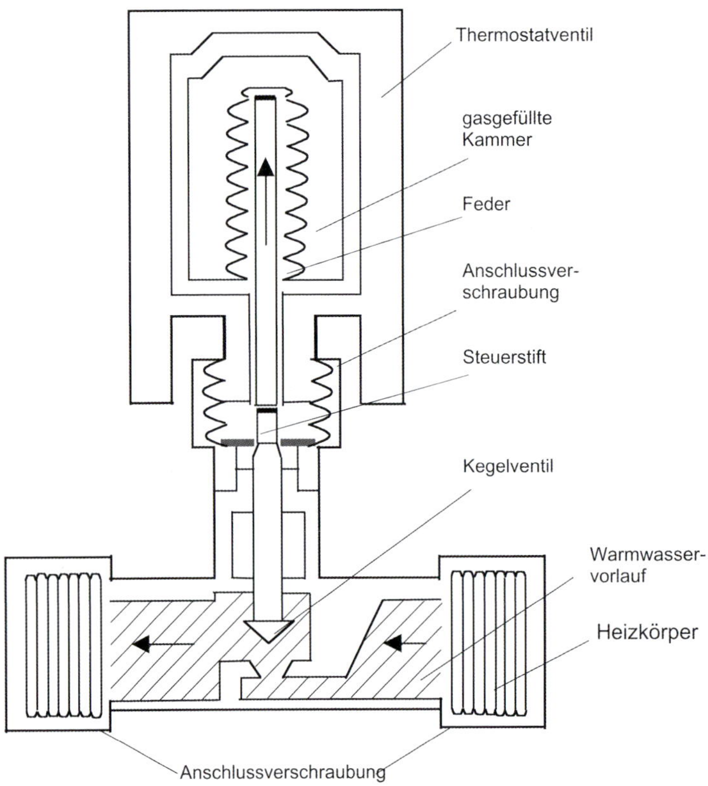

Abb. 1.275: Thermostatisches Heizkörperventil, Schnittzeichnung

1.9.3 Fließgeräusche

Zu den häufigen Beanstandungen gehören weiterhin Fließgeräusche im Leitungssystem und Thermostatgeräusche. Häufig lassen sich Fließgeräusche durch hydraulischen Abgleich der Anlage abstellen. In Anlagen ohne drehzahlgeregelte Pumpen können Fließgeräusche im Teillastbereich (bei heruntergeregelten Thermostatventilen) durch ein Überströmventil (siehe Abb. 1.273) verhindert werden, das am längsten Heizkreis zwischen Vor- und Rücklauf eingesetzt wird. Fällt der Volumenstrom im System bei gleichzeitig heruntergeregelten Thermostatventilen ab, steigt der Pumpendruck an. In diesem Fall öffnet das Überströmventil und lässt einen Teil des Heizwassers über eine Bypassleitung zum Rücklauf abfließen.

Thermostatgeräusche wie z. B. Klappern des Ventils in seiner Führung, können darauf hinweisen, dass das Ventil nicht gegen die Fließrichtung schließt und somit gegen die Fließrichtung angeschlossen ist. Erkennen lässt sich dies ggf. anhand eines Pfeils, der am Ventilgehäuse die Fließrichtung markiert (siehe Abb. 1.274). Auch durch Tastbefund lässt sich feststellen, ob das Ventil im – spürbar wärmeren – Vorlaufstrang sitzt.

Der bewegliche Kegel im Inneren des Ventilunterteils muss gegen die Strömungsrichtung des Mediums stehen, um ein ordnungsgemäßes Abregeln durch den Thermostatkopf zu gewährleisten (siehe Abb. 1.275). Bei einem fehlerhaften Einbau des Ventilunterteils in den Rücklaufstrang ist die Fließrichtung gegenläufig und der Kegel wird unplanmäßig von der Seite her angeströmt und schlackert dann unregelmäßig innerhalb seines Ventilsitzes, was zu deutlich wahrnehmbaren klappernden Geräuschen führt.

1.9.4 Wand- und Deckendurchführung von Leitungen

Leitungen, die durch Wände oder Decken verlaufen, müssen zum Schutz vor Korrosion sowie zur Aufnahme von temperaturbedingten Ausdehnungen im Bereich der Deckendurchführung mit einer Ummantelung versehen werden. Darauf wurde bereits 1997 in dem Fachbuch „Technologie für Gas- und Wasserinstallateure" hingewiesen (Baur et al., 1997):

„*4 Rohrleitungs- und Montagetechnik (...)*

4.1 Rohrleitungsführung (...)

Leitungen dürfen bei Durchführungen keine direkte Berührung mit dem Baukörper haben.

Weitere Gründe für das berührungslose Durchfahren des Baukörpers sind:

- *Mörtel und Beton können Korrosion an den Rohren verursachen.*
- *Längenänderungen durch Temperatureinfluss finden nicht mehr genügend Raum und führen zu Spannungen im Leitungssystem.*

Schallwellen von Fließgeräuschen werden auf den Baukörper übertragen. (...)

Abb. 1.276: Wanddurchgang Heizungsrohr mit unzulässigem Putzkontakt

8 Gastechnik (...)

8.13 Maßnahmen zum Korrosionsschutz (...)

Wand- und Deckendurchführungen erfordern den Einbau von korrosionsbeständigen Schutzrohren, beispielsweise aus schwer entflammbarem Kunststoff, die einen Überstand von etwa 5 cm haben müssen.“

Im „Handbuch der Gebäudetechnik“, Band 2: Heizung/Lüftung/Beleuchtung/Energiesparen“ (Pistohl, 2007) heißt es hierzu weiter:

„4 Leitungen (...)

4.2 Anordnung und Verlegung (...)

4.2.2 Verlegen der Leitungen (...)

Wand- und Deckendurchführungen

Rohrdurchführungen erfolgen rechtwinklig zu den Decken und Wänden. Dafür sind entsprechende Durchbrüche oder einbetonierte Rohrhülsen vorzusehen. Zur Vermeidung von Körperschallübertragung zum Bauwerk werden die Rohrleitungen mit dauerelastischen Dämmschalen oder Wicklungen umgeben.“

Heizungsvor- und -rücklaufleitungen müssen in Wand- und Deckendurchgängen frei längenbeweglich sein, damit es im Betrieb nicht zu Spannungsknackgeräuschen kommt und damit keine Trittschallübertragung stattfinden kann (siehe Abb. 1.276).

1.9.5 Dämmung von Leitungen

Die Dämmung der Leitungssysteme ist bei der Abnahme zu überprüfen. Zur Begrenzung der Wärmeverluste gelten die Mindestanforderungen des Gebäudeenergiegesetzes (GEG).

Gemäß dem Gesetz zur Einsparung von Energie und zur Nutzung erneuerbarer Energien zur Wärme- und Kälteerzeugung in Gebäuden (Gebäudeenergiegesetz – GEG) gilt:

„Anlage 8 (zu den §§ 69, 70 und 71 Absatz 1)

Anforderungen an die Wärmedämmung von Rohrleitungen und Armaturen (Fundstelle: BGBl. I 2020, 1787):

1. Wärmedämmung von Wärmeverteilungs- und Warmwasserleitungen sowie Armaturen in den Fällen des § 69 und § 71 Absatz 1

a) Wärmeverteilungs- und Warmwasserleitungen sowie Armaturen sind wie folgt zu dämmen:

aa) Bei Leitungen und Armaturen mit einem Innendurchmesser von bis zu 22 Millimetern beträgt die Mindestdicke der Dämmschicht, bezogen auf eine Wärmeleitfähigkeit von 0,035 Watt pro Meter und Kelvin, 20 Millimeter.

bb) Bei Leitungen und Armaturen mit einem Innendurchmesser von mehr als 22 Millimetern und bis zu 35 Millimetern beträgt die Mindestdicke der Dämmschicht, bezogen auf eine Wärmeleitfähigkeit von 0,035 Watt pro Meter und Kelvin, 30 Millimeter.

cc) Bei Leitungen und Armaturen mit einem Innendurchmesser von mehr als 35 Millimetern und bis zu 100 Millimetern ist die Mindestdicke der Dämmschicht, bezogen auf eine Wärmeleitfähigkeit von 0,035 Watt pro Meter und Kelvin, gleich dem Innendurchmesser.

dd) Bei Leitungen und Armaturen mit einem Innendurchmesser von mehr als 100 Millimetern beträgt die Mindestdicke der Dämmschicht, bezogen auf eine Wärmeleitfähigkeit von 0,035 Watt pro Meter und Kelvin, 100 Millimeter.

ee) Bei Leitungen und Armaturen nach den Doppelbuchstaben aa bis dd, die sich in Wand- und Deckendurchbrüchen, im Kreuzungsbereich von Leitungen, an Leitungsverbindungsstellen oder bei zentralen Leitungsnetzverteilern befinden, beträgt die Mindestdicke der Dämmschicht, bezogen auf eine Wärmeleitfähigkeit von 0,035 Watt pro Meter und Kelvin, die Hälfte des jeweiligen Wertes nach den Doppelbuchstaben aa bis dd.

ff) Bei Wärmeverteilungsleitungen nach den Doppelbuchstaben aa bis dd, die nach dem 31. Januar 2002 in Bauteilen zwischen beheizten Räumen verschiedener Nutzer verlegt werden, beträgt die Mindestdicke der Dämmschicht, bezogen auf eine Wärmeleitfähigkeit von 0,035 Watt pro Meter und Kelvin, die Hälfte des jeweiligen Wertes nach den Doppelbuchstaben aa bis dd.

gg) Bei Leitungen und Armaturen nach Doppelbuchstabe ff, die sich in einem Fußbodenaufbau befinden, beträgt die Mindestdicke der Dämmschicht, bezogen auf eine Wärmeleitfähigkeit von 0,035 Watt pro Meter und Kelvin, 6 Millimeter.

hh) Soweit in den Fällen des § 69 Wärmeverteilungs- und Warmwasserleitungen an Außenluft grenzen, beträgt die Mindestdicke der Dämmschicht, bezogen auf eine Wärmeleitfähigkeit von 0,035 Watt pro Meter und Kelvin, das Zweifache des jeweiligen Wertes nach den Doppelbuchstaben aa bis dd.“

Abb. 1.277: Ungedämmte Leitungsabschnitte, klaffend offene Dämmungen

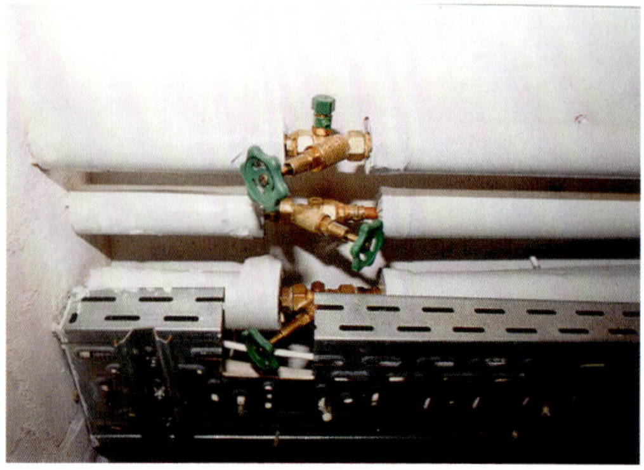

Abb. 1.278: Die Wärmedämmung muss im Bereich von Armaturen mit 50 % der Dämmstärke vorhanden sein.

Abb. 1.279: Die Wärmedämmung muss im Bereich von Kreuzungen mit 50 % der Dämmstärke vorhanden sein.

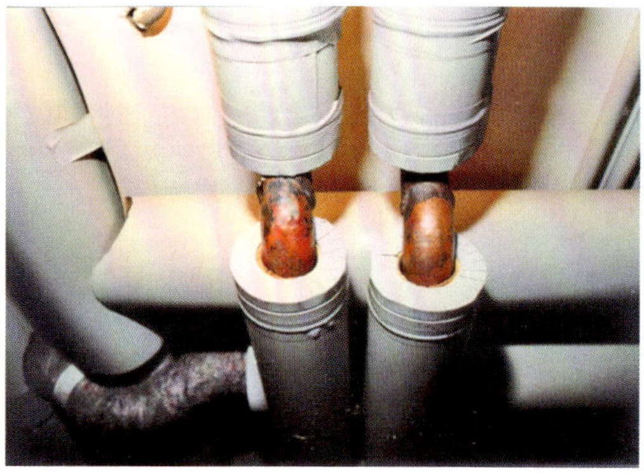

Abb. 1.280: Die Wärmedämmung muss im Bereich von Formstücken und Richtungsänderungen zu 100 % vorhanden sein.

Die Dämmung muss auf ganzer Länge der Leitungen vorhanden sein, und sie muss geschlossen sein (siehe Abb. 1.277 bis 1.280). Schnittfugen müssen insofern verklebt werden.

1.9.6 Abdeckrosetten

Der Einbau von Rosetten bei Wand- und Deckendurchführungen zählt entsprechend der VOB/C ATV DIN 18380 nicht zu den Nebenleistungen, sondern zu den vergütungspflichtigen Besonderen Leistungen. Sofern der Einbau von Rosetten vertraglich vereinbart worden ist, muss deren Vorhandensein bei der Abnahme geprüft werden (siehe Abb. 1.281 bis 1.285).

Abb. 1.281 und 1.282: Die Abdeckrosetten für die Vorlauf- und Rücklaufleitungen des Heizkörpers wurden bei den Teppichbodendurchgängen nicht angebracht.

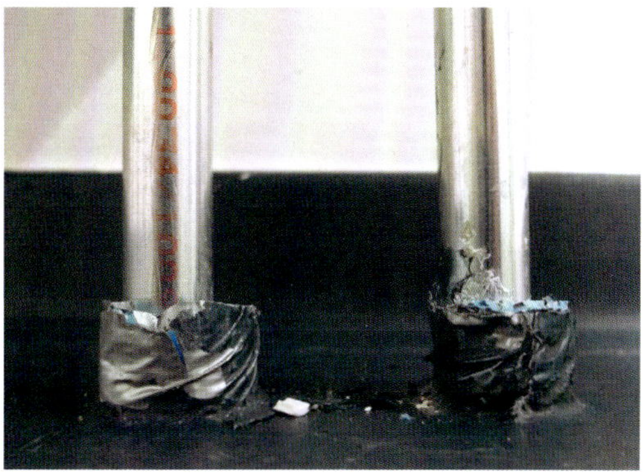

Abb. 1.283: Die Abdeckrosetten für die Vorlauf- und Rücklaufleitungen des Heizkörpers wurden bei den Bodenfliesendurchgängen nicht angebracht, die Dämmung wurde nicht zurückgeschnitten.

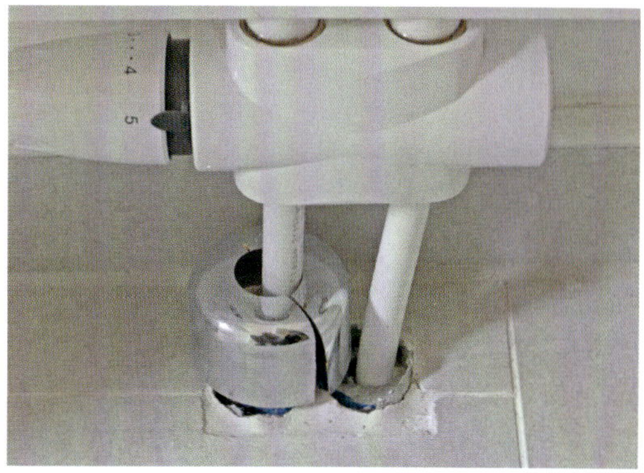

Abb. 1.284: Die runde Abdeckrosette lässt keinen Platz für eine weitere Rosette und deckt den rechteckigen Fliesenausschnitt nicht ab.

Abb. 1.285: Die Abdeckrosetten für die Vorlauf- und Rücklaufleitungen des Heizkörpers wurden bei den Wanddurchgängen nicht angebracht.

Abb. 1.286: Anschlussleckage an einer Vorlaufverschraubung eines Heizkörpers bei der Abnahme

Abb. 1.287: Kantenbeschädigung am Heizkörper durch Anprall eines harten Gegenstandes

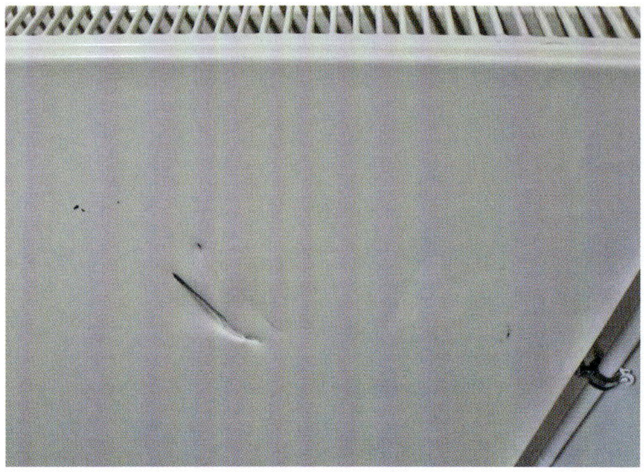

Abb. 1.288: Oberflächenbeschädigung am Heizkörper durch Anprall eines harten Gegenstandes

1.9.7 Leckagen

Insbesondere Rohrverbindungen müssen – solange und soweit sie noch zugänglich sind – hinsichtlich ihrer Dichtigkeit geprüft werden (siehe Abb. 1.286).

1.9.8 Beschädigungen bei der Abnahme

Zum Zeitpunkt der Abnahme kommt es auf die gewissenhafte Feststellung und die Dokumentation erkannter (und erkennbarer) Mängel an, weil der Besteller einen Teil seiner Rechte verliert, wenn er sich bezüglich dieser Mängel seine Rechte bei der Abnahme nicht vorbehält. Oft sind Heizkörper an Kanten und Ecken durch mechanischen Anstoß beschädigt, ohne dass sich der Urheber der Beschädigung ermitteln lässt (siehe Abb. 1.287 und 1.288). Da dem Auftragnehmer bis zur Abnahme seiner Leistungen die Schutzverpflichtung obliegt, kommt er für derartige Schäden auf. Sofern eine Bauwesenversicherung (auch: Bauleistungsversicherung) abgeschlossen worden ist, übernimmt sie die Kosten eines Schadens, der nachweislich vor der Abnahme und durch unbekannte Dritte verursacht wurde.

1.9.9 Fußbodenheizungen

Aufheizprotokolle

Bei Fußbodenheizungssystemen muss nach Austrocknung und Erhärtung des Estrichs, also in der Regel 28 Tage nach Herstellung, eine stufenweise Aufheizung des Systems nach Herstellervorschrift erfolgen. Gewöhnlich erfolgt die Aufheizung in Schritten von 5 K bis auf die Betriebstemperatur. Anschließend wird die Temperatur wieder reduziert. Über die Einzelschritte wird ein Protokoll angefertigt, das dem Nachfolgegewerk förmlich übergeben wird. Erst nach Vorlage des Protokolls dürfen z. B. Fliesenbeläge auf dem Estrich aufgebracht werden. Vernachlässigt man diesen Vorgang, kann es im Betrieb zu Rissbildungen im dann bereits fertiggestellten Fliesenbelag kommen, die einen unverhältnismäßig hohen Beseitigungsaufwand erfordern. Das Aufheizprotokoll sollte zur Abnahme abverlangt werden.

Oberflächentemperaturen bei Fußbodenheizungen

Eine vollständig gleichmäßige Oberflächentemperatur muss bei Fußbodenheizungen nicht erreicht werden. Vielmehr muss die Auslegungsraumtemperatur sichergestellt werden.

In dem „Merkblatt Flächenheizung und Flächenkühlung“ (2010) heißt es:

„Steuerung und Regelung von Flächenheizungen und -kühlungen auf Basis von Warm-/ Kaltwasser für den Wohnungsbau (…)

Selbstregeleffekt (…)

In einem nach gültiger Wärmeschutzverordnung gedämmten Wohngebäude liegt die Fußbodenoberflächentemperatur bei einer Fußbodenheizung im Mittel während der Heizperiode bei ca. 23 °C.“

Die erforderliche Strahlungswärme an der Fußbodenoberfläche wird bei Fußbodenheizungen erreicht durch warmwasserführende Heizschlangen, die innerhalb des Estrichaufbaus oder unterhalb der Estrichplatte in der Wärmedämmung verlegt sind. Für die Verlegeart der Heizschlangen besteht keine einheitliche Normung. Es bleibt dem Planer der Fußbodenheizung vorbehalten, durch welche geometrische Heizschlangenfigur er die normgerechte Raumlufttemperatur im Betrieb sicherstellt. Zu den handwerklichen Ausführungsdetails, wie z. B. den Befestigungsabständen und zu den Biegeradien, existieren in der Regel werkseitige Vorgaben in Form von Herstellerverarbeitungsvorschriften.

Die Einspeisung jedes einzelnen Kreislaufs erfolgt mit einer Medienvorlauftemperatur in der Regel von maximal ca. 50 °C.

Gemäß DIN EN 1264-2:2013-03 „Raumflächenintegrierte Heiz- und Kühlsysteme mit Wasserdurchströmung – Teil 2: Fußbodenheizung: Prüfverfahren für die Bestimmung der Wärmeleistung unter Benutzung von Berechnungsmethoden und experimentellen Methoden“ gilt:

„4 Thermische Randbedingungen

Eine Fußbodenheizfläche mit vorgegebener mittlerer Oberflächentemperatur gibt in beliebigen Räumen mit derselben Innentemperatur (Norm-Innentemperatur ϑ_i) dieselbe Wärmeleistung ab. Es ist deshalb möglich, eine vom Heizsystem unabhängige, für alle Fußbodenheizflächen (auch für solche mit stärker heizenden Randzonen) geltende Basiskennlinie für die Beziehung zwischen spezifischer Wärmeleistung und mittlerer Oberflächentemperatur anzugeben (siehe Bild A.1).

Demgegenüber existiert für jedes Fußbodenheizsystem eine systemeigene maximal zulässige spezifische Wärmeleistung, die spezifische Grenzwärmeleistung q_G. Diese Leistung wird für eine (Norm-)Innentemperatur $\vartheta_i = 20$ °C berechnet. Die zweite Bedingung besteht darin, dass die maximale Oberflächentemperatur bei einer Temperaturspreizung von $\sigma = 0$ K zwischen Heizmittel-Vorlauf und Heizmittel-Rücklauf $\vartheta_{F,\,max} = 29$ °C[1)] beträgt. Die maximale spezifische Wärmeleistung für die Randzone wird bei einer maximalen Oberflächentemperatur $\vartheta_{F,\,max} = 35$ °C[2)] und $\sigma = 0$ K erreicht. (…)

[1)] Nationale Vorschriften können diese Temperatur auf einen niedrigeren Wert begrenzen.
[2)] Einige Fußbodenbelagmaterialien können niedrigere Temperaturen erforderlich machen.“

Die individuell messbare Oberflächentemperatur an jeder einzelnen Stelle hängt von 2 Einflussfaktoren ab:

- der Rohrleitungsüberdeckung durch Estrich und Bodenbelagsaufbau,
- dem Abstand der einzelnen Leitungsstränge untereinander.

In typischen konstruktionsbedingten Kaltzonen, wie z. B. in Bereichen mit bodenständigen Außenfenstern, erfolgt grundsätzlich eine Verlegung mit geringen Schlangenabständen, um den hier erhöhten spezifischen Wärmebedarf sicherzustellen. Eine flächendeckende, vollständig gleichmäßige Oberflächentemperatur wird insofern aus baupraktischer Sicht von gängigen Fußbodenheizungssystemen nie erreicht und wird auch in den einschlägigen Regelwerken nicht gefordert.

Fußbodenheizungssysteme müssen nach den Regelwerken sicherstellen, dass im Raum eine Auslegungstemperatur der Raumluft in Wohnräumen nach DIN 4701 von 20 °C erreicht wird. Gleichzeitig sollen die Maximaloberflächentemperaturen von 29 °C bzw. 35 °C in Randzonen nicht überschritten werden.

Für Fußbodenheizungen gilt gemäß GEG, dass eine raumweise Regelung der Raumtemperatur möglich sein muss:

„§ 63 Raumweise Regelung der Raumtemperatur

(1) Wird eine heizungstechnische Anlage mit Wasser als Wärmeträger in ein Gebäude eingebaut, hat der Bauherr oder der Eigentümer dafür Sorge zu tragen, dass die heizungstechnische Anlage mit einer selbsttätig wirkenden Einrichtung zur raumweisen Regelung der Raumtemperatur ausgestattet ist. Satz 1 ist nicht anzuwenden auf

1. eine Fußbodenheizung in Räumen mit weniger als sechs Quadratmetern Nutzfläche oder
2. ein Einzelheizgerät, das zum Betrieb mit festen oder flüssigen Brennstoffen eingerichtet ist.

(2) Mit Ausnahme von Wohngebäuden ist für Gruppen von Räumen gleicher Art und Nutzung eine Gruppenregelung zulässig.

(3) Soweit die in Absatz 1 Satz 1 geforderte Ausstattung bei einem bestehenden Gebäude nicht vorhanden ist, muss der Eigentümer sie nachrüsten. Absatz 1 Satz 2 und Absatz 2 sind entsprechend anzuwenden.

(4) Eine Fußbodenheizung, die vor dem 1. Februar 2002 eingebaut worden ist, darf abweichend von Absatz 1 Satz 1 mit einer Einrichtung zur raumweisen Anpassung der Wärmeleistung an die Heizlast ausgestattet werden."

Neben der gesetzlichen Anforderung ist auch nach der technischen Norm DIN EN 12828:2014-07 „Heizungsanlagen in Gebäuden – Planung von Warmwasser-Heizungsanlagen; Deutsche Fassung EN 12828:2012+A1:2014" eine Raumregelung für jeden beheizten Bereich erforderlich:

„4 Anforderungen an die Anlagenplanung (…)

4.5 Regelung (…)

4.5.5 Raumregelung

Um unter variierenden Lasten bestimmte Innentemperaturen zu erreichen, muss jeder beheizte Bereich mit einer Raumregelung versehen werden. Eine Raumregelung kann von Hand oder automatisch erfolgen.

Die Raumregelung muss es dem Nutzer ermöglichen, persönliche Temperaturpräferenzen bis zur vereinbarten Raumtemperatur festlegen zu können.

Der Raumregler muss in einer Position angebracht werden, die für den Nutzer leicht zugänglich ist.

Ein Raumregler kann einen individuellen Heizkörper/Heizfläche oder eine Gruppe von Heizkörpern/Heizflächen regeln.

Die Regelfähigkeit der Innentemperatur wird beeinflusst durch die Zeitkonstante des Gebäudes (thermische Masse), die Zeitkonstante der Heizungsanlage und durch die Regelungsstrategie.

Eine automatische Raumregelung ist vor allem für den Nutzer sinnvoll sowie um eine mögliche Energieeinsparung zu erzielen und um den Wärmegewinn aus internen Lasten oder Sonneneinstrahlung anzupassen.

Temperaturfühler müssen an einer repräsentativen Stelle angebracht werden, um die Auslegungsbedingungen aufrechtzuerhalten und um störende Einflüsse durch direkte Sonneneinstrahlung, Vorhänge usw. zu verhindern."

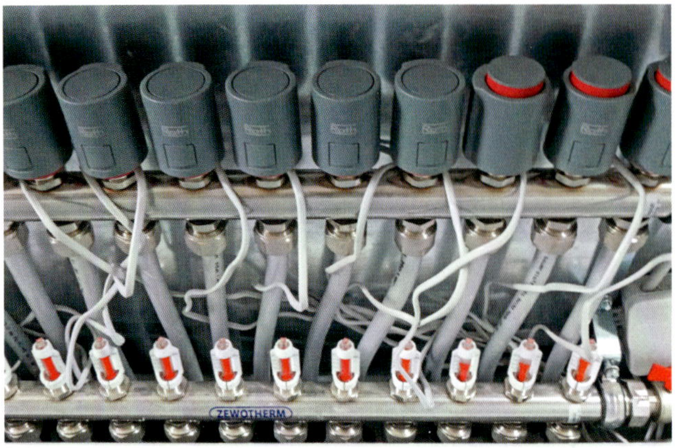

Abb. 1.289: Stellantriebe in der Verteilung für die Fußbodenheizung ohne Beschriftung

Die Regler für die einzelnen Heizkreise müssen in der Verteilung eindeutig und dauerhaft gekennzeichnet sein, damit sich die Stellantriebe bei Defekten den angeschlossenen Räumlichkeiten zuordnen lassen.

Abb. 1.289 zeigt ein Beispiel, in dem diese Anforderung nicht erfüllt wird.

1.9.10 Kontrolle der Betriebseinrichtungen

Eine Heizungsanlage sollte über die in Tabelle 1.48 aufgeführten Betriebseinrichtungen verfügen.

Tabelle 1.48: Betriebseinrichtungen in Heizungsanlagen

Nr.	Betriebseinrichtung	Pflicht	optional	Regelwerk
1	zentrale Regelung	x		DIN EN 12828:2014-07,, Abschnitt 4.5.3
1.1	Außentemperaturfühler	x		§ 61 GEG (2020)
2	Raumregelung	x		DIN EN 12828:2014-07, Abschnitt 4.5.5, § 63 GEG (2020)
3	Manometer	x		DIN EN 12828:2014-07, Abschnitt 4.7
4	Thermometer	x		DIN EN 12828:2014-07, Abschnitt 4.7
5	Betriebstemperaturregelung	x		DIN EN 12828:2014-07, Abschnitt 4.7
6	Temperaturregler	x		DIN EN 12828:2014-07, Abschnitt 4.7.3
7	Wasserstandsausgleich (Befülleinrichtung)	x		DIN EN 12828:2014-07, Abschnitt 4.7.5
8	Wärmedämmung der Anlagenteile	x		DIN EN 12828:2014-07, Abschnitt 4.8, GEG Anlage 8 zu den §§ 69, 70, 71 Abs. 1

Fortsetzung Tabelle 1.48

Nr.	Betreibseinrichtung	Pflicht	optional	Regelwerk
9	Wärmezähler, Heizkostenverteiler in Mehrfamilienhäusern	x		§ 5 Abs. 1 HeizkostenVO
10	Warmwasserzähler in Mehrfamilienhäusern	x		§ 5 Abs. 1 HeizkostenVO
11	Überströmventil (bei ungeregelter Pumpe)		x	
12	MSR-Anlage (Mess,- Steuer- und Regeltechnik)		x	
13	GLT-Anlage (Gebäudeleittechnik)		x	
14	DDC-Anlage (Direct Digital Control)		x	

1.9.11 Kontrolle der Sicherheitseinrichtungen

Eine Heizungsanlage sollte über die in Tabelle 1.49 aufgeführten Sicherheitseinrichtungen mit Bauartzulassung verfügen.

Tabelle 1.49: Sicherheitseinrichtungen in Heizungsanlagen

Nr.	Sicherheitseinrichtung	Pflicht	optional	Regelwerk
1	Sicherheitstemperaturbegrenzer, Wächter (STB/STW) (siehe Abb. 1.261 und 1.262)	x		DIN EN 12828:2014-07, Abschnitt 4.6.2.1
2	Sicherheitsventil (siehe Abb. 1.263)	x		DIN EN 12828:2014-07, Abschnitt 4.6.2.2
3	Druckbegrenzer bei Heizungsanlagen > 300 kW	x		DIN EN 12828:2014-07, Abschnitt 4.6.2.2.2
4	Wassermangelsicherung (siehe Abb. 1.290)	x		DIN EN 12828:2014-07, Abschnitt 4.6.2.3
5	Druckhaltung	x		DIN EN 12828:2014-07, Abschnitt 4.6.2.4, 4.7.4
6	Gasabsperreinrichtung bei Gasanlagen	x		§ 4 Abs. 6 FeuVO
7	Not-Aus-Schalter für den Brenner bei Heizungsanlagen > 50 kW	x		§ 5 FeuVO

Abb. 1.290: Wassermangelsicherung

Abb. 1.291: Sicherheitsventil am Heizkessel, erkennbar an der Gravur „SVV"

Sicherheitsventil

Ein Sicherheitsventil (siehe Abb. 1.291) ist in jeder Heizungsanlage erforderlich. Im System dehnt sich das Wasser beim Aufheizen aus, wodurch der Druck ansteigt. Wird ein voreingestellter Druck erreicht, öffnet sich das Sicherheitsventil automatisch, lässt Warmwasser oder Wasserdampf ab und schließt sich nach Unterschreiten des Einstelldrucks wieder. Aus diesem Grund muss sichergestellt sein, dass das Sicherheitsventil jederzeit und unter allen Bedingungen betriebsfähig ist. Andernfalls würde bei einem Defekt der Druck weiter ansteigen und andere Bauteile stark beschädigen. In der Heizungsinstallation werden rote Regler verwendet.

Gemäß DIN EN 12828:2014-07 „Heizungsanlagen in Gebäuden – Planung von Warmwasser-Heizungsanlagen" gilt:

„4 Anforderungen an die Anlagenplanung (…)

4.6 Sicherheitstechnische Einrichtungen

4.6.1 Allgemeines

Heizungsanlagen müssen mit sicherheitstechnischen Einrichtungen ausgerüstet sein, um folgende Gegebenheiten zu verhindern:

- *Überschreitung der maximalen Betriebstemperatur;*
- *Überschreitung des maximalen Betriebsdrucks;*
- *Wassermangel. (…)*

4.6.2 Einrichtungen für geschlossene Anlagen (…)

4.6.2.2 Schutz gegen Überschreitung des maximalen Betriebsdrucks

4.6.2.2.1 Sicherheitsventile, Bewertung und Anordnung

Jeder Wärmeerzeuger einer Heizungsanlage muss zum Schutz der Anlage gegen ein Überschreiten des maximalen Betriebsdrucks durch mindestens ein Sicherheitsventil abgesichert sein.

Abb. 1.292 und 1.293: Sicherheitsventile der Heizung ohne Abblaseleitung

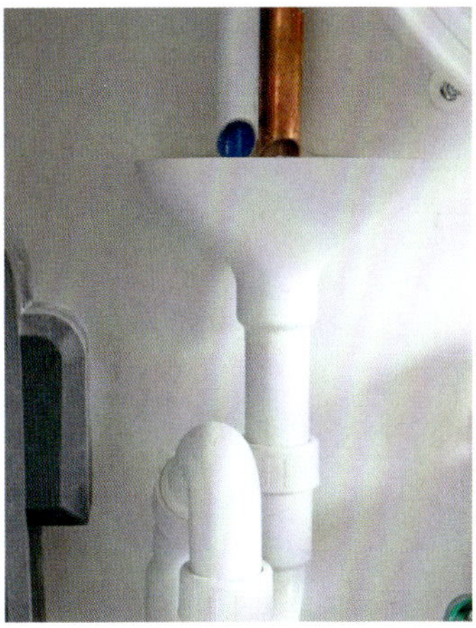

Abb. 1.294: Fachgerechte Installation der Abblaseleitung mit frei sichtbarer Mündung in einem Einlauftrichter

Ist der Wärmeerzeuger werkseitig nicht mit einem Sicherheitsventil ausgestattet, muss eine derartige Einrichtung so nahe wie möglich am Wärmeerzeuger angebracht werden. (…)

Die Sicherheitsventile müssen zugänglich in unmittelbarer Nähe der Vorlaufleitung des Wärmeerzeugers eingebaut sein. Zwischen Wärmeerzeuger und Sicherheitsventil(en) darf sich kein Absperrventil befinden.

Um einen sicheren Ablass von Wasser und möglicherweise entstandenem Dampf sicherzustellen, muss der Auslassstutzen des Sicherheitsventils entsprechend bemessen und angeordnet sein.“

Aus dem Sicherheitsventil der Heizungsanlage kann jederzeit unverhofft Heißwasser oder Wasserdampf austreten. An die seitlich vorhandene Abblaseöffnung des Sicherheitsventils ist daher eine Abblaseleitung anzuschließen, die in einem Einlauftrichter enden sollte. In Abb. 1.292 und 1.293 fehlt eine solche Abblaseleitung, in Abb. 1.294 ist sie korrekt installiert.

Abb. 1.295 und 1.296: Sicherheitstemperaturbegrenzer oberhalb der Umwälzpumpe für eine Fußbodenheizung

Sicherheitstemperaturbegrenzer, Sicherheitstemperaturverriegler

Ein Sicherheitstemperaturverriegler, der als Sicherheitstemperaturbegrenzer (siehe Abb. 1.295 und 1.296) installiert sein kann, gehört zu den obligatorischen Sicherheitseinrichtungen einer Heizungsanlage, insbesondere dann, wenn die Überschreitung einer bestimmten Vorlauftemperatur zu irreparablen Schäden an Bauteilen führen kann, z. B. bei im Estrich verlegten Fußbodenheizungssystemen. Bei Überschreiten einer voreingestellten Temperatur schaltet der Sicherheitstemperaturbegrenzer die Heizung ab, z. B., wenn es zu einem mechanisch bedingten Defekt am Dreiwegemischer kommt und hierdurch das Risiko eintritt, dass heißes Heizwasser in die Heizschlangen der Fußbodenheizung gelangt und zu einer überobligatorischen Ausdehnung des Heizestrichs mit der Folge von Rissbildungen führt.

Gemäß DIN EN 12828:2014-07 „Heizungsanlagen in Gebäuden – Planung von Warmwasser-Heizungsanlagen“ gilt:

„4 *Anforderungen an die Anlagenplanung (…)*

4.6 Sicherheitstechnische Einrichtungen (…)

4.6.2 Einrichtungen für geschlossene Anlagen

4.6.2.1 Schutz gegen Überschreitung der für die Anlage maximalen Sicherheitstemperatur

Jeder Wärmeerzeuger muss mit einem Sicherheits-Temperaturverriegler ausgestattet sein, der verhindert, dass die Vorlauftemperatur des Wärmeerzeugers die für die Anlage maximale Sicherheitstemperatur überschreitet. Die Soll-Temperatur dieses Sicherheits-Temperaturverrieglers ist entsprechend festzulegen. Bild 1 zeigt einen typischen Temperaturverlauf in der Anlage bei einer Fehlersituation.

Bei der Verriegelung kann es sich um einen Sicherheits-Temperaturbegrenzer handeln, der EN 60730-2-9 entsprechen muss.

Ist der Wärmeerzeuger werkseitig nicht mit einer derartigen Verriegelung ausgestattet, muss eine derartige Einrichtung so nahe wie möglich am Wärmeerzeuger angebracht werden.

Eine Verriegelung ist dann nicht erforderlich, wenn der Wärmeerzeuger so beschaffen ist, dass er die maximale Sicherheitstemperatur gar nicht überschreiten kann (z. B. Wärmepumpen).“

Abb. 1.297: Unzulässige feste Verbindung zwischen dem Heizwassersystem und der Trinkwasserzuleitung

Abb. 1.298: Zulässige Wasserstandausgleichgruppe

Abb. 1.299: Der Rückspülfilter ist ordnungsgemäß oberhalb eines Entwässerungsanschlusses installiert und kann bei Spülvorgängen direkt dort hinein entwässern.

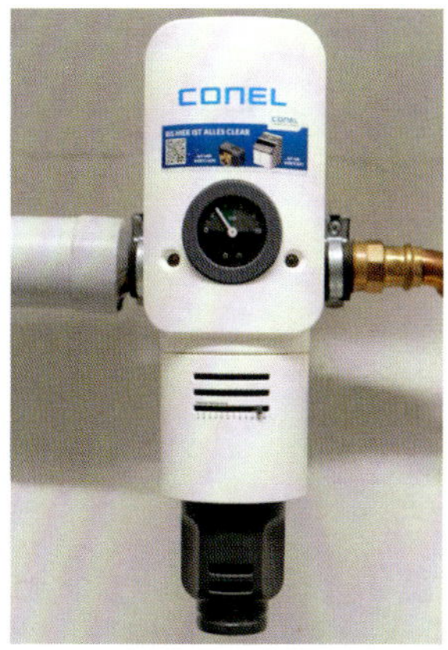

Abb. 1.300: Unterhalb des Rückspülfilters ist keine Entwässerungsmöglichkeit installiert.

Wasserstandausgleich (Befülleinrichtung)

Die Befüllung mit festen Verbindungen wie z. B. Schlauchverbindungen (siehe Abb. 1.297) ist unzulässig, weil es durch Rückstöße zu einer Verunreinigung des Trinkwassers kommen kann. Abb. 1.298 zeigt eine korrekt installierte Wasserstandsausgleichgruppe.

Rückspülfilter

Rückspülfilter sollen oberhalb eines Entwässerungsanschlusses installiert werden (siehe Abb. 1.299). In Abb. 1.300 fehlt eine entsprechende Entwässerungsmöglichkeit.

DIN 18012:2018-04 „Anschlusseinrichtungen für Gebäude – Allgemeine Planungsgrundlagen" regelt:

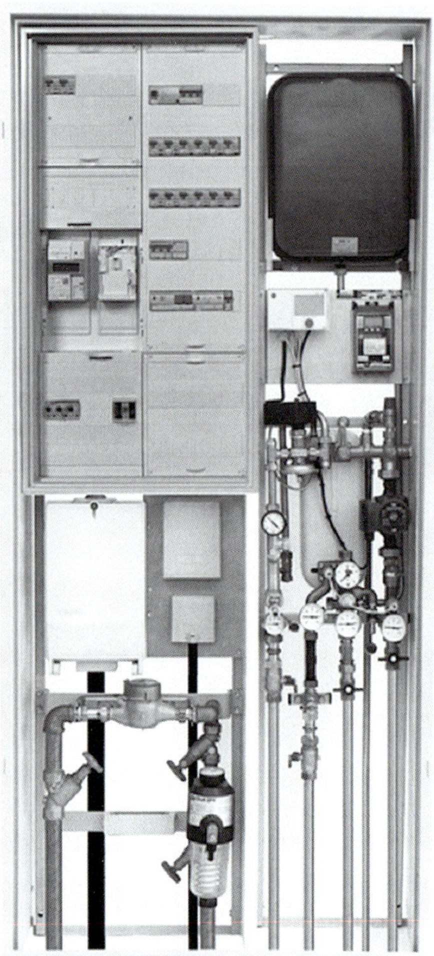

Abb. 1.301: Ausführungsbeispiel für die Anordnung der Anschluss- und Betriebseinrichtungen in der Hausanschlussnische mit den Sparten Fernwärme, Kommunikation, Strom und Trinkwasser (Quelle: DIN 18012:2018-04, Bild A.5b)

Abb. 1.302: Die Lage des Rückspülfilters kollidiert mit dem Membran-Druckausdehnungsgefäß. Die Installation einer Entwässerungsmöglichkeit ist nicht mehr möglich. Ein Eimer zum Auffangen des austretenden Wassers passt nicht unter das Filtergehäuse.

Abb. 1.303: Der Rückspülfilter ist unmittelbar über der Oberkante des Fertigfußbodens installiert worden. Ein Einlauftrichter lässt sich nicht anbringen, ein Eimer als Auffanggefäß für das Rückspülwasser nicht unterstellen.

„Anhang A (informativ) Ausführungsbeispiele [siehe Abb. 1.301] *(...)*

Potenzialausgleichsleitungen und Sicherheitseinrichtungen sind nicht dargestellt.

Für rückspülbare Trinkwasserfilter ist eine Entwässerungsmöglichkeit vorzusehen."

Nur wenn begründete Umstände die Installation eines Einlauftrichters unmöglich machen, kann das Rückspülwasser mit einem Eimer aufgenommen werden. Hierfür muss allerdings für ausreichenden Platz gesorgt werden. Die Abb. 1.302 und 1.303 zeigen Beispiele für Installationen, in denen dies nicht der Fall ist.

1.9.12 Heizräume

Ab einer Kesselleistung von 50 kW wird die Einrichtung von Heizräumen erforderlich, die über besondere Eigenschaften verfügen.

Gemäß FeuVO der Freien und Hansestadt Hamburg vom 25.09.2007, zuletzt geändert am 02.11.2010, gilt:

„§ 6 Heizräume

(1) Feuerstätten für feste Brennstoffe mit einer Nennleistung von insgesamt mehr als 50 kW, die gleichzeitig betrieben werden sollen, dürfen nur in besonderen Räumen (Heizräumen) aufgestellt werden. § 5 Absätze 3 und 4 gilt entsprechend. Die Heizräume dürfen

1. *nicht anderweitig genutzt werden, ausgenommen zur Aufstellung von Feuerstätten für flüssige und gasförmige Brennstoffe, Wärmepumpen, Blockheizkraftwerken, ortsfesten Verbrennungsmotoren und für zugehörige Installationen sowie zur Lagerung von Brennstoffen und*
2. *mit Aufenthaltsräumen, ausgenommen solche für das Betriebspersonal, sowie mit notwendigen Treppenräumen nicht in unmittelbarer Verbindung stehen.*

Wenn in Heizräumen Feuerstätten für flüssige und gasförmige Brennstoffe aufgestellt werden, gilt § 5 Absatz 2 entsprechend.

(2) Heizräume müssen

1. *mindestens einen Rauminhalt von 8 m^3 und eine lichte Höhe von 2 m,*
2. *einen Ausgang, der ins Freie oder einen Flur führt, der die Anforderungen an notwendige Flure erfüllt, und*
3. *Türen, die in Fluchtrichtung aufschlagen,*

haben.

(3) Wände, ausgenommen nicht tragende Außenwände, und Stützen von Heizräumen sowie Decken über und unter ihnen müssen feuerbeständig sein. Öffnungen in Decken und Wänden müssen, soweit sie nicht unmittelbar ins Freie führen, mindestens Feuer hemmende und selbstschließende Abschlüsse haben. Die Sätze 1 und 2 gelten nicht für Trennwände zwischen Heizräumen und den zum Betrieb der Feuerstätten gehörenden Räumen, wenn diese Räume die Anforderungen der Sätze 1 und 2 erfüllen.

(4) Heizräume müssen zur Raumlüftung jeweils eine obere und eine untere Öffnung ins Freie mit einem Querschnitt von mindestens je 150 cm^2 oder Leitungen ins Freie mit strömungstechnisch äquivalenten Querschnitten haben. § 3 Absatz 5 gilt sinngemäß. Der Querschnitt einer Öffnung oder Leitung darf auf die Verbrennungsluftversorgung nach § 3 Absatz 4 angerechnet werden."

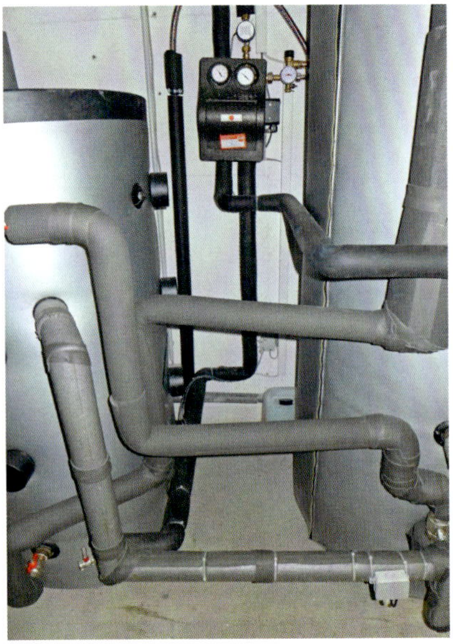

Abb. 1.304: Unübersichtliche Installation: Die Ablesung der Instrumente ist kaum möglich.

Installationen müssen in geordneter Form so geführt werden, dass die ungehinderte Zugänglichkeit zu Bedien- und Ablesevorrichtungen gewährleistet wird (siehe Abb. 1.304).

1.9.13 Schornsteinmündungen in der Nähe von Aufenthaltsräumen

Bei der Abnahme muss geprüft werden, ob die Lage der Mündungen von Abgasanlagen in richtiger Höhe und in ausreichendem Abstand zu Fenstern, Zuluftöffnungen und Balkonen liegt (siehe Abb. 1.305).

Die DIN V 18160-1:2006-01 „Abgasanlagen – Teil 1: Planung und Ausführung“ regelt hierzu:

„6 Allgemeine Anforderungen an Abgasanlagen (...)

6.10 Anordnung von Abgasanlagen

6.10.1 Lage der Mündung

Abgasanlagen müssen so angeordnet sein, dass ihre Mündungen nicht in unmittelbarer Nähe von Fenstern, Zuluftöffnungen und Balkonen liegen. Abgasanlagen von terrassenförmigen Gebäuden sollten aus dem Dach des höchsten Gebäudeteils austreten. Mündungen von Abgasanlagen dürfen über Dachflächen mit allseitig geschlossener Brüstung von mehr als 50 cm Höhe nur liegen, wenn die Brüstungen Öffnungen haben, die ein gefährliches Ansammeln von Abgasen verhindern.

Abgasanlagen in oder an Gebäuden mit Dächern, die eine größere Neigung als 20° haben, sollten so angeordnet werden, dass die Mündungen in der Nähe der höchsten Dachkante liegen.

6.10.2 Höhe der Mündungen über Dach

Die Mündungen von Abgasanlagen müssen

Abb. 1.305: Schornsteinmündung direkt zur Hauptwindrichtung nach Westen hin unmittelbar neben dem Dachflächenfenster des Schlafzimmers

- *den First um mindestens 40 cm überragen oder von der Dachfläche mindestens 1 m entfernt sein; bei raumluftunabhängigen Feuerstätten für flüssige und gasförmige Brennstoffe genügt ein Abstand von der Dachfläche von 40 cm, wenn die Gesamtnennwärmeleistung der Feuerstätten nicht mehr als 50 kW beträgt und das Abgas durch Ventilatoren abgeführt wird,*
- *Dachaufbauten, Gebäudeteile und Öffnungen zu Räumen, auch von Nachbargebäuden, um mindestens 1 m überragen, soweit deren Abstand zu den Abgasanlagen weniger als 1,5 m beträgt, (…)*

Die Mündungen der Abgasanlagen sollten Dachaufbauten auch dann um mindestens 1 m überragen, wenn deren Abstand zur Abgasanlage kleiner als deren 1,5-fache Höhe über Dach ist.“

1.10 Sanitäranlagen (VOB/C ATV DIN 18381)

1.10.1 Abnahme

Unterlagen

Gemäß VOB/C ATV DIN 18381:2019-09 „Gas-, Wasser und Entwässerungsanlagen innerhalb von Gebäuden“ können folgende Revisionsunterlagen zur Abnahme verlangt werden:

„3 Ausführung

Ergänzend zur ATV DIN 18299, Abschnitt 3, gilt: (…)

3.7 Mitzuliefernde Unterlagen

Der Auftragnehmer hat folgende Unterlagen aufzustellen und dem Auftraggeber spätestens bei der Abnahme nach folgender Sortierung zu übergeben:

- *elektrische Übersichtsschaltpläne und Anschlusspläne nach DIN EN 61082-1 (VDE 0040-1) ‚Dokumente der Elektrotechnik –Teil 1: Regeln‘,*
- *Zusammenstellungen der wichtigsten technischen Daten,*
- *Kopien der vorgeschriebenen Prüf- und Herstellerbescheinigungen, Verwendbarkeitsnachweise, Fachunternehmererklärungen,*
- *alle für einen sicheren und wirtschaftlichen Betrieb erforderlichen Bedienungs- und Wartungsanleitungen,*
- *Protokolle über die Druck- und Dichtheitsprüfung von Trinkwasser- und Gasleitungen,*

- *Protokoll über die Einweisung des Wartungs- und Bedienungspersonals,*
- *Protokoll über die Abgasmessung.*

Die Unterlagen sind dem Auftraggeber in Papierform, 3-fach, in deutscher Sprache, auszuhändigen. Begriffe, Abkürzungen, Kurzzeichen etc. dürfen entsprechend den normativen Regelwerken verwendet werden."

Vollständigkeit von Objekten, Armaturen und Zubehör

Bei der Abnahme muss geprüft werden, ob entsprechend den vertraglichen Vereinbarungen die zutreffenden Produkte für Objekte, Armaturen und Zubehör eingesetzt worden sind und ob sie vollständig und funktionsfähig sind.

Die VOB/C ATV DIN 18381:2019-09 „Gas-, Wasser und Entwässerungsanlagen innerhalb von Gebäuden" regelt:

„3 Ausführung

Ergänzend zur ATV DIN 18299, Abschnitt 3, gilt: (…)

3.6 Abnahme

Es ist zur Abnahme eine Vollständigkeits- und Funktionsprüfung durchzuführen, eine Funktionsmessung jedoch nur nach besonderer Vereinbarung.

3.6.1 Vollständigkeitsprüfung

Die Vollständigkeitsprüfung besteht aus folgenden Einzelprüfungen:

- *Vergleich der Lieferung mit der Leistungsbeschreibung sowohl hinsichtlich des Umfanges als auch der Stoffe und gegebenenfalls der Eigenschaften und Ersatzteile,*
- *Prüfung auf Einhaltung technischer und behördlicher Vorschriften,*
- *Prüfung, ob alle für das Betreiben der Anlage notwendigen Unterlagen vorhanden sind."*

Insbesondere mobilisierbare Kleinteile wie Stöpsel und Strahlregler (Produktbezeichnung: Perlator®) verlassen die Baustelle oft schon vor der Abnahme (siehe Abb. 1.306).

Funktionsprüfung

Bei der Abnahme müssen die Anlagenteile auf ihre Funktion hin überprüft werden, wie die VOB/C ATV DIN 18381:2019-09 „Gas-, Wasser und Entwässerungsanlagen innerhalb von Gebäuden" regelt:

„3 Ausführung

Ergänzend zur ATV DIN 18299, Abschnitt 3, gilt: (…)

3.6 Abnahme

Es ist zur Abnahme eine Vollständigkeits- und Funktionsprüfung durchzuführen, eine Funktionsmessung jedoch nur nach besonderer Vereinbarung.

3.6.2 Funktionsprüfung

Die Funktionsprüfung der Gesamtanlage ist im Rahmen der Inbetriebnahme durchzuführen. Sie umfasst nach den Erfordernissen des Einzelfalls:

Abb. 1.306: Vollständigkeitsüberprüfung: Der Strahlregler (Perlator®) ist vorhanden.

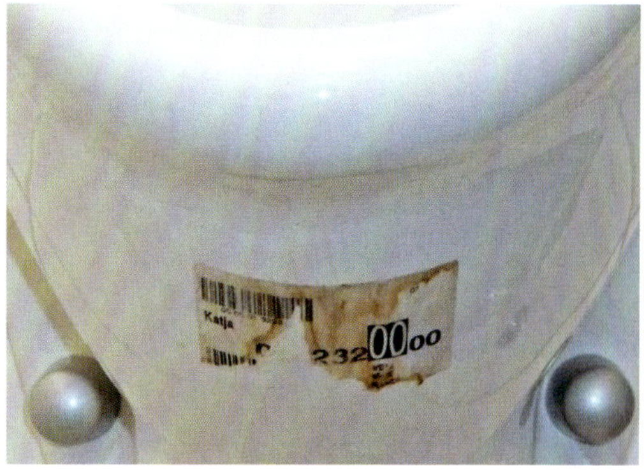

Abb. 1.307: Bei der Abnahme oft nur aus der Hocke heraus erkennbar: Werkseitige Aufkleber wurden nicht entfernt.

Abb. 1.308: Ungünstige Anordnung der Sanitärobjekte: Das hintere Urinal ist nicht unabhängig zugänglich, sondern nur in Absprache mit dem Benutzer des vorderen Urinals.

- *die Sicherheits- und Schutzeinrichtungen,*
- *die Hygieneanforderungen,*
- *die Regel- und Schalteinrichtungen.“*

Beschädigungen und Verunreinigungen von Objekten, Armaturen und Zubehör

Bei der Abnahme müssen die Porzellan-, Acryl- und Emailleoberflächen auf Kratzer, Kantenbeschädigungen, Risse und Abplatzungen sowie auf Brandflecken hin untersucht werden. Die Chromoberflächen der Armaturen werden auf Verkratzungen hin überprüft. Auch unsachgemäße Reinigungsversuche werden hierbei erkannt (siehe Abb. 1.307).

1.10.2 Sanitärobjekte

Lage der Sanitärobjekte, Sicherheitseinrichtungen und Reinigungsöffnungen

Die Lage der Sanitärobjekte muss den Planungsangaben entsprechen und eine bedarfsgerechte Nutzung ermöglichen (siehe Abb. 1.308).

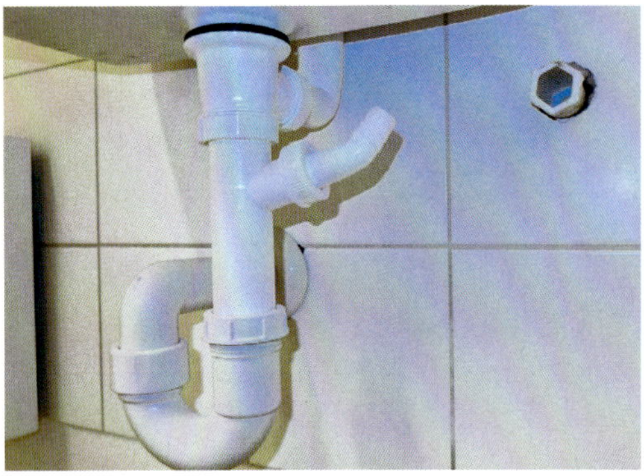

Abb. 1.309: Bei der Abnahme nur aus der Hocke heraus erkennbar: mit Baustopfen verschlossene Kondensatleitung, die an das Ablaufknie angeschlossen werden sollte

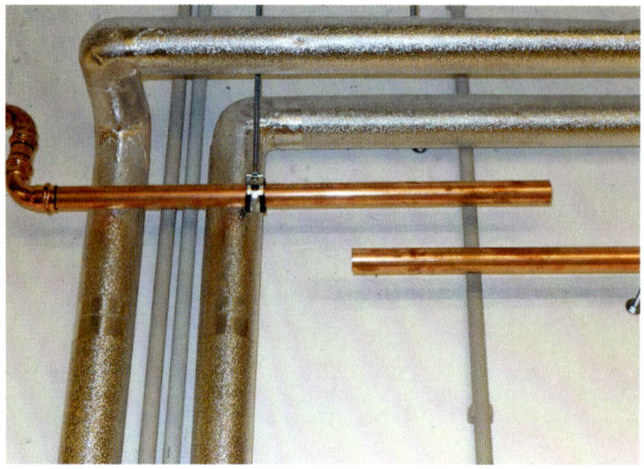

Abb. 1.310: Bei der Abnahme erkennbar: Installation noch nicht abgeschlossen

Abb. 1.311: Ausgussbecken im Souterrain; bei der Abnahme erkennbar: Anschluss der Ablaufgarnitur fehlt, Kleinhebeanlage fehlt

Objektanschlüsse

Geprüft werden muss, ob die Objekte an die Versorgungs- und an die Entsorgungsleitungen angeschlossen sind (siehe Abb. 1.309 bis 1.311).

Objektanschlussversiegelung

Ob eine Objektanschlussversiegelung ausgeführt werden soll, entscheidet der Auftraggeber durch entsprechende Formulierung in der Leistungsbeschreibung, da es sich nicht um eine Nebenleistung im Sinne der VOB/C ATV DIN 18381 handelt, sondern um eine vergütungspflichtige Besondere Leistung. Sofern vertraglich vereinbart, muss geprüft werden, ob die Objektanschlussversiegelung ausgeführt wurde (siehe Abb. 1.312 und 1.313).

Abb. 1.312: Objektanschlussversiegelung Waschtisch

Abb. 1.313: Objektanschlussversiegelung WC

Abb. 1.314: Fehlerhafte Planungskoordination

Sicherheitseinrichtungen

Es ist zu prüfen ob folgende Sicherheitseinrichtungen vorhanden sind und ordnungsgemäß funktionieren:

- Druckminderer,
- Rückflussverhinderer,
- Rohrbelüfter.

Revisionsöffnungen

Der Nachweis von erforderlichen Revisionsöffnungen innerhalb von langen Rohrstrecken muss geführt werden (siehe Abb. 1.314).

1.10.3 Rohrleitungen

Trinkwasser

Materialien

Welche Werkstoffe für die verschiedenen Verwendungsbereiche zulässig sind, ergibt sich aus Tabelle 1 (vgl. Tabelle 1.42) der DIN 1986-4:2019-08 „Entwässerungsanlagen für Gebäude und Grundstücke – Teil 4: Verwendungsbereiche von Abwasserrohren und -formstücken verschiedener Werkstoffe".

„*4 Verwendungsbereiche der Abwasserrohre und -formstücke für den Neubau und die Erneuerung*

Die verwendeten Bauprodukte für den Neubau und die Erneuerung von Grundstücksentwässerungsanlagen müssen den Anforderungen der Landesbauordnungen in Verbindung mit den Verwaltungsvorschriften Technischen Baubestimmungen der Länder entsprechen.

In Tabelle 1 [vgl. Tabelle 1.50] *und Tabelle 2* [vgl. Tabelle 1.51] *sind die Verwendungsbereiche der genormten Abwasserrohre und -formstücke für den Neubau und die Erneuerung der Abwasserleitung angegeben.*

Die Verwendungsbereiche gelten für die Ableitung von häuslichem Abwasser und Regenwasser nach DIN 1986-3 sowie für die Ableitung von Kondensaten aus Feuerungsanlagen.

Bei der Ableitung von nicht häuslichem Abwasser bzw. der Verlegung von Abwasserleitungen in aggressivem Boden oder Grundwasser muss im besonderen Anwendungsfall nachgewiesen werden, dass die Abwasserrohre und -formstücke verwendbar sind.

Für Druckleitungen von Abwasserhebeanlagen nach DIN EN 12050-1 bis -3 sind auch Werkstoffe aus dem Druckrohrbereich verwendbar.

Für die Ableitung von Schmutzwasser dürfen keine Rohre aus dem Werkstoff Kupfer, die nicht gegen Korrosion geschützt sind, verwendet werden.

Abwasserleitungen und Lüftungsleitungen vor Abscheideranlagen für Fette müssen den in DIN 4040-100 festgelegten Anforderungen an die chemische Beständigkeit entsprechen.

Weitere, von den in Tabelle 2 [vgl. Tabelle 1.51] *genannten Normen abweichende Werkstoffe/Rohrleitungssysteme mit Allgemeiner bauaufsichtlicher Zulassung (AbZ) sind verfügbar. Die Verwendungsbereiche sind der jeweiligen AbZ zu entnehmen bzw. beim Hersteller zu erfragen. Eine Liste der erteilten AbZ wird vom DIBt zur Verfügung gestellt.*"

Tabelle 1.50: Verwendungsbereiche der nach harmonisierten Europäischen Normen (hEN) hergestellten Abwasserrohre und -formstücke für den Neubau und die Erneuerung der Abwasserleitung nach DIN 1986-4:2019-08, Tabelle 1

	1	2	3	4	5	6	7	8	9	10	11	12
Nr.						Grundleitung[5]			Regenwasserfallleitung im			
	Werkstoff	Norm	Anschluss-, Verbindungsleitung	Schmutzwasserfallleitung	Sammelleitung	unzugänglich in der Grundplatte	im Erdreich	Lüftungsleitung	Gebäude	Freien	Leitungen für Kondensate aus Feuerungsanlagen	Brandverhalten der Baustoffe nach DIN EN 13501-1
1	Steinzeugrohr	DIN EN 295-1	+	+	+	+	+	+	+	+	+	A 1 nicht brennbar
2	Beton-, Stahlfaser- und Stahlbetonrohr Typ 2	DIN EN 1916 mit DIN V 1201[1]	–	–	–	+	+	–	–	–	–[3]	A 1 nicht brennbar
3	gusseisernes Rohr, Lamellengraphit	DIN EN 877 mit DIN 19522	+	+	+	+	+[4]	+	+	+	–[3]	A 2 nicht brennbar
4	gusseisernes Rohr, duktil	DIN EN 598	–	–	–	+	+	–	–	–	–[3]	A 2 nicht brennbar
5	Stahlrohr	DIN EN 1123-1 DIN EN 1123-2	+	+	+	+	+[2]	+	+	+	–[3]	A 1 nicht brennbar
6	Rohr aus nicht rostendem Stahl	DIN EN 1124-1 DIN EN 1124-2 DIN EN 1124-3	+	+	+	+	+[2]	+	+	+	+	A 1 nicht brennbar
7	Steinzeug-Vortriebsrohr	DIN EN 295-7	–	–	–	+	+	–	–	–	+	A 1 nicht brennbar
8	Beton-/Stahlbeton-Vortriebsrohr	DIN EN 1916 mit DIN V 1201[1]	–	–	–	+	+	–	–	–	–[3]	A 1 nicht brennbar

Legende Zeichen: + darf verwendet werden; Zeichen: – nicht zu verwenden bzw. nicht zutreffend

[1] Typ-2-Anwendung für Misch- und Schmutzwasserkanäle

[2] Rohre und Formstücke sind außen mit einem Korrosionsschutz nach DIN 30670 zu versehen. Bauseitig aufgebrachter Korrosionsschutz muss DIN 30672-1 und -2 entsprechen.

[3] Darf für Leitungen verwendet werden, in denen planmäßig eine Verdünnung durch anderes Abwasser entsprechend den Regelungen in DIN 1986-100 in Verbindung mit DWA-A 251 stattfindet. Andernfalls sind diese Rohre mit einer Sonderbeschichtung zu versehen.

[4] mit geeigneter Außenbeschichtung nach DIN EN 877 für die Erdverlegung

[5] Bei Wechsel der Muffenmaße innerhalb einer Abwasserleitung müssen Übergangsstücke verwendet werden. Sind diese nicht verfügbar, ist ein Schacht anzuordnen.

Tabelle 1.51: Verwendungsbereiche für Abwasserrohre und -formstücke für den Neubau und die Erneuerung, hergestellt nach nicht harmonisierten Europäischen Normen (DIN EN) und nationalen Normen (DIN) nach DIN 1986-4: 2019-08, Tabelle 2

	1	2	3	4	5	6	7	8	9	10	11	12
Nr.						Grundleitung[5)]			Regenwasserfallleitung im			
	Werkstoff	Norm	Anschluss-, Verbindungsleitung	Schmutzwasserfallleitung	Sammelleitung	unzugänglich in der Grundplatte	im Erdreich	Lüftungsleitung	Gebäude	Freien	Leitungen für Kondensate aus Feuerungsanlagen	Brandverhalten der Baustoffe nach DIN EN DIN 4102-4
1	Stahlbetonrohr Typ 1	DIN EN 1916 mit DIN V 1201[1)]	–	–	–	+	+	–	–	–	–	A 1 nicht brennbar
2	Faserzementrohr	DIN EN 12763	+	+	+	–	–	+	+	+	–[5)]	A 1 nicht brennbar
3	Faserzementrohr	DIN EN 588-1	–	–	–	+	+	+	+	+	–[5)]	A 1 nicht brennbar
4	Blechrohre (Zn, Cu, Al, verz. Stahl)	DIN EN 612	–	–	–	–	–	–	–	+[2)]	–	A 1 nicht brennbar
5	PVC-U-Rohr	DIN EN 1401-1	–	–[3)]	–[3)]	+	+[4)]	–	–	–	+	B 1 schwer entflammbar
6	PVC-U-Rohr	DIN EN 1329-1 mit DIN 19531-10	+	+	+	+	–	+	+	–	+	B 1 schwer entflammbar
7	PVC-U-Rohr, Regenfallleitung	DIN EN 12200-1	–	–	–	–	–	–	–	+[2)]	–	B 1 schwer entflammbar
8	PVC-U-Rohr profiliert	DIN EN 13476-1 DIN EN 13476-2 DIN EN 13476-3	–	–	–	+	+	–	–	–	+	–
9	PVC-C-Rohr	DIN EN 1566-1	+	+	+	+	–	+	+	+[2)]	+	B 1 schwer entflammbar
10	PE-HD-Rohr	DIN EN 1519-1	+	+	+	+	–	+	+	+	+	B 2 normal entflammbar
11	PE-HD-Rohr	DIN EN 12666-1	–	–	–	+	+	–	–	–	+	–
12	PE-HD-Rohr profilliert	DIN EN 13476-1 DIN EN 13476-2 DIN EN 13476-3	–	–	–	–	+	–	–	–	+	–

Fortsetzung Tabelle 1.51

1		2	3	4	5	6	7	8	9	10	11	12
Nr.						Grundleitung[5)]			Regenwasserfallleitung im			
	Werkstoff	Norm	Anschluss-, Verbindungsleitung	Schmutzwasserfallleitung	Sammelleitung	unzugänglich in der Grundplatte	im Erdreich	Lüftungsleitung	Gebäude	Freien	Leitungen für Kondensate aus Feuerungsanlagen	Brandverhalten der Baustoffe nach DIN EN DIN 4102-4
13	PP-Rohr	DIN EN 1451-1	+	+	+	+	–	+	+	–	+	B 1 schwer entflammbar
14	PP-Rohr	DIN EN 1852-1	–	–	–	+	+	–	–	–	+	–
15	PP-Rohr profiliert	DIN EN 13476-1 DIN EN 13476-2 DIN EN 13476-3	–	–	–	+	+	–	–	–	+	–
16	PP-Rohr mineralverstärkt	DIN EN 14758-1	–	–	–	+	+	–	–	–	+	–
17	ABS-Rohr	DIN EN 1455-1	+	+	+	+	–	+	+	–	+	B 2 normal entflammbar
18	SAN- und PVC-Rohr	DIN EN 1565-1	+	+	+	+	–	+	+	–	+	B 2 normal entflammbar
19	UP-GF-Rohr gewickelt	DIN EN 14364	–	–	–	+	+	–	–	–	+	–
20	UP-GF-Rohr gewickelt	DIN EN 14364	–	–	–	+	+	–	–	–	+	–
21	PRC einschließlich Vortriebsrohr	DIN EN 14636-1	–	–	–	+	+	–	–	–	+	–

Legende Zeichen: + darf verwendet werden; Zeichen: – nicht zu verwenden bzw. nicht zutreffend

1) Typ-2-Anwendung für Misch- und Schmutzwasserkanäle

2) nicht als Standrohr verwendbar

3) darf als Fall- und Sammelleitung verwendet werden, sofern keine höheren Abwassertemperaturen als 45 °C zu erwarten sind

4) mindestens SN 4 nach DIN EN 1401-1

5) Bei Wechsel der Muffenmaße innerhalb einer Abwasserleitung müssen Übergangsstücke verwendet werden. Sind diese nicht verfügbar, ist ein Schacht anzuordnen.

Abb. 1.315: Unzulässige Rohrbefestigung mit PU-Montageschaum

Rohrbefestigungen

Trinkwasser kalt

Die Rohrbefestigungen sollen für den sicheren Sitz der Leitungen sorgen. PU-Montageschaum anstelle von Rohrbefestigungen ist nicht geeignet, da das Material im Laufe der Zeit versprödet und die Leitungen dann nicht mehr sicher gehaltert sind (siehe Abb. 1.315). Bei spontanen Druckveränderungen „schlackert" die Leitung und verursacht Geräusche.

Die maximal zulässigen Abstände der Rohrbefestigungen von Trinkwasserleitungen richten sich nach den Herstellerangaben oder – falls keine vorliegen – nach Tabelle C.1 (vgl. Tabelle 1.52) im Anhang C der DIN EN 806-4:2010-03 „Technische Regeln für Trinkwasser-Installationen – Teil 4: Installation":

„*4 Installation (...)*

4.7 Rohrleitungen in Gebäuden (...)

4.7.2 Rohrbefestigungen

4.7.2.1 Allgemeines

Rohrbefestigungen sollten so ausgeführt werden, dass eine dauerhafte Gebrauchstauglichkeit sichergestellt ist. Bauteile, wie z. B. Armaturen und Stellglieder, sollten so fest verankert werden, dass alle durch die Betätigung von Handrädern oder Hebeln auf die Rohrleitung übertragenen Kräfte auf ein Mindestmaß verringert werden.

Der Abstand zwischen den Befestigungen sollte den Installationsanweisungen des Herstellers oder den örtlichen und nationalen Vorschriften entsprechen. Wenn Rohrschellen verwendet werden, darf die Funktion des Rohrleitungssystems nicht beeinträchtigt werden. (...)

4.7.2.2 Abstände der Rohrbefestigungen

Die Abstände der Rohrbefestigungen für innen angebrachte Rohrleitungen sollten den Herstellerangaben bzw., falls keine vorliegen, Anhang B und Anhang C entsprechen. (...)

Anhang C (informativ) Empfohlene maximale Abstände für die Befestigungen von Rohrleitungen aus Metall

Empfohlene maximale Abstände für die Befestigungen von Rohrleitungen aus Metall sind in Tabelle C.1 angegeben.“

Tabelle 1.52: Maximale Abstände für die Befestigungen von Metallrohren nach DIN EN 806-4:2010-03, Tabelle C.1

Art der Rohrleitung	**Nennweite des Rohres**		**Abstand für den horizontalen Rohrstrang**[1] **in m**	**Abstand für den vertikalen Rohrstrang**[1] **in m**
	DN/OD	DN/OD		
	Kupfer	nicht rostender Stahl		
Kupferrohre (EN 1057) und Rohre aus nicht rostendem Stahl (EN ISO 1127, EN 10312)	10	10	1,0	1,5
	12	12	1,2	1,8
	15	15	1,2	1,8
	22	20	1,8	2,4
	28	25	2,4	2,4
	35	32	2,4	3,0
	42	40	2,7	3,0
	54	50	3,0	3,6
	67	–	3,0	3,6
	76	80	3,0	3,6
	108	100	3,0	3,6
	133	–	3,6	4,2
		DN		
Rohre aus duktilem Gusseisen nach EN 545		50	1,8	1,8
		80	2,7	2,7
		100	2,7	2,7
		150	3,6	3,6

[1] Aufgrund der unterschiedlichen Wanddicken und Härtegrade können die Abstände zwischen den Befestigungen für Kupferrohre in Abhängigkeit von den örtlich angewendeten Maßen schwanken.

Dämmung der Leitungen

Zu beanstanden ist häufig die Dämmung von Trinkwasserleitungen. Sie soll folgenden Kriterien gerecht werden:

- Schutz vor Außenkorrosion,
- Aufnahme von Längenänderung,
- akustische Entkopplung,
- thermische Dämmung.

Dämmung von Kaltwasserleitungen

Trinkwasseranlagen sind gegen Erwärmung und Tauwasserbildung zu schützen. Kaltwasserleitungen sind deshalb in ausreichendem Abstand von Wärmequellen anzuordnen bzw. so zu dämmen, dass die Wasserqualität nicht beeinträchtigt wird.

Gemäß DIN EN 806-2:2005-06 „Technische Regeln für Trinkwasser-Installationen – Teil 2: Planung" gilt:

„14 Schutz der Trinkwasseranlage vor äußerer Temperatureinwirkung auf Rohre, Rohrleitungsteile und Geräte

14.1 Frosteinwirkung (…)

14.1.6 Isolierung

Die Mindestdicke des Dämmmaterials für Rohre und Zubehör hat sich nach den örtlichen oder nationalen Anforderungen zu richten. Beim Verlegen der Rohre und des Zubehörs ist auf ausreichend Platz für die Dämmung zu achten.

Wo notwendig, muss das Wärmedämmmaterial selbst beständig sein oder mit einer geeigneten Umhüllung gegen äußere Beschädigung, Regen, feuchte Umgebung, Grundwasser und Ungeziefer geschützt werden. Poröses oder faserhaltiges Isoliermaterial muss mit einer Dampfsperre, verbunden mit der außen liegenden Oberfläche der Dämmung, versehen sein. (…)

14.2 Wärmeeinwirkung

Kaltwasserleitungen sind gegen äußere Wärmeeinwirkung entweder durch genügenden Abstand von Wärmequellen oder durch Dämmung zu schützen.

Die Anforderungen an den Schutz vor Wärme sind identisch mit denen des Schutzes vor Kälteeinwirkung.

14.3 Tauwasserbildung

Kaltwasserleitungen sollten ausreichend vor Tauwasserbildung geschützt werden.

Kaltwasserleitungen in Bereichen mit hoher Luftfeuchte bilden ohne Vorsorge stets Tauwasser. Die Anforderungen an eine entsprechende Dämmung entsprechen denen zum Schutz vor Frost- und Wärmeeinwirkung."

Gemäß DIN 1988-200:2012-05 „Technische Regeln für Trinkwasser-Installationen – Teil 200: Installation Typ A (geschlossenes System) – Planung, Bauteile, Apparate, Werkstoffe; Technische Regel des DVGW" gilt:

„14 Schutz der Trinkwasseranlage vor äußerer Temperatureinwirkung auf Rohre, Rohrleitungsteile und Geräte

Tabelle 1.53: Richtwerte für Schichtdicken zur Dämmung von Rohrleitungen für Trinkwasser kalt, nach DIN 1988-200:2012-05, Tabelle 8

Nr.	Einbausituation	Dämmschichtdicke bei $\lambda = 0{,}040$ W/(m · K)[1]
1	Rohrleitungen frei verlegt in nicht beheizten Räumen, Umgebungstemperatur ≤ 20 °C (nur Tauwasserschutz)	9 mm
2	Rohrleitungen verlegt in Rohrschächten, Bodenkanälen und abgehängten Decken, Umgebungstemperatur ≤ 25 °C	13 mm
3	Rohrleitungen verlegt, z. B. in Technikzentralen oder Medienkanälen und Schächten mit Wärmelasten und Umgebungstemperaturen ≥ 25 °C	Dammung wie Warmwasserleitungen Tabelle 9, Einbausituationen 1 bis 5
4	Stockwerksleitungen und Einzelzuleitungen in Vorwand-installationen	Rohr-in-Rohr oder 4 mm
5	Stockwerksleitungen und Einzelzuleitungen im Fußboden-aufbau (auch neben nicht zirkulierenden Trinkwasserleitun-gen warm)[2]	Rohr-in-Rohr oder 4 mm
6	Stockwerksleitungen und Einzelzuleitungen im Fußboden-aufbau neben warmgehenden zirkulierenden Rohrleitungen[2]	13 mm

[1] Für andere Wärmeleitfähigkeiten sind die Dämmschichtdicken entsprechend umzurechnen; Referenztemperatur für die angegebene Wärmeleitfähigkeit 10 °C.
[2] In Verbindung mit Fußbodenheizungen sind die Rohrleitungen für Trinkwasser kalt so zu verlegen, dass die Anforderungen nach 3.6 eingehalten werden.

14.1 Frosteinwirkung

Die Rohrleitungen in frostgefährlichen Bereichen müssen auch bei Verwendung von Frostschutzbändern mindestens mit den Dämmschichten nach den Tabellen 8 [vgl. Tabelle 1.53] *und 9 gedämmt werden. Schnellere Abkühlungen können durch dickere Dämmschichten oder durch Dämmstoff mit einer geringeren Wärmeleitfähigkeit vermieden werden.*

14.2 Weitere Anforderungen an Dämmungen und Umhüllungen (…)

14.2.6 Dämmung und Umhüllung von Trinkwasserleitungen kalt

Trinkwasserleitungen kalt sind vor Tauwasserbildung und vor Erwärmung bei erhöhten Umgebungstemperaturen zu schützen. Auf Tauwasserschutz kann verzichtet werden, wenn keine Beeinträchtigungen auf den Baukörper oder Einrichtungen zu erwarten sind.

Rohrleitungen sind in Abhängigkeit von der Temperatur und dem Feuchtegehalt der Umgebungsluft so zu dämmen, dass eine Tauwasserbildung vermieden wird.

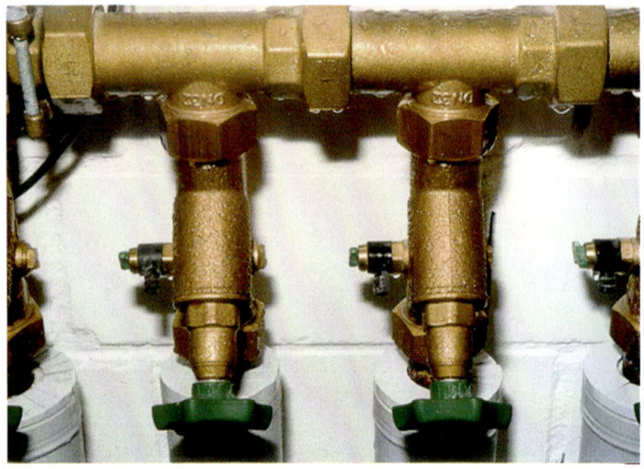

Abb. 1.316 und 1.317: Kondensat auf Trinkwasserabsperrventilen führt bei großen Kaltwasserzapfmengen zu Abtropfschäden.

Abb. 1.318: Ungedämmte Kaltwasserabsperrventile

Rohrleitungen mit Kontakt zum Baukörper (z. B. unter Putz, in Estrichkonstruktionen oder innerhalb von Vorwandtechnik verlegt) sind mindestens mit einer Umhüllung (z. B. Rohr-in-Rohr-Führung) nach 14.2.1 zu versehen. Ein zusätzlicher Schutz vor Tauwasserbildung durch Dämmung ist hier nicht erforderlich.

Bei üblichen Betriebsbedingungen und Rohrleitungsführungen im Wohnungsbau gelten die Werte für die Mindestdämmschichtdicken nach Tabelle 8 als Richtwerte. Bei längeren Stagnationszeiten kann auch eine Dämmung keinen dauerhaften Schutz vor Erwärmung bieten.

Die Angaben nach Tabelle 8 [vgl. Tabelle 1.53] *können auch unter der Annahme einer Trinkwassertemperatur von 10 °C für den Schutz gegen Tauwasserbildung auf der äußeren Dämmstoffoberfläche verwendet werden.“*

Ohne eine Dämmung der Trinkwasser-kalt-Leitungen und -Armaturen kommt es insbesondere im Sommer und bei großen Entnahmen, z. B. bei Betrieb einer Waschmaschine, zu abtropfendem Kondensatwasser (siehe Abb. 1.316 bis 1.318).

Trinkwasser warm

Die Anforderungen an die Dämmung von Trinkwasserleitungen warm sind in DIN 1988-200:2012-05 „Technische Regeln für Trinkwasser-Installationen – Teil 200: Installation Typ A (geschlossenes System) – Planung, Bauteile, Apparate, Werkstoffe; Technische Regel des DVGW" geregelt:

„*14 Schutz der Trinkwasseranlage vor äußerer Temperatureinwirkung auf Rohre, Rohrleitungsteile und Geräte (...)*

14.2 Weitere Anforderungen an Dämmungen und Umhüllungen (...)

14.2.7 Dämmung von Trinkwasserleitungen warm sowie Armaturen

Zur Begrenzung der Wärmeabgabe von Trinkwasserleitungen warm, die entweder in das Zirkulationssystem einbezogen oder mit einem Temperaturhalteband ausgestattet sind, sind diese mit Dämmschichtdicken nach Tabelle 9 [vgl. Tabelle 1.54] *zu dämmen. Die Mindestdämmschichtdicken beziehen sich auf den Innendurchmesser der Rohrleitungen.*

Die Mindestdämmschichtdicken nach Tabelle 9 [vgl. Tabelle 1.54] *dürfen vermindert werden, wenn eine gleichwertige Begrenzung der Wärmeabgabe auch mit anderen Bauformen von Dämmungen sichergestellt ist. Die Gleichwertigkeit ist vom Hersteller mit einer allgemein bauaufsichtlichen Zulassung (ABZ) nachzuweisen.*"

Tabelle 1.54: Mindestdämmschichtdicken zur Wärmedämmung von Rohrleitungen für Trinkwasser warm nach DIN 1988-200:2012-05, Tabelle 9

Nr.	Einbausituation	Dämmschichtdicke bei $\lambda = 0{,}035$ W/(m · K)[1]
1	Innendurchmesser bis 22 mm	20 mm
2	Innendurchmesser größer 22 mm bis 35 mm	30 mm
3	Innendurchmesser größer 35 mm bis 100 mm	gleich Innendurchmesser
4	Innendurchmesser größer 100 mm	100 mm
5	Leitungen und Armaturen nach den Einbausituationen 1 bis 4 in Wand- und Deckendurchbrüchen, im Kreuzungsbereich von Leitungen, an Leitungsverbindungsstellen, bei zentralen Leitungsnetzverteilern	Hälfte der Anforderungen für Einbausituationen 1 bis 4
6	Trinkwasserleitungen warm, die weder in den Zirkulationskreislauf einbezogen noch mit einem Temperaturhalteband ausgestattet sind, z. B. Stockwerks- oder Einzelzuleitungen mit einem Wasserinhalt ≤ 3 l	keine Dämmanforderungen gegen Wärmeabgabe[2]

[1] Für andere Wärmeleitfähigkeiten sind die Dämmschichtdicken entsprechend umzurechnen; Referenztemperatur für die angegebene Wärmeleitfähigkeit 40 °C.
[2] Bei Unterputzverlegung ist eine Dämmung erforderlich (z. B. Rohr-in-Rohr oder 4 mm als mechanischer Schutz oder Korrosionsschutz).

Abb. 1.319: Ungedämmte Trinkwasserleitungen und Absperrventile

Abb. 1.320 und 1.321: Fachgerecht gedämmte Trinkwasserleitungen und Absperrventile

Ohne eine Dämmung der Trinkwasser-kalt-Leitungen und -Armaturen kommt es insbesondere im Sommer und bei großen Entnahmemengen, z. B. bei Betrieb einer Waschmaschine, zu abtropfendem Kondensatwasser (siehe Abb. 1.319 bis 1.321).

Ruhedruck, Fließdruck und Wasserdurchfluss

Bei Trinkwasserinstallationen wird unterschieden zwischen dem Ruhedruck oder Versorgungsdruck (SP), der an jeder Stelle des Leitungsnetzes bei geschlossenen Armaturen mit angeschlossenen Manometern gemessen werden kann, und dem Fließdruck, der sich einstellt, wenn Armaturen geöffnet werden. Fehlender Fließdruck und unzureichende Durchflussmengen bei Wasserentnahmearmaturen gehören ebenfalls zu den häufigen Beanstandungen. Ursache können Verunreinigungen im Leitungsnetz oder bei gelöteten Verbindungen auch Lötnahtrückstände sein, die den freien Rohrquerschnitt partiell schwächen. Der Ruhedruck wird mit einem Manometer an der Entnahmestelle gemessen. Der Fließdruck wird an der Entnahmestelle mit einem T-Rohrstück mit Manometer bei laufendem Wasser gemessen (siehe Abb. 1.322 bis 1.324). Die Durchflussmenge kann durch „Auslitern“, d. h. Zeitnahme beim Befüllen eines definierten Prüfbehälters, ermittelt werden (siehe Abb. 1.325).

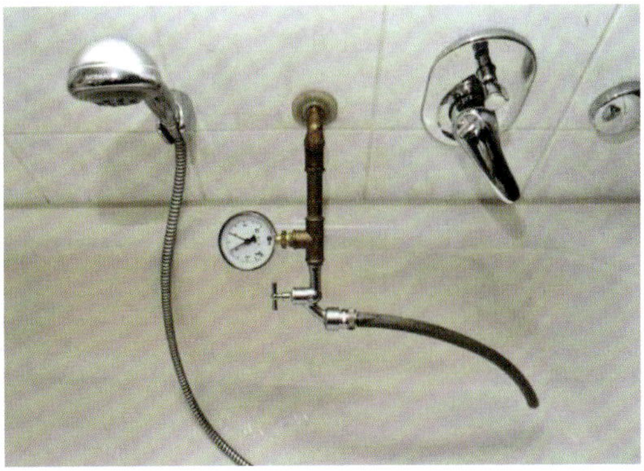
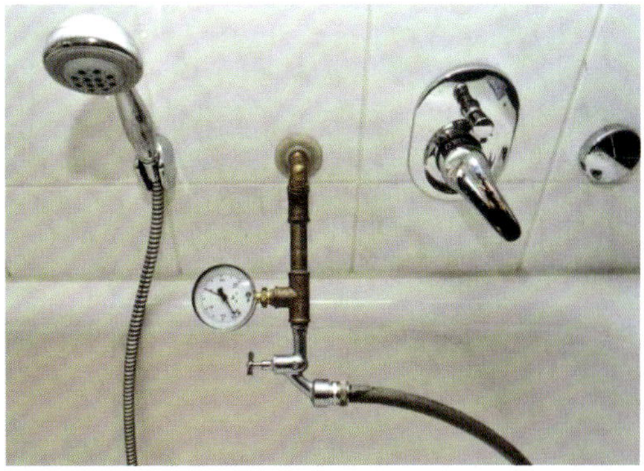

Abb. 1.322 und 1.323: Prüfeinrichtung mit Manometer, angeschlossen am Abgang für den Duschschlauch. Bei geschlossener Armatur wird der Ruhedruck mit 4,2 bar gemessen. Bei geöffneter Armatur sinkt der Fließdruck auf 0,5 bar ab.

Abb. 1.324: Prüfeinrichtung mit Manometer an der Außenzapfstelle

Abb. 1.325: Prüfung des Fließdrucks anhand einer Ermittlung der Durchflussmenge

Der Mindestfließdruck für die unterschiedlichen Verbraucher ist in der DIN 1988-300:2012-05 „Technische Regeln für Trinkwasser-Installationen – Teil 300: Ermittlung der Rohrdurchmesser – Technische Regel des DVGW“, Tabelle 2 (vgl. Tabelle 1.55) geregelt.

Tabelle 1.55: Mindestfließdrücke und Mindestwerte für den Berechnungsdurchfluss gebräuchlicher Trinkwasserentnahmestellen nach DIN 1988-300:2012-05, Tabelle 2

Art der Entnahmestelle	**DN**	**Mindestfließdruck** P_{min} **Fl** **MPa**	**Berechnungs-durchfluss** $\dot{V}_R$ **l/s**
Auslaufventile			
ohne Strahlregler[1]	15	0,05	0,30
	20	0,05	0,50
	25	0,05	1,00
mit Strahlregler	10	0,10	0,15
	15	0,10	0,15
Mischarmaturen[2] [3] für			
Duschwanne	15	0,10	0,15
Badewanne	15	0,10	0,15
Küchenspüle	15	0,10	0,07
Waschbecken	15	0,10	0,07
Sitzwaschbecken	15	0,10	0,07
Maschinen für Haushalte			
Waschmaschine (nach DIN EN 60456)	15	0,05	0,15
Geschirrspülmaschine (nach DIN EN 50242)	15	0,05	0,07

Fortsetzung Tabelle 1.55

Art der Entnahmestelle	DN	Mindestfließdruck P_{min} Fl MPa	Berechnungs-durchfluss $\dot{V}_R$ l/s
WC-Becken und Urinale			
Füllventil für Spülkasten (nach DIN EN 14124)	15	0,05	0,13
Druckspüler (manuell) für Urinal (nach DIN EN 12541)	15	0,10	0,30
Druckspüler (elektronisch) für Urinal (nach DIN EN 15091)	15	0,10	0,30
Druckspüler für WC	20	0,12	1,00

Wichtige Hinweise:

Die Hersteller müssen den Mindestfließdruck und die Berechnungsdurchflüsse auf der Kalt- und auf der Warmwasserseite (bei Mischarmaturen) angeben. Grundsätzlich sind für die Bemessung der Rohrdurchmesser die Angaben der Hersteller zu berücksichtigen, die zum Teil erheblich von den in dieser Tabelle angegebenen Werten abweichen können. Dabei ist wie folgt vorzugehen:

Liegen die Herstellerangaben für den Mindestfließdruck und den Berechnungsdurchfluss unter den in der Tabelle genannten Werten, gibt es zwei Optionen:

Ist die Trinkwasserinstallation aus hygienischen und wirtschaftlichen Gründen für die geringeren Werte zu bemessen, muss dieses Vorgehen mit dem Bauherrn vereinbart und die Auslegungsvoraussetzungen für die Entnahmestellen (Mindestfließdruck, Berechnungsdurchfluss) in die Bemessung aufgenommen werden.

Wird die Trinkwasserinstallation nicht für die geringeren Werte bemessen, sind die Tabellenwerte zu berücksichtigen.

Liegen die Herstellerangaben über den in der Tabelle genannten Werten, muss die Trinkwasserinstallation mit den Herstellerwerten bemessen werden.

1) ohne angeschlossene Apparate (z. B. Rasensprenger)

2) Der angegebene Berechnungsdurchfluss ist für den kalt- und den warmwasserseitigen Anschluss in Rechnung zu stellen.

3) Eckventile für z. B. Waschtischarmaturen und S-Anschlüsse für z. B. Dusch- und Badewannenarmaturen sind als Einzelwiderstände oder im Mindestfließdruck der Entnahmearmatur zu berücksichtigen.

Abb. 1.326: Durchflussmengen-Messbecher

Gemäß DIN 1988-300 ist für Brausewannen und Badewannen mit einem Rohrdurchmesser von DN 15 ein Mindestfließdruck von 0,1 MPa bzw. 1 bar vorgegeben.

Seit ihrer Einführung regelt die DIN EN 806-3 den Mindestfließdruck. Die Einheit bar wurde in kPa geändert. 1 bar entspricht 100 kPa oder 0,1 MPa.

Gemäß DIN EN 806-3:2006-07 „Technische Regeln für Trinkwasser-Installationen – Teil 3: Berechnung der Rohrinnendurchmesser – Vereinfachtes Verfahren“ gilt:

„4 Grundlagen der Berechnung der Rohrinnendurchmesser (...)

4.3 Druckbedingungen

- *Ruhedruck an der Entnahmestelle: max. 500 kPa (Ausnahme: Entnahmearmatur für Garten/Garage: max. 1000 kPa);*
- *ließdruck an der Entnahmestelle: min. 100 kPa.*

Einige Entnahmearmaturen, z. B. thermisch gesteuerte Mischer, können einen höheren Fließdruck erfordern. Dies ist bei den Berechnungen zu berücksichtigen. Die Differenz zwischen dem Ruhedruck an der untersten Entnahmestelle und dem Fließdruck an der hydraulisch ungünstigsten Entnahmestelle (reduziert um die Druckverluste aus Rohrreibung und Einzelwiderständen) ergibt den möglichen geodätischen Höhenunterschied innerhalb einer Druckzone.“

Beispiel

Der Mindestfließdruck für einen Brausekopf DN 15 beträgt 1,0 bar, die Berechnungsdurchflussmengen für Kalt- und Warmwasser je 0,10 l/s, d. h., ein 10-Liter-Messgefäß muss im Mischbetrieb innerhalb von 50 Sekunden gefüllt sein.

Alternativ zu einer Prüfung des Fließdrucks lässt sich mit einem Durchflussmengen-Messbecher orientierend untersuchen, ob die Durchflussmenge einer Armatur ausreichend ist (siehe Abb. 1.326). Eine zu niedrige Durchflussmenge würde auf einen ggf. zu geringen Fließdruck hinweisen.

Druckminderer

Ob ein Druckminderer hinter dem Wasserzähler installiert werden muss, kann bei dem örtlichen Wasserversorgungsunternehmen erfragt werden. Allgemein wird ein Druckminderer erforderlich, wenn der Betriebsüberdruck im System den Betriebsdruck der einzelnen Bauteile überschreitet, wie die DIN EN 806-2:2005-06 „Technische Regeln für Trinkwasser-Installationen – Teil 2: Planung" regelt:

„10 Maßnahmen zur Verhinderung von Drucküberschreitungen (...)

10.3 Kontrolle des Druckes

10.3.1 Allgemeines

Der Druck im System darf den Betriebsdruck der einzelnen Bauteile nicht übersteigen. Wo notwendig, ist der Versorgungsdruck über ein Druckminderventil zu regeln."

Ein weiterer Grund liegt dann vor, wenn der Betriebsüberdruck den Ansprechdruck von Sicherheitsventilen innerhalb des Systems zu 80 % erreicht. Hierzu führt die DIN EN 806-2:2005-06 „Technische Regeln für Trinkwasser-Installationen – Teil 2: Planung" aus:

„16 Druckminderer

16.1 Allgemeines

Druckminderer sind z. B. erforderlich:

- *wenn der Ruhedruck an den Entnahmestellen über 500 kPa steigt;*
- *zur Begrenzung des Betriebsdruckes in den Verbrauchsleitungen, wenn der höchstmögliche Ruhedruck an beliebiger Stelle in der Trinkwasseranlage den maximalen zulässigen Betriebsdruck erreicht oder überschreitet oder wenn Apparate und Einrichtungen angeschlossen werden, die nur einem geringeren Druck ausgesetzt werden dürfen;*
- *wenn der Ruhedruck vor einem Sicherheitsventil 75 % seines Ansprechdruckes überschreiten kann. Der Druckminderer ist so einzubauen, dass im Kaltwassersystem und Warmwassersystem gleiche Druckverhältnisse herrschen;*
- *bei der Versorgung von Hochhäusern über eine einzige Druckerhöhungsanlage, wenn mehrere Druckzonen erforderlich sind. In solchen Fällen werden die Druckminderer entweder in die Zonensteigleitung oder in die Stockwerksleitung eingebaut."*

Verfügbarkeit von Warmwasser

Eine typische Beanstandung bei Warmwasserleitungen ist die nicht sofortige Verfügbarkeit von Warmwasser an der Abnahmequelle.

Von dem Zirkulationskreislauf gehen einzelne Warmwasserstichleitungen zu den Armaturen ab, in denen das Wasser stagniert und daher abkühlt. Regelwerke definieren nicht, in welchem Zeitraum warmes Wasser aus der Armatur fließen muss. Auch der Deutsche Verein des Gas- und Wasserfaches e. V. (DVGW) nennt hierzu keine Vorgaben; es wird lediglich auf Anfrage empfohlen, dass die Zirkulationsleitungen möglichst in der Nähe der Zapfstellen liegen sollen, um unnötigen Wärmeverlust weitgehend zu vermeiden.

Nach dem DVGW-Arbeitsblatt W 551 (2004) soll die Menge des stagnierenden Wassers in Trinkwasserleitungen auf 3 Liter begrenzt werden, um einer Legionellenbildung entgegenzuwirken. Die nach dieser Empfehlung erforderliche Begrenzung der Leitungslängen reicht allerdings nicht aus, um in angemessener Zeit warmes Wasser am Verbraucher entnehmen zu können.

Die in der Leitung stagnierende Wassermenge ist abhängig von dem Innendurchmesser der Leitung. Diese wiederum hängt ab von dem Außen- bzw. dem Nenndurchmesser (vgl. Tabelle 1.56):

Tabelle 1.56: Nenndurchmesser (DN), Außendurchmesser (d_a) und Innendurchmesser (d_i)

	Kupferrohr					Stahlrohr		
	Bezeichnung	Wanddicke	Durchmesser			Durchmesser		
			DN	d_a	d_i	Zoll	d_a	d_i
		in mm		in mm	in mm		in mm	in mm
	1	2	3	4	5	6	7	8
1	8 × 1	1	6	10,2	6	1/8	10,20	6,2
2	10 × 1	1	8	13,5	8	1/4	13,50	8,8
3	12 × 1	1	10	17,2	10	3/8	17,20	12,5
4	18 × 1	1	15	21,3	16	1/2	21,30	16,0
5	22 × 1	1	20	26,9	20	3/4	26,90	21,6
6	28 × 1,5	1,5	25	33,7	25	1	33,70	27,2
7	35 × 1,5	1,5	32	42,2	32	1 1/4	42,40	35,9
8	42 × 1,5	1,5	40	48,3	39	1 1/2	48,30	41,8

Die zur Vermeidung einer Legionellenbildung maximale Länge der Stichleitung zwischen der Zirkulationsleitung und der Armatur bei einer stagnierenden Wassermenge von maximal 3 Liter lässt sich in Abhängigkeit von dem Leitungsquerschnitt wie folgt berechnen:

$$L_{max} = \frac{V_{st,\,max} \cdot 4}{d_i^2 \cdot \pi} \cdot 1.000\ l/m^3 \quad \text{in m}$$

mit

L_{max} maximale Länge der Stichleitung in m
$V_{st,\,max}$ Volumen der Stichleitung, maximale Stagnationsmenge in l
d_i Innendurchmesser in m

Beispiel

Bei einem Rohrdurchmesser DN 15, einem Innendurchmesser d_i = 16 mm = 0,016 m und $V_{st,\,max}$ = 3 l ergibt sich:

$$L_{max} = \frac{3\ l \cdot 4}{(0{,}016\ m)^2 \cdot \pi} \cdot 1.000\ l/m^3 = \mathbf{15\ m.}$$

Die zulässigen Stichleitungslängen, die sich aus dem Erfordernis der Begrenzung des stagnierenden Wassers ergeben, sind Tabelle 1.57 zu entnehmen.

Tabelle 1.57: Maximale Rohrlängen bei 3 Liter Wasserinhalt

Rohrdurchmesser DN	**12**	**15**	**18**	**22**	**27**
Innendurchmesser in mm	10	13	16	20	25
max. Rohrlänge in m	38	23	15	10	6

Hydraulisch lässt sich ermitteln, welche stagnierende Kaltwassermenge aus der Stichleitung zwischen der Zirkulationsleitung und der Armatur abfließen muss, damit warmes Wasser an der Zapfstelle ankommen kann. Eine Normung besteht hierfür nicht. In „Sanitärtechnik“ (Feurich, 1999) werden für die verschiedenen Einzelentnahmestellen angemessene Wartezeiten vorgeschlagen, die als absolut praxistauglich gelten können.

Ausgehend von den Mindestfließdrücken der DIN 1988-300 und den daraus resultierenden Fließgeschwindigkeiten, lassen sich für verschiedene Rohrdurchmesser maximale Stichleitungslängen ableiten.

Die in der Stichleitung zwischen der Zirkulationsleitung und der Armatur stagnierende Wassermenge lässt sich in Abhängigkeit von dem Leitungsquerschnitt wie folgt berechnen:

$$V_{st} = \frac{d_i^2 \cdot \pi}{4} \cdot L \cdot 1.000\ l/m^3 \quad \text{in l}$$

mit

V_{st} Volumen der Stichleitung in l
d_i Innendurchmesser in m
L Länge der Stichleitung in m

Beispiel

Bei einem Stahlrohr von ½“, DN 15, einer Leitungslänge von 4 m und einem Innendurchmesser von 16 mm gemäß Tabelle 1.58 ergibt sich:

$$V_{st} = \frac{(0{,}016\ m)^2 \cdot \pi}{4} \cdot 4\ m \cdot 1.000\ l/m^3 = 0{,}80\ l.$$

Bei einem Fließdruck von 1 bar = 0,1 MPa beträgt die Durchflussmenge einer Mischarmatur für ein Waschbecken mit einem DN-15-Anschluss nach Tabelle 2 der DIN 1988-300 0,07 l/s.

Bei einer Durchflussmenge von 0,07 l/s beträgt die Ausstoßzeit
0,80 l : 0,07 l/s = 5,3 s.

Als Praxiswerte haben sich daher die Werte nach „Sanitärtechnik“ (Feurich, 1999) bewährt (vgl. Tabelle 1.58).

Tabelle 1.58: Verfügbarkeit von Warmwasser an der Zapfstelle in Abhängigkeit von dem Rohrdurchmesser und der Stichleitungslänge zur Zirkulationsleitung nach Feurich (1999), Tabelle 7.8

Einzelentnahmestelle		max. zulässige Ausstoßzeit T_{max} in s	Stahlrohr DIN 2460		Kupferrohr EN 1057	
			DN in Zoll/mm	Leitungslänge l_{max} 1) in m	DN in mm	Leitungslänge l_{max} 1) in m
Ausguss	V_{RW} = 0,15 l/s	5– 8	3/8"/10	6–10	12 × 1	10–15
					15 × 1	6– 9
			1/2"/15	4– 6	18 × 1	4– 6
Badewanne	V_{RW} = 0,15 l/s	15–25	1/2"/15	11–19	18 × 1	11–19
			3/4"/20	6–10	22 × 1	8–13
Brause	V_{RW} = 0,15 l/s	10–15	3/8"/10	12–18	15 × 1	11–17
			1/2"/15	8–11	18 × 1	8–11
Sitzwaschbecken	V_{RW} = 0,07 l/s	8–10	3/8"/10	5– 6	12 × 1	7– 9
			1/2"/15	3– 4	15 × 1	4– 5
					18 × 1	3– 4
Spülbecken	V_{RW} = 0,07 l/s	5–10	3/8"/10	3– 6	12 × 1	5– 9
			1/2"/15	2– 4	15 × 1	3– 5
					18 × 1	2– 4
Waschbecken	V_{RW} = 0,07 l/s	8–10	3/8"/10	5– 6	12 × 1	7– 9
			1/2"/15	3– 4	15 × 1	4– 5
					18 × 1	3– 4

1) l_{max} = $V_{RW} \times T_{max} / V$ [m]
V = Wasserinhalt des Rohres [l/m]
V_{RW} = Entnahmedurchfluss [l/s]
l_{max} = maximale Rohrlänge [m]
T_{max} = maximal zulässige Ausstoßzeit [s]

Die VDI-Richtlinie 6003 „Trinkwassererwärmungsanlagen – Komfortkriterien und Anforderungsstufen für Planung, Bewertung und Einsatz" (2018) unterscheidet verschiedene Komfortkriterien und hinsichtlich der maximalen Ausstoßzeit bis zum Erreichen der Nutztemperatur 3 Anforderungsstufen, die wahlweise zu vereinbaren sind:

„Einleitung

Die Planung, die Bewertung, der Bau und der Betrieb von Trinkwassererwärmungsanlagen (‚Trinkwasser warm', im Folgenden TWW genannt) gewinnen aus unterschiedlichen Gründen an Bedeutung: steigende hygienische Anforderungen (im Sinne der Trinkwasserverordnung – TrinkwV), stärkere energetische Wichtung und anteilig höhere Leistungsanforderungen bei Gebäuden mit niedrigem Wärmebedarf sowie hohe Komforterwartungen der Nutzer.

Definierte Komfortkriterien bezogen auf Anforderungsstufen dienen dazu, einzelne Systeme zu bewerten, um so zu einer technisch einwandfreien und rechtssicheren Grundlage und Planung zu gelangen. Die Anforderungsstufen können generell oder in Abstimmung mit dem Nutzer bzw. Auftraggeber je Ein-richtungsgegenstand, entsprechend dem Nutzungsschwerpunkt, festgelegt werden.

1 Anwendungsbereich

Diese Richtlinie beschäftigt sich mit Hinweisen zur fachgerechten Planung, Bewertung und Ausführung von zu errichtenden Trinkwassererwärmungsanlagen im Sanitärbereich von Wohngebäuden und wohnähnlichen Gebäuden. Hierzu zählen neben Wohngebäuden, Hotels, Altenheimen und ähnlichen Einrichtungen sowie beispielsweise Büro- und Verwaltungsgebäude. Für anders genutzte Objekte, in denen andere Kriterien ausschlaggebend sind, z. B. Sportstätten, können die hier angeführten Anforderungen als Orientierungshilfe herangezogen werden.

Die Vorgaben dieser Richtlinie sollen einen bestimmungsgemäßen Betrieb der gesamten Anlage im Sanitärbereich mit den einzeln aufgeführten Komponenten wie Wärmeerzeuger, Verteilungssystem, Auslauf- und Sicherungsarmaturen sicherstellen."

Nach der VDI-Richtlinie 6003 (2018) sind die Anforderungsstufen gemäß Tabelle 1.59 zu unterscheiden.

Auch an der Zirkulationsleitung muss ein hydraulischer Abgleich vorgenommen werden, damit die Entnahme von Warmwasser an jeder beliebigen Stelle in der gewünschten Qualität möglich ist.

Schwankt die Wassertemperatur an einer Armatur stark oder ist eine Warmwasserentnahme überhaupt nicht möglich, kann ggf. ein Fehlanschluss der Zirkulationsleitung an den Kaltwasserstrang erfolgt sein (siehe Abb. 1.327 bis 1.329).

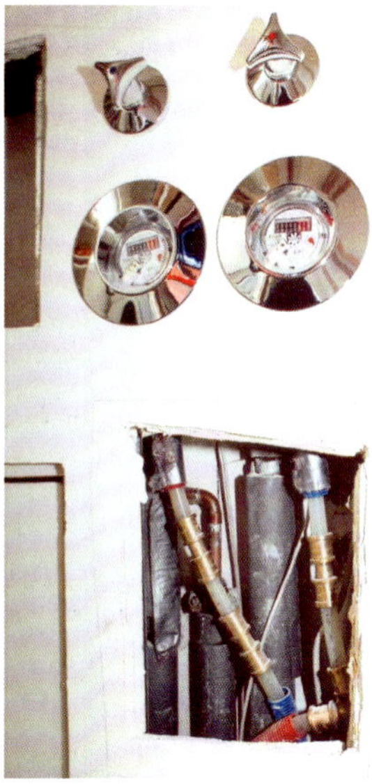

Abb. 1.327: Die Zirkulationsleitung (Mitte) ist an den Kaltwasserstrang (links) angeschlossen anstatt an den Warmwasserstrang (rechts).

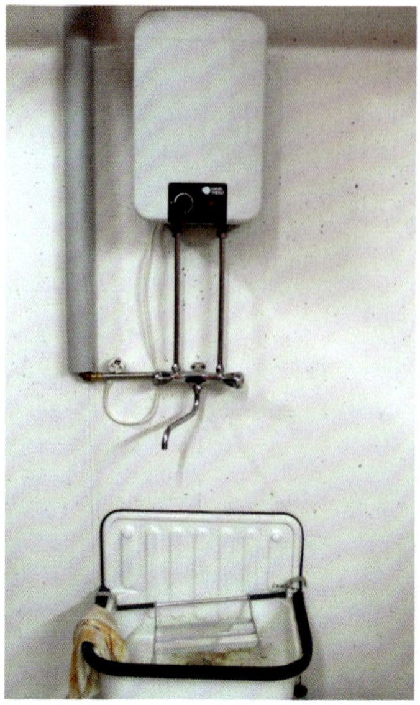

Abb. 1.328: Bei der Abnahme feststellbar: Der Durchlauferhitzer ist vorhanden, im Radius des Anschlusskabels befindet sich jedoch keine Steckdose.

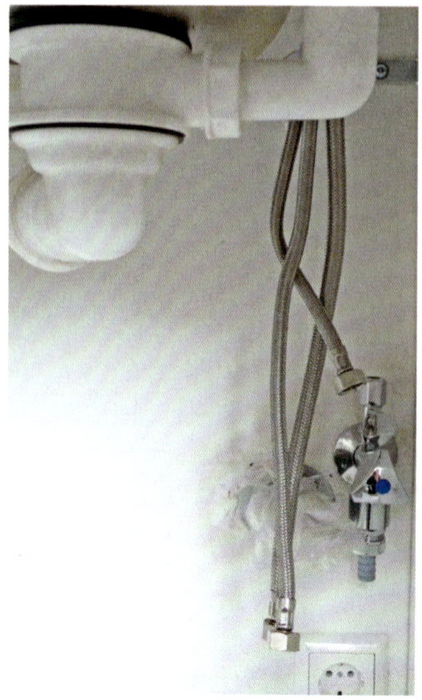

Abb. 1.329: Bei der Abnahme feststellbar: Die Armatur ist nicht angeschlossen, der Durchlauferhitzer fehlt.

Tabelle 1.59: Komfortkriterien für verschiedene Sanitärobjekte nach VDI-Richtlinie 6003 „Trinkwassererwärmungsanlagen – Komfortkriterien und Anforderungsstufen für Planung, Bewertung und Einsatz" (2018)

	Sanitärobjekt	Nutztemperatur ϑ_{PWH} in °C	maximale Zeit t_ϑ bis zum Erreichen der Nutztemperatur in Sekunden		
			Anforderungsstufe		
			I	II	III
	1	2	3	4	5
1	Waschtisch	40	60[1)]	18	10
2	Dusche	42	~ 26[2)]	10	7
3	Badewanne	45	~ 26	12	9
4	Spüle	50	60[1)]	18	10
5	Sitzwaschbecken	40		15	
6	Whirlpool	50		10	

[1)] in Anlehnung an die Drei-Liter-Regel nach DIN 1988
[2)] vgl. VDI 2067 Blatt 22

Abb. 1.330: Außenzapfstelle mit frostgefährdeter Leitungsführung

Außenzapfstellen

Außenzapfstellen werden nach dem Stand der Technik mit frostsicheren Armaturen hergestellt, die aus dem warmen Milieu heraus versorgt werden und sich nach jedem Zapfvorgang selbsttätig entleeren. Abweichend ausgeführte Zapfstellen bergen die Gefahr des Leitungsbruchs durch Frost, wenn sie nicht rechtzeitig vor der Frostperiode außer Betrieb genommen und entleert werden (siehe Abb. 1.330).

Abwasserrohrleitungen

Gemäß DIN EN 12056-1:2001-01 „Schwerkraftentwässerungsanlagen innerhalb von Gebäuden, Allgemeine und Ausführungsanforderungen" gilt:

„*5 Ausführungsanforderungen (...)*

5.7 Festigkeit und Standsicherheit (...)

5.7.3 Festigkeit während des Betriebes

Die Rohrleitungsbefestigungen müssen sicher und fest sein und dürfen die Leitungen und alle anderen Teile oder Elemente des Bauwerks nicht beschädigen. Die Auswirkungen von Bewegungen infolge Temperaturänderungen und Innendruck sind zu berücksichtigen."

Die Abkürzung SML („System muffenlos") wird für Abwasserrohre aus Grauguss verwendet. Die Rohrbefestigungen sind rechnerisch nachzuweisen. Dabei ist von einer Vollfüllung der Rohre mit Wasser auszugehen. Auch das Gewicht der Rohrdämmung ist hierbei zu berücksichtigen. Die maximal zulässigen Befestigungsabstände richten sich nach den Herstellerangaben, wie z. B. in den „SML-Planungs- und Projektierungs-Informationen – Gusseiserne Abflussrohrsystem für die Gebäude- und Grundstücksentwässerung" (2020) (siehe Abb. 1.331):

„*Die Befestigung von SML-Leitungen*

Grundregeln

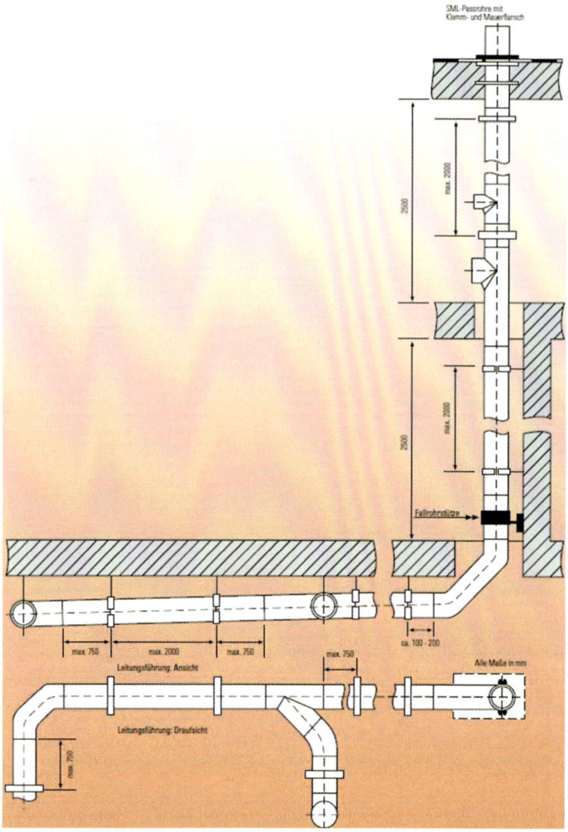

Abb. 1.331: Leitungsbefestigung (Quelle: Düker GmbH, Karlstadt; aus „SML-Planungs- und Projektierungs-Informationen – Gusseiserne Abflussrohrsysteme für die Gebäude- und Grundstücksentwässerung" (2021), S. 96)

Die Abstände der Befestigungen sollten möglichst gleichmäßig sein und eine Länge von 2 m nicht überschreiten. 2 bis 3 m lange Rohre sind zweimal, kürzere Rohre, je nach Nennweite (bzw. Rohrgewicht), ein- oder zweimal zu befestigen. Die Befestigung ist in gleichmäßigen Abständen zwischen den Verbindungen vorzunehmen, wobei der Abstand vor und hinter jeder Verbindung nicht größer als 0,75 m sein sollte.

Waagerechte Leitungen müssen an allen Richtungsänderungen und Abzweigen ausreichend befestigt werden. An Pendeln befestigte Leitungen sind im Abstand von 10 bis 15 m durch besondere Festpunkthalterungen gegen jegliche Verschiebung zu sichern. Dadurch wird eine einwandfreie Seitenstabilität erreicht und verhindert, dass die Leitung von anderen Montagegruppen aus der vorgesehenen Richtung gedrückt wird.

Fallleitungen sind ebenfalls mit einem Höchstabstand von 2 m zu befestigen, bei einer Geschosshöhe von 2,50 m also zweimal je Geschoss, darunter einmal in unmittelbarer Nähe eventuell eingebauter Abzweige. (…)

SML-Fallrohrstützen sind möglichst wandnah zu befestigen, um einem großen Biegemoment auf die Rohrschellen vorzubeugen. Die Verwendung einer Konsole mit SML-Auflagerung für Fallrohrstütze ist empfehlenswert.

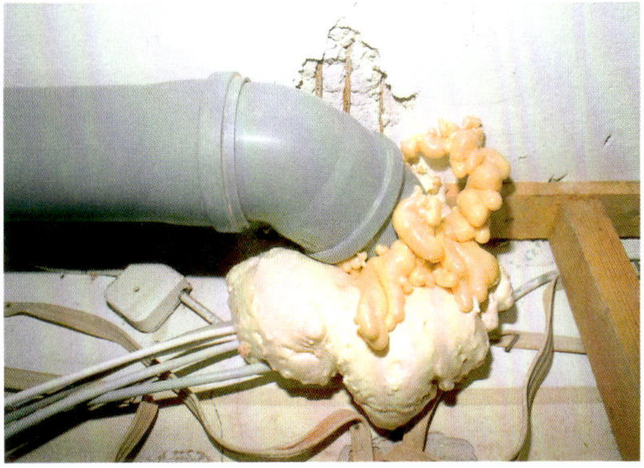

Abb. 1.332 und 1.333: Unzureichende Befestigung der Schmutzwasserleitung im Deckenhohlraum mit Montageschaum und einem 2-DF-Kalksandstein als Unterstützung

Fallrohrstützen müssen das Gewicht des Fallstranges aufnehmen und sollen an der tiefstmöglichen Stelle angebracht werden. Dabei dürfen sie so viel Höhenmeter Fallstrang aufnehmen, wie die Wand tragen kann bzw. die Dübel an Gewicht übertragen können. Nach dieser Höhe ist eine weitere Fallrohrstütze anzuordnen.

Wir empfehlen bei Gebäuden bis zu 5 Stockwerken eine Fallrohrstütze über der Kellerdecke, bei höheren Gebäuden je eine Fallrohrstütze in jedem 5. Stockwerk.“

Auch bei Nachinstallationen in Bestandsgebäuden sind die anerkannten Regeln der Technik für die sichere Befestigung von Leitungen zu beachten. Eine Befestigung, die nur aus einem Ortschaum oder aus lose innerhalb der abgehängten Decke eingelegten Kalksandsteinen und Brettstücken besteht, ist unzulässig (siehe Abb. 1.332 und 1.333).

Gefälle von Abwasserleitungen

Das erforderliche Mindestgefälle von Abwasserleitungen innerhalb von Gebäuden ist in DIN EN 12056-2:2001-01 „Schwerkraftentwässerungsanlagen innerhalb von Gebäuden – Teil 2: Schmutzwasseranlagen, Planung und Berechnung“ geregelt.

Das Gefälle von Abwasserleitungen außerhalb von Gebäuden ergibt sich aus den Planungen entsprechend DIN EN 752:2017-07 „Entwässerungssysteme außerhalb von Gebäuden – Kanalmanagement; Deutsche Fassung EN 752:2017“.

Unzureichendes Gefälle führt gewöhnlich zu einem späteren erhöhten Wartungsaufwand infolge von Feststoffablagerungen im Rohrsystem, da der Selbstreinigungseffekt wegen der fehlenden Fließgeschwindigkeit nicht eintritt. Die Rohre müssen häufig gespült oder freigefräst werden.

Anschluss von Objekten an Abwasserleitungen

Bei der Abnahme muss geprüft werden, ob alle Objekte ordnungsgemäß an Abwasserleitungen angeschlossen worden sind. Sind Hebeanlagen vorhanden, muss deren einwandfreie Funktion ebenfalls geprüft werden.

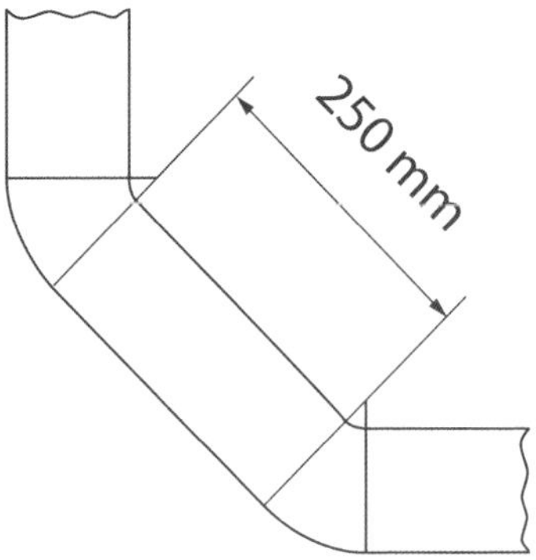

Abb. 1.334: Übergang in eine liegende Leitung (Quelle: DIN 1986-100:2016-12, Bild 11)

90°-Bögen in Fallleitungen

In DIN 12056-2 sind keine Angaben über die Zulässigkeit von 90°-Bögen in Schmutzwasserfallleitungen enthalten. Es wird jedoch auf die Gültigkeit der nationalen Vorschriften hingewiesen.

Gemäß DIN EN 12056-2:2001-01 „Schwerkraftentwässerungsanlagen innerhalb von Gebäuden – Teil 2: Schmutzwasseranlagen, Planung und Berechnung" gilt:

„A.1 Nationale und regionale Vorschriften und technische Regeln

Die folgenden Dokumente enthalten Angaben, die in Ergänzung der Rahmenvorgaben dieses Normenteils verwendet werden können. Diese Zusammenstellung war zum Zeitpunkt der Veröffentlichung dieser Norm aktuell, sollte jedoch nicht als vollständig angesehen werden. Die Anwender dieser Norm sollten die jeweils geltenden Fassungen dieser Dokumente heranziehen.

Deutschland (…)
zu EN 12056-2 siehe DIN 1986-1 und DIN 1986-2, DIN EN 1610 und DIN 18381"

Durch DIN 1986-100 wurden DIN 1986-1 und 1986-2 im März 2002 ersetzt. Sie ist in der Fassung 2016-12 gültig und ergänzt die Festsetzungen der DIN 12056 auf nationaler Ebene.

IN DIN 1986-100:2016-12 „Entwässerungsanlagen für Gebäude und Grundstücke – Teil 100: Zusätzliche Bestimmungen zu DIN EN 752 und DIN EN 12056" sind folgende Vorgaben für die Leitungsführung von Schmutzwasserfallleitungen enthalten:

„6 *Verlegen von Leitungen (…)*

6.2 Schmutzwasserleitungen (…)

6.2.2 Schmutzwasserfallleitungen

6.2.2.1 Allgemeine Festlegungen

Schmutzwasserfallleitungen sind ohne Nennweitenänderung möglichst geradlinig durch die Geschosse bis über Dach zu führen.

Anschlüsse ≤ DN 70 an Fallleitungen müssen mit (88 ± 2)°-Abzweigen ausgeführt werden. (…)

6.2.2.2 Fallleitungen bis 10 m

Bei Fallleitungen, die nicht länger als 10 m sind, kann die Umlenkung in die liegende Leitung mit einem Bogen (88 ± 2)° ausgeführt werden.

6.2.2.3 Fallleitungen über 10 m bis 22 m

Bei Fallleitungen, die über 10 m bis 22 m lang sind, sind Maßnahmen nach Bild 9 oder Bild 10 erforderlich. Die Fallleitung ist oberhalb des zulaufseitigen Bogens einer Verziehung auf eine Höhe von mindestens 2 m von Anschlüssen freizuhalten (siehe Bild 9). Ausgenommen hiervon sind Fallleitungsverziehungen mit Richtungsänderungen bis 45°.

Bei einer Verziehung der Fallleitung sind die zulauf- und ablaufseitigen Bogen mit einem Zwischenstück von 250 mm Länge aufzulösen (siehe Bild 11) [siehe Abb. 1.334]."

Somit sind 90°-Bögen in Fallleitungen nur bei Leitungslängen bis 10 m zulässig.

Ausweislich der nachfolgenden Ausführungen der DIN 1986-100 ist die Verwendung von 90°-Bögen im Bereich von Grundleitungen nicht zulässig.

Gemäß DIN 1986-100:2016-12 „Entwässerungsanlagen für Gebäude und Grundstücke – Teil 100: Zusätzliche Bestimmungen zu DIN EN 752 und DIN EN 12056" gilt:

„6 *Verlegen von Leitungen*

6.1 Allgemeines (…)

6.1.6 Ausführung von Richtungsänderungen

Richtungsänderungen von Grund- oder Sammelleitungen dürfen nur mit Bögen ≤ 45° ausgeführt werden. In liegenden Leitungen dürfen nur Abzweige ≤ 45° eingebaut werden. Doppelabzweige in liegenden Leitungen sind unzulässig. Richtungsänderungen von liegenden Rohrleitungen in offenen und geschlossenen Schachtdurchführungen dürfen ebenfalls nur mit einer Abwinkelung ≤ 45° ausgeführt werden."

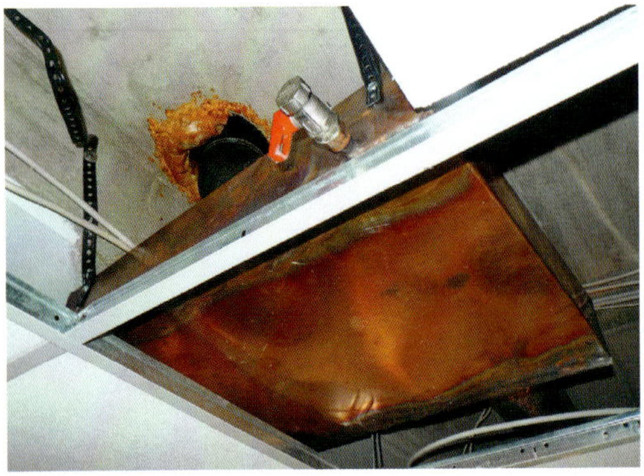

Abb. 1.335: Unterhalb der Deckendurchdringung der Regenentwässerungsleitung: Auffangwanne aus gelötetem Kupferblech mit frontseitigem Kessel-Füll- und Entleerhahn aus Messing, vernickelt

Abb. 1.336: Auffangwanne aus Edelstahl mit frontseitigem Kessel-Füll- und Entleerhahn aus Messing, vernickelt, mit herausziehbarem Schlauch für die Entleerung

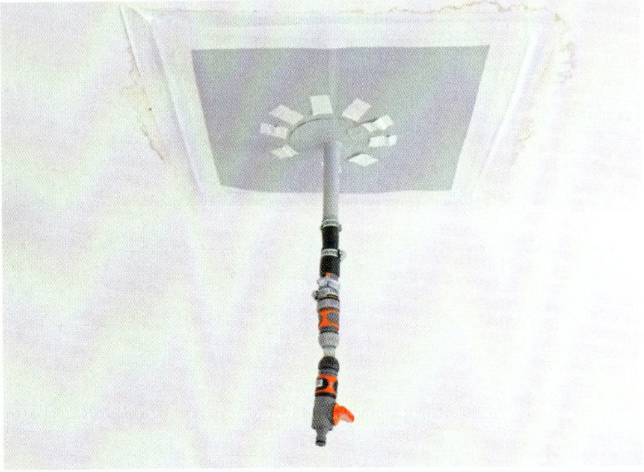

Abb. 1.337: Ablasskombination mit Zapfventil aus dem Gartenschlauchprogramm eines Systemanbieters als Notlösung bei einer Flachdachleckage

Deckendurchdringungen der Dachentwässerungsleitungen

Deckendurchdringungen müssen in die Funktionsebene der Dachabdichtung wasserdicht eingebunden sein. Wenn bei der Abnahme wannenartige Auffangbehältnisse unterhalb von Deckendurchdringungen angetroffen werden, handelt es sich allenfalls um eine unfertige Leistung als Provisorium zur Vermeidung eines größeren Schadens (siehe Abb. 1.335 bis 1.337).

Abdeckrosetten

Der Einbau von Wand- und Deckenrosetten gehört entsprechend der VOB/C ATV DIN 18381 nicht zu den Nebenleistungen, sondern zu den vergütungspflichtigen Besonderen Leistungen. Sind Rosetten vertraglich vereinbart worden, muss bei der Abnahme geprüft werden, ob sie vorhanden sind (siehe Abb. 1.338).

Stammen die vertraglich vereinbarten Objekte und Armaturen aus einem bestimmten einheitlichen Produktprogramm, korrespondieren Formen und Oberflächen aller Teile üblicherweise miteinander (siehe Abb. 1.339).

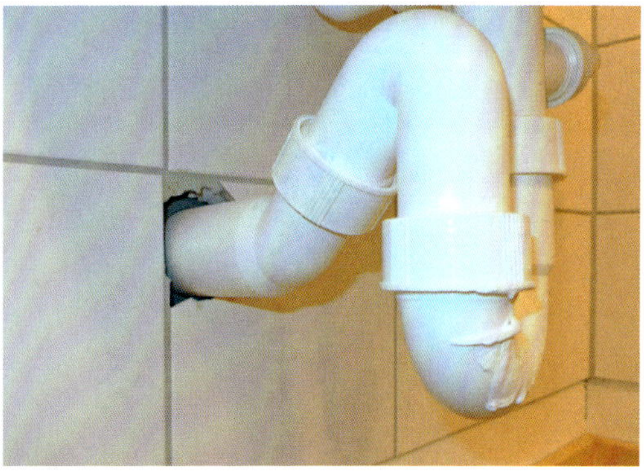

Abb. 1.338: Nur aus der Kniebeuge heraus erkennbar: Die Abdeckrosette des Entwässerungsanschlusses fehlt, würde aber die Fliesenöffnung ohnehin nicht vollständig abdecken.

Abb. 1.339: Die Form der Abdeckrosetten korrespondiert nicht miteinander.

Entlüftungen

Abwasserleitungen sind gemäß DIN 12056 zur Atmosphäre hin zu be- und entlüften.

Die erforderlichen Rohrquerschnitte und die zulässigen Längen von unbelüfteten Anschlussleitungen (System III) ergeben sich aus den Tabellen 4, 5, 6 und 9 der DIN EN 12056-2:2001-01 (vgl. Tabelle 1.60 bis 1.63). Fehlende Strangentlüftungen oder unzulässige Überschreitungen der maximal zulässigen Leitungslängen führen zu schlechtem Ablauf, gurgelnden Abflussgeräuschen und ggf. zu Rückstauvorgängen mit Havarien.

Tabelle 1.60: Zulässiger Schmutzwasserabfluss (Qmax) und Nennweite (DN) nach DIN EN 12056-2:2001, Tabelle 4

Q_{max} in l/s	System I DN	System II DN	System III DN	System IV DN
0,40	1)	30	vgl. Tabelle 1.62	30
0,50	40	40		40
0,80	50	1)		1)
1,00	60	50		50
1,50	70	60		60
2,00	80 2)	70 2)		70 2)

Fortsetzung Tabelle 1.60

Q_{max} in l/s	System I DN	System II DN	System III DN	System IV DN
2,25	90[3)]	80[4)]	vgl. Tabelle 1.62	80[4)]
2,50	100	90		100

[1)] nicht erlaubt
[2)] keine Klosetts
[3)] nicht mehr als 2 Klosetts und nicht mehr als eine 90°-Gesamtrichtungsänderung
[4)] nicht mehr als ein Klosett

Tabelle 1.61: Anwendungsgrenzen nach DIN EN 12056-2:2001, Tabelle 5

Anwendungsgrenzen	**System I**	**System II**	**System III**	**System IV**
maximale Rohrlänge (*l*)	4,0 m	10,0 m	vgl. Tabelle 1.62	10,0 m
maximale Anzahl von 90°-Bogen	3[1)]	1[1)]		3[1)]
maximale Absturzhöhe (*H*)	1,0 m	6,0 m DN > 70[2)] 3,0 m DN = 70[2)]		1,0 m
Mindestgefälle	1 %	1,5 %		1 %

[1)] Anschlussbogen nicht eingeschlossen
[2)] Wenn DN kleiner 100 mm ist und ein Klosett an die unbelüftete Anschlussleitung angeschlossen ist, darf kein weiterer Entwässerungsgegenstand im Bereich von 1 m über dem Anschluss an eine belüftete Anlage angeschlossen sein.

Tabelle 1.62: Anwendungsgrenzen bei unbelüfteten Anschlussleitungen System III nach DIN EN 12056-2:2001, Tabelle 6

Entwässerungsgegenstand	Nennweite DN	Mindestgeruchverschlusshöhe in mm	max. abgewickelte Rohrlänge (*L*) vom Geruchverschluss zur Fallleitung in m	Gefälle in %	max. Anzahl der Bogen Nr.	max. Absturzhöhe (*H*) in m
Waschbecken, Bidet (30 mm Durchmesser Geruchverschluss)	30	75	1,7	2,2[1]	0	0
Waschbecken, Bidet (30 mm Durchmesser Geruchverschluss)	30	75	1,1	4,4[1]	0	0
Waschbecken, Bidet (30 mm Durchmesser Geruchverschluss)	30	75	0,7	8,7[1]	0	0
Waschbecken, Bidet (30 mm Durchmesser Geruchverschluss)	40	75	3,0	1,8–4,4	2	0
Dusche, Badewanne	40	50	keine Begrenzung[2]	1,8–9,0	keine Begrenzung	1,5
Wandurinal	40	75	3,0[3]	1,8–9,0	keine Begrenzung[4]	1,5
Urinalrinne	50	75	3,0[3]	1,8–9,0	keine Begrenzung[4]	1,5
Standurinal[5]	60	50	3,0[3]	1,8–9,0	keine Begrenzung[4]	1,5
Küchenspüle (40 mm Durchmesser Geruchverschluss)	40	75	keine Begrenzung[2]	1,8–9,0	keine Begrenzung	1,5
Haushaltsgeschirrspülmaschine oder Waschmaschine	40	75	3,0	1,8–4,4	keine Begrenzung	1,5
Klosett mit Abfluss bis zu 80 mm[6]	75	50	keine Begrenzung	1,8 min.	keine Begrenzung[4]	1,5

Fortsetzung Tabelle 1.62

Entwässerungs-gegenstand	Nenn-weite DN	Mindest-geruch-verschluss-höhe in mm	max. abgewi-ckelte Rohrlänge (*L*) vom Geruch-verschluss zur Fallleitung in m	Gefälle in %	max. Anzahl der Bogen Nr.	max. Absturz-höhe (*H*) in m
Klosett mit Abfluss größer als 80 mm[6)]	100	50	keine Begrenzung	1,8 min.	keine Begrenzung[4)]	1,5
Abfallzerkleinerer für Küchenabfälle[7)]	40 min.	75[8)]	3,0[3)]	13,5 min.	keine Begrenzung[4)]	1,5
Abfallzerkleinerer für Hygieneartikel	40 min.	75[8)]	3,0[3)]	5,4 min.	keine Begrenzung[4)]	1,5
Bodenablauf	50	50	keine Begrenzung[3)]	1,8 min.	keine Begrenzung	1,5
Bodenablauf	70	50	keine Begrenzung[3)]	1,8 min.	keine Begrenzung	1,5
Bodenablauf	100	50	keine Begrenzung[3)]	1,8 min.	keine Begrenzung	1,5
4 Becken	50	75	4,0	1,8–4,4	0	0
Wandurinale[8)]	50	75	keine Begrenzung[3)]	1,8–9,0	keine Begrenzung[4)]	1,5
Maximum von 8 Klosetts[6)]	100	50	15,0	0,9–9,0	2	1,5
mit bis zu 5 Sprühköpfen[9)]	30 max.	50	4,5[3)]	1,8–4,4	keine Begrenzung[4)]	0

1) Ein steileres Gefälle ist erlaubt, wenn das Rohr kürzer ist als die erlaubte maximal abgewickelte Rohrlänge.
2) Falls die abgewickelte Rohrlänge 3 m übersteigt, kann ein geräuschvoller Abfluss mit erhöhtem Verstopfungsrisiko die Folge sein.
3) sollte so kurz wie möglich sein, um Ablagerungen zu verringern
4) Enge Bogen sollten vermieden werden.
5) Standurinale für bis zu 7 Personen; Standurinale für mehr Personen müssen mehr als einen Ablauf haben
6) Zusammenführung der Klosettanschlussleitung mit der Schmutzwasserfallleitung durch Abzweige mit Innenradius
7) beinhaltet kleine Kartoffelschälmaschinen
8) nur Röhrengeruchverschlüsse, keine Flaschen- oder sich wieder auffüllende Geruchverschlüsse
9) Handwaschbecken mit Duschköpfen müssen Abläufe mit flachen Sieben ohne Stöpsel haben.

Tabelle 1.63: Anwendungsgrenzen bei belüfteten Anschlussleitungen in System III nach DIN EN 12056-2:2001, Tabelle 9

Entwässerungs-gegenstand	Nenn-weite DN	Mindest-geruch-verschluss-höhe in mm	max. abgewi-ckelte Rohrlänge (*L*) vom Geruch-verschluss zur Fallleitung in m	Gefälle in %	max. Anzahl der Bogen Nr.	max. Absturz-höhe (*H*) in m
Waschbecken, Bidet (30 mm Durchmesser Geruchverschluss)	30	75	3,0	1,8 min.	2	3,0
Waschbecken, Bidet (30 mm Durchmesser Geruchverschluss)	40	75	3,0	1,8 min.	keine Begren-zung	keine Begren-zung
Dusche, Bade-wanne	40	50	keine Begrenzung[2)]	1,8 min.	keine Begren-zung	keine Begren-zung
Wandurinal	40	75	3,0[3)]	1,8 min.	keine Begren-zung[4)]	3,0
Urinalrinne	50	75	3,0[3)]	1,8 min.	keine Begren-zung[4)]	3,0
Standurinal[5)]	60	50	3,0[3)]	1,8 min.	keine Begren-zung[4)]	3,0
Küchenspüle (40 mm Durch-messer Geruchver-schluss)	40	75	keine Begrenzung[2)]	1,8 min.	keine Begren-zung	keine Begren-zung
Haushaltsgeschirr-spülmaschine oder Waschmaschine	40	75	keine Begrenzung[2)]	1,8 min.	keine Begren-zung	keine Begren-zung
Klosett mit Abfluss bis zu 80 mm[6) 14)]	75	50	keine Begrenzung	1,8 min.	keine Begren-zung[4)]	1,5
Klosett mit Abfluss größer als 80 mm[6) 14)]	100	50	keine Begrenzung	1,8 min.	keine Begren-zung[4)]	1,5

Abb. 1.340: Unzulässiger Abstand der Strangentlüftung von 1 m zum Fenster

Abb. 1.341 und 1.342: Nachträglich hergestellte seitliche Verziehung der Strangentlüftungsleitungen

physikalische oder biologische Einflüsse Gefahren oder unzumutbare Belästigungen nicht entstehen können. Baugrundstücke müssen für bauliche Anlagen entsprechend geeignet sein.“

Anforderungen an die Planung ergeben sich aus DIN EN 12056-1:2001-01 „Schwerkraftentwässerungsanlagen innerhalb von Gebäuden – Teil 1: Allgemeine und Ausführungsanforderungen“:

„5 Ausführungsanforderungen (…)

5.2 Funktion

Entwässerungsanlagen sind so zu planen, zu installieren und instand zu halten, dass sie bei normalem ordnungsgemäßem Gebrauch keine Gefahren oder Belästigungen verursachen noch das Eigentum gefährden, wie das Gebäude selbst, die Versorgungssysteme oder andere Einrichtungen innerhalb des Gebäudes. (…)

5.3 Hygiene

Entwässerungsanlagen sind so zu planen und zu installieren, dass die Gesundheit und Sicherheit der Benutzer und der Personen, die sich im Gebäude aufhalten, nicht beeinträchtigt werden durch: (…)

– Austreten von Kanalgasen ins Gebäude (…)

5.6.3 Lüftung der Entwässerungsanlage

Zur Sicherstellung der ordnungsgemäßen Funktion der Entwässerungsanlage und der öffentlichen Kanäle muss eine ausreichende Lüftung vorgesehen werden. Offene Fallleitungen müssen so außerhalb des Gebäudes enden, dass keine Gerüche und Faulgase in das Gebäude eindringen können. Lüftungsleitungen dürfen nur der Lüftung der Entwässerungsanlage und der öffentlichen Kanäle dienen. Wo Belüftungsventile angewendet werden, dürfen sie nur entsprechend den Vorgaben der nationalen und regionalen Vorschriften verwendet werden."

Entgegen der Vorgängernorm, DIN 1986, sind in der DIN 12056 keine Mindestabstände der Entlüftungsmündungen zu Fenstern mehr festgelegt. Dort galt, dass die Leitungen entweder mindestens 1 m oberhalb des Fenstersturzes oder mindestens 2 m seitlich vom Fenster enden durften (siehe Abb. 1.340 bis 1.342).

Dichtheit

Druckprüfung von Trinkwasserleitungen

Als Mangel mit empfindlicher Schadensfolge sind Leitungswasserschäden einzustufen, regelmäßig auch und gerade im Bereich estrichverlegter Rohrführungen, die nach der Installation nicht ordnungsgemäß abgedrückt wurden.

Der Prüfdruck richtet sich nach DIN EN 806-2:2005-06 „Technische Regeln für Trinkwasser – Installationen – Teil 2: Planung":

„3 Allgemeine Anforderungen (...)

3.4 Werkstoffe, Bauteile und Apparate (...)

3.4.2 Druck und Temperatur

Um ausreichende Festigkeit sicherzustellen, sind alle Teile der Trinkwasseranlage so zu planen, dass sie den Anforderungen für Druckprüfungen nach den örtlichen und nationalen Gesetzen oder Vorschriften entsprechen. Der Prüfdruck hat dem 1,5-Fachen des höchsten Systembetriebsdruckes (PMA) zu entsprechen.

Rohre und Rohrverbindungen in der Trinkwasser-Installation sind unter der Berücksichtigung einer fachgerechten Wartung und angemessenen Betriebsbedingungen für eine Lebensdauer von 50 Jahren zu planen.

Sofern nicht in anderen Europäischen Normen festgelegt, müssen bei fehlerhaftem Betrieb Werkstoffe, Bauteile und Apparate für erwärmtes Trinkwasser Temperaturen bis zu 95 °C standhalten.

Die Mindestanforderungen für den Betrieb als Grundlage für die Berechnung von Rohren und Rohrverbindungen sind in Tabelle 1 und Tabelle 2 angegeben. (...)

3.6 Betriebstemperatur

30 s nach dem vollen Öffnen einer Entnahmestelle sollte die Wassertemperatur nicht 25 °C für Kaltwassererstellen übersteigen und sollte nicht weniger als 60 °C für Warmwasserentnahmestellen betragen, sofern dem nicht örtliche oder nationale Regelungen entgegenstehen.

Zum Zwecke der thermischen Desinfektion sollte in Warmwassersystemen die Möglichkeit bestehen, auch an den entferntesten Entnahmestellen 70 °C zu erreichen (siehe 9.1).

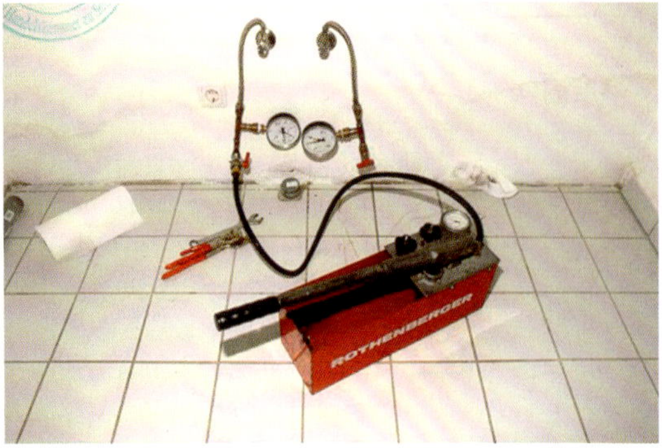

Abb. 1.343: Druckprüfung des Kaltwasser- und Warmwasser- Stranges mit 1,5-fachem Überdruck

9 Verteilung von erwärmtem Trinkwasser (…)

9.3 Entnahmearmaturen und Mischbatterien (…)

9.3.2 Vermeiden von Verbrühungen

Anlagen für erwärmtes Trinkwasser sind so zu gestalten, dass das Risiko von Verbrühungen gering ist.

An Entnahmestellen mit besonderer Beachtung der Auslauftemperaturen wie in Krankenhäusern, Schulen, Seniorenheimen usw. sollten zur Verminderung des Risikos von Verbrühungen thermostatische Mischventile oder -batterien mit Begrenzung der oberen Temperatur eingesetzt werden. Empfohlen wird eine höchste Temperatur von 43 °C.

Bei Duschanlagen usw. in Kindergärten und in speziellen Bereichen von Pflegeheimen sollte sichergestellt werden, dass die Temperatur 38 °C nicht übersteigen kann.“

Die Überprüfung erfolgt mit einem Druckprüfgerät mit Manometer. Das Gerät wird in das hydraulische System z. B. durch Anschluss an einem Eckventil o. Ä. integriert und es wird mit dem Handhebel ein Überdruck aufgebaut. Der Druck muss hierbei am Manometer in 0,2-bar-Schritten ablesbar sein. Der Prüfdruck für die Dichtheitsprüfung muss das 1,5-Fache des zulässigen Betriebsüberdruckes betragen (= 15 bar) (siehe Abb. 1.343). Die Überprüfung erfolgt innerhalb von 10 Minuten. Hierbei darf kein Druckabfall eintreten. Die Dichtheitsprüfung ist zu protokollieren.

Bei akuten Durchfeuchtungsschäden können Trinkwasserleitungen vorläufig (bis zum Eintreffen eines Druckprüfgerätes) dergestalt überprüft werden, dass das Hauptwasserventil abgesperrt und nach 15 Minuten wieder geöffnet wird. An der Wasseruhr kann dann im Fall einer Leckage abgelesen werden, ob Wasser nachströmt. In der Regel ist das Nachströmen auch akustisch wahrnehmbar. Liegt das Leck jedoch im Bereich der Zirkulationsleitung, funktioniert diese provisorische Überprüfung nicht, da die Zirkulationsleitung unter Pumpendruck, nicht jedoch unter dem öffentlichen Versorgungsdruck steht.

Regenfallleitungen

Insbesondere an Regenfallleitungen, die innerhalb von Gebäuden geführt werden, gelten hohe Anforderungen an die Dichtheit. Sie müssen so ausgelegt sein, dass auch bei einem möglichen Rückstau kein Wasser oder Faulgas in das Gebäude eindringen kann.

Gemäß DIN 12056-1:2001-01 „Schwerkraftentwässerungsanlagen innerhalb von Gebäuden – Teil 1: Allgemeine und Ausführungsanforderungen“ gilt:

„5 Ausführungsanforderungen (...)

5.4 Sicherheit (...)

5.4.2 Wasser- und Gasdichtheit

Entwässerungsanlagen müssen gegenüber den auftretenden Betriebsdrücken ausreichend wasser- und gasdicht sein. Aus Leitungsanlagen innerhalb von Gebäuden dürfen keine Gerüche und Kanalgase in das Gebäude austreten.“

Luftdichtheit

Vorwandinstallationen bilden Hohlkörper hinter der Fliesenebene und sind nicht luftdicht. Das Gleiche gilt für Installationsschächte. Bei zweischaligem Mauerwerk mit Luftschicht und stoßfugenfreiem Hintermauerwerk muss auf der Innenseite ein Wandputz als luftdichte Schicht hergestellt werden, bevor die Vorwandinstallationen und die Installationsschächte montiert werden, da ansonsten zwischen der äußeren Luftschicht und dem Rauminneren über die offenen Stoßfugen des Hintermauerwerks und die Öffnungen in der Wandfliesenebene ein Luftverbund bei Rohrdurchgängen und insbesondere am Spültaster besteht.

Rückstausicherung

In der modernen Grundstücksentwässerung ist das **Trennsystem** Standard, bei dem das häusliche Schmutzwasser in eigenen Sammelleitungen aus dem Gebäude herausgeführt wird, getrennt von den Regensammelleitungen für die Dachflächenentwässerung und für die Entwässerung der versiegelten Grundstücksflächen. Die Übergabe in das öffentliche Netz erfolgt über 2 separate Übergabeschächte, die an der Grundstücksgrenze gelegen sind. Sofern im kommunalen Bereich ebenfalls eine getrennte Leitungsführung für Schmutz- und Regenwasser vorliegt, wird das Regenwasser direkt dem Vorfluter (offene Gewässer) zugeführt, während das Schmutzwasser direkt zu entsprechend ausgerüsteten Kläranlagen geleitet wird.

Starkregenfälle können daher in Trennsystemen maximal zu Rückstauvorgängen innerhalb der angebundenen Regenentwässerungsleitungen führen. Es kann als Maximalereignis zu einem Wasseraustritt aus Regenentwässerungseinrichtungen wie z. B. Bodeneinläufen innerhalb tief liegender Geländeflächen kommen. Ein Rückstau bis in das häusliche Schmutzwassernetz hinein ist ausgeschlossen, da zwischen den Regen- und Schmutzwasserleitungen keine interne Verbindung besteht.

Bei **Mischsystemen**, wie sie im kommunalen Bereich zum Teil noch vorkommen, werden Schmutzwasser und Regenwasser in einer gemeinsamen Leitung entsorgt. Starkregenfälle mit Wassermengen, die von unterdimensionierten öffentlichen Entwässerungsleitungen nicht aufgenommen werden können, führen zu Rückstauvorgängen im Mischwassernetz und damit auch zu Rückstauvorgängen bis in den häuslichen Schmutzwasserbereich hinein. Betroffen hiervon sind sämtliche Entwässerungsobjekte und Bodeneinläufe unterhalb der sog. Rückstauebene, d. h. entsprechend der Definitionen in DIN EN 12056 sämtliche Einrichtungen, die unterhalb des Straßenniveaus liegen. Die Grundlagen werden in der DIN EN 12056 definiert.

Gemäß DIN EN 12056-1:2001-01 „Schwerkraftentwässerungsanlagen innerhalb von Gebäuden – Allgemeine und Ausführungsanforderungen" gilt:

„4 Allgemeine Anforderungen (…)

4.2 Schwerkraftentwässerung

Entwässerungsgegenstände oberhalb der Rückstauebene sind mittels Schwerkraft zu entwässern. Das Abwasser von Bodenabläufen und Entwässerungsgegenständen oberhalb der Rückstauebene darf nicht über Rückstauverschlüsse geführt werden. Die Verwendung einer Abwasserhebeanlage oberhalb der Rückstauebene ist nur in außergewöhnlichen Fällen, z. B. in Sanierungsfällen, zulässig. Sanitäre Entwässerungsgegenstände und Bodenabläufe unterhalb der Rückstauebene sind mittels Abwasserhebeanlagen zu entwässern. Nur im Falle untergeordneter Nutzung dieser Entwässerungsgegenstände ist es zulässig, sie über Rückstauverschlüsse zu entwässern. (siehe EN 12056-4)"

In DIN EN 12056-4:2001-01 „Schwerkraftentwässerungsanlagen innerhalb von Gebäuden – Abwasserhebeanlagen; Planung und Bemessung" ist geregelt:

„4 Schutz gegen Rückstau

Trotz der Bemessung nach den jeweils geltenden allgemein anerkannten Regeln der Technik und des sorgfältigen Betriebs der öffentlichen Kanalisation können öffentliche Misch- und Regenwasserkanäle aus wirtschaftlichen Gründen nicht so dimensioniert werden, dass sie jeden außergewöhnlichen Regen einwandfrei ableiten können. Es muss deshalb bei starkem Regen mit Stau im Kanal und Rückstau in die Anschlusskanäle und als Folge davon in die Grundstücksentwässerungsanlage gerechnet werden. (…)

Der Schutz gegen Rückstau erfolgt durch Abwasserhebeanlagen mit Rückstauschleife. Nur die Ausführung mit Rückstauschleife bietet einen hohen Grad an Sicherheit gegen Rückstau.

Ein Rückstauverschluss kann eingesetzt werden, wenn

- *Gefälle zum Kanal besteht,*
- *die Räume von untergeordneter Nutzung sind, d. h., dass keine wesentlichen Sachwerte oder die Gesundheit der Bewohner bei Überflutung der Räume beeinträchtigt werden,*
- *der Benutzerkreis klein ist und diesem ein WC oberhalb der Rückstauebene zur Verfügung steht,*
- *bei Rückstau auf die Benutzung der Ablaufstelle verzichtet werden kann."*

Anlagenteile der Sanitärinstallation müssen so angeordnet werden, dass sie wartungsfähig sind, denn nur eine regelmäßige Wartung sichert die Funktion im spontanen Bedarfsfall. Abb. 1.344 zeigt in ein Beispiel, in dem diese Anforderung nicht erfüllt wird. Werden Rückstauverschlüsse eingesetzt, sind diese entsprechend DIN EN 12056-4:2001-1 „Schwerkraftentwässerungsanlagen innerhalb von Gebäuden – Teil 4: Abwasserhebeanlagen; Planung und Bemessung" Deutsche Fassung EN 12056-4:2000, während der späteren Nutzungszeit zu inspizieren und zu warten:

„8 Inspektion und Wartung

8.1 Inspektion

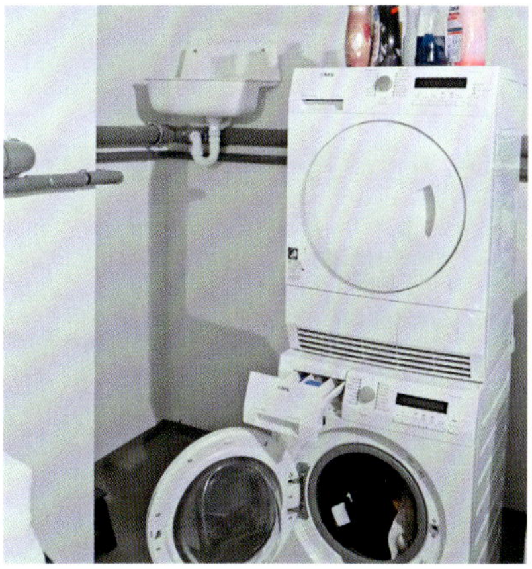

Abb. 1.344: Rückstausicher, aber unerreichbar installiertes Ausgussbecken in einem Waschmaschinenraum

Abwasserhebeanlagen sollten monatlich einmal vom Betreiber durch Beobachtung von mindestens zwei Schaltzyklen auf Betriebsfähigkeit geprüft werden.

8.2 Wartung

Die Anlage muss regelmäßig durch einen hierfür Fachkundigen gewartet werden. Die Zeitabstände dürfen nicht größer sein als

- *¼ Jahr bei Anlagen in gewerblichen Betrieben;*
- *½ Jahr bei Anlagen in Mehrfamilienhäusern;*
- *1 Jahr bei Anlagen in Einfamilienhäusern.*

Bei der Wartung sind im Einzelnen folgende Arbeiten auszuführen:

a) Prüfen der Verbindungsstellen auf Dichtheit durch Absuchen des Umfeldes von Anlagen und Armaturen;
b) Betätigen der Schieber, Prüfen auf leichten Gang und Dichtheit, gegebenenfalls nachstellen und einfetten;
c) Öffnen und Reinigen des Rückflussverhinderers; Kontrolle von Sitz und Kugel/Klappe; Funktionsprüfung;
d) Reinigen der Fördereinrichtung und des unmittelbar angeschlossenen Leitungsbereichs; Prüfen des Laufrades und der Lagerung;
e) Ölstandsprüfung, erforderlichenfalls nachfüllen oder Ölwechsel (wenn Ölkammer vorhanden);
f) Innenreinigung des Behälters (bei Bedarf bzw. nach speziellen Erfordernissen);
g) Visuelle Kontrolle des elektrischen Teils der Anlage;
h) Visuelle Kontrolle des Zustandes des Sammelbehälters;
i) Alle zwei Jahre Anlage mit Wasser durchspülen.

Nach Erledigung der Wartungsarbeiten ist die Anlage nach Durchführung eines Probelaufs nach Abschnitt 7 wieder in Betrieb zu nehmen. Über die Wartung ist ein Protokoll anzufertigen mit Angabe aller durchgeführten Arbeiten und der wesentlichen Daten. Soweit Mängel festgestellt werden, die nicht behoben werden können, sind diese dem Anlagenbetreiber von dem die Wartung durchführenden Fachkundigen sofort schriftlich gegen Quittung zu melden.“

Abb. 1.345: Bodeneinlauf einer Kellertreppe ohne Funktion

1.10.4 Entwässerung außen liegender Kellertreppen

Ein häufiges Ärgernis sind Bodeneinläufe von außen liegenden Kellertreppen, die als Versickerungselemente konzipiert sind, ohne Anschluss an Entwässerungsleitungen (siehe Abb. 1.345). Sie münden im Kiesbett des Unterbaus und sind dann funktionsabhängig von der Versickerungsfähigkeit des anstehenden Bodens. Selbst bei Kellern, die planmäßig als Weiße Wanne vorgesehen sind, wird die Versickerungslösung gelegentlich angetroffen. Steigt dann der äußere Grund- oder Schichtenwasserpegel, kommt es zwangsläufig zum Rückstau und in der Folge zu Überflutungen über die Kellertürschwelle.

Regenwasserentwässerungsanlagen müssen für eine Bemessungsspende von 400 l/s ha ausgelegt sein.

Beispiel

Bei einer außen liegenden Kellertreppe mit einer nach oben hin offenen Fläche von z. B. 4,0 m^2 ergibt sich somit ein erforderliches Ablaufvermögen von 4,0 m^2 · 400 l/s ha : 10.000 m^2/ha = 0,16 l/s.

Tipp

Mit einem Wassereimer von 10 Liter Inhalt lässt sich das Ablaufvermögen unkompliziert prüfen. Nachdem man zunächst mehrere Eimerinhalte in den Ablauf abgegossen hat, muss der ausgegossene Prüfeimerinhalt innerhalb von 10 l : 0,16 l/s = 62,5 s = 1 Minute vollständig abgelaufen sein.

Insbesondere bei Kellern, die planmäßig als Weiße Wannen konstruiert worden sind, müssen die Bodeneinlaufelemente der Kelleraußentreppe druckwassergeeignet sein und über eine Hebeanlage entwässert werden. Immer wieder werden an dieser kritischen Stelle „Versickerungsrohre" eingesetzt, die dann unter äußerer Druckwasserbeanspruchung zum Rückstau mit Überflutung der Kellertürschwelle führen.

Die gleiche Situation gilt auch für Kellerkasematten aus Kunststoff. Im Bereich von Weißen Wannen müssen speziell geeignete Kasematten mit eigener druckwasserdichter Entwässerungsführung eingebaut werden. Versickerungsöffnungen am Boden sind rückstaugefährdet. Das Niveau der Kellerfensterbrüstung begrenzt dann die Wirkungshöhe der Weißen Wanne.

1.10.5 Geräusche aus dem Betrieb haustechnischer Anlagen

Geräusche, die von haustechnischen Anlagen herrühren, zählen zu den häufigen Beanstandungen.

DIN 4109-1 enthält die Mindestanforderungen, die zur Vermeidung unzumutbarer Belästigungen einzuhalten sind. DIN 4109 ist daher nicht mit den anerkannten Regeln der Technik gleichzustellen. Nach den anerkannten Regeln der Technik können höhere Anforderungen an den Schallschutz gegeben sein, als in der DIN 4109-1:2018-01 „Schallschutz im Hochbau – Teil 1: Mindestanforderungen“ aufgeführt:

„*9 Maximal zulässige A-bewertete Schalldruckpegel in fremden schutzbedürftigen Räumen, erzeugt von gebäudetechnischen Anlagen und baulich mit dem Gebäude verbundenen Gewerbebetrieben*

Gebäudetechnische Anlagen sind nach dieser Norm dem Gebäude dienende

- *Versorgungs- und Entsorgungsanlagen,*
- *Transportanlagen,*
- *fest eingebaute, betriebstechnische Anlagen.*

Als gebäudetechnische Anlagen gelten außerdem

- *Gemeinschaftswaschanlagen,*
- *Schwimmanlagen, Saunen und dergleichen,*
- *Sportanlagen,*
- *zentrale Staubsauganlagen,*
- *Garagenanlagen,*
- *fest eingebaute, motorbetriebene außen liegende Sonnenschutzanlagen und Rollläden.*

Außer Betracht bleiben Geräusche von ortsveränderlichen Maschinen und Geräten (z. B. Staubsauger, Waschmaschinen, Küchengeräte und Sportgeräte) im eigenen Wohnbereich.

Die maximal zulässigen A-bewerteten Schalldruckpegel der von gebäudetechnischen Anlagen und Betrieben emittierten und auf schutzbedürftige Räume einwirkenden Geräusche sind aus Tabelle 9 [vgl. Tabelle 1.64] *zu ersehen.*

Die erforderlichen Maßnahmen zur Minderung der Geräuschausbreitung sind vom Produkthersteller anzugeben.

Nutzergeräusche (z. B. Aufstellen eines Zahnputzbechers auf einer Abstellplatte, Öffnen und Schließen des WC-Deckels) unterliegen nicht den Anforderungen nach Tabelle 9 [vgl. Tabelle 1.64].“

Tabelle 1.64: Maximal zulässige A-bewertete Schalldruckpegel in fremden schutzbedürftigen Räumen, erzeugt von gebäudetechnischen Anlagen und baulich mit dem Gebäude verbundenen Betrieben, nach DIN 4109-1:2018-01, Tabelle 9

Spalte	1	2	3	4
Zeile	**Geräuschquellen**		**maximal zulässige A-bewertete Schalldruckpegel dB**	
			Wohn- und Schlafräume	**Unterrichts- und Arbeitsräume**
1	Sanitärtechnik/Wasserinstallationen (Wasserversorgungs- und Abwasseranlagen gemeinsam)		$L_{AF,max,n} \leq 30^{1)\,2)\,3)}$	$L_{AF,max,n} \leq 35^{1)\,2)\,3)}$
2	sonstige hausinterne, fest installierte technische Schallquellen der technischen Ausrüstung, Ver- und Entsorgung sowie Garagenanlagen		$L_{AF,max,n} \leq 30^{3)}$	$L_{AF,max,n} \leq 35^{3)}$
3	Gaststätten einschließlich Küchen, Verkaufsstätten, Betriebe u. Ä.	tags 6 Uhr bis 22 Uhr	$L_r \leq 35$ $L_{AF,max} \leq 45$	$L_r \leq 35$ $L_{AF,max} \leq 45$
4		nachts nach TALärm	$L_r \leq 25$ $L_{AF,max} \leq 35$	$L_r \leq 35$ $L_{AF,max} \leq 45$

1) Einzelne kurzzeitige Geräuschspitzen, die beim Betätigen der Armaturen und Geräte nach Tabelle 11 (Öffnen, Schließen, Umstellen, Unterbrechen) entstehen, sind derzeit nicht zu berücksichtigen.
2) Voraussetzungen zur Erfüllung des zulässigen Schalldruckpegels:
- Die Ausführungsunterlagen müssen die Anforderungen des Schallschutzes berücksichtigen, d. h., zu den Bauteilen müssen die erforderlichen Schallschutznachweise vorliegen;
- außerdem muss die verantwortliche Bauleitung benannt und zu einer Teilabnahme vor Verschließen bzw. Bekleiden der Installation hinzugezogen werden.

3) Abweichend von DIN EN ISO 10052:2010-10 Abschnitt 6.3.3. wird auf Messung in der lautesten Raumecke verzichtet (siehe auch DIN 4109-4).

DIN 4109-1:2018-01 „Schallschutz im Hochbau – Teil 1: Mindestanforderungen" regelt die maximal zulässigen A-bewerteten Schalldruckpegel in schutzbedürftigen Räumen in der eigenen Wohnung, die von raumlufttechnischen Anlagen im eigenen Wohnbereich erzeugt werden:

„10 Maximal zulässige A-bewertete Schalldruckpegel in schutzbedürftigen Räumen in der eigenen Wohnung, erzeugt von raumlufttechnischen Anlagen im eigenen Wohnbereich

Bei den im eigenen Wohn- und Arbeitsbereich fest installierten technischen Schallquellen, die (bei bestimmungsgemäßem Betrieb) nicht vom Bewohner selbst betätigt bzw. in Betrieb gesetzt werden, sind die in Tabelle 10 [vgl. Tabelle 1.65] *genannten Anforderungen einzuhalten.*

Die erforderlichen Maßnahmen zur Minderung der Geräuschausbreitung sind vom Produkthersteller anzugeben."

Tabelle 1.65: Anforderungen an maximal zulässige A-bewertete Schalldruckpegel in schutzbedürftigen Räumen in der eigenen Wohnung, erzeugt von raumlufttechnischen Anlagen im eigenen Wohnbereich nach DIN 4109-1:2018-01, Tabelle 10

Spalte	**1**	**2**	**3**
Zeile	**Geräuschquellen**	**maximal zulässig A-bewertete Schalldruckpegel in dB**	
		Wohn- und Schlafräume	**Küchen**
1	fest installierte technische Schallquellen im eigenen Wohn- und Arbeitsbereich	$L_{AF,\,max,\,n} \leq 30$ [1) 2) 3) 4)]	$L_{AF,\,max,\,n} \leq 35$ [1) 2) 3) 4)]

1) Einzelne kurzzeitige Geräuschspitzen, die beim Betätigen der Armaturen und Geräte auftreten, dürfen maximal 5 dB überschreiten.
2) Voraussetzungen zur Erfüllung des zulässigen Schalldruckpegels:
- Die Ausführungsunterlagen müssen die Anforderungen des Schallschutzes berücksichtigen, d. h., zu den Bauteilen müssen die erforderlichen Schallschutznachweise vorliegen;
- außerdem muss die verantwortliche Bauleitung benannt und zu einer Teilabnahme vor Verschließen bzw. Bekleiden der Installation hinzugezogen werden.

3) Abweichend von DIN EN ISO 10052:2010-10 Abschnitt 6.3.3. wird auf Messung in der lautesten Raumecke verzichtet (siehe auch DIN 4109-4).
4) Es sind um 5 dB höhere Werte zulässig, sofern es sich um Dauergeräusche ohne auffällige Einzeltöne handelt.

VDI 4100 mit den dort aufgeführten Schallschutzstufen I, II und III oder DIN 4109-1:2016-07 können als Regelwerke Anhaltspunkte für die objektspezifischen Anforderungen an den Schallschutz liefern (BGH, Urteil vom 04.06.2009 – VII ZR 54/07).

Gemäß VDI 4100 „Schallschutz von Wohnungen – Kriterien für Planung und Beurteilung“, Tabelle 2 (2012) gelten Empfehlungen für Schallschutzstufen gemäß Tabelle 1.66.

Tabelle 1.66: Kennwerte für Schallschutzstufen (SSt) von Wohnungen in Mehrfamilienhäusern nach VDI 4100:2012-10 „Schallschutz von Wohnungen – Kriterien für Planung und Beurteilung“, Tabelle 2 (2012)

Spalte	**1**	**2**	**3**	**4**	**5**	**6**	**7**
Zeile	**Schallschutzkriterium**			**kennzeichnende akustische Größe in dB**	**SSt I**	**SSt II**	**SSt III**
3	gebäudetechnische Anlagen (einschließlich Wasserversorgungs- und Abwasseranlagen gemeinsam)	Mehrfamilienhaus		$\overline{}$ $L_{AF,\,max,\,nT}$ [1)]	≤ 30	≤ 27	≤ 24

1) Einzelne kurzzeitige Geräuschspitzen, die beim Betätigen (Öffnen, Schließen, Umstellen, Unterbrechen u. Ä.) der Armaturen und Geräte der Wasserinstallation entstehen, sollen die Kennwerte der SSt II und SSt III um nicht mehr als 10 dB übersteigen. Dabei wird eine bestimmungsgemäße Benutzung vorausgesetzt.

Abb. 1.346: Starr ummörtelte SML-Fallleitung

Schutzbedürftige Räume sind hierbei Wohn- und Schlafräume. Die in Tabelle 1.66 aufgeführten Werte gelten nicht für Installationsgeräusche aus der eigenen Wohnung.

In Bereichen von Installationsdurchgängen ist auf die Trennung zwischen Leitungen und dem Baukörper zu achten, damit keine Schallbrücken entstehen.

Der Verbund zwischen Vertikalrohrsträngen und der Massivdeckenkonstruktion ohne eine wirksame Schalltrennung stellt einen relevanten Verstoß gegen die anerkannten Regeln der Technik dar (siehe Abb. 1.346).

1.10.6 Dichtheitsprüfung von Schächten

Die Dichtheitsprüfung von Schächten erfolgt gemäß DIN EN 1610:2015-12 „Einbau und Prüfung von Abwasserleitungen und -kanälen; Deutsche Fassung EN 1610:2015" (enthält DIN EN 1610 Berichtigung 1:2016-09) nach dem Prüfverfahren „W" mit Wasser.

„13 Verfahren und Anforderungen für die Prüfung von Freispiegelleitungen

13.3 Prüfung mit Wasser (Verfahren ‚W')

13.3.1 Prüfdruck

Für die Rohrleitung ohne Schächte und Inspektionsöffnungen muss der Prüfdruck der sich aus der Füllung des Prüfabschnittes bis zum Geländeniveau des, je nach Vorgabe, stromaufwärts oder stromabwärts gelegenen Schachts ergebende Druck von höchstens 50 kPa1) und mindestens 10 kPa, gemessen am Rohrscheitel, sein. (…)

Sofern vom Planer nicht anders festgelegt, muss sich das Bezugsniveau der zu prüfenden Schächte und Inspektionsöffnungen Oberkante Konus oder Unterkante Abdeckplatte befinden. Der Prüfdruck muss einer Füllhöhe von etwa 10 cm unterhalb dieses Bezugsniveaus entsprechen (siehe Bild 8) [siehe Abb. 1.347].

Höhere Prüfdrücke können für Rohrleitungen, die ausgelegt sind, um unter ständigem oder vorübergehendem Überdruck betrieben zu werden, vorgegeben werden (siehe EN 805).

13.3.2 Vorbereitungszeit

Nach Füllung von Rohrleitungen und/oder Schächten und Erreichen des erforderlichen Prüfdrucks kann eine Vorbereitungszeit erforderlich sein.

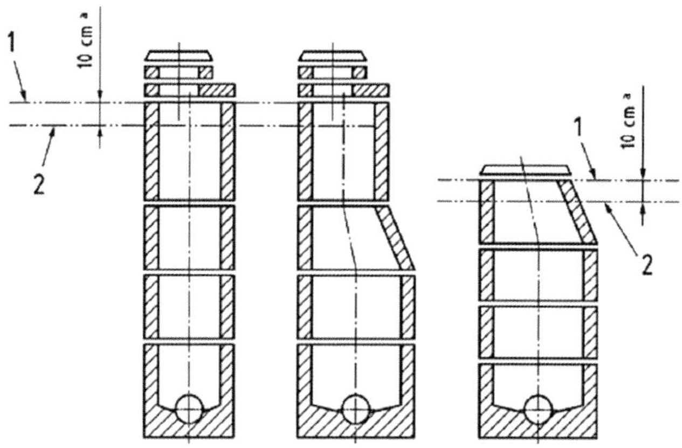

Legende
1 Bezugsniveau für die Prüfung mit Wasser
2 Füllhöhe für die Prüfung mit Wasser

Abb. 1.347: Bezugsniveau für Prüfverfahren „W" für Schächte und Inspektionsöffnungen (Quelle: DIN EN 1610:2015-12, Bild 8)

ANMERKUNG: Üblicherweise ist 1 h ausreichend. Eine längere Zeit kann z. B. aufgrund trockener Klimabedingungen im Falle von Betonrohren, Schächten und Inspektionsöffnungen erforderlich sein.

13.3.3 Prüfanforderungen

Der Druck muss innerhalb 1 kPa des nach 13.3.1 festgelegten Prüfdrucks, z. B. durch Zugabe von Wasser, aufrechterhalten werden. Die Veränderung des Wasservolumens während der Prüfung muss mit einer Genauigkeit von 0,1 l gemessen und zusammen mit der Druckhöhe am erforderlichen Prüfdruck aufgezeichnet werden.

Die Prüfanforderung ist erfüllt, wenn die Veränderung des Wasservolumens während der Prüfung nicht größer ist, als:

- *0,15 l/m² in 30 min für Rohrleitungen;*
- *0,20 l/m² in 30 min für Rohrleitungen einschließlich Schächte;*
- *0,40 l/m² in 30 min für Schächte und Inspektionsöffnungen.*

ANMERKUNG: m² beschreibt die benetzte innere Oberfläche.

13.3.4 Prüfdauer

Die Prüfdauer muss 30 ± 1 min betragen. Die Prüfung darf beendet werden, wenn die gesamte Wassermenge, die während der 30 min hinzugefügt werden darf, überschritten wird.“

Dichtheitsprüfungen von Grundleitungen im Erdreich

Bei erdverlegten Grundleitungen ist eine Überprüfung nur über eine Kanalinspektion mit einer TV-Kamera mit Dreh-Schwenk-Kopf nach den Bestimmungen der RAL GZ 961 (2006) möglich. Das durchführende Unternehmen muss über eine entsprechende Zertifizierung verfügen. Das Untersuchungsverfahren muss der ATV-DVWK-M 143-1:1989-12 „Inspektion, Instandsetzung, Sanierung und Erneuerung von Entwässerungskanälen und -leitungen – Teil 1: Grundlagen“ entsprechen. Überprüft werden haltungsweise

- Rohrversätze,
- Absackungen infolge unzureichender Untergrundverdichtung,

- Rohrbeschädigungen,
- Richtungsänderungen,
- Einbindungen,
- Gefälle.

Die Dichtheitsprüfung erfolgt haltungsweise gemäß DIN EN 1610 mit Luftdruck im Verfahren LD. Die Messgenauigkeit der Prüfgeräte ist durch Vorlage eines Kalibrierscheins zu belegen.

Neben der Prüfung mit Luftdruck ist auch die Prüfung mit Wasserdruck zulässig.

1.11 Elektro-, Sicherheits- und informationstechnische Anlagen (VOB/C ATV DIN 18382)

1.11.1 Abnahmeprüfung und Unterlagen

Zur Inbetriebnahme muss der Auftragnehmer sicherstellen und dokumentieren, dass die von ihm errichteten Anlagen funktionsfähig sind. Die von ihm anzufertigenden Unterlagen sind in der VOB/C ATV DIN 18382:2019-09 „Nieder- und Mittelspannungsanlagen mit Nennspannungen bis 36 kV“ aufgeführt:

„3 Ausführung

Ergänzend zur ATV DIN 18299, Abschnitt 3, gilt: (…)

3.3 Inbetriebnahme, Einweisung

3.3.1 Der Auftragnehmer hat vor Inbetriebnahme sicherzustellen, dass die von ihm errichteten Anlagen bzw. Anlagenteile die geforderten Funktionen und Leistungen erbringen und die gesetzlichen Bestimmungen erfüllen.

3.3.2 Der Auftragnehmer hat an den von ihm errichteten Anlagen vor Inbetriebnahme eine Prüfung auf Betriebsfähigkeit und eine Prüfung nach den geltenden Normen und Vorschriften auszuführen.

3.3.3 Die Inbetriebnahme und ggf. die Einregulierung der vom Auftragnehmer errichteten Anlage ist durchzuführen.

3.3.4 Der vom Auftraggeber benannte Betreiber (Anlagenverantwortlicher) ist durch den Auftragnehmer in die Bedienung und Funktion der errichteten Anlagen einmal einzuweisen. Die Einweisung ist zu dokumentieren.

3.4 Dokumentation und Abnahme (…)

3.4.1 Der Auftragnehmer hat für den sicheren und effizienten Betrieb der Anlage und eingebauten Komponenten die erforderlichen Bedienungs- und Wartungsanleitungen, notwendigen Dokumentationen sowie Pflege- und Reinigungsanleitungen zu übergeben.“

Anzahl von Dosen, Schaltern, Brennstellen

Häufige Beanstandungen bei der Abnahme sind fehlende oder unlesbare Beschriftungen der Verteilerkästen sowie eine unzureichende Anzahl von Schaltern, Steckdosen oder Brennstellen. Insbesondere bei baubegleitenden Änderungen kann es auch vorkommen, dass Lichtschalter anstatt auf der Schlossseite auf der Bandseite hinter der aufschlagenden Zimmertür unzugänglich angebracht sind.

In DIN 18015-2:2021-10 „Elektrische Anlagen in Wohngebäuden – Teil 2: Art und Umfang der Mindestausstattung" heißt es:

„4 *Starkstromanlagen und Gebäudesystemtechnik (…)*

4.5 Ausstattung von Wohnungen (…)

4.5.2 Steckdosen, Anschlüsse und Schaltstellen

Die Anzahl der Steckdosen, Anschlüsse für Beleuchtung und Anschlüsse für Verbrauchsmittel richtet sich nach Tabelle 2 [vgl. Tabelle 1.67]. *Nicht in Tabelle 2 aufgeführte Räume in Wohnungen sind mit mindestens einem Beleuchtungsanschluss, einer Schaltstelle und einer Steckdose auszustatten.*

Es wird empfohlen, Anschlüsse für besondere Verbrauchsmittel nach Tabelle 2 [vgl. Tabelle 1.67] *bei der Errichtung der Anlage zu kennzeichnen.*

Steckdosen, Anschlüsse und Schaltstellen sind in nutzungsgerechter räumlicher Verteilung anzuordnen. Um Stolperstellen durch Anschlussleitungen elektrischer Geräte zu vermeiden, sollte die erforderliche Anzahl der Steckdosen auf die vorhandenen Wandabschnitte verteilt werden. Jedem Raumzugang ist eine Schaltstelle zuzuordnen. Bei Räumen mit mehr als einem Zugang und Fluren muss mindestens ein Beleuchtungsanschluss von jedem Zugang geschaltet werden können. Sollten in Fluren die Schaltstellen von zwei Zugängen unmittelbar erreichbar sein, reicht eine Schaltstelle für diese Schaltposition.

Alternativ kann das Schalten der Flurbeleuchtung unter Berücksichtigung der Raumgeometrie auch durch Bewegungs- oder Präsenzmelder automatisch erfolgen.

Bei Geschosstreppen innerhalb einer Wohnung ist ergänzend zu Tabelle 2 [vgl. Tabelle 1.67] *in jedem Geschoss eine Schaltstelle für mindestens einen Beleuchtungsanschluss zur Beleuchtung dieser Treppe vorzusehen.*

Für jeden Bettplatz sind eine zusätzliche Schaltstelle für mindestens einen Beleuchtungsanschluss nach Tabelle 2 [vgl. Tabelle 1.67] *und zwei Steckdosen vorzusehen."*

Tabelle 1.67: Anzahl der Steckdosen und Anschlüsse nach DIN 18015-2:2021-10, Tabelle 2

Tabelle 1.67: Anzahl der Steckdosen und Anschlüsse nach DIN 18015-2:2021-10, Tabelle 2

	Küche, Küchenbereich	Wohnzimmer, Wohnbereich		Esszimmer, Essbereich	je Schlaf-, Kinder-, Gästezimmer		Bad	WC-Raum	Arbeitszimmer/-bereich	Freisitz (Terrasse, Balkon, Loggia)	Flur-/Dielenbereich mit Raumlänge		Hauswirtschaftsraum	Hobbyraum	zur Wohnung gehörender Keller-/Dachboden/Abstellraum	zur Wohnung gehörende Garage
		bis 20 m^2	über 20 m^2		bis 16 m^2	über 16 m^2					bis 4 m	über 4 m				
Anzahl der Beleuchtungsanschlüsse																
Beleuchtungs-anschlüsse	2	1	2	1	1	2	2	1	1	1	1	2	1	1	1	1
Anzahl der Steckdosen und Anschlüsse für Verbrauchsmittel																
Steckdosen allgemein[1)]	3	4	5	3	6	8	2	1	4	1	1	2	2	3	1	1
Steckdosen je 1,20 m Breite der Arbeitsfläche	2												1			
Steckdosen für IuK/RuK	1	3	5[2)]	3[2)]	2	2			4							
Kühlgerät, Gefriergerät	1												1			
Dunstabzug	1															
Abluftgerät[3)]							1	1								
Anschlüsse für besondere Verbrauchsmittel mit eigenem Stromkreis																
Elektroherd (3 · 230 V)	1															
Mikrowellengerät, Dampfgarer	1															

Fortsetzung Tabelle 1.67

	Küche, Küchenbereich	Wohnzimmer, Wohnbereich		Esszimmer, Essbereich	je Schlaf-, Kinder-, Gästezimmer		Bad	WC-Raum	Arbeitszimmer/-bereich	Freisitz (Terrasse, Balkon, Loggia)	Flur-/Dielenbereich mit Raumlänge		Hauswirtschaftsraum	Hobbyraum	zur Wohnung gehörender Keller-/Dachboden/Abstellraum	zur Wohnung gehörende Garage
		bis 20 m^2	über 20 m^2		bis 16 m^2	über 16 m^2					bis 4 m	über 4 m				
Geschirrspülmaschine	1															
Waschmaschine[4]	1						1						1		1	
Wäschetrockner[4]	1						1						1		1	
Warmwassergerät[5]	1						1	1								
Heizgerät[5]							1									
Anzahl der Kommunikationsanschlüsse																
Telefon/Datenanschluss (IuK)	1	1	2	1[1]	1				2							1[6]
Radio-/TV-/Datenanschluss (RuK)[7]		1	2[1]	1	1											

[1] Sofern Nutzungsbereiche zusammengefasst werden, reduziert sich die Anzahl je Nutzungsbereich um 1.
[2] Werden beim Zusammenlegen von Nutzungsbereichen IuK- und RuK-Anschlüsse reduziert, entfallen auch die dazugehörigen Steckdosen.
[3] Sofern eine Einzellüftung vorgesehen ist. Bei fensterlosen Bädern oder WC-Räumen ist die Schaltung über die Allgemeinbeleuchtung mit Nachlauf vorzusehen.
[4] in einer Wohnung nur jeweils einmal erforderlich
[5] sofern die Heizung/Warmwasserversorgung nicht auf andere Weise erfolgt
[6] sofern in der Garage eine Ladeeinrichtung für Elektrostraßenfahrzeuge installiert wird
[7] RuK-Anschlüsse können in Abhängigkeit von der Technologie des Netzbetreibers für Radio-/TV-Verbreitung auch wahlweise als weitere IuK-Anschlüsse ausgeführt werden.

Abb. 1.348: Bei der Abnahme erkennbar: Unten am Thermostat fehlt die Verkabelung.

Anzahl von Strom- und Absicherungskreisen

Durch Sichtprüfung am Unterverteiler oder am Verteilerkasten kann die Anzahl der Kreise geprüft werden.

Feste Verbindung von Anschlussklemmen

Da lose sitzende Anschlussklemmen zu einer Erwärmung der Verbindungsstelle führen, müssen alle Verbindungen fest hergestellt werden. Die Kontrolle kann mit einem Infrarot-Thermometer oder einfacher mit einer Infrarot-Thermografiekamera erfolgen. Erwärmte Verbindungsstellen mit Temperaturen von 40 °C bis über 100 °C lassen sich so visualisieren.

Anschluss von Bauteilen und Geräten

Im Zuge der Abnahme sollte dringend die vollständige Funktion der Küchengeräte wie Kühlschrank, Herdplatten (einzeln nacheinander prüfen), Backofen und Heißwassergeräte überprüft werden, da Fehlfunktionen ansonsten ohnehin immer später durch die Nutzer erkannt werden und der Mangelbeseitigungsaufwand nebst Erläuterungsbedarf dann regelmäßig höher ist (siehe Abb. 1.348).

Leitungstypen

Impu-Leitungen (Im-Putz-Leitungen) Typ NYIF dürfen nicht in Nassräumen und nicht für Außenanlagen verwendet werden.

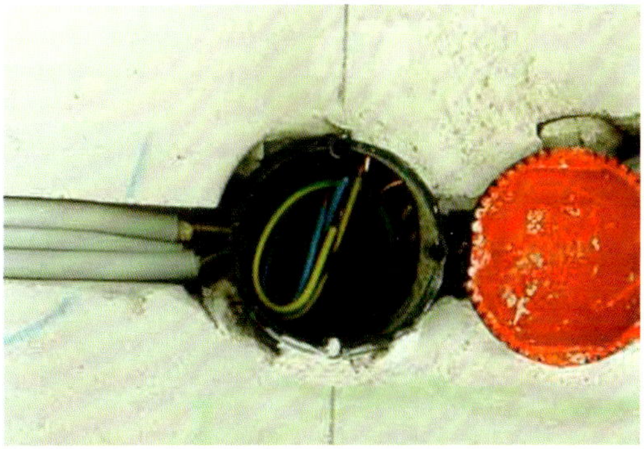

Abb. 1.349: Unzulässig außerhalb der Dose gekürzte Isolierung

Abb. 1.350: Potenzialausgleich mit Deckel im Hausanschlussraum. Ein Fundamenterder ist hier nicht angeschlossen.

UP-Anschlussdosen bei Wandbrennstellen

Nach DIN VDE 0100-559:2006-06 müssen bei Unterputzinstallationen die entsprechenden Zuleitungen für Wandleuchten in Wanddosen enden.

Verteilerdosen

Abdeckungen von Verteilerdosen müssen verschraubt sein. Sie dürfen nicht verklebt oder verklemmt sein (DIN VDE 0100-520).

Kabelzuführungen in Unterputzdosen und Geräte

Die Isolierung muss bis in die Geräte und Unterputzdosen hineingeführt werden. Sie darf vor dem Eintritt in die Geräte nicht fehlen (siehe Abb. 1.349).

Hausanschlusseinrichtung und Potenzialausgleich

In DIN 18012 wird zwischen Hausanschlussräumen, Hausanschlusswänden und Hausanschlussnischen unterschieden. Im Bereich der Hausanschlusseinrichtung muss die Anschlussfahne des Fundamenterders angeschlossen sein und die Potenzialausgleichsschiene muss installiert sein (siehe Abb. 1.350).

Gemäß DIN 18012:2018-04 „Anschlusseinrichtungen für Gebäude – Allgemeine Planungsgrundlagen" gilt:

„*5 Allgemeine Anforderungen (…)*

5.5 Netzanschluss-/Hausanschlusseinrichtungen in Gebäuden (…)

5.5.1 Allgemeines

Die Anschlusseinrichtungen (Übergabestellen) innerhalb von Gebäuden sind unterzubringen:

– in Hausanschlussräumen (siehe 5.5.2)

Sie sind erforderlich in Gebäuden mit mehr als fünf Nutzungseinheiten. Die Anforderungen an Hausanschlussräume können auch schon in Gebäuden mit bis zu fünf Nutzungseinheiten sinngemäß angewendet werden.

– auf Hausanschlusswänden (siehe 5.5.3)

Sie sind geeignet für Gebäude mit bis zu fünf Nutzungseinheiten.

– in Hausanschlussnischen (siehe 5.5.4)

Sie sind ausschließlich geeignet für nicht unterkellerte Einfamilienhäuser. (…)

In dem Hausanschlussraum, an der Hausanschlusswand und in der Hausanschlussnische ist ein Anschlussteil des Fundamenterders nach DIN 18014 und die Haupterdungsschiene für den Schutzpotenzialausgleich anzuordnen. (…)

Die Anschlusskabel und -leitungen sind gegen mechanische Beschädigungen zu schützen. Zulässige Systeme und Wandabstände sind beim zuständigen Netzbetreiber oder Versorger, insbesondere für das Gasdruckregelgerät, zu erfragen. Die Größe des Hausanschlussraumes bzw. die Anordnung der Hausanschlusswand und der Hausanschlussnische sind so zu planen, dass vor der mit 0,30 m Tiefe anzunehmenden Zone für die Anschlusseinrichtungen ein Arbeits- und Bedienbereich vorhanden und freizuhalten ist. Dieser hat eine Tiefe von mindestens 1,20 m, eine Breite, die die Anschluss- und Betriebseinrichtungen seitlich mindestens um 0,30 cm überragt, und eine Durchgangshöhe von 2,00 m. Ein Ausführungsbeispiel zeigt Bild A.9.

Wände, an denen Anschluss- und Betriebseinrichtungen befestigt werden, müssen den zu erwartenden mechanischen Belastungen entsprechend ausgebildet sein und eine ebene Oberfläche aufweisen. Die Wanddicke muss mindestens 60 mm betragen.

Der Hausanschlussraum bzw. der Raum mit der Hausanschlusswand ist mit einer schaltbaren, fest installierten Beleuchtung und mit mindestens einer Schutzkontaktsteckdose auszustatten. Darüber hinaus sind ausreichend Anschlussmöglichkeiten für die Stromversorgung von Betriebseinrichtungen zu schaffen."

Die Anschlussschienen müssen zugänglich sein. Die Verbindungen müssen fest sitzen (siehe Abb. 1.351).

Die aufgelegten Anschlussleitungen müssen im Deckel gekennzeichnet sein (VDE 0100-540) (siehe Abb. 1.352 und 1.353).

Funktionserhaltungskabel (FEK) müssen mit Metallklemmen gesichert werden; Kunststoffklemmen sind unzulässig (siehe Abb. 1.354 bis 1.356).

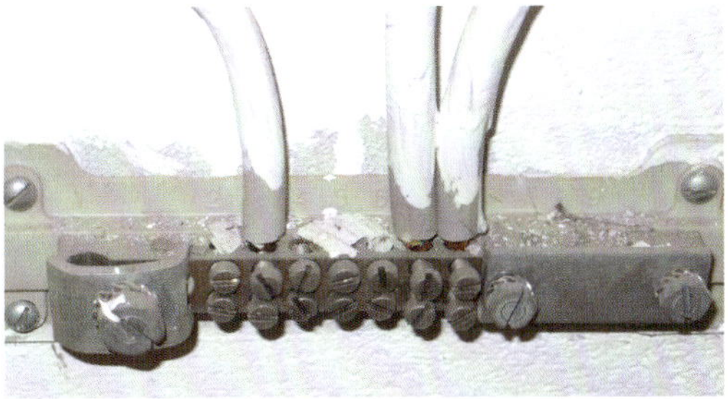

Abb. 1.351: An der Potenzialausgleichschiene im Hausanschlussraum ist kein Fundamenterder angeschlossen. Der feste Sitz der Anschlussleitungen muss geprüft werden.

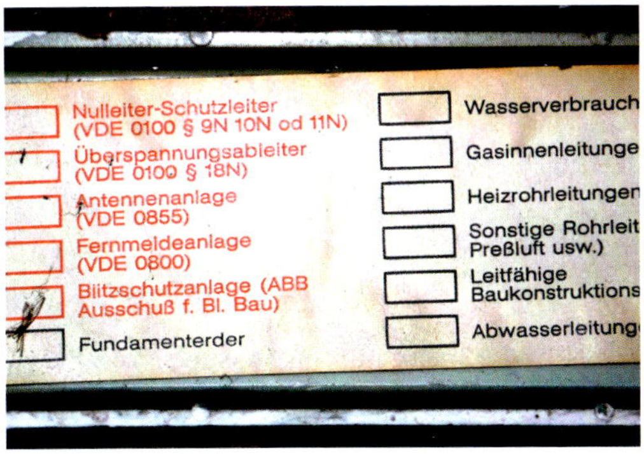

Abb. 1.352: Die aufgelegten Anschlussleitungen sind im Deckel nicht gekennzeichnet.

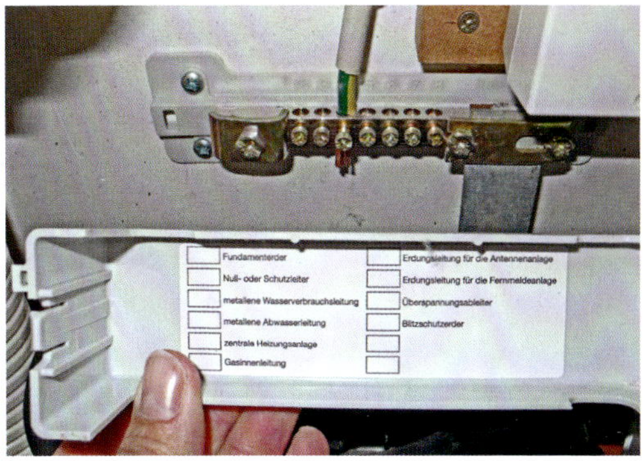

Abb. 1.353: Hausanschlussraum. Ein Fundamenterder ist an die Potenzialausgleichschiene angeschlossen. Die aufgelegten Anschlussleitungen sind im Deckel nicht gekennzeichnet.

Abb. 1.354 bis 1.356: Funktionserhaltungskabel (FEK) dürfen nicht mit Kunststoffklemmen gesichert werden. Hier sind nur Metallklemmen zulässig.

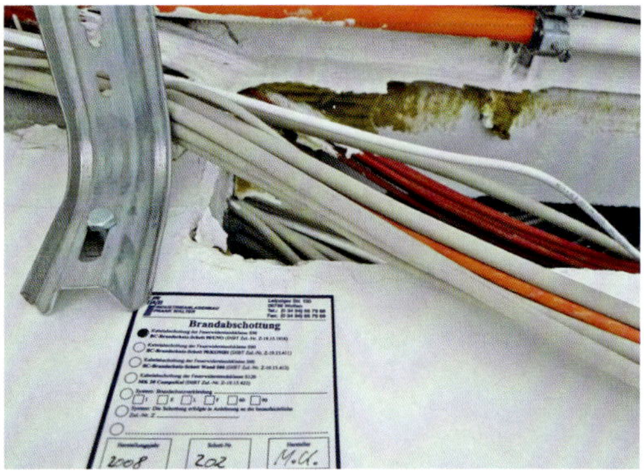

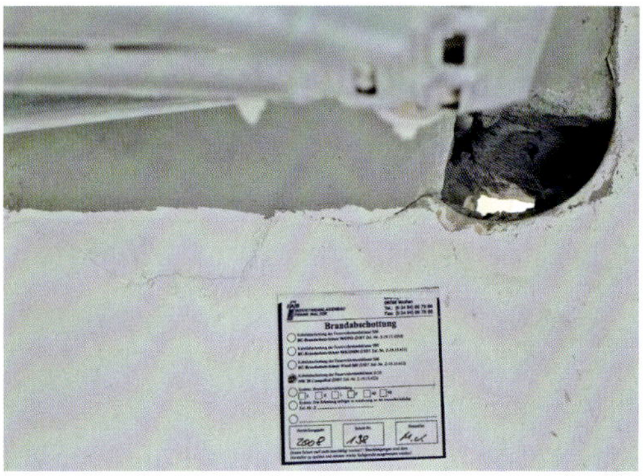

Abb. 1.357 bis 1.359: Für die nachträglich durchgeführten Installationsarbeiten wurden die bereits fertiggestellten Brandabschottungen wieder geöffnet, ohne dabei die Brandschutzplaketten zu entfernen.

Brandabschottungen

Die Leitungsführung im Bereich von Brandabschnittsquerungen muss geprüft werden nach den Vorschriften der DIN-VDE-Reihe. Geprüft werden muss bei der Abnahme, ob die Brandschutzleistungen durch ein zertifiziertes Unternehmen ausgeführt wurden. Die Zertifizierung sollte vom ausführenden Unternehmen vorgelegt werden.

Häufige Beanstandungen sind:

- fehlender Brandschutz im Bereich von Brandwanddurchdringungen,
- fehlende Kennzeichnung der durchgeführten Brandschutzmaßnahmen,
- Zerstörung der Brandschotts durch nachträgliche Installationen (siehe Abb. 1.357 bis 1.359).

Abb. 1.360: Offene Kabeldurchführung in einer Außenwand

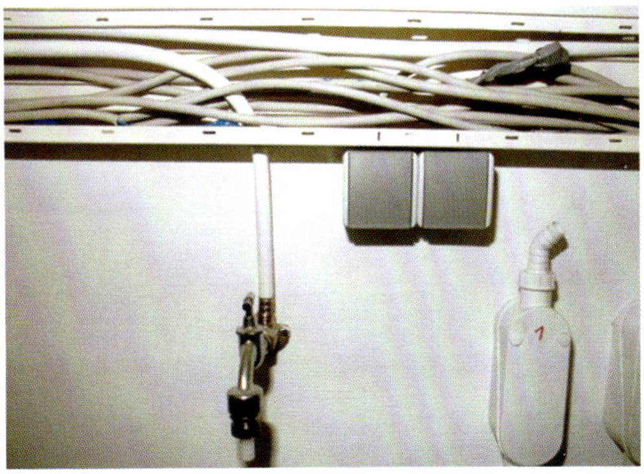

Abb. 1.361: Unzulässige Verlegung einer Trinkwasserleitung innerhalb des Elektrokabelkanals

Abb. 1.362: Polyurethan-Ortschaum ist als Schlagregenschutz für den Durchdringungspunkt in der Außenwand ungeeignet.

Installationsbohrungen

Installationsbohrungen in bewitterten Außenwandflächen müssen schlagregensicher verschlossen werden (siehe Abb. 1.360 und 1.362).

Installationsführung

Die Kabelführung muss so erfolgen, dass ein Kontakt mit Wasser führenden Leitungen vermieden wird (siehe Abb. 1.361).

Abb. 1.363: Kennzeichnung einer Außenleuchte mit der Markierung IP 65

1.11.2 Beleuchtung von Zugangswegen

Die Beleuchtung in allgemein zugänglichen Bereichen, wie z. B. in Treppenhäusern, darf sich nicht schlagartig abschalten; der Nutzer muss sich auf die bevorstehende Dunkelheit einstellen können.

Gemäß DIN 18015-2:2021-10 „Elektrische Anlagen in Wohngebäuden – Teil 2: Art und Umfang der Mindestausstattung" gilt:

„4 Starkstromanlagen und Gebäudesystemtechnik (...)

4.2 Ausstattung von ‚allgemeinen Räumen' und Außenbereichen

In Treppenräumen, Treppenvorräumen, Fluren, Laubengängen, Aufzugsvorräumen sowie Keller- und Dachbodengängen kann das Schalten der Beleuchtung

- von Hand,
- über Bewegungsmelder oder
- vergleichbare automatische Schalteinrichtungen

erfolgen. Sofern das Schalten von Hand erfolgt, müssen Schalter und Taster mit eingebautem Leuchtmittel verwendet werden.

Bei Beleuchtung mit einstellbarer Abschaltautomatik ist zur Vermeidung plötzlicher Dunkelheit die Abschaltautomatik mit einer Warnfunktion, z. B. Abdimmen, auszustatten.

Bei Keller- und Dachbodengängen ist je 6 m Ganglänge ein Beleuchtungsanschluss vorzusehen. (...)

Außenbereiche, wie z. B. Zugangswege zu Gebäude, Garage und Müllsammelstellen sowie Gebäudeeingangstüren einschließlich der Klingeltaster, sind ausreichend zu beleuchten. Sofern bei Dunkelheit die Beleuchtung nicht ständig sichergestellt ist, sind Einrichtungen wie Dämmerungsschalter, Bewegungsmelder oder vergleichbare automatische Schalteinrichtungen vorzusehen."

1.11.3 IP-Schutzarten

Die codierten IP-Schutzarten (IP = International Protection) geben den zulässigen Verwendungszweck für Gehäuse innerhalb von elektrischen Anlagen an. Sie müssen auf den Bauteilen sichtbar markiert sein (siehe Abb. 1.363).

Beispiel

IP-Code:

IP 3 2 A W

- W: ergänzender Buchstabe H, M, S, W (fakultativ)
- A: zusätzlicher Buchstabe A, B, C, D (fakultativ)
- 2: zweite Kennziffer (von 0 bis 8 reichend oder Buchstabe X) – Wasserschutz –
- 3: erste Kennziffer (von 0 bis 6 reichend oder Buchstabe X) – Berührungs- und Fremdkörperschutz –
- IP: IP-Buchstaben (International Protection)

Die Bedeutung der Kennziffern kann Tabelle 1.68 entnommen werden. Die erste Kennziffer stellt die Anforderungen an den Schutz des Gehäuses dar, und zwar in welcher Weise Personen Schutz gegen den Zugang zu gefährlichen Teilen geboten wird. Der Schutz muss sicherstellen, dass weder Teile des menschlichen Körpers direkt noch mit einem Gegenstand indirekt Zugang zu gefährlichen Stellen des jeweiligen elektrischen Betriebsmittels erhalten.

Gleichzeitig gibt die erste Ziffer den Grad der Anforderung wieder, inwieweit das Gehäuse dem Betriebsmittel Schutz gegen das Eindringen von festen Fremdkörpern gewährt. Zusammenfassend bezeichnet die erste Kennziffer den Schutzgrad gegen den Zugang zu gefährlichen Teilen und gegen feste Fremdkörper.

Die zweite Kennziffer bezeichnet den Schutzgrad gegen Wasser (vgl. Tabelle 1.68). Schädliche Einwirkungen durch das Eindringen von Wasser sollen verhindert werden.

Die Kennziffern können nach DIN VDE 0470-1 „Schutzarten durch Gehäuse (IP-Code)“ (Ausgabe 2000) noch durch die Verwendung weiterer Buchstaben ergänzt werden.

Der zusätzliche Buchstabe hat eine Bedeutung für den Schutz von Personen und macht eine Aussage über den Schutz gegen den Zugang zu gefährlichen Teilen:

- Buchstabe A: Handrücken,
- Buchstabe B: Finger,
- Buchstabe C: Werkzeug,
- Buchstabe D: Draht.

Der ergänzende Buchstabe hat eine Bedeutung für den Schutz des Betriebsmittels und gibt ergänzende Informationen:

- Buchstabe H: Hochspannungsgeräte,
- Buchstabe M: Wasserprüfung während des Betriebes,
- Buchstabe S: Wasserprüfung bei Stillstand,
- Buchstabe W: Wetterbedingungen.

Für die Anwendung des IP-Kurzzeichens weitere Hinweise:

Unterschied der Kennziffer „0“ bzw. „X“:

- 0 bedeutet: Kein besonderer Schutzgrad ist gefordert.
- X bedeutet: Der Schutzgrad ist freigestellt.

Beispiel

IP X 3 bedeutet: Berührungs- und Fremdkörperschutz ist freigestellt
Wasserschutz: geschützt gegen Sprühwasser

IP 5 X bedeutet: Berührungs- und Fremdkörperschutz:
– geschützt gegen den Zugang mit einem Draht
– staubgeschützt
Wasserschutz: ist freigestellt

Staubgeschützt (Kennziffer 5) bedeutet:
Staub darf nur in so begrenztem Umfang eindringen, dass ein zufriedenstellender Betrieb des Gerätes gewährleistet ist und die Sicherheit nicht beeinträchtigt wird.

Wasserschutz:
Bis zur Kennziffer 6 bedeutet, dass auch die Anforderungen für alle niedrigen Kennziffern erfüllt sind, z. B. IP X 6 erfüllt gleichzeitig IP X 1/IP X 2/IP X 3/IP X 4/IP X 5.

Dies gilt aber nicht bei IP X 7 oder IP X 8, d. h., IP X 8 erfüllt nicht gleichzeitig die Forderung nach IP X 4 oder IP X 6. Soll beides bei dem jeweiligen Gerät erreicht werden, so müssen auch beide Bezeichnungen verwendet werden, also eine Doppelkennzeichnung: z. B. IP X 6/IP X 8.

Zusätzliche und/oder ergänzende Buchstaben dürfen ersatzlos entfallen.

Werden mehrere zusätzliche bzw. ergänzende Buchstaben verwendet, so gilt die alphabetische Reihenfolge.

Die genannten Schutzarten gelten für Betriebsmittel und auch für elektrische Anlagen.

Tabelle 1.68: IP-Code

Kennziffer (Schutzgrad)	erste Ziffer		zweite Ziffer
	Berührungsschutz	**Fremdkörperschutz**	**Wasserschutz**
0	kein besonderer Schutz	kein besonderer Schutz	kein besonderer Schutz
1	geschützt gegen den Zugang zu gefährlichen Teilen mit dem Handrücken	geschützt gegen feste Fremdkörper 50 mm Durchmesser und größer	geschützt gegen Tropfwasser
2	geschützt gegen den Zugang zu gefährlichen Teilen mit einem Finger	geschützt gegen feste Fremdkörper 12,5 mm Durchmesser und größer	geschützt gegen Tropfwasser, wenn das Gehäuse bis zu 15° geneigt ist
3	geschützt gegen den Zugang zu gefährlichen Teilen mit einem Werkzeug	geschützt gegen feste Fremdkörper 2,5 mm Durchmesser und größer	geschützt gegen Sprühwasser
4	geschützt gegen den Zugang zu gefährlichen Teilen mit einem Draht	geschützt gegen feste Fremdkörper 1,0 mm Durchmesser und größer	geschützt gegen Spritzwasser
5	geschützt gegen den Zugang zu gefährlichen Teilen mit einem Draht	staubgeschützt	geschützt gegen Strahlwasser
6	geschützt gegen den Zugang zu gefährlichen Teilen mit einem Draht	staubgeschützt	geschützt gegen starkes Strahlwasser
7			geschützt gegen die Wirkungen beim zeitweiligen Untertauchen in Wasser
8			geschützt gegen die Wirkungen beim dauernden Untertauchen in Wasser

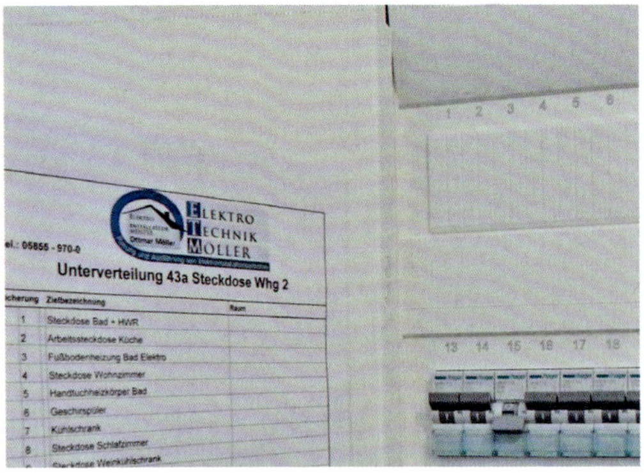

Abb. 1.364: Die Beschriftung in der Unterverteilung deckt sich nicht mit der Belegung.

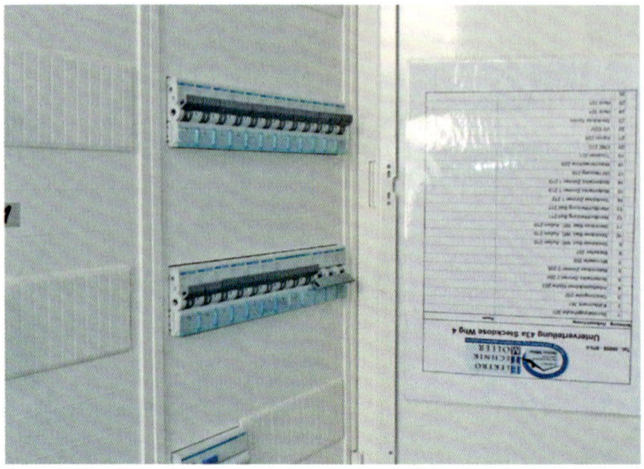

Abb. 1.365: Eine Woche später zur Abnahmenachbegehung: Die Beschriftung in der Unterverteilung deckt sich mit der Belegung, die Tafel ist jedoch jetzt „über Kopf" in die Schranktür eingeklebt.

1.11.4 Stromkreisverteiler

Bei der Abnahme sollte geprüft werden, ob eine nachvollziehbare Beschriftung für die einzelnen Sicherungsautomaten vorhanden ist, die sich mit der tatsächlichen Belegung in der Unterverteilung decken muss (siehe Abb. 1.364 und 1.365).

1.11.5 Fehlerstromschutzschalter (FI-Schutzschalter)

Zur Vermeidung von gesundheitsgefährdenden Stromschlägen müssen elektrische Verteilungen in Gebäuden mit Schutzmaßnahmen gegen gefährliche Körperströme ausgerüstet sein. Es gibt folgende Stufen:

- Schutz gegen direktes Berühren,
- Schutz bei indirektem Berühren,
- Schutz bei direktem Berühren.

Der FI-Schutzschalter (siehe Abb. 1.366) erkennt, wenn eine Situation eintritt, bei der eine Differenz zwischen zu- und abfließenden Strömen besteht. Dies kann z. B. bei der körperlichen Berührung von spannungsführenden Teilen oder bei unterbrochenem Schutzleiter und defekten Geräten der Fall sein. Der Fehlerstrom fließt dann durch den menschlichen Körper zur Erde. Die hieraus entstehende Gesundheitsgefahr ist einerseits abhängig von der Stromstärke und der Zeitdauer, andererseits von dem menschlichen Körperwiderstand und dem Übergangswiderstand. Da in Nass- und Feuchtbereichen mit einer feuchtigkeitsbedingt hohen Leitfähigkeit gerechnet werden muss, ist der Übergangswiderstand gering und das Gefährdungspotenzial besonders hoch. Beim Auftreten eines solchen Fehlerstroms oberhalb von 30 mA unterbricht der FI-Schutzschalter den Stromkreis nach 0,2 Sekunden, bevor beim Menschen das sog. Herzkammerflimmern einsetzt. Stromkreise müssen über einen FI-Schutzschalter abgesichert sein.

Gemäß DIN 18015-1:2020-05 „Elektrische Anlagen in Wohngebäuden – Teil 1: Planungsgrundlagen" gilt:

„5 Starkstromanlagen (…)

5.2 Hausinstallation (…)

5.2.5 Wohnungsanlagen

Abb. 1.366: FI-Schutzschalter mit oberer Prüftaste in einer modernen Hausverteileranlage

Innerhalb jeder Wohnung ist in der Nähe des Belastungsschwerpunktes, in der Regel im Flur, ein Stromkreisverteiler als Installationskleinverteiler nach DIN EN 60670-24 (VDE 0606-24) und DIN 43871 für die erforderlichen Schutz- und Schalteinrichtungen sowie gegebenenfalls weitere Betriebsmittel vorzusehen.

ANMERKUNG 1: In Einfamilienhäusern kann dieser Stromkreisverteiler auch als Verteilerfeld in gemeinsamer Umhüllung mit Zählerplätzen nach DIN VDE 0603-1 (VDE 0603-1) angeordnet werden.

Die notwendige Größe von Stromkreisverteilern ergibt sich aus

- *der Größe der Wohnung,*
- *dem Ausstattungsumfang,*
- *der Anzahl der Stromkreise,*
- *den gewünschten Schutz-, Schalt- und Überwachungs- und Regelungsfunktionen, und*
- *weiteren Installationskomponenten.*

Reserveplätze für zukünftige Anlagenänderungen und -erweiterungen sind vorzusehen. Als Platzreserve werden 20 % empfohlen.

Stromkreisverteiler sind nach DIN 18015-2 in Mehrraumwohnungen mindestens 4-reihig, bei Einraumwohnungen mindestens 3-reihig auszuführen.

Bei Wohnungen, die sich über mehrere Etagen erstrecken, sind mindestens zwei Stromkreisverteiler vorzusehen. In diesem Fall kann die Größe des/der zusätzlichen Stromkreisverteiler(s) nutzungsgerecht angepasst werden, wobei für diese(n) zusätzlichen Stromkreisverteiler die Mindestgröße von zwei Reihen nicht unterschritten werden darf. (…)

Der Schutz der Leitungen ist so zu planen, dass die Selektivität zu vor- und nachgeschalteten Überstrom-Schutzeinrichtungen berücksichtigt ist.

Für Steckdosen bis 32 A und für Beleuchtungsstromkreise sind nach DIN VDE 0100-410 (VDE 0100-410):2018-10 Fehlerstrom-Schutzeinrichtungen (RCD) mit einem Bemessungsfehlerstrom von max. 30 mA für den zusätzlichen Schutz gegen elektrischen Schlag vorzusehen. (…)

Für Bereiche mit Badewanne oder Dusche sind besondere Anforderungen nach DIN VDE 0100-701 (VDE 0100-701) und für Becken von Schwimmbädern und andere Becken nach DIN VDE 0100-702 (VDE 0100-702) einzuhalten. Die diesbezüglichen Bestimmungen betreffen insbesondere

Abb. 1.367: Steckdosen nicht waagerecht und in einer gemeinsamen Flucht ausgerichtet

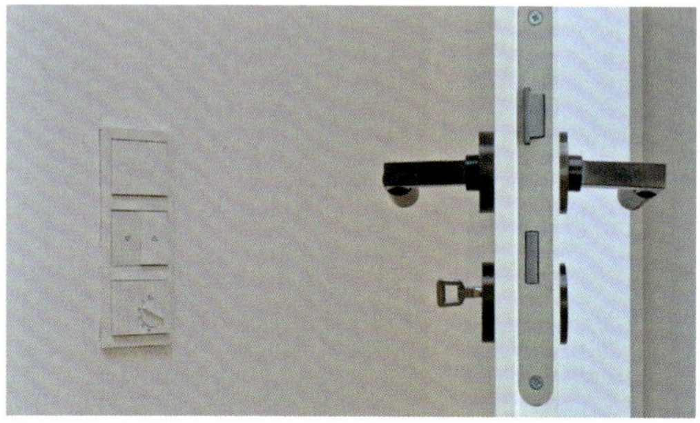

Abb. 1.368 und 1.369: Der Lichtschalter für die Raumbeleuchtung befindet sich hinter der aufschlagenden Zimmertür.

- *die Abgrenzung von Schutzbereichen,*
- *die Einschränkung bzw. das Verbot von Leitungsführungen,*
- *die Einschränkung bzw. das Verbot zur Anbringung von Steckdosen, Schaltern, Leuchten und anderen Betriebsmitteln,*
- *die erforderliche Überdeckung der in der Wand installierten Leitungen und*
- *den zusätzlichen Schutz von Stromkreisen durch Fehlerstrom-Schutzschalter."*

1.11.6 Optische Beanstandungen

Häufige optische Beanstandungen bei der Abnahme sind Steckdosen und Schalter, die nicht lot- oder waagerecht ausgerichtet sind (siehe Abb. 1.367). Hier greifen die Toleranzen der DIN 18202 nicht. Benachbarte Steckdosen müssen linear fluchten und waagerecht ausgerichtet sein.

Anordnung von Schaltern

Lichtschalter werden gemäß DIN 18015-3:2016-09 „Elektrische Anlagen in Wohngebäuden – Teil 3: Leitungsführung und Anordnung der Betriebsmittel" an der Wand in der senkrechten Installationszone neben der in den Raum aufschlagenden Zimmertür angeordnet und nicht hinter dem Türblatt (siehe Abb. 1.368 und 1.369):

„5 Anordnung der Betriebsmittel (...)

5.3 Anschlüsse, Schalter, Steckdosen und Sondergeräte

Schalter sind vorzugsweise neben den Türen in senkrechten Installationszonen so anzuordnen, dass die Mitte des Schalters nicht mehr als 105 cm über dem Fußboden liegt."

1.11.7 Installationszonen

Die Einhaltung der Installationszonen ist anhand der Festlegungen gemäß DIN 18015-3:2016-09 „Elektrische Anlagen in Wohngebäuden – Teil 3: Leitungsführung und Anordnung der Betriebsmittel" in Form einer Teilabnahme gemäß § 4 Nr. 10 VOB/B zu prüfen.

Gemäß DIN 18015-3:2016-09 „Elektrische Anlagen in Wohngebäuden – Teil 3: Leitungsführung und Anordnung der Betriebsmittel" gilt:

„*1 Anwendungsbereich*

Diese Norm gilt für die Installation von unsichtbar angeordneten elektrischen Leitungen[1)] *sowie Anschlüsse, Schalter und Steckdosen elektrischer Anlagen, die nach der Normenreihe DIN 18015 geplant und errichtet werden. Sie gilt auch für Wohngebäude mit teilgewerblicher Nutzung.*

Diese Norm hat den Zweck, die Anordnung von unsichtbar angeordneten elektrischen Leitungen auf bestimmte festgelegte Zonen zu beschränken, um bei der Installation anderer Leitungen, z. B. für Gas, Wasser oder Heizung, oder bei sonstigen nachträglichen Arbeiten an den Wänden und den Decken bzw. Fußböden die Gefahr einer Beschädigung der elektrischen Leitungen zu minimieren.

In DIN 18040-2 sind von dieser Norm abweichende Festlegungen getroffen, die gegebenenfalls zu berücksichtigen sind.

Diese Norm gilt auch für das Sanieren, Renovieren und Modernisieren bestehender elektrischer Systeme des Gebäudes.

4 Leitungsführung (…)

4.2 Leitungsführung in Wänden innerhalb von Gebäuden (…)

4.2.2 Waagerechte Installationszonen (ZW) [siehe Abb. 1.370]

Die waagerechten Installationszonen haben eine Breite von 30 cm.

ZW-o Obere waagerechte Installationszone: von 15 cm bis 45 cm unter der Deckenbekleidung

ZW-u Untere waagerechte Installationszone: von 15 cm bis 45 cm über dem Fußboden

ZW-m Mittlere waagerechte Installationszone: von 100 cm bis 130 cm über dem Fußboden

Die mittlere waagerechte Installationszone (ZW-m) [siehe Abb. 1.371] *wird nur für Räume festgelegt, in denen Arbeitsflächen vor den Wänden vorgesehen sind, z. B. Küchen, Kochnischen, Hausarbeitsräumen.*

4.2.3 Senkrechte Installationszonen (ZS) [siehe Abb. 1.370]

Die senkrechten Installationszonen haben eine Breite von 20 cm.

ZS-t Senkrechte Installationszonen an Türen: von 10 cm bis 30 cm neben den Rohbaukanten

ZS-f Senkrechte Installationszonen an Fenstern: von 10 cm bis 30 cm neben den Rohbaukanten

ZS-e Senkrechte Installationszonen an Wandecken: von 10 cm bis 30 cm neben den Rohbauecken

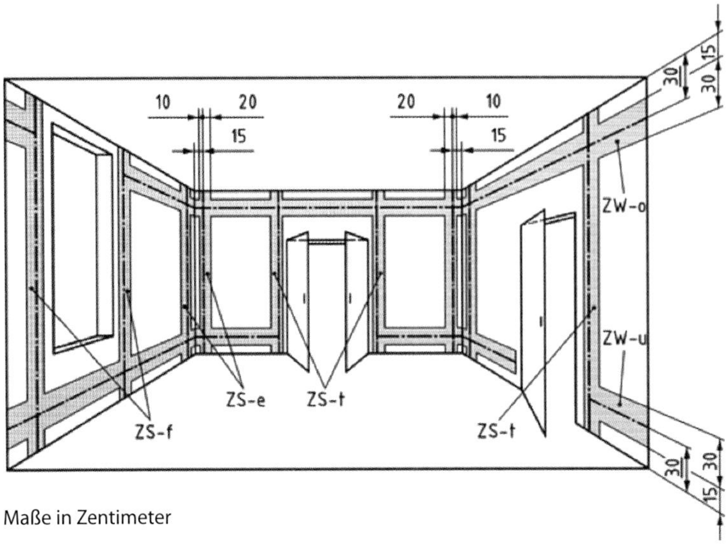

Maße in Zentimeter

Legende

ZS-t senkrechte Installationszonen an Türen: von 10 bis 30 cm neben den Rohbaukanten
ZS-f senkrechte Installationszonen an Fenstern: von 10 bis 30 cm neben den Rohbaukanten
ZS-e senkrechte Installationszonen an Wandecken: von 10 bis 30 cm neben den Rohbauecken
ZW-u untere waagerechte Installationszone: von 15 bis 45 cm über dem Fußboden
ZW-o obere waagerechte Installationszone: von 15 cm bis 45 cm unter der Deckenbekleidung

Abb. 1.370: Senkrechte sowie obere und untere waagerechte Installationszonen (Quelle: DIN 18015-3:2016-09, Bild 1)

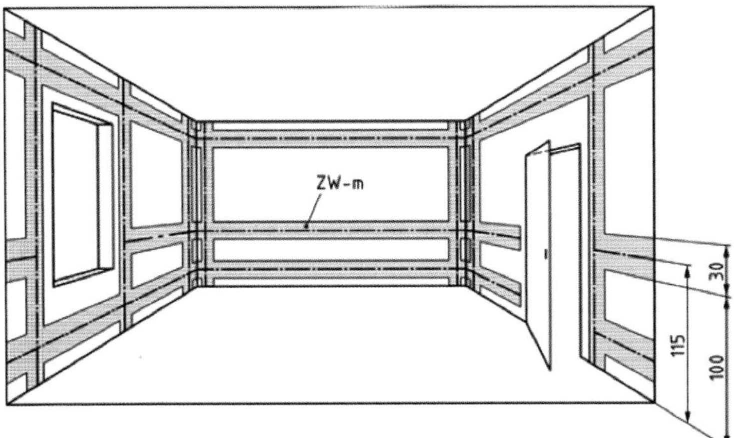

Maße in Zentimeter

Legende

ZW-m mittlere waagerechte Installationszone: von 100 bis 130 cm über dem Fußboden

Abb. 1.371: Mittlere waagerechte Installationszonen (Quelle: DIN 18015-3:2016-09, Bild 2)

Abb. 1.372: Die Steckdose befindet sich außerhalb der waagerechten unteren Installationszone und kollidiert mit der Fußleiste.

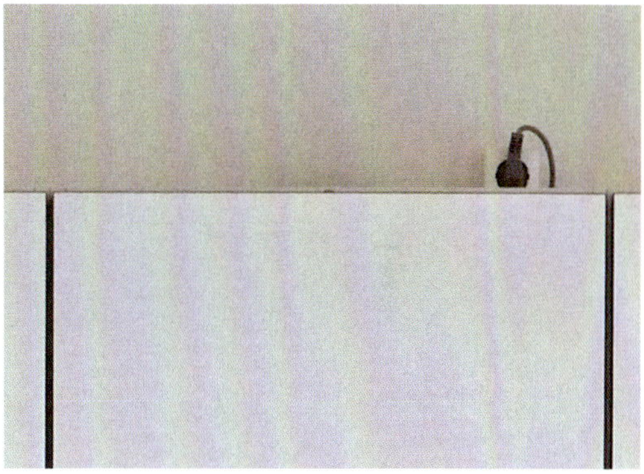

Abb. 1.373 und 1.374: Der schwarze Schutzkontaktstecker oberhalb einer weißen Küchenzeile hebt sich optisch auffällig ab. Ein weißer Stecker wäre hier unauffällig gewesen.

Die senkrechten Installationszonen reichen jeweils von der Unterkante der oberen Decke bis zur Oberkante der unteren Decke.

Für Fenster, zweiflügelige Türen und Wandecken werden die senkrechten Installationszonen beidseitig, für einflügelige Türen jedoch nur an der Schlossseite festgelegt.

ANMERKUNG: Bei Räumen mit schrägen Wänden, z. B. in ausgebauten Dachgeschossen, verlaufen die von oben nach unten führenden Installationszonen parallel zu den Bezugskanten. Sie gelten als senkrechte Installationszonen nach 4.2.3, auch wenn sie nicht in jeder Betrachtungsebene senkrecht verlaufen.“

Hält sich das Gewerk Elektroarbeiten nicht an die normativ vorgegebenen Installationszonen, kann es zu Kollisionen mit den Leistungen der übrigen Gewerke führen, in Abb. 1.372 mit den Fußleisten des Bodenlegers.

Farblich abweichende Gerätestecker

Beanstandet werden auch Schutzkontaktstecker in optisch auffälliger schwarzer Farbe bei weißem Hintergrund (siehe Abb. 1.373 und 1.374). Ob eine Beanstandung zulässig ist, hängt von den Vorgaben der Leistungsbeschreibung ab.

Abb. 1.375: Die sichtbaren Außenwände der Fahrkabine lassen sich von keiner Haltestelle aus reinigen. Die Scheibenelemente sind nicht zu öffnen.

1.12 Aufzugsanlagen (VOB/C ATV DIN 18385)

Für Personenaufzüge gelten die „TRA – Technischen Regeln für Aufzüge“ (2015). Folgende Kriterien sind bei der Funktionsprüfung besonders im Hinblick auf angrenzende Wohn- und Arbeitsräume zu beachten:

Maschinengeräusche in neben dem Schacht liegenden schutzbedürftigen Räumen

Die VDI 4100 mit den dort aufgeführten Schallschutzstufen I, II und III oder die DIN 4109-1:2016-07 „Schallschutz im Hochbau – Teil 1: Mindestanforderungen“ können als Regelwerke Anhaltspunkte für die objektspezifischen Anforderungen an den Schallschutz liefern (BGH, Urteil vom 04.06.2009 – VII ZR 54/07, siehe Kapitel 1.10).

Aufhangösen für Schutzmatten

Sofern für Mieterumzüge usw. Schutzmatten aufgehängt werden sollen, müssen entsprechende Lastösen vorgerüstet sein.

Reinigungsmöglichkeiten der Kabine

Zugänglichkeit zu vollverglasten Schächten und/oder Aufzugskabinen zu Reinigungszwecken (Revisionstüren) muss gewährleistet sein (siehe Abb. 1.375).

Fahrgeräusche

Geprüft wird während der Fahrt innerhalb der Kabine, ob im Betrieb Schleifgeräusche an den Schienensystemen entstehen. In den Wohnungen wird durch Hörprobe geprüft, ob Anfahr- oder Türengeräusche hörbar sind. Bei begründetem Verdacht muss eine Schallmessung durchgeführt werden.

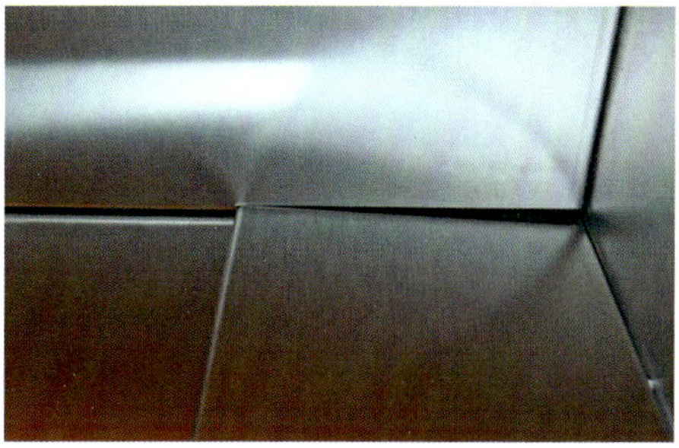

Abb. 1.376: Übergang Schachttürzarge: Das Sturzblech ist nicht passgenau eingefügt.

Abb. 1.377 und 1.378: Verletzungsgefahr im Berührungsbereich durch scharfe Metallkante

Notrufeinrichtung in der Kabine

Die Funktion der Notrufeinrichtung in der Kabine muss geprüft werden. Hierfür ist vorab zu klären, wer den erforderlichen Telefonanschluss beantragt.

Verunreinigungen und Verkratzungen der Bauteile

Insbesondere wenn der Aufzug bereits während der Bauphase benutzt wurde, ist eine gründliche Sichtprüfung der nachfolgenden Oberflächen erforderlich, vor allem z. B. zur Feststellung von Verunreinigungen, Dellen und Kratzern auf Edelstahloberflächen wie:

- Kabinenwänden,
- Kabinendecken,
- Kabinenboden,
- Kabinenspiegel,
- Kabinenbedientableau,
- Kabinentüren,
- Schachttüren,
- Aufzugsportal.

Passgenauigkeit der Bauteile

Die Passgenauigkeit der Bauteile untereinander muss bei der Abnahme geprüft werden. Scharfkantige Bauteile dürfen wegen der Verletzungsgefahr im Berührungsbereich nicht vorhanden sein (siehe Abb. 1.376 bis 1.378).

Abb. 1.379: Die Belegung der Bedientasten ist nicht auf Anhieb nachzuvollziehen.

Abb. 1.380: Für die Besucher eines Einkaufszentrums nicht sofort verständliche Beschilderung der Verkehrsführung

Belegung der Bedientasten

Die Belegung der Bedientasten des Aufzugs sollte durch den Planer in einem direkt nachvollziehbaren Schema vorgegeben werden (siehe Abb. 1.379).

1.13 Beschilderung

Sowohl die Fluchtwegbeschilderung als auch die Beschilderung der Verkehrswege und der Orientierungs- und Leitsysteme müssen bei der Abnahme auf Vollständigkeit, Funktionsfähigkeit und Nachvollziehbarkeit (siehe Abb. 1.380) geprüft werden.

Die Anforderungen ergeben sich aus den „Technischen Regeln für Arbeitsstätten ASR A 1.3 Sicherheits- und Gesundheitskennzeichnung" (2013):

„6 *Gestaltung von Flucht- und Rettungsplänen*

(1) Flucht- und Rettungspläne (Beispiel siehe Anhang 3) müssen eindeutige Anweisungen zum Verhalten im Gefahr- oder Katastrophenfall enthalten sowie den Weg an einen sicheren Ort darstellen. Flucht- und Rettungspläne müssen aktuell, übersichtlich, ausreichend groß und mit Sicherheitszeichen nach Anhang 1 gestaltet sein.

(2) Aus dem Plan muss ersichtlich sein, welche Fluchtwege von einem Arbeitsplatz oder dem jeweiligen Standort aus zu nehmen sind, um in einen sicheren Bereich oder ins Freie zu gelangen. In diesem Zusammenhang sind Sammelstellen zu kennzeichnen. Außerdem sind Kennzeichnungen für Standorte von Erste-Hilfe- und Brandschutzeinrichtungen in den Flucht- und Rettungsplan aufzunehmen. Zur sicheren Orientierung ist der Standort des Betrachters im Flucht- und Rettungsplan zu kennzeichnen."

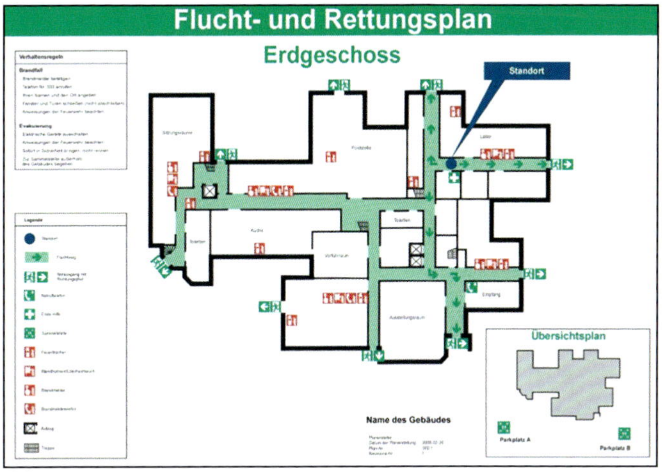

Abb. 1.381: Beispiel eines Flucht- und Rettungsplans mit Richtungspfeilern, gesamtes Geschoss (Quelle: DIN ISO 23601:2010-12, Bild A.2)

DIN ISO 23601:2010-12 „Sicherheitskennzeichnung Flucht- und Rettungspläne" legt als internationale Norm Gestaltungsgrundlagen für Flucht- und Rettungspläne fest (siehe Abb. 1.381):

„Anhang A (informativ) Beispiele für Flucht- und Rettungspläne

Die Bilder A.1 bis A.4 zeigen Gestaltungsbeispiele für Flucht- und Rettungspläne. Diese Beispiele dienen lediglich der Illustration. Sie sind nicht maßstabsgerecht gezeichnet."

1.14 Brandschutz

Bei der Abnahme muss geprüft werden, ob die Belange des Brandschutzes eingehalten worden sind. Die Festlegungen der erforderlichen Brandschutzklassen erfolgen in der jeweiligen Landesbauordnung, z. B. in der HBauO, wie folgt:

HBauO vom 14.12.2005, zuletzt geändert am 20.02.2020:

„§ 25 Tragende Wände, Stützen

(1) Tragende und aussteifende Wände und Stützen müssen im Brandfall ausreichend lange standsicher sein.

Sie müssen

1. *in Gebäuden der Gebäudeklasse 5 feuerbeständig,*
2. *in Gebäuden der Gebäudeklasse 4 hoch Feuer hemmend,*
3. *in Gebäuden der Gebäudeklassen 2 und 3 Feuer hemmend sein.*

Satz 2 gilt

1. *für Geschosse im Dachraum nur, wenn darüber noch Aufenthaltsräume zulässig sind; § 27 Absatz 4 bleibt unberührt,*
2. *nicht für Balkone.*

(2) Im Kellergeschoss müssen tragende und aussteifende Wände und Stützen

1. *in Gebäuden der Gebäudeklassen 3 bis 5 feuerbeständig,*
2. *in Gebäuden der Gebäudeklassen 1 und 2 Feuer hemmend sein.*

§ 2 Begriffe

(3) 1 Gebäude werden in folgende Gebäudeklassen eingeteilt:

1. *Gebäudeklasse 1:*
   *a) freistehende Gebäude mit einer Höhe bis zu 7,0 m und nicht mehr als zwei Nutzungseinheiten von insgesamt nicht mehr als 400 m², *
   b) freistehende land- oder forstwirtschaftlich genutzte Gebäude,
2. *Gebäudeklasse 2:*
   Gebäude mit einer Höhe bis zu 7,0 m und nicht mehr als zwei Nutzungseinheiten von insgesamt nicht mehr als 400 m²,
3. *Gebäudeklasse 3:*
   sonstige Gebäude mit einer Höhe bis zu 7,0 m,
4. *Gebäudeklasse 4:*
   Gebäude mit einer Höhe bis zu 13,0 m und Nutzungseinheiten mit jeweils nicht mehr als 400 m²,
5. *Gebäudeklasse 5:*
   sonstige Gebäude einschließlich unterirdischer Gebäude.

2 Höhe im Sinne des Satzes 1 ist das Maß der Fußbodenoberkante des höchstgelegenen Geschosses, in dem ein Aufenthaltsraum zulässig ist, über der Geländeoberfläche im Mittel.

3 Geländeoberfläche ist die Höhe, die im Bebauungsplan festgesetzt ist oder die von der Bauaufsichtsbehörde bestimmt wird.

4 Ist die Geländeoberfläche nicht festgesetzt oder bestimmt worden, ist die natürliche Geländeoberfläche maßgeblich.

5 Als Nutzungseinheit gilt jede Wohnung sowie alle anderen für eine selbstständige Nutzung bestimmten Räume.

6 Die Grundflächen der Nutzungseinheiten im Sinne dieses Gesetzes sind die Bruttogrundflächen; bei der Berechnung der Bruttogrundflächen nach Satz 1 bleiben Flächen in Kellergeschossen außer Betracht.

(4) Sonderbauten sind Anlagen und Räume besonderer Art oder Nutzung, die einen der nachfolgenden Tatbestände erfüllen:

1. *Hochhäuser (Gebäude mit einer Höhe nach Absatz 3 Satz 2 von mehr als 22 m),*
2. *bauliche Anlagen mit einer Höhe von mehr als 30 m,*
3. *Gebäude mit mehr als 1 600 m² Grundfläche des Geschosses mit der größten Ausdehnung, ausgenommen Wohngebäude,*
4. *Verkaufsstätten, deren Verkaufsräume und Ladenstraßen eine Grundfläche von insgesamt mehr als 800 m² haben, Nichtamtliche Lesefassung Hamburgische Bauordnung (HBauO)*
   Stand: 11.05.2010
   Seite 13 von 130

Abb. 1.382: Installationsschacht mit F-90-Abkleidung: unzulässige Durchdringung mit HT-Rohr

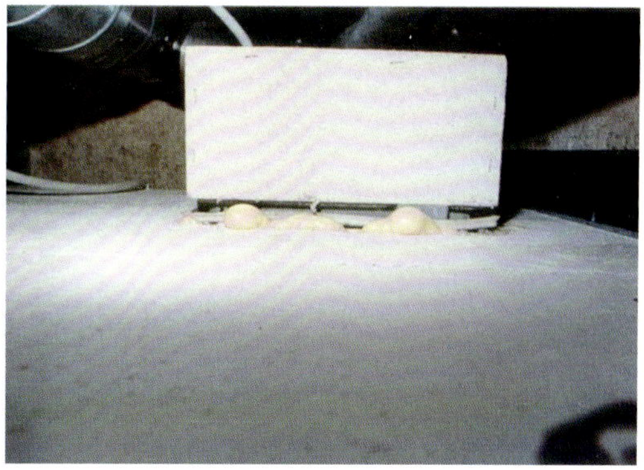

Abb. 1.383: Das Feuerschutzgehäuse des Einzelraumlüfters schließt nicht dicht an den F-90-Installationsschacht an.

5. *Gebäude mit Räumen, die einer Büro- oder Verwaltungsnutzung dienen und einzeln eine Grundfläche von mehr als 400 m² haben,*
6. *Gebäude mit Räumen, die einzeln für die Nutzung durch mehr als 100 Personen bestimmt sind,*
7. *Versammlungsstätten*

   a) mit Versammlungsräumen, die insgesamt mehr als 200 Besucher fassen, wenn diese Versammlungsräume gemeinsame Rettungswege haben,
   b) im Freien mit Szenenflächen und Freisportanlagen, deren Besucherbereich jeweils mehr als 1 000 Besucher fasst und ganz oder teilweise aus baulichen Anlagen besteht,
8. *Schank- und Speisegaststätten mit mehr als 40 Gastplätzen, Beherbergungsstätten mit mehr als zwölf Betten und Spielhallen mit mehr als 150 m² Grundfläche,*
9. *Krankenhäuser, Heime und sonstige Einrichtungen zur Unterbringung oder Pflege von Personen,*

9a. *Wohngebäude für behinderte und alte Menschen,*

10. *Tageseinrichtungen für Kinder, behinderte und alte Menschen,*
11. *Schulen, Hochschulen und ähnliche Einrichtungen,*
12. *Justizvollzugsanstalten und bauliche Anlagen für den Maßregelvollzug,*
13. *Camping- und Wochenendplätze,*
14. *Freizeit- und Vergnügungsparks,*
15. *Fliegende Bauten, soweit sie einer Ausführungsgenehmigung bedürfen,*
16. *Regallager mit einer Oberkante Lagerguthöhe von mehr als 7,5 m,*
17. *bauliche Anlagen, deren Nutzung durch Umgang oder Lagerung von Stoffen mit Explosions- oder erhöhter Brandgefahr verbunden ist,*
18. *Anlagen und Räume, die in den Nummern 1 bis 17 nicht aufgeführt und deren Art oder Nutzung mit vergleichbaren Gefahren verbunden ist.*

(5) Aufenthaltsräume sind Räume, die zum nicht nur vor übergehenden Aufenthalt von Menschen bestimmt oder geeignet sind.“

Bei der Abnahme muss – soweit Brandabschottungen usw. zugänglich sind – deren Funktionstauglichkeit geprüft werden (siehe Abb. 1.382 und 1.383 sowie 1.357 bis 1.359).

2 Messinstrumente und Messverfahren

2.1 Messinstrumente für die Abnahme

Ohne aufwendige Spezialausrüstungen mit einem preiswerten Sortiment an „Bordmitteln“ lassen sich die meisten Überprüfungen vor Ort ausführen.

Laser-Entfernungsmesser

Mit einem optischen Laserhandmessgerät wie z. B. dem Handlasermeter Leica Disto™ D 510 (siehe Abb. 2.1) wird die Distanz zu einem auf einer entfernten Fläche angestrahlten Messpunkt ermittelt. Hierbei kann wahlweise die Vorder- oder Hinterkante des Gerätes als Anschlag dienen, wenn eine entsprechende Voreinstellung vorgenommen wurde. Für größere Distanzen lässt sich über den Monitor ein optisches Zielfernrohr mit einem Fadenkreuz nutzen. Außerdem lassen sich Neigungen messen.

Die Reichweite des verwendeten Handlasermeters Leica Disto™ D 510 liegt bei 0,05 bis 200 m.

Die Distanzmessgenauigkeit beträgt ± 1,0 mm.

Das Gerät erlaubt 360°-Neigungsmessungen bei einer Genauigkeit zum

- Laserstrahl von +0,2°,
- Gehäuse von ± 0,2°.

Abb. 2.1: Handlasermeter Leica Disto™ D 510

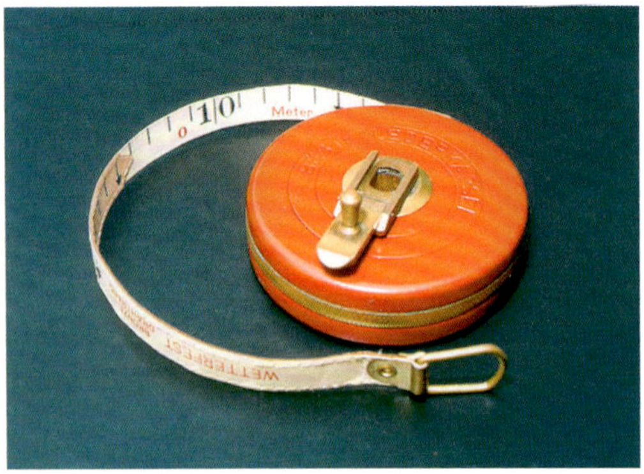

Abb. 2.2: Bandmaß

Abb. 2.3: Nivelliergerät

Abb. 2.4: Kreuzlinienlaser

Bandmaß

Das Bandmaß (siehe Abb. 2.2) ist ein alternatives Messinstrument zur Längenmessung „von Hand" über größere Messstrecken.

Maßstab/Zollstock

Der Maßstab/Zollstock ist ein geeignetes Messinstrument für kurze Messstrecken, z. B. zur Kontrolle des Rohrdurchmessers, der Länge von Bauteilen und zur Maßkontrolle.

Nivelliergerät

Das optische Nivelliergerät (siehe Abb. 2.3) mit automatischer Kompensation, das Laser-Nivelliergerät dient zur Kontrolle der Einhaltung von planmäßigen Höhenvorgaben, von Abweichungen von der Waagerechtigkeit, von Neigungswinkeln, von Abweichungen von der Ebenheit waagerechter Flächen.

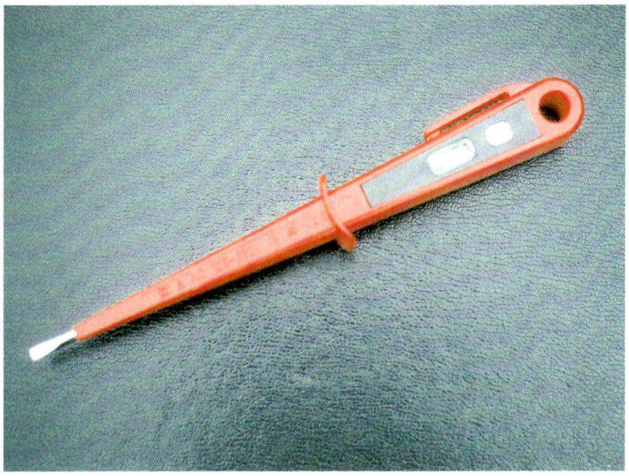

Abb. 2.5: Phasenprüfer

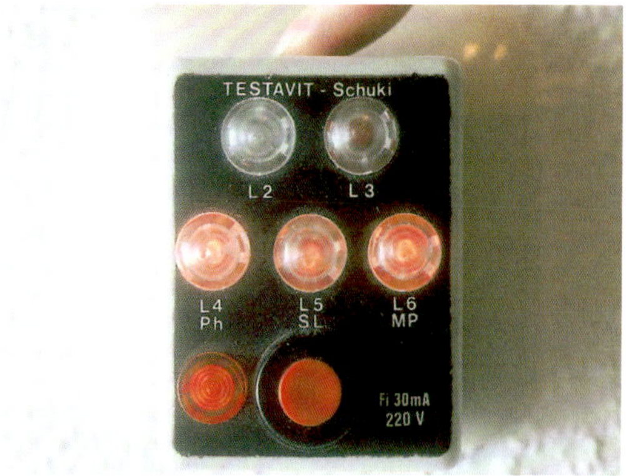

Abb. 2.6: Steckdosentester

Kreuzlinienlaser

Der Kreuzlinienlaser wie z. B. der Kreuzlinienlaser Leica Lino L2P5G (siehe Abb. 2.4) eignet sich für Nivellements und Lagebestimmungen senkrechter und waagerechter Linien.

Ein Kreuzlinienlaser besitzt beispielhaft folgende technische Daten.

• Strahlenrichtung/Abstrahlwinkel:	
– vertikal	> 170°
– horizontal	> 180°
• Punktrichtung oben, unten, rechts, links, vorne:	(90°/180°)
• Reichweite:	35 m
• Reichweite mit Empfänger:	80 m
• Nivelliergenauigkeit:	±0,2 mm
• Genauigkeit der vertikalen/horizontalen Linie:	±0,3 mm/m
• Punktgenauigkeit:	±0,2 mm/m
• Selbstnivellierbereich:	± 4°
• Selbstnivellierzeit:	< 3 s
• Warnung bei Schräglagen:	ja – blinkt alle 5 Sekunden

Phasenprüfer

Der Phasenprüfer (siehe Abb. 2.5) dient zur Überprüfung der Deckenauslässe von Brennstellen.

Steckdosentester

Mit einem einfachen Steckdosentester (siehe Abb. 2.6) lassen sich die Funktion von Steckdosen sowie der korrekte Anschluss der Phasen überprüfen.

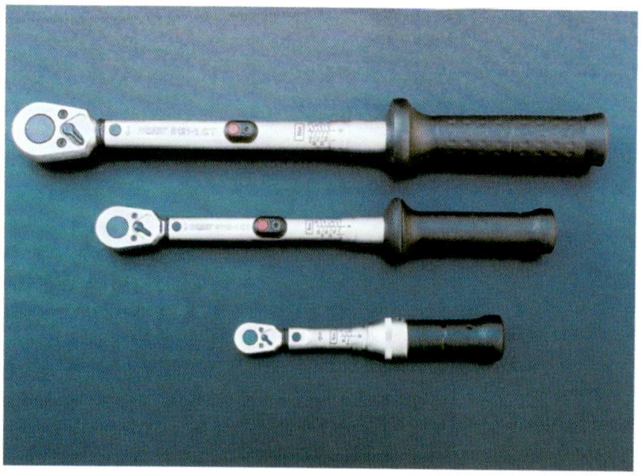

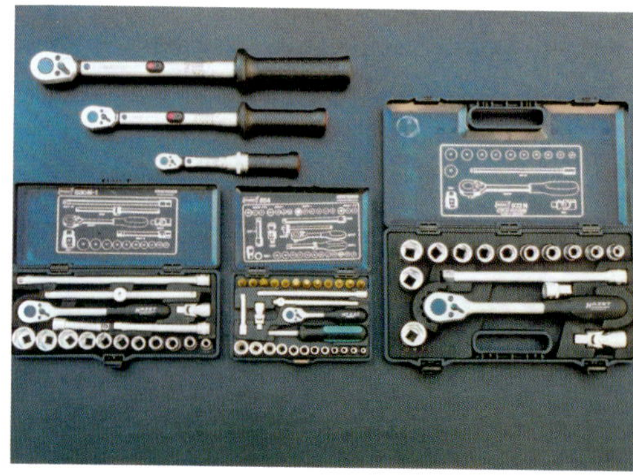

Abb. 2.14 und 2.15: Drehmomentschlüssel-Satz zur orientierenden Feststellung von Anzugsdrehmomenten

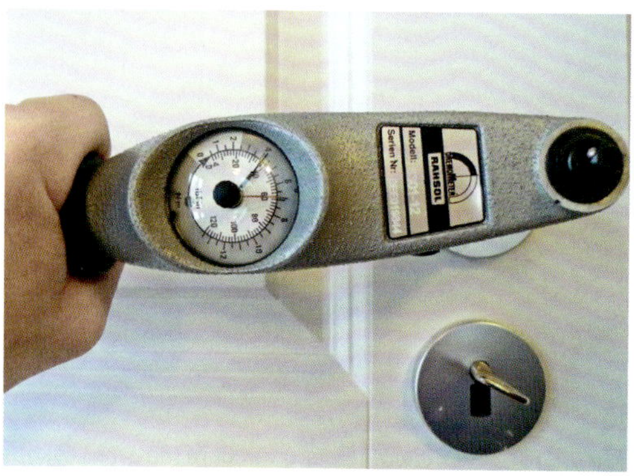

Abb. 2.16 und 2.17: Drehmomentprüfgerät mit Schleppzeiger

Drehmomentschlüssel und Drehmomentprüfer zur Messung der Bedienkräfte

Drehmomentschlüssel kommen in verschiedenen Arbeitsbereichen zum Einsatz, z. B.:

- 2 bis 10 Nm, $^1/_4$″,
- 5 bis 60 Nm, $^3/_8$″,
- 20 bis 120 Nm, $^1/_2$″,

und dienen der Überprüfung der Anzugsdrehmomente von Schraubenverbindungen wie

- Edelstahl-Verblendabfangungskonsolen, z. B. 22 Nm,
- Fassadenverankerungen, z. B. 25 Nm,
- Anpressleisten bei Pfosten-Riegel-Fassaden, z. B. 4 Nm.

Drehmomentschlüssel sind in unterschiedlichen Größen für die verschiedenen Drehmomentbereiche verfügbar und mit jeglicher Art von Stecknusseinsätzen kombinierbar (siehe Abb. 2.14 bis 2.18).

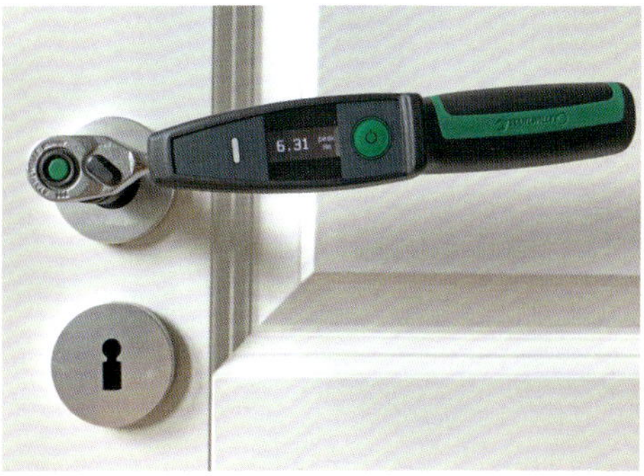

Abb. 2.18: Elektronischer Drehmomentprüfer mit Maximalwertanzeige

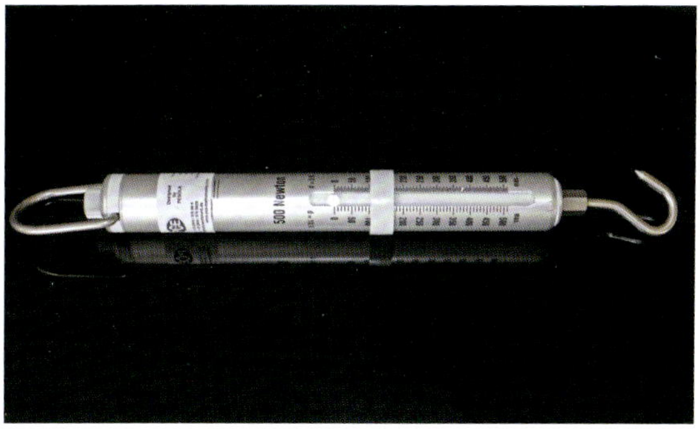

Abb. 2.19: Federzugprüfer

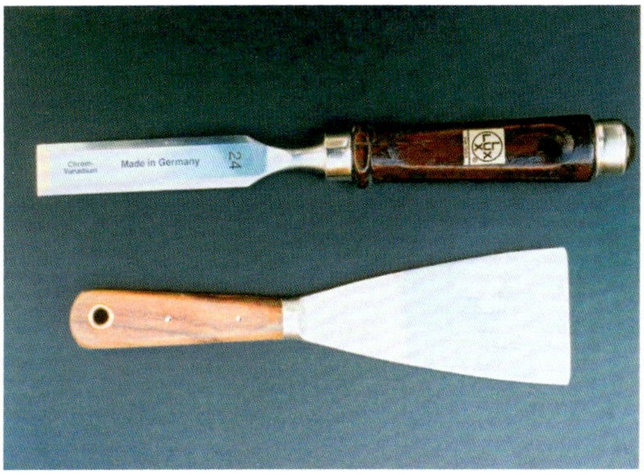

Abb. 2.20: Beitel und Spachtel zum Ablösen von Materialproben

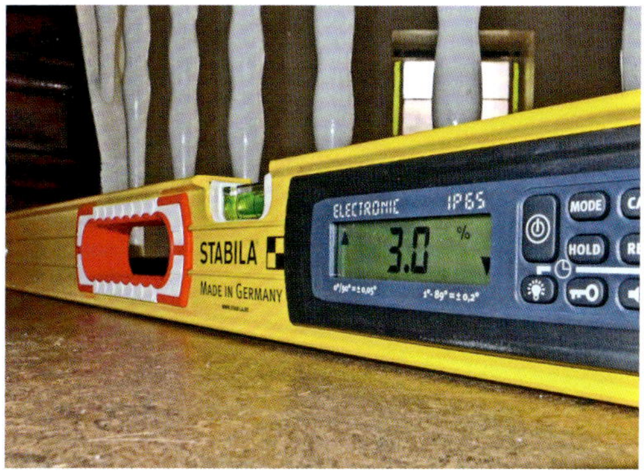

Abb. 2.21: Digitalwasserwaage

Federzugprüfer für die Messung der Bedienkräfte bei Schiebetüren

Der Kraftaufwand bei der Bedienung von Schiebetüren kann mit einer Newton-Federwaage gemessen werden (siehe Abb. 2.19).

Stecheisen und Spachtel

Für zerstörende Öffnungen von Trockenbauelementen und Holzbauteilen werden Stecheisen und Spachtel benutzt (siehe Abb. 2.20).

Digitalwasserwaage

Für die Neigungsmessung wird eine Digitalwasserwaage eingesetzt, die auf der Grundlage einer örtlich vorzunehmenden Nulleichung die Neigung von Strecken oder zwischen 2 Punkten wahlweise in Grad oder in Prozent auf einem Display anzeigt (siehe Abb. 2.21).

Abb. 2.22: Billardkugel zur Gefälleprüfung

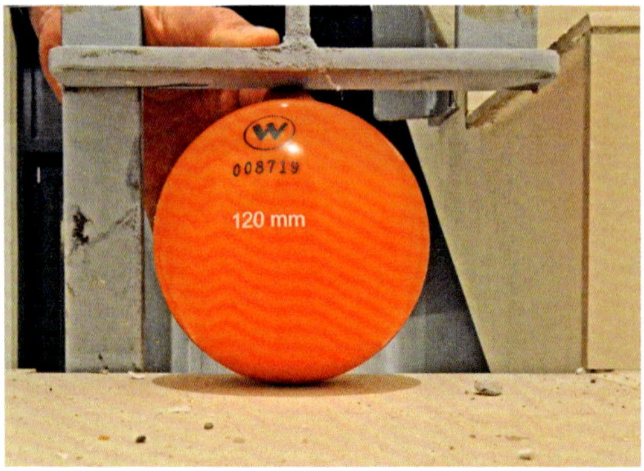

Abb. 2.23: Kleine Bowlingkugel, 120 mm

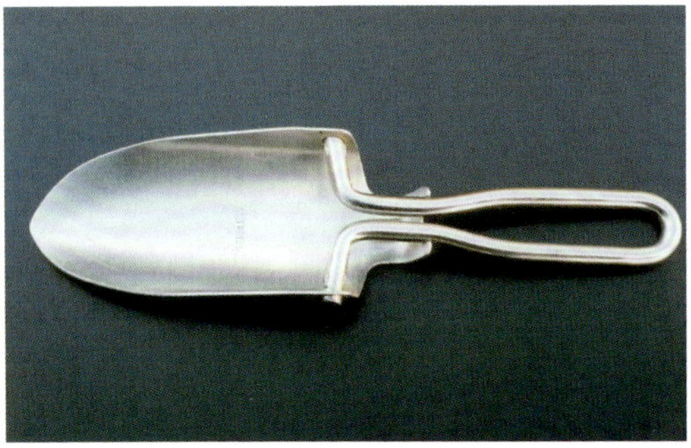

Abb. 2.24: Klappschaufel

Beispiel

Eine Digitalwasserwaage besitzt beispielhaft die nachfolgenden technischen Daten.

Länge:	100 cm
Staub-/Wasserschutz:	IP 65
gefräste Messflächen:	Unterseite 1, Oberseite 1
Libellen:	horizontal 1, vertikal 1

Messgenauigkeit der Libellen:

- in Normallage: 0,029° = 0,5 mm/m
- bei Überkopfmessung: 0,029° = 0,5 mm/m

Genauigkeit der elektronischen Neigungsmessung:

- bei 0° bis 90° ± 0,05°
- bei 1° bis 89° ± 0,20°

Schlauchwaage

Die Schlauchwaage ist ein manuell bedienbares Hilfsmittel zur Überprüfung der Ebenheit von waagerechten Flächen und zur Kontrolle der erforderlichen Mindestgefälle.

Abb. 2.25: Fernglas zur Fassadenbeurteilung

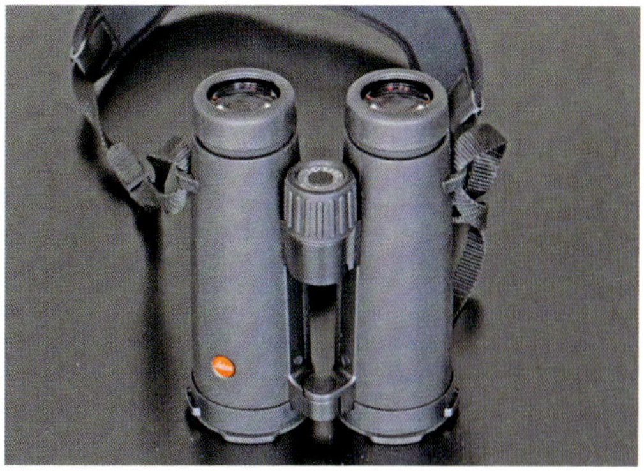

Abb. 2.26: Fernglas Leica Noctivid 10x42

Theodolit

Der Theodolit dient zur Kontrolle der Abweichungen von Gebäudekanten von der Lotrechtigkeit und zur Kontrolle der Einhaltung von Geschosshöhen.

Billardkugeln zur Gefälleprüfung

Billardkugeln lassen sich aufgrund ihrer präzisen Oberfläche gut einsetzen zur Gefälleprüfung von glatten Fußbodenoberflächen (siehe Abb. 2.22). Dies gilt vor allem bei der Abnahme von Estrich-, Fliesen-, Platten- und Bodenbelagsarbeiten, wenn das Gefälle zu Bodeneinläufen hin überprüft werden muss.

Bowlingkugel zur Abstandsprüfung bei Treppengeländern

Mit einer Bowlingkugel lässt sich prüfen, ob die maximal zulässigen Abstände der Stäbe des Treppengeländers von den Podesten eingehalten worden sind (siehe Abb. 2.23).

Klappschaufel

Die Klappschaufel dient zur lokalen Freilegung erdberührter Abdichtungskomponenten (siehe Abb. 2.24).

Fernglas

Das Fernglas kann zur Überprüfung von Fassadenflächen ohne Gerüstgestellung benutzt werden (siehe Abb. 2.25).

Ein Fernglas (siehe Abb. 2.26) besitzt beispielhaft die nachfolgenden technischen Daten:

Vergrößerung:	10-fach
Objektivdurchmesser:	42 mm
Austrittspupille:	4,2 mm
Dämmerungszahl:	20,5
Lichttransmission:	91 %
Sehfeld auf 1.000 m:	112 m
Objektiver Sehwinkel:	6,4°
Nahbereich:	ca. 1,9 m

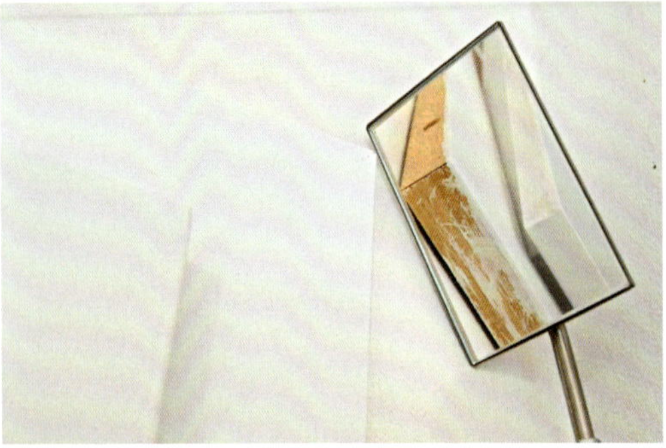

Abb. 2.27: Mit dem Teleskopspiegel lässt sich erkennen, ob die Türbekleidung umlaufend lackiert worden ist.

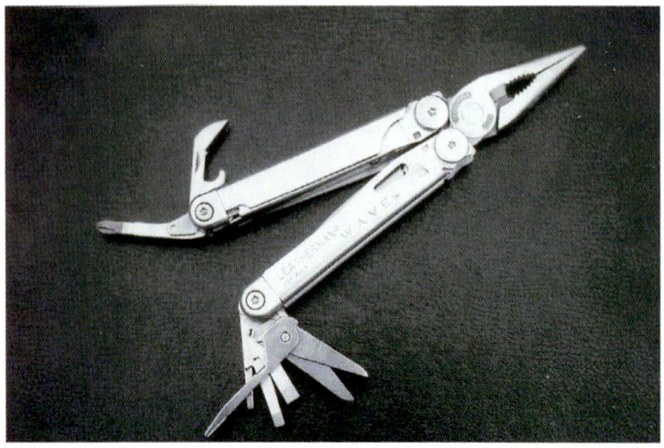

Abb. 2.28: Multitool

Teleskopspiegel

Mithilfe des Teleskopspiegels können die Lackierung und die Imprägnierung von Schnittkanten an unzugänglichen Stellen überprüft werden (siehe Abb. 2.27).

Taschenlampe

Die Taschenlampe kann zum Ausleuchten uneinsehbarer Bereiche im Dachboden, in Abseiten und Luftkanälen benutzt werden.

Kamera/Videokamera

Mithilfe der Kamera/Videokamera werden dokumentiert: Leistungsabschnitte, die durch Nachfolgeleistungen verdeckt werden, und Beanstandungen zum Zeitpunkt der Abnahme.

Auf den Dokumentationsfotografien sollte ein reproduzierbarer Maßstab erkennbar sein (Nivellierlatte, Zollstock, Rissbreitenlineal). Auf dem Foto kann als Beleg des frühesten Aufnahmezeitpunkts die Titelseite einer Tageszeitung mit Schlagzeilen erkennbar sein. Der Aufnahmeort muss reproduzierbar sein (Kennzeichnung am Objekt oder Herstellen einer Aufnahmeserie mit Zoomeffekt von der Übersicht ausgehend bis ins Detail). Für den Abnahmezeitpunkt sollten ausreichende Bildressourcen sowie Energiequellen für Blitzlichtbeleuchtung usw. bereitgestellt werden.

Diktiergerät

Die Auflistung der Mängel kann als Banddiktat erfolgen, wenn die Abnahmeparteien sich darüber einigen, dass ein laut verständlich diktiertes Diktat anschließend integrativer Bestandteil des Abnahmeprotokolls wird. Das Protokoll selbst wird unabhängig davon am Tag der Abnahme von den Parteien unterzeichnet und enthält den Verweis auf die schriftlich nachzureichende Mängelliste.

Multitool

Das Multitool (siehe Abb. 2.28) dient zum Überprüfen der Nähte von Schweißbahnabdichtungen oder zum Ablösen von Verkleidungen usw.

Abb. 2.29: Mittelschwerer Prüfhammer

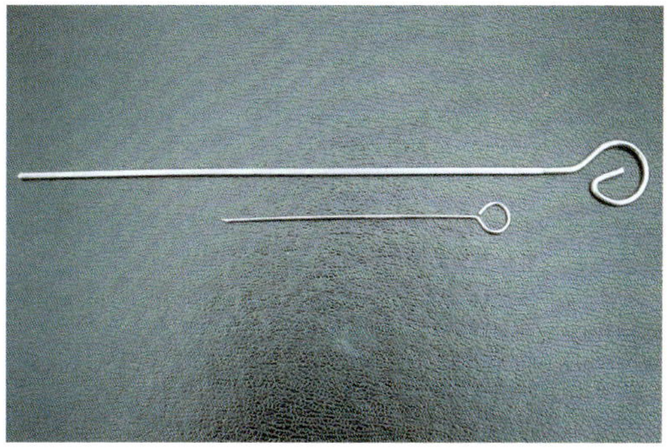

Abb. 2.30: Prüfnadel Typ S (oben) und Prüfnadel Typ R (unten)

Abb. 2.31: Springender Golfball zum Testen von Hohllagen bei Fliesenböden

Abb. 2.32: Magnet auf einer Schlüsselschraube aus Stahl, die laut Vertrag aus Edelstahl bestehen sollte

Mittelschwerer Prüfhammer

Der Prüfhammer (siehe Abb. 2.29) wird zum Abklopfen von Bodenfliesen benutzt, um Hohllagen und Schallbrücken zu lokalisieren.

Prüfnadeln Typ S und Typ R aus Metall

Mit Prüfnadeln (siehe Abb. 2.30) können Leckagestellen in Bauteilen und in Bauteilanschlüssen nachgewiesen werden. Mit der Prüfnadel Typ R kann zerstörungsfrei ertastet werden, ob eine Mörtelbrücke oder ein starrer Kontaktschluss zwischen den anschließenden Bauteilen vorliegt. Das geschieht, indem in elastische Versiegelungsfugen eingestochen wird. Insbesondere Estrichrandfugen lassen sich so im fertig belegten Zustand überprüfen.

Golfball

Mit einem auf Fliesen- oder Natursteinbeläge herabfallenden Golfball kann geprüft werden, ob Hohllagen vorliegen (siehe Abb. 2.31).

Magnete

Mit Magneten kann zwischen Stahl und Edelstahl unterschieden werden (siehe Abb. 2.32).

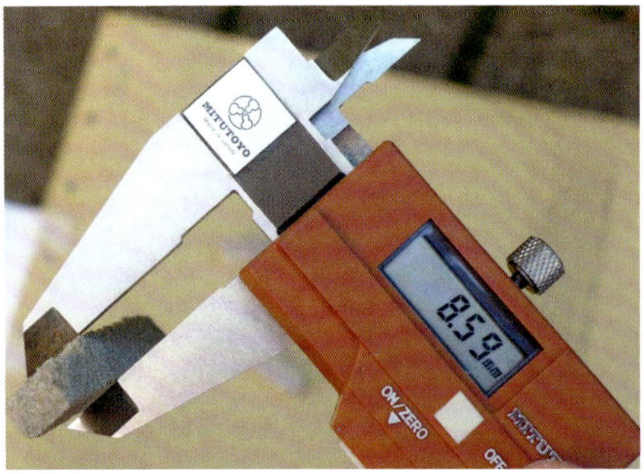

Abb. 2.33: Digitalschieblehre

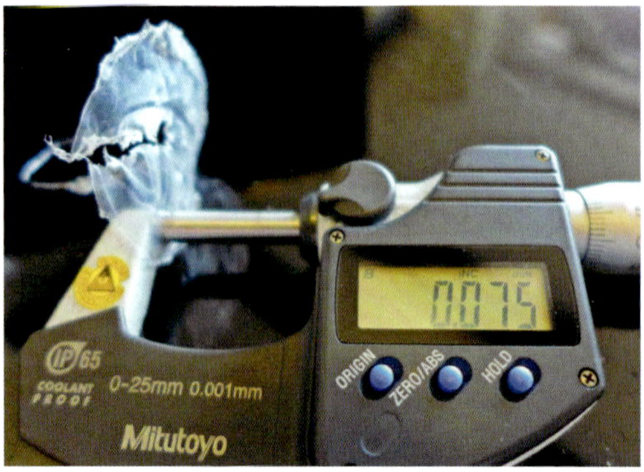

Abb. 2.34: Digital-Mikrometermessschraube

Abb. 2.35: Stanzeisen

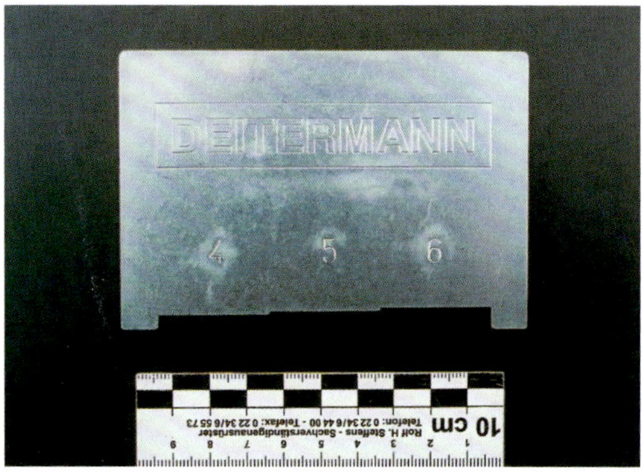

Abb. 2.36: Nassschichtdickenmesser für KMB

Digitalschieblehre

Mit der Digitalschieblehre werden die Materialdicke eines Baustoffs oder der Innendurchmesser und die Tiefe eines Hohlkörpers gemessen (siehe Abb. 2.33). Die Schieblehre lässt sich bei vollständig geschlossenen Messbacken über eine „Zero"-Taste vor jedem Messvorgang auf den Messwert „0" kalibrieren. Im anschließenden Messvorgang wird z. B. der in der Dicke zu messende Baustoff zwischen die Messbacken genommen. Die Dicke wird auf dem Digitaldisplay in Millimetern mit 2 Nachkommastellen abgelesen. Die Messweite beträgt 150 mm, die Auflösung 0,01 mm und die Messtoleranz ± 0,03 mm.

Mikrometermessschraube

Mit der Digital-Mikrometermessschraube (siehe Abb. 2.34) wird die Materialdicke dünner Baustoffe, wie z. B. Folien, gemessen. Die Mikrometermessschraube lässt sich bei vollständig geschlossenen Messbacken über eine „Zero"-Taste vor jedem Messvorgang auf den Messwert „0" kalibrieren. Im anschließenden Messvorgang wird z. B. der in der Dicke zu messende Baustoff zwischen die Messbacken genommen. Die Dicke wird auf dem Digitaldisplay in Millimetern mit 3 Nachkommastellen abgelesen.

Die Messweite beträgt 0 bis 25 mm, die Auflösung 0,001 mm und die Messtoleranz 0,001 mm.

Stanzeisen

Das Stanzeisen (siehe Abb. 2.35) dient zur Entnahme von Bitumendickbeschichtungsmaterial, um die Trockenschichtdicke von kunststoffmodifizierten Bitumendickbeschichtungen (KMB) zu messen.

Nassschichtmesser

Mit dem Nassschichtmesser (siehe Abb. 2.36) wird die Nassschichtstärke von frischem Bitumendickbeschichtungsmaterial überprüft.

2.2 Prüfungen auf Beschichtungen

Für die Überprüfung von Beschichtungsstärken auf metallischen Untergründen stehen neben der mechanischen Messuhr verschiedene zerstörungsfreie Verfahren gemäß Tabelle 2.1 zur Verfügung.

Tabelle 2.1: Zerstörungsfreie Schichtdickenmessung auf Metallen

Messverfahren	Eignung für
magnetinduktives Verfahren	ferromagnetische Untergründe (Fe)
Wirbelstrommessverfahren	ferromagnetische Untergründe (Fe) und nicht ferromagnetische Untergründe
Ultraschallverfahren	alle Untergründe

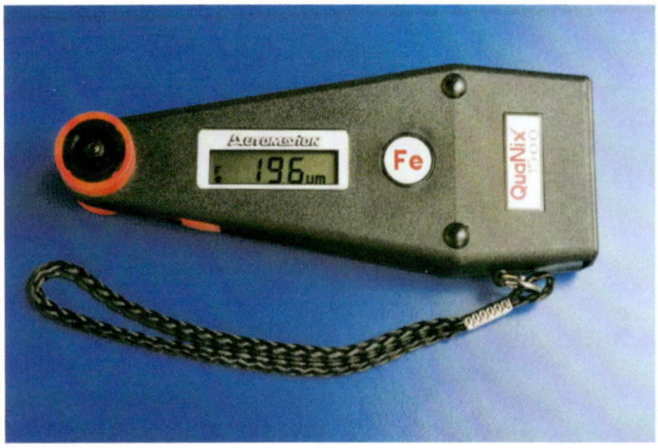

Abb. 2.37: Schichtdickenmesser für metallische Untergründe

2.2.1 Magnetinduktives Verfahren (Fe)

Mit elektromagnetischen Farbschichtmessgeräten (siehe Abb. 2.37) kann der Abstand zwischen der unmagnetisch beschichteten Oberfläche und dem ferromagnetischen Untergrund (Fe = Stahl oder Eisen) zerstörungsfrei bestimmt werden. Im Gerät wird ein niederfrequenter Erregerstrom mit wenigen 100 Hz erzeugt, der über die Handsonde zum ferromagnetischen Untergrund fließt. Die unmagnetische Beschichtung bildet dabei einen magnetischen Widerstand R_m, der am Gerät anhand des Messsignals ablesbare magnetische Fluss steht in Abhängigkeit zu der nicht magnetischen Schichtstärke.

2.2.2 Wirbelstrommessverfahren (NFe)

Das ebenfalls elektromagnetische Messverfahren kann im Gegensatz zum magnetinduktiven Verfahren auch elektrisch nicht leitende Beschichtungen (Farbe, Kunststoff) zerstörungsfrei auf nicht ferromagnetischen Untergründen (Nfe = Messing, Al, Cu usw.) messen. Bei dem Wirbelstromverfahren werden Frequenzen bis in den MHz-Bereich hinein erzeugt. Die durch den hochfrequenten Spulenstrom I im Grundmaterial erzeugten Wirbelströme I_W verändern die Impedanz R der das hochfrequente Wechselfeld erzeugenden Spule. Die zur Erzeugung der Wirbelströme erforderliche Energie wird vom Magnetfeld der Spule geliefert. Das nimmt mit größer werdendem Abstand von der Oberfläche der Grundschicht ab. Das von den Wirbelströmen erzeugte Magnetfeld überlagert sich mit dem Ursprungsfeld und führt dort zu einer Abschwächung. Je nach Abstand der Messsonde vom metallischen Untergrund ändert sich die Impedanz und dient damit als Messgröße für die Schichtdicke.

Der **Messbereich** handelsüblicher Geräte liegt z. B. bei 0 bis 5.000 µm für ferromagnetische Untergründe und bei 0 bis 1.500 µm für nicht ferromagnetische Untergründe.

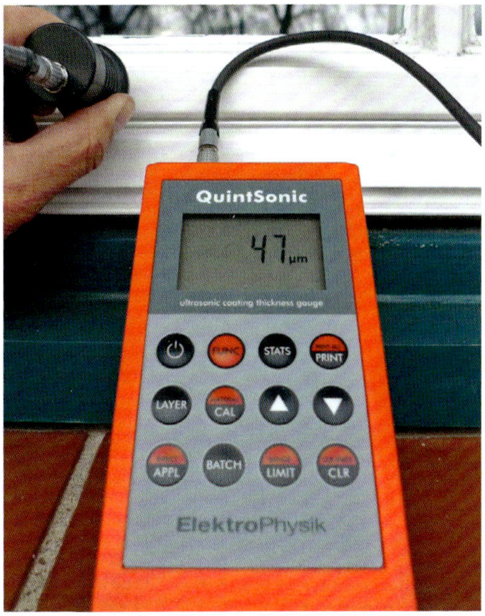

Abb. 2.38: Ultraschall-Schichtdickenmessgerät

Die **Messtoleranz** liegt im Bereich:

< 100 µm bei ± 1µm,
100 bis 1.000 µm bei ± 1 %,
1.000 bis 2.000 µm bei ± 3%,
> 2000 µm bei ± 5 %.

2.2.3 Ultraschallverfahren

Bei dem Ultraschallverfahren ist es nicht erforderlich, dass der Untergrund aus Metall besteht. Auch auf Glas, Keramik, Holz, Glas oder Kunststoff kann die Schichtstärke der darüberliegenden Schicht ermittelt werden (siehe Abb. 2.38). Der Prüfkopf sendet Ultraschallimpulse durch den Schichtenaufbau der Materialprobe. Jeweils an den Grenzflächen von bis zu 3 Beschichtungen treten Reflexionen auf, die vom Prüfkopf aufgenommen und an einen signaldetektierenden Rechner weitergeleitet werden.

Der **Messbereich** handelsüblicher Geräte liegt z. B. bei 0 bis 1.500 µm. Die **Messtoleranz** liegt z. B. bei ± 1,0 µm.

Die erforderliche Dicke der Farbbeschichtung von Holz wird im VFF-Merkblatt HO.03 „Anforderungen an Beschichtungssysteme für die werksseitige Beschichtung von Holz- und Holz-Metall-Fenstern, -Haustüren und -Fassaden“ (2020) gemäß Tabelle 1.23 angegeben.

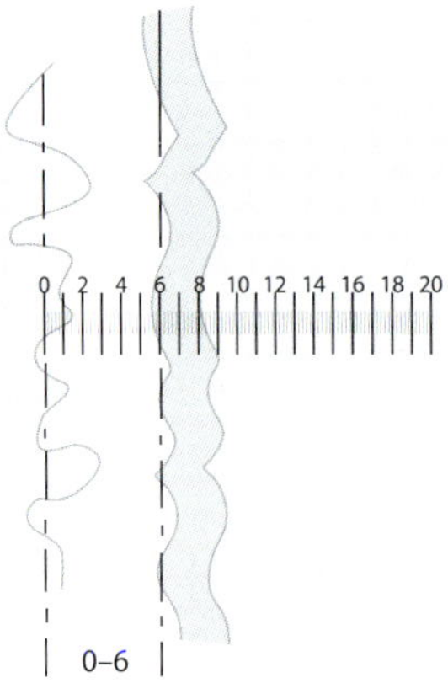

Abb 2.39: Sichtfeld des Messmikroskops (Quelle: Bablick/Federl, 1997)

Abb. 2.40: Keilschnittmesslupe

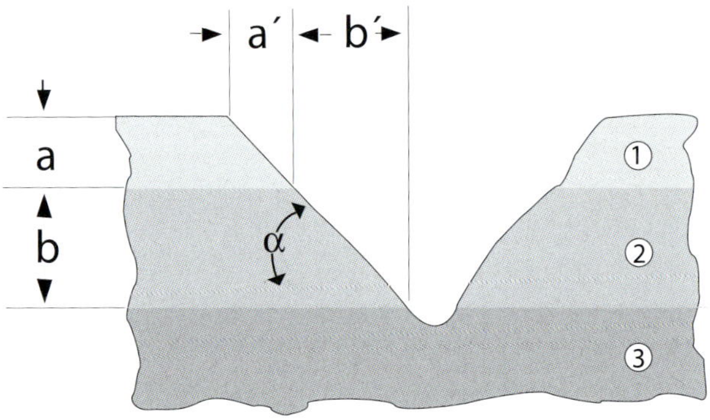

Abb. 2.41: Querschnittszeichnung durch den Schichtenaufbau mit Darstellung des Keilschnitts (Quelle: Bablick/Federl, 1997)

2.2.4 Keilschnittverfahren – mikroskopische Farbschichtbestimmung

Für die Bestimmung der Trockenschichtdicke eines Farbanstrichs auf nicht metallischen Untergründen wird ein Farbschichtdickenmessgerät verwendet, das nach dem Keilschnittverfahren funktioniert, z. B. das Gerät Erichsen P.I.G. 455.

Mit einem werkseitig am Gerätegehäuse arretierten Spezialmesser wird ein Schnitt durch die Beschichtungsoberfläche hindurch hergestellt. Durch die werkseitig kalibrierte spezielle Klingenform erhält der Schnitt einen v-förmigen, nach oben hin aufgeweiteten Querschnitt. Die Schnittflanken öffnen sich zum Betrachter im flachen Winkel zur Oberfläche hin als Projektionsfläche. Die Beschichtungsdicke ist auf diese Weise von der Oberfläche her am schrägen Anschnitt erkennbar. Präzise ablesbar wird sie durch ein im Gerät eingebautes Mikroskop mit Festbrennweite, Auflichtbeleuchtung und einer Objektivskalierung, die werksseitig mit Skalenfaktoren auf den jeweiligen Schnittwinkel des Schneidemessers kalibriert wurde (siehe Abb. 2.39 bis 2.41).

Abgelesen wird an der Okularskalierung. Für die unterschiedlichen Schnittwinkel der Schneidemesser ist der Ablesewert mit dem angegebenen Skalenfaktor zu multiplizieren. Beträgt der Schnittwinkel α des werkseitig eingebauten Messers z. B. 5,7° und der Skalenfaktor 2, stellt eine Okularablesung von 40 Skalenteilen eine Schichtstärke von 80 µm dar.

Abb. 2.42: Das Feuerzeug (links im Bild) verursacht auf der Isolierverglasung rechts im Bild 2 Reflexionen mit je einer Doppelflamme. Die zweite der 4 reflektierenden Flammen zeichnet sich bläulich gegenüber den übrigen Reflexionen ab. Die zum Scheibenzwischenraum zeigende Oberfläche der inneren Scheibe ist mit einer isolierenden Beschichtung versehen.

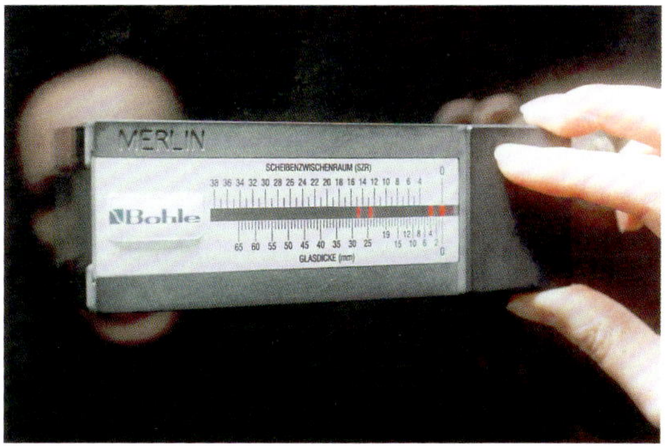

Abb. 2.43: Merlin-Laser-Prüfgerät für Glasscheibendicken

2.3 Flammenreflexion zur Beschichtungsprüfung von Isolierglasscheiben

Ob eine Isolierverglasung mit einer besonderen isolierenden Beschichtung vorhanden ist (bei U_g-Werten $\leq 1{,}3\ W/[m^2 \cdot K]$ erforderlich), kann hilfsweise wie folgt getestet werden:

Eine offene Flamme wird vor die Verglasung gehalten (siehe Abb. 2.42). Die Anzahl der reflektierenden Flammen entspricht der Anzahl der Einzelscheiben-Oberflächen (bei Isolierverglasung: 4 Flammen). Ist eine der 4 Scheibenoberflächen beschichtet, so zeichnet sich eine der Reflexionsflammen bläulich ab (z. B. typisch bei Zweischeiben-Isolierverglasung: die zweite Flamme) und markiert damit die Oberfläche, auf der sich die Beschichtung befindet. (Zur vorgesehenen Lage der Beschichtung müssen die Herstellerangaben beachtet werden).

2.4 Glasdickenüberprüfung

2.4.1 Laser-Prüfgerät

Der Merlin-Laser (siehe Abb. 2.43) misst von einer Seite aus die Dicke einzelner Glasscheiben sowie den dazwischenliegenden Scheibenzwischenraum, ohne dass ein Ausbau der Verglasung erforderlich wird.

Die obere Glasdickenskala zeigt die Dicke von Einfachverglasungen sowie fast alle Arten von Funktionsverglasungen, Isolierverglasungen und Mehrscheiben-Isolierverglasungen an. Außerdem werden Folien bei Verbundsicherheitsglas markiert. Möglich sind

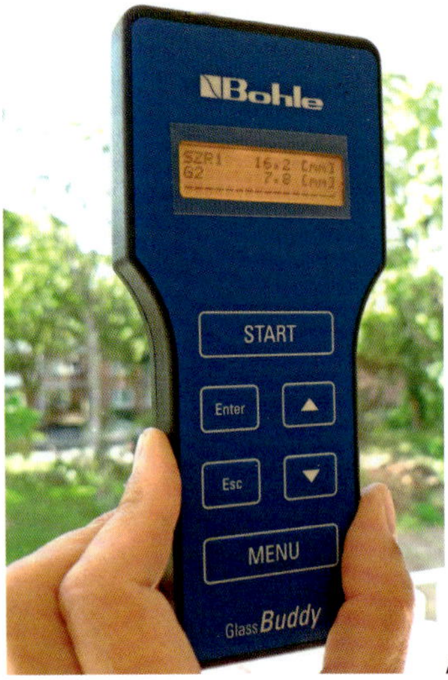

Abb. 2.44 Prüfung der Verglasung mit dem Bohle GlassBuddy®

die Schichterkennung bei Gießharzverbund sowie das Erkennen der Beschichtungsseite bei Sonnen- und Wärmeschutzgläsern.

Die untere Skala kann, wie bei einem Rechenschieber, seitlich verschoben werden und misst den Scheibenzwischenraum von Isolierglas und Mehrscheiben-Isolierglas. In Verbindung mit der Glasdickenskala können auch Gesamtdicken von Verglasungen gemessen werden.

Der Merlin-Laser wird etwa in Augenhöhe mit der Unterseite flach auf die zu messende Glasoberfläche gelegt. Zur Vermeidung von Messungenauigkeiten sollte nahe dem Randverbund gemessen werden, da der Scheibenzwischenraum je nach Luftdruck und Größe der Scheibe variieren kann.

Das Gerät wird in aufgelegtem Zustand durch Tastendruck eingeschaltet. Es erscheinen an den Skalen mehrere Laserlinien. Durch Verschieben der Skalen bis zur Deckung deren Nullpunkts mit der ersten Laserlinie werden diese auf null justiert.

Die Messung erfolgt dann durch Drücken und Halten des Tastschalters bei weiterhin aufgelegtem Gerät.

2.4.2 Bohle GlassBuddy®

Das Messgerät GlassBuddy® des Herstellers Bohle (siehe Abb. 2.44) kann mit seiner Lasertechnik für die zerstörungsfreie Analyse von Flachglas im Einbauzustand eingesetzt werden. Mit dem Gerät lassen sich die Glasdicken von Einfachglas bis 21 mm, Verbundsicherheitsglas (VSG), Isolierglas und Panzerglas bis zu einem Gesamtaufbau von 50 mm messen. Die Mindestglasdicke beträgt 1 mm.

Bei Isolierglas werden die Dicken der Scheibenzwischenräume (SZR) angezeigt. Bis zu 3 Low-E-Beschichtungen werden dargestellt. Bei Verbundglas wird die Lage der PVB-Folienebene angezeigt. Die Messgenauigkeit liegt bei 0,1 mm. Die Messung erfolgt durch Auflegen des Geräts auf eine Glasoberfläche und durch Drücken der Prüftaste. Der Abstand zum Rand des Rahmens sollte 5 cm betragen.

Abb. 2.45: Bohle TGI-Detektor

Abb. 2.46: Karsten'sches Prüfröhrchen

Auf dem Display werden folgende Angaben in mm angezeigt:

- G1 = erste Glasscheibe von der Seite aus gesehen, auf der das Gerät angesetzt wurde,
- SZR = Scheibenzwischenraum zwischen der ersten und der zweiten Glasscheibe,
- G2 = zweite Glasscheibe,
- Pos. 1 = Low-E-Beschichtung auf der zum Messgerät hinzeigenden Oberfläche,
- Pos. 2 = Low-E-Beschichtung auf der vom Messgerät abgewandten Oberfläche,
- Pos. 3 = Low-E-Beschichtung auf der jenseits des SZR liegenden Oberfläche,
- Pos. 4 = Low-E-Beschichtung auf der außen liegenden Oberfläche.

Positionsbezeichnungen für Beschichtungen erfolgen in der Regel von außen nach innen (Außenscheibe/SZR/Innenscheibe).

Beispiel Zweischeiben-Isolierglas

Position 1 = Außenscheibe/Fläche nach außen
Position 2 = Außenscheibe/Fläche zum SZR
Position 3 = Innenscheibe/Fläche zum SZR
Position 4 = Innenscheibe/Fläche nach innen

2.4.3 Bohle TGI-Detektor

Mit einem auf die Verglasung aufgelegten TGI-Detektor kann nachgewiesen werden, ob es sich um eine Einscheibensicherheitsglas(ESG)-Verglasung handelt. In diesem Fall verändern sich die Farben der senkrechten Leuchtanzeigen (links im Sichtfenster) bei seitlicher Verschiebung der Geräteposition (siehe Abb. 2.45).

2.5 Karstens'sches Prüfröhrchen

Die Überprüfung der Verblendfassade auf Wasseraufnahmefähigkeit kann mit dem Karstens'schen Prüfröhrchen erfolgen (siehe Abb. 2.46).

Als zerstörungsfreies Prüfverfahren hat sich seit den 1960er-Jahren die „Wassereindringprüfung nach Karsten" bewährt. Die Prüfung erfolgt zerstörungsfrei, mithilfe eines kalibrierten Glasröhrchens, das eine glockenartige Erweiterung am unteren Ende mit einem Durchmesser von 30 mm hat. Das Füllvolumen beträgt 10 ml.

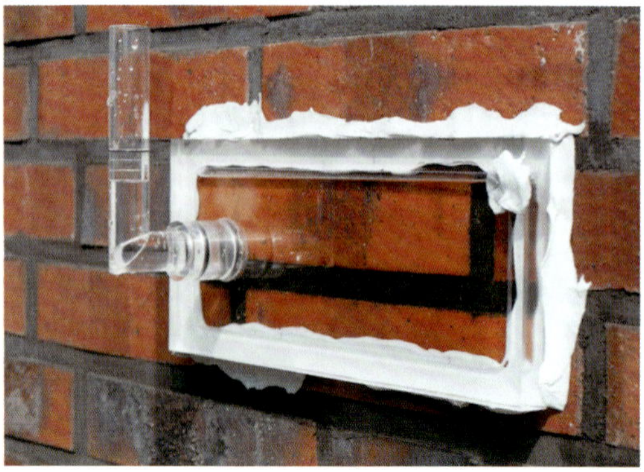

Abb. 2.47 und 2.48: Franke´sche Prüfplatte

Die offene, glockenförmige Seite wird mithilfe einer Abdichtungsmasse auf die Verblendfassade aufgesetzt. Das Prüfröhrchen wird bis zur Messmarke 10 ml aufgefüllt. Hierdurch entsteht ein Wasserdruck von 100 mm Wassersäule auf der Prüffläche. Dies simuliert eine Schlagregenbeanspruchung bei einer Windgeschwindigkeit 100 km/h. Die auf diese Weise in der ersten Minute in das Verblendmauerwerk eingedrungene Wassermenge ergibt die Aussage über die Wasserdichtigkeit an der Fassadenoberfläche.

2.6 Franke'sche Prüfplatte (WA-Prüfplatte)

Die Franke'sche Prüfplatte (siehe Abb. 2.47 und 2.48) wurde von Prof. Dr. Lutz Franke entwickelt. Das Funktionsprinzip der Franke'schen Prüfplatte entspricht dem des Karstens'schen Prüfröhrchens. Die Prüfplatte wird mit einer geeigneten Dichtmasse an der zu prüfenden Oberfläche angebracht. Die ständige Befüllung des Hohlraums zwischen der Platte und dem zu prüfenden Untergrund erfolgt über ein Winkelröhrchen mit einer Pegelmarkierung. Die Menge des nachgefüllten Wassers wird nach 1, 5 und 10 Minuten durch Ablesung an einem skalierten Füllgefäß oder durch Wiegung bestimmt Der Unterschied zum Karstens'schen Prüfröhrchen mit seiner Prüffläche von 7,065 cm² liegt in einer größeren Prüffläche mit den Abmessungen 25 cm × 8,3 cm = 207,5 cm². Hierdurch werden Messungenauigkeiten, die auf die nicht scharfkantigen Konturen der Abdichtungsmasse zurückzuführen sind, minimiert und dadurch repräsentativere Ergebnisse erzielt.

2.7 Haftzugmessung

Die Überprüfung der Haftzugfestigkeit ergibt eine Aussage über die Qualität des Verbundes zwischen 2 kontaktschlüssigen Baustoffen. Betroffen sein können Spachtelmassen oder Bodenkleber ebenso wie Wand- oder Deckenputz einschließlich der ggf. erforderlichen Haftgrundbeschichtungen.

Eine Analytik ist sowohl im Labor an örtlich gewonnenen Prüfkörpern möglich als auch „in situ“ mit mobilen Haftzugprüfgeräten. Die örtliche Untersuchung erfolgt anhand einer definierten Probefläche, die aus ihrer Umgebungsfläche herausgelöst wird und auf der ein Prüfstempel mit Kontaktkleber befestigt wird.

Das Prüfgerät verfügt über 3 Stützfüße und eine zentral angeordnete, kurbelbetriebene Auszugsvorrichtung sowie eine Messuhr oder eine Digitalanzeige für die ausgeübte Zugkraft. Die Prüffläche wird gemeinsam mit dem anhaftenden Prüfstempel durch das Gerät so lange unter Zugbeanspruchung genommen, bis der Abriss eintritt. An der Ablesevorrichtung kann der Prüfwert der Zugkraft erkannt werden, der sich dann über die Prüffläche in die erforderliche Einheit (z. B. N/mm^2) umrechnen lässt. Die Auszugskraft handelsüblicher Geräte liegt z. B. bei 16 kN mit einer Auflösung von 0,10 N/mm^2 oder bei 6 kN mit einer Auflösung von 0,01 N/mm^2 .

2.8 Dübelauszugsversuch

Für die Qualitätsüberprüfung von Dübelverbindungen, die auf Zug belastet werden, dienen mobile Dübelauszugprüfgeräte, deren Funktionsprinzip der Systematik von Haftzugprüfgeräten entspricht, mit dem Unterschied, dass Punktlasten geprüft werden statt Flächenlasten. Die Auszugskräfte handelsüblicher Geräte können Tabelle 2.2 entnommen werden.

Tabelle 2.2: Messbereiche von Auszugsprüfgeräten

Auszugskraft	Auflösung
6 kN	0,01 kN
16 kN	0,1 kN
25 kN	0,25 kN
50 kN	0,5 kN

Abb. 2.49: Betonprüfhammer

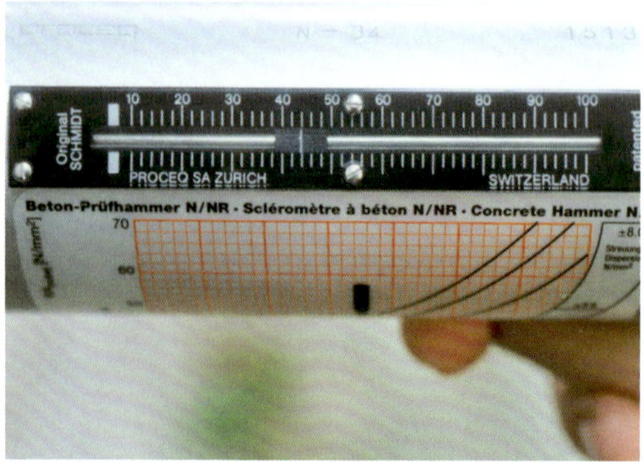

Abb. 2.50: Betonprüfhammerskalierung

2.9 Betongüteprüfung mit Rückprallhammer

Die Betonqualität kann an vorhandenen Bauteilen zerstörungsfrei mit dem bewährten Betonprüfhammer nach Schmidt untersucht werden. Das handliche Gerät wird mit der Spitze auf die Betonoberfläche aufgesetzt. Mit einem Federtrieb wird bei definierter Energie ein Hammer ausgelöst, der auf die Betonoberfläche aufprallt. Das messbare Rückprallvermögen des Betons gibt Aufschluss über dessen Härte. An der Anzeige des Hammers kann der Prüfwert abgelesen und über Umrechnungstabellen einem Druckfestigkeitswert zugeordnet werden. Der Messbereich handelsüblicher Geräte liegt bei 10 bis 70 N/mm^2 (siehe Abb. 2.49 und 2.50).

2.10 Mauermörtelgüteprüfung mit Rückprallhammer

Für die Überprüfung der Druckfestigkeit von Mörtelfugen wird ein Prüfhammer mit der Bezeichnung PM vertrieben, der entsprechend dem Verfahren des Rückprallhammers nach Schmidt arbeitet. Das halbkreisförmige Gerät wird an der Wand angesetzt und mit der Lochblende auf die zu prüfende Fuge ausgerichtet. In der Mittelachse des Halbkreises sitzt eine Welle, die mit einem Pendelhammer verbunden ist. Auf dem halbrunden Gehäuse ist eine Skalierung von 0 bis 180 angebracht.

Nach Aktivierung des Pendelhammers erfolgt ein Rückprall, dessen Energie auf der Skalierung ablesbar ist. Je höher der Ausschlag, desto größer ist die Druckfestigkeit des Mauermörtels. Die Messergebnisse sind nicht gleichgestellt mit Normdruckfestigkeiten, sie lassen sich daher nur als Relationswerte ausdrücken.

Rückprallwert:	**Klassifizierung:**
< 20	schlecht
20 bis 30	durchschnittlich
30 bis 40	zufriedenstellend
40 bis 55	gut
50 bis 75	sehr gut
> 75	hervorragend

Abb. 2.51: Gitterritzgerät mit konstantem Federdruck, Ritzschablone

2.11 Estrichprüfung mit dem Gitterritzverfahren

Zur Prüfung der Haftzugfestigkeit von Estrichen dient das Gitterritzverfahren. Sinterschichten von Anhydritfließestrichen oder Zementleimanreicherungen bei Zementestrichen, die mit überhöhtem Wassergehalt eingebaut wurden, können mit diesem Verfahren erkannt und behandelt werden. Mit einem Standard-Gitterritzgerät (siehe Abb. 2.51) können unter definiertem Federdruck Kerbspuren auf der Estrichoberfläche erzeugt werden. Bei Zementestrichen dürfen nur geringfügige Kerben vorhanden sein, bei Anhydritestrichen muss anhand der Kerbenintensität ggf. weiter gehend überprüft werden, ob eine Entmischung während des Einbaus stattgefunden hat, bei der weiche, kreideartige Oberflächenzonen ohne Zuschlagskörnung oder spröde Sinterschichten entstanden sind. Diese müssen vor der Verlegung von Bodenbelägen zunächst durch Abschleifen entfernt werden.

2.12 Gitterschnittprüfung zur Haftungsprüfung von Beschichtungen

Mithilfe des Gitterschnitts nach DIN EN ISO 2409:2020-12 „Beschichtungsstoffe – Gitterschnittprüfung (ISO 2409:2020); Deutsche Fassung EN ISO 2409:2020“ kann die Haftfestigkeit (Adhäsion) von Beschichtungen (z. B. einer lackierten Oberfläche) abgeschätzt werden. Das Prüfverfahren dient explizit nicht zur Messung der Haftfestigkeit. Hierfür ist die Abzugsprüfung nach DIN EN ISO 4624:2016-08 „Beschichtungsstoffe – Abreißversuch zur Bestimmung der Haftfestigkeit (ISO 4624:2016); Deutsche Fassung EN ISO 4624:2016“ anzuwenden.

Bei der Gitterschnittprüfung mit dem Gitterschnittmesser werden gleichzeitig mit 6 parallelen Schneiden Schnitte in die Beschichtung hinein bis zum Untergrund eingebracht. Rechtwinklig zu den entstandenen Schnitten wird der Vorgang wiederholt, sodass ein gleichmäßiges Quadratmuster entsteht. Die Schnitte müssen den Untergrund an- bzw. einritzen, ohne ihn jedoch übermäßig zu verletzen. Gitterschnittprüfgeräte mit

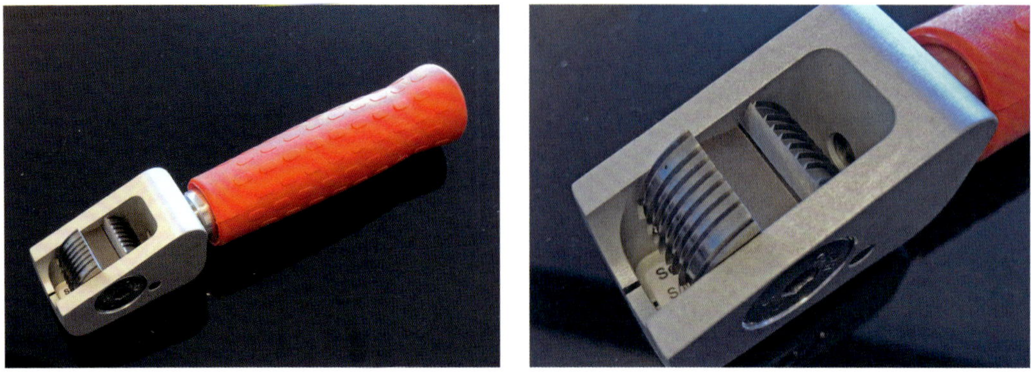

Abb. 2.52 und 2.53: Gitterschnittgerät mit austauschbarem Messerblock

drehbarem Handgriff (siehe Abb. 2.52 und 2.53) erlauben einen gleichmäßigen Andruck auf die Prüffläche, ohne dass es zu Verkantungen kommt.

Der Abstand der Schnitte beträgt 1 bis 3 Millimeter, abhängig von der Schichtdicke der Beschichtung und der Härte bzw. Art des Untergrundes (vgl. Tabelle 2.3).

Tabelle 2.3: Gitterschnittprüfung nach DIN EN ISO 2409:2020-12

Schichtdicke in µm	Untergrund	Rasterabstand in mm
≤ 60	hart (Metall)	1
≤ 60	weich (Holz)	2
61–120	hart und weich	2
121–250	hart und weich	3
> 250	–	Kreuzschnitt DIN EN ISO 16276-2:2007-08 „Korrosionsschutz von Stahlbauten durch Beschichtungssysteme – Beurteilung der Adhäsion/Kohäsion (Haftfestigkeit) einer Beschichtung und Kriterien für deren Annahme – Teil 2: Gitterschnitt- und Kreuzschnittprüfung (ISO 16276-2:2007); Deutsche Fassung EN ISO 16276-2:2007"

Nach dem Schneiden sind lose Partikel der Beschichtung zu entfernen. Dazu werden eine im Gerätekoffer untergebrachte weiche Bürste, Druckluft oder Klebeband verwendet. Das Klebeband ist parallel zu einer Richtung der Schnitte aufzukleben und innerhalb von 5 Minuten wieder ruckartig (0,5–1 Sekunden) in einem Winkel von 60° zu entfernen.

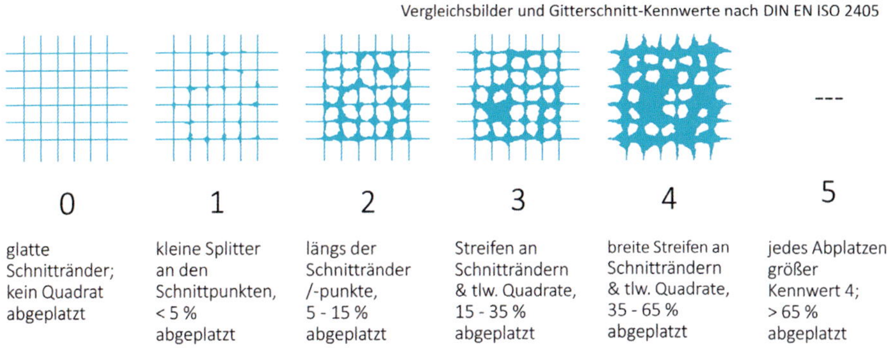

Abb. 2.54: Gitterschnitt-Kennwerte nach DIN EN ISO 2409 (Quelle: Korrosionsschutzberater Jens Mizera, Dresden)

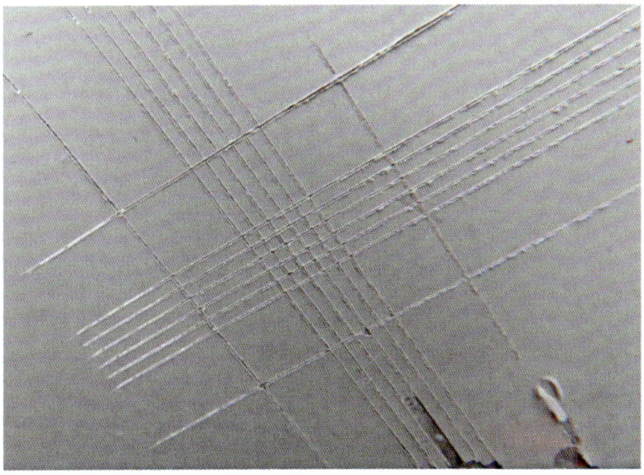

Abb. 2.55: Ergebnis Gt 0: keine Beanstandung der Prüffläche

Abb. 2.56 und 2.57: Ergebnis Gt 5: keine Anhaftung der Beschichtung auf dem Untergrund innerhalb der Prüffläche. Die Beschichtung lässt sich von Hand ablösen.

Anschließend wird das verbliebene Gitter begutachtet. Je nach Zustand werden Gitterschnitt-Kennwerte von Gt 0 (sehr gut) bis Gt 5 (sehr schlecht) unterschieden (siehe Abb. 2.54).

Abb. 2.55 zeigt ein Prüfergebnis ohne Beanstandung. In Abb. 2.56 und 2.57 ist das schlechteste Prüfergebnis Gt 5 dargestellt.

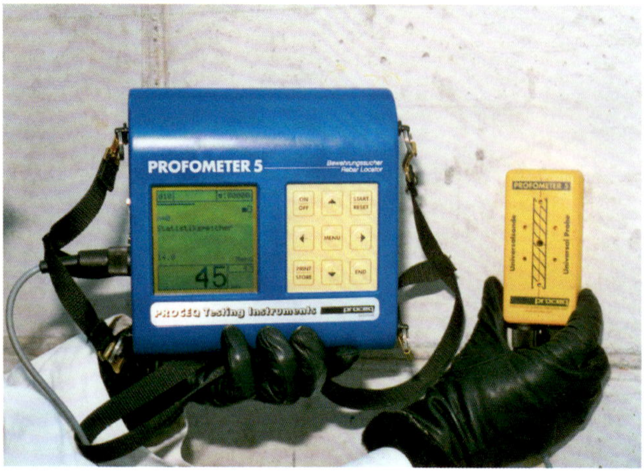

Abb. 2.58: Betonüberdeckungsmessgerät

2.13 Überprüfung der Betondeckung bei Betonbauteilen

Bei feuchtigkeitsbeanspruchten Bauteilen aus Stahlbeton ist der Korrosionsschutz wesentlich von der Betondeckung abhängig. Die Überprüfung der Betondeckung kann mit zerstörungsfreien Messverfahren vorgenommen werden. Verschiedene Geräte unterschiedlicher Hersteller können bei auf der Betonoberfläche aufgelegter Messsonde die Betondeckung bis zur Bewehrung messen (siehe Abb. 2.58). Es wird z. B. im Wirbelstrommessverfahren mit Pulsinduktion gemessen. In der Geräteanzeige können der Durchmesser des Bewehrungsstahls, der Stababstand *a* und die Betondeckung *s* angezeigt werden. (Hinweise für die Messung der Betondeckung am fertigen Bauteil finden sich in dem DBV-Merkblatt „Betondeckung und Bewehrung" [2002]).

2.14 Infrarot-Thermografie

Zur Visualisierung von Temperaturdifferenzen auf Bauteiloberflächen wurde das Infrarot-Thermografieverfahren entwickelt. Das Verfahren eignet sich gut für:

- die Darstellung von Wärmebrücken innerhalb der Gebäudehülle,
- die Darstellung von Wärmebrücken bei Bauteileinschlüssen (Fensteranschlüsse, Drempel, Balkonplatten-Wanddurchdringungen, Außenwandfußpunkte),
- Darstellung von Luftleckagen innerhalb der Gebäudehülle, in Kombination mit dem Blower-Door-Messverfahren (Abseitenhohlräume, Bauteilanschlüsse, Massivbau/ Trockenbau, Installationsdurchgänge durch die luftdichte Schicht der Gebäudehülle),
- die Leckageortung bei estrichverlegten, Wasser führenden Leitungen.

Der Infrarotbereich (Wellenlänge 760 nm bis 1 mm) liegt außerhalb des für das menschliche Auge sichtbaren Wellenspektrums. Durch die einschlägigen mobilen Thermografiekameras mit einem Messbereich von –20 bis +1.500 °C lassen sich allerdings Temperaturdifferenzen von bis zu 0,1 K durch Farbdifferenzen sichtbar machen.

Da sich die Farbwahl und Farbspreizung an der Kamera voreinstellen lassen, können stark differente Farbbilder sowohl große Bauteiloberflächen-Temperaturabweichungen darstellen als auch Bagatellabweichungen. Intensive Farben der Aufnahme lassen deshalb nicht zwangsläufig auf das Vorhandensein einer Wärmebrücke schließen.

Bei der Beurteilung von Wärmebildaufnahmen ist außerdem stets die Frage zu beantworten, ob Farbabweichungen möglicherweise auf zulässige geometrische Wärmebrücken zurückzuführen sind.

Die Auswertung von Thermografieaufnahmen für den praktischen Gebrauch setzt ein Problembewusstsein für den Einfluss möglicher Störfaktoren voraus. Ein solcher Störfaktor kann z. B. das Speichervermögen sonnenbestrahlter Bauteile sein. Zur Unterstützung der Auswertung wurde das EDV-Programm PAIRS (pixel analysis of infrared sources) entwickelt, mit dessen Hilfe u. a. die geometrische Lage von Wärmebrücken, deren Abmessungen sowie der Wärmedurchgangswert von Bauteilen ermittelt werden können.

2.15 Permeabilitätsprüfung von Weißen Wannen im Vakuumverfahren

Die sicherste Prüfmethode für Bauwerke auf deren Wasserundurchlässigkeit ist die Beanspruchung mit Wasser in einer Intensität, wie sie planmäßig vorausgesetzt worden ist. Nicht immer kann jedoch durch Außerbetriebnahme der temporären Wasserhaltung am Ende der Bauzeit erreicht werden, dass sich der maximal mögliche Grund- oder Schichtenwasserpegel auf der Außenseite der Weißen Wannen aus WU-Beton sofort einstellt, weil der Pegel oft starken Schwankungen unterliegt. Die Dichtheitsprüfung von Weißen Wannen aus WU-Beton kann für waagerechte Arbeitsfugen (nach Lohmeyer, 2000) z. B. durch einen künstlich erzeugten Wasseranstau im Bereich der Arbeitsfuge zwischen der Sohle und der aufgehenden Wand erfolgen. Hierzu wird ein umlaufender Blechkranz an der Stirnseite der Sohlplatte befestigt und abgedichtet. Die so entstandene Wanne wird geflutet und die Arbeitsfuge wird auf der Raumseite inspiziert.

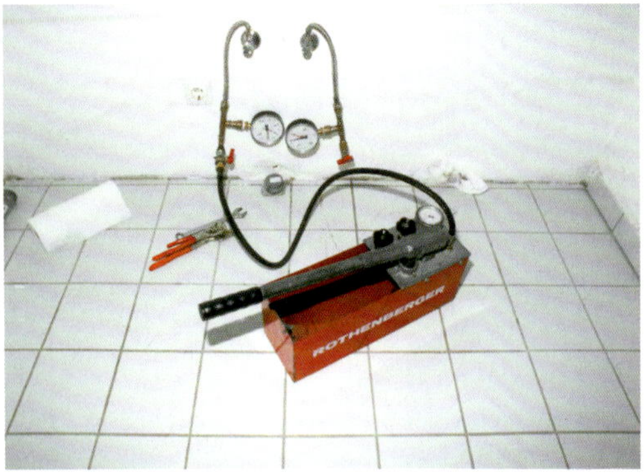

Abb. 2.59: Druckprüfung des Kaltwasser- und Warmwasserstranges mit 1,5-fachem Überdruck

Abb. 2.60: Durchflussmengen-Messbecher

2.16 Dichtheitsprüfung von Trinkwasserleitungen

Das anzuwendende Verfahren zur Dichtheitsprüfung ist in der DIN 1988 geregelt und setzt voraus, dass alle Leitungen auf einen Betriebsüberdruck von 10 bar hin überprüft worden sind. Die Überprüfung erfolgt gewöhnlicherweise mit einem Druckprüfgerät mit Manometer (siehe Abb. 2.59). Das Gerät wird in das hydraulische System, z. B. durch Anschluss an einem Eckventil o. Ä., integriert und es wird mit dem Handhebel ein Überdruck aufgebaut. Der Druck muss hierbei am Manometer in 0,2-bar-Schritten ablesbar sein. Der Prüfdruck für die Dichtheitsprüfung muss das 1,5-Fache des zulässigen Betriebsüberdruckes betragen (= 15 bar). Die Überprüfung erfolgt innerhalb von 10 Minuten. Hierbei darf kein Druckabfall eintreten. Die Dichtheitsprüfung ist zu protokollieren.

Alternativ lässt sich mit einem Durchflussmengen-Messbecher orientierend untersuchen, ob die Durchflussmenge einer Armatur hinreichend gegeben ist (siehe Abb. 2.60). Ist dies nicht der Fall, weist dies auf einen ggf. zu geringen Fließdruck hin.

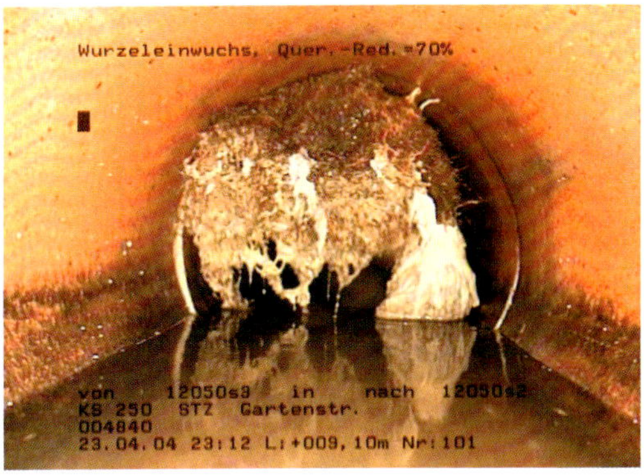

Abb. 2.61: Kanaluntersuchung Ex-Rohr: Wurzeleinwuchs im Kanal (Quelle: Firma Ex-Rohr, Schwerin)

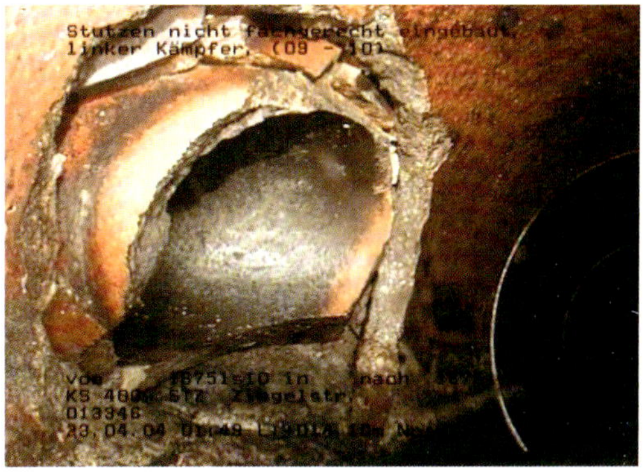

Abb. 2.62: Stutzen nicht fachgerecht eingebaut (Quelle: Firma Ex-Rohr, Schwerin)

2.17 Videokanaluntersuchung nach der ATV-DVWK-M 143

Dichtheitsprüfungen von Grundleitungen im Erdreich

Bei erdverlegten Grundleitungen ist eine Überprüfung nur über eine Kanalinspektion mit einer TV-Kamera mit Dreh-Schwenkkopf nach den Bestimmungen der **RAL-GZ 961** „Herstellung und Instandhaltung von Abwasserleitungen und -kanälen" (RAL, 2006) möglich (siehe Abb. 2.61 und 2.62). Das durchführende Unternehmen muss über eine entsprechende Zertifizierung verfügen. Das Untersuchungsverfahren muss der ATV-DVWK-M 143-1:1989-12 „Inspektion, Instandsetzung, Sanierung und Erneuerung von Entwässerungskanälen und -leitungen – Teil 1: Grundlagen" entsprechen.

Überprüft werden haltungsweise:

- Rohrversätze,
- Absackungen infolge unzureichender Untergrundverdichtung,
- Rohrbeschädigungen,
- Richtungsänderungen,
- Einbindungen und
- Gefälle.

Die Dichtheitsprüfung erfolgt haltungsweise gemäß DIN EN 1610 mit Luftdruck im Verfahren LD. Die Messgenauigkeit der Prüfgeräte ist durch Vorlage eines Kalibrierscheins zu belegen.

Neben der Prüfung mit Luftdruck ist auch die Prüfung mit Wasserdruck zulässig.

Bei der Anforderung eines Inspektionsteams sollten daher folgende Randbedingungen abgeklärt werden:

- Länge der betreffenden Rohrhaltung,
- voraussichtlicher Mindestdurchmesser der zu untersuchenden Leitung,
- Einführmöglichkeit für die Kamera (Revisionsdeckel, demontierbare WC-Objekte, Entlüftungsstränge, revisionsfähige Rohrverbindungen),
- soweit bekannt: Angaben über Beeinträchtigungen durch Richtungswechsel innerhalb der Leitungsstränge (einmal 90°-Bogen statt zweimal 45°-Bögen).

Die Kosten für eine dreistündige Videokanaluntersuchung liegen bei ca. 400,00 €.

Abb. 2.63: Ungefüllte Absperrblase

Abb. 2.64: Gefüllte Absperrblase

Abb. 2.65: Aufpumpen der Blase

Abb. 2.66: Geflutete Balkonfläche

2.18 Leckageortungen

2.18.1 Leckageortung mit eingefärbtem Wasser

Leckagen an flächigen oder wannenartigen Abdichtungen können unter Umständen durch Applikation von eingefärbten Flüssigkeiten nachvollzogen werden. Ein vorübergehender künstlich erzeugter Anstau wird dabei durch Verschluss der Entwässerungseinrichtungen erzeugt. Hierfür stehen im Fachhandel sog. Absperrblasen zur Verfügung (siehe Abb. 2.63 bis 2.65). Hilfsweise können auch aufgeblasene Luftballons oder Folienabdichtungen mit Silikon genutzt werden.

Das auf der gefluteten Fläche stehende Wasser wird mit einem Färbemittel eingefärbt. Tritt – je nach Schadensumfang früher oder später – eingefärbtes Wasser an der Schadensstelle aus, kann der Weg des Wassers nachgewiesen werden (siehe Abb. 2.66 und 2.67).

Bei mehreren disponiblen Schadensmöglichkeiten kann an den verschiedenen infrage kommenden Stellen gleichzeitig ein Wasseranstau unter Einfärbung mit unterschiedlichen Reagenzien vorgenommen werden. Die Färbung des Wassers an der Schadensaustrittstelle offenbart dann dessen Herkunft (siehe Abb. 2.68).

Die Färbemittel Uranin AP (gelbgrün) und Lumilux (farblos) fluoreszieren, wenn sie mit einem UV-A-Strahler oder einer UV-A-Taschenlampe angestrahlt werden (siehe Abb. 2.69 bis 2.71).

Abb. 2.67: Geflutete Dachterrassenfläche

Abb. 2.68: Segmentierte Flutung in unterschiedlichen Einfärbungen

Abb. 2.69: UV-A-Handstrahler (Quelle: Hankammer/Resch, 2012)

Abb. 2.70: UV-A-Taschenlampe, 3 Watt, Wellenlänge 365 nm oder 0,365 µm

Abb. 2.71: Mit dem Färbemittel Uranin AP eingefärbtes Wasser fluoresziert bei Anstrahlung durch UV-A-Licht.

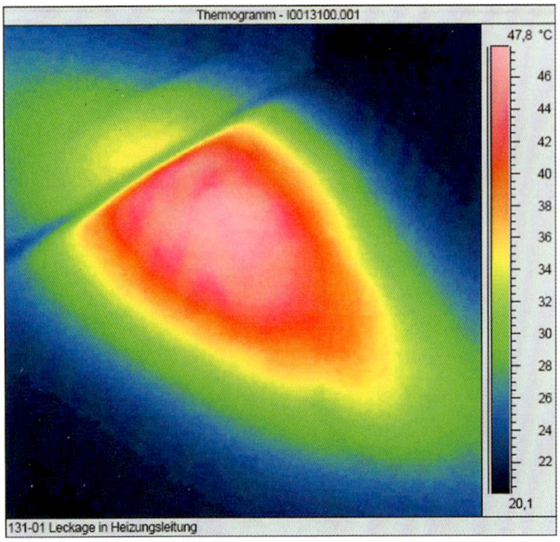

Abb. 2.72: Leckagestelle in einer Wasser führenden Leitung unterhalb des Estrichs (Quelle: Söffge Thermografie GmbH, Hamburg)

2.18.2 Leckageortung in Leitungen durch Druckprüfung

Mit einer Druckprüfung können Wasser führende Leitungsstränge auf Undichtigkeiten untersucht werden. Sofern es hinreichend ruhig im Raum ist, markieren sich kleinere Leckagen unter Druck durch Pfeifgeräusche des austretenden Wassers. Mit hochempfindlichen Mikrofonen kann das akustische Signal im Tonfrequenzverfahren aufgenommen und lokalisiert werden.

Vorhandene Leckagen in der Trinkwasserleitung können vorläufig durch eine vorübergehende Absperrung der Wasserversorgung an der Wasseruhr bemerkbar gemacht werden. Eine Wasserentnahme darf in diesem Zeitraum nicht stattfinden. Öffnet man die Absperrung nach einer Zeitspanne von etwa einer halben Stunde, zeigt die Wasseruhr, ob Fehlmengen im Hausnetz aus dem öffentlichen Netz ersetzt werden.

2.18.3 Leckageortung mit Infrarot-Thermografie

Leckagen in Warmwasser führenden Leitungen können durch Passiv-Infrarot-Thermografie zerstörungsarm geortet werden, da sich die Austrittsstelle auf dem Monitor schleierartig farblich gegenüber den Nachbarflächen markiert (siehe Abb. 2.72). Aber auch bei Kaltwasser führenden Leitungen kann der Effekt der Temperaturdifferenz genutzt werden, wenn die Stränge zunächst entleert und dann über eine Bypassleitung im Hausanschlussraum mit Warmwasser gefüllt und unter Druck genommen werden.

2.18.4 Orientierende elektronische Oberflächenleitfähigkeitsmessung

Für die orientierende Messung der oberflächennahen Leitfähigkeit eines Baustoffs zur Abschätzung der Feuchteverteilung in Bauteilen werden elektronische Messgeräte, z. B. das Gerät Gann Hydromette RTU 600, verwendet (siehe Abb. 2.73). Die ablesbaren Skaleneinheiten (Digits) können anhand von Referenzwerten des Geräteherstellers zur orientierenden Beurteilung der Materialfeuchtigkeit herangezogen werden. Die Digit-Anzeige ist ein Relativmesswert, der sich nicht unmittelbar in den tatsächlichen Wert des Feuchtegehaltes des jeweiligen Baustoffes umrechnen lässt.

Abb. 2.73: Orientierende Messung der oberflächennahen Leitfähigkeit von Mauerwerk mit einer Kugelkopf-Messsonde – GANN B60, Anzeige der Oberflächenfeuchte in Digits

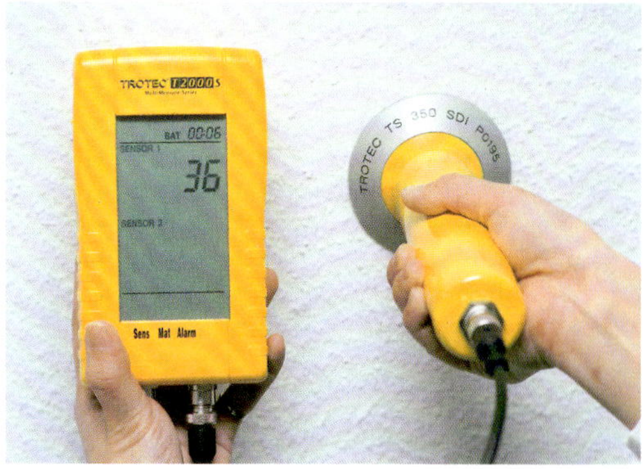

Abb. 2.74: Mikrowellenmesssonde

Das Ergebnis der elektronischen Feuchtigkeitsmessung kann nach oben verfälscht werden, wenn sich in den Kapillarporen des Mauerwerks Salze aus einer vorangegangenen Belastung eingelagert haben. Da das eingelagerte Salz die elektrische Leitfähigkeit des Mauerwerks verändert, wird bei der elektronischen Feuchtigkeitsmessung salzhaltiges Mauerwerk zu höheren Messwerten führen als salzfreies Mauerwerk bei ansonsten gleichem Feuchtigkeitsgehalt. Untersuchungen der TU Hannover haben ergeben, dass die Fehlerhaftigkeit der Messergebnisse mit zunehmender Gerätefrequenz abnimmt.

Im Mauerwerk eingelagerte Salzkristalle führen zu einer hygroskopischen Wasseraufnahme, d. h., sie lagern Wassermoleküle aus der Raumluft an und es steigt der Feuchtigkeitsgehalt des Baustoffs. Da Luftfeuchtigkeit in der Regel immer als verfügbar vorausgesetzt werden kann, ist es insbesondere bei porösen Bauteilen sehr unwahrscheinlich, dass extrem hohe Gerätemesswerte ausschließlich auf der Anwesenheit von Salzen bei ansonsten völliger Abwesenheit von Feuchtigkeit beruhen. Eigene Vergleichsversuche zwischen dem elektronischen Messverfahren und der gravimetrischen Feuchtigkeitsbestimmung haben dies bestätigt.

2.18.5 Elektronische Feuchtemessung von Baustoffen im Mikrowellenverfahren

Von einem Leipziger Hersteller ist ein Mikrowellenhandmessgerät entwickelt worden, bei dem sich der Einfluss von eventuell eingelagerten Salzen im Baustoff wegen der hohen Frequenz des Gerätes nicht nachteilig auswirkt (siehe Abb. 2.74). Das Gerät wird auf den jeweiligen Baustoff kalibriert und die Handsonde muss direkt auf dessen Oberfläche aufgesetzt werden, damit der prozentuale Feuchtegehalt auf dem Digitaldisplay angezeigt wird. Bei verputzten Wänden kann nach dem Entfernen der Putzschicht der Feuchtegehalt des Mauerwerks sehr präzise bestimmt werden, unabhängig von der Anwesenheit von Salzen.

2.18.6 Gravimetrische Feuchtebestimmung

Die gravimetrische Feuchtigkeitsbestimmung, auch Darrmethode genannt, erfolgt bei entnommenen Materialproben durch Wägung vor und nach einer Trocknung im Trockenschrank. Zunächst wird aus dem zu untersuchenden Bauteil eine Materialprobe entnommen, z. B. in Form einer Kernbohrprobe als Trockenbohrung, damit die Ergeb-

Abb. 2.75: Bohrkernentnahme aus einer Ziegelmauerwerkswand

Abb. 2.76: Segmentierter Bohrkern DN 100

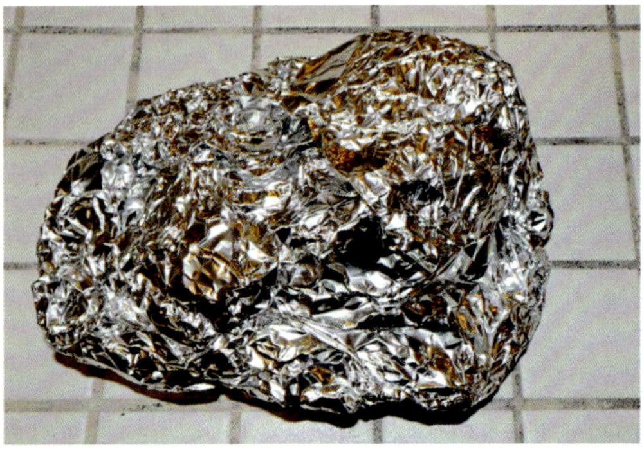

Abb. 2.77 und 2.78: Luftdichte Verpackung der Materialprobe

Abb. 2.79: Laborwaage – Fabrikat Sartorius 1401, Maximalgewicht 2000 g, Anzeige 0,1 g

nisse der Untersuchung verwertbar sind (siehe Abb. 2.75). Als Bohrkronendurchmesser hat sich das Maß von mindestens 80 bis 100 mm bewährt, da der Einfluss der Bohrwärme dann vernachlässigbar gering ist.

Die entnommenen Bohrkerne werden ggf. segmentiert, in der Reihenfolge ihrer Entnahme nummeriert und vor Ort sofort luftdicht in Aluminiumfolie und Gefrierbeutel verpackt (siehe Abb. 2.76 bis 2.78).

Zur Untersuchung werden im Labor Trockenschrank und Feinwaage genutzt (siehe Abb. 2.79).

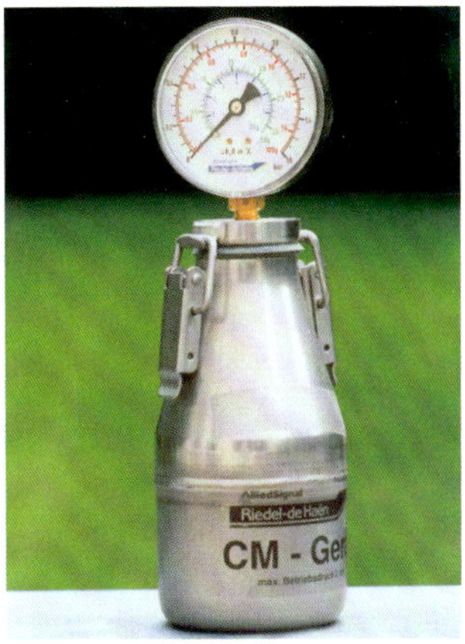

Abb. 2.80: CM-Messgerät

Die Trocknung erfolgt für Holz- und Holzwerkstoffe bei 103 °C, für mineralische Baustoffe bei 105 °C, für Gips- und Anhydritbaustoffen bei 40 °C.

Die massebezogene Feuchte des Stoffes in Prozent wird nach folgender Formel ermittelt:

$$u_m = \frac{G_F - G_{tr}}{G_{tr}}$$

mit

u_m massebezogene Feuchte
G_F Masse des Stoffes in feuchtem Zustand
G_{tr} Masse des Stoffes in trockenem Zustand

Durch diese Messmethode wird das freie Wasser in Baustoffen vollständig erfasst. Es entstehen reproduzierbare und genaue Ergebnisse.

Die erste Messung erfolgt nach 2 Stunden, die zweite Messung nach 4 und die dritte Messung nach 6 Stunden.

Die Gewichtskonstanz gilt als erreicht, wenn sich die Masse der Probe gegenüber der vorherigen Wägung im Abstand von 6 Stunden um nicht mehr als 0,1 % geändert hat.

Zusätzlich zu der Materialfeuchte in Masseprozent lässt sich die Eintauchsättigungsfeuchte Wv in Masse-% durch Eintauchen in Wasser über einen Zeitraum von 68 Stunden ermitteln.

2.18.7 Feuchtigkeitsbestimmung von Baustoffen mit dem CM-Messgerät

Für die mobile Feuchtigkeitsbestimmung von mineralischen Baustoffen ist das CM-Messgerät praxisbewährt (siehe Abb. 2.80). Aus dem zu prüfenden Bauteil wird das Prüfgut herausgetrennt und direkt in einer Mörserschale pulverförmig zerkleinert.

Abgewogen mit einer Präzisionsfederwaage, wird eine vordefinierte Menge des Prüfgutes (10, 20 oder 50 Gramm) in eine Edelstahldruckflasche abgefüllt. Zugeführt werden 3 unterschiedlich große Stahlkugeln. Zum Schluss wird außerdem eine Glasampulle mit Calciumcarbid in die Flasche eingebracht, die dann druckfest verschlossen wird.

Durch kräftiges Schütteln der Stahlflasche wird die Glasampulle durch die Stahlkugeln zertrümmert und das Calciumcarbid freigesetzt.

Nach der Formel

$2\,H_2O + CaC_2$	→	$Ca(OH)_2 + C_2H_2$
(Wasser im Baustoff + Calciumcarbid)	→	(Calciumhydroxid + Acetylen)

reagiert das in der Probe enthaltene Wasser mit dem Calciumcarbid unter Bildung von Acetylen. Durch die Reaktion entsteht ein Gasdruck in der Messflasche. Anhand des am Manometer ablesbaren Druckanstiegs wird der Wassergehalt der Probe ermittelt. Er kann direkt auf einer der 3 Skalen des Manometers abgelesen werden, die speziell für das Gewicht des Prüfguts kalibriert worden sind (10, 20 oder 50 g).

Gegenüber der Feuchtigkeitsbestimmung mit dem elektronischen Messgerät ist das CM-Verfahren genauer, da die Wassermenge der Probe exakter bestimmt wird.

Andererseits ist die gravimetrische Feuchtigkeitsbestimmung präziser als die CM-Messung, da sie auch das chemisch locker gebundene Wasser erfasst.

2.18.8 Messung des Ausgleichsfeuchtegehalts von Baustoffen

Unter Ausgleichsfeuchtegehalt wird der Feuchtegehalt in den Poren eines Baustoffs verstanden, der bei der Untersuchung genügend ausgetrockneter Bauten, die zum dauernden Aufenthalt von Personen dienen, in 90 % aller Fälle nicht überschritten wird oder der nach E DIN EN ISO 12570 bestimmte Feuchtegehalt. Die Ausgleichsfeuchten gängiger Baustoffe sind in DIN EN 12524 aufgelistet.

Mit den verschiedenen Messmethoden zur Bestimmung des Feuchtegehalts von Baustoffen lässt sich die Abweichung der Ist-Materialfeuchte von der Soll-Ausgleichsfeuchte ermitteln.

Mit elektronischen Messgeräten in Verbindung mit Klimamesssonden lässt sich die relative Luftfeuchte innerhalb von Bohrlöchern in Bauteilen bestimmen (siehe Abb. 2.81). Nach Herstellung des Bohrlochs wird die Messsonde eingeführt und umlaufend gegenüber der Umgebungsluft mit Knetmasse abgedichtet. Allmählich stellt sich dann im Bohrloch eine messbare relative Luftfeuchte ein, die dem Klima und damit der aktuellen Ausgleichsfeuchte innerhalb der Baustoffporen entspricht.

Abb. 2.81: Klimamessung mit Messsonde in einem Bohrloch

Abb. 2.82: Protimeter MMS 2 als Thermohygrometer

2.19 Temperatur- und Luftfeuchtemessung

2.19.1 Klimamessungen

Protimeter MMS 2

Das Gerät erlaubt die Messung der relativen Luftfeuchte und der Lufttemperatur mit einer eingebauten Klimamesssonde (siehe Abb. 2.82). Im Gerät befinden sich außerdem ein Infrarot-Oberflächenthermometer und eine kapazitive Hochfrequenzmesssonde. Als zusätzliche Messsonden sind u. a. ein Oberflächenkontaktthermometer und eine Einschlagmesssonde für die elektrische Widerstandsmessung verfügbar.

Die Messgenauigkeit der Bedienungsanleitung zum Protimeter MMS wird vom Gerätehersteller (Amphenol Thermometrics, Inc., 2014) wie folgt angegeben:

„9. Technische Daten

9.1 Betriebsbedingungen

Betriebstemperaturbereich
Nur Messgerät 0 ° bis –50 °C
Feuchtigkeit 0 bis 95 %, nicht kondensierend

9.2 Messspezifikationen

9.2a Feuchtemessung

Hygrostick-Daten (Nennwerte)
Relative Luftfeuchtigkeit
30 % bis 40 % RH Genauigkeit ± 3 % RH bei 20 °C
41 % bis 98 % RH Genauigkeit ± 2 % RH bei 20 °C
Temperatur
Bereich –10 °C bis 50 °C Genauigkeit ± 0,3 °C

Short Quickstick-Daten (Nennwerte)
Relative Luftfeuchtigkeit
0 % bis 10 % RH Genauigkeit ± 3 % RH bei 20 °C
10 % bis 90 % RH Genauigkeit ± 2 % RH bei 20 °C
90 % bis 100 % RH Genauigkeit ± 3 % RH bei 20 °C
Temperatur
Bereich –10 °C bis 50 °C Genauigkeit ± 0,3 °C

9.2b Feuchtigkeitsmessung

Für integrierte und dezentrale Stift-Messköpfe

Integrierte Stifte
Stabile und zuverlässige integrierte WME-Stifte mit Abdeckung
Keine Beeinflussung von Messwerten durch Oberflächenfeuchtigkeit
Stift (% WME) 8 % bis 100 %, Messwerte über 30 % sind relativ

Nicht invasiv (HF)
Bis zu 15 mm tief 60 bis 999 (relativ)
Toleranz ± 10 relative Skala

9.2c Oberflächentemperatur

Thermistorbasierter, nicht integrierter dezentraler Messkopf
Bereich –20 °C bis +80 °C
Genauigkeit ± 1,5 °C

IR-basiert – mit Verhältnis 12 : 1 (D : S) – mit Laserpointer
Bereich –10 °C bis +50 °C
Genauigkeit ± 2 °C @ 25 °C"

Stationäre Klimamessung Testo 445/Klimamesssonde

Mit einem elektronischen Messgerät der Marke Testo 445 (siehe Abb. 2.83) in Kombination mit einer Klimamesssonde RFT werden die Werte der relativen Raumluftfeuchte, der Raumlufttemperatur und der Außenlufttemperatur stationär gemessen. Stationäre Klimamessungen beschreiben einen einmaligen Zustand während des Messvorgangs. Die klimatischen Verhältnisse eines Bauteils und seiner Umgebung werden ausschließlich für diesen Zeitpunkt festgehalten. Vorangegangene und nachfolgende tages- oder jahreszeitliche Klimaschwankungen bleiben unberücksichtigt.

Der Hersteller macht folgende Angaben zum Feuchte-/Temperaturfühler:

Messbereich relative Luftfeuchte:	0 bis +100 % rF
Messbereich Temperatur:	–20 bis +70 °C
Messgenauigkeit:	± 2 % rF (+2 bis +98 % rF) ± 0,4 °C (+0,1 bis +50 °C) ± 0,5 °C (20 bis 0 °C) ± 0,5 °C (+50,1 bis +70 °C)

Abb. 2.83: Elektronisches Messgerät Testo 445 mit Feuchte-/Temperaturfühler RFT zur gleichzeitigen Erfassung der relativen Luftfeuchte in Prozent und der Lufttemperatur in °C

Abb. 2.84: Berührungslose Messung der Oberflächentemperatur mit der Infrarot-Thermometer-Messsonde

2.19.2 Oberflächentemperaturmessung mit dem Infrarot-Thermometer

Oberflächentemperaturen können berührungslos mit dem Infrarot-Thermometer (siehe Abb. 2.84) gemessen werden. Der Abstand zum Messobjekt kann dabei einige Dezimeter betragen, sodass auch Geschossdeckenunterseiten und Raumecken ohne Hilfsmittel überprüft werden können. Infrarot-Thermometer sind für polierte und metallische Oberflächen nicht geeignet. Hier kann mit Kontakt-Thermometern eine größere Messgenauigkeit erzielt werden, die zur Messung unmittelbar auf die Prüffläche aufgesetzt werden.

GANN-Messsonde IR

Die Messgenauigkeit der GANN-Messsonde IR bei 20 °C beträgt ± 0,5 °C, bei 50 °C beträgt sie ± 1,0 °C.

Abb. 2.85: Infrarot-Thermometer mit Laserpointer, der die Mitte des kreisrunden Messfelds markiert

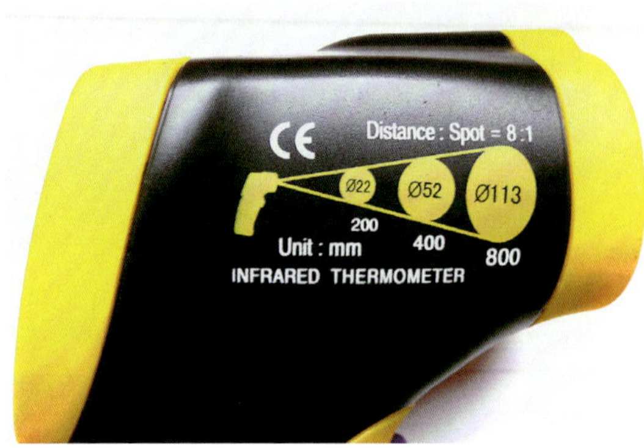

Abb. 2.86: Infrarot-Thermometer mit Laserpointer. Der tatsächliche Messbereich wird seitlich dargestellt.

Trotec-Infrarot-Thermometer

Einige Geräte verfügen über ein Pilotlicht, um den Messpunkt am Objekt zu markieren. Das Pilotlicht markiert jedoch nicht den Messpunkt, sondern die Mitte des Messfelds. Die tatsächliche Größe des Messfelds lässt sich am Gerät ablesen. Bei einem Objektabstand von 80 cm wird bei einem Verhältnis des Abstands zum Messfeld von 8 : 1 eine kreisrunde Oberfläche mit einem Durchmesser von 11,3 cm erfasst (siehe Abb. 2.85 und 2.86).

Der Hersteller macht zu dem Gerät folgende Angaben:

Temperaturbereich:	–30 °C bis +260 °C
maximale Genauigkeit:	± 2 °C oder ±2 % vom Messwert
Auflösung:	0,1 °C
Ansprechzeit:	≤ 1 Sekunde
spektrale Empfindlichkeit:	8 bis 14 μm
Emissionsgrad:	0,95
Verhältnis Entfernung zu Messfleckdurchmesser:	8 : 1

2.19.3 Oberflächentemperaturmessung mit dem Kontakt-Thermometer

Oberflächentemperaturen von metallisch glänzenden Flächen können mit einer Kontakt-Thermometer-Messsonde gemessen werden, die als Zubehör zu einem elektronischen Klimamessgerät erhältlich ist. Auch die Temperaturen auf allen anderen Oberflächen lassen sich mit einem Kontakt-Thermometer messen (siehe Abb. 2.87).

Der Temperaturmessbereich beträgt –200 bis +300 °C, die Messgenauigkeit entspricht der Klasse 2.

Abb. 2.87: Messung der Oberflächentemperatur mit der Kontaktthermometer-Messsonde

Abb. 2.88: Messung des Luftvolumenstroms an einem Einzelraumlüfter

2.20 Luftvolumenstrommessung

Die effiziente Funktion von Einzelraumlüftern in Wohnungen hängt von ihrem erzeugten Luftvolumenstrom ab (vgl. Tabelle 1.44). Beeinträchtigungen entstehen sowohl alterungsbedingt als auch durch verstopfte Vliesfilter als Folge einer unzureichenden Wartung.

Die grundsätzliche Funktionsfähigkeit kann im Hörbefund festgestellt oder mit Rauchstäbchen visualisiert werden. Die Beschaffenheit des Vliesfilters kann nach Entfernung der raumseitigen Abdeckung geprüft werden. Die Luftvolumenmenge wird mithilfe eines Anemometers über Bestimmung der Strömungsgeschwindigkeit bei bekanntem Kanalquerschnitt ermittelt. Für Strömungsmessgeräte werden spezielle Messtrichter eingesetzt, bei denen in eine werkseitige Bohrung von unten her ein Anemometerfühler eingeführt wird. Entweder durch Umrechnung oder über Trichterfaktoren, die in das Messgerät eingegeben werden, wird der Luftvolumenstrom ermittelt (siehe Abb. 2.88).

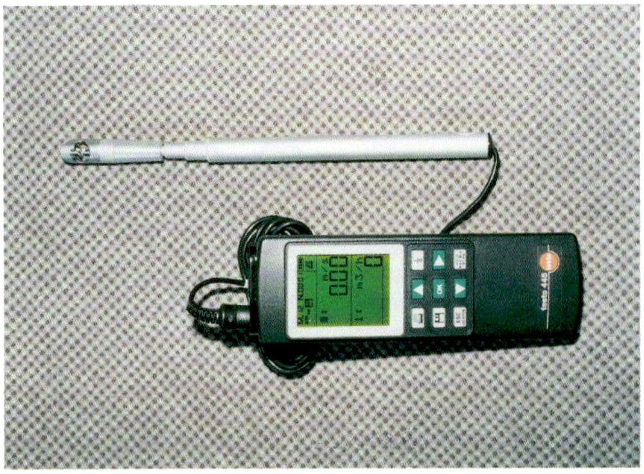

Abb. 2.89: Messgerät mit Anemometer-Messsonde

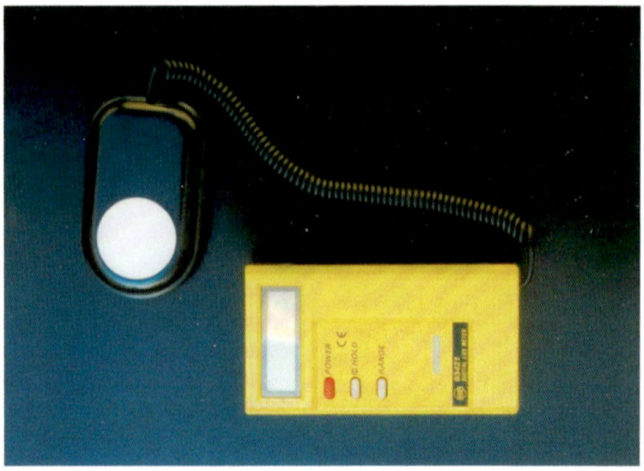

Abb. 2.90: Luxmessgerät mit Messkalotte

2.21 Luftgeschwindigkeitsmessung

Luftgeschwindigkeiten in Räumlichkeiten oder in Luftkanälen von Klima- und Lüftungsanlagen werden mit dem Flügelrad-Anemometer oder mit dem Hitzedraht-Kugelkopf-Anemometer gemessen (siehe Abb. 2.89).

2.22 Beleuchtungsstärkenmessung mit Luxmeter

Für die Bestimmung der Beleuchtungsstärke in Räumen und im Freien werden Handgeräte verwendet, die in schaltbaren Messbereichen Ergebnisse liefern können (siehe Abb. 2.90).

2.23 Prüfverfahren als Fremdüberwachung

Blower-Door-Prüfverfahren

Die Messung der Luftdichtigkeit von Gebäuden lässt sich mit dem sog. Blower-Door-Prüfverfahren durchführen.

Bei diesem Prüfverfahren wird eine sog. „blower door" in einen Türrahmen luftdicht eingesetzt. Mithilfe dieser „Gebläsetür" wird dann nach hermetischer Abschottung anderer Zugänge und Fugen ein Unterdruck von 50 Pa (entspricht Windstärke 5 bis 6) im Gebäudeinneren erzeugt. Das Gebläse führt den Volumenstrom ab, der durch Fugen, Löcher und andere Undichtigkeiten nachströmt. Diese stündlich abgeführte Luftmenge bezogen auf das zu beheizende Raumvolumen des Gebäudes ergibt die **Luftwechselrate**.

Die Mängelstellen, Undichtigkeiten, werden mit einem Anemometer (Windgeschwindigkeitsmessgerät) aufgespürt.

Zur Luftdichtheit der Gebäudehülle siehe Band 1, Kapitel 6.14.

Schallmessungen

Bei begründeten Verdachtsmomenten kann im Zuge einer Abnahmevorbereitung auch die Einschaltung eines Prüfinstitutes für die schalltechnische Überprüfung von Bauteilen sinnvoll sein, um die Einhaltung der vertraglich vereinbarten oder der mindestens erforderlichen Schalldämmwerte zwischen unterschiedlichen Wohn- und Arbeitsbereichen zu kontrollieren.

Messungen werden durchgeführt zur Überprüfung von:

- Luftschall,
- Trittschall,
- Schallübertragung aus gebäudetechnischen Anlagen (Fließ- und Armaturengeräusche).

In DIN 4109-1:2016-07 „Schallschutz im Hochbau – Teil 1: Mindestanforderungen" sind die Mindestanforderungen an den Schallschutz festgelegt, die erfüllt sein müssen, um unzumutbare Belästigungen zu vermeiden. Diese Norm spiegelt aber nicht in vollem Umfang die anerkannten Regeln der Technik wider. In der VDI 4100 „Schallschutz im Hochbau – Wohnungen – Beurteilung und Vorschläge für einen erhöhten Schallschutz" (2012) finden sich weitere Anforderungen, getrennt nach den Schallschutzstufen I, II und III. Diese Anforderungen können als Anhaltspunkte für den objektspezifisch geschuldeten Schallschutz dienen, wie der Bundesgerichtshof (BGH) geurteilt hat.

BGH, Urteil vom 14.06.2007 – VII ZR 45/06 (aus den Leitsätzen):

„*a) Welcher Schallschutz für die Errichtung von Doppelhäusern geschuldet ist, ist durch Auslegung des Vertrages zu ermitteln. Wird ein üblicher Qualitäts- und Komfortstandard geschuldet, muss sich das einzuhaltende Schalldämm-Maß an dieser Vereinbarung orientieren. Die Schalldämm-Maße der DIN 4109 können schon deshalb nicht herangezogen werden, weil sie lediglich Mindestanforderungen zur Vermeidung unzumutbarer Belästigungen regeln. Anhaltspunkte können aus den Regelwerken die Schallschutzstufen II und III der VDI-Richtlinie 4100 aus dem Jahre 1994 oder das Beiblatt 2 zu DIN 4109 liefern.*

b) Vertraglichen Erklärungen des Unternehmers, die Mindestanforderungen an den Schallschutz würden überschritten oder es werde optimaler Schallschutz erreicht, kann eine vertragliche Wirkung nicht deshalb aberkannt werden, weil aus ihnen das Maß des geschuldeten Schallschutzes nicht bestimmbar sei. Das Gericht muss unter Berücksichtigung der gesamten Vertragsumstände das geschuldete Maß ermitteln.

c) Können durch die vereinbarte Bauweise bei einwandfreier, den anerkannten Regeln der Technik entsprechender Bauausführung höhere Schallschutzwerte erreicht werden, als sie sich aus den Anforderungen der DIN 4109 ergeben, sind diese Werte unabhängig davon geschuldet, welche Bedeutung den Schalldämm-Maßen der DIN 4109 sonst zukommt.

d) Bei gleichwertigen, nach den anerkannten Regeln der Technik möglichen Bauweisen darf der Besteller angesichts der hohen Bedeutung des Schallschutzes im modernen Haus- und Wohnungsbau erwarten, dass der Unternehmer jedenfalls dann diejenige Bauweise wählt, die den besseren Schallschutz erbringt, wenn sie ohne nennenswerten Mehraufwand möglich ist."

BGH, Urteil vom 04.06.2009 – VII ZR 54/07 (aus den Gründen):

„*(...) Welchen Schallschutz die Parteien eines Vertrages über den Erwerb einer Eigentumswohnung vereinbart haben, richtet sich in erster Linie nach der im Vertrag getroffenen Vereinbarung. Der Senat hat in seinem nach Erlass des Berufungsurteils veröffentlichten Urteil vom 14.06.2007 (VII ZR 45/06, BGHZ 172, 346) darauf hingewiesen, dass insoweit die im Vertrag zum Ausdruck gebrachten Vorstellungen von der Qualität des Schallschutzes, also der Beeinträchtigung durch Geräusche, maßgeblich sind. Vorzunehmen ist eine Gesamtabwägung, in die nicht nur der Vertragstext einzubeziehen ist, sondern auch die erläuternden und präzisierenden Erklärungen der Vertragsparteien, die sonstigen vertragsbegleitenden Umstände, die konkreten Verhältnisse des Bauwerks und seines Umfeldes, der qualitative Zuschnitt, der architektonische Anspruch und die Zweckbestimmung des Gebäudes zu berücksichtigen sind (BGH, Urteil vom 14.06.2007 – VII ZR 45/06, a. a. O.). Der Senat hat auch darauf hingewiesen, dass der Erwerber einer Wohnung oder Doppelhaushälfte mit üblichen Komfort- und Qualitätsansprüchen in der Regel einen diesem Wohnraum entsprechenden Schallschutz erwarten darf und sich dieser Schallschutz nicht aus den Schalldämm-Maßen nach DIN 4109 ergibt. Denn die Anforderungen der DIN 4109 sollen nach ihrer in Ziffer 1 zum Ausdruck gebrachten Zweckbestimmung Menschen in Aufenthaltsräumen lediglich vor unzumutbaren Belästigungen durch Schallübertragung schützen. Das entspricht in der Regel nicht einem üblichen Qualitäts- und Komfortstandard. Der Senat hat ferner darauf hingewiesen, dass die Schallschutzanforderungen der DIN 4109 hinsichtlich der Einhaltung der Schalldämm-Maße nur insoweit anerkannte Regeln der Technik darstellen, als es um die Abschirmung von unzumutbaren Belästigungen geht. Soweit weitergehende Schallschutzanforderungen an Bauwerke gestellt werden, wie z. B. die Einhaltung eines üblichen Komfortstandards oder eines Zustandes, in dem die Bewohner ‚im Allgemeinen Ruhe finden', sind die Schalldämm-Maße der DIN 4109 von vornherein nicht geeignet, als anerkannte Regeln der Technik zu gelten. Insoweit können aus den Regelwerken die Schallschutzstufen II und III der VDI-Richtlinie 4100 aus dem Jahre 1994 oder das Beiblatt 2 zur DIN 4109 Anhaltspunkte liefern."*

Die VDI-Richtlinie 4100 „Schallschutz von Wohnungen – Kriterien für Planung und Beurteilung" (2012) geht mit ihren Schallschutzstufen II und III über die Anforderungen der DIN 4109 hinaus:

„Einleitung

Zurzeit werden die Normen DIN 4109-1 bis -4 als Entwurf vorbereitet und deshalb kann VDI 4100 als ergänzendes Regelwerk den erhöhten Schallschutz aktualisiert anpassen.

Der Schallschutz in Gebäuden hat große Bedeutung für die Gesundheit und das Wohlbefinden der sich darin aufhaltenden Menschen.

Besonders wichtig ist der Schallschutz im Wohnungsbau, da Wohnungen den Menschen zur Entspannung und zum Ausruhen dienen sollen und die Privat- und Intimsphäre des eigenen Bereichs zwischen den Nachbarn gewährleisten soll [sic].

Ebenso wichtig ist der Schallschutz jedoch auch in Gebäuden, die wohnungsgleich oder wohnungsähnlich genutzt werden, z. B. Altenwohnheime, Studentenwohnheime, Gebäude für betreutes Wohnen und Pflegeheime.

Bei der Planung bzw. Entscheidung über die Höhe des gewünschten baulichen Schallschutzes sollen sich die Beteiligten bewusst sein, dass dies eine der wichtigsten Anforderungen an eine Wohnung für das tägliche Leben im menschlichen Alltag darstellt:

- *Eine Wohnung muss die Privatsphäre von Menschen in ihren unterschiedlichen Erscheinungsformen schützen: Es muss sowohl die Möglichkeit des Alleinseins, der Intimität, aber auch der Geborgenheit gegeben sein.*
- *Die Güte einer Wohnung bestimmt sich durch den Grad, in dem sie Individualität und damit die persönliche Entfaltung der Bewohner zu verwirklichen gestattet.*
- *Die Wohnung soll die Pflege einer guten Nachbarschaft ermöglichen.*

- *DIN 4109 legt nur Anforderungen im Sinne von Mindestanforderungen an die schalldämmenden Bauteile fest, die zur Wahrung des Gesundheitsschutzes für Bewohner notwendig und daher bauaufsichtlich verbindlich sind.*

Bei Einhaltung der in DIN 4109 festgelegten Anforderungen kann jedoch nicht erwartet werden, dass Geräusche von außen oder aus fremden benachbarten Räumen nicht mehr wahrgenommen werden. Diese Anforderungen setzen voraus, dass in benachbarten Räumen keine ungewöhnlich starken Geräusche verursacht werden, und erfordern eine gegenseitige Rücksichtnahme durch Vermeidung unnötigen Lärms.

DIN 4109 beschreibt keine Anforderungsniveaus, die über das oben genannte Schutzziel hinausgehen (z. B. Komfort, Lebensqualität) und die ebenfalls mit gängigen Bauarten erreicht werden können.

Bei größerem Schutzbedürfnis und/oder bei besonders geringem Hintergrundgeräuschpegel (Grundgeräuschpegel) kann ein über die Anforderungen der DIN 4109 hinausgehender, höherer Schallschutz erforderlich sein. Hierdurch kann eine Beeinträchtigung durch Schallübertragung weiter gemindert werden.

In Ergänzung zu den Mindestanforderungen an den Schallschutz nach dem derzeitigen Entwurf der DIN 4109-1 werden nach dieser Richtlinie zusätzliche Schallschutzstufen (SSt) für die Planung und Bewertung des Schallschutzes von Gebäuden definiert. Mithilfe dieser Gütestufen kann der gewünschte Schallschutz zwischen den am Bau Beteiligten und den Bauherren vereinbart werden, siehe Abschnitt 7.

Wird erhöhter Schallschutz nach den in dieser Richtlinie aufgeführten Schallschutzstufen SSt I bis SSt III vereinbart, muss dieser bereits bei der Planung des Gebäudes berücksichtigt werden. Bei der Ausführung ist eine enge Abstimmung zwischen den beteiligten Gewerken erforderlich.

Mit den in dieser Richtlinie beschriebenen Schallschutzstufen als Gesamtbewertungskriterium sollen dem Anwender einfache Entscheidungshilfen gegeben werden, mit deren Hilfe er den gewünschten, in Teilbereichen (z. B. Luftschallschutz, Trittschallschutz, Geräusche aus gebäudetechnischen Anlagen) aufeinander abgestimmten Schallschutz erreichen kann.

1 Anwendungsbereich

Diese Richtlinie enthält in Ergänzung zu den – im Sinne des Gesundheitsschutzes – in DIN 4109: 1989-11 festgelegten Anforderungen an die Schalldämmung trennender Bauteile – Empfehlungen für einen erhöhten Schallschutz im Sinne der Vertraulichkeit und eines höheren Komforts in Gebäuden mit Wohnungen oder wohnungsähnlichen Räumen, die ganz oder teilweise dem Aufenthalt von Menschen dienen.

Die Kennwerte dieser Richtlinie gelten zum Schutz gegen

- *Luft- und Trittschall aus fremden Räumen (z. B. Nachbarwohnungen), die bei deren bestimmungsgemäßem Gebrauch entstehen,*
- *Geräusche von TGA-Anlagen, die nicht im eigenen Bereich montiert sind, sowie aus Gewerbe- und Industriebetrieben im selben oder in baulich damit verbundenen Gebäuden,*
- *Außenlärm, z. B. Verkehrslärm und Lärm aus Gewerbe- und Industriebetrieben, die nicht mit den schutzbedürftigen Aufenthaltsräumen baulich verbunden sind,*
- *Luft- und Trittschall im eigenen Bereich*

und bilden die Grundlage für Baukonstruktionen bei Neubauten sowie gegebenenfalls baulichen Änderungen an Bauten im Bestand.

Schutzbedürftige Räume im Sinne dieser Richtlinie sind gegen Geräusche zu schützende Aufenthaltsräume, das heißt in Wohnungen alle Räume mit einer Grundfläche ≥ 8 m².

Wegen der gewünschten Vertraulichkeit und Intimität werden in dieser Richtlinie auch Bäder (mit einer Grundfläche ≥ 8 m²) als schutzbedürftige Räume betrachtet.

Anmerkung: Für die häufig zu Beschwerden führenden Nutzergeräusche (z. B. Abstellen eines Zahnputzbechers auf eine Abstellplatte, Öffnen und Schließen des WC-Deckels, Spureinlauf, Rutschen in der Badewanne, Zuschlagen der Türen – auch von Wand- und Einbauschränken usw.) wurden auch für die Schallschutzstufen SSt II und SSt III keine Kennwerte festgelegt, da diese Geräusche sehr schlecht reproduzierbar sind und von der jeweiligen Bausituation abhängen. Es wird jedoch davon ausgegangen, dass diese Geräusche – bei bestimmungsgemäßer Nutzung – durch Verwendung üblicher Maßnahmen zur Körperschalldämmung bei der Montage von Sanitärausstattungsgegenständen und Schränken so weit wie möglich gemindert werden. (...)

4 Schallschutzstufen gegenüber fremden Wohnungen

4.1 Allgemeines

Es werden drei Schallschutzstufen (SSt) unterschieden.

Die Wahrnehmung üblicher Geräusche aus Nachbarwohnungen und die Zuordnung zu den unterschiedlichen Schallschutzstufen ist in Tabelle 1 [vgl. Tabelle 2.4] *in Abschnitt 4.6 dargestellt.*

Wohnungen, die nicht wenigstens die Empfehlungen der Schallschutzstufe SSt I erreichen, werden in dieser Richtlinie nicht behandelt.

Die Qualität des subjektiv empfundenen Schallschutzes der einzelnen Stufen wird in Abschnitt 4.2 bis Abschnitt 4.4 und in Abschnitt 4.6, Tabelle 1 [vgl. Tabelle 2.4] *erläutert. Damit werden die sich im Allgemeinen einstellenden subjektiven Eindrücke nach dem gegenwärtigen Erkenntnisstand beschrieben. Sie geben unter Berücksichtigung der Randbedingungen die Erfahrungen aus der Praxis wieder.*

4.2 Schallschutzstufe SSt I

Die Schallschutzstufe SSt I beschreibt ein akustisch begründetes Niveau von Wohnungen mit geringem Grundgeräuschpegel, womit Belästigungen in benachbarten Wohnräumen auf ein erträgliches Maß abgesenkt werden. Sie sollte man bei einer (neu erstellten) Wohnung erwarten können, bei welcher die Ausführung und Ausstattung gegenüber einer einfachsten Ausführung und Ausstattung angehoben ist.

Angehobene Sprache aus fremden Nachbarräumen ist im Allgemeinen kaum verstehbar.

Anmerkung: In Mehrfamilienhäusern sind die Empfehlungen für einen erhöhten Schallschutz der SSt I gegenüber den Mindestwerten der E DIN 4109-1:2009-07 um 3 dB höher.

4.3 Schallschutzstufe SSt II

Die Schallschutzstufe SSt II ist beispielsweise bei einer Wohnung zu erwarten, die auch in ihrer sonstigen Ausführung und Ausstattung durchschnittlichen Komfortansprüchen genügt.

Für die Schallschutzstufe SSt II sind Werte angegeben, bei deren Einhaltung die Betroffenen, übliche Gegebenheiten der Umgebung vorausgesetzt, im Allgemeinen Ruhe finden und ihre Verhaltensweisen nicht besonders einschränken müssen, um Vertraulichkeit zu wahren.

Angehobene Sprache aus fremden Nachbarräumen ist in der Regel wahrzunehmen, aber im Allgemeinen nicht verstehbar.

Anmerkung: Zur Wahrung der Vertraulichkeit wird empfohlen, den Zugang durch die Wohnungseingangstür über einen Flur oder eine Diele zu führen. Ein direkter Zugang vom Treppenraum zu einem Aufenthaltsraum wird nicht empfohlen.

4.4 Schallschutzstufe SSt III

Die Schallschutzstufe SSt III ist beispielsweise bei einer Wohnung zu erwarten, die auch in ihrer sonstigen Ausführung und Ausstattung sowie Lage besonderen Komfortansprüchen genügt.

Bei Einhaltung der Kennwerte der Schallschutzstufe SSt III können die Betroffenen ein hohes Maß an Ruhe finden. Geräusche von außen sind kaum wahrzunehmen. Der Schutz der Privatsphäre ist auch bei lauter Sprache weitestgehend gegeben. Die Sprache ist gegenüber SSt II deutlich schlechter zu verstehen, Sprache mit angehobener Sprechweise ist aus fremden Nachbarräumen nicht verstehbar.

Besonders laute Störgeräusche (z. B. Musikinstrumente, Tonwiedergabegeräte) können beim Nachbarn kaum hörbar wahrgenommen werden.

Anmerkung 1: Es wäre nur mit ungewöhnlich hohem technischen Aufwand möglich, einen solchen baulichen Schallschutz zu erreichen, dass Geräusche der Nachbarn nicht mehr hörbar sind, selbst wenn diese laut sind, Klavier spielen oder Tonwiedergabegeräte mit hoher Lautstärke betreiben.

Anmerkung 2: Zur Wahrung der Vertraulichkeit ist es in der Regel erforderlich, den Zugang durch die Wohnungseingangstür über einen Flur oder eine Diele zu führen. Ein direkter Zugang vom Treppenraum zu einem Aufenthaltsraum ist zu vermeiden.

4.5 Schallschutzstufen SSt EB I und SSt EB II

Höhere Anforderungen an den Schallschutz im eigenen Bereich werden mit den Schallschutzstufen SSt EB gekennzeichnet.

SSt EB I bedeutet, dass ein gewisser Schallschutz auch im eigenen Bereich gewünscht wird.

SSt EB II bedeutet, dass auch im eigenen Bereich höherer Schallschutz gewünscht wird.

5 Empfehlungen für die Schallschutzstufen

Die Empfehlungen für den baulichen Schallschutz der unterschiedlichen Schallschutzstufen sind in der nachstehenden Tabelle 2 [vgl. Tabelle 2.5] *und Tabelle 3* [vgl. Tabelle 2.6] *angegeben.*

6 Verbesserter Schallschutz innerhalb von Wohnungen

Wird innerhalb einer Wohnung oder innerhalb eines Einfamilienhauses – wegen unterschiedlicher Nutzung oder Schallquellen in einzelnen Räumen, unterschiedlicher Arbeits- und Ruhezeiten einzelner Bewohner oder wegen sonstiger erhöhter Schutzbedürftigkeit – besonderer Wert auf einen guten Schallschutz gelegt, z. B. zwischen Schlaf- und Kinderzimmer, so sollen die in Tabelle 4 [vgl. Tabelle 2.7] *vorgeschlagenen Empfehlungen vereinbart werden.*

Dabei ist vorab sorgfältig zu prüfen, ob bei dem geplanten Grundriss und der vorgesehenen Bauweise eine derartige Vereinbarung sinnvoll und möglich ist. Bei ‚offener Bauweise' lassen sich die Empfehlungen der Tabelle 4 [vgl. Tabelle 2.7] *im Allgemeinen nicht erreichen."*

Tabelle 2.6: Empfohlene Schallschutzwerte der Schallschutzstufen (SSt) in Einfamilien-Doppel- und Einfamilien-Reihenhäusern nach VDI 4100 „Schallschutz von Wohnungen – Kriterien für Planung und Beurteilung" (2012), Tabelle 3

Spalte	**1**	**2**	**3**	**4**	**5**	**6**	**7**
Zeile	**Schallschutzkriterium**			**kennzeichnende akustische Größe in dB**	**SSt I**	**SSt II**	**SSt III**
1	Luftschallschutz	Einfamilien-Doppel- und Einfamilien-Reihenhäuser		$D_{nT,w}$	≥ 65	≥ 69	≥ 73
2	Trittschallschutz	Einfamilien-Doppel- und Einfamilien-Reihenhäuser	horizontal oder diagonal	$L'_{nT,w}$[1)]	≤ 46	≤ 39	≤ 32
3	gebäudetechnische Anlagen (einschließlich Wasserversorgungs- und Abwasseranlagen gemeinsam)	Einfamilien-Doppel- und Einfamilien-Reihenhäuser		$\overline{L_{AFmax,nT}}$[2)]	≤ 30	≤ 25	≤ 22
4	Luftschallschutz gegen Außenlärm in schutzbedürftigen Räumen	Einfamilien-Doppel- und Einfamilien-Reihenhäuser		res. R'_w[5)] (res. $D_{nT,w}$)[4)]	[3)]	[3)]	[3)] +5 dB

[1)] gilt auch für die Trittschallübertragung von Balkonen, Loggien, Laubengängen und Terrassen in fremde schutzbedürftige Räume

[2)] Einzelne kurzzeitige Geräuschspitzen, die beim Betätigen (Öffnen, Schließen, Umstellen, Unterbrechen u. Ä.) der Armaturen und Geräte der Wasserinstallation entstehen, sollen die Kennwerte der SSt II und SSt III um nicht mehr als 10 dB übersteigen. Dabei wird eine bestimmungsgemäße Benutzung vorausgesetzt.

[3)] siehe Regelungen in DIN 4109:1989-11, Abschnitt 5

[4)] ohne Korrektur nach DIN 4109:1989-11, Abschnitt 5.2, Tabelle 9

[5)] mit Bezug auf Außenbauteile, die aus mehreren Teilflächen unterschiedlicher Schalldämmung bestehen

Tabelle 2.7: Empfohlene Schallschutzwerte für höheren Schallschutz innerhalb von Wohnungen und Einfamilienhäusern nach VDI 4100 „Schallschutz von Wohnungen – Kriterien für Planung und Beurteilung" (2012), Tabelle 4

Spalte	**1**	**2**	**3**	**4**	**5**
Zeile	**Schallschutzkriterium**		**kennzeichnende akustische Größe in dB**	**SSt EB I**	**SSt EB II**
1	Luftschallschutz	horizontal (Wände ohne Türen) und vertikal	$D_{nT,w}$	48	52
2	Luftschallschutz	bei offenen Grundrissen Wand mit Tür zum getrennten Raum	$D_{nT,w}$	26	31
3	Trittschallschutz	Decken, Treppen im abgetrennten Treppenraum[2)]	$L'_{nT,w}$	53	46
4	gebäudetechnische Anlagen einschließlich Wasserversorgungs- und Abwasseranlagen gemeinsam für die Ver- und Entsorgung des eigenen Bereichs		$\overline{L_{AFmax,nT}}$ [1) 3)]	35	30

[1)] Dies gilt nicht für Geräusche von im eigenen Bereich fest installierten technischen Schallquellen (Heizungs-, Lüftungs- und Klimaanlagen), die – im üblichen Betrieb – vom Bewohner beeinflusst, d. h. selbst betätigt bzw. in Betrieb gesetzt werden. Bei offenen Grundrissen kann nicht sichergestellt werden, dass im schutzbedürftigen Raum $\overline{L_{AFmax,nT}}$ = 35 dB eingehalten werden.

[2)] oben und unten abgeschlossen

[3)] Einzelne kurzzeitige Geräuschspitzen, die beim Betätigen (Öffnen, Schließen, Umstellen, Unterbrechen u. Ä.) der Armaturen und Geräte der Wasserinstallation entstehen, sollen die Kennwerte der SSt EB I und SSt EB II um nicht mehr als 10 dB übersteigen. Dabei wird eine bestimmungsgemäße Benutzung vorausgesetzt.

Luftschallmessung

Für die Luftschallmessung wird im Senderaum ein Lautsprecher positioniert, der nach allen Richtungen hin Schall abstrahlen kann. Im Empfangsraum wird ein geeichtes Mikrofon aufgestellt, das mit der Messeinrichtung verbunden ist. Von einem Wiedergabegerät werden genormte Geräusche innerhalb verschiedener Frequenzen nacheinander an den Lautsprecher übertragen. Von dort aus entsteht ein Schalldruck, der sowohl im Senderaum als auch im Empfangsraum gemessen wird. Ferner wird das Schallschluckvermögen des Empfangsraumes gemessen und dessen Schallabsorptionsfläche A bestimmt. Die Pegeldifferenz zwischen den beiden Messergebnissen des Schalldrucks ergibt unter Berücksichtigung der Schallabsorptionsfläche und der geometrischen Beziehung zwischen den Räumen das bewertete Schalldämmmaß R'_W. Ein hoher Wert für das bewertete Schalldämmmaß R'_W weist eine gute Luftschalldämmung aus.

Eine Verdoppelung des Schalldruckpegels bedeutet nicht, dass sich die wahrnehmbare Geräuschentwicklung ebenfalls verdoppelt. Vielmehr führt im Bereich der niedrigen Schalldruckpegel bis 50 dB bereits eine Erhöhung des Schaldruckpegels um 3 dB zu einer Verdoppelung der Geräuschwahrnehmung. Bei höheren Schalldruckpegeln über 50 dB führt nach Fischer et al. (2008) eine Erhöhung um 10 dB zu einer Verdoppelung der Geräuschwahrnehmung:

„2 Grundlagen (…)

2.2 Grundbegriffe der Bauakustik

2.2.1 Messung von Schall

(…) Zwei gleich laute Schallquellen ergeben somit zusammen einen um 3 dB höheren Schallpegel. Dies entspricht zwar einer Verdopplung der Schallenergie, jedoch wird dies vom menschlichen Ohr nur bei leisen Geräuschen auch als doppelt so laut empfunden. Bei Schallpegeln über 50 dB ergibt erst eine Pegelzunahme um rund 10 dB eine Verdoppelung des subjektiven Lautstärkeeindrucks. (…)

Lautstärkeempfinden

Das menschliche Ohr ist für hohe und tiefe Frequenzen verschieden empfindlich; bei gleichen Schallpegeln werden tiefe Töne als leiser empfunden als hohe Töne. Man hat deshalb neben dem physikalischen Maß des Schallpegels L eine weitere Größe, die Lautstärke, eingeführt, welche das Lautstärkeempfinden des menschlichen Ohrs kennzeichnen soll und in phon (keine physikalische Einheit!) angegeben wird. Der ‚Lautstärkepegel' eines Schalls beträgt N phon, wenn dieser Schall von normal hörenden Beobachtern als gleich laut beurteilt wird wie ein reiner Ton der Frequenz 1000 Hz (Sinuston), dessen Schallpegel L = NdB beträgt (…).“

Trittschallmessung

Mit einem geeichten Norm-Hammerwerk werden im Senderaum Hämmer über eine Nockenwelle durch einen Elektromotor angetrieben. Dieses Hammerwerk trommelt auf der zu prüfenden Bodenfläche mit einer Normfrequenz (siehe Abb. 2.91). Im Empfangsraum wird der durch die Klopfgeräusche erzeugte Schalldruckpegel über ein geeichtes Mikrofon an die Schallmesseinrichtung übertragen und dort aufgezeichnet

Abb. 2.91: Trittschall-Normhammerwerk im Einsatz auf Treppenstufen

Abb. 2.92: Motorisch betriebenes Schwenkmikrofon zum Messen des Schallpegels im Empfangsraum

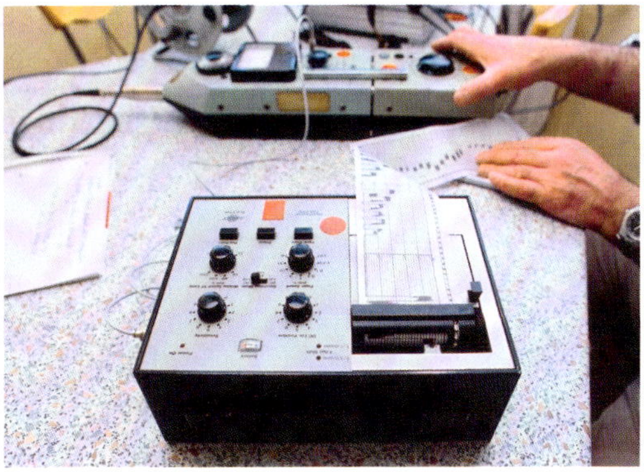

Abb. 2.93: Geräteaufbau bei der Luftschallmessung: im Hintergrund das Schallpegelmessgerät, im Vordergrund der Pegelschreiber

(siehe Abb. 2.92 und 2.93). Auch das Schallschluckvermögen des Empfangsraums wird für die spätere Beurteilung gemessen. Je niedriger der gemessene Schalldruckpegel ist, desto besser ist das Trittschallschutzmaß (TSM).

Grundlage für den Messvorgang ist die **DIN EN ISO 140-7:1978**: „Akustik – Messung der Schalldämmung in Bauten und Bauteilen – Teil 7: Messung der Trittschalldämmung von Decken in Bauten", deutsche Fassung EN ISO 140-7:1998.

Grundlage für die Auswertung ist die **DIN EN ISO 717-2:2006-11** „Akustik – Bewertung der Schalldämmung in Gebäuden und von Bauteilen – Teil 2: Trittschalldämmung (ISO 717-2:1996); deutsche Fassung EN ISO 717-2:1996 + A1:2006.

Schalldruckpegelmessung haustechnischer Anlagen und Betriebe

Die Messung des Schalldruckpegels haustechnischer Anlagen und Betriebe wird durchgeführt, indem das Messmikrofon im Empfangsraum positioniert wird, der auch gleichzeitig Senderaum ist, weil der Schalldruck durch die Inbetriebnahme der haustechnischen Anlagenteile im Raum selbst durch Resonanz angeregter Bauteile erzeugt wird.

3 Anhang

3.1 Beanstandungsliste

Der Begriff „Mängelliste“ sollte so lange nicht verwendet werden, bis bei den an der Abnahme beteiligten Parteien Einvernehmen darüber besteht, dass es sich bei den festgestellten Beanstandungen um Mängel handelt. Die Liste der Beanstandungen kann hierfür eine eigene Spalte enthalten, aus der sich ergibt, ob unstreitig Mängel vorliegen. Sie kann ferner eine Spalte enthalten, aus der hervorgeht, ob es sich bei einer Beanstandung um eine noch nicht fertiggestellte Restleistung handelt. Die Nummerierung sollte zur besseren Nachvollziehbarkeit bei der Mangelverfolgung permanent sein und sich nicht bei Wegfall einzelner Mängel automatisch anpassen. Jedem Mangel muss bis zu seiner Beseitigung eine eigenständige laufende Nummer zugeordnet werden.

Beispiel für eine Beanstandungsliste:

Beanstandungsliste BV: Große Schmach 13, 22333 Hamburg, Abnahmebegehung am 13.01.2013									
Bezeichnung		**Örtlichkeit**			**Darstellung**		**Beanstandung**		
Nr.	**Gruppe**	**Etage**	**Bereich**	**Raum**	**Foto**	**Beschreibung**	**als Mangel anerkannt**	**Rest-leistung**	**erle-digt**
1	Rohbau	1. OG	Kantine	231	1	Wand 1 nicht im Lot 16 mm auf 1 m	x		

Abb. 3.1: Am Tag vor der Abnahme

3.2 Checklisten für die Abnahme (PDF-Dateien zum Download) +

Zum Abnahmezeitpunkt hin werden die für Handwerker verfügbaren Lagerflächen deutlich eingeschränkt. Gleichwohl müssen auch diese Räume für die Abnahme geräumt werden, damit die Oberflächen ordnungsgemäß abgenommen werden können (siehe Abb. 3.1).

Die Checklisten sind aus baupraktischer Sicht vom Verfasser zusammengestellt worden, um die systematische Durchführung einer Abnahme zu erleichtern. Sie sollen helfen, die im Kapitel 1 aufgeführten Anforderungen an die Ausführung der verschiedenen Gewerke zu kontrollieren. Aufgeführt sind jeweils pro Gewerk die Mängel, die aus sachverständiger Betrachtungsweise häufig zu gerichtsanhängigen Streitigkeiten oder zu relevanten Schäden führen. Enthalten sind jeweils eine Kurzbeschreibung der zu überprüfenden Ausführung des jeweiligen Gewerks, eventuell einzuhaltende Grenzwerte mit Verweis auf die zugrunde liegenden Regelwerke und geeignete Mess- und Prüfmittel.

Schreibweisen in nach Normen und anderen Regelwerken zitierten Tabellen wurden aus Gründen der Einheitlichkeit an die Schreibweisen des Buches angepasst. Dies betrifft hauptsächlich die Bezeichnung der Fußnoten, die in den Normen überwiegend mit Buchstaben und hier im Buch einheitlich mit Zahlen bezeichnet werden. Die Abnahme-Checklisten verstehen sich als Orientierungshilfe für den Abnehmer, sie können aber nicht den Anspruch auf Vollständigkeit erfüllen, da eine Prognose über die sog. „Exoten" unter den Mängeln selbstverständlich nicht verlässlich gelingt.

Auf der Website www.bauleiter-plattform.de der Verlagsgesellschaft Rudolf Müller stehen alle Checklisten für die Abnahme dieses Buches als PDF-Dokumente zur Verfügung. Für den Zugriff auf die Checklisten benötigen Sie einen persönlichen Zugangscode.

Ihr persönlicher Zugangscode lautet: Abnahme751D#

Nach Eingabe der Webadresse www.bauleiter-plattform.de klicken Sie bitte auf den Reiter „Buchkäufer" und dort auf den Link „Exklusive Inhalte für Buchkäufer aus dem Fachbuch Abnahme von Bauleistungen – Band II, 6. Auflage". Über die Adresse www.bauleiter-plattform.de/download-abnahme-band2-6a gelangen Sie alternativ direkt zum Downloadbereich. Dort geben Sie bitte Ihren persönlichen Zugangscode ein. Mit einem Klick auf die Schaltfläche „Senden" erhalten Sie bei korrekt eingegebenem Code Zugang zu den online verfügbaren Checklisten.

Abnahme-Checkliste						
Gewerk: VOB/C ATV DIN 18352 Fliesen- und Plattenarbeiten (Kapitel 1.1)						
BV:		**Datum:**		**Bearbeiter:**		
Nr.	**Überprüfung**	**zul. Grenzwerte**		**Erl.**	**Regelwerk**	**Prüfmittel**
		min.	**max.**	✓		
1	**Prüfung der Grundlagen/Unterlagen**					
1.1	**Fußbodenheizung**: Aufheizprotokoll					
1.2	Protokoll über Prüfung der **Belegreife**					
1.3	Prüfzeugnis über **Rutschfestigkeitsklasse** bei Arbeitsstätten				ASR A1.5, März 2022, Abschnitt 3.9	
1.4	Prüfzeugnis über **Verdrängungsraum** bei Arbeitsstätten				ASR A1.5, März 2022, Abschnitt 3.10	
1.5	Prüfzeugnis **über Verschleißfestigkeit für vorgesehene Anwendung**				DIN EN 14411:2016-12, Anhang N	
1.6	Prüfzeugnis über **Fliesengüte**					
1.7	**Wartungs- und Pflegeanweisungen**					
1.8	**WDVS mit keramischen Belägen: horizontale Feldbegrenzungsfugen** – Fugenplan erstellt?		3 m		Verarbeitungsregel Hersteller, abZ, DIN 18515-1:2017-08, Abschnitt 6.3.3.3	
1.9	**WDVS mit keramischen Belägen: vertikale Feldbegrenzungsfugen** – Fugenplan erstellt?		6 m			
2	**Materialprüfung/Funktionsprüfung**					
2.1	**Fliesen**: Material gemäß Leistungsbeschreibung?					
2.2	**Fliesen**: Farbe gemäß Leistungsbeschreibung?					
2.3	**Fliesen**: Farbe gemäß Bezugsprobe?				DIN EN 12057:2015-05, Abschnitt 4.2.3.2	
2.4	**Fliesen**: Oberflächenstruktur gemäß Bezugsprobe?				DIN EN 12057:2015-05, Abschnitt 4.2.3.2	
2.5	**Fliesen**: Risse vorhanden?					
2.6	**Verfugung**: Fugenbreite gemäß Leistungsbeschreibung?					
2.7	**Verfugung**: Fugenfarbe gemäß Bemusterung?					
2.8	**Verfugung**: Fugenbild gemäß Fliesenplan?					

Gewerk: VOB/C ATV DIN 18352 Fliesen- und Plattenarbeiten (Kapitel 1.1)						
BV:		**Datum:**		**Bearbeiter:**		
Nr.	**Überprüfung**	**zul. Grenzwerte**		**Erl.**	**Regelwerk**	**Prüfmittel**
		min.	**max.**	✓		
2.9	**Dichtstofffugen**: ZGV ausreichend?				IVD-Merkblatt Nr. 1:2014-11, Abschnitt 5.1	
2.10	**Wandfliesen**: Sockelstreifen gemäß Leistungsbeschreibung vorhanden?					
2.11	**Wandfliesen**: Bordüre/Friesstreifen gemäß Leistungsbeschreibung?					
2.12	**Trennschienen**: gemäß Leistungsbeschreibung vorhanden, Edelstahl/Messing?					
3	**Prüfung der Ausführung**					
3.1	**Fliesen**: Kantenbeschädigungen, Abplatzungen, Einschlüsse?		2 mm × 2 mm oder 6 mm^2		BIV-Fachinformation 002:2017-07, Abschnitt 7.0	
3.2	**Fliesen im Außenbereich in Schwimmbädern und bei starker Beanspruchung:** beidseitiges Auftragen erfolgt? (Floating-Buttering-Verfahren)				DIN 18157-1:2017-04, Abschnitt 7.4.2, DIN 18157-3:2017-04, Abschnitt 7.4.2	
3.3	**Fliesen im Außenbereich:** weitgehend vollflächige Bettung?				DIN 18157-1:2017-04, Abschnitt 7.1	
3.4	**Großformatige Fliesen im Innenbereich:** Aufbruch?	65 %	5 mm/m		Österreichischer Fliesenverband Merkblatt 7, 1.1.2015, Abschnitt 3	
3.5	**Oberfläche**: Ebenheit Wandfliesen?				DIN 18202:2019-07, Tabelle 3	Messkeil, Wasserwaage
3.6	**Oberfläche**: Ebenheit Bodenfliesen?		4 mm/m		DIN 18202:2019-07, Tabelle 3	Messkeil, Wasserwaage
3.7	**Oberfläche Bodenfliesen**: Waagerechtigkeit?		6 mm/m		DIN 18202:2019-07, Tabelle 2	Wasserwaage
3.8	**Gefälle Bodenfliesen:** Schwimmbeckenumgänge	2 %	5 %		DGfdB-Richtlinie R 25.07:2015-08	Wasserwaage
3.9	**Gefälle Bodenfliesen:** Umkleiden	2 %	5 %		DGfdB-Richtlinie R 25.07:2015-08	Wasserwaage
3.10	**Gefälle Bodenfliesen:** Duschräume	3 %	5 %		DGfdB-Richtlinie R 25.07:2015-08	Wasserwaage
3.11	**Duschabtrennung:** Spritzschutz gewährleistet?				DIN EN 14428:2019-07, Abschnitte 3 und 4	

Gewerk: VOB/C ATV DIN 18352 Fliesen- und Plattenarbeiten (Kapitel 1.1)						
BV:		**Datum:**		**Bearbeiter:**		
Nr.	**Überprüfung**	**zul. Grenzwerte**		**Erl.**	**Regelwerk**	**Prüfmittel**
		min.	**max.**	✓		
3.12	**Oberfläche Wandfliesen**: Lotrechtigkeit?		6 mm/m		DIN 18202:2019-07, Tabelle 2	Wasserwaage
3.13	**Oberfläche**: Überzähne vorhanden? Handwerkliche Verlegetoleranz (Fliesentoleranz kommt hinzu)		1 mm		ZDB-Merkblatt Höhendifferenzen 2019-08, Abschnitt 1.1	Messkeil, Stahlschiene
3.14	**Oberfläche Normalbereich:** Überzähne vorhanden? Max. Kantenlänge 75 cm		1 mm		BIV-Merkblatt 1.05 Überzähne bei Fliesen- und Plattenbelägen 2019-07, Abschnitt 11.4	Messkeil, Stahlschiene, BIV-Messmarken
3.15	**Oberfläche Normalbereich:** Überzähne vorhanden? Max. Kantenlänge 100 cm		1,3 mm		BIV-Merkblatt 1.05 Überzähne bei Fliesen- und Plattenbelägen 2019-07, Abschnitt 11.4	Messkeil, Stahlschiene, BIV-Messmarken
3.16	**Oberfläche Normalbereich:** Überzähne vorhanden? Max. Kantenlänge > 100 cm		1,3 mm		BIV-Merkblatt 1.05 Überzähne bei Fliesen- und Plattenbelägen 2019-07 Abschnitt 11.4	Messkeil, Stahlschiene, BIV-Messmarken
3.17	**Oberfläche Bodenfliesen**: Arbeitsstätten – Stolperstellen durch Höhenunterschiede vorhanden?		4 mm		ASR A1.5, März 2022, Abschnitt 3.5	Messkeil, Stahlschiene
3.18	**Oberfläche Bodenfliesen**: Arbeitsstätten – Stolperstellen durch Spalte vorhanden?		20 mm		ASR A1.5, März 2022, Abschnitt 3.5	Zollstock
3.19	**Oberfläche Bodenfliesen**: Arbeitsstätten – Rutschfestigkeitsklasse ausreichend?				ASR A1.5, März 2022, Abschnitt 3.9	Prüfstand DIN 51130 Prüfzeugnis
3.20	**Oberfläche Bodenfliesen**: Arbeitsstätten – Rutschhemmung ausreichend?				ASR A1.5, März 2022, Abschnitt 3.9	Betriebsprüfung Gleitreibungskoeffizient DIN 51131
3.21	**Fugenbreite eingehalten?**	2 mm	8 mm		DIN 18352:2019-09, Abschnitt 3.4.2	
3.22	**Unkalibrierte Natursteinfliesen**: Länge, Breite – Toleranz eingehalten?		≤ ±1,0 mm		DIN EN 12057:2015-05, Tabelle 1	
3.23	**Unkalibrierte Natursteinfliesen**: Dicke – Toleranz eingehalten?		≤ ±1,5 mm		DIN EN 12057:2015-05, Tabelle 1	
3.24	**Kalibrierte Natursteinfliesen**: Länge, Breite – Toleranz eingehalten?		≤ ±0,5 mm		DIN EN 12057:2015-05, Tabelle 1	
3.25	**Kalibrierte Natursteinfliesen**: Dicke – Toleranz eingehalten?		≤ ±0,5 mm		DIN EN 12057:2015-05, Tabelle 1	

Gewerk: VOB/C ATV DIN 18352 Fliesen- und Plattenarbeiten (Kapitel 1.1)						
BV:		**Datum:**		**Bearbeiter:**		
Nr.	**Überprüfung**	**zul. Grenzwerte**		**Erl.**	**Regelwerk**	**Prüfmittel**
		min.	**max.**	✓		
3.26	**Pflege**: Ersteinpflege durchgeführt?					
3.27	**Bewegungsfugen:** vorhanden?				DIN 18352:2019-09, Abschnitt 3.4.4, ZDB-Merkblatt Beläge auf Zement- und Calciumsulfatestrichen 2019 08, Abschnitt 9.2	
3.28	**Feldbegrenzungsfugen**: ausreichend vorhanden?				DIN 18515-1: 2017-08, Abschnitt 6.3.3.3	
3.29	**Feldbegrenzungsfugen: Fugenbreite** ausreichend?				IVD-Merkblatt Nr. 1:2014-11, Abschnitt 5.1	
3.30	**Randfugen**: vorhanden?				IVD-Merkblatt Nr. 1:2014-11, Abschnitt 5.1	
3.31	Boden-**Randfuge**: umlaufende Randfreiheit sichergestellt?					Prüfnadel, Klopfbefund
3.32	**Randfuge**: elastische Versiegelung vorhanden?					
3.33	**Begehbare Dichtstofffugen**: Unfallgefahr?		≤ 15 mm		IVD-Merkblatt Nr. 1: 2014-11, Abschnitt 5.2	
3.34	**Installationsauslässe**: im Fugenkreuz?					
3.35	**Installationsauslässe**: Abdeckung der Fliesenausschnitte vollständig durch Rosetten?					
3.36	**Installationsauslässe**: Abdichtung schlüssig angearbeitet?					
3.37	**Abläufe und Rinnen**: lagerichtig eingebaut?					
3.38	**Abläufe und Rinnen**: Gefälle im Bodenfliesenbereich vorhanden?	2 %				
3.39	**Abläufe und Rinnen mit Klebeflansch**: Flanschbreite F eingehalten?	30 mm			ZDB-Merkblatt Abläufe und Rinnen mit AIV 2012-08	
3.40	**Abläufe und Rinnen mit Klemmflansch**: Flanschbreite F für Losflansch eingehalten?	40 mm				
3.41	**Abläufe und Rinnen mit Klemmflansch**: Flanschbreite F für Festflansch eingehalten?	50 mm				

Gewerk: VOB/C ATV DIN 18352 Fliesen- und Plattenarbeiten (Kapitel 1.1)						
BV:		**Datum:**		**Bearbeiter:**		
Nr.	**Überprüfung**	**zul. Grenzwerte**		**Erl.**	**Regelwerk**	**Prüfmittel**
		min.	**max.**	✓		
3.42	**Abläufe und Rinnen**: Roste herausnehmbar, starr verfugt?				DIN EN 1253-1:2015-03, Abschnitt 3.2	
3.43	**Außenecken**: Fliesen mit glasierten Kanten verwendet?					
3.44	**Außenecken**: Jolly-Schiene in Fliesenfarbe vorhanden?					
3.45	**Außenecken**: Kantenschutzschienen gemäß Ausschreibung eingebaut?					
3.46	**Raumecken**: vertikale elastische Versiegelung ausgeführt?					
3.47	**Wandfliesen**: raumhoch/türhoch gemäß Leistungsbeschreibung?					
3.48	**Wandfliesen**: oberer Abschluss mit Fliesenstrich?					Taschenspiegel
3.49	**Wandfliesen**: vertikale Abdichtungsebene hinter der Verfliesung vorhanden?					
3.50	**Wandfliesen**: Höhe des oberen Abdichtungsrandes über Wasserentnahmestelle ausreichend?	200 mm			DIN 18534-1:2017-07, Abschnitt 8.5.1	
3.51	**Wand-/Bodenfliesen**: Abdichtungsanschluss schlüssig?					
3.52	**Bodenfliesen**: waagerechte Abdichtung unterhalb der Fliesenebene vorhanden?					
3.53	**Bodenfliesen**: Fliesenraster vom Achsenkreuz ausgehend verlegt?					
3.54	**Bodenfliesen**: Randfliesen > ½ Fliesenbreite?					
3.55	**Bodenfliesen**: Diagonalverlegung gemäß Leistungsbeschreibung ausgeführt?					
3.56	**Fliesenbeläge**: Untergrund geeignet?				DIN 18157-1:2017-04, Abschnitt 4	
3.57	**Außentreppen**: Oberflächengefälle Stufen und Podeste vorhanden? Geschliffene Oberfläche	1,5 %	3 %		ZDB-Merkblatt Außentreppen 2019-08, Abschnitt 3.1	Digitalwasserwaage; Leica Disto D8
3.58	**Treppenstufen**: Kantenschutz vorhanden?					

Gewerk: VOB/C ATV DIN 18352 Fliesen- und Plattenarbeiten (Kapitel 1.1)						
BV:		**Datum:**		**Bearbeiter:**		
Nr.	**Überprüfung**	**zul. Grenzwerte**		**Erl.**	**Regelwerk**	**Prüfmittel**
		min.	**max.**	✓		
3.59	**Treppenstufen**: Rutschsicherungsprofilierung vorhanden?					
3.60	**Revisionsöffnungen**: revisionsfähig?					
3.61	**Badewannenanschluss**: Tropfwasserabfluss in die Wanne gesichert?					
3.62	**Badewannenanschluss**: Randversiegelung in belastetem Zustand (Wanne gefüllt) hergestellt?				IVD-Merkblatt Nr. 3:2005-02, Abschnitt 4.2.3	(im Nachfolger-IVD-Merkblatt nicht mehr erwähnt)
3.63	**Badewannenanschluss**: AIV hinter und unter der Wanne durchgeführt?				DIN 18534-1:2017-07, Abschnitt 8.5.2, Gips-Merkblatt 5:2022-4, Abschnitt 7.5, BEB-Merkblatt AIV:2010-08, Abschnitt 7.2.5, ZDB-Merkblatt Abdichtungen im Verbund 2019-08, Abschnitt 4.2.2	
3.64	**Abdichtung im Verbund (AIV) als FLK**: Überlappungsbreite bei Reparaturen eingehalten?	50 mm			DIN 18534-3:2017-07, Abschnitt 9.2	
3.65	**Abdichtung im Verbund (AIV) als FLK Kunststoff-Mörtel-Kombinationen/ rissüberbrückende mineralische Dichtschlämmen**: Mindesttrockenschichtdicke eingehalten?	2 mm			DIN 18534-3:2017-07, Abschnitt 7.4, Tabelle 1, ZDB-Merkblatt Abdichtungen im Verbund 2019-08, Abschnitt 4.1.1	
3.66	**Abdichtung im Verbund (AIV) als FLK Reaktionsharzabdichtungen**: Mindesttrockenschichtdicke eingehalten?	1 mm				
3.67	**Abdichtung im Verbund (AIV) als FLK Polymerdispersionen**: Mindesttrockenschichtdicke eingehalten?	0,5 mm				
3.68	**Abdichtung im Verbund (AIV)**: Höhe oberhalb von Wasserentnahmestelle/Spritzwasserzone?	20 cm			DIN 18534-3:2017-07, Abschnitt 8.5.1	

– Diese Liste erfüllt nicht den Anspruch auf Vollständigkeit. –

Abnahme-Checkliste						
Gewerk: VOB/C ATV DIN 18332 Naturwerksteinarbeiten (Kapitel 1.1)						
BV:		**Datum:**		**Bearbeiter:**		
Nr.	**Überprüfung**	**zul. Grenzwerte**		**Erl.**	**Regelwerk**	**Prüfmittel**
		min.	**max.**	✓		
1	**Prüfung der Grundlagen/Unterlagen**					
1.1	**Fußbodenheizung**: Aufheizprotokoll					
1.2	Protokoll über Prüfung der **Belegreife**					
1.3	Prüfzeugnis über **Rutschfestigkeitsklasse** bei Arbeitsstätten				ASR A1.5:2022-03 Abschnitt 3.9	
1.4	Prüfzeugnis über **Verdrängungsraum** bei Arbeitsstätten				ASR A1.5:2022-03 Abschnitt 3.10	
1.5	Prüfzeugnis über **Abriebklasse**					
1.6	Prüfzeugnis über **Materialgüte**					
1.7	**Wartungs- und Pflegeanweisungen**					
2	**Materialprüfung/Funktionsprüfung**					
2.1	**Naturstein**: Material und Materialstärke gemäß Leistungsbeschreibung?					
2.2	**Naturstein**: Maserung des Materials gemäß Vertrag und Grenzmustern?					
2.3	**Naturstein**: Farbe gemäß Grenzwertmustern?					
2.4	**Naturstein**: Oberflächenstruktur gemäß Grenzwertmustern?					
2.5	**Naturstein**: Risse vorhanden?					
2.6	**Verfugung**: Fugenbreite gemäß Leistungsbeschreibung?					
2.7	**Verfugung**: Fugenbreite bei Kantenlängen bis 60 cm – im Mittel 3 mm				DIN 18332:2019-09, Abschnitt 3.3.3	
2.8	**Verfugung**: Fugenbreite bei Kantenlängen über 60 cm – im Mittel 5 mm				DIN 18332:2019-09, Abschnitt 3.3.3	
2.9	**Verfugung**: Fugenbreite bei massiven Werkstücken		≥ 10 mm		DIN 18332:2019-09, Abschnitt 3.3.3	
2.10	**Verfugung**: Fugenfarbe gem. Bemusterung?					
2.11	**Verfugung**: Fugenbild gemäß Fliesenplan?					
2.12	**Verfugung**: Fugenhärte für Beanspruchung geeignet?					Kratzprobe

Gewerk: VOB/C ATV DIN 18332 Naturwerksteinarbeiten (Kapitel 1.1)						
BV:		**Datum:**		**Bearbeiter:**		
Nr.	**Überprüfung**	**zul. Grenzwerte**		**Erl.**	**Regelwerk**	**Prüfmittel**
		min.	**max.**	✓		
2.13	**Trennschienen**: gemäß Leistungsbeschreibung vorhanden, Edelstahl/Messing?					
3	**Prüfung der Ausführung**					
3.1	**Naturstein**: Kantenbeschädigungen, Abplatzungen, Einschlüsse?					
3.2	**Oberfläche**: Ebenheit Bodenplatten?		4 mm/m		DIN 18202:2019-07, Tabelle 3	Messkeil, Wasserwaage
3.3	**Oberfläche Bodenplatten**: Waagerechtigkeit?		6 mm/m		DIN 18202:2019-07, Tabelle 2	Messkeil, Wasserwaage
3.4	**Oberfläche Wandplatten**: Lotrechtigkeit?		6 mm/m		DIN 18202:2019-07, Tabelle 2	Wasserwaage
3.5	**Oberfläche:** Überzähne vorhanden?		1,5 mm		ZDB-Merkblatt Höhendifferenzen 2019-08, Abschnitt 1.3	Messkeil, Stahlschiene
3.6	**Oberfläche Normalbereich, Fliesen und Platten, Kantenlänge bis 50 cm**: Überzähne vorhanden?		1,0 mm		BIV-Merkblatt 1.05 Überzähne bei Fliesen- und Plattenbelägen 2019-07, Abschnitt 11.2	Messkeil, Stahlschiene, BIV-Messmarken
3.7	**Oberfläche Normalbereich, Fliesen und Platten, Kantenlänge bis 75 cm**: Überzähne vorhanden?		1,0 mm		BIV-Merkblatt 1.05 Überzähne bei Fliesen- und Plattenbelägen 2019-07, Abschnitt 11.2	Messkeil, Stahlschiene, BIV-Messmarken
3.8	**Oberfläche Normalbereich, Fliesen und Platten, Kantenlänge bis 100 cm**: Überzähne vorhanden?		1,3 mm		BIV-Merkblatt 1.05 Überzähne bei Fliesen- und Plattenbelägen 2019-07, Abschnitt 11.2	Messkeil, Stahlschiene, BIV-Messmarken
3.9	**Oberfläche Normalbereich, Fliesen und Platten, Kantenlänge > 100 cm**: Überzähne vorhanden?		1,3 mm		BIV-Merkblatt 1.05 Überzähne bei Fliesen- und Plattenbelägen 2019-07, Abschnitt 11.2	Messkeil, Stahlschiene, BIV-Messmarken
3.10	**Oberfläche**: Arbeitsstätten: Stolperstellen durch Höhenunterschiede vorhanden?		4 mm		ASR A1.5:2022-03 Abschnitt 3.5	Messkeil, Stahlschiene
3.11	**Oberfläche**: Arbeitsstätten: Stolperstellen durch Spalte vorhanden?		20 mm		ASR A1.5:2022-03 Abschnitt 3.5	Zollstock
3.12	**Oberfläche**: Arbeitsstätten: Rutschfestigkeitsklasse ausreichend?				ASR A1.5:2022-03 Abschnitt 3.9	Prüfstand DIN 51130 Prüfzeugnis

Gewerk: VOB/C ATV DIN 18332 Naturwerksteinarbeiten (Kapitel 1.1)						
BV:		**Datum:**		**Bearbeiter:**		
Nr.	**Überprüfung**	**zul. Grenzwerte**		**Erl.**	**Regelwerk**	**Prüfmittel**
		min.	**max.**	✓		
3.13	**Oberfläche:** Arbeitsstätten: Rutschhemmung ausreichend?				ASR A1.5:2022-03 Abschnitt 4	Betriebsprüfung Gleitreibungskoeffizient DIN 51131
3.14	**Kantenbeschädigungen**		2 mm × 3 mm oder 6 mm²		BIV-Fachinformation 002 2017-07, Abschnitt 7	Zollstock, Schiebelehre
3.15	**Pflege**: Ersteinpflege durchgeführt?					
3.16	Boden-**Randfuge**: umlaufende Randfreiheit sichergestellt?					Prüfnadel, Klopfbefund
3.17	**Randfuge**: elastische Versiegelung vorhanden?					
3.18	**Installationsauslässe**: im Fugenkreuz?					
3.19	**Installationsauslässe**: Abdeckung der Plattenausschnitte vollständig durch Rosetten?					
3.20	**Installationsauslässe**: Abdichtung schlüssig angearbeitet?					
3.21	**Bodeneinläufe**: lagerichtig eingebaut?					
3.22	**Bodeneinläufe**: Gefälle im Bodenplattenbereich vorhanden?	2 %				Messkeil, Wasserwaage
3.23	**Bodeneinläufe**: Abdecksiebe funktionsfähig, starr verfugt?					
3.24	**Außenecken**: Kantenbehandlung/Fase gemäß Vertrag eingebaut?					
3.25	**Bodenbelag**: Plattenraster vom Achsenkreuz ausgehend verlegt?					
3.26	**Bodenbelag**: Randplatten > ½ Plattenbreite?					
3.27	**Bodenbelag**: Diagonalverlegung gemäß Leistungsbeschreibung ausgeführt?					
3.28	**Bodenbelag**: Feldbegrenzungsfugen angelegt?					
3.29	**Sockelfugen**: Höhe zum Bodenbelag eingehalten? Fuge elastisch versiegelt?	5 mm			Bautechnische Information Naturwerkstein 2.1, Abschnitt 7.4.9	Prüfnadel Typ R

Gewerk: VOB/C ATV DIN 18332 Naturwerksteinarbeiten (Kapitel 1.1)						
BV:		**Datum:**		**Bearbeiter:**		
Nr.	**Überprüfung**	**zul. Grenzwerte**		**Erl.**	**Regelwerk**	**Prüfmittel**
		min.	**max.**	✓		
3.30	**Treppenstufen**: Kantenschutz, Kantenbehandlung/Fase gemäß Vertrag vorhanden?					
3.31	**Treppenstufen**: Rutschsicherungsprofilierung vorhanden?					
3.32	**Revisionsöffnungen**: revisionsfähig?					
3.33	**Dehnungsfugen des Gebäudes/Trennfugen des Estrichs**: in Bodenbelag übernommen?				DIN 18332:2019-09, Abschnitt 3.4.1	
3.34	**Dehnungsfugen des Gebäudes, Innenbereich**: ausreichend breit?	5 mm			DIN 18332:2019-09, Abschnitt 3.4.2	Messkeil, Zollstock
3.35	**Dehnungsfugen des Gebäudes, Außenbereich**: ausreichend breit?	8 mm			DIN 18332:2019-09, Abschnitt 3.4.2	Messkeil, Zollstock
3.36	**Trennung unterschiedlicher Bodenbeläge**: unterhalb des Türblatts angeordnet?				Bautechnische Information Naturwerkstein, 2.1, Abschnitt 7.4.8	
3.37	**Treppen:** Abmessungen für Krankentrage (Haupttrage nach DIN EN 1865-1:2015-08, Abschnitt 3.1) eingehalten?				DIN 18065:2020-08, Abschnitt 6.4, Planung	Planung
3.38	**Treppenstufen**: Abmessungen nach DIN 18065 eingehalten?				DIN 18065:2020-08, Abschnitt 6, Planung	Zollstock
3.39	**Treppenstufen:** Funktionsgefälle eingehalten?				DIN 18065:2020-08, Abschnitt 6, Planung	Zollstock
3.40	**Treppenstufen**: Dicke gemäß Vertrag eingehalten?	30 mm			Bautechnische Information Naturwerkstein 1.3, Abschnitt 6.1	Zollstock
3.41	**Treppenstufen**: Wandanschlussfuge elastisch ausgebildet, Breite eingehalten?	10 mm			Bautechnische Information Naturwerkstein, 1.3, Abschnitt 6.5	Zollstock

Gewerk: VOB/C ATV DIN 18332 Naturwerksteinarbeiten (Kapitel 1.1)						
BV:		**Datum:**		**Bearbeiter:**		
Nr.	**Überprüfung**	**zul. Grenzwerte**		**Erl.**	**Regelwerk**	**Prüfmittel**
		min.	**max.**	✓		
3.42	**Treppenstufen und Bekleidungen**: Lager und Stoßfugenbreite gemäß Vertrag eingehalten?					Zollstock
3.43	**Außentreppenstufen**: Oberflächengefälle ausreichend?	≥ 1,5 %			Bautechnische Information Naturwerkstein 1.3, Abschnitt 4.1, ZDB-Merkblatt Außentreppen 2012-12, Abschnitt 3.1	Digitalwasserwaage, Leica Disto D8
3.44	**Außentreppenstufen mit rauer Oberfläche**: Oberflächengefälle ausreichend?	≥ 2–3 %			Bautechnische Information Naturwerkstein 1.3, Abschnitt 4.1	Digitalwasserwaage, Leica Disto D8
3.45	**Außentreppenstufen**: Funktionsgefälle eingehalten?		≤ 3 %		DIN 18065:2020-08, Abschnitt 6.3.5	Digitalwasserwaage, Leica Disto D8
3.46	**Podestflächen im Außenbereich**: Oberflächengefälle ausreichend?	≥ 3 %			Bautechnische Information Naturwerkstein 1.3, Abschnitt 4.1	Digitalwasserwaage, Leica Disto D8
3.47	**Verlegeuntergrund Außentreppenstufen**: Untergrundgefälle ausreichend?	≥ 2 %			Bautechnische Information Naturwerkstein 1.3, Abschnitt 4.2	
3.48	**Seitlicher Abstand** Bodenbelag Treppe zur Wand und zum Treppengeländer eingehalten?		6 cm		DIN 18065:2020-08, Abschnitt 6.6	
3.49	**Trennung unterschiedlicher Bodenbeläge**: unterhalb des Türblatts angeordnet?					
3.50	**Außenfensterbank**: Neigung ausreichend?	ca. 4 %			BIV-Merkblatt 6.04	
3.51	**Außenfensterbank**: Abdichtung unterhalb vorhanden?				BIV-Merkblatt 6.04	

– Diese Liste erfüllt nicht den Anspruch auf Vollständigkeit. –

Abnahme-Checkliste						
Gewerk: VOB/C ATV DIN 18333 Betonwerksteinarbeiten (Kapitel 1.1)						
BV:		**Datum:**		**Bearbeiter:**		
Nr.	**Überprüfung**	**zul. Grenzwerte**		**Erl.**	**Regelwerk**	**Prüfmittel**
		min.	**max.**	✓		
1	**Prüfung der Grundlagen/Unterlagen**					
1.1	**Fußbodenheizung**: Aufheizprotokoll					
1.2	Protokoll über Prüfung der **Belegreife**					
1.3	Prüfzeugnis über **Rutschfestigkeitsklasse** bei Arbeitsstätten				ASR A1.5, März 2022, Abschnitt 3.9	
1.4	Prüfzeugnis über **Verdrängungsraum** bei Arbeitsstätten				ASR A1.5, März 2022, Abschnitt 3.10	
1.5	Prüfzeugnis über **Abriebklasse**					
1.6	Prüfzeugnis über **Materialgüte**					
1.7	**Wartungs- und Pflegeanweisungen**					
2	**Materialprüfung/Funktionsprüfung**					
2.1	**Werkstein**: Material und Materialstärke gemäß Leistungsbeschreibung?					
2.2	**Werkstein**: Farben von Vorsatz und Bindemittel gemäß Leistungsbeschreibung?					
2.3	**Werkstein**: Farbe gemäß Grenzwertmustern?					
2.4	**Werkstein**: Oberflächenstruktur gemäß Grenzwertmustern?					
2.5	**Werkstein**: Risse vorhanden?					
2.6	**Verfugung**: Fugenbreite gemäß Leistungsbeschreibung?					
2.7	**Verfugung**: Fugenbreite bei Kantenlängen bis 60 cm – 3 mm				DIN 18333:2019-09, Abschnitt 3.7.2	
2.8	**Verfugung**: Fugenbreite bei Kantenlängen über 60 cm – 5 mm				DIN 18333:2019-09, Abschnitt 3.7.2	
2.9	**Verfugung**: Fugenbreite bei Verlegung ohne Mörtelbett – 5 mm				DIN 18333:2019-09, Abschnitt 3.7.2	
2.10	**Verfugung**: Fugenfarbe gemäß Bemusterung?					
2.11	**Verfugung**: Fugenbild gemäß Fliesenplan?					

Gewerk: VOB/C ATV DIN 18333 Betonwerksteinarbeiten (Kapitel 1.1)						
BV:		**Datum:**		**Bearbeiter:**		
Nr.	**Überprüfung**	**zul. Grenzwerte**		**Erl.**	**Regelwerk**	**Prüfmittel**
		min.	**max.**	✓		
2.12	**Verfugung**: Fugenhärte für Beanspruchung geeignet?					Kratzprobe
2.13	**Trennschienen**: gemäß Leistungsbeschreibung vorhanden, Edelstahl/Messing?					
3	**Prüfung der Ausführung**					
3.1	**Werkstein**: Kantenbeschädigungen, Abplatzungen, Einschlüsse?					
3.2	**Werkstein bei Großflächenverlegung**: Kantenbeschädigungen, Abplatzungen, Einschlüsse?		1 cm Kantenlänge oder 0,5 cm^2		GGB-Merkblatt 1.0, Abschnitt 5.2	
3.3	**Oberfläche**: Ebenheit Bodenplatten?		4 mm/m		DIN 18202:2019-07, Tabelle 3	Messkeil, Wasserwaage
3.4	**Oberfläche**: Waagerechtigkeit?		6 mm/m		DIN 18202:2019-07, Tabelle 2	Messkeil, Wasserwaage
3.5	**Oberfläche Normalbereich, Platten > 0,25–0,5 m^2**: Überzähne vorhanden?		2 mm		BIV-Merkblatt 1.05 Überzähne bei Fliesen- und Plattenbelägen, Abschnitt 11.3, 2019-07	Messkeil, Stahlschiene, BIV Messmarken
3.6	**Oberfläche Normalbereich, Platten > 0,5 m^2:** Überzähne vorhanden?		nach Vereinbarung		BIV-Merkblatt 1.05 Überzähne bei Fliesen- und Plattenbelägen, Abschnitt 11.3, 2019-07	Messkeil, Stahlschiene, BIV Messmarken
3.7	**Oberfläche in Innenräumen, Platten ≤ 0,25 m^2:** Überzähne vorhanden?		1,5 mm		DIN 18333:2019-09, Abschnitt 3.1.3	
3.8	**Oberfläche in Innenräumen, Platten > 0,25m^2 bis ≤ 0,5m^2:** Überzähne vorhanden?		2 mm		DIN 18333:2019-09, Abschnitt 3.1.3	
3.9	**Oberfläche in bewitterten Bereichen, Platten ≤ 0,25 m^2:** Überzähne vorhanden?		2 mm		DIN 18333:2019-09, Abschnitt 3.1.3	
3.10	**Oberfläche in bewitterten Bereichen bei grob bearbeiteten Platten:** Überzähne vorhanden?		5 mm		DIN 18333:2019-09, Abschnitt 3.1.3	
3.11	**Oberfläche in Innenbereichen, Platten > 0,5 m^2 und in bewitterten Bereichen bei grob bearbeiteten Platten > 0,25 m^2:** Überzähne vorhanden?		nach Vereinbarung		DIN 18333:2019-09, Abschnitt 3.1.3	

Gewerk: VOB/C ATV DIN 18333 Betonwerksteinarbeiten (Kapitel 1.1)						
BV:		**Datum:**		**Bearbeiter:**		
Nr.	**Überprüfung**	**zul. Grenzwerte**		**Erl.**	**Regelwerk**	**Prüfmittel**
		min.	**max.**	✓		
3.12	**Oberflächen:** Überzähne vorhanden?		1,5 mm		ZDB-Merkblatt Höhendifferenzen 2019-08, Abschnitt 1.2	
3.13	**Oberfläche bei Großflächenverlegung**: Überzähne vorhanden?		1,0 mm		GGB-Merkblatt 1.0, Abschnitt 5.2	Messkeil, Stahlschiene
3.14	**Oberfläche**: Arbeitsstätten – Stolperstellen durch Höhenunterschiede vorhanden?		4 mm		ASR A1.5, März 2022, Abschnitt 3.5	Messkeil, Stahlschiene
3.15	**Oberfläche**: Arbeitsstätten – Stolperstellen durch Spalte vorhanden?		20 mm		ASR A1.5, März 2022, Abschnitt 3.5	Zollstock
3.16	**Oberfläche**: Arbeitsstätten – Rutschfestigkeitsklasse ausreichend?				ASR A1.5, März 2022, Abschnitt 3.9	Prüfstand DIN 51130, Prüfzeugnis
3.17	**Oberfläche**: Arbeitsstätten – Rutschhemmung ausreichend?				ASR A1.5, März 2022, Abschnitt 4	Betriebsprüfung, Gleitreibungskoeffizient, DIN 51131
3.18	**Pflege**: Ersteinpflege durchgeführt?				GGB-Merkblatt 2.0, Abschnitt 1	
3.19	Boden-**Randfuge**: umlaufende Randfreiheit sichergestellt?				GGB-Merkblatt 1.0	Prüfnadel, Klopfbefund
3.20	**Randfuge**: elastische Versiegelung vorhanden?				GGB-Merkblatt 1.0	
3.21	**Installationsauslässe**: im Fugenkreuz?					
3.22	**Installationsauslässe**: Abdeckung der Plattenausschnitte vollständig durch Rosetten?					
3.23	**Installationsauslässe**: Abdichtung schlüssig angearbeitet?					
3.24	**Bodeneinläufe**: lagerichtig eingebaut?					
3.25	**Bodeneinläufe**: Gefälle im Bodenplattenbereich vorhanden?	2 %				Messkeil, Wasserwaage
3.26	**Bodeneinläufe**: Abdecksiebe funktionsfähig, starr verfugt?					
3.27	**Außenecken**: Kantenschutzschienen gemäß Ausschreibung eingebaut?					

Gewerk: VOB/C ATV DIN 18333 Betonwerksteinarbeiten (Kapitel 1.1)						
BV:		**Datum:**		**Bearbeiter:**		
Nr.	**Überprüfung**	**zul. Grenzwerte**		**Erl.**	**Regelwerk**	**Prüfmittel**
		min.	**max.**	✓		
3.28	**Bodenbelag**: Plattenraster vom Achsenkreuz ausgehend verlegt?					
3.29	**Bodenbelag**: Randplatten > ½ Plattenbreite?					
3.30	**Bodenbelag**: Diagonalverlegung gemäß Leistungsbeschreibung ausgeführt?					
3.31	**Bodenbelag**: Feldbegrenzungsfugen angelegt?	ca. 6 m			DIN 18333:2019-09, Abschnitt 3.7.7	
3.32	**Bodenbelag bei Großflächenverlegung**: Feldbegrenzungsfugen angelegt?	ca. 12 m	100 m²		GGB-Merkblatt 1.0, GGB-Merkblatt 1.1	
3.33	**Bodenbelag bei Großflächenverlegung: ganze Platten beidseitig** der Feldbegrenzungsfugen verarbeitet?				GGB-Merkblatt 4.0	
3.34	**Trennung unterschiedlicher Bodenbeläge**: unterhalb des Türblatts angeordnet?					
3.35	**Außentreppen**: Oberflächengefälle Stufen und Podeste vorhanden?	1,5 %	3 %		ZDB-Merkblatt Außentreppen 2019-08, Abschnitt 3.1	Digitalwasserwaage, Leica Disto D8
3.36	**Außentreppenstufen**: Funktionsgefälle eingehalten?		≤ 3 %		DIN 18065:2020-08, Abschnitt 6.3.5	Digitalwasserwaage, Leica Disto D8
3.37	**Treppenstufen**: Kantenschutz vorhanden?					
3.38	**Treppenstufen**: Rutschsicherungsprofilierung vorhanden?					
3.39	**Revisionsöffnungen**: revisionsfähig?					
3.40	**Dehnungsfugen des Gebäudes/Trennfugen des Estrichs**: in Bodenbelag übernommen?				DIN 18333:2019-09, Abschnitt 3.7.8, GGB-Merkblatt 4.0	
3.41	**Treppenstufenplatten**: zwängungs- und spannungsfrei verlegt?				DIN 18333:2019-09, Abschnitt 3.2.2	
3.42	**Treppenstufen**: Abmessungen nach DIN 18065 eingehalten?				DIN 18065:2020-08, Abschnitt 6, Planung	Zollstock
3.43	**Treppenstufen und Bekleidungen**: Innenbereich – Lager und Stoßfugenbreite 2 mm eingehalten?				DIN 18333-2019-09, Abschnitt 3.7.3	

Gewerk: VOB/C ATV DIN 18333 Betonwerksteinarbeiten (Kapitel 1.1)						
BV:		**Datum:**		**Bearbeiter:**		
Nr.	**Überprüfung**	**zul. Grenzwerte**		**Erl.**	**Regelwerk**	**Prüfmittel**
		min.	**max.**	✓		
3.44	**Treppenstufen und Bekleidungen**: Außenbereich – Lager und Stoßfugenbreite 5 mm eingehalten?				DIN 18333:2019-09, Abschnitt 3.7.3	
3.45	**Seitlicher Abstand** Bodenbelag Treppe zur Wand und zum Treppengeländer eingehalten?		6 cm		DIN 18065:2020-08, Abschnitt 6.6	
3.46	**Trennung unterschiedlicher Bodenbeläge**: unterhalb des Türblatts angeordnet?					
Hinweis: GGB-Merkblätter unter www.ggb-betonwerkstein.de						
Copyright: Dipl.-Ing. Gunter Hankammer öffentlich bestellter und vereidigter Sachverständiger, Hankammer GmbH Hamburg – Diese Liste erfüllt nicht den Anspruch auf Vollständigkeit. –						

Abnahme-Checkliste						
Gewerk: VOB/C ATV DIN 18353 Estricharbeiten (Kapitel 1.2)						
BV:		**Datum:**		**Bearbeiter:**		
Nr.	**Überprüfung**	**zul. Grenzwerte**		**Erl.**	**Regelwerk**	**Prüfmittel**
		min.	**max.**	✓		
1	**Prüfung der Grundlagen/Unterlagen**					
1.1	**Heizestrich, Aufheizprotokoll**: Kontrolle					
2	**Materialprüfung/Funktionsprüfung**					
2.1	**Estrich-Festigkeitsklasse**: entsprechend Tragfähigkeitsvoraussetzung eingehalten?				DIN 18353:2019-09, Tabelle 1	
2.2	**Dämmstoffmaterial**: Eignung?				DIN 4108-10:2015-12, Abschnitt 3.1	
2.3	**Dämmstoffmaterial**: Zusammendrückbarkeit bei Verkehrslasten ≥ 3 kN/m²?		3 mm		DIN 18560-2:2012-05, Abschnitt 3.3	
2.4	**Dämmstoffmaterial**: Zusammendrückbarkeit bei Gussasphaltestrichen?		3 mm		DIN 18560-2:2012-05, Abschnitt 3.3	

Gewerk: VOB/C ATV DIN 18353 Estricharbeiten (Kapitel 1.2)						
BV:		**Datum:**		**Bearbeiter:**		
Nr.	**Überprüfung**	**zul. Grenzwerte**		**Erl.**	**Regelwerk**	**Prüfmittel**
		min.	**max.**	✓		
2.5	**Dämmstoffmaterial**: Zusammendrückbarkeit bei Heizestrichen und Verlegung von Stein- oder keramischen Belägen?		5 mm		DIN 18560-2:2012-05, Abschnitt 3.3	
2.6	**Estrichvergütung**: vertragsgemäß?					
2.7	**Verbundestrich**: dampfdichte Beläge als Oberbelag vorgesehen? Untergrund: junger Beton?					
3	**Prüfung der Ausführung**					
3.1	**Allgemein**					
3.1.1	**Ebenheit**: Abweichung von vorgeschriebenen Maßen?				DIN 18202:2019-07, Tabelle 3	Messkeil, Wasserwaage
3.1.2	**Höhenlagen**: Kontrolle (mehrere Stellen)					
3.1.3	**Estrichdicke**: Einbau-/Mindestdicken eingehalten?					
3.1.4	**Oberfläche**: Festigkeit?					Gitterritzprobe
3.1.5	**Randdämmstreifen**: umlaufend an allen Stützen, Wänden, Metallzargen usw. vorhanden?				DIN 18560-2:2012-05, Abschnitt 5.2	Prüfnadel Typ R
3.1.6	**Schallbrücken**: vorhanden?				BEB-Hinweisblatt 3.2 2014-04, Abschnitt 5c	Klopfbefund
3.1.7	**Rechtwinkligkeit**: Fugenbild: Diagonalprobe!					
3.1.8	**Gefälle**: zu Bodeneinläufen und Rinnen überprüfen					
3.1.9	**Aufschüsselung**: Estrich überprüfen					
3.1.10	**Sichtkontrolle**: Estrichentmischung, Kiesnester					
3.1.11	**Anschlagschiene**: vorhanden?				Planung	
3.1.12	**Kantenschutzschiene**: vorhanden?				Planung	
3.1.13	**Revisionsrahmen**: vorhanden?				Planung	

Gewerk: VOB/C ATV DIN 18353 Estricharbeiten (Kapitel 1.2)						
BV:		**Datum:**		**Bearbeiter:**		
Nr.	**Überprüfung**	**zul. Grenzwerte**		**Erl.**	**Regelwerk**	**Prüfmittel**
		min.	**max.**	✓		
3.1.14	**Bodeneinläufe**: plangemäß vorhanden?				Planung	
3.1.15	**Faserarmierter Estrich**: Kunststofffasern vorhanden?					
3.2	**Heizestrich**					
3.2.1	**Randdämmstreifen**: umlaufend an allen Stützen, Wänden, Metallzargen usw. vorhanden?	5 mm			DIN 18560-2:2022-08, Abschnitt 6.2, DIN EN 1264-4:2009-11, Abschnitt 4.1.2.2.2	Prüfnadel Typ R
3.2.2	**Fugenteilung**: Überprüfung					
3.2.3	**Dämmstoff**: Zusammendrückbarkeit				DIN 18560-2:2022-08, Abschnitt 4.3	
3.2.4	**Heizestrich**: Nenndicke oberhalb der Heizleitungen ausreichend?	45 mm			DIN 18353:2019-09, Abschnitt 3.2.3	
3.2.5	**Heizestrich:** stromnetzunabhängiger Sicherheitstemperaturbegrenzer vorhanden?				DIN EN 1264-4:2009-11, Abschnitt 4.1.2.4.1	
3.3	**Fugen**					
3.3.1	**Trennfugen**: in den Türöffnungen				DIN 18560-2:2022-08, Abschnitt 6.3.3	
3.3.2	**Trennfugen**: Übernahme von Trennfugen der Unterkonstruktion				DIN 18560-2:2022-08, Abschnitt 6.3	
3.3.3	**Bewegungsfugen**: Geradlinig?				DIN 18560-2:2022-08, Abschnitt 5.1	
3.3.4	**Scheinfugen**: Schwindfugenanordnung				DIN 18560-2:2022-08, Abschnitt 6.3.3	

– Diese Liste erfüllt nicht den Anspruch auf Vollständigkeit. –

Abnahme-Checkliste						
Gewerk: VOB/C ATV DIN 18354 Gussasphaltarbeiten (Kapitel 1.2)						
BV:		**Datum:**		**Bearbeiter:**		
Nr.	**Überprüfung**	**zul. Grenzwerte**		**Erl.**	**Regelwerk**	**Prüfmittel**
		min.	**max.**	✓		
1	**Prüfung der Grundlagen/Unterlagen**					
2	**Materialprüfung/Funktionsprüfung**					
2.1	**Schichtdicke** > 40 mm: Asphalt mehrlagig hergestellt?				DIN 18354:2019-09, Abschnitt 3.1.4	
3	**Prüfung der Ausführung**					
3.1	**Mehrlagige Gussasphaltestriche**: Arbeitsnähte der einzelnen Schichten untereinander versetzt um: 10 × Nenndicke der oberen Gussasphaltschicht?	20 cm			DIN 18354:2019-09, Abschnitt 3.1.10	
3.2	**Oberfläche abgesandet**: Überschuss von nicht gebundenem Sand auf der Oberfläche verbleibend?				DIN 18354:2019-09, Abschnitt 3.1.11	
3.3	**Maßhaltigkeit**: Grenzabmaße eingehalten?				DIN 18202:2019-07, Tabelle 1	Maßband, Zolstock, Disto
3.4	**Lotrechtigkeit**, Rechtwinkligkeit eingehalten?				DIN 18202:2019-07, Tabelle 2	Wasserwaage, Winkel
3.5	**Ebenmäßigkeit** eingehalten?				DIN 18202:2019-07, Tabelle 3	Wasserwaage, Richtscheit, Maurerschnur, Messkeil
3.6	**Geneigte Gussasphaltestriche und Gussasphaltbeläge, Neigung ≤ 5 %**: Ebenheitsabweichung bei einer Messstrecke von 4 m?		1 cm		DIN 18354:2019-09, Abschnitt 3.1.6	Wasserwaage, Richtscheit, Maurerschnur, Messkeil
3.7	**Geneigte Gussasphaltestriche und Gussasphaltbeläge, Neigung > 5 % ≤ 10 %**: Ebenheitsabweichung bei einer Messstrecke von 4 m?		1,5 cm		DIN 18354:2019-09, Abschnitt 3.1.6	Wasserwaage, Richtscheit, Maurerschnur, Messkeil
3.8	**Geneigte Gussasphaltestriche und Gussasphaltbeläge, Neigung ≥ 10 %**: Ebenheitsabweichung bei einer Messstrecke von 4 m?		2 cm		DIN 18354:2019-09, Abschnitt 3.1.6	Wasserwaage, Richtscheit, Maurerschnur, Messkeil

– Diese Liste erfüllt nicht den Anspruch auf Vollständigkeit. –

Abnahme-Checkliste						
Gewerk: VOB/C ATV DIN 18355 Tischlerarbeiten, Fenster, Türen (Kapitel 1.3)						
BV:		**Datum:**		**Bearbeiter:**		
Nr.	**Überprüfung**	**zul. Grenzwerte**		**Erl.**	**Regelwerk**	**Prüfmittel**
		min.	**max.**	✓		
1	**Prüfung der Grundlagen/Unterlagen**					
1.1	**Wartungs- und Pflegeanweisungen**				VFF-Merkblatt WP 0.2 2016-11	
1.2	**Schließplan**: vorhanden und abgezeichnet?					
1.3	**Fensteröffnungen**: Rohbaumaß/ Nettogrundfläche ausreichend?	> 1/8			§ 47 Absatz 2 MBO	
2	**Materialprüfung/Funktionsprüfung**					
2.1	**Verglasung**					
2.1.1	**Kratzer, Einschlüsse, Beschädigungen** im Glas?				VFF-Merkblatt V.06-1 2019-03, DIN EN 1279-1: 2018-10, Anhang F	
2.1.2	**Verglasung**: vertragsmäßig geliefert?					Feuerzeug, GlassBuddy®, Aufkleber
2.1.3	**Schallschutzqualität**: gemäß Leistungsverzeichnis?					Prüfzeugnis, Aufkleber
2.1.4	***U*-Wert**: gemäß Leistungsverzeichnis?					Prüfzeugnis, Aufkleber
2.1.5	**Sonnenschutzqualität**: gemäß Leistungsverzeichnis?					Prüfzeugnis, Aufkleber, GlassBuddy®, ETG-Testgerät
2.1.6	**VSG/ESG**					Prüfzeugnis, Aufkleber, GlassBuddy®
2.1.7	**Kantenbeschädigungen Glas**					Sichtprüfung vor Verglasung
2.1.8	**Einbruchsklasse**: Verglasung wie vorausgesetzt zulässig?					Prüfzeugnis, Aufkleber
2.2	**Flügelrahmen**					
2.2.1	**Flügelrahmen**: Funktionstest					
2.2.2	**Fenster und Türelemente aus Holz:** Risse, Druckschäden usw.?				VFF-Merkblatt HO.05 2022-03	

Gewerk: VOB/C ATV DIN 18355 Tischlerarbeiten, Fenster, Türen (Kapitel 1.3)						
BV:		**Datum:**		**Bearbeiter:**		
Nr.	**Überprüfung**	**zul. Grenzwerte**		**Erl.**	**Regelwerk**	**Prüfmittel**
		min.	**max.**	✓		
2.2.3	**Fenster und Türelemente aus Aluminium:** Krater, Beschädigungen, Einschlüsse usw.?				VFF-Merkblatt AL.02 2016-08	
2.2.4	**Fenster und Türelemente aus Kunststoff:** Krater, Einschlüsse, Abplatzungen usw.?				VFF-Merkblatt KU.01 2016-08	
2.2.5	**Fenster und Türelemente aus Stahl:** Krater, Einschlüsse, Abplatzungen usw.?				VFF-Merkblatt St.02 2016-08	
2.2.6	**Flügelrahmen**: Einbruchsklasse gemäß Leistungsverzeichnis?					
2.2.7	**Flügelrahmen**: *U*-Wert gemäß Leistungsverzeichnis?					
2.3	**Beschläge**					
2.3.1	**Ecklager**: für Flügelgewicht ausgelegt?					
2.3.2	**Fabrikat**: gemäß Leistungsverzeichnis?					
2.3.3	**Einbruchsklasse**: Beschläge geeignet?					
2.3.4	**Fensteroliven**: abschließbar?					
2.3.5	**Türbänder**: Öffnungswinkel sichergestellt?	90°			DIN 18357:2019-09, Abschnitt 2.2.1	
2.3.6	**Sonderbeschläge**: Edelstahl, Messing usw. gemäß Leistungsverzeichnis vorhanden?					
2.4	**Rollläden**					
2.4.1	**Funktionsüberprüfung**					
2.4.2	**Einbruchschutz**: Hochschiebesicherung funktionsfähig?				Vertrag, DIN 18073: 2020-11, Abschnitt 4.10	
2.5	**Sonnenschutz**					
2.5.1	**Funktionsprüfung**					
2.5.2	**Sommerlicher Wärmeschutz**: dimensioniert?				DIN 4108	
2.5.3	**Windwächter, Sonnenwächter**: Funktionsprüfung					

Gewerk: VOB/C ATV DIN 18355 Tischlerarbeiten, Fenster, Türen (Kapitel 1.3)						
BV:		**Datum:**		**Bearbeiter:**		
Nr.	**Überprüfung**	**zul. Grenzwerte**		**Erl.**	**Regelwerk**	**Prüfmittel**
		min.	**max.**	✓		
2.6	**Außentüren**					
2.6.1	**Hauseingangstür**: Funktionsprüfung					
2.6.2	**Hauseingangstür**: Schalldämmmaß gemäß Leistungsbeschreibung?					
2.6.3	**Hauseingangstür**: *U*-Wert gemäß Leistungsverzeichnis?					
2.6.4	**Wohnungseingangstür**: Klimaklasse gemäß Erfordernis?					
2.6.5	**Hauseingangstür**: Material und Oberfläche gemäß Leistungsbeschreibung?					
2.6.6	**Hauseingangstür**: Lichtausschnitte gemäß Leistungsbeschreibung?					
2.6.7	**Hauseingangstür**: Einbruchklasse gemäß Leistungsbeschreibung?					
2.6.8	**Hauseingangstür**: Türspion vorhanden? h = 1.400 mm über OKFF?				DIN 68706-1:2020-06, Abschnitt 5.6	
2.6.9	**Hauseingangstür**: Briefkasteneinwurf vorhanden?					
2.6.10	**Hauseingangstür**: Beschläge gemäß Leistungsbeschreibung?					
2.6.11	**Hauseingangstür**: Schloss gemäß Leistungsbeschreibung?					
2.6.12	**Hauseingangstür**: Bodenabsenkdichtung funktionsfähig?				ifz-Info TU 02/1	Papierstreifen
2.7	**Innentüren**					
2.7.1	**Funktionsprüfung**					
2.7.2	**Türblätter**: Fabrikat, Material, Oberfläche gemäß Leistungsverzeichnis?					
2.7.3	**Türblätter**: Klimaklasse geeignet?				RAL GZ 426 2020-09, Anhang 1	
2.7.4	**Türblätter**: Als Feucht-/Nassraumtür geeignet?				RAL GZ 426 2020-09, Anhang 1	
2.7.5	**Türblätter**: Bodenluft?		7 mm		ifz-Info TU 02/1	

Gewerk: VOB/C ATV DIN 18355 Tischlerarbeiten, Fenster, Türen (Kapitel 1.3)						
BV:		**Datum:**		**Bearbeiter:**		
Nr.	**Überprüfung**	**zul. Grenzwerte**		**Erl.**	**Regelwerk**	**Prüfmittel**
		min.	**max.**	✓		
2.7.6	**Türblätter**: Konvex-/Konkavverformung?		4 mm/ 5,5 mm		RAL GZ 426 2020-09, Tabelle 1-1.3	
2.7.7	**Türzargen**: Konvex-/Konkavverformung?		2,5 mm		RAL GZ 426 2020-09, Abschnitt 2-1.2.3	
2.7.8	**Drücker-/Griffgarnitur**: gemäß Leistungsbeschreibung?					
2.7.9	**Beschläge**: gemäß Leistungsbeschreibung?					
2.7.10	**Schloss**: funktionsfähig?					
2.7.11	**Schloss**: gemäß Leistungsbeschreibung? Bauteile aus Metall/Kunststoff?					
3	**Prüfung der Ausführung**					
3.1	**Fenster und Außentüren allgemein**					
3.1.1	**Luftdurchlässigkeit**				DIN EN 12207:2017-03, DIN EN 1026-2016-09	Prüfkammer, Prüfzeugnis
3.1.2	**Widerstand gegen Schlagregen**				DIN EN 12208:2000-06, DIN EN 1027-2016-09	Prüfkammer, Prüfzeugnis
3.1.3	**Widerstand gegen Windlast**				DIN EN 12210:2016-09, DIN EN 12211: 2016-10	Prüfzeugnis
3.1.4	**Wohnungseingangstüren:** Einbruchhemmung nach DIN EN 1627?	RC2			DIN SPEC 18105: 2019-09, Abschnitt 4, Tabelle 1	Prüfzeugnis
3.1.5	**Wohnungseingangstüren:** Klimaklasse?	2c			DIN SPEC 18105: 2019-09, Abschnitt 4, Tabelle 1	
3.1.6	**Bedienkräfte** der Beschläge Schiebetüren Klasse 1	≤ 100 N			DIN EN 12217:2015-07, Tabelle 1, DIN EN 12046-1: 2004-04, DIN EN 13115: 2020-11	orientierend: Federzuggerät
3.1.7	**Bedienkräfte** der Beschläge Schiebetüren Klasse 2	≤ 30 N				orientierend: Federzuggerät

Gewerk: VOB/C ATV DIN 18355 Tischlerarbeiten, Fenster, Türen (Kapitel 1.3)						
BV:		**Datum:**		**Bearbeiter:**		
Nr.	**Überprüfung**	**zul. Grenzwerte**		**Erl.**	**Regelwerk**	**Prüfmittel**
		min.	**max.**	✓		
3.1.8	**Bedienkräfte** der Beschläge Fenster – Hebelgriffe handbetätigt Klasse 1	≤ 100 N/ ≤ 10 Nm			DIN EN 12217:2015-07, Tabelle 1, DIN EN 12046-1: 2004-04, DIN EN 13115: 2020-11	orientierend: Federzuggerät/Drehmomentanzeige
3.1.9	**Bedienkräfte** der Beschläge Fenster – Hebelgriffe handbetätigt Klasse 2	≤ 30 N/ ≤ 3 Nm				orientierend: Federzuggerät/Drehmomentanzeige
3.1.10	**Bedienkräfte** der Beschläge Fenster – Hebelgriffe fingerbetätigt Klasse 1	≤ 50 N/ ≤ 5 Nm				orientierend: Federzuggerät/Drehmomentanzeige
3.1.11	**Bedienkräfte** der Beschläge Fenster - Hebelgriffe fingerbetätigt Klasse 2	≤ 20 N/ ≤ 2 Nm				orientierend: Federzuggerät/Drehmomentanzeige
3.1.12	**Türgriffe Gebrauchsklasse 1 und 2:** Spiel?	≤ 10 mm			DIN EN 1906:2012-12, Abschnitt 5.5.1	Leistungsprüfung
3.1.13	**Türgriffe Gebrauchsklasse 3 und 4:** Spiel?	≤ 6 mm			DIN EN 1906:2012-12, Abschnitt 5.5.1	Leistungsprüfung
3.1.14	**Durchsichtige Türen** bei Arbeitsstätten: in Augenhöhe gekennzeichnet?				ArbStättV, Anhang 1.7	
3.2	**Verglasung**					
3.2.1	**Einbausituation**: seitenrichtig eingebaut?					
3.2.2	**Energieabsorbierende Bedampfung**: vorhanden?					Feuerzeug, Bohle Glass-Buddy®
3.2.3	**Reflexfreie Verglasung**: (Amiran) in Schaufenstern?					
3.2.4	**Verklotzung**: ordnungsgemäß?				Verklotzungsrichtlinien	
3.2.5	**Glashalteleiste**: Befestigungsmittel nicht korrodiert?					
3.2.6	**Scheibeneindichtung**: ordnungsgemäß?				DIN 18545:2015-07	
3.2.7	**Endreinigung**: erfolgt?					
3.2.8	**Alarmspinnen**: vorhanden?					
3.2.9	**VSG** als Absturzsicherung?					
3.2.10	**VSG** bei raumhoher Verglasung bei Arbeitsplätzen und in Verkehrswegen?				§ 20 GUV-V A1, § 8 Absatz 4 ArbStättV	

Gewerk: VOB/C ATV DIN 18355 Tischlerarbeiten, Fenster, Türen (Kapitel 1.3)						
BV:		**Datum:**		**Bearbeiter:**		
Nr.	**Überprüfung**	**zul. Grenzwerte**		**Erl.**	**Regelwerk**	**Prüfmittel**
		min.	**max.**	✓		
3.2.11	**VSG** bei raumhoher Verglasung bei Schulen und Sportstätten?				§ 20 GUV-V A1, § 8 Absatz 4 ArbStättV	
3.2.12	**Absturzsichernde Verglasung: Aufbau – VSG/SZR/ESG?**				DIN 18008-4:2013-07, Abschnitt 4	Prüfzeugnis, Aufkleber, Merlin-Laser
3.3	**Flügelrahmen**					
3.3.1	**Flügelrahmen**: Verformungen, Verdrehung, Durchbiegung?					
3.3.2	**Farbe**: gemäß Bemusterung?					
3.3.3	**Beschichtungsauftrag**: gemäß Leistungsverzeichnis, Farbschichtdicke?				VFF-Merkblatt HO.01 2017-03	
3.3.4	**Farbbeschichtung**: Holzoberfläche eben?					
3.3.5	**Schichtdicke**: bei nicht deckendem Anstrich	60 µm				
3.3.6	**Schichtdicke**: bei deckendem Anstrich	100 µm				
3.3.7	**Profilkanten**: ausgerundet	$r \geq$ 2 mm			BFS-Merkblatt Nr. 18 2022-04, Abschnitt 3.1.3	Lehre
3.3.8	**Waagerechte Profilkanten**: Ablaufschrägen vorhanden?	↘ ≥ 15°			BFS-Merkblatt Nr. 18 2022-04, Abschnitt 3.1.3	Lehre
3.3.9	**Holzart**: mit Farbton verträglich?				BFS-Merkblatt Nr. 18 2022-04, Abschnitt 3, VFF-Merkblatt HO.06 2011-09, Abschnitt 4	
3.3.10	**Harzgallen?**				BFS-Merkblatt Nr. 18 2022-04, Abschnitt 2.1.2	
3.3.11	**Glasleisten**: raumseitig?				DIN 18545:2015-07, Abschnitt 5.2.2	
3.3.12	**Glasleisten**: Nägel versenkt?					
3.3.13	**Falzdichtungen**: gemäß Planung vorhanden? (Anzahl)				DIN 4109	
3.4	**Blendrahmen**					
3.4.1	**Einbausituation**: gemäß Planung?					
3.4.2	**Technische Voraussetzungen**: wie Flügelrahmen?					

Gewerk: VOB/C ATV DIN 18355 Tischlerarbeiten, Fenster, Türen (Kapitel 1.3)						
BV:		**Datum:**		**Bearbeiter:**		
Nr.	**Überprüfung**	**zul. Grenzwerte**		**Erl.**	**Regelwerk**	**Prüfmittel**
		min.	**max.**	✓		
3.4.3	**Befestigungspunkte**: Holzfenster und Aluminiumfenster – Abstände eingehalten?	800 mm			RAL-Leitfaden zur Montage 2020-03, Bild 5.7	
3.4.4	**Befestigungspunkte**: Kunststofffenster – Abstände eingehalten?	700 mm				
3.4.5	**Befestigungsmittel**: Abstand von Ecken und Innenseiten von Pfosten und Riegeln	100 mm	150 mm			
3.4.6	Befestigung: Anschluss an Rollladenkasten bei Kunststofffenstern durch Aussteifungsprofile stabilisiert?				RAL-Leitfaden zur Montage 2020-03, Abschnitt 5.1.3	
3.4.7	Befestigungsmittel: ausreichend dimensioniert?					
3.4.8	**Verankerung**: Übertragung der Lasten des Fensters ordnungsgemäß auf das Bauwerk?				RAL-Leitfaden zur Montage 2020-03, Abschnitt 5	
3.4.9	**Belastungsfreiheit**: Rahmen frei von statischen Belastungen und verformenden Einzwängungen?					
3.4.10	**Entwässerungsöffnungen**: nach außen hin frei?					
3.4.11	**Alarmkontakte**: vorhanden?				Vertrag	
3.4.12	**Abdichtung des Schwellenbereichs von Fenstertüren**: mit Gebäudeabdichtung verbunden?					
3.4.13	**Abdeckkappen** Dampfdruckausgleich vorhanden?					
3.5	**Konstruktionsfuge**					
3.5.1	**Außen**: Systemabdichtung umlaufend zwischen Blendrahmen und Baukörper vorhanden?				RAL-Leitfaden zur Montage 2020-03, Abschnitt 6	
3.5.2	**Außen**: äußere Verleistung gemäß Planung					
3.5.3	**Wärmedämmbereich**: mit Dämmstoff verfüllt?				RAL-Leitfaden zur Montage 2020-03, Abschnitt 6	
3.5.4	**Innen**: Systemabdichtung umlaufend zwischen Blendrahmen und Baukörper vorhanden?				RAL-Leitfaden zur Montage 2020-03, Abschnitt 6	
3.5.5	**Innen**: innere Verleistung gemäß Ausschreibung?					

Gewerk: VOB/C ATV DIN 18355 Tischlerarbeiten, Fenster, Türen (Kapitel 1.3)						
BV:		**Datum:**		**Bearbeiter:**		
Nr.	**Überprüfung**	**zul. Grenzwerte**		**Erl.**	**Regelwerk**	**Prüfmittel**
		min.	**max.**	✓		
3.6	**Beschläge**					
3.6.1	**Abdeckkappen**: für sichtbare Beschlagsteile vorhanden?					
3.6.2	**Beschlagskorrosion?**					
3.6.3	**Schließbleche**: vollständig vorhanden?					
3.6.4	**Schließbleche**: einjustiert?					
3.6.5	**Flügel-Anpressdruck**: ausreichend?					Papierstreifen
3.6.6	**Flügelneigung**: an Ausstellschere einjustiert?					
3.6.7	**Ausstellschere**: mit Rahmenabstand nachjustierbar?					
3.6.8	**Ecklager**: in Seiten- und Höhenlage exakt einjustiert?					
3.6.9	**Falzluftabstand**: korrekt, Sollmaß 12 mm?					Knetmasse, Bleistiftstrich
3.7	**Schwelle**					
3.7.1	**Reguläre Andichtungshöhe**: zur Oberkante Belag, Kiesschüttung usw. ausreichend?	150 mm			DIN 18531:2017-07, Abschnitt 6.8, Flachdachrichtlinie 2020, Abschnitt 4.4 (1)	
3.7.2	**Ausnahme-Andichtungshöhe**: in Sonderfällen bei Rinne mit Entwässerungsablauf in Türnähe ausreichend?	50 mm			DIN 18531:2017-07, Abschnitt 6.8, Flachdachrichtlinie 2020-12, Abschnitt 4.4 (2)	
3.7.3	**Ausnahme-Andichtungshöhe**: in Sonderfällen bei Rinne in Türnähe mit Entwässerung bei Stelzlagern ausreichend?	50 mm			Flachdachrichtlinie 2020-12, Abschnitt 4.4 (2)	
3.7.4	**Entwässerungsrinne**: Breite ausreichend?	150 mm			Flachdachrichtlinie 2020-12, Abschnitt 4.4 (2)	
3.7.5	**Entwässerungsrost**: unmittelbar an Fenstertür/Tür angrenzend?				Flachdachrichtlinie 2020-12, Abschnitt 4.4	
3.7.6	**Schwellenloser Übergang**: plangemäß behindertengerecht?		20 mm		DIN 18040-2:2011-09, Abschnitt 4.3.3.1	

Gewerk: VOB/C ATV DIN 18355 Tischlerarbeiten, Fenster, Türen (Kapitel 1.3)						
BV:		**Datum:**		**Bearbeiter:**		
Nr.	**Überprüfung**	**zul. Grenzwerte**		**Erl.**	**Regelwerk**	**Prüfmittel**
		min.	**max.**	✓		
3.7.7	**Außenfensterbänke aus Blech bei bodentiefen Fenstern**: trittfest?				RAL-Leitfaden, 2020-03, Abschnitt 7.5	
3.7.8	**Vertikalabdichtung**: Schwelle angeschlossen?				DIN 18531:2017-07, Abschnitt 6.8	
3.8	**Rollläden**					
3.8.1	**Rollläden**: visuelle Beschaffenheit?				RS TR 121	
3.8.2	**Rollladenkasten**: Deckel beschädigungsfrei zu öffnen?				DIN 18073:2020-11, Anhang A1	
3.8.3	**Rollädenschienen**: unterer Abstand zu Fensterbänken?	≤ 8 mm			Richtlinie Anschlüsse	
3.9	**Außensohlbänke aus Mauerwerk**					
3.9.1	**Dichtungsanschluss**: zum Blendrahmen hin ordnungsgemäß?					
3.10	**Außenfensterbänke aus Blech**					
3.10.1	**Rückwärtige Aufkantung**: zum Blendrahmen hin vorhanden?					
3.10.2	**Tropfkantenüberstand** bei Klempnerarbeiten vorhanden?	20 mm			DIN 18339:2019-09, Abschnitt 3.5.3	
3.10.3	**Tropfkantenüberstand** bei Blechfensterbänken: vorhanden?	30 bis 50 mm			RAL-Leitfaden 2020-03, Bild 7.22	
3.10.4	**Tropfkantenabstand *a* bei Blechfensterbänken**: vorhanden? Gebäudehöhe < 8 m	20 mm			Fachregel für Metallarbeiten im Dachdeckerhandwerk, Ausgabe Juni 2017 mit Änderungen März 2020, Abschnitt 8.1	
3.10.5	**Tropfkantenabstand *a* bei Blechfensterbänken**: vorhanden? Gebäudehöhe 8 bis 20 m	30 mm				
3.10.6	**Tropfkantenabstand *a* bei Blechfensterbänken**: vorhanden? Gebäudehöhe über 20 m	40 mm				
3.10.7	**Tropfkantenabstand *a* bei Kupferblechfensterbänken**: vorhanden?	50 mm				
3.10.8	**Fensterprofile Dilatationsausgleich**: vorhanden?	1,3 mm/m				
3.10.9	**Fensterbefestigung**: ordnungsgemäß?				RAL-Leitfaden 2020-03, Kapitel 7	

Gewerk: VOB/C ATV DIN 18355 Tischlerarbeiten, Fenster, Türen (Kapitel 1.3)						
BV:		**Datum:**		**Bearbeiter:**		
Nr.	**Überprüfung**	**zul. Grenzwerte**		**Erl.**	**Regelwerk**	**Prüfmittel**
		min.	**max.**	✓		
3.10.10	**Fensterbänke**: Antidröhnbeschichtung vorhanden?				Empfehlungen für den Einbau von Metall-fensterbänken (WDVS-Fassade), Gütegemeinschaft Wärmedämmung von Fassaden e. V., Abschnitt 2.9	
3.10.11	**Außenfensterbänke aus Aluminium-blech**: Neigung ausreichend?		≥ 5°		RAL-Leitfaden 2020-03, Bild 7.22	
3.10.12	**Abdichtung**: unterhalb der Fensterbänke vorhanden, wenn Fensterbanksystem nicht wasserdicht ist?				RAL-Leitfaden 2020-03, Abschnitt 7.4	
3.11	**Innenfensterbänke**					
3.11.1	**Blendrahmenanschluss und Brüstung**: luftdicht?					
3.11.2	**Beschädigungen?**					
3.11.3	**Fester Sitz?**					
3.12	**Dachflächenfenster**					
3.12.1	**Dampfsperre**: Anschluss ordnungsgemäß?					
3.12.2	**Unterspannung**: Anschluss ordnungsgemäß?					
3.12.3	**Folienrinne**: im Sturzbereich ausgebildet?					
3.12.4	**Fensterbank**: innen abgeschrägt?				Verarbeitungsregel Hersteller	
3.12.5	**Heizkörper** unterhalb des Fensters zur Kondensatvermeidung vorhanden?				Verarbeitungsregel Hersteller	
3.12.6	**Nassbereiche**: Kunststofffenster mit Tauwasserrinne eingebaut?				Verarbeitungsregel Hersteller	
3.12.7	**Wärmedämmung**: kontaktbündiger Anschluss an die Einbauzarge?					
3.13	**Außentüren**					
3.13.1	**Hauseingangstür**: Funktion der Dichtungen, Anpressdruck im verriegelten Zustand richtig einjustiert?					orientierend: Papierstreif-entest
3.13.2	**Hauseingangstür**: Holzart mit Helligkeitsgrad der Beschichtung verträglich?					

Gewerk: VOB/C ATV DIN 18355 Tischlerarbeiten, Fenster, Türen (Kapitel 1.3)						
BV:		**Datum:**		**Bearbeiter:**		
Nr.	**Überprüfung**	**zul. Grenzwerte**		**Erl.**	**Regelwerk**	**Prüfmittel**
		min.	**max.**	✓		
3.13.3	**Hauseingangstür**: Schwelleneindichtung an Vertikalabdichtung angeschlossen?					
3.13.4	**Hauseingangstür**: Fußabtrittroste entwässert?					
3.13.5	**Hauseingangstür**: Alarmkontakte vorhanden?					
3.13.6	**Außentüren**: Bedienkräfte				DIN EN 12217:2015-07, Abschnitt 4, Tabelle 4	
3.13.7	**Schlüssel**: Anzahl der Schlüssel?					
3.13.8	**Pflegehinweise**: übergeben?					
3.13.9	**Türstopper**: vorhanden?					Vertrag
3.13.10	**Türdrücker**: Abstand zur Schließkante, manuelle Betätigung	≥ 25 mm			ift-Merkblatt Sicherheitsabstand zwischen Drücker und Schließkante 2008-12, ASR A1.6:2012-01, Abschnitt 4.1.1 (5), DGUV-Vorschrift 81:2001 zu § 10 Absatz 3	Zollstock, Finger von Probanden
3.13.11	**Türdrücker**: Abstand zur Schließkante, Kraftbetätigung	≥ 30 mm			ift-Merkblatt Sicherheitsabstand zwischen Drücker und Schließkante 2008-12, ASR A1.6:2012-01, Abschnitt 4.1.1 (5), DGUV-Vorschrift 81:2001 zu §10 Absatz 3	
3.13.12	**Außentürschild**: Überstand des Profilzylinders?		3 mm		DIN 18257:2015-06, Abschnitt 6.2.3	
3.14	**Innentüren**					
3.14.1	**Falzluftabstand**: seitlich korrekt eingestellt?	2,5 mm	6,5 mm		DIN 18101:2014-08, Abschnitt 5	Knetmasse, Bleistiftstrich
3.14.2	**Falzluftabstand**: oben korrekt eingestellt?	2,0 mm	6,5 mm		DIN 18101:2014-08, Abschnitt 5	Knetmasse, Bleistiftstrich
3.14.3	**Dichtungen**: vorhanden?					
3.14.4	**Bodenluftabstand Türblatt**: regulär – 7 mm	4 mm	10 mm		DIN 18101:2014-08, Anhang A, DIN 68706-2:2020-06, Abschnitt 5	kleiner Messkeil

Gewerk: VOB/C ATV DIN 18355 Tischlerarbeiten, Fenster, Türen (Kapitel 1.3)						
BV:		**Datum:**		**Bearbeiter:**		
Nr.	**Überprüfung**	**zul. Grenzwerte**		**Erl.**	**Regelwerk**	**Prüfmittel**
		min.	**max.**	✓		
3.14.5	**Bodenluftabstand Türblatt:** falls als Überstrom-Luftdurchlass ÜLD mit einer Fläche von 150 cm^2 geplant, für Türbreite 76 cm	2 cm			DIN 18017-3:2022-05, Abschnitt 5.2.3	großer Messkeil
3.14.6	**Bodenabsenkdichtung**: Funktion?					Betätigung Stift, Papierstreifentest
3.14.7	**Stahlzargen**: Abweichung von der Lotrechten?		≤ 1,0 mm/m		DIN 18111-4:2004-08, Abschnitt 5.2.4	Wasserwaage
3.14.8	**Zargen aus Holzwerkstoff**: Übergang zu Bodenfliesen versiegelt?				DIN 68706-2:2020-06, Abschnitt 5	
3.14.9	**Bodenluftabstand Zarge**: regulär: 0 mm	2 mm			Abnahme von Bauleistungen	Messkeil
3.14.10	**Türblätter und Zargen**: visuelle Beurteilung?				ift-Richtlinie HO-11/2 2012-11	

Abnahme-Checkliste

Gewerk: VOB/C ATV DIN 18356 Parkettarbeiten (Kapitel 1.4)						
BV:		**Datum:**		**Bearbeiter:**		
Nr.	**Überprüfung**	**zul. Grenzwerte**		**Erl.**	**Regelwerk**	**Prüfmittel**
		min.	**max.**	✓		
1	**Prüfung der Grundlagen/Unterlagen**					
1.1	**Materialbezeichnung** und Liefernachweis					
1.2	**Wartungs- und Pflegeanweisungen**				DIN 18356:2019-09, Abschnitt, 3.1.5	
1.3	Hinweise auf das **zweckmäßige Raumklima**				DIN 18356:2019-09, Abschnitt, 3.1.5	
2	**Materialprüfung/Funktionsprüfung**					
2.1	**Parkettholz**					
2.1.1	**Holzfeuchte** korrekt?				DIN 18356:2019-09, Abschnitt 3.1.4	Messgerät

Gewerk: VOB/C ATV DIN 18356 Parkettarbeiten (Kapitel 1.4)						
BV:		**Datum:**		**Bearbeiter:**		
Nr.	**Überprüfung**	**zul. Grenzwerte**		**Erl.**	**Regelwerk**	**Prüfmittel**
		min.	**max.**	✓		
2.1.2	**Holzart** gemäß Leistungsbeschreibung?					Nachweis Lieferschein
2.1.3	**Holzart** für vorausgesetzte Beanspruchung geeignet?					
2.1.4	**Untergrund** für Parkettverlegung geeignet?					
2.1.5	**Sperrgrund** erforderlich?					
2.1.6	**Parkett**: allgemeine bauaufsichtliche Zulassung vorhanden (ab 01.01.2011)?					
2.2	**Verlegeart**					
2.2.1	**Verlegeart** gemäß Leistungsbeschreibung ausgeführt?					Sichtprüfung
2.2.2	**Verband** gemäß Leistungsbeschreibung ausgeführt?					Sichtprüfung
2.2.3	**Kraftschlüssig verklebt**: für Beanspruchung geeignet?					
2.2.4	**Auf Lagerhölzern**: für Beanspruchung geeignet?					
2.2.5	**Schwimmende Verlegung**: für Beanspruchung geeignet?					
2.3	**Kleber/Versiegelung**					
2.3.1	**Dispersionskleber**: geeignet?					
2.3.2	**Reaktionsharzkleber**: geeignet?					
2.3.3	**Parkettkleber**: für Anwendungsfall geeignet?				TKB-Merkblatt 1 (IVK)	
2.3.4	**Parkettversiegelung**: vorhanden, Schichtstärke ausreichend?	80 µ			Herstellervorschrift, Ö-Norm	Mikroskop, Farbschichtprüfer
2.3.5	**Parkettkleber**: allgemeine bauaufsichtliche Zulassung vorhanden (ab 01.01.2011)?					
2.4	**Profile/Fugen**					
2.4.1	**Abschlüsse, Übergänge, Stoßkanten** gemäß Leistungsbeschreibung: Messing/Edelstahl?					Sichtprüfung
2.4.2	**Rand- und Dehnungsfugen** vorhanden, mit Korkstreifen ausgefüllt?				DIN 18356:2019-09, Abschnitt 3.2.1.6	
2.4.3	**Fußleisten**: gemäß Leistungsbeschreibung?					Sichtprüfung

Gewerk: VOB/C ATV DIN 18356 Parkettarbeiten (Kapitel 1.4)						
BV:		**Datum:**		**Bearbeiter:**		
Nr.	**Überprüfung**	**zul. Grenzwerte**		**Erl.**	**Regelwerk**	**Prüfmittel**
		min.	**max.**	✓		
2.4.4	**Fußleisten**: Scheuerleisten gemäß Ausschreibung vorhanden?					Sichtprüfung
3	**Prüfung der Ausführung**					
3.1	**Fußböden allgemein**: Stolperstellen durch Höhenversätze?		4 mm		ASR A1.5, März 2022, Abschnitt 3.5	
3.2	**Fußböden allgemein**: Stolperstellen durch Spalten?		20 mm		ASR A1.5, März 2022, Abschnitt 3.5	
3.3	**Fugenbreite** entsprechend der Einbaufeuchte des Holzes in Ordnung?					Fühlerblattlehre, Messkeil
3.4	**Randfugen** nicht durch Kleber oder Spachtelmasse verschlossen?					Nadelprobe
3.5	**Fertigparkett**: Schüsselung im Kantenbereich vorhanden?					Stahlschiene, Fühlerblattlehre
3.6	**Fertigparkett**: Überzähne vorhanden?		0,2 mm		DIN EN 13489:2017-12, Tabelle 5	Stahlschiene, Fühlerblattlehre
3.7	**Fertigparkett** in Dielenform: Hohlleger? Kleberanteil:				Kommentar DIN 18356	Klopfbefund
3.8	**Fertigparkett**: Risse an der Oberseite?				DIN EN 13489:2017-12, Tabelle 1	Sichtbefund
3.9	**Fertigparkett in Stabform**: Hohlleger? Kleberanteil:				Kommentar DIN 18356	Klopfbefund
3.10	**Stabparkett, Tafelparkett und Parkettriemen**: Hohlleger? Kleberanteil:				Kommentar DIN 18356	Klopfbefund
3.11	**Mosaikparkett**: Hohlleger? Kleberanteil:				Kommentar DIN 18356	
3.12	**Laminat**: Überzähne vorhanden?		0,2 mm		Kommentar DIN 18356	Stahlschiene, Fühlerblattlehre
3.13	**Laminat**: Überzähne vorhanden?		0,15 mm		DIN EN 13329:2021-11, Tabelle 1	Stahlschiene, Fühlerblattlehre
3.14	**Laminat**: Schlüsselung		0,3 mm		Kommentar DIN 18356	Stahlschiene, Messkeil
3.15	**Fußleisten**: Schraub- und Nagellöcher verschlossen?					Sichtprüfung

Gewerk: VOB/C ATV DIN 18356 Parkettarbeiten (Kapitel 1.4)						
BV:		**Datum:**		**Bearbeiter:**		
Nr.	**Überprüfung**	**zul. Grenzwerte**		**Erl.**	**Regelwerk**	**Prüfmittel**
		min.	**max.**	✓		
3.16	**Fußleisten**: Eckverbindungen auf Gehrung geschnitten?					Sichtprüfung
3.17	**Fußleisten**: Schnittkanten lackiert?					Sichtprüfung
3.18	**Maßhaltigkeit**: Ebenheit eingehalten?					Richtscheit, Wasserwaage, Schnur
3.19	**Maßhaltigkeit**: Rechtwinkligkeit, Waagerechtigkeit eingehalten?				DIN 18202:2019-07, Tabelle 2	Wasserwaage, Winkel
3.20	**Maßhaltigkeit**: Höhenlage korrekt?					Nivelliergerät Schlauchwaage
3.21	**Oberflächenbeschädigungen, Kratzer, Verunreinigungen, Bohrlöcher** vorhanden?					Sichtprüfung
Copyright: Dipl.-Ing. Gunter Hankammer öffentlich bestellter und vereidigter Sachverständiger, Hankammer GmbH Hamburg – Diese Liste erfüllt nicht den Anspruch auf Vollständigkeit. –						

Abnahme-Checkliste						
Gewerk: VOB/C ATV DIN 18365 Bodenbelagarbeiten (Kapitel 1.5)						
BV:		**Datum:**		**Bearbeiter:**		
Nr.	**Überprüfung**	**zul. Grenzwerte**		**Erl.**	**Regelwerk**	**Prüfmittel**
		min.	**max.**	✓		
1	**Prüfung der Grundlagen/Unterlagen**					
1.1	**Materialbezeichnung und Chargennummer**					
1.2	**Wartungs- und Pflegeanweisungen**				DIN 18365:2019-09, Abschnitt 3.1.5	
1.3	**Belegreifeprüfung**: Protokoll über die Estrich-Feuchtigkeitsmessung als CM-Messung vorhanden?				DIN 18560-1:2021-02, Abschnitt 5.6, Anhang A	
1.4	Protokoll über die **Estrich-Feuchtigkeitsmessung bei Heizestrich**				DIN 18365:2019-09, Abschnitt 3.1.2	

Gewerk: VOB/C ATV DIN 18365 Bodenbelagarbeiten (Kapitel 1.5)						
BV:		**Datum:**		**Bearbeiter:**		
Nr.	**Überprüfung**	**zul. Grenzwerte**		**Erl.**	**Regelwerk**	**Prüfmittel**
		min.	**max.**	✓		
2	**Materialprüfung/Funktionsprüfung**					
2.1	**Allgemein**					
2.1.1	**Farbvorgabe** gemäß Bemusterung eingehalten?					
2.1.2	**Farbabweichungen** innerhalb der Fläche?					
2.1.3	**Musterrapporte**: Längenverzug					
2.1.4	**Musterrapporte**: Querverzug					
2.1.5	**Musterrapporte**: Bogenverzug					
2.1.6	**Musterrapporte**: Diagonalverzug					
2.1.7	**Abschluss- und Übergangsschienen**: gemäß Leistungsbeschreibung vorhanden, Edelstahl, Messing?					
2.1.8	**Ableitfähigkeit**: gemäß Zielvorgaben?					
2.1.9	**Sockelleisten** gemäß Leistungsbeschreibung?					
2.2	**Textilbeläge**					
2.2.1	**Eignung für Einsatzbereich**					
2.2.2	**Komfortwert** gemäß Leistungsbeschreibung					
2.2.3	**Beanspruchung** gemäß Leistungsbeschreibung					
2.2.4	**Zusatzeignungen**: Stuhlrolleneignung, Treppeneignung, Fußbodenheizung, Antistatik gemäß Leistungsbeschreibung					
2.2.5	**Pol-Einsatzgewicht** gemäß Leistungsbeschreibung eingehalten?					
2.3	**Elastische Beläge**					
2.3.1	**Eignung für Einsatzbereich**					
2.3.2	**Beanspruchung** gemäß Leistungsbeschreibung					
2.3.3	**Zusatzeignungen: Treppeneignung, Fußbodenheizung** gemäß Leistungsbeschreibung					

Gewerk: VOB/C ATV DIN 18365 Bodenbelagarbeiten (Kapitel 1.5)						
BV:		**Datum:**		**Bearbeiter:**		
Nr.	**Überprüfung**	**zul. Grenzwerte**		**Erl.**	**Regelwerk**	**Prüfmittel**
		min.	**max.**	✓		
3	**Prüfung der Ausführung**					
3.1	**Allgemein**					
3.1.1	**Stöße und Nähte** gemäß Verlegeplan?					
3.1.2	**Kopfnähte** zulässig?				DIN 18365:2019-09, Abschnitt 3.4.5	
3.1.3	**Maßhaltigkeit** in der Ebenheit?				DIN 18202:2019-07, Tabelle 3	Richtscheit, Wasserwaage, Schnur, Messkeil
3.1.4	**Maßhaltigkeit** in der Waagerechtigkeit?				DIN 18202:2019-07, Tabelle 2	Richtscheit, Wasserwaage, Schnur, Messkeil
3.1.5	**Maßhaltigkeit** an Übergängen zu anderen Bodenbelägen, Stolperkante?		4 mm		ASR A1.5, März 2022, Abschnitt 3.5	
3.1.6	**Hohllagen/Fehlstellen** im Untergrund?					Druckprobe, Klopfbefund
3.1.7	**Ableitfähigkeit**: ableitfähige Spachtelung vorhanden?					
3.1.8	**Ableitfähigkeit**: Kupferbandraster vorhanden?					
3.1.9	**Ableitfähigkeit**: Anschluss an Potenzialausgleich erfolgt?					
3.1.10	**Reinigung** erfolgt?					
3.1.11	**Farbverunreinigungen und Verschmutzungen** durch Nachfolgegewerke?					
3.2	**Textilbeläge**					
3.2.1	**Schnittkanten** sauber eingepasst?					
3.2.2	**Shading-Effekt** vorhanden?					
3.2.3	**Florrichtung** innerhalb eines Raums einheitlich?				Kommentar und Erläuterungen zur VOB/C ATV DIN 18365	Bleistift auf Blatt Papier abrollen
3.2.4	**Brandflecken?**					
3.2.5	**Kleberverunreinigungen, Verschmutzungen, Fasern verhärtet?**					

Gewerk: VOB/C ATV DIN 18365 Bodenbelagarbeiten (Kapitel 1.5)						
BV:		**Datum:**		**Bearbeiter:**		
Nr.	**Überprüfung**	**zul. Grenzwerte**		**Erl.**	**Regelwerk**	**Prüfmittel**
		min.	**max.**	✓		
3.2.6	**Imprägnierender Faserschutz** durch unsachgemäße Reinigung entfernt?					
3.3	**Elastische Bodenbeläge**					
3.3.1	**Kratzer, Beschädigungen, Brandlöcher?**					
3.3.2	**Nahtstellen** fachgerecht geschlossen?					
3.3.3	**Ersteinpflege** gemäß Leistungsbeschreibung ausgeführt?					
3.3.4	**Schnittkanten** sauber eingepasst?					
3.3.5	**Blasenbildung** vorhanden?					
3.3.6	**Stauchblasen** vorhanden?					
3.3.7	**Eindrücke** ohne Rückstellung?					
3.3.8	**Linoleum**: Dicke entsprechend Beanspruchung?					
3.3.9	**PVC**: Material entsprechend Beanspruchung?					

Abnahme-Checkliste

Gewerk: VOB/C ATV DIN 18363 Maler- und Lackierarbeiten (Kapitel 1.6)						
BV:		**Datum:**		**Bearbeiter:**		
Nr.	**Überprüfung**	**zul. Grenzwerte**		**Erl.**	**Regelwerk**	**Prüfmittel**
		min.	**max.**	✓		
1	**Prüfung der Grundlagen/Unterlagen**					
2	**Materialprüfung/Funktionsprüfung**					
2.1	**Untergrundprüfung und -vorbehandlung**: gemäß Ausschreibung?				Herstellervorschrift, BFS-Merkblatt Nr. 20 2016-10	
2.2	**Grundierung**: auf Untergrund und Beschichtung abgestimmt?				Herstellervorschrift	

Gewerk: VOB/C ATV DIN 18363 Maler- und Lackierarbeiten (Kapitel 1.6)						
BV:		**Datum:**		**Bearbeiter:**		
Nr.	**Überprüfung**	**zul. Grenzwerte**		**Erl.**	**Regelwerk**	**Prüfmittel**
		min.	**max.**	✓		
2.3	**Beschichtungsstärken**: innerhalb des Aufbaus entsprechend Ausschreibung?				Herstellervorschrift	Probenentnahme, Schichtdickenmessgeräte
2.4	**Beschichtungsaufbau**: Stoffe des Beschichtungssystems vom selben Hersteller?				Herstellervorschrift	
2.5	**Beschichtungsaufbau**: Reihenfolge gemäß Herstellervorschriften?				Herstellervorschrift	Mikroskopische Farbschichtprüfung
2.6	**Farbgebung**: Helligkeitsgrad auf Untergrundmaterial abgestimmt?					
2.7	**Farbgebung**: gemäß Vorgabe/innerhalb der Grenzwertmuster					
2.8	**Oberfläche/Struktur**: gemäß Vorgaben					
3	**Prüfung der Ausführung**					
3.1	**Beschädigungen**, Verschmutzungen, Kantenausbrüche					
3.2	**Beschichtungsauftrag an unzugänglichen Stellen**: oberer Anschluss von Türzargen usw.					Teleskopspiegel
3.3	**Beschichtungsauftrag an unzugänglichen Stellen**: hinter und unter Heizkörpern deckend?					Teleskopspiegel
3.4	**Konturen, Kanten- und Linienführung**: scharfkantig beschnitten?				DIN 18363:2019-09, Abschnitt 3.1.10	
3.5	**Angrenzende Flächen** sauber abgeklebt?					
3.6	**Schutzabklebung**: Material verträglich mit dem Untergrund?					
3.7	**Schutzabklebung**: restlos und ohne Rückstände und Beschädigungen entfernt?					
3.8	Fremdgewerke durch **Schutzabdeckungen** ordnungsgemäß geschützt?					
3.9	**Beschichtungsoberfläche**: ebenmäßig?					

Gewerk: VOB/C ATV DIN 18363 Maler- und Lackierarbeiten (Kapitel 1.6)						
BV:		**Datum:**		**Bearbeiter:**		
Nr.	**Überprüfung**	**zul. Grenzwerte**		**Erl.**	**Regelwerk**	**Prüfmittel**
		min.	**max.**	✓		
3.10	**Beschichtungsoberfläche**: Pinselstrich erkennbar?					
3.11	**Beschichtungsoberfläche**: Lauf- und Tropfnasen?					
3.12	**Beschichtungsoberfläche**: Einschlüsse, Haare, Insekten?					
3.13	**Beschichtungsoberfläche**: Blasenbildung?					
3.14	**Balkonbeschichtung**: Rutschfestigkeit vorhanden?					
3.15	**Balkonbeschichtung**: Aufkantung an aufgehende Bauteile ordnungsgemäß?					
3.16	**Balkonbeschichtung**: Verarbeitungstemperatur eingehalten?					DWD
3.17	**Balkonbeschichtung**: Untergrundprüfung erfolgt?					
3.18	**Balkonbeschichtung**: Blasen, Risse, Einschlüsse?					
3.19	**Balkonbeschichtung**: Geländerfüße eingefasst?					
3.20	**Balkonbeschichtung**: freie Platten-Stirnseiten beschichtet?					
3.21	**Balkonbeschichtung**: untere Tropfkante an der Stirnseite hergestellt?					
3.22	**Balkonbeschichtung**: Balkonunterseite diffusionsoffen beschichtet?					
3.23	**Konstruktiver Witterungsschutz**: berücksichtigt?					
3.24	**Außenbauteile, Kantenführung**: ausgerundet	$r =$ 2 mm			BFS-Merkblatt Nr. 18 2022-04, Abschnitt 3.1.3	

Abnahme-Checkliste						
Gewerk: VOB/C ATV DIN 18366 Tapezierarbeiten (Kapitel 1.6)						
BV:		**Datum:**		**Bearbeiter:**		
Nr.	**Überprüfung**	**zul. Grenzwerte**		**Erl.**	**Regelwerk**	**Prüfmittel**
		min.	**max.**	✓		
1	**Prüfung der Grundlagen/Unterlagen**					
1.1	**Untergrundüberprüfung**: erfolgt?				Herstellervorschrift	
2	**Materialprüfung/Funktionsprüfung**					
2.1	Material für **Untergrundbeschaffenheit** geeignet?					
2.2	Material für **Verwendungszweck** geeignet?					
2.3	**Vorgesehene Schichtenfolge** fachgerecht?					
2.4	**Tapete**: gemäß Leistungsbeschreibung?					
2.5	**Farbbeschichtung**: gemäß Leistungsbeschreibung?					
2.6	**Farbtöne, Helligkeit**: gemäß Leistungsbeschreibung/Bemusterung?					
3	**Prüfung der Ausführung**					
3.1	**Untergrundvorbehandlung**: erfolgt?				Herstellervorschrift	
3.2	**Konturen, Kanten- und Linienführung**: scharfkantig beschnitten?					
3.3	**Tapezierung**: Deckenanschluss scharfkantig?					
3.4	**Tapezierung**: Fußleistenanschluss scharfkantig?					
3.5	**Tapezierung**: Anschluss an Durchdringungen, Türzargen usw. scharfkantig?					
3.6	**Tapezierung**: „auf Stoß" – fugenlos?				BFS-Merkblatt Nr. 16 2013-11, Abschnitt 6.2	
3.7	**Tapezierung**: Überlappungsstoß – kantenparallel?					
3.8	**Tapezierung**: Musterrapporte im Stoßbereich aufgenommen?					
3.9	**Tapezierung**: Musterrapporte in Raumecken aufgenommen?					

Gewerk: VOB/C ATV DIN 18366 Tapezierarbeiten (Kapitel 1.6)						
BV:		**Datum:**		**Bearbeiter:**		
Nr.	**Überprüfung**	**zul. Grenzwerte**		**Erl.**	**Regelwerk**	**Prüfmittel**
		min.	**max.**	✓		
3.10	**Anschlüsse**: Gipskarton an Massivbauteile – Fugenschnitt erfolgt?					
3.11	**Anschlüsse**: Gipskarton an Massivbauteile: Anschlussversiegelung hergestellt?					
3.12	**Anschlüsse**: Türzargenanschluss versiegelt?					
3.13	**Anschlüsse**: Bekleidungs-Anschlüsse versiegelt?					
3.14	**Anschlüsse**: Fußleistenanschlüsse versiegelt?					
3.15	**Anschlüsse**: Ichselbereiche versiegelt?					

Abnahme-Checkliste

Gewerk: VOB/C ATV DIN 18360 Metallbauarbeiten, VOB/C ATV DIN 18335 Stahlbauarbeiten (Kapitel 1.7)						
BV:		**Datum:**		**Bearbeiter:**		
Nr.	**Überprüfung**	**zul. Grenzwerte**		**Erl.**	**Regelwerk**	**Prüfmittel**
		min.	**max.**	✓		
1	**Prüfung der Grundlagen/Unterlagen**					
1.1	**Brandschutzkonzept**					
2	**Materialprüfung/Funktionsprüfung**					
2.1	**Verankerungen** planmäßig?					
2.2	**Öffnungselemente** funktionsfähig?					
2.3	**Geländer und Absturzsicherungen**: Statischer Nachweis erfolgt?				ETB-Richtlinie Bauteile, die gegen Absturz sichern, 1985-06 BVM-Geländer-Richtlinie 2019-04	

Gewerk: VOB/C ATV DIN 18360 Metallbauarbeiten, VOB/C ATV DIN 18335 Stahlbauarbeiten (Kapitel 1.7)						
BV:		**Datum:**		**Bearbeiter:**		
Nr.	**Überprüfung**	**zul. Grenzwerte**		**Erl.**	**Regelwerk**	**Prüfmittel**
		min.	**max.**	✓		
3	**Prüfung der Ausführung**					
3.1	**Frei liegende Schnitt- und Sägekanten**: entgratet?					Tastbefund, Heftpflaster vorhalten
3.2	Statisch nicht notwendige **Schweiß- und Stumpfnähte** entfernt?					Sichtkontrolle
3.3	**Verbindungen** so ausgeführt, dass sie **Bewegungen** aufnehmen können?					Sichtkontrolle
3.4	**Handläufe allseitig entgratet**, bündig geschliffen?				DIN 18360:2019-09, Abschnitt 3.11.4	Tastbefund
3.5	**Verzinkung als Korrosionsschutz**: fachgerecht ausgeführt?				DIN EN ISO 1461: 2021-11 – Entwurf	Sichtkontrolle
3.6	**Verzinkung als Korrosionsschutz**: Mindestdicken eingehalten?				DIN EN ISO 1461: 2021-11 – Entwurf	magnetinduktives Schichtdickenmessgerät
3.7	**Verzinkung als Korrosionsschutz**: Ausbesserungen Mindestdicke?	100 µm			DIN EN ISO 1461: 2021-11 – Entwurf, Arbeitsblatt Feuerverzinken E.4	magnetinduktives Schichtdickenmessgerät
3.8	**Verzinkung als Korrosionsschutz**: Ausbesserungen Materialeignung?	100 µm			Arbeitsblatt Feuerverzinken E.4	Prüfzeugnis
3.9	**Beschichtung als Korrosionsschutz**: fachgerecht aufgebracht?				DIN EN ISO 12944-5:2019-01, Abschnitt 5	
3.10	**Beschichtungsaufbau**: Grundbeschichtung 2 Zwischenbeschichtungen Deckbeschichtung					
3.11	**Befestigungsmittel im Außenbereich und in Feuchträumen**: feuerverzinkt oder nichtrostende Stähle?				VOB/C ATV DIN 18360:2019-09, Abschnitt 3.1.10.4	
3.12	**Fassaden**					
3.12.1	**Funktionsebenen eingehalten?** Witterungsschutz, Tauwasserschutz, Luftdichtigkeit				RAL-Leitfaden zur Montage 2020-03, Abschnitt 2.3	
3.12.2	**Wärmeschutzanforderungen** eingehalten, auch sommerlicher Wärmeschutz?				GEG, DIN 4108	
3.12.3	**Schallschutz** eingehalten?				DIN 4109	Messung

Gewerk: VOB/C ATV DIN 18360 Metallbauarbeiten, VOB/C ATV DIN 18335 Stahlbauarbeiten (Kapitel 1.7)						
BV:		**Datum:**		**Bearbeiter:**		
Nr.	**Überprüfung**	**zul. Grenzwerte**		**Erl.**	**Regelwerk**	**Prüfmittel**
		min.	**max.**	✓		
3.12.4	**Reinigungsmöglichkeiten** berücksichtigt?					Sichtkontrolle
3.12.5	Sekuranten/Anschlaghaken **vorgerüstet**?					Sichtkontrolle
3.12.6	**Rahmen**: verkratzt?				VFF-Merkblatt St.02 2016-08	Sichtkontrolle
3.12.7	**Scheiben**: verkratzt?				VFF-Merkblatt V.06-1 2019-03	
3.12.8	**Verglasung**: absturzsicher?				DIN 18008-4:2013-07	GlassBuddy®
3.12.9	**Glasgeländer**: Kantenschutz als Stoßschutz vorhanden?				DIN 18008-4:2013-07, Abschnitte 5.1 und 5.2	
3.12.10	**Glasgeländer**: Kantenschutz als Feuchteschutz und gegen Delamination vorhanden?				BF-Merkblatt 013/2013, BF-Richtlinie 022/2018, Abschnitt 7.5	
3.12.11	**Entdröhnungsschicht** vorhanden?	2 mm			Vertrag	Sichtkontrolle
3.13	**Türen**					
3.13.1	Maximale Bodenluft eingehalten?	8 mm			Herstellerrichtlinie	Messkeil
3.13.2	Bodenabsenkdichtung in Funktion?					
3.13.3	Schwellenprofil unter Bodenabsenkdichtung vorhanden?					
3.13.4	Schließvorrichtung in Funktion?					
3.13.5	Öffnungswinkelbegrenzer in Funktion?					
3.13.6	Türstopper vorhanden?					
3.13.7	Brandschutz: Plakette vorhanden?					
3.13.8	Rauchschutz: Plakette vorhanden?					
3.13.9	Schallschutz: Plakette vorhanden?					
3.13.10	Drückergarnitur vorhanden?					
3.13.11	Rosetten vorhanden?					
3.13.12	Profilzylinder vorhanden?					
3.13.13	Schlüssel vorhanden?					
3.13.14	**Schließanlage**: gemäß Schließplan vorhanden?				DIN 18252:2018-05; 6.4.6	

Gewerk: VOB/C ATV DIN 18379 Raumlufttechnische Anlagen (Kapitel 1.8)						
BV:		**Datum:**		**Bearbeiter:**		
Nr.	**Überprüfung**	**zul. Grenzwerte**		**Erl.**	**Regelwerk**	**Prüfmittel**
		min.	**max.**	✓		
2.1.3	**Kategorie R-BD bedarfsabhängig (mit Dauerbetrieb) Bad mit/ohne WC**	40/15 m^3/h			DIN 18017-3:2022-05, Abschnitt 5.1.1, Tabelle 2	Anemometer, Messtrichter
2.1.4	**Kategorie R-BD bedarfsabhängig (mit Dauerbetrieb) Toilettenraum (WC)**	20/7,5 m^3/h			DIN 18017-3:2022-05, Abschnitt 5.1.1, Tabelle 2	Anemometer, Messtrichter
2.1.5	**Kategorie R-PN präsenzgeführt (mit Nachlauf) Bad mit/ohne WC**	60/0 m^3/h			DIN 18017-3:2022-05, Abschnitt 5.1.1, Tabelle 2	Anemometer, Messtrichter
2.1.6	**Kategorie R-PN präsenzgeführt (mit Nachlauf) Toilettenraum (WC)**	30/0 m^3/h			DIN 18017-3:2022-05, Abschnitt 5.1.1, Tabelle 2	Anemometer, Messtrichter
2.1.7	**Kategorie R-PD präsenzgeführt (mit Dauerbetrieb) Bad mit/ohne WC**	60/15 m^3/h			DIN 18017-3:2022-05, Abschnitt 5.1.1, Tabelle 2	Anemometer, Messtrichter
2.1.8	**Kategorie R-PD präsenzgeführt (mit Dauerbetrieb) Toilettenraum (WC)**	30/7,5 m^3/h			DIN 18017-3:2022-05, Abschnitt 5.1.1, Tabelle 2	Anemometer, Messtrichter
2.1.9	**Einzelraumlüfter**: Filtervliese vorhanden?					
2.1.10	Toiletten , Wasch und Umkleideräume	11 m^3 (m^2/h)			ASR A4.1, März 2022	Anemometer, Messtrichter
2.1.11	**Raumluftgeschwindigkeit an Arbeitsplätzen**, Turbulenzgrad 40 %, Raumlufttemperatur +20 °C:		< 0,15 m/s		Technische Regeln für Arbeitsstätten Lüftung ASR A3.6, Abschnitt 6.5	Anemometer, Messtrichter
3	**Prüfung der Ausführung**					
3.1	**Schallschutz**: Werte eingehalten?				DIN 4109, VDI 4100	
3.2	**Brandschutzklappen**: vorhanden?					
3.3	**Garagenentlüftung**: CO-Warnanlage?				GarVO	
3.4	Lüftungsanlage: **Abnahme durch Schornsteinfeger?**					
3.5	Leitungen **ausreichend** gegen Kondensatbildung **gedämmt?**				DIN 18017-3:2020-05, Abschnitt 5.8	
3.6	**Offene Kamine**: keine Abluftanlagen im Verbrennungsluftverbund vorhanden?				DIN 18896:2014-02, Abschnitt 5.2.1, § 4 FeuVO	

– Diese Liste erfüllt nicht den Anspruch auf Vollständigkeit. –

Abnahme-Checkliste						
Gewerk: VOB/C ATV DIN 18380 Heizanlagen und zentrale Wassererwärmungsanlagen (Kapitel 1.9)						
BV:		**Datum:**		**Bearbeiter:**		
Nr.	**Überprüfung**	**zul. Grenzwerte**		**Erl.**	**Regelwerk**	**Prüfmittel**
		min.	**max.**	✓		
1	**Prüfung der Grundlagen/Unterlagen**					
1.1	**Bestandsplan** Zentralenplan Heizung					
1.2	**Stromlaufpläne**				DIN EN 61082-1:2015-10, VDE 0040-1:2015-10	
1.3	Technische Beschreibung der **Umwälzpumpen**					
1.4	Technische Beschreibung der **Regelung**					
1.5	**Bestellliste** mit Fabrikatsangabe der Heizkörper und der Thermostatventile					
1.6	Protokolle über die **Dichtheitsprüfung**	1,3 · Betriebsdruck			DIN 18380:2016-09, Abschnitt 3.4.4	
1.7	Protokoll über die **Einweisung** des Wartungs- und Bedienungspersonals				DIN 18380:2016-09, Abschnitt 3.7	
1.8	**Vollständigkeitsprüfung**				DIN 18380:2016-09, Abschnitt 3.6.1	
1.9	**Funktionsprüfung**				DIN 18380:2016-09, Abschnitt 3.6.2	
1.10	**Fachunternehmererklärung**				DIN 18380:2016-09, Abschnitt 3.7	
1.11	Abnahmebescheinigung des **Schornsteinfegers**					
1.12	**Feuerungseinrichtung**: Bescheinigung über Einregulierung/Brennwerte					
1.13	**Heizöltank**: Zulassungsbescheinigung, Bauartzulassung					
2	**Materialprüfung/Funktionsprüfung**					
2.1	**Funktionsüberprüfung** Vorlauftemperatur					
2.2	**Funktionsüberprüfung** Umwälzpumpen					
2.3	**Absperrvorrichtungen**: Funktionsüberprüfung					

Gewerk: VOB/C ATV DIN 18380 Heizanlagen und zentrale Wassererwärmungsanlagen (Kapitel 1.9)						
BV:		**Datum:**		**Bearbeiter:**		
Nr.	**Überprüfung**	**zul. Grenzwerte**		**Erl.**	**Regelwerk**	**Prüfmittel**
		min.	**max.**	✓		
2.4	**Sicherheitseinrichtungen**					
2.4.1	zentrale Regelung	Pflicht			DIN EN 12828:2014-07, Abschnitt 4.5	
2.4.2	Raumregelung	Pflicht nach GEG für Räume > 6 m^2			DIN EN 12828:2014-07, Abschnitt 4.5.5, § 63 GEG	
2.4.3	Druckhaltung, z. B.: Ausdehnungsgefäß (geschlossene Anlagen)	Pflicht			DIN EN 12828:2014-07, Abschnitt 4.6.2.4, § 63 GEG	
2.4.4	Sicherheitsleitung zum Ausdehnungsgefäß: – mit Steigung verlegt – ohne Absperrung – mindestens DN 25 – Rohrbögen $r > 1{,}5 \cdot$ Rohrinnendurchmesser	Pflicht			DIN EN 12828:2014-07, Abschnitt 4.6.3.2	
2.4.5	Überlauf- und Entlüftungsleitung	optional				
2.4.6	Sicherheitsventil	Pflicht			DIN EN 12828:2014-07, Abschnitt 4.6.2.2	
2.4.7	Sicherheitstemperaturbegrenzer	Pflicht			DIN EN 12828:2014-07, Abschnitt 4.6.2.1, DIN EN 1264-4:2021-08, Abschnitt 4.2.2.5.1	
2.4.8	Temperaturwächter	optional				
2.4.9	Vorlauftemperaturregler am Wärmeerzeuger	Pflicht				
2.4.10	Fülleinrichtung	Pflicht				
2.4.11	**Fülleinrichtung Heizung**: ohne Schlauchverbindung vorhanden?				DIN EN 806-5:2012-04, Abschnitt 6	
2.4.12	Wassermangelsicherung	Pflicht			DIN EN 12828:2014-07, Abschnitt 4.6.2.3	
2.4.13	Druckbegrenzer	optional				
2.4.14	Druckbegrenzer > 300 kW	Pflicht			DIN EN 12828:2014-07, Abschnitt 4.6.2.2.2	
2.4.15	Überströmventil bei ungeregelten Pumpen	optional				
2.4.16	Gasabsperrhahn	Pflicht				

Gewerk: VOB/C ATV DIN 18380 Heizanlagen und zentrale Wassererwärmungsanlagen (Kapitel 1.9)						
BV:		**Datum:**		**Bearbeiter:**		
Nr.	**Überprüfung**	**zul. Grenzwerte**		**Erl.**	**Regelwerk**	**Prüfmittel**
		min.	**max.**	✓		
2.4.17	Gaswarneinrichtung					
2.5	**Betriebseinrichtungen in Heizungsanlagen**	Pflicht				
2.5.1	Manometer	Pflicht			DIN EN 12828:2014-07, Abschnitt 4.7	
2.5.2	Thermometer	Pflicht			DIN EN 12828:2014-07, Abschnitt 4.7	
2.5.3	Wasserstandsanzeige (offene Anlagen)	Pflicht			DIN EN 12828:2014-07, Abschnitt 4.7	
2.5.4	Betriebstemperaturregelung	Pflicht			DIN EN 12828:2014-07, Abschnitt 4.7	
2.5.5	Temperaturregler	Pflicht			DIN EN 12828:2014-07, Abschnitt 4.7.3	
2.5.6	Druckhalteeinrichtung (offene Anlagen)	optional			DIN EN 12828:2014-07, Abschnitt 4.7.4	
2.5.7	Befülleinrichtung mit Rückflussverhinderer	Pflicht			DIN EN 12828:2014-07, Abschnitt 4.7.5	
2.5.8	Wärmedämmung der Anlagenteile	Pflicht			DIN EN 12828:2014-07, Abschnitt 4.8	
2.6	**Thermostatventilköpfe**: Vollständigkeitsprüfung					
2.7	**Thermostatventile**: Überprüfung der Fließrichtung					Pfeil auf Armatur beachten
2.8	**Anschlussverschraubungen** der Heizkörper: Dichtigkeitsüberprüfung					
2.9	**Fußbodenheizung**: Überprüfung der maximalen Oberflächentemperatur		29 °C, Rand: 35 °C			
2.10	**Fußbodenheizung**: Thermostat für jeden Raum vorhanden?				§ 63 GEG, DIN EN 12828:2014-07, Abschnitt 4.5.5	
2.11	**Fußbodenheizung**: Überprüfung der maximalen Vorlauftemperaturtemperatur		Calciumsulfat-/Zementestrich: 55 °C, Gussasphaltestrich: 45 °C		DIN 18560-2:2009-01, Abschnitt 3.1	

Gewerk: VOB/C ATV DIN 18380 Heizanlagen und zentrale Wassererwärmungsanlagen (Kapitel 1.9)						
BV:		**Datum:**		**Bearbeiter:**		
Nr.	**Überprüfung**	**zul. Grenzwerte**		**Erl.**	**Regelwerk**	**Prüfmittel**
		min.	**max.**	✓		
3	**Prüfung der Ausführung**					
3.1	**Halterungen** für Vor- und Rücklaufstränge vorhanden, Schalldämmung?					
3.2	**Standkonsolabdeckungen** vorhanden?					
3.3	**Heizkörper-Rohrrosetten** vorhanden?					
3.4	**Außenfühler**: vorhanden, Nordostseite?					
3.5	**Rostabdeckungen** für die Bodenkonvektoren vorhanden?					
3.6	**Heizkörper**: Entsprechen Anzahl/Dimensionierung der Planung und der Auslegung?				DIN EN 12831-1:2017-09, Abschnitt 6	
3.7	**Brennwertkessel**: Kondensatrückführung angeschlossen?					
3.8	**Heizkessel**: Protokoll über Abgasmessung?				DIN 18380:2019-09, Abschnitt 3.7	
3.9	**Heizkörper**: beschädigt?					
3.10	**Heizkörper und** Leitungen: optische Überprüfung der Ausrichtung					
3.11	**Heizrohrdurchgänge** frei beweglich?					
3.12	**Heizzentrale**: Verteilerstränge korrekt beschriftet?					
3.13	**Schornstein**: Steckmuffen kondensatsicher nach oben gerichtet? Anlage kondensatdicht ausgeführt?				DIN V 18160-1:2006-01, Abschnitt 6.10.4, Herstellervorschrift	
3.14	**Rohrleitungen**: ausreichend gedämmt?				GEG, Anlage 8	
3.15	**Rohrleitungen und Anlagenteile**: gespült?				DIN EN 14336:2005-01, Abschnitt 5.5	
3.16	**Anlagenteile**: Fließgeräusche hörbar?					
3.17	**Verbrauchserfassung**: fernablesbare Wärmezähler vorhanden?				§ 5 HeizkostenV 2021-11	
3.18	**Verbrauchserfassung**: fernablesbare Heizkostenverteiler vorhanden?				§ 5 HeizkostenV 2021-11	
3.19	**Verbrauchserfassung**: fernablesbare Warmwasserzähler vorhanden?				§ 5 HeizkostenV 2021-11	

Gewerk: VOB/C ATV DIN 18380 Heizanlagen und zentrale Wassererwärmungsanlagen (Kapitel 1.9)						
BV:		**Datum:**		**Bearbeiter:**		
Nr.	**Überprüfung**	**zul. Grenzwerte**		**Erl.**	**Regelwerk**	**Prüfmittel**
		min.	**max.**	✓		
3.20	**Ablesevorrichtungen**: zugänglich?				DIN 18380:2019-09, Abschnitt 3.2.7.3	
3.21	**Regelgeräte**: zugänglich?				DIN EN 14336:2005-01, Abschnitt 4.5.5	
3.22	**Wartungsbedürftige Anlagenteile**: ordnungsgemäß befestigt und unterstützt?				DIN EN 14336:2005-01, Abschnitt 4.5.1	
3.23	**Fußbodenheizung**: Regler in der Verteilung beschriftet?					
3.24	Bescheinigung über den durchgeführten **hydraulischen Abgleich** der Anlage				DIN 18380:2019-09, Abschnitt 3.5.1, DIN EN 14336:2005-01, Abschnitt 7, DIN EN 1264-4:2021-08, Abschnitt 4.1	
– Diese Liste erfüllt nicht den Anspruch auf Vollständigkeit. –						

Abnahme-Checkliste

Gewerk: VOB/C ATV DIN 18381 Gas-, Wasser- und Entwässerungsanlagen innerhalb von Gebäuden (Kapitel 1.10)						
BV:		**Datum:**		**Bearbeiter:**		
Nr.	**Überprüfung**	**zul. Grenzwerte**		**Erl.**	**Regelwerk**	**Prüfmittel**
		min.	**max.**	✓		
1	**Prüfung der Grundlagen/Unterlagen**					
1.1	**Bestandsplan** Haustechnik, Prinzipschaltbilder Sanitär				DIN 18381:2019-09, Abschnitt 3.7	
1.2	**Bestandsplan** Sanitär					
1.3	**Elektroschaltplan** Sanitär				DIN EN 61082-1:2015-10	
1.4	**Entwässerungsnachweis für Grundflächen**				DIN 1986-100:2016-12, Abschnitt 14.2 und 5.1, DIN EN 752:2017-07, Abschnitt 5.1.2	

Gewerk: VOB/C ATV DIN 18381 Gas-, Wasser- und Entwässerungsanlagen innerhalb von Gebäuden (Kapitel 1.10)						
BV:		**Datum:**		**Bearbeiter:**		
Nr.	**Überprüfung**	**zul. Grenzwerte**		**Erl.**	**Regelwerk**	**Prüfmittel**
		min.	**max.**	✓		
1.5	**Entwässerungsnachweis für Dachflächen**				DIN 1986-100:2016-12, Abschnitt 14.2 und 5.1, DIN EN 752:2017-07, Abschnitt 5.1.2, DIN EN 12056-3:2001-01, Abschnitt 4	
1.6	**Entwässerungsnachweis für Hebeanlagen**				DIN EN 12056-4:2001-01, Abschnitt 6	
1.7	**Hebenalage Schmutzwasserentwässerung**: Zwillingspumpe vorhanden?				DIN EN 12050-1: 2015-02, Abschnitt 4.11	
1.8	**Hebenalage Regenentwässerung**: Zwillingspumpe vorhanden?				DIN EN 12050-2:2015-02, Abschnitt 4.11	
1.9	**Nachweis stagnierendes Wasser in Stichleitungen**		3 l		DVGW-Arbeitsblatt W 551	
1.10	**Warmwasserverfügbarkeit**: Einhaltung der vereinbarten Außstoßzeit				VDI 6003	
1.11	**Warmwasserverfügbarkeit**: Einhaltung der vereinbarten Außstoßzeit ≥ 55 °C:		30 s		DIN 1988-200:2012-05, Abschnitt 3.6	
1.12	**Kaltwasserverfügbarkeit**: Einhaltung der vereinbarten Außstoßzeit ≤ 25 °C		30 s		DIN 1988-200:2012-05, Abschnitt 3.6	
1.13	**Druckprüfung** Trinkwasserleitungen Stahl, Kupfer: n-Faches des höchsten Systemdrucks MDP		1,1		DIN EN 806-4:2010-06, Abschnitt 6.1	
1.14	**Druckprüfprotokolle** für die Trinkwasseranlage für alle Einzelstränge				DIN 18381:2019-09, Abschnitt 3.4	
1.15	**Dichtheitsprüfbescheinigung** für die erdüberdeckten Entwässerungsleitungen				DIN EN 1610:2015-12 , Abschnitt 12.3	
1.16	**Dichtheitsprüfbescheinigung** für Schächte				DIN EN 1610:2015-12, Abschnit 12.3	
1.17	**Dichtheitsprüfbescheinigung** für nicht erdüberdeckte Entwässerungsleitungen				DIN 18381:2019-09, Abschnitt 3.4.3, BTGA-Regel 5.005:2020-10, Abschnitt 6.2, DIN EN 12056-5:2001-01, Abschnitt 11	
1.18	**Dichtheitsprüfung** Entwässerungsleitungen – Bestand				DIN 1986-30:2012-02, Abschnitt 10	Druckprüfgerät

Gewerk: VOB/C ATV DIN 18381 Gas-, Wasser- und Entwässerungsanlagen innerhalb von Gebäuden (Kapitel 1.10)						
BV:		**Datum:**		**Bearbeiter:**		
Nr.	**Überprüfung**	**zul. Grenzwerte**		**Erl.**	**Regelwerk**	**Prüfmittel**
		min.	**max.**	✓		
1.19	**Zusammenstellung der wichtigsten technischen Daten**: Bestellliste als Ersatzteilliste für Armaturen, Objekte und sonstige Verschleißteile				DIN 18381:2019-09, Abschnitt 3.7	
1.20	Erforderliche **Bedienungs- und Wartungsanleitungen**				DIN 18381:2019-09, Abschnitt 3.7	
1.21	Protokoll über die **Einweisung** des Bedienungspersonals				DIN 18381:2019-09, Abschnitt 3.4, Abschnitt 3.7	
1.22	**Dokumentation für das Spülen** der Trinkwasserleitung				DIN EN 806-4:2010-06, Abschnitt 4.4.1, Abschnitt 6.2	
1.23	**Protokoll über die Inbetriebnahme der Abwasserhebeanlage**				DIN EN 12056-4:2001-01, Abschnitt 7	
1.24	**Entwässerungsantrag** und Entwässerungsgenehmigung sowie **Abnahmebescheinigung** durch die Entwässerungsbehörde					
1.25	**Fettabscheider**: erforderlich?				DIN 1986-100:2016-12, Abschnitt 9.2	
1.26	**Leichtflüssigkeitsabscheider**: erforderlich?				DIN 1986-100:2016-12, Abschnitt 9.2	
2	**Materialprüfung/Funktionsprüfung**					
2.1	**Durchlauferhitzer**: Funktionsüberprüfung					
2.2	**Objekte**: Funktionsüberprüfung Kalt-/Warmwasser					
2.3	**Fließdruck**: ausreichend vorhanden? (1 bar entspricht 0,15 l/s bei DN 15)	1,0 bar	15 bar		DIN 1988-300:2012-05, Tabelle 2	Fließdruckprüfarmatur, Manometer
2.4	**WC- und Urinalspülung**: Funktionsüberprüfung					
2.5	**Wandhängende WCs**: Tragfähigkeitsüberprüfung	400 kg			DIN EN 997:2018-12, Abschnitt 5.4	Belastung 1 h
2.6	**Wandhängende Waschtische**: Tragfähigkeitsüberprüfung	150 kg			DIN EN 14688: 2018-12	Belastung 1 h
2.7	**Handwaschbecken**: Dichtigkeitsüberprüfung Ablaufknie					Tastbefund

Gewerk: VOB/C ATV DIN 18381 Gas-, Wasser- und Entwässerungsanlagen innerhalb von Gebäuden (Kapitel 1.10)						
BV:		**Datum:**		**Bearbeiter:**		
Nr.	**Überprüfung**	**zul. Grenzwerte**		**Erl.**	**Regelwerk**	**Prüfmittel**
		min.	**max.**	✓		
2.8	**Rohrmaterial**					
2.8.1	Entsprechend Trinkwasseranforderungen?					
2.8.2	Entsprechend Verwendungsbereich?				DIN 1986-4:2011-12, Tabelle 1	
2.9	**Dämmschichtdicke** Trinkwasserleitungen kalt, in unbeheizten Räumen frei verlegt?	9 mm			DIN 1988-200:2012-05, Tabelle 8	Zollstock
2.10	**Dämmschichtdicke** Trinkwasserleitungen kalt in Rohrschächten und abgehängten Decken?	13 mm				Zollstock
2.11	**Dämmschichtdicke**: Trinkwasserleitungen warm?				DIN 1988-200:2012-05, Tabelle 9	Zollstock
3	**Prüfung der Ausführung**					
3.1	**Befestigungsabstände** Trinkwasserleitungen				DIN EN 806-4:2010-03, Tabelle C.1	Zollstock
3.2	**Befestigung** von Entwässerungsgegenständen				DIN EN 12056-5:2001-01, Abschnitt 7	
3.3	**Befestigungsabstände** SML-Abwasserleitungen		2 m		Herstellerangabe	Zollstock
3.4	**Objekte**: Anzahl und Produkte gemäß Leistungsbeschreibung?				Leistungsverzeichnis	Sichtprüfung
3.5	**Objekte**: Beschädigungen, Verunreinigungen, Aufkleber?					Sichtprüfung
3.6	**Objekte**: öffentliche Gebäude, barrierefrei – Seitenabstände eingehalten?				DIN 18040-1:2010-10, Abschnitt 5	Zollstock
3.7	**Objekte**: Wohnungen, barrierefrei – Seitenabstände eingehalten?				DIN 18040-2:2011-09, Abschnitt 5	Zollstock
3.8	**Objekte**: Einbauhöhen eingehalten?				VDI 6000	
3.9	**Objekte**: Einbauhöhe WC eingehalten?	42 cm	42 cm		VDI 6000	Messung OK Keramik
3.10	**Objekte**: Anschlussversiegelung vorhanden?				Leistungsverzeichnis	Sichtprüfung

Gewerk: VOB/C ATV DIN 18381 Gas-, Wasser- und Entwässerungsanlagen innerhalb von Gebäuden (Kapitel 1.10)						
BV:		**Datum:**		**Bearbeiter:**		
Nr.	**Überprüfung**	**zul. Grenzwerte**		**Erl.**	**Regelwerk**	**Prüfmittel**
		min.	**max.**	✓		
3.11	**Ganzglasduschen**: Spritzwasserschutz eingehalten?				DIN EN 14428:2019-07, Abschnitt 4.4.7, Technische Regel des Glaserhandwerks Nr. 24, Abschnitt 7	
3.12	**Armaturen**: Anzahl und Produkte gemäß Leistungsbeschreibung?				Leistungsverzeichnis	Sichtprüfung
3.13	**Armaturen**: Beschädigungen?					Sichtprüfung
3.14	**Strahlregler** (Perlator®): vorhanden?				Leistungsverzeichnis	Sichtprüfung
3.15	**Sanitärzubehör**: Anzahl und Produkte gemäß Leistungsbeschreibung?				Leistungsverzeichnis	Sichtprüfung
3.16	**Abdeckrosetten**: Fliesenausschnitte vollständig abgedeckt?					Sichtprüfung
3.17	**Bodeneinläufe**: gereinigt, Schutzfolie entfernt, Deckel gangbar gemacht?					Funktionsprüfung
3.18	**Wasserentnahmestellen**: Ablaufstellen unterhalb davon vorhanden? Ausnahme: Anschlüsse von Wasch- und Geschirrspülmaschinen				DIN 1986-100:2016-12, Abschnitt 5.7.2.1	Sichtprüfung
3.19	**Rückstauverschluss**: mit Revisionsöffnung vorhanden? DVGW-Prüfzeichen? Eingeschränkter Benutzerkreis? Weiteres WC im eigenen Bereich vorhanden? Funktionstest				DIN EN 12056-4:2001-01, Abschnitt 4	
3.20	**Eckventile**: arretiert?					
3.21	**Unbelüftete Einzelanschlussleitung**: max. zulässige Länge eingehalten?		4 m		DIN 1986-100:2016-12, Abschnitt 14.1.3.1	
3.22	**Unbelüftete Sammelanschlussleitung DN 50 bis DN 70**: max. zulässige Länge eingehalten?		4 m		DIN 1986-100:2016-12, Abschnitt 14.1.3.3	
3.23	**Unbelüftete Sammelanschlussleitung ≥ DN 80**: max. zulässige Länge eingehalten?		10 m		DIN 1986-100:2016-12, Abschnitt 14.1.3.3	
3.24	**Strangbe- und -entlüftung** ausreichend vorhanden?				DIN 1986-100:2016-12, Abschnitt 6.5	

Gewerk: VOB/C ATV DIN 18381 Gas-, Wasser- und Entwässerungsanlagen innerhalb von Gebäuden (Kapitel 1.10)						
BV:		**Datum:**		**Bearbeiter:**		
Nr.	**Überprüfung**	**zul. Grenzwerte**		**Erl.**	**Regelwerk**	**Prüfmittel**
		min.	**max.**	✓		
3.25	**Strangentlüftung**: Mindestabstände zu Fenstern eingehalten?	1 m oberhalb, 2 m seitlich			DIN 1986-100:2016-12, Abschnitt 6.5.1	
3.26	**Sicherheitsventil PWH**: an dem Kaltwasseranschluss des Trinkwassererwärmers installiert? (blaues Stellrad)				DIN 1988-200:2012-05, Abschnitt 10.3.2	
3.27	**Sicherheitsventil PWH**: Abblaseleitung mit sichtbarem Ende oberhalb Ablauftrichter oder Entwässerungsgegenstand?	20 bis 40 mm			Früher: DIN 1988-2: 1988-12, Abschnitt 4.3.4.1.1, in der Neufassung nicht mehr konkret geregelt, DIN 1988-200:2012-05, Abschnitt 7.1	
3.28	**Reinigungsöffnungen** in den Abwassersträngen vorhanden? Abstand?	alle 20 m	20 m		DIN 1986-100:2016-12, Abschnitt 6.6	
3.29	**Reinigungsöffnungen** in den Abwassersträngen bis DN 150 vorhanden, wenn kein Richtungswechsel vorliegt? Abstand?		40 m		DIN 1986-100:2016-12, Abschnitt 6.6	
3.30	**Reinigungsöffnungen** in den Abwassersträngen ab ≥ DN 150 vorhanden, wenn kein Richtungswechsel vorliegt? Abstand?		60 m		DIN 1986-100:2016-12, Abschnitt 6.6	
3.31	**Gefälle der Schmutzwassersammelleitungen** im Gebäude ausreichend?	0,5 cm/m			DIN 1986-100:2016-12, Abschnitt 14.1.5.2	Wasserwaage
3.32	**Gefälle der Schmutzwassergrundleitungen** im Gebäude ausreichend?	0,5 cm/m			DIN 1986-100:2016-12, Abschnitt 14.1.5.3	Wasserwaage
3.33	**Gefälle der Regenentwässerungsleitungen** im Gebäude ausreichend?	0,5 cm/m			DIN 1986-100:2016-12, Abschnitt 14.2.7.3	Wasserwaage
3.34	**Übergangsformteile** zwischen HT- und SML-Rohren?					
3.35	**Muffen-Steckverbindungen** von HT-Rohren in Fließrichtung montiert?					
3.36	**Installationsgeräusche**: Schalldruckpegel als Mindestanforderung eingehalten?		L_{AF} < 35 dB bzw. 30 dB		DIN 4109, A1	

Gewerk: VOB/C ATV DIN 18381 Gas-, Wasser- und Entwässerungsanlagen innerhalb von Gebäuden (Kapitel 1.10)						
BV:		**Datum:**		**Bearbeiter:**		
Nr.	**Überprüfung**	**zul. Grenzwerte**		**Erl.**	**Regelwerk**	**Prüfmittel**
		min.	**max.**	✓		
3.37	**Installationsgeräusche in Mehrfamilienhäusern**: Schalldruckpegel gemäß Vertrag Sst I eingehalten?		$L_{\mathrm{AFmax,\,nT}} < 30$ db		VDI 4100:2012-10, Tabelle 2	
3.38	**Installationsgeräusche in Mehrfamilienhäusern**: Schalldruckpegel gemäß Vertrag Sst II eingehalten?		$L_{\mathrm{AFmax,\,nT}} < 27$ db		VDI 4100:2012-10, Tabelle 2	
3.39	**Installationsgeräusche in Mehrfamilienhäusern**: Schalldruckpegel gemäß Vertrag Sst III eingehalten?		$L_{\mathrm{AFmax,\,nT}} < 24$ db		VDI 4100:2012-10, Tabelle 2	
3.40	**Installationsgeräusche in Einfamilien-Doppel- und Einfamilien-Reihenhäusern**: Schalldruckpegel gemäß Vertrag Sst I eingehalten?		$L_{\mathrm{AFmax,\,nT}} < 30$ db		VDI 4100:2012-10, Tabelle 2	
3.41	**Installationsgeräusche in Einfamilien-Doppel- und Einfamilien-Reihenhäusern**: Schalldruckpegel gemäß Vertrag Sst II eingehalten?		$L_{\mathrm{AFmax,\,nT}} < 25$ db		VDI 4100:2012-10, Tabelle 2	
3.42	**Installationsgeräusche in Einfamilien-Doppel- und Einfamilien-Reihenhäusern**: Schalldruckpegel gemäß Vertrag Sst III eingehalten?		$L_{\mathrm{AFmax,\,nT}} < 22$ db		VDI 4100:2012-10, Tabelle 2	
3.43	**Schallschutz**: Rohrschellen mit Dämmung?					
3.44	**Trinkwasserleitungen**: Spülen vor Ingebrauchnahme durchgeführt?				DIN EN 806-4:2010-06, Abschnitt 6.2	
3.45	**Trinkwasser-Rückspülfilter**: Anschluss an Entwässerung vorhanden?				DIN EN 806-2:2005-06, Anhang B4.4, DIN 18012:2018-04, Anhang A, DIN EN 1717:2011-08, Abschnitt 5, Installationsanleitung	
3.46	**Druckminderer** vorhanden?					
3.47	**Endstrangbelüfter**: vorhanden?					
3.48	**Rückflussverhinderer**: vorhanden?				DIN EN 806-2:2005-06, Abschnitt 7.4	
3.49	**Rohrbelüfter**: vorhanden?					
3.50	**Befestigung von freiliegenden PWC-Rohrleitungen**: mit ausreichendem Abstand (Wand, Decke, andere Leitungen usw.) verlegt und so befestigt, dass die im Betrieb auftretenden Beanspruchungen und Belastungen sicher aufgenommen werden?				DIN1988-200:2012-05, Abschnitt 8.3	

Gewerk: VOB/C ATV DIN 18381 Gas-, Wasser- und Entwässerungsanlagen innerhalb von Gebäuden (Kapitel 1.10)						
BV:		**Datum:**		**Bearbeiter:**		
Nr.	**Überprüfung**	**zul. Grenzwerte**		**Erl.**	**Regelwerk**	**Prüfmittel**
		min.	**max.**	✓		
3.51	**Fallrohrstütze Entwässerungsleitungen**: ausreichend vorhanden?	1 Stück je 5 Geschosse			Installationsanleitung des Herstellers	
3.52	**Standrohre**: vorhanden bei mechanischen Beanspruchungen?				DIN 1986-100, Abschnitt 6.1.4	
3.53	**Absperreinrichtungen** vorhanden?				DIN EN 806-2:2005-06, Abschnitt 7.1	
3.54	**Ablesevorrichtungen** zugänglich?				DIN 18381:2019-09, Abschnitt 3.3.3, DIN 1988-200:2012-05, Abschnitt 11.3	
3.55	**Enthärtungsanlagen** eingebaut?					
3.56	**Druckerhöhungsanlagen** notwendig?				DIN 1988-200:2012-05, Abschnitt 15	
3.57	**Druckminderer** erforderlich?				DIN 1988-200:2012-05, Abschnitt 16, DIN EN 806-2:2005-06, Abschnitt 16	
3.58	**Brandschutz** bei Rohrdurchbrüchen					
3.59	**Schmutzwasserhebeanlage**: Entlüftung über Dach?				DIN 1986-100:2016-12, Abschnitt 6.5.3	
3.60	**Fettabscheider mit Schlammfang, Probeentnahmeschacht**: vorhanden?				DIN 1986-100:2016-12, Abschnitt 9.2	
3.61	**Stärkeabscheider**: vorhanden?				DIN 1986-100:2016-12, Abschnitt 9.2	
3.62	**Öl-/Benzinabscheider**: vorhanden?				DIN 1986-100:2016-12, Abschnitt 9.2	
3.63	**Leichtflüssigkeitsabscheider**: vorhanden?				DIN 1986-100:2016-12, Abschnitt 9.2	
3.64	**Abwasserneutralisation?**					
3.65	**Geruchsverschlüsse mit Sperrwasser**: vorhanden?				DIN 1986-100:2016: 12, Abschnitt 14.1.1	
3.66	**Geruchsverschlüsse**: in Regenentwässerungsleitungen bei Mischsiel vorhanden? (Terrassenabläufe)					

Gewerk: VOB/C ATV DIN 18381 Gas-, Wasser- und Entwässerungsanlagen innerhalb von Gebäuden (Kapitel 1.10)						
BV:		**Datum:**		**Bearbeiter:**		
Nr.	**Überprüfung**	**zul. Grenzwerte**		**Erl.**	**Regelwerk**	**Prüfmittel**
		min.	**max.**	✓		
3.67	**Videokanalfahrt**: Rohrversätze, Absackungen, unzulässige Richtungsänderungen?					
3.68	**Wasserleitungen**: ausreichend gedämmt?				DIN 1988-200:2012-05, Tabelle 9	
3.69	**Wasserleitungen**: Rohrbegleitheizung in unbeheizten Leitungszonen vorhanden?				DIN 1988-200:2012-05, Abschnitt 8.3	
3.70	**Warmwasser**: Mindesttemperatur nach 30 s verfügbar?	60 °C			DIN EN 806-2:2005-06, Abschnitt 3.6	
3.71	**Warmwasser**: Entnahmetemperatur		45 °C			
3.72	**Warmwasser**: Kindergärten usw. – Entnahmetemperatur		38 °C		DIN EN 806-2:2005-06	
Copyright: Dipl.-Ing. Gunter Hankammer öffentlich bestellter und vereidigter Sachverständiger, Hankammer GmbH Hamburg – Diese Liste erfüllt nicht den Anspruch auf Vollständigkeit. –						

Abnahme-Checkliste						
Gewerk: VOB/C ATV DIN 18382 Elektro-, Sicherheits- und Informationstechnische Anlagen (Kapitel 1.11)						
BV:		**Datum:**		**Bearbeiter:**		
Nr.	**Überprüfung**	**zul. Grenzwerte**		**Erl.**	**Regelwerk**	**Prüfmittel**
		min.	**max.**	✓		
1	**Prüfung der Grundlagen/Unterlagen**					
1.1	**Stromlaufpläne**				DIN EN 61082-1:2015-10, VDE 0040-1:2015-10	
1.2	**VDE-Bescheinigung** des ausführenden Installateurs					
1.3	**Brandschutz-Zertifikat** des ausführenden Brandschutzunternehmens					
1.4	**Betriebsanleitungen** Leuchten					
1.5	**Nachbestellliste** für Steckdosen, Schalter, Leuchten und Leuchtmittel. Wartungsverträge abgeschlossen?					

Gewerk: VOB/C ATV DIN 18382 Elektro-, Sicherheits- und Informationstechnische Anlagen (Kapitel 1.11)						
BV:		**Datum:**		**Bearbeiter:**		
Nr.	**Überprüfung**	**zul. Grenzwerte**		**Erl.**	**Regelwerk**	**Prüfmittel**
		min.	**max.**	✓		
2	**Materialprüfung/Funktionsprüfung**					
2.1	**Funktionsüberprüfung**					
2.2	**FI-Schalter**: Funktionsprüfung	30 mA/ 0,2 s			DIN 18015-1:2020-05, Abschnitt 5.2.5	Steckdosenprüfgerät mit Fehlerstromauslöser
2.3	**Türsprechanlagen**: Funktionsprüfung					
2.4	**Zugangskontrollsystem**: Funktionsprüfung					
2.5	**Videoüberwachung**: Funktionsprüfung					
2.6	**Antennenanlagen**: Funktionsprüfung					
2.7	**EDV-Netzanlagen**: Funktionsprüfung					
2.8	**Alarmanlage**: Funktionsprüfung					
3	**Prüfung der Ausführung**					
3.1	**Stahlblechböden usw.**: geerdet?					
3.2	**Stromkreise**: Mindestausstattung der Stromkreise für Steckdosen und Beleuchtung eingehalten?				DIN 18015-2:2021-10, Tabelle 1	
3.3	**Steckdosen, Schalter, Anschlüsse**: Anzahl eingehalten?				DIN 18015-2:2021-10, Tabelle 2	
3.4	**Stromkreisverteiler**: wohnungsweise vorhanden?				DIN 18015-1:2020-05, Abschnitt 5.2.5	
3.5	**Stromkreisverteiler**: ausreichend und übereinstimmend mit den Sicherungsautomaten beschriftet?				DIN VDE 0105-100:2015-10, DIN VDE 0105-100/ A1:2017-06, Abschnitt 4.7	
3.6	**Installationszonen**: eingehalten?				DIN 18015-3:2019-09, Abschnitt 4	
3.7	**Lichtschalter**: gut erreichbar auf Schlossseite der Tür eingebaut?				DIN 18015-3:2019-09, Abschnitt 5.3	
3.8	**Deckenhalter für Brennstellen**: vorhanden?					
3.9	**Abschlussklemmen** auf Brennstellenverkabelungen, Wandbrennstellen; UP-Abschlussdosen vorhanden?				VDE 0100, Teil 559	

Gewerk: VOB/C ATV DIN 18382 Elektro-, Sicherheits- und Informationstechnische Anlagen (Kapitel 1.11)						
BV:		**Datum:**		**Bearbeiter:**		
Nr.	**Überprüfung**	**zul. Grenzwerte**		**Erl.**	**Regelwerk**	**Prüfmittel**
		min.	**max.**	✓		
3.10	**Hausanschlussbereich**: Fundamenterder vorhanden?				DIN 18015-1:2020-05, Abschnitt 7	
3.11	**Ringerder aus Edelstahl?**				DIN 18014:2014-03, Abschnitt 6.2	
3.12	**Potenzialausgleich**: angeschlossen, fester Sitz der Verbindungen?				DIN 18015-1:2020-05, Abschnitt 8	
3.13	**Potenzialausgleich**: Anschlussleitungen im Deckel gekennzeichnet?				VDE 0100, Teil 540	
3.14	**Ableitfähige Fußböden**: Anschluss an Potenzialausgleich vorhanden?					
3.15	**Arztpraxen**: Sonderpotenzialausgleich in Behandlungsräumen vorhanden?					
3.16	**Blitzschutz und Überspannungsschutz**: vorhanden?				DIN 18015-1:2020-05, Abschnitt 9	
3.17	**Unterflur-Kabelkanäle**: Zugdraht, Durchgängigkeit					
3.18	**Brüstungskabelkanäle**: Trennstege vorhanden?					
3.19	**Beleuchtung**					
3.19.1	Beleuchtungsstärken an Arbeitsplätzen in Innenräumen ausreichend?				DIN EN 12464-1:2021-11, Abschnitt 5.3	Luxmeter
3.19.2	Beleuchtungsstärken an Arbeitsplätzen im Freien ausreichend?				DIN EN 12464-2:2014-05	Luxmeter
3.19.3	Leuchten: Schutzart IP ausreichend?				DIN EN 60529:2014-09	Kennzeichnung
3.19.4	Zugangswege und Eingangsbereich: Beleuchtung ständig oder über Dämmerungsschalter sichergestellt?				DIN 18015-2:2021-10, Abschnitt 4.2	
3.19.5	Treppenhausbeleuchtung in MFH: Abschaltautomatik mit Warnfunktion?				DIN 18015-2:2021-10, Abschnitt 4.2	
3.19.6	Treppenhausbeleuchtung in MFH: Schalter beleuchtet?				DIN 18015-2:2021-10, Abschnitt 4.2	
3.20	**Hausanschlussnische** bei nicht unterkellerten EFH: vorhanden?				DIN 18012:2018-04, Abschnitt 5.5.4	
3.21	**Hausanschlusswand bei MFH ≤ 5 WE**: vorhanden?				DIN 18012:2018-04, Abschnitt 5.5.3	

Gewerk: VOB/C ATV DIN 18382 Elektro-, Sicherheits- und Informationstechnische Anlagen (Kapitel 1.11)						
BV:		**Datum:**		**Bearbeiter:**		
Nr.	**Überprüfung**	**zul. Grenzwerte**		**Erl.**	**Regelwerk**	**Prüfmittel**
		min.	**max.**	✓		
3.22	**Hausanschlussraum bei MFH > 5 WE**: vorhanden?				DIN 18012:2018-04, Abschnitt 5.5.2	
3.23	**Hausanschlussraum**: Mindestabmessungen eingehalten bei Belegung nur einer Wand?	H = 2,10 m, L = 2,00 m, B = 1,50 m			DIN 18012:2018-04, Abschnitt 5.5.2.2	
3.24	**Hausanschlussraum**: Mindestabmessungen eingehalten, bei Belegung gegenüberliegender Wände?	H = 2,10 m, L = 2,00 m, B = 1,80 m			DIN 18012:2018-04, Abschnitt 5.5.2.2	
3.25	**Hausanschlusseinrichtung**: Tiefe Installationsbereich	0,30 m			DIN 18012:2018-04, Abschnitt 5.5.1	Zollstock
3.26	**Hausanschlusseinrichtung**: Tiefe Arbeitsbereich	1,20 m			DIN 18012:2018-04, Abschnitt 5.5.1	Zollstock
3.27	**Hausanschlusseinrichtung**: seitliche Breite Arbeitsbereich beidseitig über die Hausanschlusseinrichtung hinaus?	0,30 m			DIN 18012:2018-04, Abschnitt 5.5.1	Zollstock
3.28	**Hausanschlusseinrichtung**: lichte Durchgangshöhe?	2,00 m			DIN 18012:2018-04, Abschnitt 5.5.1	Zollstock, Leica Disto
3.29	**Zählerraum**: Zählerstände?					
3.30	**Notstrom**: Notstromaggregat, Notstrombatterieanlage vorhanden?				DIN 18015-1:2020-05, Abschnitt 5.3.4	
3.31	**Alarmanlage**: funktionsfähig und vertragsgemäß?					
3.32	**Telekommunikation**					
3.32.1	Anschlüsse vorhanden?				DIN 18015-1:2020-05, Abschnitt 6.2	
3.32.2	Anzahl der Telefondosen gemäß Planung?					
3.32.3	Anzahl der Antennendosen gemäß Planung?				DIN 18015-1:2020-05, Abschnitt 6.3	
3.33	**Hauskommunikation**					
3.33.1	Anlagen vorhanden?				DIN 18015-1:2020-05, Abschnitt 6.5	
3.33.2	**Netzwerk in einer Wohnung**: Netz funktionsfähig?				DIN 18015-1:2020-05, Abschnitt 6.4	

Gewerk: VOB/C ATV DIN 18382 Elektro-, Sicherheits- und Informationstechnische Anlagen (Kapitel 1.11)						
BV:		**Datum:**		**Bearbeiter:**		
Nr.	**Überprüfung**	**zul. Grenzwerte**		**Erl.**	**Regelwerk**	**Prüfmittel**
		min.	**max.**	✓		
3.33.3	Klingelanlage je Wohnung: funktionsfähig?				DIN 18015-1:2020-05, Abschnitt 6.5.2, DIN 18015-2:2021-10, Abschnitt 5.1	
3.33.4	Türsprechanlage je Wohnung bei mehr als 2 Wohnungen: funktionsfähig?				DIN 18015-2:2021-10, Abschnitt 5.1	
3.34	**Hausnummer**: vorhanden, bei Aufenthaltsräumen mit Beleuchtung?				LBO, z. B. § 19 Absatz 5 HBauO, FHH Bauprüfdienst 6/2013, Abschnitt 10	
3.35	**Elektroverteilerkasten**: Übereinstimmung der Belegung mit der Legende?					
3.36	**Elektrofahrzeuge**					
3.36.1	Lademöglichkeit vorhanden?				DIN 18015-1:2020-05, Abschnitt 5.3.2	
3.36.2	Lademanagement vorhanden?				DIN 18015-1:2020-05, Abschnitt 5.3.2	
3.37	**Not-/Fluchtwegbeleuchtung** vorhanden? Von allen Stellen aus sichtbar? Prüfschalter vorhanden?				DIN EN 1838:2019-11, Abschnitt 4.1.1, Abschnitt 5.5	
3.38	Ausreichende **Brandabschottung** im Bereich von Brandwanddurchdringungen?				DIN 4102, VDE 0100 T-420	
3.39	**Störmeldeanlage**: gemäß Vertrag funktionsfähig?					
3.40	**Rundfunk und Kommunikation (RuK)**					
3.40.1	Installationen und Anschlüsse vorhanden?				DIN 18015-1:2020-05, Abschnitt 6.3	
3.40.2	Netz funktionsfähig?					Messung

Abnahme-Checkliste						
Gewerk: VOB/C ATV DIN 18385 Aufzugsanlagen, Fahrtreppen und Fahrsteige sowie Förderanlagen (Kapitel 1.12)						
BV:		**Datum:**		**Bearbeiter:**		
Nr.	**Überprüfung**	**zul. Grenzwerte**		**Erl.**	**Regelwerk**	**Prüfmittel**
		min.	**max.**	✓		
1	**Prüfung der Grundlagen/Unterlagen**					
1.1	**Querschnitt/Bauart/Kabineninnenmaße** gemäß LV/Planung?				DIN EN 81-20:2020-06	
1.2	**Türbreite** behindertengerecht, lastengerecht?				DIN EN 81-20:2020-06	
1.3	**Tragfähigkeit** ausreichend?				DIN EN 81-20:2020-06	
1.4	**Vorrangschaltung** erforderlich?				DIN EN 81-20:2020-06	
1.5	**Geschwindigkeit** ausreichend?				DIN EN 81-20:2020-06	
1.6	**Aufbauhöhe** des Kabinenbodens für Naturstein vorgesehen?					
1.7	**Glaskabinen**: von außen zu reinigen?					
2	**Materialprüfung/Funktionsprüfung**					
2.1	**Schleifgeräusche** bei Inbetriebnahme hörbar?					
2.2	**Funktionsprüfung**				DIN EN 81-20:2020-06	
2.3	**Funktionsprüfung Notrufeinrichtung**					
2.4	**Kabinenoberfläche** vandalensicher?					
2.5	**Türöffnung** bei Einfahrt in die Station?					

Gewerk: VOB/C ATV DIN 18385 Aufzugsanlagen, Fahrtreppen und Fahrsteige sowie Förderanlagen (Kapitel 1.12)						
BV:		**Datum:**		**Bearbeiter:**		
Nr.	**Überprüfung**	**zul. Grenzwerte**		**Erl.**	**Regelwerk**	**Prüfmittel**
		min.	**max.**	✓		
3	**Prüfung der Ausführung**					
3.1	**Schallschutz eingehalten?**				DIN 4109	
3.1.1	Wohn- und Schlafräume		30 dB			
3.1.2	Unterrichts- und Arbeitsräume		35 dB			
3.2	**Revisionstüren** in vollverglasten Schächten für Reinigungszwecke vorhanden?					
3.3	**Ausreichende Unter-/Überfahrt** vorhanden?					
3.4	**Abstand** zwischen **Aufzugsschachttür** und **Penthousetür** eingehalten?		12 cm		DIN EN 81-20:2020-06, Abschnitt 5.3.4.2	
3.5	**Hydraulikaufzüge**: ölfester Anstrich der Bodenwanne vorhanden?					
3.6	**Schachtenlüftung** und -belüftung vorhanden?				DIN EN 81-20:2020-06; Anhang E; E.3	
3.7	**Oberflächen**: entsprechend vertraglicher Vereinbarung?				Vertrag	Sichtprüfung
3.8	**Oberflächen**: verschmutzt, verkratzt, verdellt?					Sichtprüfung
3.9	**Vorrangfahrt**: verfügbar?					
3.10	Technische **Abnahme**: bescheinigt?					

Abnahme-Checkliste						
Brandschutz – gewerkübergreifend (Kapitel 1.14)						
BV:		**Datum:**		**Bearbeiter:**		
Nr.	**Überprüfung**	**zul. Grenzwerte**		**Erl.**	**Regelwerk**	**Prüfmittel**
		min.	**max.**	✓		
1	**Prüfung der Grundlagen/Unterlagen**					
1.1	**Brandschutzgutachten**				DIN 4102	
1.1.1	**Brandabschnittsbegrenzung**				LBauO	
1.1.2	**Brandverhalten tragender Bauteile**				LBauO	
1.1.3	**Rettungswege**				LBauO	
	Flure					
	Treppen und Treppenräume					
	Zweiter Rettungsweg					
	Fluchtwegbeschilderung (Notstromversorgung)				ASR A2.3:2022-03, Abschnitt 8	
	Notbeleuchtung				ASR A2.3:2022-03, Abschnitt 9	
	Fluchtwege über Fremdgrundstücke					
1.1.4	**Feuerungsanlage**					
1.1.5	**Brandschutzeinrichtungen**					
	Handfeuerlöscher				DIN EN 3	
	Feuerlöschleitungen nass					
	Feuerlöschleitungen trocken					
1.1.6	**Aufstellflächen für die Feuerwehr**					
1.1.7	**Blitzschutz**					
1.1.8	**Organisatorischer Brandschutz**					
1.2	**RWA-Klappen, Entrauchungsanlage**				Auflagen Baugenehmigung	
1.2.1	Fachunternehmererklärung					
1.2.2	Schema und Schaltpläne für die Elektromotoren					
1.2.3	Anlagenbeschreibung Steuerungstechnik Elektro					

Brandschutz – gewerkübergreifend (Kapitel 1.14)						
BV:		**Datum:**		**Bearbeiter:**		
Nr.	**Überprüfung**	**zul. Grenzwerte**		**Erl.**	**Regelwerk**	**Prüfmittel**
		min.	**max.**	✓		
1.2.4	Bestandsplan RWA					
1.2.5	Abnahmebescheinigung durch den Brandschutzgutachter					
1.2.6	Bestandsplan Trassenführung der Verkabelung					
1.2.7	Bedienungsanleitung Bedienfeld inklusive Regensensor und Windwächter					
1.3	**Sprinkleranlage**					
1.3.1	Bestandsplan				DIN EN 12845:2020-11, Abschnitt 4	
1.3.2	Hydraulische Bemessung				DIN EN 12845:2020-11, Abschnitt 7	
1.3.3	Wasserversorgung				DIN EN 12845:2020-11, Abschnitt 8	
1.3.4	Inbetriebnahme				DIN EN 12845:2020-11, Abschnitt 19	
1.4	**Rauchmeldeanlage**					
1.4.1	Bestandsplan					
1.4.2	Elektroschaltplan					
1.4.3	VdS-Abnahmebescheinigung					VdS-Abnahme
1.4.4	Prüfzeugnisse					
1.5	**Brandabschottungen**					
1.5.1	Brandschutzmaterial: Prüfzeugnisse					
1.5.2	Brandschutzmaterial: Zertifikat für Fachfirmen					
2	**Materialprüfung/Funktionsprüfung**					
2.1	**RWA-Klappen**: Funktionsprüfung					
2.2	**Rauchmeldeanlage**: Funktionsprüfung					
2.3	**Brandschutztore**: Funktionsprüfung					
2.4	**Sicherheitszeichen**: vorhanden und aus jeder Position erkennbar?				DIN EN 1838:2019-11, Abschnitt 5	
2.5	**Sicherheitsbeleuchtung**: vorhanden?				DIN EN 1838:2019-11, Abschnitt 5	

Brandschutz – gewerkübergreifend (Kapitel 1.14)						
BV:		**Datum:**		**Bearbeiter:**		
Nr.	**Überprüfung**	**zul. Grenzwerte**		**Erl.**	**Regelwerk**	**Prüfmittel**
		min.	**max.**	✓		
3	**Prüfung der Ausführung**					
3.1	**Brandmeldeanlage (BMA)**: Telefonleitung aufgeschaltet?					
3.2	**BMA**: Inbetriebnahme erfolgt, Anlage funktionsfähig?				DIN 14675:2020-01, Abschnitt 8	
3.3	**Feuerwehr-Schlüsseldepot**: vorhanden?				DIN 14675:2020-01, Abschnitt 8	
3.4	**Feuerwehr-Bedienfeld (FBF)**: vorhanden?				DIN 14675:2020-01, Abschnitt 7.2.3	
3.5	**Feuerwehr-Anzeigetableau (FAT)**: vorhanden?				DIN 14675:2020-01, Abschnitt 7.2.4	
3.6	**Dokumentation**: vollständig vorhanden?				DIN 14675-1:2020-01, Abschnitt 7.5	
3.7	**Feuerwehr-Laufkarten**: vorhanden?				DIN 14675:2020-01, Abschnitt 10.2	
3.8	**Nachweis der Fachkompetenz der Firma**: vorhanden?				DIN 14675-2:2020-01, Abschnitt 5	
3.9	**Flucht- und Rettungspläne**: vorhanden?				ASR A1.3, ASR A2.3, DIN ISO 23601:2021-11, Abschnitt 5	
3.10	**Rauchmelder in Wohnungen vorhanden?**				DIN 14676:2018-12, Abschnitt 4.2	
3.11	**Offene Kamine**: Schutz des Holzfußbodens vor Funkenflug vorhanden?				DIN 18896:2014-02, Abschnitt 4.4	
3.12	**Offene Kamine**: keine Abluftanlagen im Verbrennungsluftverbund vorhanden?				DIN 18896:2014-02, Abschnitt 5.2.1	
3.13	**Elektroleitungen**: Durchdringungen von Brandabschnitten abgeschottet?					Zertifikat
3.14	**Rohrleitungen**: Durchdringungen von Brandabschnitten abgeschottet?					
3.15	**Lüftungsleitungen: Brandschutzklappen** bei Durchdringungen von Brandabschnitten?					
3.16	**Brandschutzverglasung**: Qualität?					Zertifikat, Prüfstempel
3.17	**Brandwände**: über Dach geführt?					

Brandschutz – gewerkübergreifend (Kapitel 1.14)						
BV:		**Datum:**		**Bearbeiter:**		
Nr.	**Überprüfung**	**zul. Grenzwerte**		**Erl.**	**Regelwerk**	**Prüfmittel**
		min.	**max.**	✓		
3.18	**Brandlasten**: gemäß Brandschutzkonzept?					
3.19	**Deckenbekleidung**: gemäß Brandschutzkonzept?					
3.20	**Wandbekleidung**: gemäß Brandschutzkonzept?					
3.21	**Bodenbeläge**: gemäß Brandschutzkonzept?					
3.22	**Wohnungstrennwände**: Dachlattung getrennt?					
3.23	**Feuerlöscher** ausreichend vorhanden?					
3.24	**Feuerlöschleitungen** trocken: gemäß Planung?					
3.25	**Feuerlöschleitungen** nass: gemäß Planung?					
3.26	**Brand- und Rauchschutztüren** in ausreichender Qualität vorhanden?				DIN 18093:2017-10, Abschnitt 3	Prüfplakette, Zulassungsbescheid
3.27	**Sicherheitszeichen**: vorhanden und aus jeder Position erkennbar?				DIN EN 1838:2019-11, Abschnitt 5	
3.28	**Sicherheitsbeleuchtung**: vorhanden?				DIN EN 1838:2019-11, Abschnitt 4	
3.29	**Fluchtwegbeschilderung**: Erkennungsweite gegeben?				DIN EN 1838:2019-11, Abschnitt 5.5	Leica Disto, Bandmaß
3.30	**Notbeleuchtung**: Beleuchtung mit Prüftaster prüfbar?				DIN EN 1838:2019-11, Abschnitt 4.1.1	Prüftaste

Abnahme-Checkliste						
Luftdichtheit – gewerkübergreifend						
BV:		Datum:		Bearbeiter:		
Nr.	Überprüfung	zul. Grenzwerte		Erl.	Regelwerk	Prüfmittel
		min.	max.	✓		
1	**Prüfung der Grundlagen/Unterlagen**					
1.1	**Planung der Luftdichtheitsschicht**				DIN 4108-7:2011-01	
2	**Materialprüfung/Funktionsprüfung**					
2.1	**Material Außenwände**: geeignet?				DIN 4108-7:2011-01	
2.2	**Material Dachschräge**: geeignet?				DIN 4108-7:2011-01	
2.3	**Material Dachdecke**: geeignet?				DIN 4108-7:2011-01	
2.4	**Material Deckenunterseite über Lufträumen**: geeignet?				DIN 4108-7:2011-01	
2.5	**Material Fensterfugen**: geeignet?				DIN 4108-7:2011-01	
3	**Prüfung der Ausführung**					
3.1	**Blower-Door-Prüfung** ohne raumlufttechnischen Anlagen?		$n_{50} \leq$ 3,0 h^{-1}		DIN 4108-7:2011-01	
3.2	**Blower-Door-Prüfung** mit raumlufttechnischen Anlagen?		$n_{50} \leq$ 1,5 h^{-1}		DIN 4108-7:2011-01	
3.3	**Blower-Door-Prüfung** IFB-Mindeststandard?		$n_{50} \leq$ 1,5 h^{-1}		IFB-Förderrichtlinie	
3.4	**Blower-Door-Prüfung** Altbausanierung energieeffizient?		$n_{50} \leq$ 1,5 h^{-1}		RAL-GZ 965:2009-04	
3.5	**Blower-Door-Prüfung** Niedrigenergiehaus?		$n_{50} \leq$ 1,0 h^{-1}		RAL-GZ 965:2009-04	
3.6	**Blower-Door-Prüfung** Passivhaus?		$n_{50} \leq$ 0,6 h^{-1}		RAL-GZ 965:2009-04	
3.7	**Blower-Door-Prüfung** IFB-Passivhaus?		$n_{50} \leq$ 0,6 h^{-1}		IFB-Förderrichtlinie	
3.8	**Blower-Door-Prüfung** IFB-Effizienzhaus 40?		$n_{50} \leq$ 0,6 h^{-1}		IFB-Förderrichtlinie	

Checkliste Wartungs- und Pflegeanweisungen				
	Gegenstand/Einrichtung	**Firma, Ansprechpartner**	**Telefon und Fax**	**ggf. Wartungsintervalle**
A: Technische Bedienungsanleitungen sowie Inspektions- und Wartungshinweise				
1	Automatiktüren			
2	Feuerschutztüren, Türschlösser			
3	Aufzug (Schlüsselsafe)			
4	Autoparksystem			
5	Garagentor, Funkfernbedienung			
6	Sichtkontrolle Weiße Wanne			
7	Trennwandanlagen			
8	Beleuchtung (auch Fabrikatsliste mit Liste der Leuchtmittelbezeichnung für Nachbestellungen)			
9	Gegensprechanlage, Videokamera, Zugangskontrollsystem			
10	Feuerlöscher, Brandmeldeeinrichtungen			
11	Fluchtwegbeschilderung und Beleuchtung (Prüfraster)			
12	Brandschutz bei Stahlbauteilen: Veränderungsverbot			
13	Heizung: Raumregler, Thermostate und Schaltuhren			
14	Heizungszentrale			
15	MSR-Anlage			
16	Küchen			
17	Einzelraumlüfter, Lüftungsanlage, Filterwäsche, Filteraustausch			
18	Mobiliar			
19	Rollregale			
20	Elektro			
21	Blitzschutzanlage			

	Gegenstand/Einrichtung	Firma, Ansprech-partner	Telefon und Fax	ggf. Wartungs-intervalle
22	Sanitär, z. B. Warmwasser-Untertischgeräte, Außenzapfstellen, Pumpen, Absperrungen			
23	Hebeanlagen, Dränagepumpen, Dränage-rinnen, Dränageschächte			
24	Fettabscheider, Leichtflüssigkeitsabschei-der, Ölabscheider			
25	Druckerhöhungsanlagen, Wasserenthär-tungsanlagen			
26	Dach, z. B. Absturzsicherungen, Markierung der durchsturzgefährdeten Bereiche			
27	Regenrinnen: Schutzbeschichtung			
28	Schließanlage: Schließplan			
29	Fensterbeschläge			
30	Farbbeschichtungen auf Holz im Außen-bereich			
31	Sonnenschutzanlagen			
32	Rollläden, Markisen			
33	SiGePLAN			
34	Elastische Fugen, fungizide Einstellung			
35	Schwimmbadtechnik			
36	Saunaanlagen			
B: Pflegehinweise				
1	Betonwerkstein			
2	Fassade, Naturstein			
3	Fliesen, Naturstein			
4	Aufzugsschächte, Kabinen			
5	Fenster, auch Oberlichter			

	Gegenstand/Einrichtung	**Firma, Ansprechpartner**	**Telefon und Fax**	**ggf. Wartungsintervalle**
6	Teppich, Linoleum, sonstige Fußbodenbeläge			
7	Parkett, Laminat, Holzpflaster, Dielen: Hinweis auf Mindestraumluftfeuchte			
8	Industrieboden (beschichtete Estriche)			
9	Wandbeläge, z. B. Mikropor-S			
10	Sanitärobjekte, auch Fabrikatsliste für Nachbestellungen			
11	Türen, ggf. Mikro-Reflex-Lack: Mikrofaserreinigung			
12	Decken: Akustikplatten, Spezialdecken			
13	Oberlichter, Lichtdächer			
14	Dachbeläge, Metalle			
15	Schwimmbad: Oberflächen, Decken usw.			
16	Grünanlagen (Pflegehinweise)			
17	Pflanzenbewässerungsanlagen			
18	Mobiliar			
19	Trennwandanlagen			
20	Spiegelflächen			
21	Chrom, Edelstahlflächen			
22	Geländer und Handläufe: Abfärbung von Metalliclacken?			
23	Messinghandläufe, Geländer			
24	Sonnenschutzbehänge			
Copyright: Dipl.-Ing. Gunter Hankammer öffentlich bestellter und vereidigter Sachverständiger, Hankammer GmbH Hamburg – Diese Liste erfüllt nicht den Anspruch auf Vollständigkeit. –				

Abnahme-Checkliste						
Öffentlich-rechtliche Abnahmen						
BV:		**Datum:**		**Bearbeiter:**		
Nr.	**Überprüfung**	**zul. Grenzwerte**		**Erl.**	**Regelwerk**	**Prüfmittel**
		min.	**max.**	✓		
1	**Abnehmende Behörde, Institution**					
	Bauverordnungsamt					
	BOA – Elektro/Brandschutz					
	BOA – Lüftung					
	BOA – Stellplatznachweis/Ablösungszahlung					
	Amt für Umwelt und Gesundheit					
	Amt für Arbeitsschutz					
	Gewerbeaufsichtsamt					
	Umweltbehörde – Amt für Grundstücksentwässerung					
	Wirtschafts- und Ordnungsamt					
	Hygieneamt					
	Veterinäramt					
	Feuerwehr					
	Schornsteinfeger					
	Tiefbauamt/Wegewart					
	TÜV – Aufzüge und Rolltreppenanlagen					
	TÜV – kraftbetätigte Türen und Tore					
	VdS					
	Naturschutzreferat					
	Stellplatznachweis/Ablösung					

– Diese Liste erfüllt nicht den Anspruch auf Vollständigkeit. –

3.3 Abkürzungsverzeichnis

A

a. a. O.	am angegebenen Ort
Abb.	Abbildung
abP	allgemeines bauaufsichtliches Prüfzeugnis
abZ	allgemeine bauaufsichtliche Zulassung
AIV	Abdichtung im Verbund
ArbStättV	Verordnung über Arbeitsstätten
ASR	Arbeitsstättenrichtlinien
ATV	Allgemeine Technische Vertragsbedingungen für Bauleistungen

B

BEB	Bundesverband Estrich und Belag e. V.
BFS	Bundesausschuss Farbe und Sachwertschutz e. V.
BGB	Bürgerliches Gesetzbuch
BGH	Bundesgerichtshof
BGI	Berufsgenossenschaftliche Information
BGR	Berufsgenossenschaftliche Regel
BIV	Bundesinnungsverband
BMA	Brandmeldeanlage

D

dB(A)	Dezibel
DBV	Deutscher Beton- und Bautechnik-Verein e. V.
DGUV	Deutsche Gesetzliche Unfallversicherung e. V.
DDC	Direct Digital Control
DIBt	Deutsches Institut für Bautechnik
DIN	Deutsches Institut für Normung
DIN EN	Deutsches Institut für Normung, Europäische Norm
DIN SPEC	Dokument, das Anforderungen an Produkte, Dienstleistungen, Verfahren festlegt
DIN V	Deutsche Vornorm
DN	Diameter Nominal (Nenndurchmesser)
DVGW	Deutscher Verein des Gas- und Wasserfaches e. V., Technisch-wissenschaftlicher Verein
DVWK	Deutsche Vereinigung für Wasserwirtschaft, Abwasser und Abfall e. V. (seit 2004 DWA)
DWD	Deutscher Wetterdienst

E

EFH	Einfamilienhaus
EN	Europäische Norm
ETA	europäische technische Zulassung
ESG	Einscheiben-Sicherheitsglas
et al.	et alii: und andere

F

FAT	Feuerwehr-Anzeigetableau
FBF	Feuerwehr-Bedienfeld
FEK	Funktionserhaltungskabel
FLK	Flüssigkunststoff
FeuVO	Feuerungsverordnung

G

GarVO	Garagenverordnung
GGB	Gütegemeinschaft Großflächenverlegung Betonwerkstein e. V.
GLT	Gebäudeleittechnik
GUV	Gesetzliche Unfall-Versicherung, Bundesverband der Unfallkassen

H

HBauO	Hamburgische Bauordnung
HeizkostenV	Verordnung über Heizkostenabrechnung
hEN	harmonisierte europäische Norm

I

IFB	Investitions- und Förderbank
ift	Institut für Fenstertechnik GmbH, Rosenheim
ifz	Informationszentrum für Fenster und Fassaden, Türen und Tore, Glas und Baustoffe e. V., Rosenheim
IHK	Industrie- und Handelskammer
IP	International Protection
ISO	International Organization for Standardization

IVD Industrieverband Dichtstoffe e. V.
IVK Industrieverband Klebstoffe e. V.

K

KMB Kunststoffmodifizierte Bitumendickbeschichtung (PMBC)

L

LBauO Landesbauordnung

M

MBO Musterbauordnung der Bauministerkonferenz (IS ARGEBAU)
MDP Maximum Design Pressure (höchster Systemüberdruck)
MFH Mehrfamilienhaus
MSR Mess,- Steuer- und Regeltechnik
µm Mikrometer, 1 µm = 0,001 mm

N

NA Nationaler Anhang (Eurocode)
nm Nanometer, 1 nm = 0,001 µm

O

OFF Oberfläche Fertigfußboden
OLG Oberlandesgericht

P

PWC potable water cold (Trinkwasser kalt)
PWH potable water hot (Trinkwasser warm)

R

RAL Reichsausschuss für Lieferbedingungen RAL, Deutsches Institut für Gütesicherung und Kennzeichnung e. V.
RAL-GZ RAL-Gütezeichen
RS Bundesverband Rollladen + Sonnenschutz e. V., Bonn
RuK Rundfunk und Telekommunikation
RWA Rauch- und Wärmeabzugsanlage

S

SML System muffenlos
SP Versorgungsdruck
SSt Schallschutzstufe
STB Sicherheitstemperaturbegrenzer
STW Sicherheitstemperaturwächter
SZR Scheibenzwischenraum

T

TGA Technische Gebäudeausrüstung
TKB Technische Kommission Bauklebestoffe
TR Technische Regeln
TRA Technische Regeln für Aufzüge
TRwS Technische Regel wassergefährdender Stoffe
TSM Trittschallschutzmaß
TVG teilvorgespanntes Glas
TWW Trinkwasser warm

V

VDE Verband Deutscher Elektrotechniker
VDI Verein Deutscher Ingenieure
VdS Verband der Sachversicherer e. V., Köln
VFF Verband Fenster + Fassade
VG Verbundglas
VOB Vergabe- und Vertragsordnung für Bauleistungen (Teile A, B und C)
Vol.-% Volumenprozent
VSG Verbundsicherheitsglas

W

WDVS Wärmedämm-Verbundsystem
WE Wohneinheit
WU wasserundurchlässig

Z

ZDB Zentralverband des Deutschen Baugewerbes
ZGV zulässige Gesamtverformung
ZR Zivilrecht
ZVDH Zentralverband des Deutschen Dachdeckerhandwerks e. V.

3.4 Literaturverzeichnis

Literatur

A

Amphenol Thermometrics Inc.: Bedienungsanleitung Protimeter MMS Bedienungsanleitung. Stand: Juni 2014. St. Marys, Pennsylvania, 2014

Arbeitsblätter Feuerverzinken E.4 Fachgerechte Ausbesserung. Stand 13.10.2016. Düsseldorf: Institut Feuerverzinken GmbH, 2016

ATV-DVWK-M 143-1:1989-12 „Inspektion, Instandsetzung, Sanierung und Erneuerung von Entwässerungskanälen und -leitungen – Teil 1: Grundlagen“

B

Bablick; M.; Federl, S.: Das Fachwissen für den Maler und Lackierer. 3. Aufl. Köln: Stam Verlag, 1997

Barrierefreie Türschwelle – Für Haus-, Nebeneingangs- und Fenstertüren aus Kunststoff. Stand August 2012. Bielefeld: Schüco international KG, 2012

Baumann, Ortwin; Fendt, Peter; Barth, Joachim: Kommentar zu DIN 18356, DIN 18367 und DIN 18299 – Parkett- und Holzpflasterarbeiten. Köln: Verlagsgesellschaft Rudolf Müller, 1997

Bauprüfdienst (BPD) 6/2013 Verfahren zur Festsetzung, Änderung und Aufhebung von Hausnummern (BPD Hausnummern). Stand: Juni 2013. Hamburg: Freie und Hansestadt Hamburg, Behörde für Stadtentwicklung und Umwelt – Amt für Bauordnung und Hochbau, 2013

Baur, G.; Hubrich, K.-D.; Polte, D.; Rothenfelder, F.; Wawra, P.: Technologie für Gas- und Wasserinstallateure, Fachbildung. Bad Homburg vor der Höhe: Verlag Dr. Max Gehlen, 1997

Bautechnische Information Naturwerkstein. Stand: April 2021. Würzburg: Deutscher Naturwerksteinverband e. V. (DNV), 2021

BEB-Hinweisblatt 3.2 Hinweise zur Verlegung von EPS-Trittschalldämmplatten nach DIN EN 13163. Stand: April 2014. Troisdorf: Bundesverband Estrich und Belag e. V. (BEB), 2014

BEB-Hinweisblatt Abdichtungsstoffe im Verbund mit Bodenbelägen AIV. Stand: August 2018. Troisdorf: Bundesverband Estrich und Belag e. V. (BEB), 2018

BEB-Merkblatt Beurteilen und Vorbereiten von Untergründen im Alt- und Neubau; Verlegen von elastischen und textilen Bodenbelägen, Laminat, mehrschichtig modularen Fußbodenbelägen, Holzfußböden und Holzpflaster; Beheizte und unbeheizte Fußbodenkonstruktionen. Stand: März 2014. Troisdorf: Bundesverband Estrich und Belag (BEB) e. V., 2014

BEB-Merkblatt Beurteilen und Vorbereiten von Untergründen; Verlegen von elastischen und textilen Bodenbelägen, Schichtstoffelementen (Laminat), Parkett und Holzpflaster; Beheizte und unbeheizte Fußbodenkonstruktionen. Stand: Oktober 2008. Troisdorf: Bundesverband Estrich und Belag (BEB) e. V., 2008

Betonfertigteile für den Wohnungsbau. Hrsg.: Fachvereinigung deutscher Betonfertigteilbau e. V. 2. Aufl. Stand: 2002. Düsseldorf: Verlag Bau+Technik GmbH, 2002

BF-Merkblatt 013/2013 Verbundsicherheitsglas (VSG) für die Anwendung im Bauwesen. Troisdorf: Bundesverband Flachglas e. V. (BF), 2013

BF-Richtlinie 022/2018 Verglasungsrichtlinie – Änderungsindex 1 – Februar 2020. Troisdorf: Bundesverband Flachglas e. V. (BF), 2020

BF-Richtlinie 006/2019 – Änderungindex 0 – Richtlinie zur Beurteilung der visuellen Qualität von Glas für das Bauwesen. Troisdorf: Bundesverband Flachglas e. V. (BF), 2019

BFS-Merkblatt Nr. 16. Technische Richtlinien für Tapezier- und Spannarbeiten. Stand: November 2013. Frankfurt am Main: Bundesausschuss Farbe und Sachwertschutz e. V. (BFS), 2013

BFS-Merkblatt Nr. 18. Beschichtungen auf Holz und Holzwerkstoffen im Außenbereich. Stand: April 2022. Frankfurt am Main: Bundesausschuss Farbe und Sachwertschutz e. V. (BFS), 2022

BFS-Merkblatt Nr. 20. Baustellenübliche Prüfungen zur Beurteilung des Untergrundes für Beschichtungs- und Tapezierarbeiten. Stand: Oktober 2016. Frankfurt am Main: Bundesausschuss Farbe und Sachwertschutz (BFS), 2016

BGI/GUV-I 8687 Information – Bewertung der Rutschgefahr unter Betriebsbedingungen. Stand: September 2019. Berlin: Deutsche Gesetzliche Unfallversicherung e. V. (DGUV), 2019

BIV-Fachinformation 002. Stand: Juli 2017. Frankfurt am Main: Bundesinnungsverband (BIV) des Deutschen Steinmetz- und Steinbildhauerhandwerks, 2017

BIV-Merkblatt 1.05 Überzähne bei Fliesen- und Plattenbelägen. Stand: Juli 2019. Frankfurt am Main: Bundesinnungsverband (BIV) des Deutschen Steinmetz- und Steinbildhauerhandwerks, 2019

BTGA-Regel 5.005:2020-10 Dichtheitsprüfung von Schmutz- und Regenwasserleitungen innerhalb von Gebäuden. Stand: Oktober 2010. Berlin: Bundesindustrieverband Technische Gebäudeausrüstung e. V., 2010

BVM-Geländer-Richtlinie. Stand: April 2019. Essen: Bundesverband Metall (BVM), 2019

D

DBV-Merkblatt Betondeckung und Bewehrung. Stand: Juli 2002. Berlin: Deutscher Beton- und Bautechnik-Verein e. V. (DBV), 2002

DGfdB-Richtlinie 25.07 Gefälleausbildung in Bodenbelägen von Schwimmbecken. Stand: August 2015. Essen: Deutsche Gesellschaft für das Badewesen e. V., 2015

DGUV-Information Mehr Sicherheit bei Glasbruch. Ausgabe: Oktober 2018. Berlin: Deutsche Gesetzliche Unfallversicherung e. V. (DGUV), 2018

DGUV-Vorschrift 81 Unfallverhütungsvorschrift Schulen. Stand: Mai 2001 mit Durchführungsanweisungen vom Juni 2002. Berlin: Deutsche Gesetzliche Unfallversicherung (DGUV), 2001

E

Einbau- und Wartungsanleitung – Ein- und zweiflügelige Stahltüren. Stand: Juli 2012. Steinhagen: Hörmann KG, 2012

Empfehlungen für den Einbau von Metallfensterbänken (WDVS-Fassade). Stand: Dezember 2011. Frankfurt am Main: Gütegemeinschaft Wärmedämmung e. V. (GWF), 2011

ETB-Richtlinie Bauteile, die gegen Absturz sichern. Stand: Juni 1985. Berlin:

Ausschuss für Einheitliche Technische Baubestimmungen (ETB), 1985

F

Fachregel für Dächer mit Abdichtungen – Flachdachrichtlinie. Stand: Dezember 2016, letzte Änderung März 2020. Hrsg.: Zentralverband des Deutschen Dachdeckerhandwerks (ZVDH) – Fachverband Dach-, Wand- und Abdichtungstechnik e. V. und Hauptverband der Deutschen Bauindustrie e. V. – Bundesfachabteilung Bauwerksabdichtung. Köln: Verlagsgesellschaft Rudolf Müller, 2016

Fachregel für Metallarbeiten im Dachdeckerhandwerk. Stand: Juni 2017 mit Änderungen März 2020. Hrsg.: Zentralverband des Deutschen Dachdeckerhandwerks (ZVDH) – Fachverband Dach-, Wand- und Abdichtungstechnik e. V. Köln: Verlagsgesellschaft Rudolf Müller, 2017

Fachregel Metallbauerhandwerk-Konstruktionstechnik. Hrsg.: Bundesverband Metall, Vereinigung Deutscher Metallhandwerke. Köln: Charles Coleman Verlag, 2007

Feurich, H.: Sanitärtechnik. 2 Bände. Düsseldorf: Krammer Verlag, 1999

Fischer, H.-M.; Jenisch, R.; Stohrer, M.; Homann, M.; Freymuth, H.; Richter, E.; Häupl, P.: Lehrbuch der Bauphysik. 6. Aufl. Wiesbaden: Vieweg + Teubner Verlag, 2008

Forschungsbericht Alterung und Instandhaltung von Holzfenstern. Stand: Juni 1992. Rosenheim: Institut für Fenstertechnik e. V., 1992

Froelich, Hans: Fenster und Außentüren, in: RWE-Handbuch, 13. Ausgabe 2004, Frankfurt am Main: VWEW Energieverlag GmbH, 2004

G

Gips-Merkblatt 4. Stand: Juli 2022. Berlin: Bundesverband der Gipsindustrie e. V., 2022

H

Hankammer, G.; Resch, M.: Bauwerksdiagnostik. 1. Aufl. Köln: Verlagsgesellschaft Rudolf Müller, 2012

Holzbau Handbuch. Reihe 6. Ausbau und Trockenbau. Teil 4: Böden und Beläge: Folge 2: Parkett – Planungsgrundlagen. Aus: Informationsdienst Holz; Holzbau Handbuch. Stand: Dezember 2001. Düsseldorf: Arbeitsgemeinschaft Holz e. V. in Zusammenarbeit mit dem Holzabsatzfonds, Absatzförderungsfonds der deutschen Forst- und Holzwirtschaft. 2001

I

ift-Hinweis Sicherheitsabstand zwischen Drücker und Schließkante. Stand: Dezember 2008. Rosenheim: ift Institut für Fenstertechnik, 2008

ift-Richtlinie FE-05/2. Einsatzempfehlungen für Fenster und Außentüren – Richtlinie zur Ermittlung der Mindestklassifizierung in Abhängigkeit der Beanspruchung – Teil 1: Windwiderstandsfähigkeit, Schlagregendichtheit und Luftdurchlässigkeit. Stand: August 2005. Rosenheim: Institut für Fenstertechnik e. V., 2005

IVD-Merkblatt Nr. 1. Abdichtung von Bodenfugen mit elastischen Dichtstoffen. Stand: November 2017. Düsseldorf: Industrieverband Dichtstoffe e. V., 2017

IVD-Merkblatt Nr. 3-1. Konstruktive Ausführung und Abdichtung von Fugen in Sanitär- und Feuchträumen – Teil 1: Abdichtung mit spritzbaren Dichtstoffen. Stand: November 2014. Düsseldorf: Industrieverband Dichtstoffe e. V., 2014

K

Kaulen, H. H.; Strehle, N.; Kille, R.: Kommentar und Erläuterungen zur VOB DIN 18365 – Bodenbelagarbeiten (Ausgabe 2009), 7. Aufl. Bad Wörishofen: Holzmann Medien, 2010

Klopfer, H.: Wassertransport und Beschichtungen bei WU-Beton-Wannen. In: Aachener Bausachverständigentage 1999 (Hrsg.): Neue Entwicklungen in der Abdichtungstechnik. Wiesbaden und Berlin: Bauverlag, 1999

L

Leitfaden zur Planung und Ausführung der Montage von Fenstern und Haustüren für Neubau und Renovierung. Stand: März 2020. Frankfurt am Main: Gütegemeinschaft Fenster, Fassaden und Haustüren e. V., 2020

Lohmeyer, G.: Weiße Wannen einfach und sicher. 5. Aufl. Düsseldorf: Verlag Bau und Technik, 2000

M

Merkblatt 7. Stand: Januar 2015. Stoob: Österreichischer Fliesenverband, 2015

Merkblatt Flächenheizung und Flächenkühlung. Stand: April 2010. Hagen: Bundesverband Flächenheizung und Flächenkühlung e. V., 2010

Muster-Verwaltungsvorschrift Technische Baubestimmungen (MV V TB). Ausgabe: Januar 2020. Berlin: Deutsches Institut für Bautechnik, 2020

N

Niemer, E. U.; Klingelhöfer, G.; Schütz, J.: Praxis-Handbuch Fliesen. Material, Planung, Konstruktion, Verarbeitung. 3. Aufl. Köln: Verlagsgesellschaft Rudolf Müller, 2003

P

Pfeiffer, M.; Bethe, A.; Fanslau- Görlitz, D.; Zedler, J.: Nutzungsdauertabellen für Wohngebäude. 1. Aufl. Berlin: Bauwerk Verlag, 2010

Pistohl, W.: Handbuch der Gebäudetechnik, Band 2 – Heizung/Lüftung/Beleuchtung/Energiesparen. 6. Aufl. Köln: Werner Verlag, eine Mark von Wolters Kluwer Verlag, 2007

Q

Qualität von Kunststoff-Fenstern – Schäden und Reklamationen vermeiden durch fachgerechte Planung und Ausführung von Kunststoff-Fenstern. Rosenheim: Institut für Fenstertechnik, Rosenheim (ift), 2014

R

RAL-GZ 426 Besondere Güte- und Prüfbestimmungen für Türblätter aus Holz und Holzwerkstoffen. Stand: September 2020. Berlin: Deutsches Institut für Gütesicherung und Kennzeichnung e. V., 2020

RAL-GZ 961 Herstellung und Instandhaltung von Abwasserleitungen und -kanälen. Stand: April 2016. Sankt Augustin: RAL – Deutsches Institut für Gütesicherung und Kennzeichnung e. V., 2006

Rapp, A. O.: Experimentelle Untersuchungen nachstoßender Feuchte aus jungen Betondecken. In: Parkett-Magazin, Sonderdruck aus Ausgabe 3/96. Hamburg: SN-Verlag Michael Steinert, 1996

Remmert, K.; Heller, J.; Spang, H.; Bauer, K.; Brehm, T.; Schwarzmann, E.: Fachbuch für Parkettleger und Bodenleger. Hrsg.: Brehm, H. für den Zentralverband Parkett und Fußbodentechnik, Bundesinnungsverband Parkettlegerhandwerk und Bodenlegergewerbe. Hamburg: SN-Verlag Michael Steinert, 1996

Richtlinie für Flexmörtel – Definition und Einsatzbereiche. 1. Ausgabe. Stand: Juni 2001. Frankfurt am Main; Berlin; Selb; Düsseldorf: Deutsche Bauchemie e. V., Fachverband des Deutschen Fliesengewerbes im Zentralverband des Deutschen Baugewerbes, Industrieverband keramische Fliesen und Platten e. V., Industrieverband Klebstoffe e. V., 2001

S

Sicherheits- und Gesundheitsschutzkennzeichnung ASR A1.3. Ausgabe Februar 2013. Dortmund: Ausschuss für Arbeitsstätten (ASTA), 2013

Sieberath, Ulrich; Niemöller, Christian: Kommentar zur DIN EN 14351-1 Fenster und Türen Produktnorm, Leistungseigenschaften. 3. Aufl. Rosenheim: Verlag ift Rosenheim GmbH. Stuttgart: Fraunhofer IRB Verlag, 2013

SML-Planungs- und Projektierungs- Informationen – Gusseiserne Abflussrohrsysteme für die Gebäude- und Grundstücksentwässerung. Stand: Mai 2020. Karlstadt am Main: Düker GmbH, 2020

T

Technische Regeln für Arbeitsstätten ASR A1.3 Sicherheits- und Gesundheitsschutzkennzeichnung. Ausgabe Februar 2013, zuletzt geändert GMBl 2022, S. 242. Dortmund: Ausschuss für Arbeitsstätten – ASTA Geschäftsführung, Bundesanstalt für Arbeitsschutz und Arbeitsmedizin (BAuA), 2013

Technische Regeln für Arbeitsstätten ASR A1.5 Fußböden. Ausgabe März 2022. Dortmund: Ausschuss für Arbeitsstätten – ASTA Geschäftsführung, Bundesanstalt für Arbeitsschutz und Arbeitsmedizin (BAuA), 2022

Technische Regeln für Arbeitsstätten ASR A1.6 Fenster, Oberlichter, lichtdurchlässige Wände. Ausgabe Januar 2012. Dortmund: Bundesanstalt für Arbeitsschutz (BAuA), 2012

Technische Regeln für Arbeitsstätten ASR A2.3 Fluchtwege und Notausgänge. Ausgabe März 2022, GMBl 2022, S. 227. Dortmund: Ausschuss für Arbeitsstätten – ASTA Geschäftsführung, Bundesanstalt für Arbeitsschutz und Arbeitsmedizin (BAuA), 2022

Technische Regeln für Arbeitsstätten ASR A3.6 Lüftung. Ausgabe Januar 2012, zuletzt geändert GMBl 2018, S. 474. Dortmund: Ausschuss für Arbeitsstätten – ASTA Geschäftsführung, Bundesanstalt für Arbeitsschutz und Arbeitsmedizin (BAuA), 2012

Technische Regeln für Arbeitsstätten ASR A4.1 Sanitärräume. Ausgabe September 2013, zuletzt geändert GMBl 2022, S. 212. Dortmund: Ausschuss für Arbeitsstätten – ASTA Geschäftsführung, Bundesanstalt für Arbeitsschutz und Arbeitsmedizin (BAuA), 2013

Technisches Merkblatt 1.0. Großflächige, hochbelastbare Bodenbeläge aus Betonwerkstein. 2. Aufl. 1997. Köln: Gütegemeinschaft Großflächenverlegung Betonwerkstein e. V. (GGB), 1997

Technisches Merkblatt 2.0 Betonwerksteinböden richtig pflegen. Köln: Gütegemeinschaft Großflächenverlegung Betonwerkstein e. V. (GGB), 2003

Technische Richtlinien des Glaserhandwerks Nr. 24 Glaserarbeiten, Ganzglasduschen. Stand: Juni 2018. Hadamar: Bundesinnungsverband des Glaserhandwerks, 2018

TKB-Merkblatt 1. Kleben von Parkett. Stand: Februar 2012. Düsseldorf: Technische Kommission Bauklebstoffe (TKB) im Industrieverband Klebstoffe e. V., 2012

TRA – Technische Regeln für Aufzüge 2015. Technische Regeln für Betriebssicherheit, Normen und andere technische Regelwerke. Stand: Dezember 2015. Berlin: DIN, Verband der TÜV e. V. (VdTÜV), 2015

V

V.06-1 Richtlinie zur visuellen Beurteilung der Qualität von Glas für das Bauwesen. Stand: März 2019. Frankfurt am Main: Verband Fenster + Fassade (VFF), 2019

VDI 4100 Schallschutz von Wohnungen – Kriterien für Planung und Beurteilung. Stand: Oktober 2012. Düsseldorf: Verein Deutscher Ingenieure (VDI), 2012

VDI 6003 Trinkwassererwärmungsanlagen – Komfortkriterien und Anforderungsstufen für Planung, Bewertung und Einsatz. Stand: August 2018. Düsseldorf: Verein Deutscher Ingenieure (VDI), 2018

VFF-Merkblatt AL.02 Visuelle Beurteilung von organisch beschichteten (lackierten) Oberflächen auf Aluminium. Stand: August 2016. Frankfurt am Main: Verband Fenster + Fassade (VFF), 2016

VFF-Merkblatt HO.03. Anforderungen an Beschichtungssysteme für die werksseitige Beschichtung von Holz- und Holz-Metall-Fenstern, -Haustüren und -Fassaden. Stand: September 2020. Frankfurt am Main: Verband Fenster + Fassade (VFF), 2020

VFF-Merkblatt HO.05. Richtlinie zur visuellen Beurteilung einer fertigbehandelten Oberfläche bei Holzfenstern und -Außentüren. Stand: März 2022. Frankfurt am Main: Verband Fenster + Fassade (VFF), 2022

VFF-Merkblatt KU.01 Visuelle Beurteilung von Oberflächen von Kunststofffenster- und -Türelementen. Stand: August 2016. Frankfurt am Main: Verband Fenster + Fassade (VFF), 2016

VFF-Merkblatt St.01. Beschichten von Stahlteilen im Metallbau. Stand: Juli 2018. Frankfurt am Main: Verband Fenster + Fassade (VFF), 2018

VFF-Merkblatt St.02 Visuelle Beurteilung von organisch beschichteten (lackierten) Oberflächen auf Stahl. Stand: August 2016. Frankfurt am Main: Verband Fenster + Fassade (VFF), 2016

VFF-Merkblatt V.06-1 Richtlinie zur Beurteilung der visuellen Qualität von Glas für das Bauwesen. Stand: März 2019. Frankfurt am Main: Verband Fenster + Fassade (VFF) in Zusammenarbeit mit Bundesverband Flachglas e. V. (BF), Bundesverband der Jungglaser und Fensterbauer e. V., Bundesinnungsverband des

Glaserhandwerks, Bundesverband der Glasindustrie e. V. (BV Glas), 2019

VFF-Merkblatt WP.02. Fenster, Fassaden und Außentüren – Warten und Pflegen: Maßnahmen und Unterlagen. Stand: November 2016. Frankfurt am Main: Verband Fenster + Fassade (VFF), 2016

VOB/C ATV DIN 18332:2019-09 Naturwerksteinarbeiten

VOB/C ATV DIN 18333:2019-09 Betonwerksteinarbeiten

VOB /C ATV DIN 18334:2016-09 Zimmer- und Holzbauarbeiten

VOB/C ATV DIN 18339:2019-09 Klempnerarbeiten

VOB/C ATV DIN 18335:2016-09 Stahlbauarbeiten

VOB/C ATV DIN 18352:2019-09 Fliesen- und Plattenarbeiten

VOB/C ATV DIN 18353:2019-09 Estricharbeiten

VOB/C ATV DIN 18354:2019-09 Gussasphaltarbeiten

VOB/C ATV DIN 18355:2019-09 Tischlerarbeiten

VOB/C ATV DIN 18356:2019-09 Parkett- und Holzpflasterarbeiten

VOB/C ATV DIN 18360:2019-09 Metallbauarbeiten

VOB/C ATV DIN 18363:2019-09 Maler- und Lackierarbeiten – Beschichtungen

VOB/C ATV DIN 18365:2019-09 Bodenbelagsarbeiten

VOB/C ATV DIN 18366:2019-09 Tapezierarbeiten

VOB/C ATV DIN 18379:2019-09 Raumlufttechnische Anlagen

VOB/C ATV DIN 18380:2019-09 Heizanlagen und zentrale Wassererwärmungsanlagen

VOB/C ATV DIN 18381:2019-09 Gas-, Wasser und Entwässerungsanlagen innerhalb von Gebäuden

VOB/C ATV DIN 18382:2019-09 Elektro-, Sicherheits- und Informationstechnische Anlagen

VOB/C ATV DIN 18385:2016-09 Aufzugsanlagen, Fahrtreppen und Fahrsteige sowie Förderanlagen

Z

ZDB-Merkblatt Außenbeläge, Belagskonstruktionen mit Fliesen und Platten außerhalb von Gebäuden. Stand: August 2019. Hrsg.: Zentralverband Deutsches Baugewerbe (ZDB) – Fachverband Fliesen und Naturstein. Köln: Verlagsgesellschaft Rudolf Müller, 2019

ZDB-Merkblatt Außentreppen. Stand: August 2019. Berlin: Fachverband Fliesen und Naturstein im Zentralverband Deutsches Baugewerbe (ZDB), 2019

ZDB-Merkblatt Beläge auf Zement- und Calciumsulfatestrich. Stand: August 2019. Berlin: Fachverband Fliesen und Naturstein im Zentralverband Deutsches Baugewerbe (ZDB), 2019

ZDB-Merkblatt Hinweise für die Ausführung von Abdichtungen im Verbund mit Bekleidungen und Belägen aus Fliesen und Platten für den Innenbereich. Stand: August 2019. Berlin: Fachverband Fliesen und Naturstein im Zentralverband Deutsches Baugewerbe (ZDB), 2019

ZDB-Merkblatt Höhendifferenzen in keramischen, Betonwerkstein- und Naturwerksteinbekleidungen und Belägen. Stand: August 2019. Berlin: Zentralverband Deutsches Baugewerbe (ZDB) – Fachverband des Deutschen Fliesengewerbes, 2019

ZDB-Merkblatt Keramische Fliesen und Platten, Naturwerkstein und Betonwerkstein auf zement- und calciumsulfatgebundenen Estrichen im Wohnungsbau oder bei ähnlicher Nutzung. Stand: August 2019. Berlin: Zentralverband Deutsches Baugewerbe ZDB, Fachverband Fliesen und Naturstein, 2019

Rechtsvorschriften

[ArbStättV]: Arbeitsstättenverordnung vom 12. August 2004 (BGBl. I S. 2179), die zuletzt durch Artikel 4 des Gesetzes vom 22. Dezember 2020 (BGBl. I S. 3334) geändert worden ist

[FeuVO]: Feuerungsverordnung der Freien und Hansestadt Hamburg vom 25.09.2007, letzte berücksichtigte Änderung: §§ 7, 8 geändert durch Artikel 2 der Verordnung vom 02.11.2010 (HmbGVBl. S. 582, 583)

[GEG]: Gebäudeenergiegesetz vom 8. August 2020 (BGBl. I S. 1728), das durch Artikel 18a des Gesetzes vom 20. Juli 2022 (BGBl. I S. 1237) geändert worden ist

[HBauO]: Hamburgische Bauordnung vom 14. Dezember 2005, zuletzt geändert durch Artikel 2 des Gesetzes vom 20. Februar 2020 (HmbGVBl. S. 148, 155)

[HeizkostenV]: Verordnung über Heizkostenabrechnung in der Fassung der Bekanntmachung vom 5. Oktober 2009 (BGBl. I S.

3250), die durch Artikel 1 der Verordnung vom 24. November 2021 (BGBl. I S. 4964) geändert worden ist

[MBO]: Musterbauordnung Fassung November 2002, zuletzt geändert durch Beschluss der Bauministerkonferenz vom 27.09.2019

3.5 Stichwortverzeichnis

Z

Der Autor

Dipl.-Ing. Gunter Hankammer, Jahrgang 1958

- ab 1973 Maurerlehre mit Gesellenprüfung, anschließend Schulausbildung und Studium des Bauingenieurwesens
- ab 1984 Bauleitung, zunächst in Rohbauunternehmen, dann ab 1986 als Leiter der Bauleitungsabteilung in einem Hamburger Architekturbüro
- ab 1995 zusätzlich geschäftsführender Gesellschafter in einem Unternehmen für Projektsteuerung mit Niederlassungen in Schwerin und Hamburg
- seit 2005 Alleininhaber der Gesellschaft, die jetzt eingetragen ist als Hankammer GmbH Sachverständigengutachten Projektsteuerung, Hamburg und Schwerin
- seit 1990 Tätigkeit als Sachverständiger für Schäden an Gebäuden
- seit 1995 Beratender Ingenieur (Hamburgische Ingenieurkammer – Bau)
- seit 1997 Bauvorlageberechtigter Ingenieur (Hamburgische Ingenieurkammer – Bau)
- seit 1997 öffentlich bestellt und vereidigt als Sachverständiger für Schäden an Gebäuden (Handelskammer Hamburg)
- seit 2002 öffentlich bestellt und vereidigt als Sachverständiger für Sachfragen der Honorierung von Architektenleistungen nach der HOAI (Hamburgische Architektenkammer)
- seit 2005 öffentlich bestellt und vereidigt als Sachverständiger für Schimmelpilze und andere Innenraumschadstoffe (Handelskammer Hamburg)
- Mitglied im Fachgremium der IHK zu Schwerin im Sachgebiet: „Schäden an Gebäuden, inkl. Mängeln"
- seit vielen Jahren Referent bei Seminar- und Vortragsveranstaltungen sowie Fachjournalist und Mitglied im Deutschen Fachjournalistenverband (DFJV)

Der Autor ist Herausgeber und Koautor diverser Fachbücher als auch Autor von Fachartikeln. Er hat folgende Fachbücher verfasst, die in der Verlagsgesellschaft Rudolf Müller veröffentlicht wurden:

- „Abnahme von Bauleistungen – Band 1", 5. Auflage 2017,
- „Schäden an Gebäuden", 3. Auflage 2016,
- „Der Sachverständige", 2. Auflage 2012,
- „Abnahme von Bauleistungen-Tiefbau" 2006, gemeinsam mit Prof. Dr. Horst Mentlein
- „Schimmelpilze in Gebäuden", 3. Auflage 2016
- „Sanierung von Feuchte- und Schimmelpilzschäden", 2005, gemeinsam mit Dr. Wolfgang Lorenz und Karl Lassl
- „Bauwerksdiagnostik bei Feuchteschäden", 2012, gemeinsam mit Michael Resch
- „Bautrocknung im Neubau und Bestand", 2014, gemeinsam mit Michael Resch und Wolfgang Böttcher